Impacting of Solar Activity and Earth Movement Factors on Climate

太阳活动和地球运动因子对气候的影响

肖子牛 尹志强 刘苏峡 宋 燕 等◎著

科学出版社

北京

审图号：GS 京（2022）0920 号

内 容 简 介

太阳辐射和地球的位置及运动状态，是决定地球气候的重要条件。太阳活动和地球运动因子对气候变化的影响，是气候研究的重要内容。近年来，国际上对该领域的研究逐渐受到人们的重视，但我国涉及该领域的研究仍不多，尤其缺乏系统研究。本书梳理我国学者近年来在这一领域的研究成果，较为系统地论述太阳活动和地球运动因子对气候的可能影响机制，可以为希望了解该领域研究动态的读者提供一个较为全面的研读材料，也可以为气候预测和气候变化研究提供有价值的参考。

本书可为科研机构和气象业务部门的科研工作者与业务人员提供参考，也适合大专院校大气科学和相关专业的师生参阅。

图书在版编目（CIP）数据

太阳活动和地球运动因子对气候的影响 / 肖子牛等著. — 北京：科学出版社，2023.1

ISBN 978-7-03-065677-3

Ⅰ. ①太… Ⅱ. ①肖… Ⅲ. ①太阳活动–影响–气候 ②地球动力学–因子–影响–气候 Ⅳ. ① P461

中国版本图书馆 CIP 数据核字（2020）第123442号

责任编辑：石 卉 吴春花 / 责任校对：韩 杨

责任印制：吴兆东 / 封面设计：有道文化

科学出版社 出版

北京东黄城根北街 16 号

邮政编码：100717

http://www.sciencep.com

北京建宏印刷有限公司 印刷

科学出版社发行 各地新华书店经销

*

2023 年 1 月第 一 版 开本：720 × 1000 1/16

2024 年 2 月第二次印刷 印张：26 1/4

字数：520 000

定价：258.00 元

（如有印装质量问题，我社负责调换）

序　言

地球大气和海洋运动的驱动力来自太阳辐射能，大气和海洋获得太阳辐射能的多少对其运动状态有重要影响。太阳辐射能的变化不仅包括太阳辐射到达地球的总量变化，也包括地球位置和地球运动轨道变化所造成的接受太阳辐射效率的改变。地球不同纬度得到的太阳辐射能不同，导致南方和北方气候的差异，同时也驱动地球大气环流的形成。地球自转和太阳光线倾角的年变化，还形成地球气候的春夏秋冬四季轮回。大量的数据分析显示，在长时间尺度上，历史时期古气候的变化与太阳辐射的变化有密切的关系。在百年及以下时间尺度上，人们认为太阳总辐射的变化量仅占总辐射量的 0.1%，对近百年全球平均温度变化的贡献几乎可以忽略不计。气候系统是一个非常复杂的非线性系统，尽管已经做了大量的研究工作，但气候系统变化的驱动机制和演变规律至今还没有完全弄清楚，我们对太阳活动影响气候系统变化的过程和机制还缺乏深入的理解。

太阳活动对地球气候的影响是多方面的，可通过不同的路径实现。太阳辐射到达地球表面的加热作用是其中最直接的影响方式，但至今我们依然不清楚其过程和效应究竟如何。太阳光在到达地球表面的过程中，要受到高层大气物质的光化学作用以及云（主要在对流层）的影响。云的形成演化过程非常复杂，对辐射过程的影响具有双重效应。因此，云如何影响太阳辐射的气候效应至今仍然是一个尚未完全解决的问题。在太阳影响地球气候的物理过程中，还有一些环节我们至今仍然知之甚少。例如，是否存在某种非线性“放大”过程，使得较小的太阳辐射量的改变能够影响地球气候的变化？受到太阳活动调制的高能粒子如何影响地球大气？太阳活动引起的地球磁场变化对地球大气的动力和热力过程有什么影响？等等。这些很有意义却尚未解决的科学问题，需要我们未来开展更为深入的探索和研究。地球运动对气候的影响可以说是一个古老的问题，地球轨道变化对长时间尺度气候存在影响已是科学界的共识。但最近很多研究注意到，在短时间尺度上地球自转变化与厄尔尼诺－南方涛动（ENSO）事件有直接的联系，地球的章动过程和极移也可能对大气的运动系统产生影响。

我国科学家一直关注太阳活动和地球运动因子对气候的影响。早在20世纪50年代，一批中国科学家就在资料奇缺的条件下开展了太阳活动影响地球气候的探索。但相对来说，我国在这一领域开展的系统性研究工作很少。在973计划的支持下，“天文与地球运动因子对气候变化的影响研究”项目组成了我国系统开展这一领域研究的唯一科研团队。该项目组的科研工作者敢为人先、勇于探索，在这一领域的研究工作中取得了一些有意义的成果，难能可贵。更为重要的是，通过该项目的研究工作，培养和形成了我国在这一领域的研究队伍，为今后的进一步深入工作打下了基础。

《太阳活动和地球运动因子对气候的影响》一书比较系统地介绍了该项目的研究成果，也讨论和提出了存在的一些科学问题，以及今后的研究方向。这些工作对于从事气候和气候变化的科研与教学人员，具有很好的参考和借鉴价值。该书虽然是该项目的一个总结，但我希望项目组的学者把它当作一个新的起点，再接再厉，努力将该领域的研究工作进一步推向深入。同时，希望有兴趣的读者也能投身这个既重要又相当困难的科学领域开展探索研究。

李崇银

2022年10月28日于北京

前　言

太阳辐射是地球气候系统能量的重要来源，在给定的太阳辐射强度条件下，地球空间位置和运动状态是决定地球气候的重要因素。由于太阳活动和地球运动的变化微小，长期以来人们都认为，太阳活动和地球运动主要影响长时间地质气候尺度上的变化，对年代际到百年尺度气候变化的贡献几乎可以忽略不计。但地球气候系统及其变化是极为复杂的非线性演变过程，人们对太阳活动和地球运动因子对气候的影响过程与作用机制没有完全弄清楚。政府间气候变化专门委员会（Intergovernmental Panel on Climate Change，IPCC）评估报告也认为，太阳等自然因子对现代地球气候变化的影响究竟如何，还存在很大的不确定性。例如，云的过程是大气中具有最大不确定性的过程之一，而云量的分布和变化会直接改变太阳辐射对气候的影响。在气候系统复杂的相互作用过程中可能存在对太阳活动信号的放大作用，这就是目前人们最为关注的气候系统“放大效应”问题。此外，人们已经注意到，地球运动的变化与 ENSO 等气候系统的变化也有密切关系，但地球运动与气候系统之间存在怎样的耦合作用，我们还不太清楚。与此同时，太阳活动的变化还可能与地磁场发生耦合，通过焦耳加热过程最终对地球运动产生影响。因此，太阳活动和地球运动因子对气候的影响究竟如何，是一个十分有意义的基础性研究课题。对这一问题的研究，有助于我们全面理解自然因子对气候变化的作用和影响，对深入认识和把握未来气候变化具有重要意义。

太阳活动对地球气候的影响一直以来就受到人们的关注，人们在很多统计研究中都发现了两者相互关联的证据。但遗憾的是，该领域一直缺乏系统性的研究工作，尤其是深入的机制研究。在973计划项目“天文与地球运动因子对气候变化的影响研究”的支持下，我们组织了由大气科学、海洋科学、地球物理学、空间科学等领域科研骨干组成的研究团队，对太阳活动和地球运动影响地球气候的关键因子及其可能的作用途径进行了较为系统的研究。项目组揭示了太阳活动变化对地球气候的影响具有明显的时空选择性，发现在某些区域气候变化过程中，可能存在对太阳信号的放大过程；在前人的研究基础上，进一步验证了极地和亚极光带、热带太平洋地区和季风活动区域可能是太阳信号的敏感区和传播通道；同时也研究了地球自转、地球极移等短时间尺度地球运动变化对气候的影响，发现了地球自转和地球大气之间具有多时间尺度相互耦合的特征，揭示了地球极移可能是一种影响气候系统短时间尺度变化的新途径。尽管这些研究目前尚处于探索阶段，但这些初步的科研成果为人们提供了不少有趣的新认识，也为进一步的科学研究提供了有价值的线索。

本书总结梳理了项目团队在该领域的部分研究成果，以期对未来的研究工作提供借鉴和参考。第1章简述本书的研究意义和背景，梳理已有的研究成果和进展，阐述本书研究涉及的问题和研究思路。第2章较为系统地分析太阳活动和地球运动影响气候的关键因子，并讨论其特征和可能的演变趋势。第3章详细研究关键因子对海温、积雪、空间天气和水文的影响。第4章系统阐述关键因子对大气对流活动、大气遥相关型、季风活动和气候要素的影响。第5章讨论太阳活动和地球运动因子对中国气候的影响，尤其是对中国雨带位置变化的调制作用。第6章探究太阳活动和地球运动因子对未来气候的可能影响。

参加本书撰写的人员包括：肖子牛研究员、尹志强研究员、刘苏峡研究员、宋燕研究员级高级工程师（简称正研高工）、周立旻教授、张庆云研究员、黄玫研究员、张效信研究员、黄聪副研究员、金巍正研高工、赵亮高级工程师、潘静副研究员、彭京备副研究员、李跃凤正研高工、石文静博士、霍文娟博士、李德琳博士、曹美春博士、王瑞丽工程师。肖子牛研究员负责对全书进行统稿和最终修订，杨萍研究员、刘波正研高工、杨惜春副教授、李德琳博士等参加了本书的多次修订和整理，在此对他们的辛勤付出表示感谢。本书的内容主要来自 973 计划项目“天文与地球运动因子对气候变化的影响研究”的成果，借本书出版之际，我再次对项目组全体同仁和朋友表示最诚挚的感谢。项目实施过程中，林朝晖研究员、张庆云研究员和韩延本研究员等给予了项目组有力的支持和指导，在此一并表示感谢。正是有专家们的无私支持和团队集体的艰苦努力，我们的项目才能得以顺利完成，并在这一领域形成了中国自己的研究团队。

最后，我们要特别感谢推动和支持 973 计划项目“天文与地球运动因子对气候变化的影响研究”立项的徐冠华院士、李崇银院士和彭公炳研究员，是他们高瞻远瞩的战略眼光、对科学发展的洞察力和对中国科学发展的责任感，才使我们开辟了这个崭新的研究领域。在项目研究过程中，他们也始终给予了我们很大的支持和悉心的指导，在此致以崇高的敬意！

2022 年 9 月 28 日于北京

第 1 章

绪 论

1.1 太阳活动和地球运动对气候影响的意义及背景

在广博浩瀚的宇宙苍穹中，地球为生命的生存和演化提供了适宜的气候环境，孕育出多姿多彩的万千世界。是上天的眷顾使地球成为这样一颗璀璨的蓝色星球，还是时空的偶然造就了这一奇迹？在错综复杂的因果缘由中，地球适宜的气候无疑是其中最为重要的因子之一。地球的气候生态环境是决定生命和人类的诞生、演化、发展的关键因素。一方面，地球是个处于稳定状态的行星，地球的体积、质量、成分、结构、运动方式、运动状态，以及它在太阳系中的特殊位置（与太阳保持适当的距离，并以恰当的姿态自转和公转）使得地球能接收适当的太阳能量，形成适宜生命的地球平均温度。这些诸多的条件使地球经过漫长时间的演化形成了适宜的生态环境，使人类社会得以由初级向高级发展，进入现代的文明社会。另一方面，地球又是一个开放并运动变化着的星球。地球各个圈层的物质都在运动和变化，与外界不停地进行着物质和能量的交换。虽然从一颗行星的演化过程来说，这些变化在大多数情况下是微不足道的，并不会破坏地球气候生态系统的相对平衡，以至于很容易被人们所忽略。但随着科学技术的发展和人类科学认知水平的不断提高，尤其是 20 世纪 80 年代以后，全球气候变暖给气候系统环境带来了显著的改变，人类逐渐认识到地球气候变化的重要性以及其可能给人类文明带来的巨大风险。

气象观测资料表明，20 世纪中期以来全球平均温度在显著升高。气候变化已经成为国际社会空前关注的科学问题和政治经济问题，世界气象组织（World Meteorological Organization，WMO）和联合国环境规划署（United Nations Environment Programme，UNEP）于 20 世纪 80 年代后期建立了 IPCC，旨在为决策者定期提供针对气候变化的科学基础，其影响未来风险的评估，以及适应和缓和的可选方案。IPCC 分别在 1900 年、1996 年、2001 年、2007 年和 2013 年发布了五次评估报告。评估报告由来自许多国家的数百名首席科学家撰写，而实际参与的学者（包括参与评审与编写的人员）则数以万计。IPCC 的评估报告以众多学者的阶段性研究成果为基础，比较系统、广泛地论述全球气候变化的有关问题，其核心观点认为，人类活动是造成当今全球气候变暖的主要因子。同时，IPCC 的评估报告也阐述了目前所得结论的不确定性，并坦承其结论中对太阳活动等自然因子的科学认知还很有限，第四次评估报告（IPCC，2007）认为对此的认知水平很低，第五次评估报告（IPCC，2013）指出认知是中等水平，太阳活动等天文要素作用于气候的机制并未得到合理的考虑。例如，IPCC 于 2013 年发布的第五次评估报告指出，与 1750 年相比，2011 年人类活动造成的辐射强迫达到 2.29 W /m^2，该值比第四次评估报告对 2005 年的评估提高了 43%。因此，更准确、科学地认知太阳活动和地球运动因子对气候的影响，仍然是未来气候变化研究和评估的重要任务。由于气候系统各圈层非线性的相互作用过程，太阳活动和地球运动因子对全球气候系统影响的过程和机制十分复杂，全面和客观地认识自然因子对全球气候变化的影响和机制仍具有相当大的难度。因此，科学界也有很多学者认为（任振球和张素琴，1985；丁仲礼，2006；Kopp et al.，2016），太阳-地球系统的振荡是引起气候变化不可忽视的因素。特别是进入 21 世纪后，气候变暖出现了阶段的停滞现象，这也促使人们开始重新探索和分析太阳辐射等自然因子对气候的可能作用和影响。

地球气候系统接收到的太阳辐射的变化，也可以由地球本身的运动造成，如地球自转造成日变化（在一天内，中午前后所接收的太阳辐射大于早、晚）、地球绕太阳公转产生季节变化等。广为人知的米兰科维奇（Milankovitch）循环（包括 26 000 年的岁差周期，41 000 年的黄赤交角周期和 96 000 年的地球轨道偏心率变化周期），可以通过地球运动的变化使地表接收的太阳辐射在时间或空间上变化，进而对地球气候变化产生影响。因此，在某种意义上，地球运动和太阳辐射变化对地球气候的影响是联系在一起的。

事实上，早在 17 世纪太阳活动对气候的影响就引起了人们的重视，19 世纪 60 年代至今，众多研究工作对历史时期的气候记录和太阳黑子记录进行了统计分析，发现太阳活动与气候变化有着很好的相关性。在大量研究太阳活动和气候相关性的工作中，较著名的是 Eddy（1976）的工作，他指出太阳黑子的斯波勒（Sporer）极小期和蒙德（Maunder）极小期造成了这两个时期全球出现了“小冰期”事件。地球轨道和位置的变化，必然会引起地球系统太阳辐射收支的变化，从而对地球气候产生重要影响。在地质气候的时间尺度上，过去的研究已经较为清晰地揭示了太阳活动和地球轨道变化对地球气候的影响，并已在科学界取得了广泛的共识。20 世纪 30 年代，塞尔维亚数学家米兰科维奇创立了一个著名的理论解释地球运动对气候变化的影响——天文冰期理论。该理论认为，冰期的形成与地球运动轨道三要素（地球轨道偏心率、黄赤交角、岁差）的周期性变化相关联。换句话说，即地球围绕太阳旋转时，公转轨道形状、地轴与公转轨道的黄道面间交角、公转时地球自转的角速度都会有变化，这几个方面的自然波动使得地球接收的太阳辐射产生变化，影响了气候和冰期的形成。人们普遍认为，米兰科维奇的地球轨道参数对地球气候在 1 万～ 100 万年时间尺度上的变化影响很大，但在气候年际到百年际的变化中，其影响可忽略不计。因此，在目前的气候模式中，地球运动的较短尺度的变化都被视为不变。但这些假设是否成立，并无定论（丁仲礼，2006）。人们从冰心的分析中得知，在 11 万年前到 1 万年前的气候史中一共发生 25 次丹斯果－奥什格尔（Dansgaard-Oeschger，D-O）事件，即大气温度在几十年到几百年出现突变（Dansgaard et al.，1982；Broecker and Peng，1994），以及与之相伴随的海因里希（Heinrich）现象（Heinrich，1988）。D-O 事件的平均周期约 1500 年。那么，目前所观测到的全球变暖是否是 D-O 事件的重现呢（Denton and Karlen，1973）？尽管对 D-O 事件触发机制的解释众说纷纭，但至今仍存在争议（Pisias et al.，1973；Keigwin，1996；Bond et al.，1997，2001；Alley et al.，1999；Ganopolski and Rahmstorf，2001；Schulz，2002；Ditlevsen et al.，2007）。人们尚不清楚，这样的事件是外力强迫的，还是地球系统相互作用的结果，或者是非线性地球系统对外力强迫的敏感反应？但可以肯定的是，这些突变不是人类活动的结果。如果不能合理解释气候史上的这些突变事件，那么目前气候预测的理论和方法是不能完全令人满意的。

太阳和地球运动因子在较短时间尺度上对地球气候的影响究竟如何？还存在较大的争议。目前，气候变化归因研究多数基于观测资料和气候模式的模拟结果，利用气候模式的模拟结果与观测序列进行对比，从而分析哪些强迫可能是造成气候变化的主要影响因素。其中涉及两个方面的不确定性：一是气候模式的不确定性；二是观测资料的不确定性（任国玉等，2014）。气候模式的不确定性主要来自模式本身物理、化学、生物过程的不完善，如气溶胶－云－辐射过程的耦合、平流层动力－化学－辐射过程的耦合、生态系统对气候变化的响应与反馈等模式表达不准确。例如，辐射强迫就是一个复杂和不确定性较大的过程。虽然对于充分混合的温室气体来说，辐射强迫的不确定性较小，但是对于一些其他类型的辐射强迫，如气溶胶、森林变农田的土地利用变化的辐射强迫不确定性则较大。此外，太阳活动、地球轨道变化等自然因素对气候影响的机制还不太清楚，如何量化评估其对全球气候变化的贡献，仍是一个需要解决的关键问题。

随着人们对太阳活动与地球气候、地球物理现象关系研究的重视，太阳物理学和地球物理学之间产生了一个边缘学科——日地关系（solar-terrestrial relationship），其主要研究对象是太阳辐射、太阳活动和气候变化之间的相关关系。早期的日地关系研究虽然多局限于统计相关分析，其结论因而会受到一些学者的质疑，但随后更多的数据和研究证实了不少结论是可信和重要的（Labitzke and Harry，1988）。太阳活动与平流层臭氧、大气准两年振荡（quasi-biennial oscillation，QBO）具有密切的相关关系。还有不少研究揭示了太阳活动与大气温度、风场、降水和河流流量等气候系统参数和气候现象的联系。与此同时，人们也从地球和大气角动量、山脉和摩擦力矩以及地转科里奥利力出发，探究了地球运动因子对气候的影响（彭公炳，1973；彭公炳和陆巍，1982）。但长期以来，太阳活动和地球运动等自然因子对近百年的全球气候变暖是否有作用一直存在争议，有关太阳活动和地球运动因子对气候影响的研究还十分薄弱。

近年来，寒冷事件频繁出现，而太阳活动也进入了一个相对异常平静的时期。未来是否会因为这些自然因子驱动而使小冰期再现？太阳活动等天文要素对气候变化究竟产生多大的作用？这些疑惑成为科学关注的热点。由于已往的研究多集中于太阳活动和气候的统计相关分析以及相似周期的比较研究，全面系统和定量的综合研究，尤其是对影响作用机制的探讨，成为该领域急需开展的研究工作。本书主要从太阳活动变化对大气的作用机制、气候系统的响应过程、地球短周期变化因子与气候变化的关联、太阳活动和地球运动变化对未来气候的可能影响几个方面，介绍最近几年中国学者的研究进展。这些新的研究进展，可以加深和丰富我们对自然因子影响气候的认识，同时为未来该领域进一步的研究工作提供启示和线索。

1.2　太阳活动和地球运动因子的研究动态及趋势

无论是太阳活动还是地球运动，其变化都是多方面的，并表现出多时间尺度的特征。为方便读者阅读，本节将分别给出可能与地球气候变化有关的主要因子及其特征，并解释这些因子的观测和表征指标，同时给出本书使用到的一些名词的意义。

1.2.1 太阳总辐照度和太阳光谱辐照度的测量

太阳总辐照度（total solar irradiance，TSI）也经常称为总太阳辐射量，是指地球大气层顶接收到的全部太阳辐射能。在没有卫星观测之前，TSI 的测量在地面进行，科学家普遍认为它是一个常量（约 1365W/m^2），因而也称其为太阳常数（Johnson，1954；Drummond et al.，1968；Thekaekara and Drummond，1971；Laue and Drummond，1968）。只有少数科学家根据一些间接资料推测，TSI 可能随太阳黑子等太阳活动而发生变化（Eddy，1976）。但 1978 年开始的卫星观测，使得 TSI 观测的精确度大大提升，TSI 与太阳活动的密切关系也被逐渐证实。例如，TSI 随太阳黑子数在一个 11 年左右的周期振荡中（Kuhn，1988；Willson and Hudson，1991），太阳活动极大年（峰年）与太阳活动极小年（谷年）之间 TSI 相差约为 1W/m^2。通常所说的太阳周就是指太阳活动（太阳辐射、高能粒子等）和表象（黑子数、耀斑等）的平均 11 年（通常为 9 ～ 13.6 年）的周期变化，也称太阳磁活动周或 Schwabe 辐射周期。

关于 TSI 的测量，近几年有了新的进展。美国国家航空航天局（National Aeronautics and Space Administration，NASA）于 2003 年发射了太阳辐射和气候实验（Solar Radiation and Climate Experiment，SORCE）卫星，该实验卫星的主要任务和目标之一是精确测量太阳辐射在十年或百年尺度上的变化，包括 TSI 和太阳光谱辐照度（solar spectrum irradiancy，SSI），进而为探索小的太阳辐射变率能否引起地球气候变化提供数据证据。它对 TSI 的测量结果比之前公认的 1365W/m^2 低 4W/m^2 左右，在 2008 年太阳谷年为 1360.8W/m^2，最近的太阳峰年 2014 年约为 1362 W/m^2（Kopp et al.，2016），如图 1.1 所示。也就是说，TSI 在一个太阳周内的变率为 0.1% 左右，但其平均值和变化范围要比之前公认的低 0.3% 左右。有关分析发现，散射光是导致以前的太阳辐射计测量值偏高的原因，而新一代辐射计（TIM）的特殊设计限制了漫射光进入放有仪器的空腔（Kopp and Lean，2011）。新的卫星观测数据将目前 TSI 的平均值修正到 1361 W/m^2。

除了 11 年的准周期以外，TSI 还存在 22 年的海尔（Hale）周期和 80 ～ 90 年的格莱斯堡（Gleissberg）周期（Tsiropoula，2003）。根据 TSI 与太阳活动的关系，天文学家可以重构上百年的 TSI 时间序列（Lean，2000；Hoyt and Schatten，1993）。

太阳辐射由不同波长的光谱构成，不同波长的太阳辐照度叫作太阳光谱辐照度。地球大气选择性地吸收和散射太阳辐射，造成太阳光谱的不同谱段影响地球

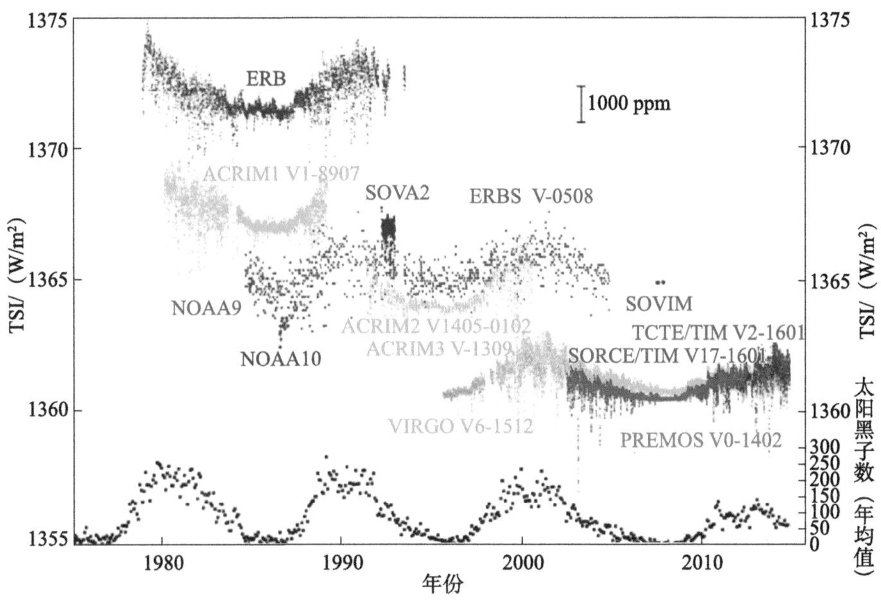

图 1.1 卫星探测的 TSI（Kopp et al.，2016）

1ppm=10^{-6}

气候的方式不同。在 TSI 中，有 20% ～ 25% 被地球大气的水汽、云和臭氧吸收，其中波长 300nm 以下的紫外辐射被完全吸收，并成为平流层和热层的主要能量源；而波长更长的可见光和红外辐射到达低层大气，在到达地面之前，部分被云或其他物质反射回去，没有被反射的部分成为全球能量平衡的一个主要项，也是大气稳定度和对流的一个基本关键因子。尽管紫外吸收只占总太阳能量输入的一小部分，但是它有着相对大的 11 年太阳周期变率，变化可达 6% ～ 8%（Chandra and McPeters，1994），占 TSI 变化的 15%（Lean et al.，1997）。这比同期 TSI 约 0.1% 的变化大得多，且最近的测量结果出乎人们意料，SORCE 卫星提供了第一个从 X 射线到近红外的完整太阳光谱辐照度监测结果，它显示在太阳周期的下降期（2004 ～ 2007 年），紫外线辐射下降幅度比过去结果大得多，下降幅度是过去结果的 4 ～ 6 倍，但紫外线辐射的下降部分被可见光辐射增加所补偿（Harder et al.，2009）。最近的模式研究参考了最新的紫外线辐射测量值，发现紫外线辐射变率引起的气候响应是重要的（Ineson et al.，2011；Scaife et al.，2013）。

1.2.2 第 23 和第 24 太阳周的异常

最近已经过去的一个太阳活动 11 年周期（第 23 太阳周）与前面几个 11 年周期有所不同，其持续时间长，达到了 12.4 年，是近 100 年来最长的一个太阳周，前面几个太阳周大多只持续 10 年左右。太阳周长反映太阳活动弱，第 23 太阳周较长的时间跨度反映了太阳活动减弱。2008 年 8 月整个月无黑子，到 2010 年 3 月无黑子日数已达 780 天，这是 1913 年以来第 15 ～ 22 太阳周将近 100 年所未出现过的（王绍武，2010）。2014 年基本确定是第 24 太阳周的峰年，全年太阳黑子数为 113，是 1913 年以来峰值最低的一个太阳周（图 1.2）。

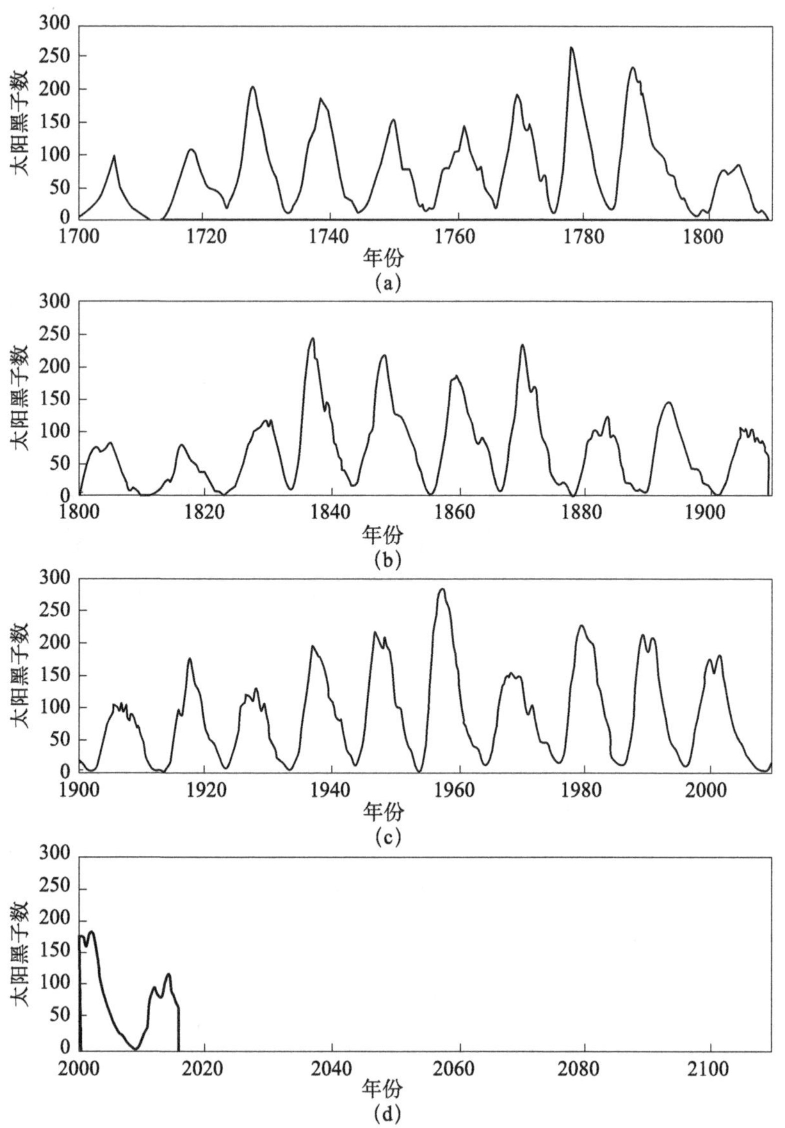

图 1.2　1700 ～ 2015 年逐年太阳黑子数

资料来源：比利时皇家天文台（Royal Observatory of Belgium），网址为 https://www.bis.sidc.be/silso

近年来，对第 23 太阳周异常长的极小期和未来太阳活动总体趋势的预测已引起学者的高度关注和警觉。Svalgaard（2005）、Schatten（2005）和王家龙（2009）曾预测第 24 太阳周将是一个弱的太阳周，甚至可能是百年来最弱的。目前看来，这一预测基本是正确的。另外还有一些较极端的预测研究，如 Penn 和 Livingston（2006，2010）利用塞曼分裂（Zeeman splitting）方法研究太阳黑子磁场强度衰减趋势，对未来几十年太阳周的强弱做出大胆推测，他们认为，如果按 1995 年之后的趋势发展下去，到 2015 年，太阳黑子磁场可能就会跌至 1500Gs①，届时黑子恐将很难产生。然而，Dikpati 等（2006）根据修改的通量输送动态模式预测第 24 太阳周将是一个较强的太阳周（比前一个强 30% ～ 50%）。现在看来，这两种极端相反的预测，都是错误的。近年来，一些新的预报模型预测，在 2030 年左右，太阳活动将会急剧减少，而这一状态将持续 30 多年

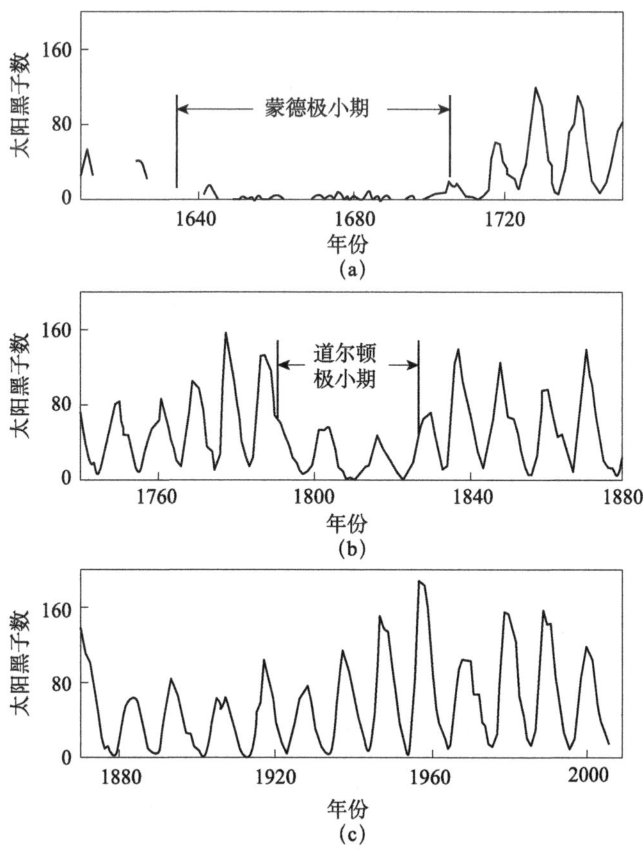

图 1.3 1600 ～ 2007 年太阳黑子数

① $1Gs=10^{-4}T$。

（Shepherd et al.，2014）。从图 1.3 大致可以看出，两个太阳黑子数极小期（蒙德极小期和道尔顿极小期）间隔约 130 年，而 19 世纪晚期到 20 世纪早期（1880 ～ 1920 年）的 40 年也是太阳活动的极小期，距今也约 130 年。这是否意味着太阳将进入周期性的极小期？此外，在进入道尔顿极小期之前的那个太阳周非常长，从 1787 年的峰值下降到 1798 年的谷值用了 11 年时间，这与上一个太阳周（第 23 太阳周）是有些相似的，这是否说明太阳活动即将进入新的极小期？这些观点目前还不能得到证实。

尽管如此，目前太阳活动的一些异常特征和已经有所减弱的事实已越来越得到人们的关注。IPCC 第五次评估报告（IPCC，2013）在分析评估 1998 ～ 2012 年气候变暖停滞时，将其原因之一归结为异常低的太阳辐射和弱的太阳活动。随着近几年太阳活动逐渐脱离低值期，全球平均温度又开始创新高，这是一种巧合吗？目前人类对这方面的认知水平，还不足以很好地回答这一问题，也不能证明目前大多数有关假说的真伪，但显然，这方面的研究也应该受到重视。

1.2.3 地球自转运动因子研究

目前，已有的关于地球运动因子对气候变化影响的统计诊断研究成果多集中在 1960 ～ 1980 年，近年来只有少量研究（黄玫等，1999；魏鸣和欧阳首承，2011）。随着对地球运动因子与气候变化的物理联系的认识加强，以及新技术新数据的产生（朱文耀和张强，2000；许雪晴和周永宏，2010；何战科等，2010；魏二虎等，2010），地球运动因子和气候变化数据获取更充分。随着对气候变化过程认识的深入，有望通过继续深入地开展统计诊断，进一步诊断地球运动因子和气候变化的关系，深入揭示地球运动因子与气候变化的相关关系和关联机制，并进而评估气候变化中作为重要自然因子之一的地球运动的可能贡献。

对地球自转变化的研究从 19 世纪开始兴起，到目前已有一百多年的历史。地球自转变化的研究从一开始就与气候变化和技术革命紧密相关。20 世纪 70 ～ 80 年代，新的观测技术，如卫星激光测距（SLR）、全球定位系统（GPS）、甚长基线干涉测量（VLBI）等能以厘米级精度测定地球自转和局部运动（目前已经达到了毫米级精度），使得地球自转参数的观测精度达到了空前高度（闫昊明，2014）。目前，观测日长的精度达到 20μs/d。天文观测中通常以相对标准日长 86 400s 的日长偏差来表示日长变化。古生物化石生长周期、古天象观测记载（日食、月食、掩星）、近代光学天文观测、现代空间天文观测（VLBI、SLR、

GPS等）资料表明，地球自转速率是不均匀的，存在长期减速变化（日长变长）、规则性变化、不规则性变化等多种周期成分（Lambeck，1980）。地球自转速率的周年和半年变化，主要是由地球中纬度高空急流的变化引起的，与各种气象涛动现象，如厄尔尼诺、准两年振荡，存在比较密切的关系（周永宏，1997；闫昊明等，2000）。

地球运动因子变化与气候要素变化的量级相比较小，如地球自转周期的增长约为2.5ms/100a（Hunt，1979），宇宙和天体的极端事件可能造成自转变率的突变大约为百万分之一秒。地极移动（简称极移）大约为10cm（如日本2011年3月11日的强震使地球地轴发生大约10cm的偏移，自转加快1.6μs）。各种观测资料表明，地球运动因子的变化与某些气候现象存在密切联系。例如，人们观测到赤道东太平洋海温升高时，大洋表层海水自西向东大规模地运动，大洋东西部海面水位出现东高西低的现象，与此同时，大气中海平面气压（sea-level pressure，SLP）发生变化，赤道东太平洋上东南信风减弱，中高纬地区高空风加强。这些现象都发生在地转减速的同时。如果能弄清楚这些现象之间的因果关系，显然对理解地球因子变化与气候的联系机理有重要意义（钱维宏，1988）。

大气模式模拟表明，当自转周期为9h（前寒武纪晚期）的高速自转时期，大气环流的急流强度比当前小约20%，急流位置更加靠近赤道，位于纬度15°（Hunt，1979）。因此，在前寒武纪，地面风压（通常与风速的平方成正比）差不多比现在减少一半。地面风压降低的一个最重要影响后果可能是对海洋的作用减弱。由风引起的海洋垂直混合过程减弱，会形成一个较浅的和较暖的混合层，且总热容量也较小，海表面温度的季、年变化减弱。此外，由于高的自转速率，海洋中运动的空间尺度相应减少，加上风压减小和风速降低，造成海洋涡流运动的强度以及海洋中向极的热输送减弱。上述所有变化的净效应使得热带海洋和大气变暖，极地变冷。前寒武纪时期，向极热通量减少的最终结果是造成了更为寒冷的极地区，并使赤道与极地的温差增大。上述仅从自转速率变化所造成的影响来考虑，可以推断当时的地球运动条件有利于整个前寒武纪时期冰川发展维持。相反，当地球自转速率逐渐降低从而环流系统改善引起极地变暖时，假设其他因素不变，那么冰覆盖就会不断缩小。也可以对前寒武纪冰期的终结（6亿年以前）做出解释，当时自转周期已经增长到20h，动力学条件不利于冰川的维持。因此，高自转速率有利于在高纬地区引起干旱和寒冷，使气候条件很恶劣，除了那些顽强的生命形式外，其他生物都难以生长。当地球自转速率逐渐降低时，高纬地区的气候也逐步改善，适于生物存在和繁衍，但副热带的强干旱带也随之扩大。在前寒武纪，由于气象系统尺度小且无规则，降水强度小且具有局地性。这说明冲刷和腐蚀作用较小，有可能用来解释冲积地形的沉积（Hunt，1979）。

古生物学家曾用生物化石研究了地球自转速率的长期变化，发现地球自转速率长期以来是逐步减慢的，在长期减慢过程中又叠加着不同时间长度的波动（陈道汉等，1986）。目前，所积累的地球自转速率变化资料不到200年，因而人们还不能准确地分析出地球自转速率变化是否存在世纪周期和更长的周期。但可以肯定的是，地球自转速率变化的波动存在百年尺度的周期。罗时芳等（1974）用周期图的方法分析了一年的地球自转资料，得出了地球自转速率变化的数个周期。找到的周期大部分与太阳黑子、月亮、大行星等天文上的有关周期对应。其中，56年周期具有最大的振幅。在这个准60年周期尺度上，地球系统的自然灾害与地球自转速率变化存在大体一致的同步演变（任振球，1991）。

研究发现，一些短时间尺度的重要气候事件与地球自转速率也有明确的联系。例如，南方涛动指数与相应时段的地球自转速率变化有着内在的联系。非洲干旱区1965年以来的降水趋势与地球自转长期变化趋势相同，这种关系可能是通过大气活动中心的位置移动在起作用，20世纪60年代以来，地球自转变化正处于减速阶段，变化周期为准31年，1972年为这一周期的谷值（钱维宏，1988）。基于振荡理论，刘式适等（1999）分析了地球自转速率的变化对低纬大气和海洋运动的影响。研究表明，地球自转速率的变化可能影响大气和海洋运动的长时间变化而且通过纬向风和洋流的变化，导致海温和海平面的变化，当地球自转减慢时，可能导致厄尔尼诺现象的形成。韩延本等（2001）分析地球自转速率、大气角动量、太阳黑子相对数的年际变化以及赤道太平洋海面温度变化与厄尔尼诺事件的关系后发现，地球自转速率的年际变化对大气角动量的年际变化及厄尔尼诺事件的孕育有较快的响应。通过较长时间序列赤道太平洋NINO3区海温异常、南方涛动指数、经过自然滤波处理的年际地球自转速率资料和全球大气角动量资料的分析可以发现，它们之间的变化并不同步，存在位相差。于是，地球自转速率变化和赤道大气西风角动量距平可以作为预报厄尔尼诺事件发生的信号（钱维宏和丑纪范，1996）。

1.2.4 极移和其他运动因子研究

极移是地球运动的另外一类重要形式。已有不少研究发现，各地区气压场和南北半球主要大气活动中心强弱、位置变化与极移有显著的关联。研究指出，极移引起离心力位势及其分力在空间和时间上不断变化。而位势和水平分力的变化可能引起大气质量输送、气压场和大气活动中心强弱及其位置的变化（彭公炳和陆巍，1981）。研究发现，我国大面积地区降水以及影响我国气候变化的欧亚大陆中纬地区月经向环流指数以及太平洋副热带高压都有 6 ～ 7 年的周期，与极移振幅的 6 ～ 7 年周期基本一致。过去的一些分析指出，欧洲气候变化有 5 ～ 6 年周期，而冰岛低压和亚速尔高压的运动都有 14 个月周期，它们与极移的周期相似。欧洲上空经向环流发展有 7 年周期，而且经向环流发展时出现强反气旋，其出现和消失也有 7 年周期，这与极移 7 年周期相似。阿里索夫等（1957）的计算表明，北半球的许多气象观测站，尤其是中高纬地区的气象站，其气温变化有 6 ～ 8 年周期，东亚地区的气温、台风路径、冷空气爆发流动的方向都有 6 ～ 7 年周期。因此，极移的周期性变化在世界许多地区都对应有明显的天气气候周期变化。极移振幅各周期的高值年经向环流指数一般都较高，而极移振幅各周期的低值年经向环流指数则较低。极移振幅各周期内最高振幅年及其前后一年经向环流指数之和显著大于最低振幅年及其前后一年该指数之和。对比分析 1900 ～ 1977 年上海、南京、芜湖、九江、武汉平均 5 ～ 8 月降水量与极移的资料后可以发现，极移振幅各周期的高值年多雨次数增加，反之各周期的低值年少雨次数增加（彭公炳等，1980）。极移和地球自转速率变化造成离心力位势及其分力的变化，进而影响大气环流和气候特征的变化，而气候特征的变化可能导致海洋、河流以及树木生长、冰川等自然地理因素的变化。极移和地球自转速率变化都有经纬度效应，所以它们对各地区的影响效果不同（彭公炳，1981）。

综上所述，迄今虽然已有一些现象表明地球运动因子很可能对气候变化具有影响，但尚缺乏系统性和深入的机制研究，特别是这些研究没有在地球动力系统理论的框架内探讨地球运动因子与气候变化的关系，而只是关注这些因子对地球系统的某个子系统（如大气）的作用。我国的研究成果多集中在 20 世纪 80 年代或以前，对地球运动因子对气候变化影响的物理机制的深度揭示不够，国外类似的工作也相对较少。刘苏峡等（2014）在总结极移和径流之间可能存在相互作用机制的基础上，利用受人类活动影响较小的青藏高原雅鲁藏布江的月径流资料和极移资料以及格兰杰因果关系检验方法，从统计学角度探索了在月、季和年尺度上，极移变化与径流变化之间可能存在的联系，并认为在月和季尺度上利用地球移动资料可能会提高资料稀缺区域的水文预测精度。随着探测技术的进步，利用卫星和空间大地测量技术，可以高精度地获取地球自转变化数据、地球移动和地球重力场时变数据，从而反演地球气候、地表流体质量在全球和区域的变化情况，揭示地球运动因子与全球气候变化的关系，为深入开展地球运动因子影响全球气候变化研究提供了条件。

1.3 太阳活动及对气候的主要影响途径

随着科学技术的发展，先进的太阳观测理念和新的观测设备不断涌现出来。在更大的空间范围和更宽的频谱上对太阳实施观测，可以获得更加丰富的测量数据，而且数据的分辨率和精度都得到了明显改善，为深入开展太阳活动等天文要素影响气候变化的机制研究提供了新的机遇。近年来，太阳活动等天文要素影响地球气候的途径和驱动机制研究已成为当前国际科学的前沿课题。美国于 2003 年将太阳与气候研究列为其六大科学研究计划之一，国际日地物理科学委员会（Scientific Committee on Solar-Terrestrial Physics，SCOSTEP）于 2003 ～ 2007 年实施了“日地系统的气候与天气”（Climate and Weather of the Sun-Earth System，CAWSES）计划，欧洲核子研究中心（European Organization for Nuclear Research）的粒子物理实验室也于 2006 年启动了宇宙户外水滴（Cosmics Leaving Outdoor Droplets，CLOUD）计划，研究宇宙线对地球云层和气候的可能影响。该计划吸引了大气物理学、太阳物理学、宇宙线和粒子物理等交叉学科的学者共同探究日地物理、气溶胶、云和气候变化中的关键问题。

虽然近年的气候研究已发现越来越多的太阳活动和气候相关的证据，但人们目前对太阳活动影响气候变化的认识，仍然存在很大的不确定性和争议，并且还缺乏确凿的定量化结论来描述太阳活动对现代气候变化影响的过程和物理机制。目前，相关研究主要集中在三个方面：一是利用现代观测资料进一步研究揭示太阳活动等天文要素对气候影响的事实，尤其是分离和提取其多时间尺度特征对气候变化的影响，评估在百年尺度上对现代气候变化的影响；二是通过物理实验和数值模式模拟等技术手段研究太阳总辐射、紫外辐射和宇宙射线等因子影响气候变化的途径和机制，以期揭示太阳活动等天文要素影响气候的机理；三是研究气候系统对太阳活动等天文要素的响应过程，是否存在非线性的放大作用，从而使微小的太阳活动要素变化产生显著的气候变化效应。目前，这三个方面的问题在理论上尚未得到证实，其中一些关键环节还仅仅是科学推断，有待开展更大量深入的分析研究工作。

从上述情况可以看到，太阳活动对全球气候变化的影响具有重要而深远的意义，已成为 21 世纪初最重要的科学研究议题之一。但目前人们对其影响的特征、规律、过程及物理机制的认识还不十分清楚，初步的研究探索亟待加强，尤其需要人们从不同的方面、不同的角度开展持续和深入的研究工作，使人类对太阳活动影响全球气候变化的认识得以不断深入。

1.4 地球运动及对气候的可能影响途径

地球运动是影响地球气候变化的主要因子之一，尤其是在较长的时间尺度上。但其对近百年气候变暖的相对贡献是多少，仍然没有定论。许多著名的与现代气候变暖休戚相关的气候事件，如 D-O 事件，迄今尚无法由较长时间尺度的米兰科维奇地球运动因子得到满意的解释，所以除了需要关注地球运动因子的演变规律之外，还需要关注地球运动因子对地球系统的强迫作用，以及地球系统对这些强迫作用的响应。本书将特别关注较短时间尺度气候过程中地球系统内部相互关系的突变的可能性，即这些突变在气候上的表征。

地球运动因子很多，但主要可以归结为以下三类：①地球绕瞬时轴的转速率变化，用地球自转速率或日长表示；②天球参考轴方向相对于地球本体的变化，称为极移；③天球参考轴方向相对于惯性空间的变化，称为岁差章动，其中变化的长期部分称为岁差，周期部分称为章动（张捍卫等，2006）。

地球运动因子对气候变化的影响存在特殊性，因此有必要继续深入开展基于能量平衡、角动量守恒理论关系、大气方程的地球运动因子对气候变化的驱动机制的研究。由于数值模式包含了大气过程所带来的复杂特征，采用数值模型和敏感性试验方法来研究地球运动因子的变化对气候系统造成的影响机制，可能遇到变化的量级明显小于气候因子的误差量级（钱维宏和丑纪范，1996）。因此，如何采用新模型［如简单地球模型（Fraedrich，1978，1979）］和新方法［如混沌理论（刘式达，1990）］来研究地球运动因子对气候变化的影响机制可能是目前攻关的突破点之一。用简单模型解释复杂系统内在规律的成功例子很多。例如，罗斯贝（Rossby）的理论很好地解释了为什么在太阳辐射周期为一天和一年的前提下，天气活动的周期为 10 天左右的事实。影响罗斯贝波及天气尺度的重要物理量是地球自转的角速度，地球运动因子对气候变化的影响，必将要通过地球大气、海洋等耦合的动力过程来实现。采用简单模型可能比复杂模型更容易抓住主要特征，凸显主要联系，有利于揭示地球运动因子对气候变化的驱动机制。

自然可能存在一定的节律，如上述所提到的D-O事件的重复性以及地球运动因子的不同周期。通过上述相关关系规律和机制的探寻，有可能找到影响气候变化的关键地球运动因子，并提出关键地球运动因子对气候变化影响的若干长期预报指标。地球运动因子除了影响气温变化之外（张素琴，2000），也可能通过影响大气环流进而影响降水量和全球储水量最终影响气候变化（廖德春和廖新浩，2000；周永宏等，2000；马利华等，2004）。例如，研究表明极移的周期与长江汉口、宜昌、九江等水文站流量和水位的变化周期存在一定的联系（彭公炳，1981），长江中下游地区雨季平均降水量与极移长期变化关系较为密切，华北地区降水量与极移也有一定关系（彭公炳，1980）。因此，有必要研究地球运动因子对包括温度、降水、陆面干湿等多个气候系统成员的影响。

关于地球运动因子与气候变化联系的研究，除了依循上述路径，即研究地球运动因子对气候变化的影响之外，还有一条路径是研究太阳活动引起地球磁场的变化，以及最终对气候的影响。地球磁场变化所产生的磁力异常能引起地球外核流动的改变，而外核流动的改变会通过核幔耦合作用，包括电磁耦合、黏性耦合、热力耦合和地形耦合等过程，不仅对地幔产生影响，也会引起地球自转（日长）长周期的变化（傅容珊等，1999），从而在年代及以上时间尺度上引起地球气候的变化（李崇银等，2003）。鉴于本书主题是研究自然因子对气候变化的影响，所以本书重点关注第一条研究路径。

参考文献

阿里索夫，特洛兹多夫，鲁宾施普．1957. 气候学教程．盛承禹等译．北京：高等教育出版社．

陈道汉，刘麟仲，郑家庆．1986. 生物灭绝、地球自转与周期性陨击事件．中国科学（A辑：数学　物理学　天文学　技术科学），(1)：67-74.

丁仲礼．2006. 米兰科维奇冰期旋回理论：挑战与机遇．第四纪研究，26（5）：710-717.

傅容珊，李力刚，郑大伟，等．1999. 核幔边界动力学——地球自转十年尺度波动．地球科学进展，14（6）：541-548.

韩延本，赵娟，李志安．2001. 地球自转速率的年际变化与El Niño事件．科学通报，46（22）：1858-1861.

何战科，杨旭海，李志刚，等．2010. 利用GPS观测资料解算地球自转参数．时间频率学报，33（1）：69-76.

黄玫，彭公炳，沙万英. 1999. 地球自转速率变化影响大气环流的事实及机制探讨. 地理研究，18（3）：254-259.

李崇银，翁衡毅，高晓清，等. 2003. 全球增暖的另一可能原因初探. 大气科学，27（5）：789-797.

廖德春，廖新浩. 2000. 全球陆地水储量对地球自转变化的激发作用. 天文学报，41（4）：373-383.

刘式达. 1990. 地球系统模拟和混沌时间序列. 地球物理学报，33（2）：144-153.

刘式适，刘式达，傅遵涛，等. 1999. 地球自转与气候动力学：振荡理论. 地球物理学报，42（5）：590-598.

刘苏峡，王盛，王月玲，等. 2014. 地极移动与河川径流的关系研究. 气象科技进展，（3）：6-12.

罗时芳，梁世光，叶叔华，等. 1974. 地球自转速率变化的周期分析. 天文学报，（1）：79-85.

马利华，韩延本，尹志强. 2004. 地球自转速率变化及其与地球物理现象关系研究的进展. 地球物理学进展，19（4）：968-974.

彭公炳. 1973. 地极移动对气候变化的影响及其在气候预测中的应用. 气象科技，（3）：54-58.

彭公炳. 1981. 若干自然地理因素与地球运动参数. 地理科学，1（2）：115-124.

彭公炳. 1983. 大气热力状况在地球自转速度季节变化中的作用. 天体物理学报，3（4）：303-310.

彭公炳，陆巍. 1981. 气压场和大气活动中心对地极移动的若干响应. 地理学报，48（1）：59-69.

彭公炳，陆巍. 1982. 气候及其环流因子对地球自转速度变化的若干响应. 气象学报，40（2）：209-218.

彭公炳，陆巍，殷延珍. 1980. 地极移动与气候的几个问题. 大气科学，4（4）：369-378.

钱维宏. 1988. 长期天气变化与地球自转速度的若干关系. 地理学报，43（1）：60-66.

钱维宏，丑纪范. 1996. 地气角动量交换与ENSO循环. 中国科学（D辑：地球科学），26（1）：80-86.

任国玉，任玉玉，李庆祥，等. 2014. 全球陆地表面气温变化研究现状、问题和展望. 地球科学进展，29（8）：934-946.

任振球. 1991. 地球自转和自然灾害的准60年周期的成因探讨 · 天文与自然灾害. 北京：地震出版社.

任振球，张素琴. 1985. 地球自转与厄尼诺现象. 科学通报，30（6）：444-447.

王家龙 . 2009. 第 24 太阳周将是一个低太阳周？ . 科学通报，54（23）：3664-3668.

王绍武 . 2010. 全球气候变暖的争议 . 科学通报，55（16）：1529-1531.

魏二虎，田晓静，刘经南，等 . 2010. 利用 2008 ～ 2009 年 VLBI 数据进行日长变化的研究 . 武汉大学学报（信息科学版），35（9）：1009-1012.

魏鸣，欧阳首承 . 2011. 2008 年冬季—2009 年春季干旱的大气结构与地球转动特征 . 中国工程科学，13（1）：49-55.

许雪晴，周永宏 . 2010. 地球定向参数高精度预报方法研究 . 飞行器测控学报，29（2）：70-76.

闫昊明 . 2014. 基于地球自转变化和时变重力场研究全球气候变化 . 气象科技进展，（3）：20-25.

闫昊明，钟敏，朱耀仲 . 2000. 日长季节振荡的振幅变化与南方涛动现象 . 测绘学报，29：103-106.

张捍卫，许厚泽，柳林涛 . 2006. 动力大地测量学中的地球自转理论 . 北京：中国科学技术出版社 .

张素琴 . 2000. 地球自转与东北地区夏季温度变化 . 应用气象学报，（4）：484-490.

周永宏 . 1997. 气象涛动对地球自转变化激发的分析与研究 . 上海：中国科学院上海天文台 .

周永宏，郑大伟，虞南华，等 . 2000. 地球自转运动与大气、海洋活动 . 科学通报，45（24）：2588-2597.

朱文耀，张强 . 2000. 中国地球自转和地壳运动监测的研究工作 . 天文学进展，18（1）：9-16.

Alley R B，Clark P U，Keigwin L D，et al. 1999. Making sense of millennial scale climate changes. Geophysical Monograph，112：385-394.

Bond G，Kromer B，Beer J，et al. 2001. Persistent solar influence on North Atlantic climate during the Holocene. Science，294（5549）：2130-2136.

Bond G，Showers W，Cheseby M，et al. 1997. A pervasive millennial-scale cycle in North Atlantic Holocene and glacial climates. Science，278（5341）：1257-1266.

Broecker W S，Peng T H. 1994. Stratospheric contribution to the global bomb radiocarbon inventory：model versus observation. Global Biogeochemical Cycles，8（3）：377-384.

Chandra S，McPeters R D. 1994. The solar cycle variation of ozone in the stratosphere inferred from Nimbus 7 and NOAA 11 satellites. Journal of Geophysical Research，99（D10）：20665-20671.

Dansgaard W，Clausen H B，Gundestrup N，et al. 1982. A new Greenland deep ice core. Science，218：1273-1277.

Denton G H，Karlen W. 1973. Holocene climatic variations—their pattern and possible cause. Quaternary Research，3：155-205.

Dikpati M，de Toma G，Gilman P A. 2006. Predicting the strength of solar cycle 24 using a flux-transport dynamo-based tool.Geophysical Research Letters，33：L05102.

Ditlevsen P D，Andersen K K，Svensson A. 2007. The DO-climate events are probably noise induced：statistical investigation of the claimed 1470 years cycle. Climate of the Past，3：129-134.

Drummond A J，Hickey J R，Scholes W J. 1968. New value for the solar constant of radiation. Nature，218（20）：259-261.

Eddy J A. 1976. The maunder minimum. Science，192：1189-1202.

Fraedrich K. 1978. Structural and stochastic analysis of a zero-dimensional climate system. Quarterly Journal of the Royal Meteorological Society，104：461-474.

Fraedrich K. 1979. Catastrophes and resilience of a zero-dimensional climate system with ice-albedo and greenhouse feedback. Quarterly Journal of the Royal Meteorological Society.，105：147-167.

Ganopolski A，Rahmstorf S. 2001. Rapid changes of glacial climate simulated in a coupled climate model. Nature，409：153-158.

Harder J W，Fontenla J M，Pilewskie P，et al. 2009. Trends in solar spectral irradiance variability in the visible and infrared. Geophysical Research Letters，36：158-170.

Heinrich H. 1988. Origin and consequences of cyclic ice rafting in the Northeast Atlantic Ocean during the past 130,000 years. Quaternary Research, 29(2):142-152.

Hoyt D V，Schatten K H. 1993. A discussion of plausible solar irradiance variations，1700-1992. Journal of Geophysical Research，98（A11）：18895-18906.

Hunt B G. 1979. The effects of past variations of the Earth's rotation rate on climate. Nature，281：188-191.

Ineson S，Scaife A A，Knight J R，et al. 2011. Solar forcing of winter climate variability in the Northern Hemisphere. Nature Geoscience，4：753-757.

IPCC. 2007. Climate Change 2007-Synthesis Report：Contribution of Working Groups I, II and III to the Fourth Assessment Report of the Intergovernmental Panel on Climate Change . Geneva:IPCC.

IPCC. 2013. Climate Change 2013-The Physical Science Basis：Working Group I Contribution to the Fifth Assessment Report of the Intergovernmental Panel on Climate Change（pp. 1-30）. Cambridge：Cambridge University Press.

Johnson F S. 1954. The solar constant. Journal of the Atmospheric Sciences，11（6）：432-439.

Keigwin L D. 1996. The little ice age and medieval warm period in the Sargasso Sea. Science, 274（5292）：1504-1508.

Kopp G，Krivova N，Lean J，et al. 2016. The impact of the revised sunspot record on solar irradiance reconstructions. Solar Physics，291：2951-2965.

Kopp G，Lean J L. 2011. A new，lower value of total solar irradiance：evidence and climate significance. Geophysical Research Letlers，38：541-551.

Kuhn J R. 1988. Helioseismological splitting measurements and the nonspherical solar temperature structure. Astrophysical Journal，331：131-134.

Labitzke K，Harry V L. 1988. Associations between the 11-year solar cycle，the QBO and the atmosphere. Part I：the troposphere and stratosphere in the northern hemisphere in winter. Journal of Atmospheric and Terrestrial Physics，50（3）：197-206.

Lambeck K. 1980. The Earth's Variable Rotation：Geophysical Caused and Consequences. New York：Cambridge University Press.

Laue E G，Drummond A J. 1968. Solar constant：first direct measurements. Science，161（3844）：888-891.

Lean J L. 2000. Short term，direct indices of solar variability. Space Science Review，94：39-51.

Lean J L，Rottman G，Kyle H，et al. 1997. Detection and parameterization of variations in solar mid-and near-ultraviolet radiation（200-400 nm）. Journal of Geophysical Research:Atmospheres，102（D25）：29939-29956.

Penn M J，Livingston W. 2006. Temporal changes in sunspot umbral magnetic fields and temperatures. Astrophysical Journal，649：45-48.

Penn M J，Livingston W. 2010. Long-term evolution of sunspot magnetic fields. Proceedings of the International Astronomical Union，6（S273）：126-133.

Pisias N G，Dauphin J P，Sancetta C. 1973. Spectral analysis of late Pleistocene-Holocene sediments. Quaternary Research，3（1）：3-9.

Richard C W，Hugh S H. 1991. The Sun's luminosity over a complete solar cycle. Nature，351：42-44.

Scaife A A，Ineson S，Knight J R，et al. 2013. A mechanism for lagged North Atlantic climate response to solar variability. Geophysical Research Letlers，40：434-439.

Schatten K. 2005. Fair space weather for solar cycle 24. Geophysical Research Letlers.，32：L21106.

Schulz M. 2002. On the 1470-year pacing of Dansgaard-Oeschger warm events. Paleoceanography，17（2）：4.1-4.9.

Shepherd B J A，Clarke J A，Marks N，et al. 2014. Tunable high-gradient permanent magnet quadrupoles. Journal of Instrumentation，9（11）：T11006-T11006.

Svalgaard L. 2005. Sunspot cycle 24：smallest cycle in 100 years?. Geophysical Research Letlers，32：L01104.

Thekaekara M P，Drummond A J. 1971. Standard values for the solar constant and its spectral components. Nature Physical Science，229：6-9.

Tsiropoula G. 2003. Signatures of solar activity variability in meteorological parameters. Journal of Atmospheric and Solar-Terrestrial Physics，65（4）：469-482.

Willson R C, Hudson H S. 1991. The sun's luminosity over a complete solar cycle. Nature, 351(6321): 42-44.

第 2 章

太阳活动和地球运动因子的演变

2.1 太阳活动的主要类型和演变特征

太阳是一颗普通的恒星，在赫罗图上位于主序星的中部，对它的高（空间、时间、光谱）分辨观测研究使其成为经典样板恒星。太阳是太阳系的中心天体，是日地空间环境中的物质、能量、电磁活动变化的重要根源，因此研究太阳活动及其变化特征具有重要意义。

太阳除向四面八方发出稳定的电磁辐射外，其大气中的一些局部区域，有时也会发生一些短暂且剧烈的“改变”。通常太阳上的各种现象被划分为宁静太阳现象和活动太阳现象，太阳实际状态表现为宁静背景上叠加不断变化的太阳活动现象。宁静太阳是一个相对静止的、球对称的等离子体球。而实际上，宁静太阳是有结构的、不均匀的且变化的，因此也是“活动”的，如色球网络、宁静太阳风等。只不过这些活动是较有规律的、较为均匀的遍布全日面的比较缓慢的活动。太阳活动现象通常是指太阳上局部区域内的、变化较快的活动体，活动太阳由黑子、日珥（暗条）、耀斑、日冕物质抛射等活动现象组成。例如，在太阳光球中，常常出现比周围暗很多的区域（太阳黑子）和稍微亮一些的小片区域（光斑）。在色球中，也常常出现比周围明亮的大片区域（谱斑），而在日冕中也可观测到许多不均匀结构（冕流、冕洞等）。

2.1.1 黑子

黑子是最重要的太阳活动之一。太阳的光球表面有时会出现一些暗的区域，它是磁场聚集的地方，这就是太阳黑子。黑子一般由小黑点（气孔）演化而来，当气孔扩展到几角秒时，就开始形成黑子的中心部分，称为黑子本影。同时，在本影的周围往往出现一些浅黑的旋转状的纤维丝线，此区域明显比本影亮、比光球背景暗，称为黑子半影。图 2.1 是中国科学院云南天文台抚仙湖观测站 1m 新真空望远镜观测到的 12158 活动区太阳黑子影像。黑子的尺度，较小黑子直径为 3000km，大的可达 60 000km。黑子的本质是具有强磁通量的本影从光球下浮出。本影的磁场强度与整个黑子的面积有关，面积越大磁场越强。较大黑子的本影磁场可达 4000Gs，在半影与光球的边界处降至 1000Gs 左右。黑子倾向于成群出现，一群黑子中，西边前导黑子相对东边后随黑子大、致密、前倾（向赤道倾斜）、寿命长。较大黑子结构复杂，本影中有亮桥、本影点，半影中有亮颗粒、亮（暗）纤维等精细结构。在黑子的形成演化过程中，磁场强度先快速增加，接着较长时期保持基本不变，最后逐渐衰退瓦解。黑子的寿命，短的数小时，长的数月，一般为 10 ～ 20 天。

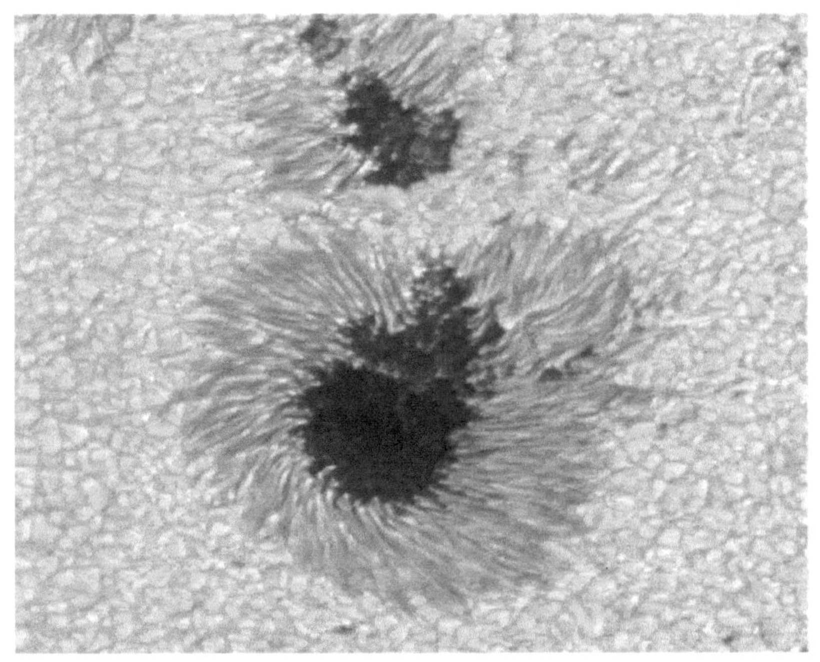

图 2.1　中国科学院云南天文台抚仙湖观测站 1m 新真空望远镜观测到的 12158 活动区太阳黑子影像

资料来源：中国科学院云南天文台 . http：//fso. ynao. ac. cn/upfiles/20150428125240. jpg［2020-07-08］

人类很早就注意到太阳黑子的活动现象并开始了观测。最早有记载的太阳黑子记录是由公元前 28 年中国汉朝人所观测到的。《汉书 · 五行志》中记载：“(成帝河平元年）三月乙未，日出黄，有黑气，大如钱，居日中央”。1610 年，伽利略开启了用望远镜观测黑子的序幕，对太阳黑子的逐日观测一直延续至今。因此，太阳黑子是第一个，也是最久被长期观测的太阳“变化”。 1848 年，瑞士天文学家沃尔夫（Wolfer）提出用黑子相对数（也称沃尔夫数）来表示日面可见半球黑子数目的多少，其定义为 $R=K(10g+f)$，其中 g 和 f 分别表示当天观测到的日面上出现的黑子群和黑子数目，K 是改正因子，与观测仪器、方法、观测者的技能经验有关。长期的观测发现，当黑子多时，其他太阳活动现象也会比较频繁。因此，黑子数成为表征太阳长期活动变化的第一参量，是太阳物理最基本、最常用的参量。基于黑子数，人们研究了太阳长期活动的特征与规律，在此基础上开展了太阳中长期活动预报。由于太阳长期活动会对地球（气象、水文等）产生影响，黑子数也被地球物理学乃至社会科学等领域广泛使用。目前，黑子数由太阳影响数据分析中心（Solar Influences Data Analysis Center，SIDC）代表世界数据中心发布。2015 年，SIDC 发布了新版本黑子数序列，新版本黑子数去掉了延续近两个世纪的苏黎世改正因子 K（0.6），称为沃尔夫观测数据。这样做的好处是，削减了系统误差带来的影响。同时，新版本黑子数还给出了标准误差，便于评估数据的精度和不确定性。

长期黑子活动最显著的特征是 11 年周期。太阳活动的 11 年周期在 18 世纪 70 年代由 Christian Horrebow 最早观测到，但是并没引起重视。70 年后，Schwabe 再次提出太阳黑子存在 10 年左右的周期，该周期被称为 Schwabe 周期，并规定从 1755 年太阳活动极小算起为第 1 活动周。此外，长期黑子活动还存在 Hale 周期、Gleissberg 周期、205 ～ 210 年的 Vries 周期或 Suess 周期，以及 600 ～ 700 年、1000 ～ 1200 年、2000 ～ 2400 年的 Hallstatt 周期等超长期变化周期。这些周期常常被用作研究长期太阳活动对地球（气象、地质、水文等）影响的依据。

长期的观测发现，太阳活动周特征参量间存在一些关联，这是做太阳长期活动预报工作的基础。经典的关联特征主要包括：Waldmeier 效应，指太阳周上升时间与振幅（极大值）呈负相关关系，但该关联特征对于单双周还不尽相同；Hathaway 关系，指周期长度与下一周的振幅呈负相关关系；和太阳活动周奇偶数相联系的 Gnevyshev-Ohl 效应、Gnevyshev 间隙、周长的双周模式等。太阳活动周不同时期，太阳黑子活动也存在一些空间特征，如 Maunder“蝴蝶图”：当一个太阳活动周开始时，黑子出现在南北半球纬度 30° 附近，而后出现位置逐渐向低纬度漂移，当太阳活动周结束时，黑子出现在南北半球纬度 6°附近，空间分布表现为 Maunder“蝴蝶图”；双极黑子轴日面分布的 Joy 定律，指延伸活动周分布冲向两极（rush to the poles）等特征。黑子数是最经典、时间序列最长的描述太阳磁活动的基本参量。因此，通常认为黑子数的周期性变化代表太阳活动周。除此之外，黑子面积、10.7cm 射电流量、太阳

总辐射、一些磁指数、太阳爆发事件、地磁活动指数等也表现出一定的太阳活动周特性，并且与太阳黑子活动周有很强的相关性。

2.1.2　日珥

日珥通常定义为太阳色球和日冕中用 Hα 线观测到的较周围日冕冷（温度低 2 个量级）、密（密度高 2 ～ 3 个量级）的长薄结构。在日面边缘表现为明亮的凸出发射物，在日面因吸收光球的辐射而表现为暗条。日珥分为宁静日珥和活动日珥。宁静日珥比较稳定，可存在半天到数百天。宁静日珥开始是小的活动区暗条，位于活动区中两个反相极性之间的磁场反变线（中性线）上，或者位于周围有反相极性的活动区的边界。当活动区扩散时，暗条逐渐变黑变长，发展为宁静暗条。活动日珥寿命较短，从几分钟到十几小时，位于活动区内，常发生于耀斑前后或耀斑期间，有剧烈的变化和运动。爆发日珥可能是大多数宁静日珥发展的一个阶段，即宁静日珥受磁流浮现、磁对消、磁汇聚、耀斑、日冕物质抛射活动等影响，有时会变得不稳定而突然爆发、上升甚至消失。图 2.2 给出了 SOHO 卫星观测到的 1999 年 7 月 24 日的爆发日珥，其延伸高度可达 35 个地球直径。

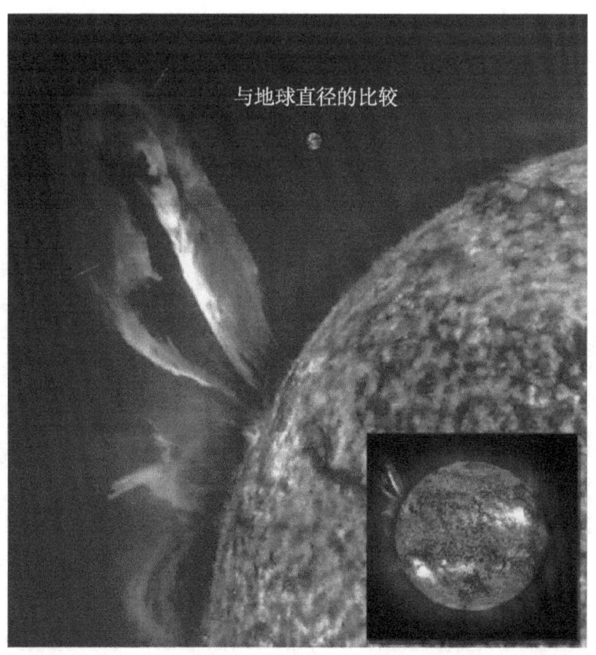

图 2.2　SOHO 卫星观测到的 1999 年 7 月 24 日的爆发日珥

资料来源：SOHO 卫星观测（ESA & NASA）. https：//sohowww. nascom. nasa. gov/classroom/classroom.html［2020-07-08］

2.1.3 耀斑

太阳大气中的非势磁能积累到一定程度后，通过日冕磁重联，会突然释放，使太阳局部区域电磁辐射突然、快速和剧烈变化，并伴有粒子发射和冲击波（甚至产生宇宙射线），这种现象被称为耀斑。图 2.3 是中国科学院云南天文台抚仙湖观测站 1m 新真空望远镜观测到的 12192 活动区耀斑爆发影像。由于太阳光球的背景辐射太强，大多数耀斑不能在白光中观测到（肉眼看到的叫白光耀斑，人类看到的第一个耀斑就是发生于 1859 年 9 月 1 日的白光耀斑），辐射增强主要是在某些谱线上，其中以氢的 Hα 线和电离钙的 H 线、K 线最为突出。当用这些单色光监视太阳色球层时，有时会在活动区附近的谱斑中看到局部小区域突然增亮，增亮区由原有的谱斑亮度在几分钟内迅速增亮几倍甚至几十倍。目前一般认为，耀斑是一个多级次辐射各种电磁波和粒子的复杂爆发过程，光学波段的现象不过是耀斑的一种次级现象。同时，粒子发射区域的高度比电磁辐射的区域要高。耀斑的基本空间结构是环和环系。基本类型有两种：体积小、高度低、时间短、密度大、单环或多环组成、Hα 像上为若干亮核或亮点、单调变亮和消亡的致密耀斑；体积大、高度高、时间长、密度小、Hα 像上为两条亮带的致密耀斑。

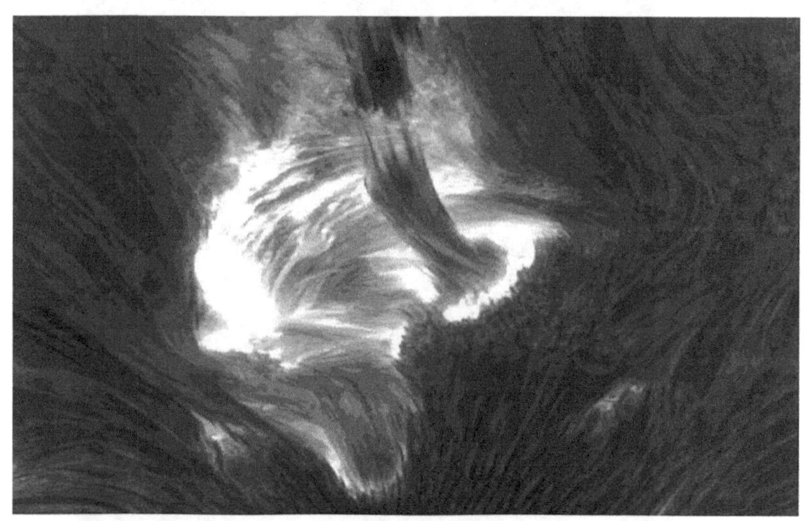

图 2.3 中国科学院云南天文台抚仙湖观测站 1m 新真空望远镜观测到的 12192 活动区耀斑爆发影像

资料来源：中国科学院云南天文台 . http：//fso. ynao. ac. cn/upfiles/20150428124129. jpg［2020-07-08］

一般来说，耀斑的尺度（面积）占太阳可视表面的万分之几。耀斑过程一般持续几分钟到几小时，释放能量 1019 ～ 1025J（个体差别很大），相当于上百亿颗巨型氢弹同时爆炸释放的能量。耀斑爆发现象一般被划分为三个过程：①耀斑前相，耀斑爆发前，软 X 射线、极紫外和射电辐射增强，Hα 也有所增强；②闪相（也称脉冲相），硬 X 射线和 γ 射线脉冲增强，软 X 射线较前期上升更快；③缓变相（也称主相），硬 X 射线和 γ 射线以指数规律衰减，而软 X 射线继续上升，达到尖峰后再缓慢衰减，Hα 缓慢减弱。耀斑是一种伴随各种辐射的十分复杂的动力学过程，包括能量积累、等离子体不稳定性的触发、高能粒子的加速和传播。耀斑事件引起的 X 射线等极短波辐射增强将改变地球电离层的状态，耀斑的高能粒子流将造成地球轨道附近高能粒子污染并干扰地球磁层，这些扰动也会向下传播，导致地球低层大气平流层和对流层的热力学状态变化。因此，太阳耀斑会对航天、无线通信乃至天气和气候产生影响。

2.1.4　日冕物质抛射

日冕物质抛射是日冕物质在较短的时间内被大规模地快速抛离太阳，进入行星际空间的一种太阳剧烈活动现象。在日冕物质抛射过程中，物质携带磁力线以环或云的形式向外抛出，质量可达 1012 ～ 1013kg。从每次物质抛射的整体速度和质量估计，一次日冕物质抛射携带出去的动能为 1022 ～ 1026J。大量的日冕物质抛射观测开始于 1970 年前后，当时被称为日冕瞬变现象。由于日冕物质极其稀薄，亮度很低，观测日冕物质抛射很难在地面进行，通常是利用卫星搭载的日冕仪在太空中进行。自 1996 年 SOHO 卫星观测以来，已有上万次日冕物质抛射事件被观测记录到。图 2.4 为 SOHO 卫星观测到的 2000 年 11 月 8 日的两个（左下和右上）日冕物质抛射。日冕物质抛射的发射角度和我们的目视方向存在一定的角度，所以我们观测到的日冕物质抛射的速度实际上是其在天空背景上的投影速度。日冕物质抛射的投影速度分布较为广泛，在 20 ～ 2700km/s，平均速度为 489km/s。一般来说，投影速度的平均速度大约从太阳活动低年的 300km/s 上升到太阳活动峰年的 500km/s，并且其天空背景跨度（角度）达 2°～ 360°。日冕物质抛射的形态结构非常复杂和多样化，较经典的形态为膨胀的泡沫状圆环（三分量结构），前端是亮外环，中间是低密度暗腔，末端是高密度亮核（对于活动日珥）。以前把太阳活动对日地空间和地球造成的各种物理现象，如行星际激波、高能粒子流、地磁暴、极光和电离层等，全部归因于太阳耀斑事件（耀斑神话）。但是日冕物质抛射的研究表明，其本身造成的空间天气效应并不亚于耀斑。同时，太阳耀斑和日冕物质抛射产生的影响有着较为不同的特征。耀斑对粒子的加速过程是脉冲式的，粒子流量不大。大流量的粒子事件则是由日冕和太阳风粒子通过激波加速形成的，而激波正是由快速日冕物质抛射驱动的。日冕物质抛射驱动的行星际扰动也是非重现性强地磁暴的主要扰动源。一般认为，耀斑、暗条爆发和日冕物质抛射是同一个物理过程在不同方面的表现。

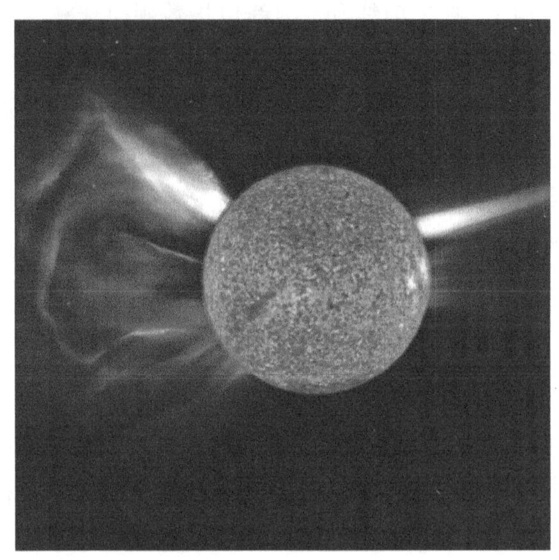

图 2.4 SOHO 卫星观测到的 2000 年 11 月 8 日的日冕物质抛射

资料来源：https://soho.nascom.nasa.gov/gallery/SolarCorona/hires/C2blowleft_combo.tif［2022-09-08］

从上述几种主要的太阳活动可以看到，太阳大气是磁大气，太阳活动是磁活动。太阳的整体演化图像表现为宁静背景上叠加不断变化的太阳活动现象，而所谓的“宁静”背景实际上也是活动的，只是表现为全球性的缓变。在太阳活动现象方面，表现为局部激变。太阳爆发活动与黑子的强磁场活动有千丝万缕的联系，整个太阳大气所发生的太阳活动现象的多少，还表现出平均长度约为 11 年周期，也可能存在更长的周期。目前有证据表明（王华宁和闫岩，2011），类似背景小尺度磁活动的缓变成分，其光度辐射等也表现为 11 年周期，但存在一定的滞后效应。因此可以说，黑子活动控制着各类爆发活动，但同时依据太阳发动机理论，宁静背景的流场对黑子的产生具有至关重要的作用。太阳爆发活动影响地球环境的短期变化，形成空间天气事件，对人类的诸多高新技术系统产生显性危害。而太阳宁静背景活动的变化可能主要隐性地影响地球环境的长期变化，与地球的气候和地质演化有关联。一些研究认为，太阳活动与地球的气候长期变化有关，其中空间天气机制可能是太阳活动影响气候变化的途径之一。太阳活动（包括宁静太阳活动）对地球环境的影响是近年才开始的一个研究领域，这种涉及多学科融合的研究，将是一个长期而艰巨的进程。

2.2　太阳活动影响气候的主要驱动因素

地球上来自太阳的辐射是形成和维持地球气候的主要能源，观测和研究已经证明，其能量的供给是在不断变化的，这种变化会影响或调制地球气候的变化。总体来说，地球接收太阳辐射能量的变化有两大原因，一是太阳辐射本身的变化，二是各种因素影响地球对太阳辐射的接收。人们曾经认为太阳辐射几乎是不变的，由此定义了“太阳常数”（在地球大气层外距离太阳一个天文单位：日地平均距离 $D=1.496\times10^8$km 的地方，垂直于太阳光束方向的单位面积上在单位时间内接收到的所有波长的太阳总辐射能量）。1981 年，世界气象组织公布的太阳常数值是 1367 ± 7W/m^2。近年的卫星观测表明（Kopp and Lean，2011），太阳常数值约为 1361W/m^2。受技术条件的限制，实际测量太阳辐射变化是几十年前才开始的，而在 19 世纪上半叶，对于太阳辐射对气候的影响，人们首先考虑和讨论的是地球轨道和位置等一些因素对地球接收太阳辐射的影响。

早在 19 世纪 30 年代末，瑞士学者路易斯·阿加西（Louis Agassiz）通过对阿尔卑斯山区的研究提出了“大冰期”的概念，开启了人们对冰期起源问题的研究。当时，人们提出了各种假说来解释气候旋回和冰期的成因。其中，米兰科维奇的天文冰期理论与地质资料符合得较好，并为大家所普遍接受。米兰科维奇理论认为，地球轨道运动的三大因子，即地球轨道偏心率、黄赤交角和岁差的周期性变化，是地球上冰期旋回的主要原因。图 2.5 给出了地球轨道运动三大因子的变化周期。1864 年，克罗尔（Croll）提出地球轨道偏心率变化引起的地球接收太阳辐射量的变化不足 0.1%，并认为这种变化对于气候变化来说是微不足道的。但是，三大因子的变化可以引起太阳辐射量在不同季节的分配发生变化，这种变化量足以触发气候的响应，形成所谓的更新世冰期旋回。1909 年，彭克（Penck）和布鲁克纳（Brückner）根据阿尔卑斯地区的研究提出了著名的第四纪四次冰期，第四纪四次冰期的经典划分曾一度被当作对比的标准。1930 年，米兰科维奇发展了克罗尔的半定量理论，就是与第四纪四次冰期做比较后得出的。他指出黄赤交角在 21.5°～ 24.5°变化，其变化周期约为 41ka，这可以影响地球上不同纬度地区季节性强弱的变化。黄赤交角越大，地球上的季节性变化越明显，夏季更热而冬季更冷。地球轨道偏心率过去 1 千万年在 0.005 ～ 0.0607 之间变化，周期约为 100ka。地球轨道偏心率的变化改变了地球近日点和远日点的距离，可以调制季节变化的强弱。岁差变化周期约为 23ka，其变化控制着地球轨道偏心率和黄赤交角之间的相互作用，当北半球的夏季处在近日点时，北半球的夏季日照被加强，反之亦然。米兰科维奇详细计算了 600ka 以来地球上不同纬度地区冬半年和夏半年的日照变化，所有结果都超过了现在平均值的 5%。北半球 65° N 处夏季日照量更是超过了现在平均值的 8%。米兰科维奇提出北半球高纬度夏季日照的变化是冰盖生长和消融的关键。但是，由于当时地质资料的缺乏，人们没有有效的办法来验证米兰科维奇理论。

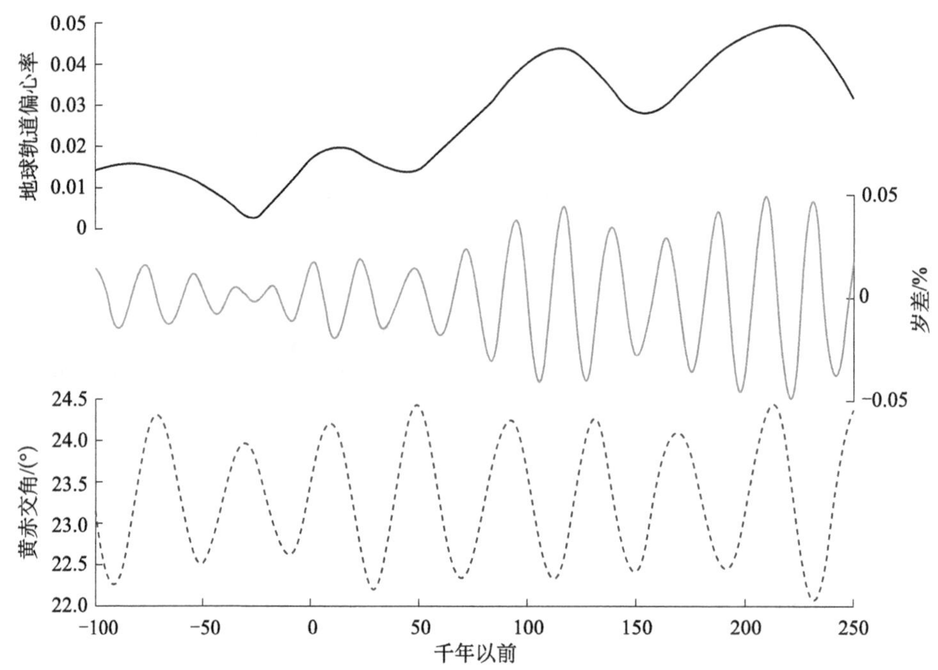

图 2.5　过去 25 万年到未来 10 万年地球轨道运动三大因子的变化周期

资料来源：Laskar 等（2004）

1955 年，芝加哥大学哈罗德·克莱顿·尤里（Harold Clayton Urey）实验室的切萨雷·埃米利亚尼（Cesare Emiliani）发现，海洋有孔虫沉积物中 ^{18}O 的含量可以反映古代冰量的变化。简单地讲，由于分子量的不同，在海洋蒸发过程中含 ^{16}O 的水分子较容易蒸发，而在降雨过程中含 ^{18}O 的水分子较容易降落。这样，含 ^{16}O 和 ^{18}O 的水分子在海洋上空分离。水汽经过气团的运动输运到陆地形成冰盖，此时冰中 ^{16}O 的含量较高，而海洋中 ^{18}O 的含量较高。海洋中的一种生物——有孔虫恰好记录了海洋中的这种变化，其沉积物序列中的 $\delta^{18}O$ 可以很好地反映全球冰量的变化。但事实上这一过程是非常复杂的，它涉及太阳辐射传输到大气的过程、海气耦合、冰盖与陆地的作用、古海洋生物学、同位素测定、地磁场测量等。尽管如此，Emiliani 还是以其开创性的工作将人们的视野从陆地转向海洋。1964 年，美国 4 所著名的海洋机构联合组成了地球深部取样联合研究所（Joint Oceanographic Institutions-Deep Earth Sampling，JOIDES），并于 1966 年制定了深海钻探计划（Deep Sea Drilling Program，DSDP）。深海钻探计划的实施取得了丰富的海洋资料，也获得了丰硕的科研成果。在深海钻探计划支持下，Hays 等（1977）精心选取了南印度洋的两个深海岩心，对其 ^{18}O、Ts 等序列进行了频谱分析，得出了气候变化的 4 个主要周期分量，长度约为 100ka、41ka、23ka 和 19ka。Hays 当时假设气候对地球轨道的响应是一个线性时不变系统，气候变化的 41ka 准周期和 23ka 周期与地球轨道变化理论值的周期很好地相对应，米兰科维奇理论的研究得以复兴。

很多古气候记录表明，太阳活动同样是万年尺度以下时间尺度气候变化最重要的驱动因子。太阳变化可以解释中世纪暖期和小冰期、1940 年前的变暖及随后的变冷、准 1500 年气候振荡乃至 9000 ～ 6000 年前全新世的气候变化。现代资料分析表明，太阳活动和现代全球气候变化有密切关系。许多气候现象的变化周期，如对流层和平流层气温、海表温度、海平面气压、低层云量被观测到与 11 年太阳周期有关。太阳活动产生的紫外线变化可直接影响平流层臭氧，对某些纬度带上平流层的温度场和风场也有显著影响。分析表明，低层大气的云量变化、季风、降水、海平面温度等气候因子的变化也存在太阳活动的信号。这些研究结果为太阳活动等天文要素驱动气候变化提供了有力证据。

但是由于观测太阳活动的历史并不长，如最长的太阳黑子的观测记录资料也仅有约 400 年的历史（整理观测资料得到的太阳黑子月平均值数据起自 1749 年），对确认太阳活动较长的周期，如世纪周期和双世纪周期，这些资料的时间跨度就显得不足。因此，人们设法利用各种可能得到的历史记录作为代用指标探讨早期的太阳活动状况。20 世纪 80 年代，经过对树轮、大气和海洋系统等的测定和研究，Stuiver 和 Braziunas（1989）证明，在数十年至百年尺度上，树轮 ^{14}C 含量所指示的大气 ^{14}C 产率，可用来表征太阳活动变化。由此，一些引人注目的气候变化与大气 ^{14}C 表征的太阳变化间的遥相关关系不断被提出。例如，过去 8ka 中斯堪的纳维亚地区大多数冷事件的发生时间与弱的太阳活动时间相一致；约公元前 800 年时南北半球许多地区都记录到冷事件，这一时期树轮 ^{14}C 记录了表示很弱太阳活动的 ^{14}C 峰值。中国金川泥炭纤维素 $\delta^{18}O$ 温度

代用记录与大气 $\delta^{14}C$ 记录之间可见几乎一对一的相关性。包含了大约 22 个暖时期（包括著名的中世纪温暖期）和 22 个冷时期（包括著名的小冰期），以及约 80 年、207 年等一系列周期，这都与太阳变化有很好的相关性，为太阳变化驱动气候变化提供了有力证据。

太阳辐射的射线粒子和磁场影响地球气候的作用主要直接发生在大气的上层，因此太阳活动变化的信号在平流层较为显著。由于在过去的 40 年中卫星观测得到广泛应用，太阳的年代际活动（变化）与平流层臭氧、温度和风的相关性研究取得了大量成果。研究表明，太阳活动产生的紫外线变化直接影响到了平流层上部（1hPa）臭氧的产生率，同时也会对中高纬度的平流层中层和赤道地区 20hPa 以下的臭氧层产生影响。通过臭氧的加热机制，太阳活动可以对平流层的温度场和风场产生显著影响。1987 年，Labitzke 指出，太阳活动主要影响冬季平流层的北半球极涡（即北极涛动，AO），同时指出了其与 QBO 的联系。近年来，基于观测资料和数值模拟的研究在“太阳周期-准两年振荡”（SC-QBO）相互作用方面取得了进展。

在对流层大气中也可以发现有大量太阳活动影响的证据。人们分析了气候要素资料和太阳活动数据之间的相关关系，发现云量变化、降水、海平面温度等气象要素以及海洋和大气环流异常特征，如 ENSO、北大西洋涛动（NAO）、北极涛动、太平洋年代际振荡（PDO）等，均与太阳活动变化有密切联系。事实上，人们较早就注意到，陆海温的周期变化、季风和降水与太阳黑子活动的周期存在一定关联，但得到的结论却不尽一致，常常显得杂乱无章。例如，太阳活动强迫因子对降水有重要作用，某些区域的季风和降水数据中具有较强的太阳黑子活动周期信号，然而全球不同区域的降水变化对太阳的响应是不相同的，甚至是完全相反的。美国国家大气研究中心（National Center for Atmospheric Research，NCAR）通过分析太阳活动周期和全球气候之间的关系，发现太阳活动的高年及之后几年对气候系统都有一定的响应，如在太平洋热带地区容易出现的拉尼娜或厄尔尼诺现象，同时，也会对气旋的产生、风暴路径的移动产生影响。van Loon 等（2007）、van Loon 和 Meehl（2008）的研究指出，太阳活动高低年之间的降雨量、热带对流活动、沃克（Walker）环流、哈得来（Hadley）环流等均有明显差别。我国的科研工作者也注意到，对中国气候影响具有重要影响的西太平洋副热带高压的面积有明显的 11 年和 22 年周期，而中国的气温、长江和黄河流域平均降水量（旱涝）的长期变化与太阳活动（太阳黑子）有关。

银河宇宙线（galactic cosmic ray，GCR）影响气候和天气变化的问题早就受到科学家的关注。这种来自银河系的高能带电粒子流到达地球后能电离大气，并通过影响高层大气中冰粒聚合和生长的微观物理过程进而影响云的生成和云量的变化，而云量对辐射过程有重要影响，是造成地球能量收支变化，进一步影响气温和气候变化的关键因素。Ney（1959）首先提出宇宙线可能会影响气候。Dickinson 等（1996）和 Tinsley（1996）分别提出，银河宇宙线可以通过电离大气产生离子并通过调节全球电流影响云量。通常人们把银河宇宙线影响气候及天气变化的研究归入日地关系研究中，因为太阳磁场对银河宇宙线具有屏蔽作用，太阳活动形成的变化的太阳磁场可对到达地球上空及地表的银河宇宙线通量进行调制，因而银河宇宙线通量与太阳黑子 11 年活动周期具有明显的反相关关系。银河宇宙线通量在太阳黑子奇数活动周和偶数活动周有不同的表现，因此银河宇宙线通量还具有 22 年的准周期变化。此外，太阳活动还可以通过日冕物质抛射爆发产生持续十几天左右的福布什（Forbush）下降事件，以及通过行星际磁场的各向异性导致银河宇宙线通量具有日变化特征。因此，银河宇宙线在多时间尺度上均对大气有影响。银河宇宙线很可能也会影响地球变暖，因为地球覆盖的云量变少时，接收的太阳辐射相对较多，有利于温度升高。现有的观测资料显示，20 世纪到达地球大气的银河宇宙线平均减少了约 15%。如果云量与银河宇宙线强度的关联被证实，也许就意味着令全世界关注的地球变暖问题（或部分）与银河宇宙线通量变化有关。虽然人们对这一问题还有一些不同的看法，但现在已有的观测迹象和研究工作表明，银河宇宙线对地球气候的影响确实存在，但这是一个非常复杂的问题，还有许多研究工作要做。

综上所述，太阳活动等天文要素在不同的时间尺度上均和地球的天气气候有密切联系。但其对气候的驱动作用仅仅在较长的时间尺度上有确凿的证据，在百年及更短的时间尺度上，两者仅仅显示了有相互关联。两者是否具有真正的因果关系，其中作用的物理过程和机制都还不十分清楚。现代观测表明，在近几十年间太阳辐射的变化相对较小，大约仅在 0.1% 附近波动，如此小的变化如果能影响地球气候变化，那么一定存在我们现在尚未认识的作用途径或者某种放大机制。由于只是在最近几十年人们才测量获取到定量的高精度的太阳辐射变化，利用较短的几十年太阳辐射变化资料研究其对气候变化的影响难度很大。一般认为，太阳活动可能主要通过三种途径影响地球气候的变化：①太阳辐射变化直接改变地球接收的太阳辐射量，尤其是太阳热辐射的变化可以影响地球表面（包括陆地和海洋）的温度，并通过海气耦合改变大气环流，引起气候变化；②太阳紫外辐射通过调制平流层的温度和风场，进而影响下面的对流层；③太阳活动调制来自太空的宇宙线通量影响云量，进一步影响气候变化。目前，人们关注的重点之一是太阳活动在平流层的影响信号是如何从上平流层传输到下平流层和对流层的，但目前仍缺乏对这一过程机理的整体和深入的认识，这中间是否存在非线性的变化过程，需要进行更深入的研究。

2.3 地球运动的主要类型和演变特征

2.3.1 地球运动因子概述

地球自转研究涉及多个学科，包括天文学、大地测量学、地球物理学、气象学、海洋学、地磁学和水文学等。地球自转运动不仅包含地球整体运动状态，也包含地球各圈层的相互作用过程。在地球系统中，地球各圈层是通过与固体地球的力矩作用，以角动量交换的形式实现的。因此，这既是一个典型的守恒系统，也是一个相互激发和反馈的系统。同时，地球各圈层的质量会在角动量交换的过程中重新分布，并造成地球重力场的变化。在各圈层与固体地球的角动量交换过程中，最主要的就是大气角动量与固体地球的交换过程，因此本书主要论述固体地球与大气的相互作用特征和过程，包括地球自转变化和极移变化。

地球自转速率的变化或称为日长变化。日长变化有极宽的频谱（图 2.6），包括从几小时到地质年代时间尺度的变化（Lambeck and Lyttleton，1980；Hide and

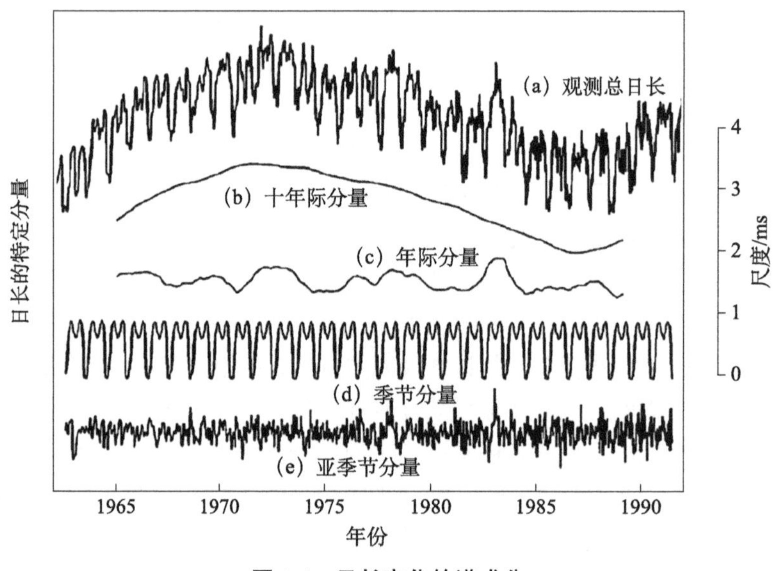

图 2.6 日长变化的谱成分

资料来源：Dickey 等（1994）

Dickey，1991）。古生物化石生长周期、古天象观测记载（日食、月食、掩星）、近代光学天文观测以及现代空间天文观测（VLBI、SLR、GPS 等）资料表明，地球自转速率是不均匀的，存在长期减速变化（日长变长）、规则性变化和不规则性变化等多种周期成分（Lambeck and Lyttleton，1980；高布锡，1997）。具体可以分为以下几类：

1）海潮、固体潮和大气潮汐都会引起地球角动量的变化，从而引起地球自转的变化，其中最重要的是半日潮、周日潮、长期潮。

2）在地球自转速率变化及大气角动量的频谱中，都存在近 50 天的准周期振荡，其振幅变化不定，最大时可达几毫秒。对地球自转速率的小波分析表明，除了近 50 天的周期外，在 120 天、75 天周期附近也有频谱变化分量（钟敏和高布锡，1996）。气象学研究表明，地面上许多气象现象存在这种周期变化，其动力学原因仍有争论。

3）地球自转速率的周年和半年变化，主要是由地球中纬度高空急流的变化引起的。这种高空急流的方向由西向东，与地球自转方向一致，冬季 12 月和 1 月风速最大，可达 100m/s，夏季 7 月和 8 月风速最小。此外，同温层高空风的变化还有 QBO 现象（高布锡，1997）。

4）地球自转的年际变化主要与各种气象涛动现象（如 ENSO 和 QBO），存在比较密切的关系（周永宏和Chao，1997；闫昊明等，2000；Chao and Gross，2016）。ENSO 和 QBO 的时变过程对日长年际变化激发具有综合效应，二者可以解释绝大部分的日长年际变化，其中 ENSO 对日长年际变化的贡献较强一些，二者是地球自转速率年际变化的主要激发源。20 世纪以来的 ENSO 和极移的相干谱研究表明，它们在不同频段上的相关性都不够显著。因此，尽管 ENSO 对地球自转速率的年际变化具有相当强的贡献，但是它对极移的影响弱得多。近年的研究还表明，大气角动量与厄尔尼诺存在明显的相关性。在厄尔尼诺出现前，往往先在中高纬度地区出现大气角动量增大，然后逐渐向赤道部分发展。

5）地球自转长期变化的主要原因有潮汐摩擦、冰后回弹、核幔耦合、环境和海面变化、板块运动等（Lambeck and Lyttleton，1980；高布锡，1997）。地球自转速率不规则变化的最典型表现是其十年尺度波动现象和日长的长期变化。近 3000 年的古气象（日食、月食和行星交会等）观测记录分析表明，日长约以 2ms/ 世纪的速率增加。随着空间大地测量技术的进步，应用 SLR 和月球激光测距（lunar laser ranging，LLR）测得的数据，计算出地球自转速率的长期变化为 −2.24 ± 0.08ms/ 世纪，这些结果与古生物化石揭示的地球自转长期减慢变化 −2.5ms/ 世纪基本一致。

大气是地球上最具流动性的部分，其运动激发了大部分极移变化。20 世纪以来，通过对大气观测和模拟研究，人们逐渐了解了大气变化对极移的影响。近几十年来，随着海洋模式和陆地水模式的快速发展，以及GRACE重力卫星反演冰雪圈质量变化能力的提高，人们对大气角动量对极移的影响有了更加深刻的认识。

极移主要包括长期极移、十年尺度极移、年际极移、周年项和钱德勒项极移（约14个月周期）、季节和亚季节快速极移，以及不规则变化（图2.7和图2.8）。

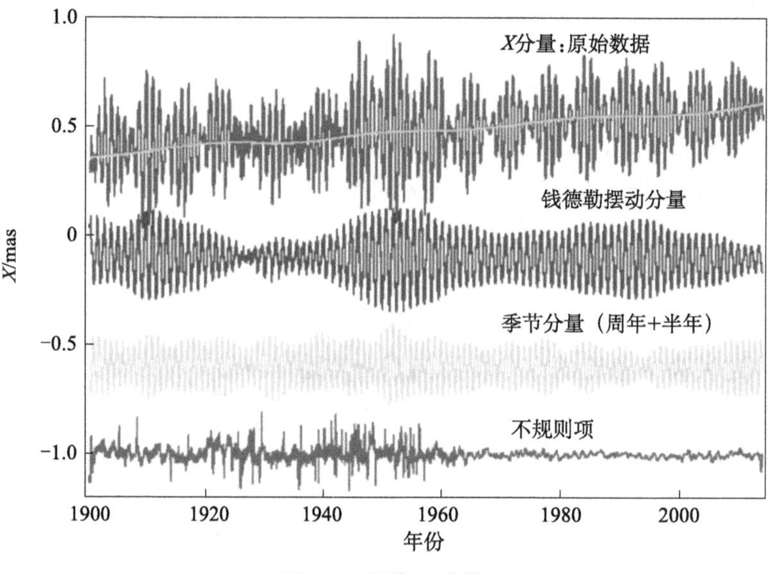

图2.7　极移X分量

资料来源：Leonard（2015）

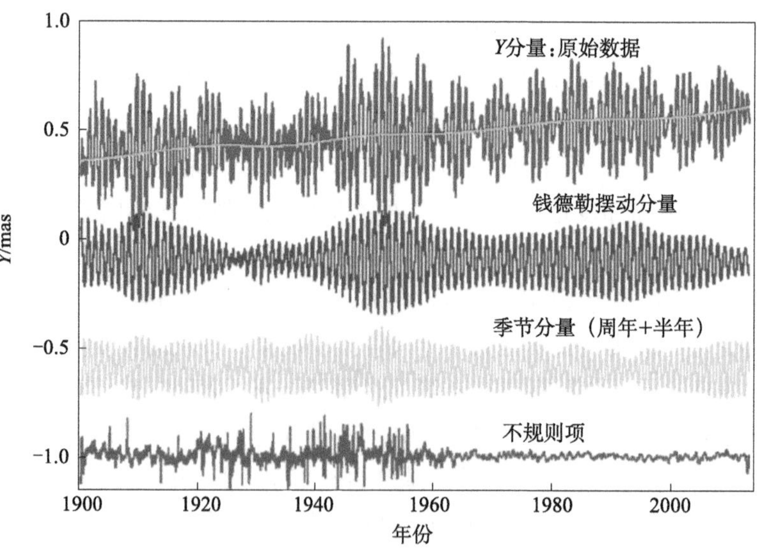

图2.8　极移Y分量

资料来源：Leonard（2015）

极移的长期变化可能来自第四纪冰川期后的冰后回弹，主要体现在近几十年来，平均极移有一个向 70° W 漂移的过程，而极移在地球本体上的投影则是一个 20m 见方的杂乱轨迹（图 2.9）。年际极移是指几年尺度上的地极移动，主要有准两年周期分量和 4 ～ 6 年的周期分量，在大气角动量中不能准确解释极移中存在的年际变化；钱德勒极移是地球的一种自由摆动，受到地球内外阻尼与激发因子交织一起的复杂相互作用，其激发源目前还不清楚（Smith and Dahlen，1981；Furuya and Chao，1996；高布锡，1997）；季节（周年和半年）极移主要是指由地球大气、海洋及地下水的运动和质量再分布的季节性变化所激发的受迫运动。20 世纪 80 年代末 90 年代初和 21 世纪初期，在高精度的极移资料中还发现了其亚季节快速变化，这种快速变化大部分是大气压变化和风激发的结果，部分可能为海潮的影响（Dickman and Rygiel，1993；Chao，1996）。极移可能与气象涛动之间存在联系，其中最可能相关的气象涛动是反映北大西洋地区南北方向上气压振荡的北大西洋涛动。北大西洋涛动与极移激发序列存在非准周期性的年际波动和十年尺度的起伏，北大西洋涛动可能是极移年际和十年尺度上的一种新的激发源（Zhou et al.，1998；闫昊明等，2002）。

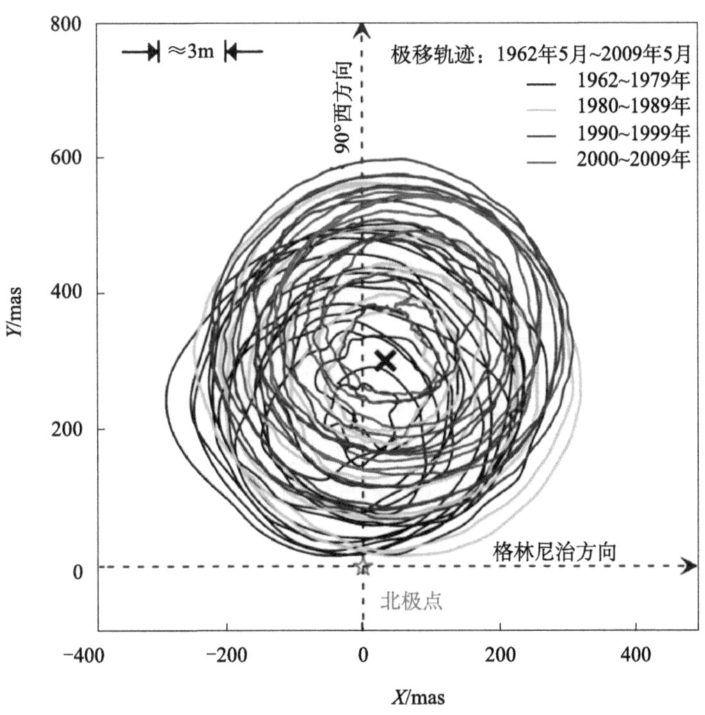

图 2.9　观测的极移变化在地球本体上的轨迹

2.3.2 地球自转速率及其演变特征

1. 地球自转速率的概念

地球自转速率指地球绕地轴自西向东旋转的运动速率，通常用日长（length of day，LOD）表示。20 世纪 70 年代以来，空间大地测量技术的发展使人类可以精确地监测地球自转速率的变化。目前，常用的观测地球自转速率的手段包括相对于月球或其他人造卫星的激光测距方法，如 SLR 和 VLBI（Moritz and Mueller，1987）。通过对地球自转速率的长期测量发现，地球自转是不稳定的，其变化具有亚季节性、季节性、年际、十年周期和长期趋势，而这些变化与地球内部（地球内部各层的变化）、大气和海洋的激发、其他天体的引力矩之间存在复杂的相互作用关系。本节将描述地球自转速率的多尺度变化特征和演变趋势，后面还将通过地球运动因子和大气角动量、力矩以及气候因子的关联分析，在一定程度上揭示大气和地球之间的相互作用和变化过程，为进一步理解地球物理的时空变化提供更深入、更独特的研究思路和角度。

2. 地球自转速率的周期和变化趋势

利用国际地球自转参考服务网站（http://www. iers. org/）得到的日长资料，计算了从 1962 年 1 月至 2010 年 12 月一天间隔的日长资料序列和 1948 ～ 2010 年平均日长不同尺度的时间序列数据。

（1）日尺度

1962 ～ 2010 年逐日的日长变化如图 2.10 所示。在日尺度上，日长变动最大值约为 4.36ms，最小值为 −1.07ms，平均值约为 1.8ms，标准差为 0.97，整体呈下降趋势，通过线性拟合分析发现，其变率约为 -1.2×10^{-4}ms/d（R^2=0.39，$P < 0.01$）。利用小波功率谱分析发现，日长具有十分明显的半年和周年变化（图 2.11）。日长半年和周年变化周期分别为 182.6 天和 365.2 天，与郭金运和韩延本（2008）利用 1993 ～ 2006 年日长数据计算得到的半年和周年变化周期结果 182.5 天和 362.7 天基本一致。在更高的频段上，由于潮汐和月球引力的作用，日长具有明显的 13.7 天和 27.5 天的半月与月周期，半月周期振幅大于月周期振幅。

（2）季节尺度

在季节尺度上，日长具有明显的 40 ～ 50 天振荡周期（廖德春和郑大伟，1996），和马登 - 朱利安（Madden-Julian）振荡周期相同。图 2.12 为计算出的 1962 ～ 2010 年日长的月均值变化。日长在 4 月达到一年中的最大值，4 ～ 7 月日长不断减小，在 7 月左右达到最小值。在 8 ～ 10 月，日长迅速增大。1 月

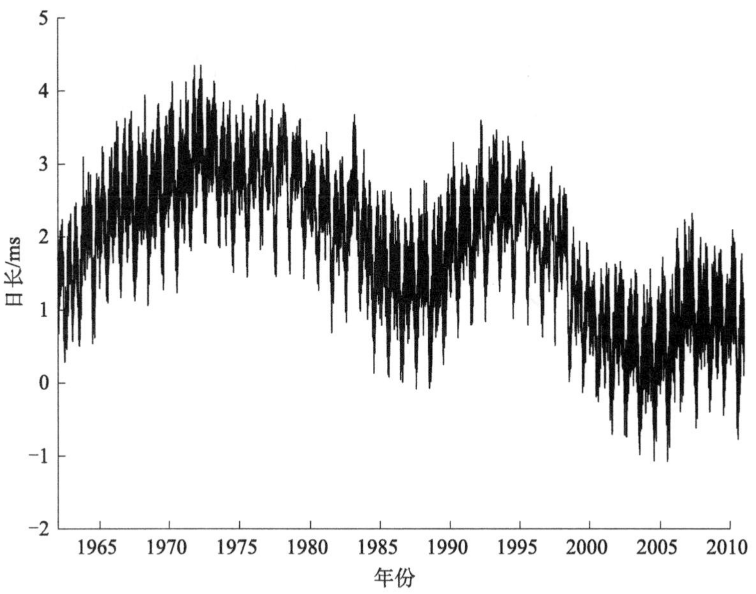

图 2.10　1962 ～ 2010 年日长变化（日值）

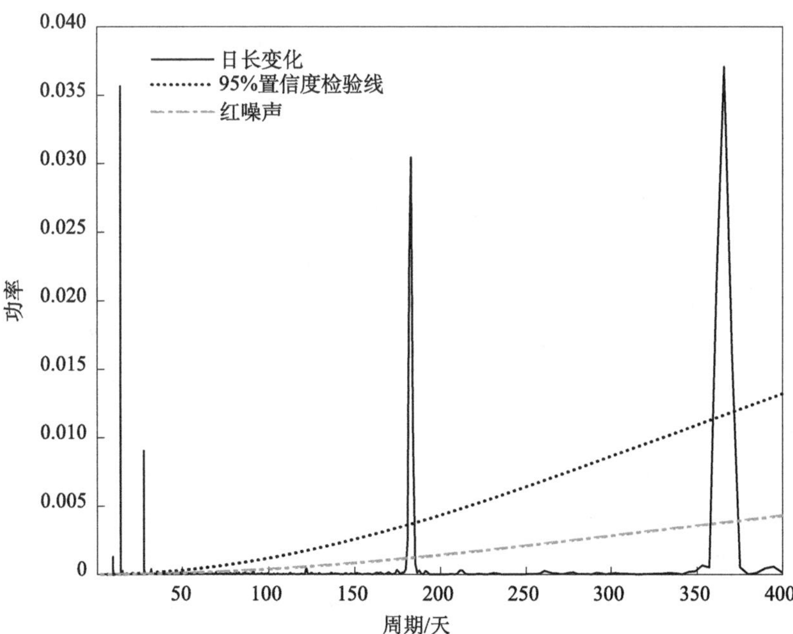

图 2.11　日长的小波功率谱分析

和 7 月日长相差 1ms 左右。地球自转速率在夏季快，在冬季较慢，和大气旋转速度变化的情况一致。在这一时间尺度上，日长和大气角动量具有明显的相关性，具有相同的变化规律（Oort et al.，1989）。国内外学者的研究结果也发现在周年周期上，风速变化和气压分布已经能基本解释在这一时间尺度上的日长变化。大气活动对地球自转速率变化的激发在这一时间尺度上起主要作用。

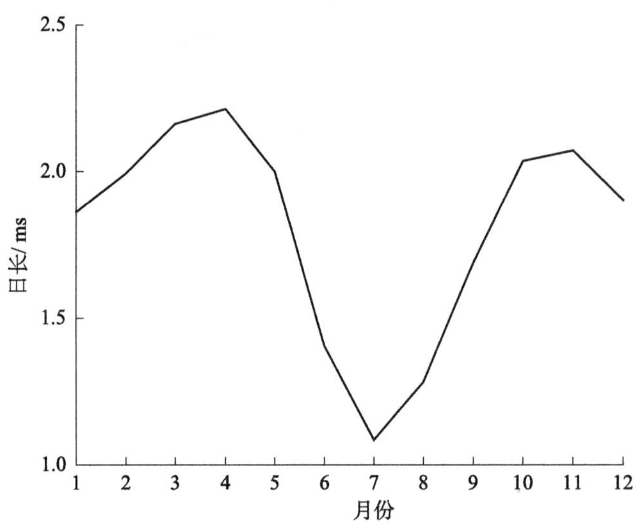

图 2.12　1962 ～ 2010 年日长的月均值变化

（3）年尺度

图 2.13 为 1948 ～ 2010 年日长的年均值变化。从图中可以发现，日长在 1948 ～ 2010 年出现了两个峰值，分别为 1972 年和 1993 年。1948 ～ 2010 年，日长平均值为 1.62ms，标准差为 0.78，变化范围为 0.27 ～ 3.13ms。通过线性拟合分析发现，在 1972 年以前，日长呈波动式上升趋势，平均每年变化约 0.09ms（$R^2 = 0.77$，$P < 0.01$），在 1972 年以后，日长呈明显的波动式下降趋势，平均每年变化约 −0.06ms（$R^2 = 0.74$，$P < 0.01$），总体主要呈下降趋势，平均每年变化约 −0.01ms（$R^2=0.04$，$P < 0.05$），表明这段时间地球自转速率在不断加快。廖德春和郑大伟（1996）研究发现，日长年际变化与大气准两年振荡、纬向风变化、ENSO 等气候现象具有紧密的联系。

（4）年代际尺度

日长十年尺度以上的周期主要是 30 年和 60 年，振幅为 0.5ms 和 1ms 左右（顾震年，1999）。根据学者已有研究和化石推算，在近代日长的长期变化约为 1.72ms/ca，在更加久远的年代，日长的长期变化约为 2.28ms/ca，比现如今变化剧烈得多（廖德春和郑大伟，1996；尹赞勋和骆金锭，1976）。本书对资料的周期研究分析显示，日长还具有明显的准 22 年周期。

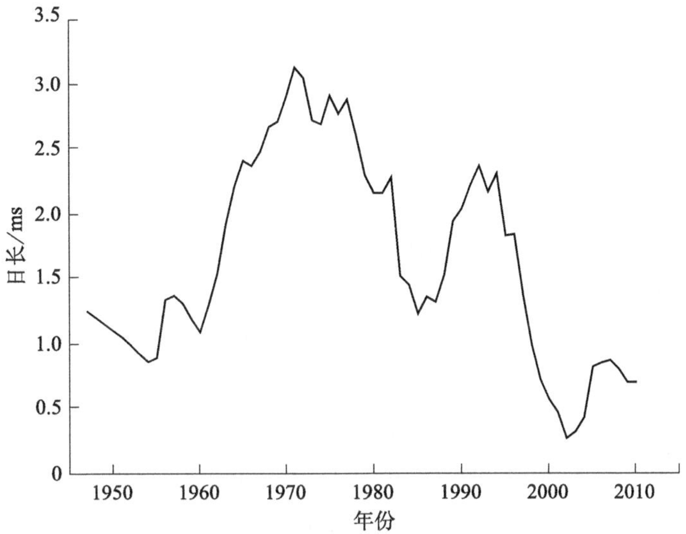

图 2.13　1948 ～ 2010 年日长的年均值变化

为了更清楚地表现日长的年代际变化，对 1948 ～ 2010 年日长时间序列利用 10 年滑动平均法，去除年代际以下时间尺度的波动，得到年代际变化（图 2.14）。在研究时段内，日长有一个波峰，位于 20 世纪 70 年代，在 70 年代初期呈上升趋势，在 70 年代中后期呈下降趋势。

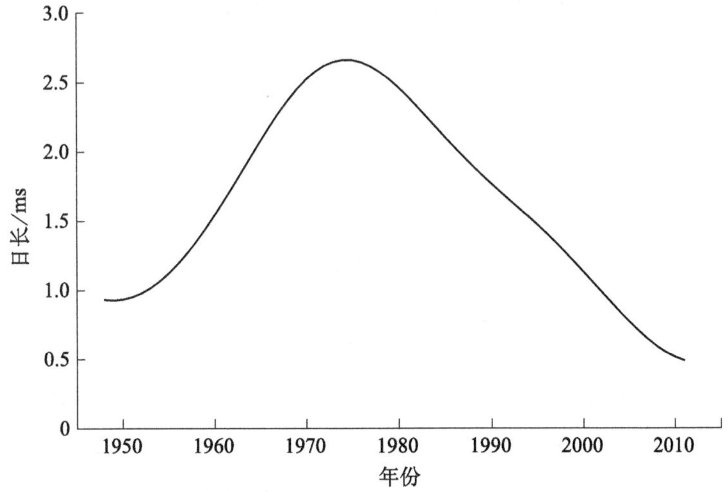

图 2.14　1948 ～ 2010 年日长的年代际变化

2.3.3 极移及其演变特征

1. 地极和极移

地极是指地球自转轴与地面的交点，分别是南极和北极。一般称地球的惯性轴与地球表面的交点为惯性极；瞬时轴与地球表面的交点为瞬时极。由于地球表面及其内部物质处在不断变化中，地球的自转轴发生不同程度的变化，而自转轴的变化会导致其与地面的交点的位置发生变化，我们把这种地极的移动称为极移。极移主要是以逆时针的轨迹做周期性的近似圆周运动，其可能通过极移变形力的方式改变地球表面的大气运动，是值得关注的影响气候系统的自然因子之一。

极移资料来自国际地球自转参考服务（International Earth Rotation Service，IERS）的地球定位参数（Earth Orientation Parameters，EOP）计划。极移的单位为mas，是以国际协议原点（conventional international origin，CIO）为坐标原点，用坐标 X 和 Y 来记录，X 的正方向为沿格林尼治子午线方向，Y 的正方向为沿西经 90°方向。

现有的极移数据可分为两类：一类是通过全球光学天文望远镜的纬度观测，基于纬度变化推算的极移资料，该资料开始年份为 1846 年，以 0.1 年和 0.05 年为间隔；另一类是 1962 年以后以天为间隔的资料，主要由 SLR、VLBI 和 GPS 测定极移变化，其测定精度较从前有了数量级的提高，已达到亚厘米级，时间分辨率可达到小时级（赵丰和周永宏，2001）。对极移变化特征的基本刻画一般以 1962 年以后较精确的观测极移资料为准。

2. 极移的时间变化规律

（1）日尺度

图 2.15 是 1962 年到 2016 年 4 月逐日观测的极移变化情况。从图中可以看出，在日尺度上极移 X 分量的变化幅度呈增大趋势，但在局部时段存在差异。X 的正负表示极点的移动方向。空间上的极移 X、Y 方向如图 2.16 所示。

极移 X 分量的变化可以划分为 3 个阶段，分别是 1962 ～ 1983 年、1984 ～ 1998 年和 1999 ～ 2016 年（4 月）。1962 ～ 1983 年，极移 X 分量的振幅基本不变，但是极点不断向 X 正方向移动。此后极点的移动幅度开始变大，1984 ～ 1998 年，极点的移动幅度有所减小，但是降率很小，方向基本不变。1999 ～ 2016 年（4 月），极点继续沿 X 的正方向移动，移动幅度较上一个时期小。极移 Y 分量的变化趋势总体则是向着 Y 的负方向移动，虽然在时间上也划分为相同的 3 个时期。但与 X 分量相比，Y 分量在量级上更大，且摆动幅度大。

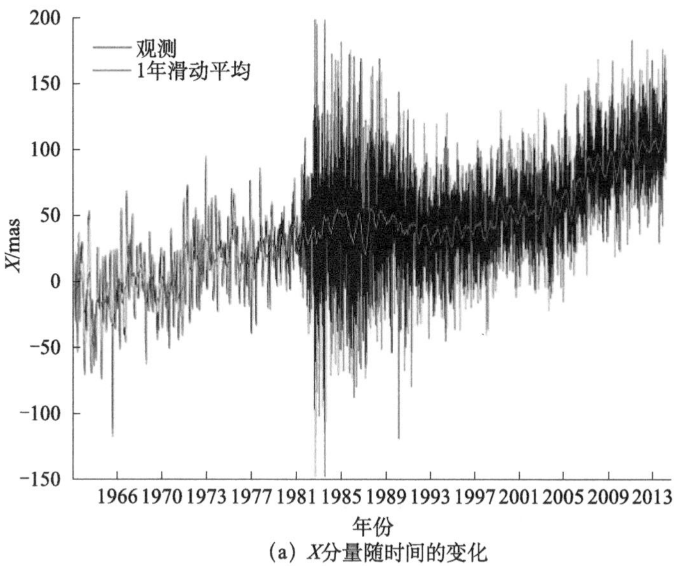

(a) X分量随时间的变化

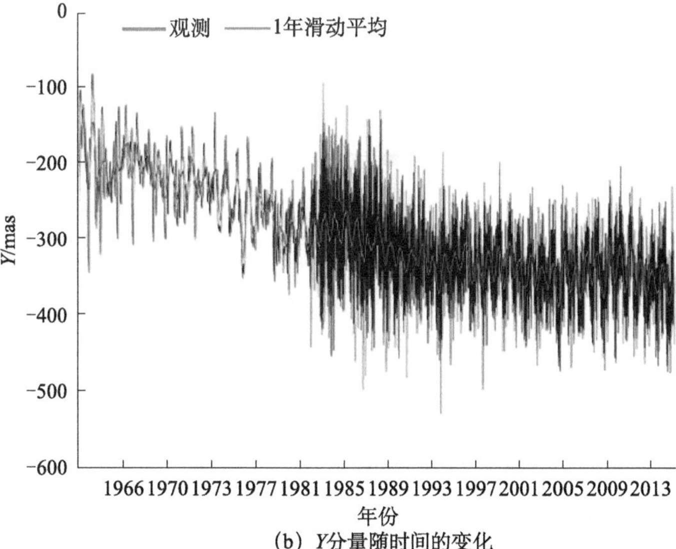

(b) Y分量随时间的变化

图 2.15　观测极移 X、Y 分量随时间的变化

对 X 分量和 Y 分量进行 1 年滑动平均，如图 2.15 所示，去掉季节波动之后，观测极移 X 分量的振幅为 ±10mas，而 Y 分量的振幅较大，为 ±50mas。

图 2.16　空间上的极移 X、Y 方向示意图

（2）季节尺度

在季节尺度上，如图 2.17 所示，对于观测极移来说，X 分量在一年中存在

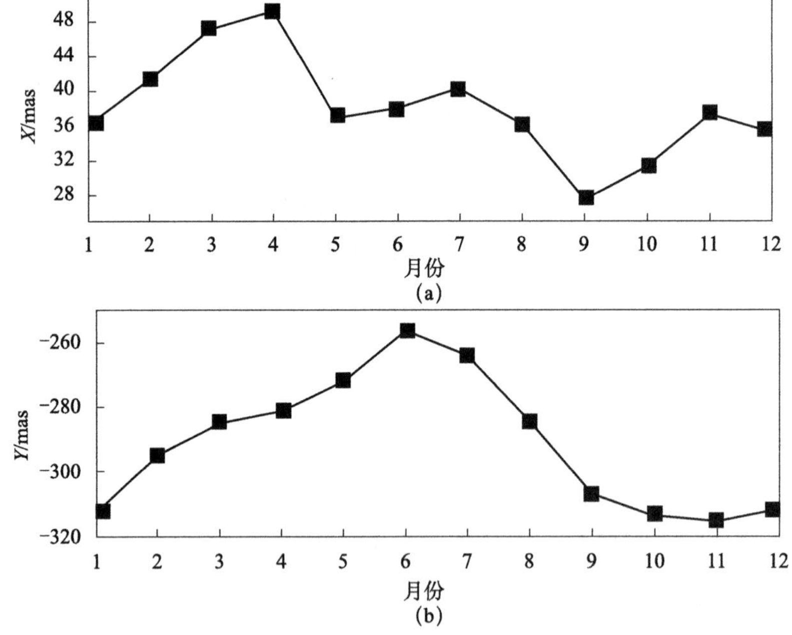

图 2.17　观测极移 X、Y 分量的季节变化

3 个峰值，分别为 4 月、7 月、11 月，对应的值分别为 50mas、40mas、37mas。在一年中的上半年极移在 *X* 方向上较大。*Y* 分量在季节上的变化呈倒“V”形，在 6 月达到最大值，超过 -260mas，在 11 月达到最小值，低于 -310mas。

（3）年尺度

在年尺度上，如图 2.18 所示，对于观测极移来说，*X* 分量一直沿 *X* 的正方向移动，特别是在 2000 年之后，这种趋势变得更明显。*Y* 分量一直沿 *Y* 的负方向移动。对极移 *X*、*Y* 分量进行趋势分析可以发现，1962 ～ 2013 年，*X* 分量的变化趋势是每年以 1.77mas 的速度向 *X* 的正方向移动（R^2=0.923），*Y* 分量的变化趋势是每年以 3.39mas 的速度向 *Y* 的负方向移动（R^2=0.951），都通过了 P=0.05 水平的显著性检验。

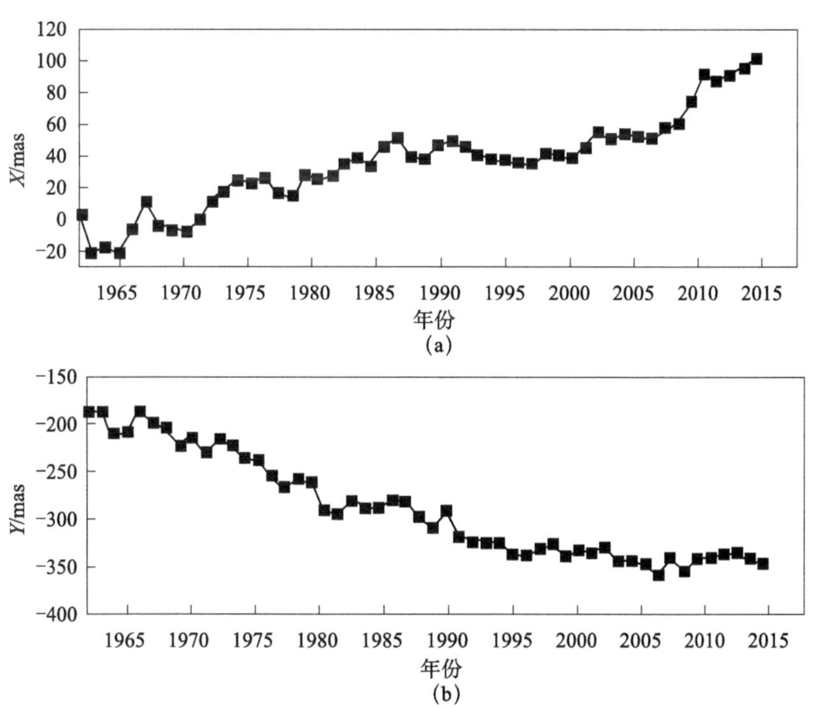

图 2.18　1962 ～ 2013 年观测极移 *X*、*Y* 分量的年际变化

3. 极移振幅变化

研究发现，在多年变化中，极移以 1.2 年和 1 年为主要周期，做以平均点为中心的近似圆周运动，以 1980 ～ 1985 年为例，如图 2.19 所示。

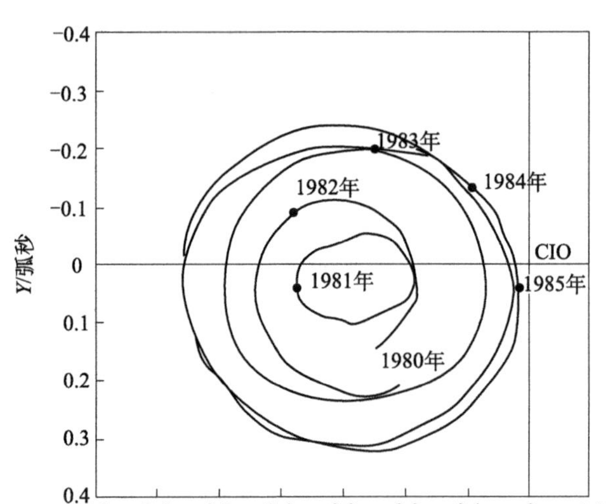

图 2.19 1980～1985 年的极移轨迹

对于极移每年形成的平均位置，天文学中定义了平均极来描述它（韩永志等，2006），其坐标是由 1 年间多次瞬时地极坐标的算术平均得到的。设某年中 i 时刻的瞬时地极坐标为 x_i，y_i，该年平均极的坐标为 x_0，y_0，则

$$x_0 = \frac{1}{n}\sum_{i=1}^{n} x_i$$

$$y_0 = \frac{1}{n}\sum_{i=1}^{n} y_i$$

式中，n 为次数，即某年参加平均计算有 n 次瞬时地极坐标观测数据。这样可以求出相应每年的 x_0，y_0 序列。进一步地，依据下式可以得到对应于平均极的极移坐标 x_x，y_y，即

$$x_x = x - x_0$$

$$y_y = y - y_0$$

式中，x、y 是某时刻的极坐标；x_0、y_0 是一段时间内的平均极坐标。极移振幅 A 定义为

$$A = \left(x_x^2 + y_y^2\right)^{\frac{1}{2}}$$

对极移振幅进行分析，如图 2.20 所示，发现在 1979～2014 年，极移振幅在 1984 年达到最大，1984～1995 年极移振幅呈波动式减小趋势，1995～2014 年极移振幅保持在较稳定的水平，为 50mas 左右。

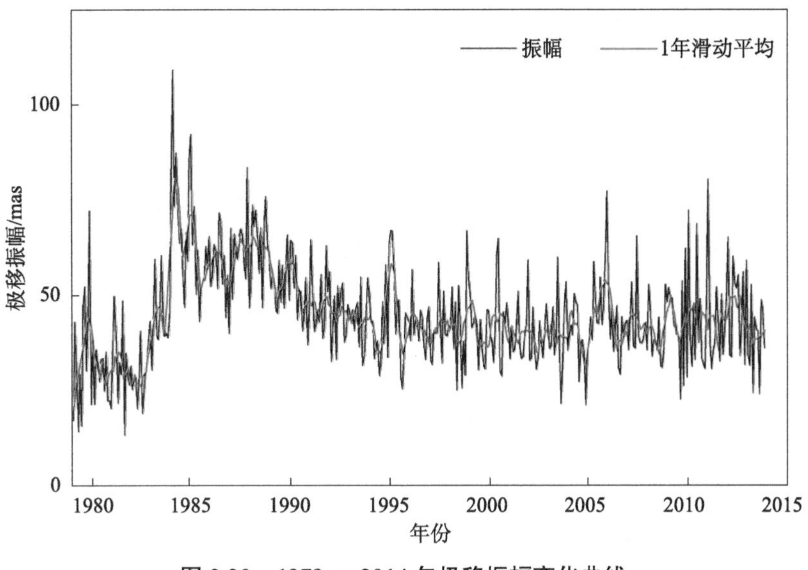

图 2.20　1979 ～ 2014 年极移振幅变化曲线

2.4　地球运动影响气候的关键因素

2.4.1　山脉力矩和摩擦力矩

1. 地球自转和大气相互作用基本理论

下面从经典的动量守恒理论和大气运动方程出发，推导地球自转和大气相互作用的机理与动量传输过程。

如果把地球和大气系统作为一个整体，不考虑系统外部力矩的作用以及年代际以上尺度的变化，则系统内各部分角动量的总和是守恒的（Oort et al., 1989）。

$$M = M_{\mathrm{atm}} + M_{\mathrm{ocean}} + M_{\mathrm{ice}} + M_{\mathrm{crust}} + M_{\mathrm{mantle}} + M_{\mathrm{core}} \tag{2.1}$$

式中，M 为地球－大气系统总的角动量；M_{atm} 为大气角动量；M_{ocean}、M_{ice}、M_{mantle}、M_{crust} 和 M_{core} 分别为海洋、冰盖、地壳、地幔和地核对应的角动量。这里，角动量指和极轴平行的角动量矢量。整个系统的角动量守恒原理可以用来说明大气、海洋、固体地球之间的相互作用过程。这是因为，如果忽略外部力矩在年代际以上尺度的作用，那么大气、海洋和地球整体的角动量应该是守恒的。

地球角动量的变化必然导致大气角动量的相应补偿，但总角动量不随时间变化。因此可以表达为

$$\frac{\mathrm{d}M}{\mathrm{d}t}=0 \tag{2.2}$$

大气角动量包含两个部分（图 2.21），一部分与固体地球自转有关，称为 Ω 角动量（M_Ω）；另一部分与大气相对于地球的纬向运动有关，称为相对角动量（M_r）。

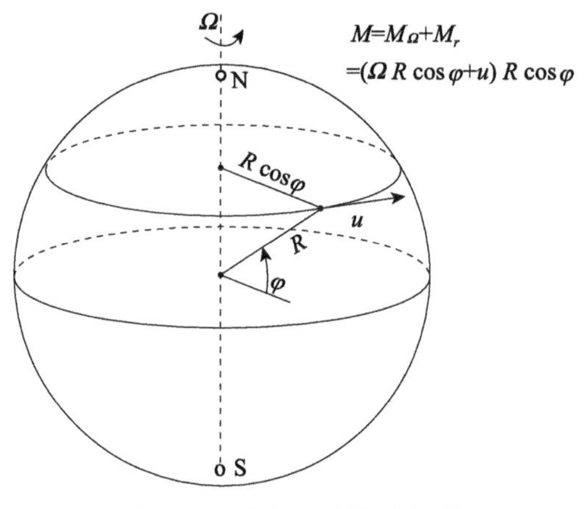

图 2.21 大气角动量示意图

资料来源：Oort 等（1989）

大量观测表明，全球大气相对角动量在日、月、年乃至年代际时间尺度上都发生着明显的变化。同时也有明确证据表明，固体地球的角动量在日和年的尺度上对大气相对角动量的变化具有较好的补偿关系（Oort et al.，1989）。在地球角动量变化过程中，海洋和冰雪的角动量变化并不占主导，除了和大气角动量的交换，地球角动量变化主要通过地壳、地幔和地核之间的相互作用引起。地球角动量的变化可以通过日长的变化直接观测得到。地球自转速率的变化会引起地球角动量的变化，大气角动量作为该过程的补偿，也会产生相应变化，这一过程主要通过大气和固体地球之间轴向角动量的交换完成（Wahr and Oort，1984；Eubanks，1993）。因此，进一步研究大气和固体地球之间角动量交换的机理，是揭示日长和大气相互作用的重要途径。

根据空气质点运动方程，大气质点的运动速度变化由气压梯度、摩擦力和地心引力决定：

$$\frac{\mathrm{d}V}{\mathrm{d}t}=-\frac{1}{\rho}\Delta p+g+F \tag{2.3}$$

式中，V 为空气质点的绝对速度；Δp 为气压梯度；F 为摩擦力；g 为地心引力；ρ 为大气密度。

对式（2.3）两边用矢量 r 叉乘，可得

$$r\times\frac{\mathrm{d}V}{\mathrm{d}t}=r\times\left(-\frac{1}{\rho}\Delta p\right)+r\times g+r\times F \tag{2.4}$$

$$r\times\frac{\mathrm{d}V}{\mathrm{d}t}=\frac{\mathrm{d}M_{\text{atm}}}{\mathrm{d}t} \tag{2.5}$$

将式（2.4）用球坐标分量展开，可得

i 方向上的分量：

$$-\frac{\mathrm{d}(rv)}{\mathrm{d}t}-2ru\Omega\sin\varphi-u^2\tan\varphi-r^2\Omega^2\cos\varphi\sin\varphi=\frac{1}{\rho}\frac{\partial p}{\partial\varphi}-rF_{\varphi} \tag{2.6}$$

j 方向上的分量：

$$\frac{\mathrm{d}(ru)}{\mathrm{d}t}+\frac{\mathrm{d}}{\mathrm{d}t}\left(r^2\Omega\cos\varphi\right)-uv\tan\varphi-rv\Omega\sin\varphi=\frac{1}{\rho\cos\varphi}\frac{\partial p}{\partial\lambda}+rF_{\lambda} \tag{2.7}$$

式中，v 为经向速度；u 为纬向速度；p 为气压；λ 为经度；φ 为纬度；F_{λ} 为经向摩擦力；F_{φ} 为纬向摩擦力。

地球上只有绕地轴的角动量，i 方向上的分量与此无关，因此只有 j 方向上的分量有效［式（2.7）］。将 j 方向上的分量投影到地轴，可得

$$\cos\varphi\frac{\mathrm{d}}{\mathrm{d}t}\left[ru+r^2\Omega\cos\varphi\right]-uv\sin\varphi-rv\Omega\sin\varphi\cos\varphi=-\frac{1}{\rho}\frac{\partial p}{\partial\lambda}+r\cos\varphi F_{\lambda} \tag{2.8}$$

将已知公式：

$$v=r\frac{\mathrm{d}\varphi}{\mathrm{d}\lambda} \tag{2.9}$$

$$\frac{\mathrm{d}\cos\varphi}{\mathrm{d}t}=-\sin\varphi\frac{\mathrm{d}\varphi}{\mathrm{d}t} \tag{2.10}$$

代入式（2.8）中，式（2.8）左边可写为

$$\begin{aligned}&\cos\varphi\frac{\mathrm{d}}{\mathrm{d}t}\left[ru+r^2\Omega\cos\varphi\right]-uv\sin\varphi-rv\Omega\sin\varphi\cos\varphi\\&=\cos\varphi\frac{\mathrm{d}}{\mathrm{d}t}\left[ru+r^2\Omega\cos\varphi\right]+ru\frac{\mathrm{d}\cos\varphi}{\mathrm{d}t}+r^2\Omega\cos\varphi\frac{\mathrm{d}\cos\varphi}{\mathrm{d}t}\\&=\frac{\mathrm{d}}{\mathrm{d}t}\left[\left(ru+r^2\Omega\cos\varphi\right)\cos\varphi\right]=\frac{\mathrm{d}M_{\text{atm}}}{\mathrm{d}t}\end{aligned} \tag{2.11}$$

对式（2.11）积分可得（r 可近似认为等于地球半径 a）：

$$M_{\mathrm{atm}} = M_{\Omega} + M_{r} = \left(\Omega R\cos\varphi + u\right) R\cos\varphi \tag{2.12}$$

将式（2.9）和式（2.10）代入式（2.8），式（2.8）右边可写为

$$-\frac{1}{\rho}\frac{\partial p}{\partial \lambda} + r\cos\varphi F_{\lambda} = \frac{\mathrm{d}M_{\mathrm{atm}}}{\mathrm{d}t} \tag{2.13}$$

式（2.13）在 p 坐标中可写为

$$\frac{\mathrm{d}M_{\mathrm{atm}}}{\mathrm{d}t} = -\frac{\partial h}{\partial \lambda} + a\cos\varphi F_{\lambda} \tag{2.14}$$

由式（2.14）可得，大气角动量由两个部分组成，分别为山脉力矩（T_{m}）和摩擦力矩（T_{f}）：

$$\frac{\mathrm{d}M_{\mathrm{atm}}}{\mathrm{d}t} = T_{\mathrm{m}} + T_{\mathrm{f}} \tag{2.15}$$

可见，地球自转速率的变化通过作用于固体地球表面的山脉力矩和摩擦力矩引起大气和固体地球之间轴向角动量的交换（White，1949；Oort and Bowman，1974；Wahr and Oort，1984）。例如，在西风带中地球通过摩擦作用给大气一个自东向西的转动力矩，所以西风带中大气将损耗西风角动量而地球将获得西风角动量。山脉力矩和摩擦力矩作为深入分析地球自转和大气运动之间相互作用以及动量传输过程的关键参数，对探讨地球自转速率变化对气候变化的驱动机制具有重要作用。

2. 山脉力矩和摩擦力矩计算模型

由前一小节理论推导可见，山脉力矩和摩擦力矩是深入研究地球自转和大气运动之间相互作用以及动量传输过程的两个关键参数（White，1949；Wahr and Oort，1984）。地球和大气之间通过山脉力矩和摩擦力矩的作用进行轴向角动量传输，从而对地球自转速率和大气环流产生深远影响（重力波力矩的量级相对较小，可以忽略）（de Viron et al.，1999）。深入分析长时间序列山脉力矩和摩擦力矩的时空分布及变化特征，有助于认识地球自转变化和大气运动的相互作用过程，检测其对气候变化的影响。

早在 20 世纪 50 年代，就有气象学家开始利用力矩的概念将大气轴向角动量循环和地球转动联系起来（Starr，1948；White，1949）。Weickmann 和 Sardeshmukh（1994）、Huang 等（1999）对山脉力矩和摩擦力矩进行了详细推算，并给出了标准的计算公式。

美国国家海洋和大气管理局（National Oceanic and Atmospheric Administration，

NOAA）的地球系统研究实验室（Earth System Research Laboratory）利用 Weickmann（2004）的公式计算了全球角动量及各个力矩的变化，并实时在网上更新，为研究大气角动量的变化提供了数据支撑。然而，该数据网没有公布长时间序列的历史数据，也没有数据的空间分布。本部分选取美国国家环境预报中心和美国国家大气科学研究中心的 NCEP/NCAR 再分析资料，根据地球和大气系统角动量理论、山脉力矩、摩擦力矩的推导公式并参考 Weickmann（2004）中各个力矩计算的方法，可以计算得到全球 1948 ～ 2011 年山脉力矩和摩擦力矩时空分布。

山脉力矩的计算公式如下：

$$T_{\mathrm{m}} = -a^2 \int_0^{2\pi} \int_{-\pi/2}^{\pi/2} P_{\mathrm{sfc}} \frac{\partial h}{\partial \lambda} \cos\varphi \mathrm{d}\varphi \mathrm{d}\lambda \tag{2.16}$$

式中，a 为地球半径；λ 为经度；φ 为纬度；P_{sfc} 为地表面气压，计算时使用 NCEP-DOE Reanalysis 1 的逐日地表面气压；h 为地形高度，计算时使用 NCEP-DOE Reanalysis 1 的地形高度场。

摩擦力矩的计算公式如下：

$$T_{\mathrm{f}} = a^3 \int_0^{2\pi} \int_{-\pi/2}^{\pi/2} \tau \cos^2 \varphi \mathrm{d}\varphi \mathrm{d}\lambda \tag{2.17}$$

式中，a 为地球半径；λ 为经度；φ 为纬度；τ 为地表应力，计算时使用 NCEP-DOE Reanalysis 1 的动量通量代替。

2.4.2　山脉力矩和摩擦力矩的时空变化及与日长的关系

1. 全球山脉力矩时空变化特征

山脉力矩是地表面气压和地形高度的函数。如果在地形起伏度较大的地区（主要是山脉）西侧的地表面气压高于东侧，东西两侧地表面气压的不一致，会产生一个向东的转动力矩，导致地球的自转速度加快，而大气则损耗其轴向角动量，此时山脉力矩为负。反之，如果起伏地形的西侧地表面气压低于东侧，则会产生一个正的山脉力矩，大气从而获得轴向角动量（Driscoll，2010）。

图 2.22 为基于 NCEP 第一套再分析资料计算得到的 1948 ～ 2012 年多年平均全球山脉力矩空间分布。从空间分布看，山脉力矩的变化趋势存在明显的空间差异。山脉力矩主要分布在亚洲中部、北美洲、南美洲、非洲和大洋洲等中高纬度地区，两极地区分布较弱。山脉力矩的最大值出现在南美洲安第斯山脉东侧（21.9° S，63.75° W），达到 207Hadley①。最小值出现在南美洲安第斯

① 1 Hadley = 10^{18} kg · m^2/s^2。

山脉西侧（20° S，67.5° W），达到 −243Hadley。全球其他地区山脉力矩大多在 −50 ～ 50Hadley。由此可见，非洲地区和大洋洲地区山脉力矩对全球力矩的贡献较弱，北半球的青藏高原、落基山脉以及南半球的安第斯山脉是对全球山脉力矩贡献较大的三个地区。

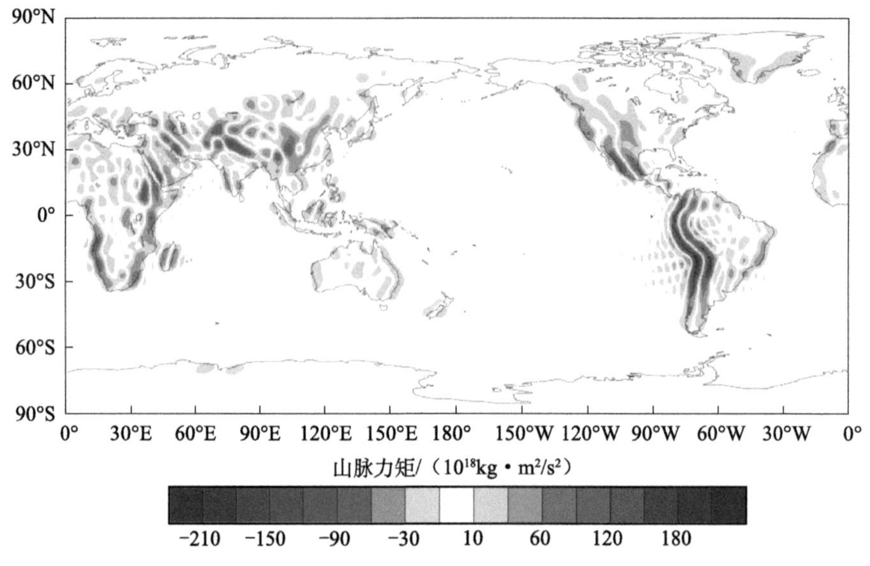

图 2.22 1948 ～ 2012 年多年平均全球山脉力矩空间分布

从多年平均全球山脉力矩纬向分布来看（图 2.23），在北半球中纬度地区存在明显的正的山脉力矩，其中主要是青藏高原、落基山脉的贡献；而南半球正的山脉力矩主要是安第斯山脉的贡献。北半球在 30° N ～ 60° N 存在明显的负的山脉力矩，主要来自落基山脉的贡献。总体上看，安第斯山脉的重要性比青藏高原和落基山脉小一些，表现在全球山脉力矩纬向分布图（图 2.23）上，南半球特别是 20° S 以南的区域，山脉力矩总的经圈积分值较小，纬向上的年际变化也较小。Oort 和 Bowman（1974）、Weickmann 和 Berry（2007）、Lott 等（2001）、王亚非等（2011）的研究也表明，北半球的喜马拉雅山和落基山脉是全球山脉力矩变化较为活跃的地区。

图 2.24 给出了利用 NCEP 第一套再分析资料计算得到的 1948 ～ 2012 年全球山脉力矩变化趋势。从图中可以看到，山脉力矩变化最为显著的地区集中在欧亚大陆的中南部和南美洲安第斯山脉，其中以青藏高原区域变化最为剧烈。在喜马拉雅山脉西南侧，山脉力矩呈明显降低趋势，每年减少 4×10^{15}kg · m^2/s^2 以上；而在喜马拉雅山东部和北部局部，山脉力矩呈增加趋势，部分地区每年增加的幅度大于 6×10^{15}kg · m^2/s^2。青藏高原东西两侧的山脉力矩变化具有相反的趋势，

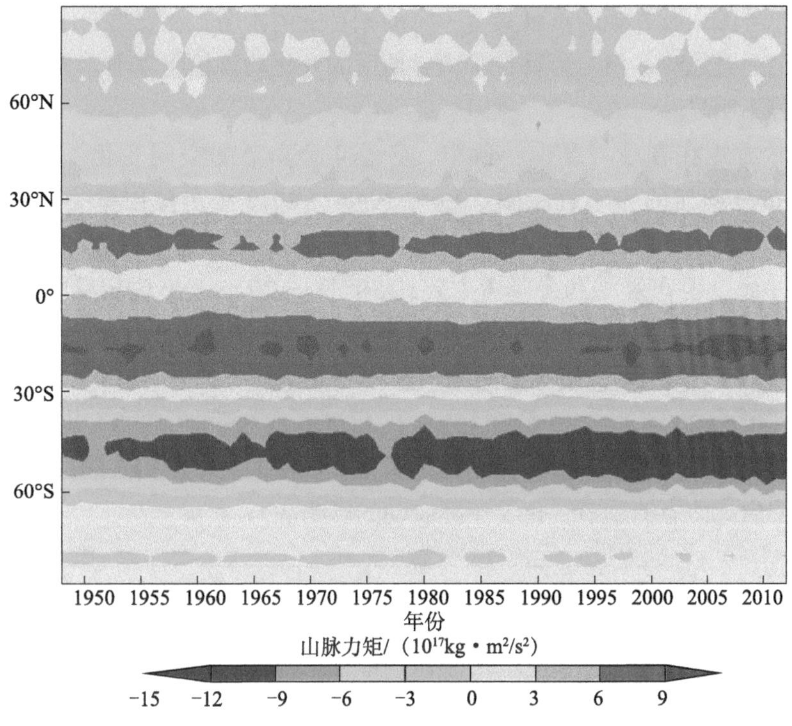

图 2.23 1948～2012 年多年平均全球山脉力矩纬向分布

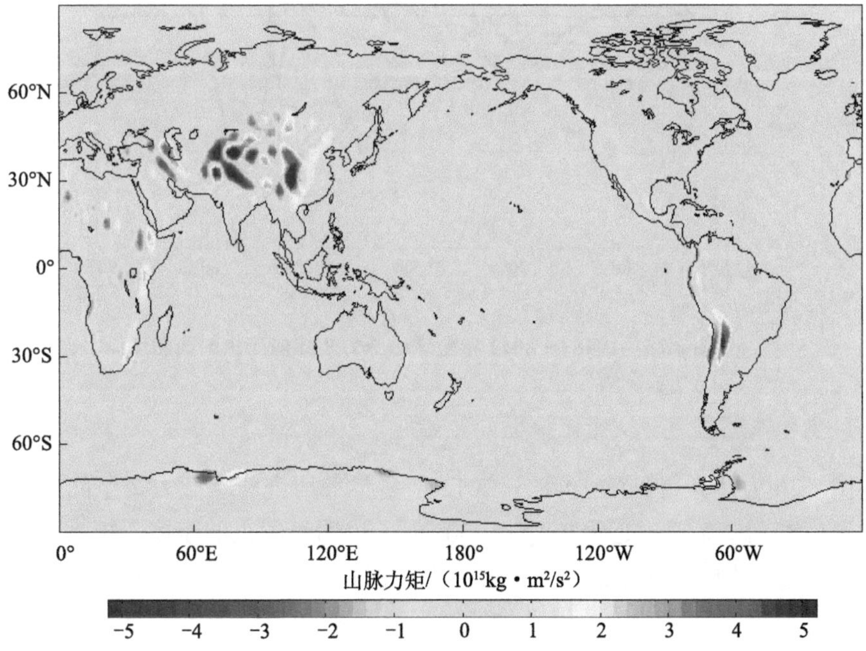

图 2.24 利用 NCEP 第一套再分析资料计算得到的 1948～2012 年全球山脉力矩变化趋势

对全球积分的山脉力矩的贡献具有一定的相互抵消作用。在安第斯山脉中部局部呈一定的上升趋势，但与喜马拉雅山脉地区的变化趋势相比较小。全球其他地区变化趋势不明显。

山脉力矩在春季、夏季、秋季、冬季 4 个季节的空间变化不明显，但其纬向分布呈明显的季节性。图 2.25 为 1948 ～ 2012 年全球山脉力矩纬向变化剖面图。从图中可以看到，山脉力矩在春季和秋季的变化趋势和全年变化趋势基本一致，但在夏季和冬季（主要在 30° N ～ 20° S）出现相反的分布特征。在夏季，山脉力矩高值主要出现在南半球（0°～ 20° S），低值出现在北半球（0°～ 20° N）。在冬季，山脉力矩高值转移到北半球（0°～ 20° N），低值出现在南半球（0°～ 20° S）。这一分布特征与 Madden 和 Speth（1995）用 1 年数据做出的季节变化规律基本一致，但具体每个季节极值的大小和出现的位置有一定差别，说明山脉力矩的季节变化受年际波动的影响。

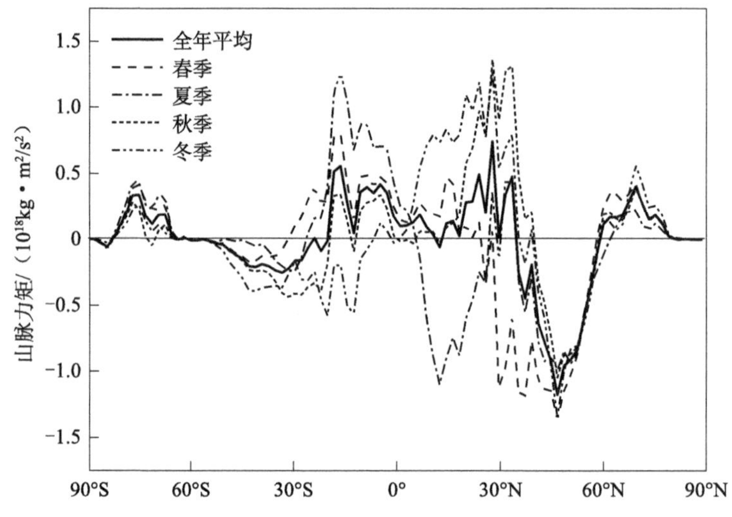

图 2.25 1948 ～ 2012 年全球山脉力矩纬向变化剖面图

2. 全球摩擦力矩时空变化特征

图 2.26 为计算得到的 1948 ～ 2012 年多年平均全球摩擦力矩空间分布。从图中可以看到，赤道附近（30° N ～ 30° S），以明显的正的摩擦力矩为主，最高值常常出现在大陆板块东侧，如南美洲东北部和非洲大陆东部。而在中高纬度地区，摩擦力矩以负值为主。相比北半球，南半球 30° S ～ 60° S 出现明显的摩擦力矩极低值。摩擦力矩的这一分布规律在纬向分布图（图 2.27）上体现得更为明显，

同时和近地面盛行风向示意图（图 2.28）的分布规律基本上是一致的。在赤道附近盛行东风的地区，以正的摩擦力矩为主，大气获得角动量；而在中高纬度盛行西风带的地区，以负的摩擦力矩为主，大气失去角动量。在极地地区，空气质点离地轴的垂直距离很小，虽然此区域受极区东风的影响，但摩擦力矩也会变得很小。

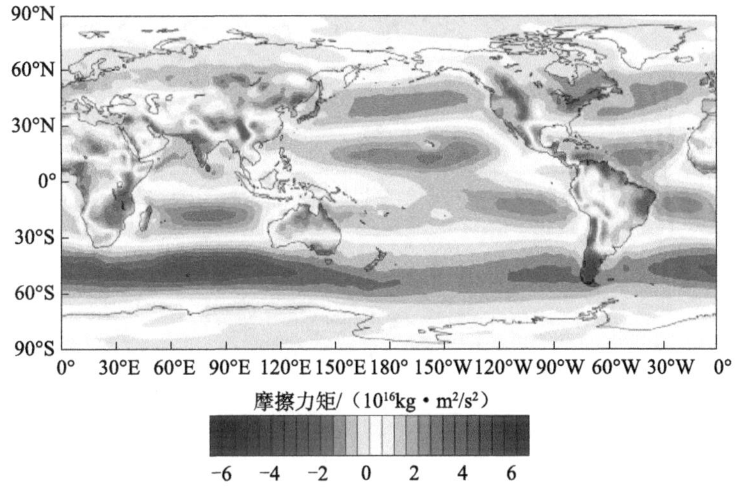

图 2.26　1948 ～ 2012 年多年平均全球摩擦力矩空间分布

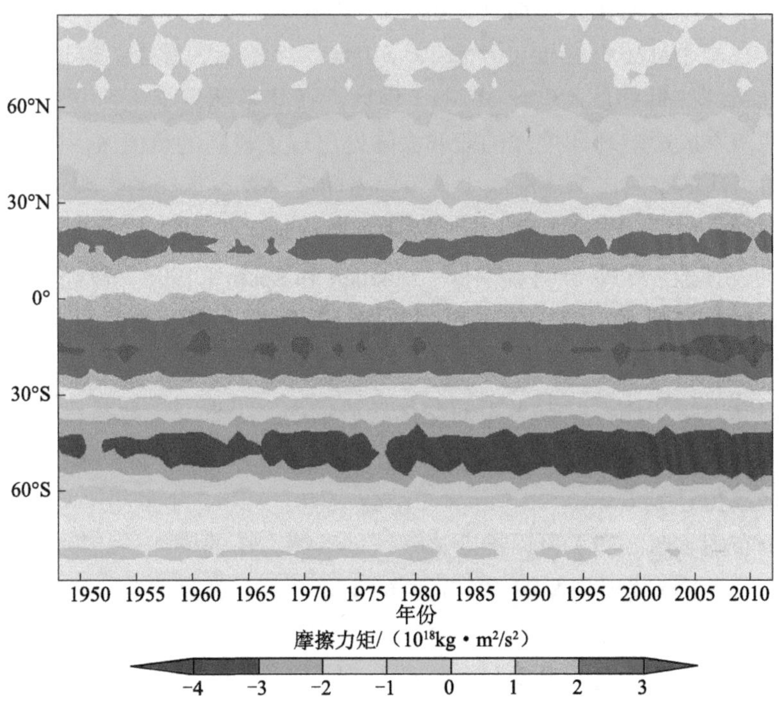

图 2.27　1948 ～ 2012 年多年平均全球摩擦力矩纬向分布

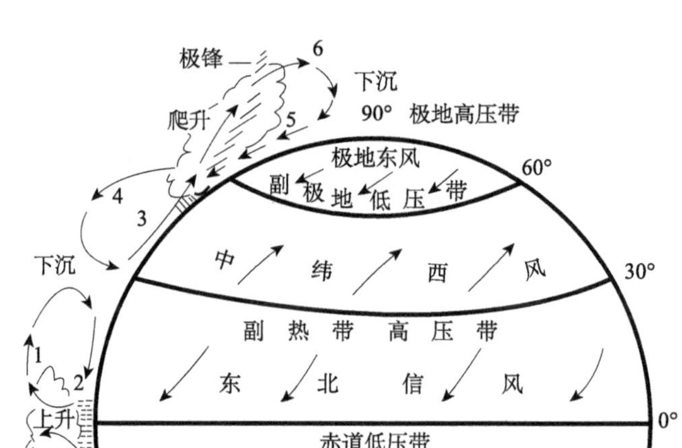

图 2.28　近地面盛行风向示意图

资料来源：李爱贞和刘厚凤（2004）

1、2 为低纬度哈得来环流，3、4 为中纬度费雷尔环流，5、6 为高纬度哈得来环流

为研究全球摩擦力矩的季节变化特征，选择 1948 ～ 2012 年 12 ～ 2 月、3 ～ 5 月、6 ～ 8 月和 9 ～ 11 月 4 个时段的多年平均值（分别代表冬季、春季、夏季、秋季 4 个季节）进行分析（图 2.29）。从图 2.29 中可以看出，摩擦力矩的空间分布存在明显的季节变化，特别是在 30° S 以北的区域。夏季和秋季，摩擦力矩高值区集中在南半球中低纬度（0°～ 30° S）地区。冬季和春季，摩擦力矩高值区集中在北半球中低纬度（0°～ 30° N）地区。在北半球夏季，在 0°～ 30° N，受强烈的西南季风影响环印度洋的亚非大陆处出现了较高的负值区。0°～ 30° N 处的摩擦力矩从冬季的正值逐渐减少，主要受印度洋夏季季风的影响（Madden and Speth，1995）。在北半球冬季，太平洋中高纬度地区出现较大范围的摩擦力矩低值区，且较其他 3 个季节明显偏低。Madden 和 Speth（1995）曾经利用 1987 年 6 月至 1988 年 5 月的 ECMWF 的模拟数据计算摩擦力矩沿纬度的变化曲线，得到类似的结论。

与山脉力矩相比，摩擦力矩的变化趋势较小（小近一个数量级），但变化的空间范围较大（图 2.30）。从图中可以看到，在非洲大陆中部出现较明显的增加趋势，最高值达到 6×10^{14}kg · m^2/s^2。结合 1948 ～ 2012 年多年平均全球摩擦力矩纬向分布图（图 2.27）可以推断，该区域摩擦力矩的增加是纬度带 0°～ 30° S 1948 ～ 2012 年持续出现摩擦力矩高值的主要原因，特别是在 2000 年以后，正的摩擦力矩有明显增加。此外，在欧亚大陆南部、南美洲南部和东部局部也呈增长趋势。同时可以看到，摩擦力矩增加的区域主要出现在大陆地区，而摩擦力矩减少的区域主要出现在太平洋中部和 50° S ～ 60° S 的海洋上。在 50° S ～ 60° S

的海洋上，有一条自大西洋延伸到太平洋南部的摩擦力矩减少带，尤其是在 1995 年以后（图 2.27），该条带上摩擦力矩减少的速率不断增加，对全球摩擦力矩的减少趋势贡献较大。在南美洲北部和中部、非洲北部和南部局部也呈下降趋势。

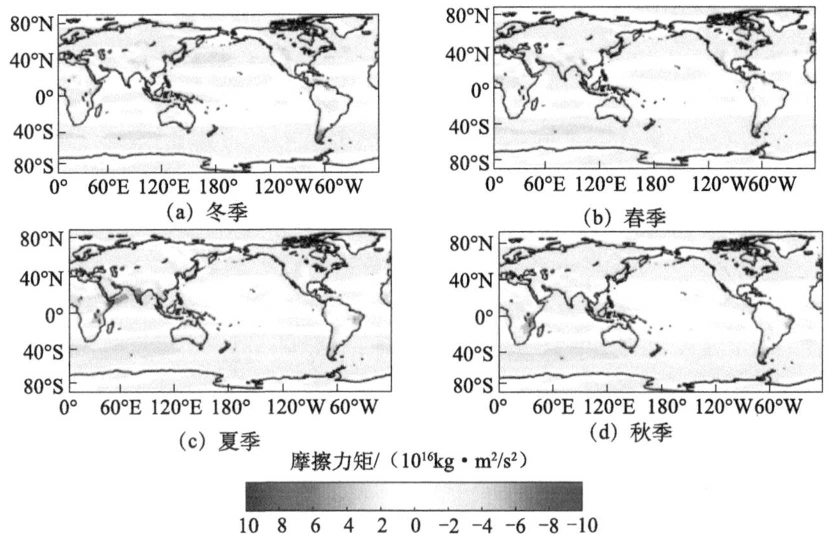

图 2.29　1948 ～ 2012 年全球摩擦力矩季节分布特征

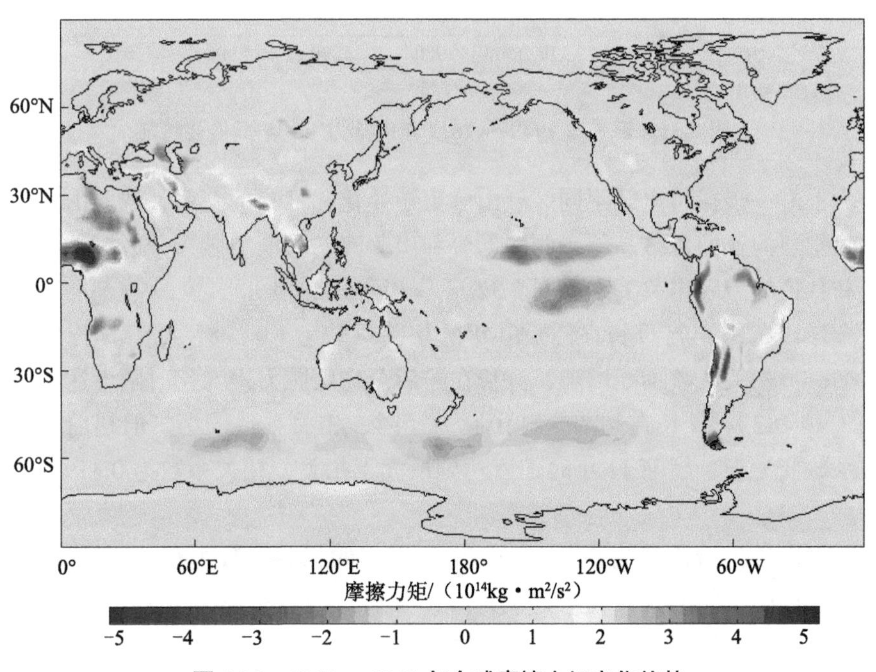

图 2.30　1948 ～ 2012 年全球摩擦力矩变化趋势

3. 山脉力矩与日长的关系

从时间序列的变化上看，年平均的全球山脉力矩（图 2.31 中蓝线所示）与日长具有相反的变化趋势，即在日长达到峰值时，对应的山脉力矩达到谷值，日长峰值和谷值分别出现在 1972 年和 2003 年前后。但日长和山脉力矩之间存在一定的滞后效应。

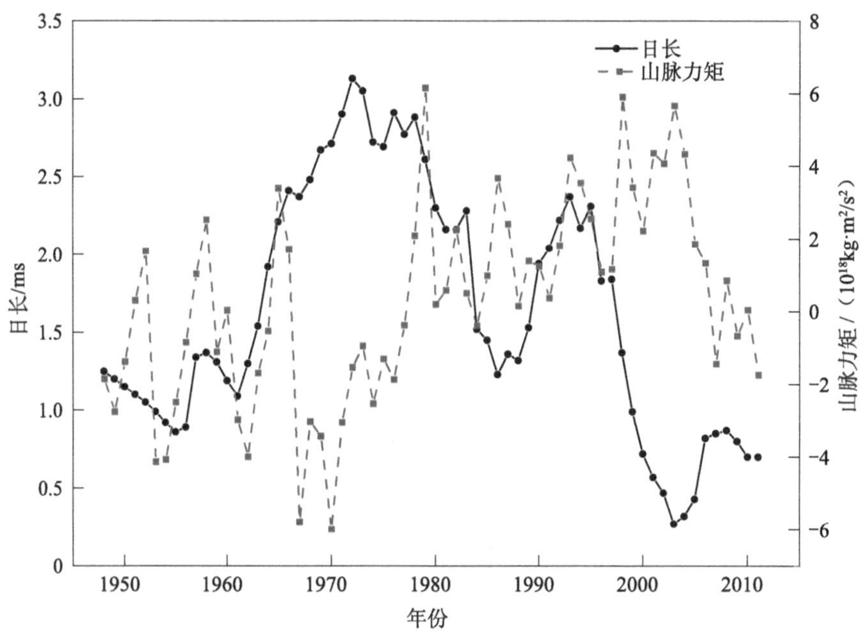

图 2.31　日长与 1948 ～ 2012 年山脉力矩的年际变化特征

为了进一步探讨全球不同区域山脉力矩变化和日长的关系，选取山脉力矩变化较为剧烈的亚洲青藏高原东西两部分和南美洲安第斯山脉，分区域统计了山脉力矩和日长的滞后相关关系（图 2.32）（朱琳等，2014）。

全球山脉力矩与日长在滞后 0 年的相关系数为 −0.208，随着日长滞后年数的增加，负相关系数不断增加，日长在滞后全球山脉力矩 5 年时两者达到最大负相关（−0.482）。日长在超前全球山脉力矩时，相关系数较小，但超前 5 年以后相关系数变为正，超前 11 年时二者达到最大正相关，相关系数为 0.319［图 2.32（a）］。

青藏高原区域山脉力矩与日长在滞后 0 年的相关系数为 0.308，日长在滞后 9 年和超前 6 年时相关系数达到极大值，分别为 −0.461 和 0.433［图 2.32（b）］。青藏高原东西两部分山脉力矩的变化趋势完全相反，因此将青藏高原分为东西两

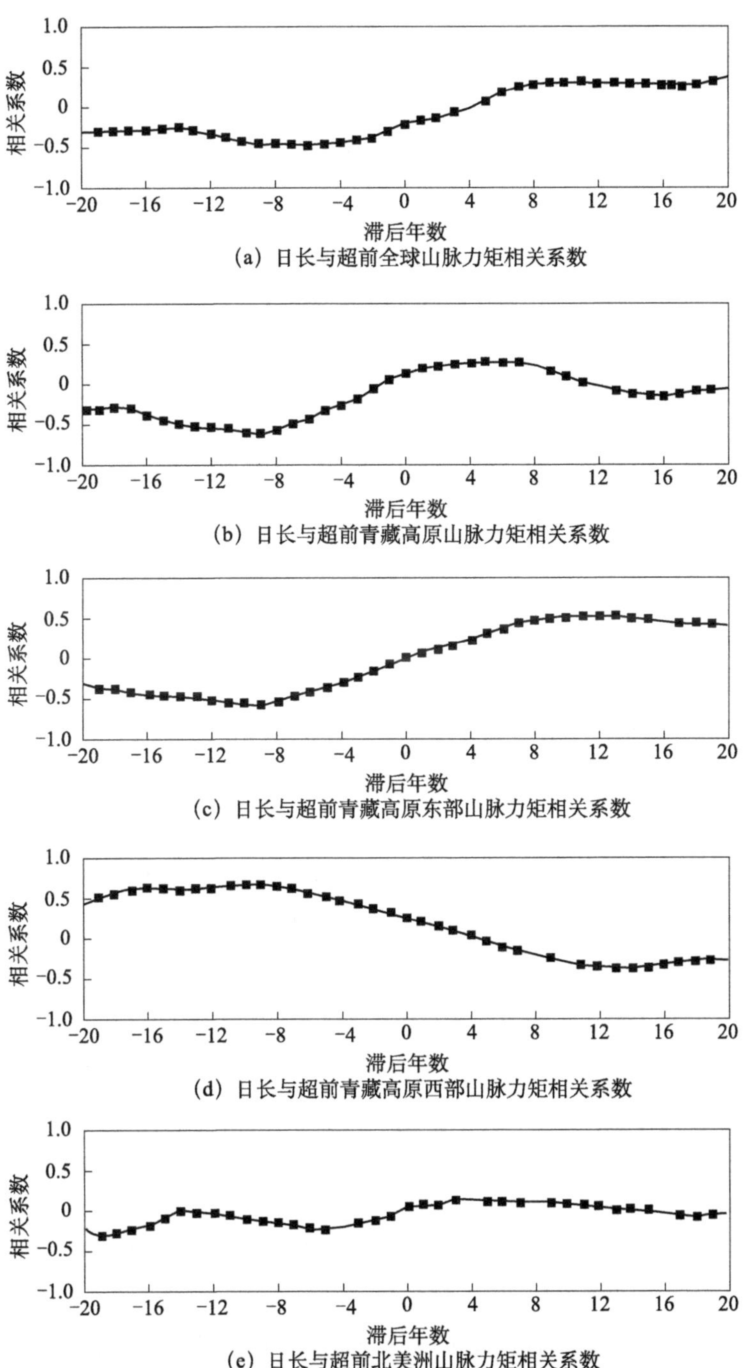

图 2.32　1948 ～ 2012 年日长与山脉力矩的超前滞后相关

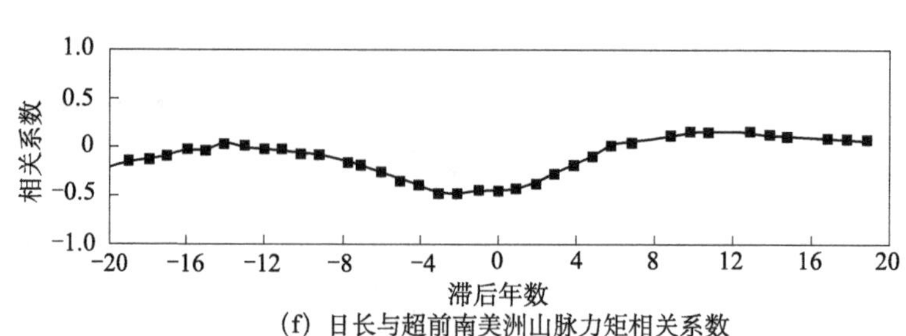

(f) 日长与超前南美洲山脉力矩相关系数

图 2.32 (续)

青藏高原的空间范围：26° N ～ 39.8° N，73.3° E ～ 104.8° E；青藏高原东部的空间范围：99.4° E ～ 112.5° E，24.9° N ～ 44° N；青藏高原西部的空间范围：63.8° E ～ 90° E，24.9° N ～ 47.9° N；北美洲的空间范围：52.5° W ～ 166.9° W，11.5° N ～ 72.8° N；南美洲的空间范围：58.1° W ～ 73.1° W，11.49° S ～ 34.47° S

部分分别考虑山脉力矩与日长的关系，分析结果发现，青藏高原东、西两部分山脉力矩与日长的关系完全相反，在日长滞后 9 年时，青藏高原东、西两部分山脉力矩和日长达到最大相关，相关系数分别为 −0.689 和 0.625［图 2.32（c）和图 2.32（d）］。东部山脉力矩与日长的关系与整个青藏高原山脉力矩与日长的关系较为一致［图 2.32（b）和图 2.32（c）］。

南美洲安第斯山脉附近的山脉力矩与日长的相关关系以负相关为主，在日长滞后南美洲安第斯山脉力矩 0 年时为 −0.413，滞后 2 年时达到最大，相关系数为 −0.443［图 2.32（f）］。北美洲落基山脉对日长的响应较弱，相关系数普遍较低［图 2.32（e）］。

从全球山脉力矩变化剧烈区域的山脉力矩与日长的相关分析来看，日长滞后山脉力矩时的相关系数绝对值高于日长超前山脉力矩，说明山脉力矩在一定程度上驱动日长变化。

4. 摩擦力矩与日长的关系

图 2.33 为全球摩擦力矩与日长的年际变化。从图中可以发现，1948 ～ 2010 年摩擦力矩平均值为 $-2.06\times10^{18}\mathrm{kg\cdot m^2/s^2}$，标准差为 4.94，变化范围为 -1.164×10^{19} ～ $9.05\times10^{18}\mathrm{kg\cdot m^2/s^2}$。通过线性拟合分析发现，摩擦力矩整体呈下降趋势，平均每年变化约 $-2\times10^{19}\mathrm{kg\cdot m^2/s^2}$（$R^2=0.54$，$P < 0.01$），在 1956 年和 1977 年后，摩擦力矩出现较大幅度的降低现象，在 1995 年以后，摩擦力矩由下降趋势转变为上升趋势。

在年际变化尺度上，日长与大气角动量具有很高的相关性，相关系数达 0.9，而且和厄尔尼诺、南方涛动指数也具有相当高的相关性，相关系数达 0.5 ～ 0.7，当达到最大相关时，南方涛动指数约超前 2 个月（Zheng et al.，2003）。作为大

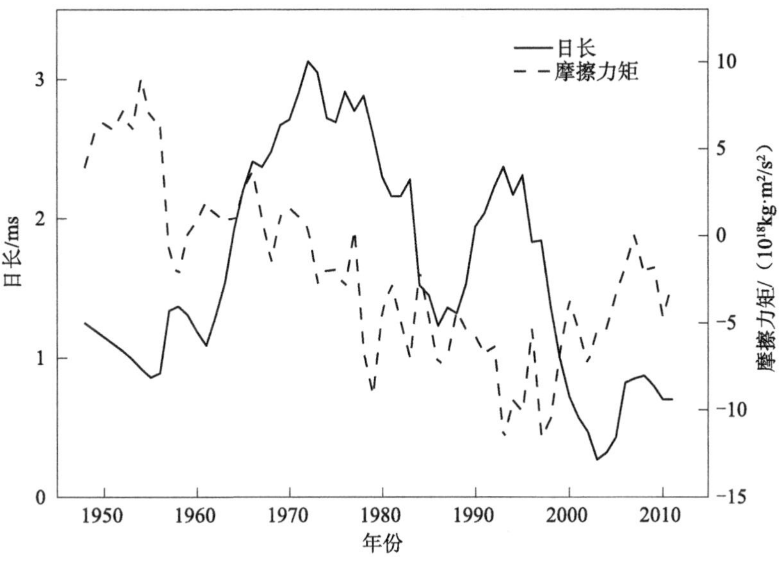

图 2.33　全球摩擦力矩与日长的年际变化

气角动量与地球角动量的传输途径之一，摩擦力矩年平均值与日长年平均值在研究时间段内，相关系数为 −0.14（P=0.23），相关置信度较低。由此可以看出，摩擦力矩在年际尺度上并不能完全体现出和日长的变化有显著的联系。产生这一结果的原因可能是地球角动量在年际时间尺度上与大气角动量交换的过程中，并没有完全通过摩擦力矩来完成，摩擦力矩对大气角动量和地球角动量传输的相对重要程度在不同的时间尺度上是不同的，在年际尺度上山脉力矩可能在地球角动量与大气角动量的交换过程中起了主要作用。Swinbank（1985）通过计算全球摩擦力矩和山脉力矩也发现，在年际时间尺度上，山脉力矩对全球角动量的变化更为重要，摩擦力矩次要，因此摩擦力矩对日长改变的贡献较小，与我们计算的结论相一致。此外，在年际时间尺度上，潮汐作用对日长改变的贡献也十分显著。在年际时间尺度上，由于山脉力矩和海洋潮汐在地球角动量与大气角动量的交换过程中起到了主导性的作用，摩擦力矩对日长变化的影响较小，也就无法看到其与日长变化有联系。

2.4.3　极移变形力和位势

1. 极移变形力的全球分布和趋势分析

为了直接应用极移坐标和经纬度计算极移变形力各分量，彭公炳和陆巍（1983）参照李启斌等（1973）的工作，做了进一步的推导和变换，其推导结果与 Максимов（1970）对极移变形力各分量推导的结果类似。

$$
\begin{aligned}
F_{\mathrm{EW}} &= -m\omega^2 R\left(y\cos\lambda + x\sin\lambda\right)\sin\varphi \\
F_{\mathrm{SN}} &= m\omega^2 R\left(x\cos\lambda - y\sin\lambda\right)\sin 2\varphi \\
F_{\mathrm{R}} &= -m\omega^2 R\left(x\cos\lambda - y\sin\lambda\right)\sin 2\varphi
\end{aligned} \tag{2.18}
$$

式中，λ、φ 为某点的地理经纬度（经度取东经为正）；m 为质量；F 为极移变形力，下标 EW 表示东西纬向，SN 表示南北经向；R 为地心向外的径向（或称垂向）；ω 为地球自转速度；x、y 为极移的两个分量。计算结果中的正负代表矢量的不同方向。根据式（2.18）可以计算任何时间、任何地点的极移变形力各分量和合力，并进行逐年的比较分析。由式（2.18）可知，极移的变化引起了离心力系统的变化。其积累值可能是相当大的，从而可以造成地球上大气环流和空气质量输送的变化，并引起天气气候的相应变化。

（1）全球极移变形力的计算

为了计算全球极移变形力各分量，首先采用传统内插方法，得到月尺度的极移数据。然后采用式（2.18）计算全球经纬度 5°×5°网格上的全球极移变形力各分量，并进行分析。

为了研究极移变形力各分量随时间的变化情况，采用线性拟合方法（$y=ax+b$）来分析极移变形力各分量在全球（5°×5°）的变化趋势，计算公式为

$$
a = \frac{n\sum_{i=1}^{n} x_i y_i - \sum_{i=1}^{n} x_i \sum_{i=1}^{n} y_i}{n\sum_{i=1}^{n} x_i^2 - \left(\sum_{i=1}^{n} x_i\right)^2} \tag{2.19}
$$

式中，n 为年数，取 164；x_i 为年份（i=1，2，3，…，164）；y_i 为第 i 年的极移变形力各分量大小。当 a 大于 0 时，表示呈上升趋势；当 a 小于 0 时，表示呈下降趋势。

同时，采用曼－肯德尔（Mann-Kendall）检验法研究极移变形力各分量的全球积分的变化趋势是否存在突变。Mann-Kendall 检验法常用于时间序列的趋势检验，是一种非参数趋势检验方法。其具有如下特点：不要求变量具有正态分布特征，检测范围宽，人为影响小，定量化程度高，不仅可用于变量的趋势检验，还可用于变量的突变分析。

由式（2.18）可知，计算全球极移变形力所需数据包括：极移数据、地球自转角速度、地球平均半径、某点的地理经纬度。

采用的地极坐标序列是近年国际地球自转参数服务局的地球定位参数计划，相对于国际协议原点。图 2.34 给出了 1847 ～ 2010 年地极移动 X、Y 方向上的分

量演变曲线。图中，地极用坐标 X 和 Y 来记录，单位为 mas。X 方向为格林尼治子午线方向，指向格林尼治子午线为正；Y 方向为西经 90°方向，从北极向南为正。时间跨度为 1847 ～ 2010 年，原始资料时间间隔包括 0.1 年和 0.5 年。地球自转角速度为 $0.729\times10^{-4}s^{-1}$；地球平均半径为 $6.371\times10^{6}m$；全球地理经纬度采用 5°×5°的网格计算。

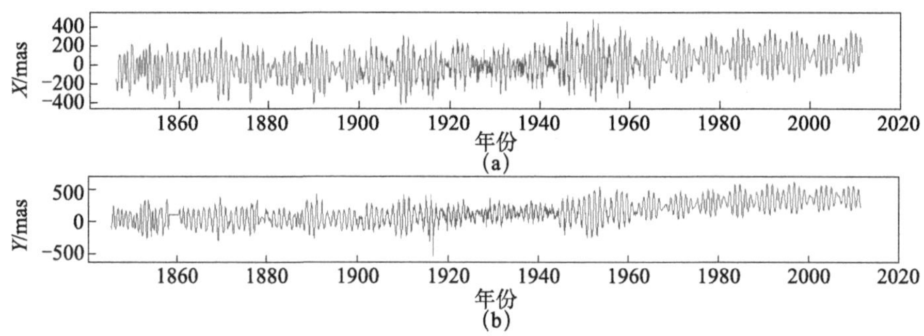

图 2.34　1847 ～ 2010 年地极移动 X、Y 方向上的分量

（2）年平均极移变形力各分量的空间分布特征

图 2.35 为 1847 ～ 2010 年平均全球极移变形力各分量的空间分布。从图中可以看到，极移变形力纬向力的空间分布特征如下：极值分布在两极，其中北半球的极值分布在 70° N ～ 90° N，负极值区在 20° W ～ 20° E，其中心分布在格陵兰岛附近，正极值区在 160° W ～ 180° W 和 160° E ～ 180° E，其中心分布在北冰洋新西伯利亚群岛以北海域，南半球分布情况与北半球相反，极值区分布在南极大陆上。

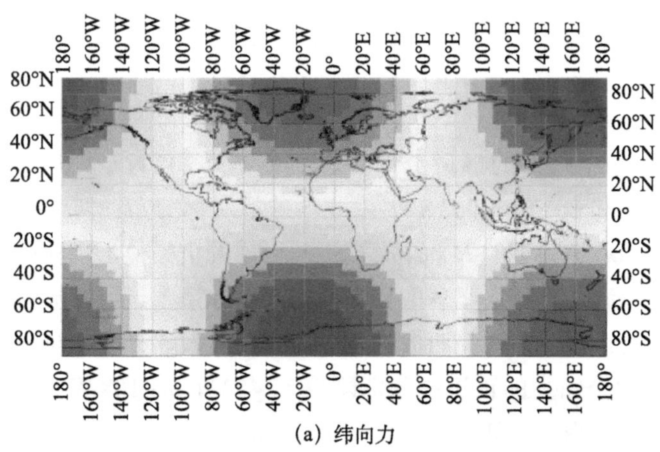

(a) 纬向力

图 2.35　1847 ～ 2010 年平均全球极移变形力各分量的空间分布

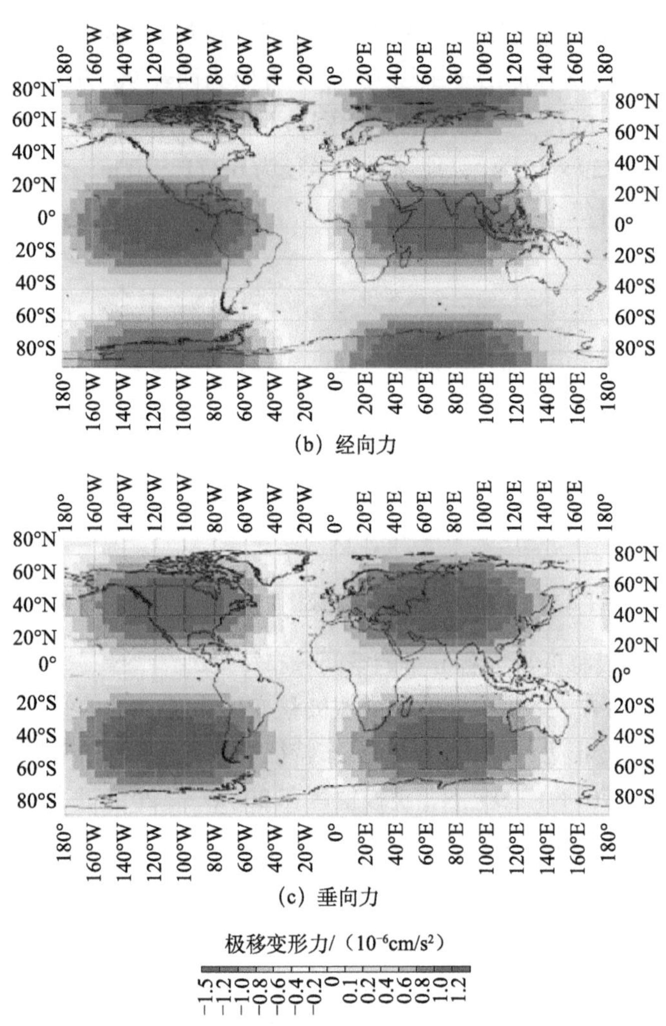

(b) 经向力

(c) 垂向力

图 2.35 （续）

极移变形力经向力的极值分布在赤道附近（20° N ～ 20° S）和两极附近（80° N ～ 90° N 和 80° S ～ 90° S），南北半球呈对称分布；西半球的正极值出现在赤道附近，即赤道附近的太平洋海域；西半球的负极值出现在两极附近，即南极洲大陆、北美洲北部；东半球的负极值出现在赤道附近，即赤道附近的印度洋海域；东半球的正极值出现在两极附近，即南极洲大陆、北冰洋海域。

极移变形力垂向力的正极值分别以 70° E45° N 和 110° W45° S 为中心分布，即欧亚大陆中部、南太平洋海域；负极值分别以 110° W45° N 和 70° E45° S 为中心分布，主要分布在南印度洋海域、北美洲大陆中西部。

（3）季节平均极移变形力各分量的空间分布特征

为研究全球极移变形力各分量的季节变化特征，选择 1847 ～ 2010 年 12 ～ 2 月、3 ～ 5 月、6 ～ 8 月和 9 ～ 11 月 4 个时段的多年平均值（分别代表北半球的冬季、春季、夏季、秋季 4 个季节）进行分析（图 2.36 ～图 2.38）。分析发现，极移变形力的量值和空间分布存在明显的季节特征，特别是在赤道（30° N ～ 30° S）和两极（80° N ～ 90° N 和 80° S ～ 90° S）附近。春季和夏季的极移变形力明显高于秋季和冬季。如图 2.36 ～图 2.38 所示，极移变形力的极值空间分布特征与年平均相似，但极值区中心位置随季节移动，从冬季到秋季从西向东平移，且从冬季到春季平均移动 25°，从春季到夏季平均移动 35°，从夏季到秋季平均移动 15°。极移变形力的极值随季节而变化（冬季：2.87×10^{-6}cm/s^2；春季：4.71×10^{-6}cm/s^2；夏季：4.45×10^{-6}cm/s^2；秋季：1.94×10^{-6}cm/s^2）。

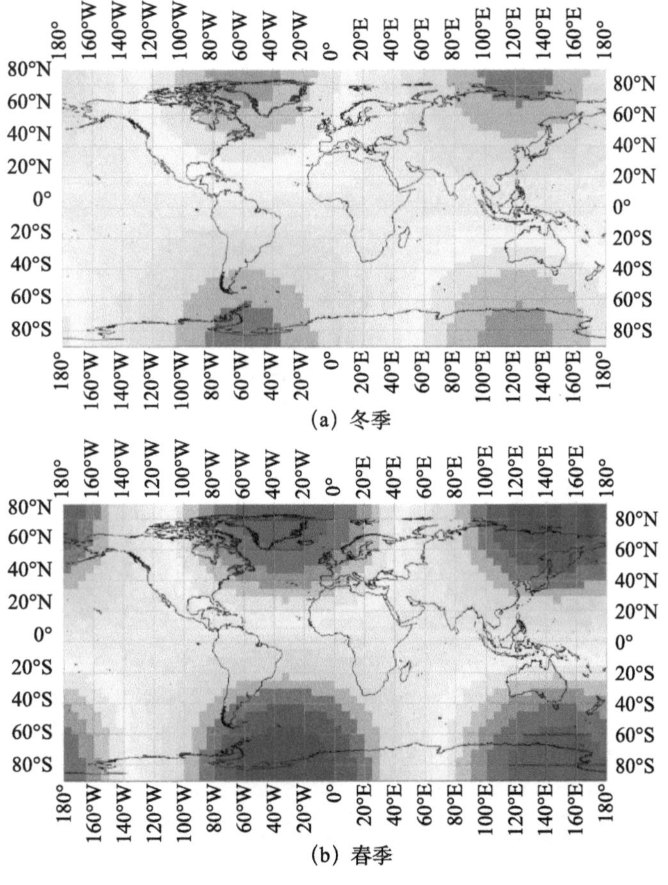

图 2.36　季节平均极移变形力纬向力的全球分布

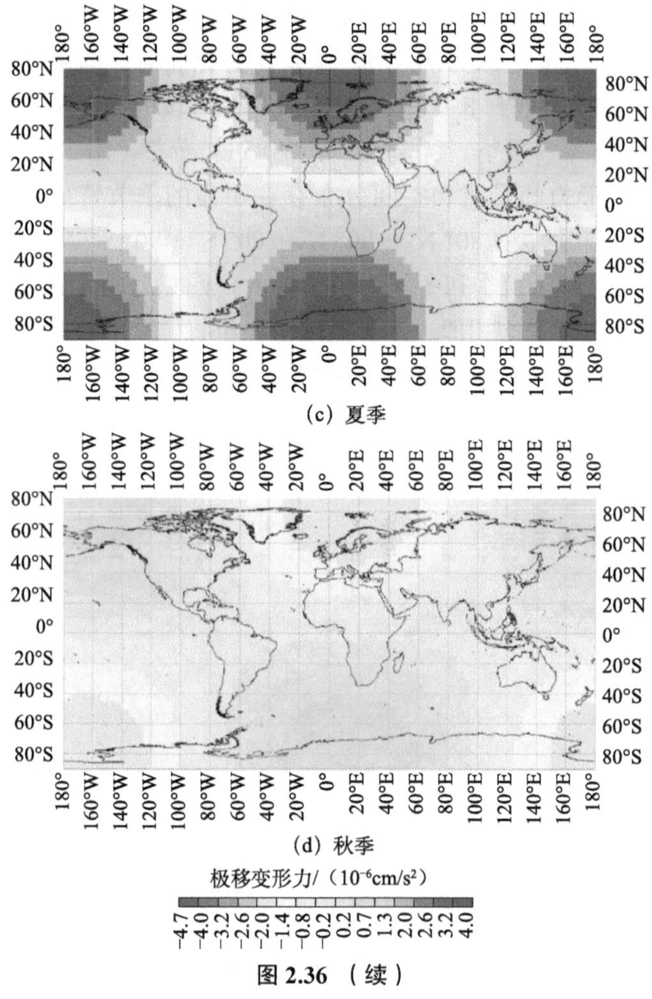

图 2.36 （续）

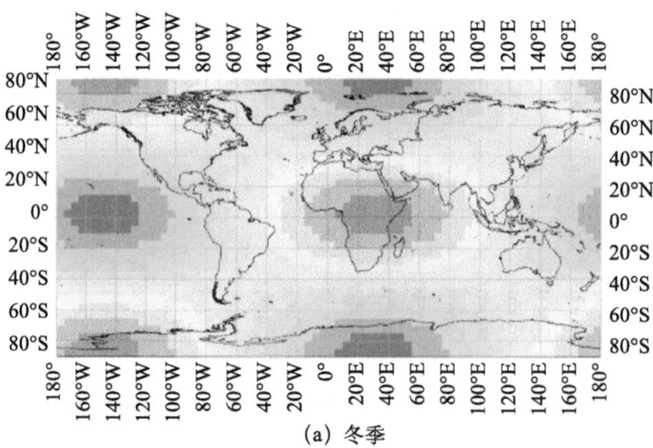

图 2.37 季节平均极移变形力经向力的全球分布

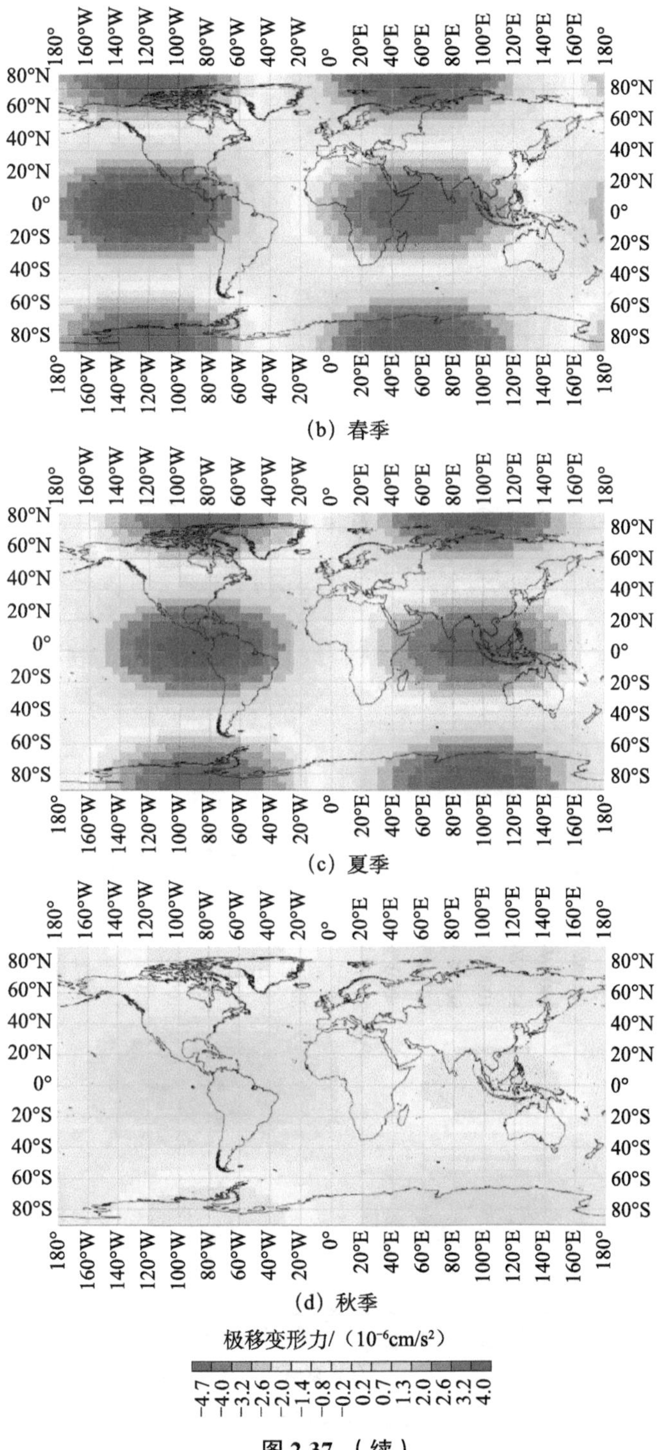

(b) 春季

(c) 夏季

(d) 秋季

图 2.37 （续）

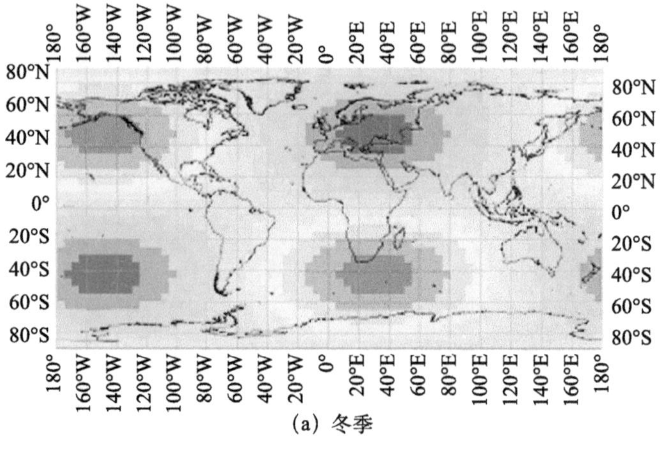

(a) 冬季

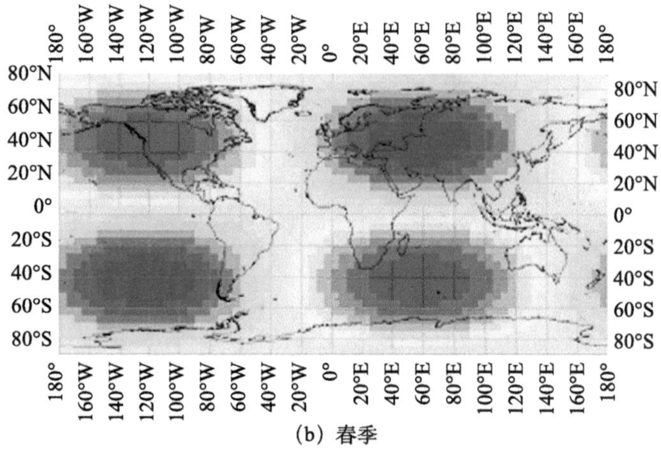

(b) 春季

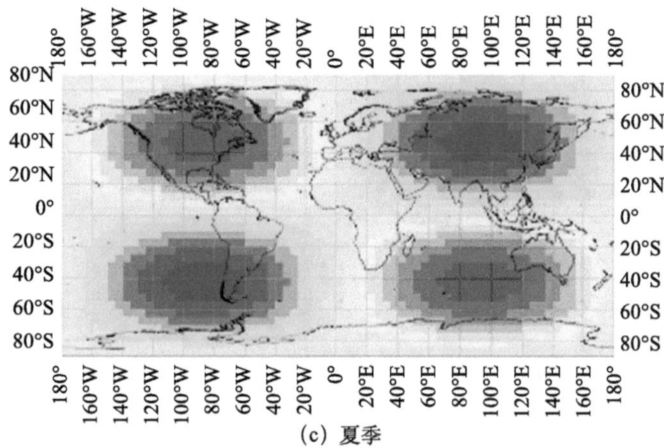

(c) 夏季

图 2.38 季节平均极移变形力垂向力的全球分布

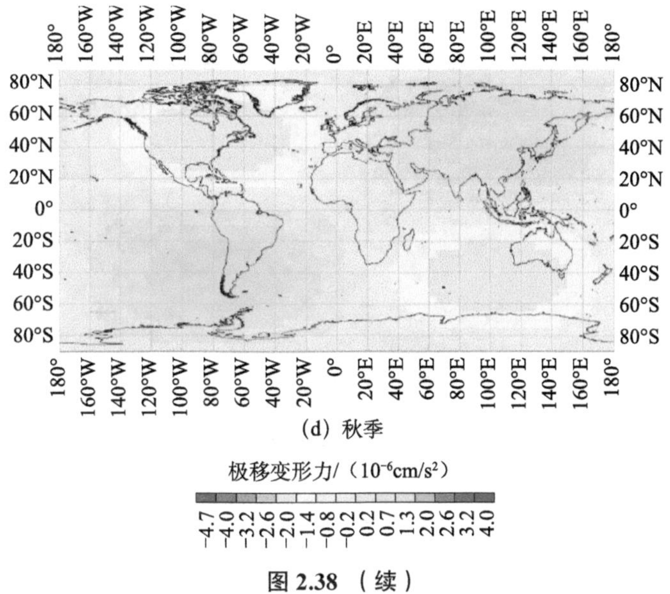

（d）秋季

图 2.38 （续）

利用长时间序列数据，不仅可以得出极移变形力各分量不同季节的极值变化特征，还能够明晰地反映不同季节极移变形力各分量的空间变化特征。基于对不同季节极移变形力各分量的空间分布状况和量值变化的计算结果，可以进一步分析其变化规律和原因。

（4）全球极移变形力各分量的多年变化趋势

图 2.39 展示了多年变化趋势倾向系数 a 值全球分布，其中以淡蓝色为分界线，蓝色代表上升趋势，红色代表下降趋势。与全球极移变形力年平均空间分布（图

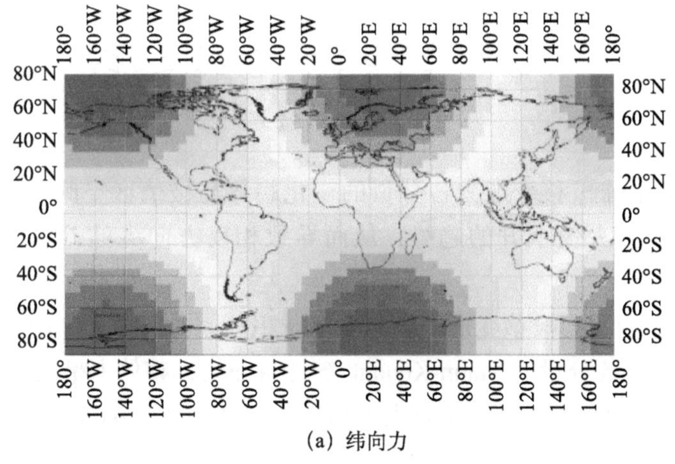

（a）纬向力

图 2.39　极移变形力各分量的多年变化趋势倾向系数 *a* 值全球分布

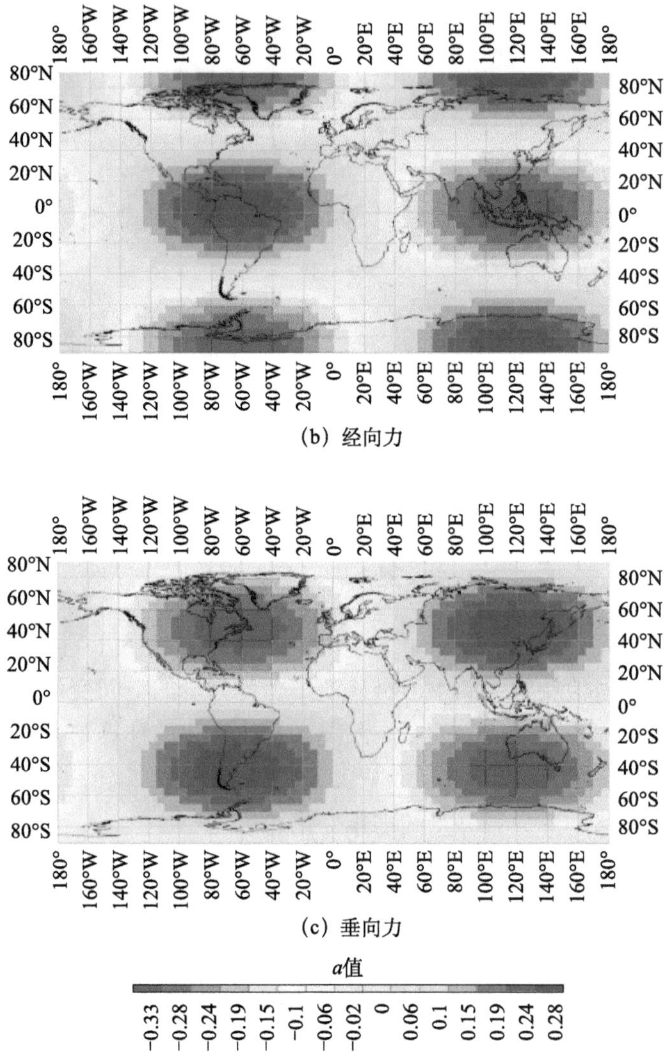

(b) 经向力

(c) 垂向力

图 2.39 （续）

2.35）相比，全球极移变形力各分量的变化趋势与极值区空间位置相对应，呈极小值下降、极大值上升的趋势，从而导致相反方向力的差值持续处于上升趋势。

图 2.40 左侧图为极移变形力各分量全球积分的时间序列。图 2.40 右侧图为全球极移变形力各分量的 Mann-Kendall 统计量曲线，整体上呈明显的上升趋势。但 Mann-Kendall UF 和 UB 的交点大大超过了显著性水平 0.05 临界线，表明极移变形力各分量上升趋势的突变不显著。

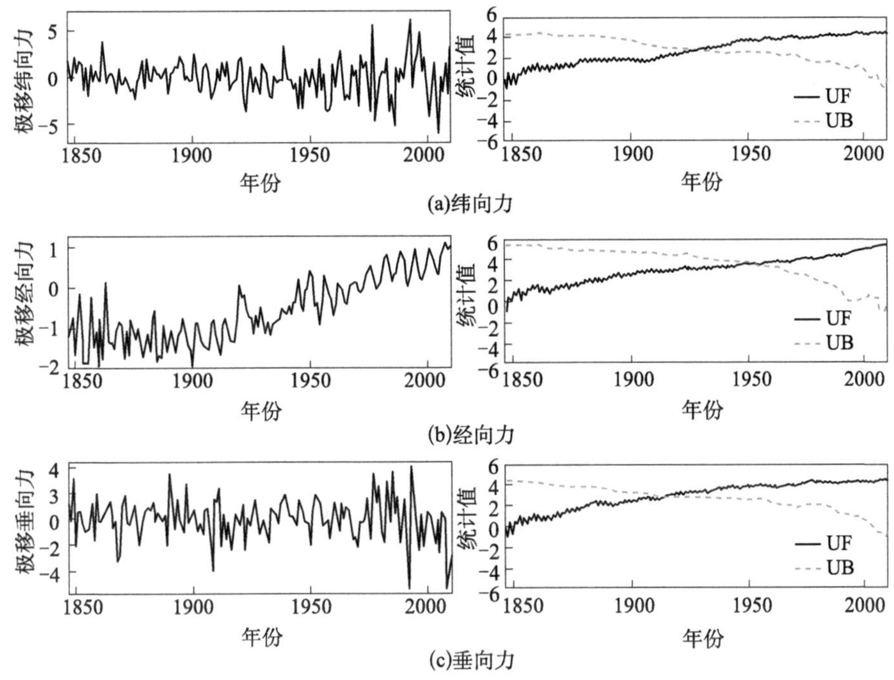

图 2.40　全球极移变形力各分量的 Mann-Kendall 统计量曲线

（5）极移变形力的纬向力和经向力的矢量分析

为了研究与地球表面平行的极移变形力分量的方向性特征，对与地表平行的纬向力和经向力进行了矢量计算和分析。如图 2.41 所示，可以看出在欧亚大陆中部地区和南太平洋中部地区合力的矢量方向是向外发散的，且为极大值分布区，而北美洲大陆中西部地区和南印度洋中部地区合力的矢量方向是汇聚的，且为最小值分布区，并在赤道地区西经 25°附近（即北非西海岸地区）和东经 155°附近（即太平洋印度尼西亚群岛地区）产生环流状力场。

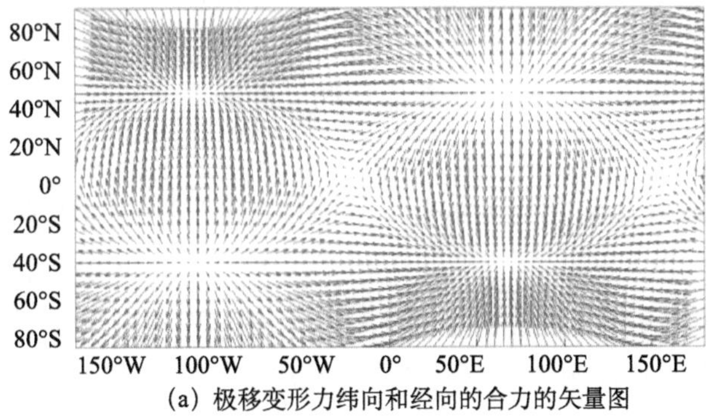

(a) 极移变形力纬向和经向的合力的矢量图

图 2.41　极移变形力的纬向力和经向力的矢量分析和数值分布

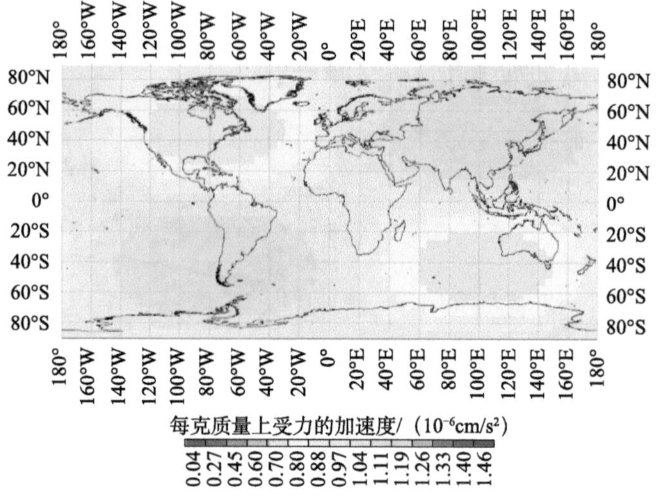

（b）极移变形力纬向和经向的合力大小的空间分布

图 2.41 （续）

2. 极移变形模的全球分布和趋势分析

本节拟在彭公炳和陆巍（1983）推出的极移变形力各分量公式的基础上，提出极移变形力合力，即极移变形模的概念，从而避免合力方向的不确定性，利用 1847 ～ 2010 年的极移数据，全面分析全球极移变形模的时空分布特征和变化趋势，并初步探讨极移变形力与大气环流指数的相关关系，为进一步深入研究极移对天气气候变化的影响奠定基础，合力 F 的表达式如下：

$$F=\sqrt{F_{\mathrm{EW}}^2+F_{\mathrm{SN}}^2+F_{\mathrm{R}}^2} \tag{2.20}$$

依据式（2.20），利用 IERS 资料，计算全球 1847 ～ 2010 年的极移变形力和极移变形模，从全球尺度深入分析极移变形力和极移变形模年平均和季节平均的时空变化及趋势特征，并对地表平行力进行矢量分析，从模的概念试图提出一个描述地球运动因子变化的综合表征指标，有助于把握地球运动因子的变化规律。

图 2.42 为全球极移变形模多年平均空间分布。从图中可以看到，年平均极移变形模分布呈全球对称。季节平均极移变形模空间分布与多年平均空间分布类似（图 2.43），但具有明显的季节变化特点。春季和夏季极移变形模的量值明显高于秋季和冬季，且按照从冬季到秋季的顺序，极值区从西向东移动，且春季

和夏季移动速度较快。通过线性拟合分析发现，多年变化趋势倾向系数 a 值的空间分布与极值区空间位置相对应（图 2.44），极小值区呈下降趋势，极大值区呈上升趋势。通过 Mann-Kendall 检验发现，极移变形模整体上呈明显的上升趋势，但突变不显著（图 2.45）。

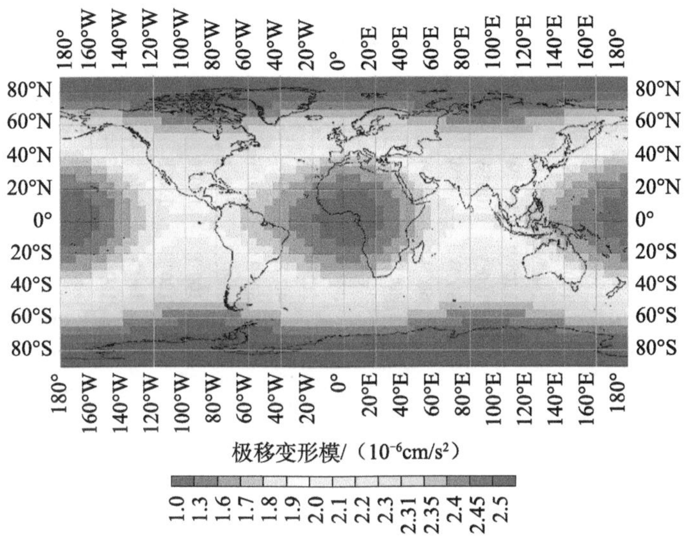

图 2.42　全球极移变形模多年平均空间分布

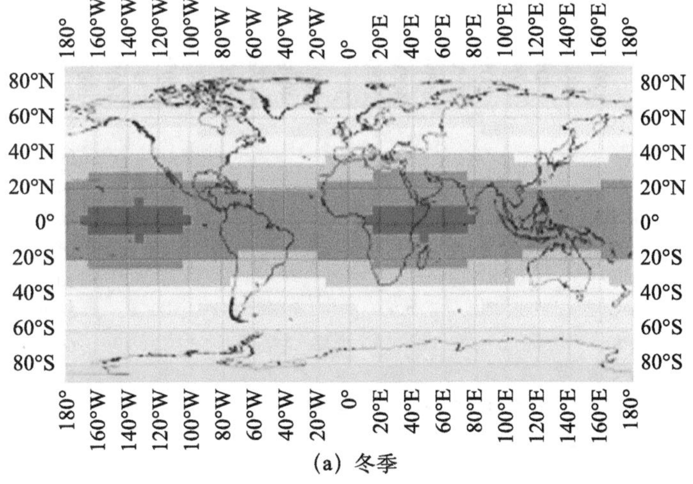

(a) 冬季

图 2.43　全球极移变形模多年季节平均空间分布

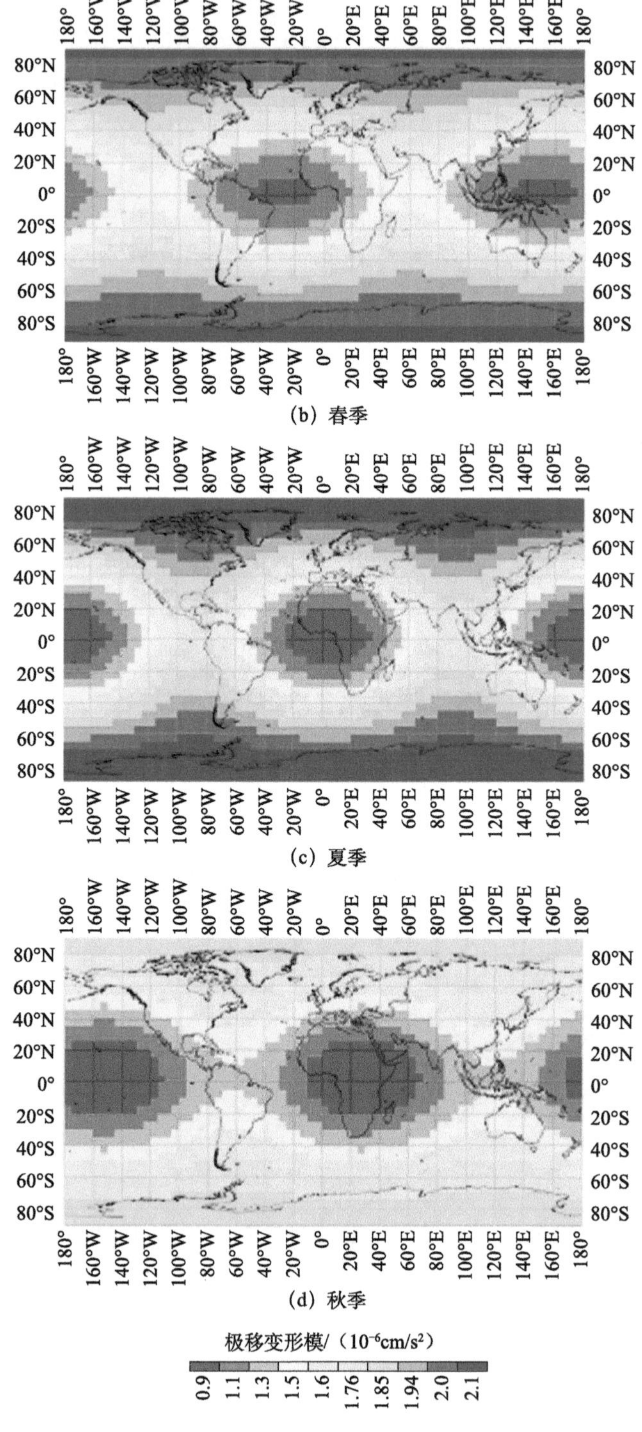

图 2.43 （续）

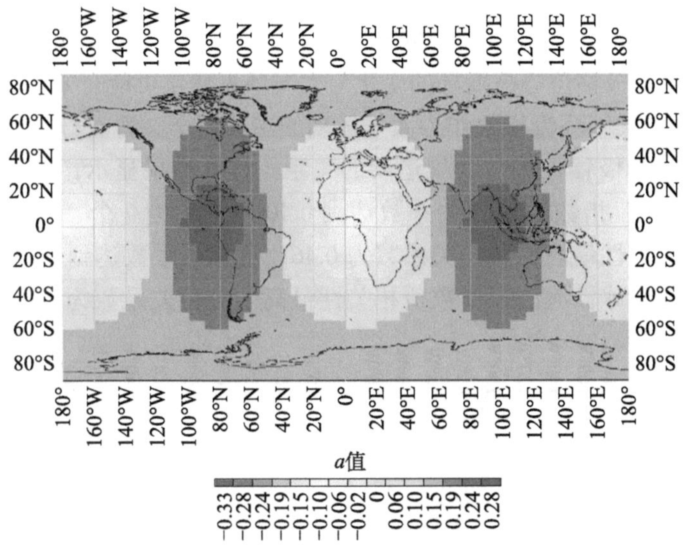

图 2.44　极移变形模的 *a* 值分布图

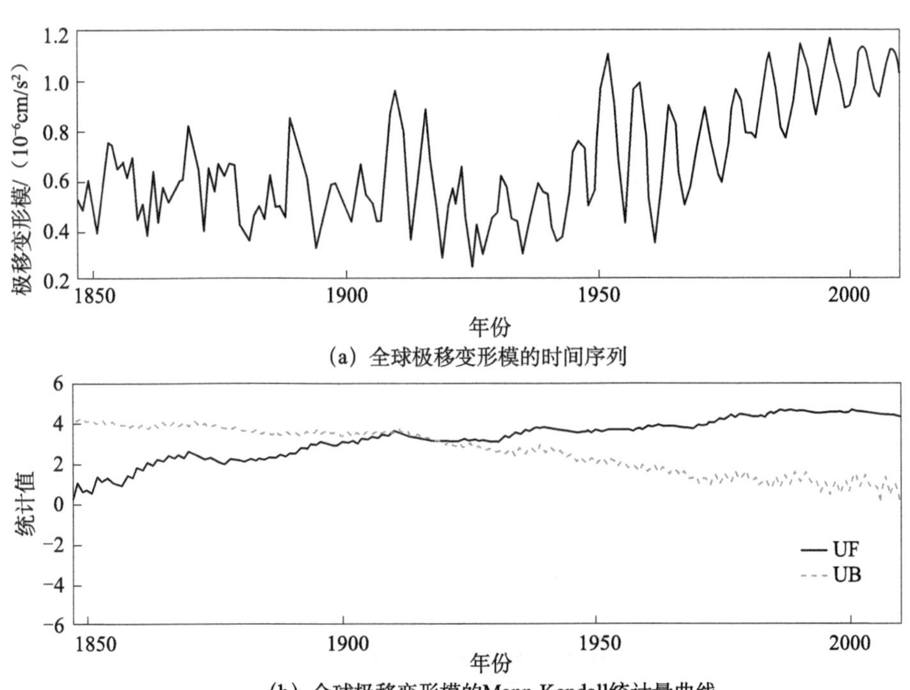

图 2.45　1847～2010 年极移变形模的时间序列及突变检验

3. 极移变形模和极移位势与大气环流指数的关系

极移变形模是大气和地球之间相互运动的重要驱动因素之一。全球极移变形力和其产生的极移位势高度场的变化与大气环流变化可能有密切的关系。我们以常用的 74 个大气环流指数作为大气运动的主要因子，普查计算了全球 5° × 5° 的极移变形模和极移位势与大气运动的关系。计算结果显示，全球极移变形模与 74 个大气环流指数的正相关系数达到 0.40 以上的为 7 个，其中与北非副高面积指数正相关性最高，正相关系数为 0.46；负相关系数达到 -0.40 以上的为 3 个，其中与北半球极涡面积指数负相关性最高，负相关系数为 -0.41（图 2.46）。

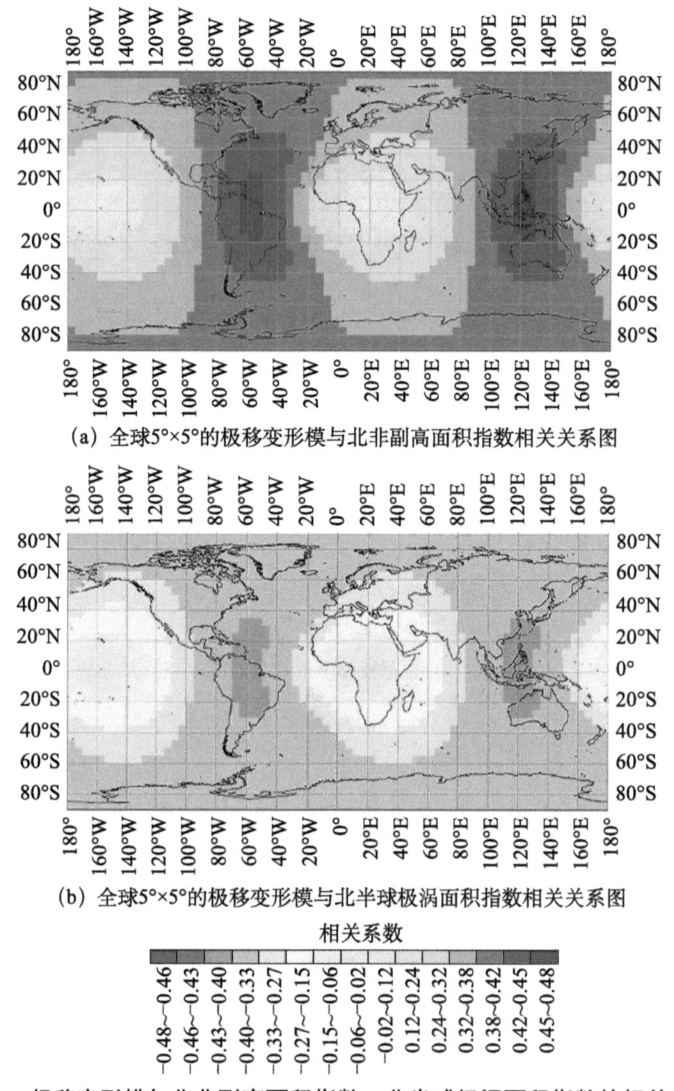

(a) 全球5°×5°的极移变形模与北非副高面积指数相关关系图

(b) 全球5°×5°的极移变形模与北半球极涡面积指数相关关系图

图 2.46　极移变形模与北非副高面积指数、北半球极涡面积指数的相关关系图

全球极移位势与 74 个大气环流指数相关系数达到 0.40 以上的为 20 个，其中与北非副高面积指数正相关性最高，正相关系数为 0.48；负相关系数达到 -0.40 以上的为 20 个，其中与北非副高面积指数负相关性最高，负相关系数为 -0.48（图 2.47）。极移变形模的全球积分与 74 个大气环流指数相关系数达到 0.30 以上的为 14 个，其中与北非副高面积指数正相关性最高，正相关系数为 0.39；负相关系数达到 -0.30 以上的为 7 个，其中与亚洲区极涡强度指数负相关性最高，负相关系数为 -0.38。极移变形力位势的全球积分与 74 个大气环流指数无相关关系，这是全球位势分布对称，积分时彼此抵消的缘故。

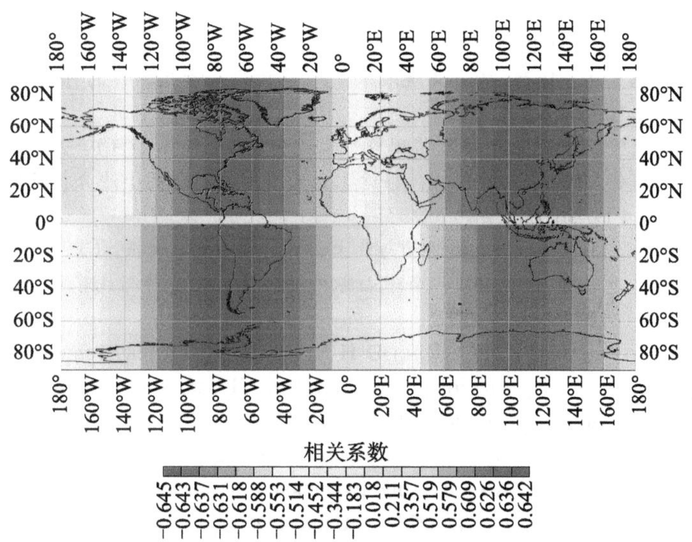

图 2.47　极移位势与北非副高面积指数相关关系图

由上述结果可见，极移的变化可能通过极移变形模和极移位势作用于大气，从而使大气环流特征发生变化。其中，对北非副高面积指数的影响最为显著。

参考文献

高布锡 . 1997. 天文地球动力学原理 . 北京：科学出版社 .

顾震年 . 1999. 日长的十年尺度波动分析和核幔电磁耦合 . 云南天文台台刊，(3)：33-39.

郭金运，韩延本 . 2008. 由 SLR 观测的日长和极移季节性和年际变化（1993 ～ 2006 年）. 科学通报，(21)：2562-2568.

韩永志，马利华，尹志强 . 2006. 极移振幅主要周期分量的时变特征 . 地球物理学进展，(3)：798-801.

李爱贞，刘厚凤 . 2004. 气象学与气候学基础（第 2 版）. 北京：气象出版社 .

李启斌，肖兴华，李致森 . 1973. 中国大陆强地震与地球自转角速度长期变化关系的初步分析 . 地球物理学报，16（1）：71-80.

廖德春，郑大伟 . 1996. 地球自转研究新进展 . 地球科学进展，（6）：25-31.

彭公炳，陆巍 . 1983. 气候的第四类自然因子 . 北京：科学出版社 .

王华宁，闫岩 . 2011. 太阳活动的缓变与瞬变特征 . 气象科技进展，1（4）:57-59.

王亚非，魏东，李琰 . 2011. 1998 年 5 ～ 6 月区域大气角动量收支与东亚天气尺度系统变化 . 高原气象，30（5）：1189-1194.

闫昊明，钟敏，朱耀仲 . 2000. 日长季节振荡的振幅变化与南方涛动现象 . 测绘学报，29（z1）：105-108.

闫昊明，钟敏，朱耀仲，等 . 2002. 极移半年振荡的年际变化与北大西洋涛动 . 自然科学进展，12（1）：104-107.

尹赞勋，骆金锭 . 1976. 从天文观测和生物节律论证古生物钟的可靠性 . 地质科学，（1）：3-24，105-106.

赵丰，周永宏 . 2001. 空间技术监测自然环境和灾害 . 科学，（3）：20-23.

钟敏，高布锡 . 1996. 地球自转极移近 120 天准周期变化的小波分析及其大气激发机制 . 天文学报，（4）：361-367.

周永宏，Chao B F. 1997. 地极运动与北大西洋涛动 . 科学通报，（1）：61-64.

朱琳，黄玫，巩贺，等 . 2014. 全球山脉力矩时空变化及其与地球自转的关系 . 气象科技进展，（3）：32-35.

Anderegg F，Driscoll C F，Dubin D H E，et al. 2010. Measurement of correlation-enhanced collision rates using pure ion plasmas. Physics of Plasmas，17（5）：055702.

Barsugli J J，Shin S I，Sardeshmukh P D. 2006. Sensitivity of global warming to the pattern of tropical ocean warming. Climate Dynamics，27（5）：483-492.

Chao B F，Gross R S. 2016. Coseismic Excitation of the Earth’s Polar Motion. International Astronomical Union Colloquium. Cambridge：Cambridge University Press.

Chao C R. 1996. Cardiovascular effects of cocaine during pregnancy. Seminars in Perinatology，20（2）：107-114.

de Viron O，Bizouard C，Salstein D，et al. 1999. Atmospheric torque on the Earth and comparison with atmospheric angular momentum variations. Journal of Geophysical Research：Solid Earth，104（B3）：4861-4875.

Dickey J O，Marcus S L，Hide R，et al. 1994. Angular momentum exchange among the solid earth，atmosphere，and oceans：a case study of the 1982–1983 El Niño event.Journal of Geophysical Research:Sdid Earth，99（B12）:23921-23937.

Dickman M, Rygiel G. 1993. The impact of the Cyanamid Canada Co. discharges to benthic inverbrates in the Welland River in Niagara falls, Canada Ecotoxicology, 2 (2): 93-122, 30.

Dickinson R E, Meleshko V, Randall D, et al. 1996. Climate Processes. Cambridge: Cambridge University Press.

Driscoll S.2010.The earth’s atmospheric angular momentum budget and its representation in reanalysis observation datasets and climate models. PhD University of Reading，School of Mathematical and Physical Sciences.

Eubanks T M. 1993. Variations in the orientation of the earth. Contributions of Space

Geodesy to Geodynamics：Earth dynamics，24：1-54.

Furuya M，Chao B F. 1996. Estimation of period and Q of the Chandler wobble. Geophysical Journal International，127（3）：693-702.

Hays J D, Imbrie J, Shackleton N J. 1977. Variations in the earth's orbit: pacemaker of the ice ages. Science, 194（4270）:1121-1132.

Hide R. 2001. Introduction to the physics of the Earth's interior. Geophysical Journal International，144（2）：498.

Hide R，Dickey J O. 1991. Earth's variable rotation. Science，253（5020）：629-637.

Huang H P，Sardeshmukh P D，Weickmann K M. 1999. The balance of global angular momentum in a long-term atmospheric data set. Journal of Geophysical Research Atmospheres，104（D2）：2031-2040.

Kopp G，Lean J L. 2011. A new，lower value of total solar irradiance：evidence and climate significance. Geophysical Research Letlers，38：541-551.

Lambeck K，Lyttleton R A. 1980. The Earth's variable rotation. Journal of the British Astronomical Association，92：279.

Laskar J，Robutel P，Joutel F，et al. 2004. A long term numerical solution for the insolation quantities of the Earth. Astronomy and Astrophysics，428：261-285.

Leonard K A. 2015. Annual Reports 2014. Pacific Historical Review，84（4）：517-525.

Lott K，Raukas M，Volobujeva O，et al. 2001. High temperature electrical conductivity in Ga and In solubility limit region in ZnS. International Journal of Inorganic Materials，3（8）：1345-1347.

Madden R A，Speth P. 1995. Estimates of atmospheric angular momentum，friction，and mountain torques during 1987-1988. Journal of the Atmospheric Sciences，52（21）：3681-3694.

Максимов И В. 1970. Геофизические силы и воды океанов. Leningrad：Gidrometeoizdat.

Marcus S L，Ghil M，Dickey J O. 1994. The extratropical 40-day oscillation in the UCLA general circulation model. Part 1：Atmospheric angular momentum. Journal of the Atmospheric Sciences，51：1431-1446.

Moritz H，Mueller I I. 1987. Earth Rotation：Theory and Observation. New York：Unger Publ.Co.

Ney E P. 1959. Cosmic radiation and the weather. Nature，183（4659）：451-452.

Oort A H，Ascher S C，Levitus S，et al. 1989. New estimates of the available potential energy in the world ocean. Journal of Geophysical Research，94（C3）：3187-3200.

Oort A H，Bowman H D I. 1974. A study of the mountain torque and its interannual variations in the northern hemisphere. Journal of the Atmospheric Sciences，31（8）：1974-1982.

Ort J R，Martens H R. 1974. A topological procedure for converting a bond graph to a linear graph. Journal of Dynamic Systems，Measurement，and Control，96（3）：307-314.

Smith M L，Dahlen F A. 1981. The period and Q of the Chandler wobble. Geophysical Journal International，64（1）：223-281.

Starr V P. 1948. On the production of kinetic energy in the atmosphere. Journal of Meteorology，5（5）：193-196.

Stuiver M，Braziunas T F. 1989. Atmospheric ^{14}C and century-scale solar oscillations.

Nature，338（6214）：405-408.

Swinbank B R. 1985. The global atmospheric angular momentum balance inferred from analyses made during the fgge. The Quarterly Journal of the Royal Meteorological Society，111（470）：977-992.

Tinsley B A. 1996. Correlations of atmospheric dynamics with solar wind-induced changes of air-Earth current density into cloud tops. Journal of Geophysical Research，101（D23）：29701-29714.

van Loon H，Meehl G A，Shea D J. 2007. Coupled air sea response to solar forcing in the Pacific region during northern winter. Journal of Geophysical Research，112（D2）：D02108.

van Loon H，Meehl G A. 2008. The response in the Pacific to the Sun's decadal peaks and contrasts to cold events in the Southern Oscillation. Journal of Atmospheric and Solar-Terrestrial Physics，70（7）：1046-1055.

Wahr J M，Oort A H. 1984. Friction- and mountain-torque estimates from global atmospheric data. Journal of the Atmospheric Sciences，41（2）：190-204.

Weickmann K M. 1989. Convection and circulation anomalies over the oceanic warm pool during 1981-1982. Western Pacific International Meeting & Workshop on Toga Coare Proceedings.

Weickmann K M. 2004. A synoptic model of low frequency variability with application to subseasonal prediction. 15th Symposium on Global Change and Climate Variations.

Weickmann K，Berry E. 2007. A synoptic-dynamic model of subseasonal atmospheric variability. Monthly Weather Review，135（2）：449-474.

Weickmann K M，Sardeshmukh P D. 1994. The atmospheric angular momentum cycle associated with a Madden-Julian oscillation. Journal of the Atmospheric Sciences，51（21）：3194-3208.

White R M. 1949. The role of mountains in the angular-momentum balance of the atmosphere. Journal of Meteorology，6（5）：353-355.

Zheng D，Ding X，Zhou Y，et al. 2003. Earth rotation and ENSO events：combined excitation of interannual LOD variations by multiscale atmospheric oscillations. Global and Planetary Change，36（1-2）：89-97.

Zhou Y，Zheng D，Zhao M，et al. 1998. Interannual polar motion with relation to the North Atlantic Oscillation. Global and Planetary Change，18（3-4）：79-84.

第3章

太阳活动和地球运动因子对大气外强迫因子的影响

3.1 海洋对太阳活动变化的响应及可能机制

3.1.1 海洋表面温度对太阳活动的响应

太阳活动（主要是辐射）是形成地球大气的重要因素，太阳活动的变化必然会影响到地球气候系统的变化。海洋是气候系统的重要组成部分，海洋占据了地球表面的 70% 以上，海洋表面温度（sea surface temperature，SST）是气候系统的最重要表征指标之一。目前，SST 还是气候预测的最重要信号指标。因此，研究 SST 对太阳活动的影响是这一领域最重要的主题。

1. 海洋表面温度对太阳活动 11 年周期的响应及可能机制

人们很早就注意到太阳黑子的变化，太阳黑子数（sunspot number，SSN）的变化是太阳辐射变化的重要表现特征，TSI 或者 SSN 最重要的变化特征是具有 11 年准周期。人们曾经用不同的分析揭示了 SST 对太阳辐射变化有明显的 11 年周期响应。Reid 分析研究了 130 年全球平均 SST 异常与 SSN 的变化，发现在经过 11 年滑动平均之后具有非常一致的变化趋势（Reid，1987）。根据 TSI 的变率和全球平均 SST 数据推测，SST 可能与 TSI 的 11 年周期变化的包络，即 80 ～ 90 年的格莱斯堡周期，具有相同的位相。Reid 建立的海洋热结构模式计算表明，驱动海洋变化需要 TSI 0.1% ～ 1% 的变化量。因此，TSI 在一个太阳活动周内的变化幅度（约 0.1%）可能会引起海洋运动的变化（Reid，1991）。Njau 认为，太阳在 10 ～ 1000 年的活动周期都能够对气候系统产生影响（Njau，2000a，2000b）。White 等计算了全球平均 SST 异常的功率谱，发现各海盆和全球平均 SST 时间序列在 9 ～ 13 年和 18 ～ 25 年的时间尺度上对 TSI 的变化有显著响应，SST 异常滞后 TSI 异常 1 ～ 2 年或者与之同步。他们进一步指出在 11 年周期尺度上，全球平均 SST 最大变化为 0.08 ± 0.02K（White et al.，1997）。同时他们还分析发现，全球海洋上层热含量也有 8 ～ 15 年和 15 ～ 30 年周期的显著变化，并与 TSI 的变化同步（White et al.，1998）。曲维政等对 1955 ～ 1999 年北太平洋中部 400m 深 SST 异常进行了功率谱分析，也发现北太平洋中部和南太平洋中部的次表层 SST 具有明显的 11 年周期，与太阳活动周吻合（曲维政等，2004）。

SST 的空间分布结构与一定的气候态相对应，是重要的气候特征指标。事实上，上层海洋对太阳 11 年周期活动的响应在空间上的分布是不均的，通常采用合成平均差（composite mean difference）方法，即根据上层 SST 在太阳活动峰值年（或高值年）和谷值年（或低值年）的平均差来确定海洋对太阳响应的空间结构。由于 SST 的分布型对全球气候有重要影响，人们对此开展了很多研究。这些研究表明，太平洋 SST 中发现了类似太阳 11 年周期的变化特征，并且其空间分布特征很像 ENSO 异常 SST 的空间分布型。这是非常有意思的现象。但人们同时也发现，不同的分析得到的 SST 异常位相彼此不同，甚至完全相反。van Loon 等给出了太平洋 SST 对应 TSI 的 11 年周期峰值年的空间特征，结果发现热带北太平洋区域SST呈现出类似La Niña分布型。即在太阳活动峰值年，热带西、中太平洋 SST 异常偏暖，而热带东太平洋异常偏冷（van Loon et al.，2007）。他们认为，这可能是太阳活动变化的影响导致跨赤道的东南信风的增强，进而驱动并加强了海洋中次表层冷水的上升，最终导致热带海区 SST 降低（van Loon and Meehl，2008）。Meehl 等（2008，2009）的分析结果验证和支持了这种观点。然而，另外一些分析工作（White et al.，1997，1998；Tung and Zhou.，2010；Roy and Haigh，2010）则在同一区域发现了弱 El Niño 型的暖信号。

不同学者得到的海洋对 TSI 的 11 年周期响应的空间分布在位相上的差异，可能是他们采用不同的数据滤波方法造成的（van Long and Meehl，2008；Meehl et al.，2009），也有可能是太阳对海洋的影响并不显著而被 ENSO 的干扰信号所掩盖（Roy and Haigh，2012）。在地球表面检测到太阳活动周对气候系统的影响信号并不容易，因为太阳活动本身的变化非常小，而温室气体、火山、气溶胶等变化的信号相对要强很多，后者是影响气候系统更加显著的强信号，所以很难从气候系统的变化中分离出太阳信号的影响。长期以来，太阳活动影响地球气候系统的观测证据，似乎都只能从时间序列的统计特征来证明它们的相关性，因而受到一些学者的质疑（Legras et al.，2010）。此外，从能量角度来说，TSI 的 11 年周期变化只能使全球平均 SST 产生约 0.1K 的变化（Beer et al.，2000），这与观测（至少是局部观测）所显示的太阳 11 年周期所对应的气候变化的量值相差较大。如果要解释这种微弱信号能产生巨大的影响，除非存在另外一种可能，即 TSI 的 11 年周期变化能够对地球表面的局部地区产生较大影响（Christoforou and Hameed，1997），并通过地球气候系统相互作用的复杂物理过程形成一种放大机制（White，2006），尤其是经过长期累积作用或者非线性效应最终导致对气候系统的显著影响。

TSI 直接作用于海洋的过程包括两种机制：①由下至上（bottom-up）机制，即海洋吸收太阳辐射，然后传递到大气中；②自上向下（top-down）机制，即大气对太阳辐射的响应驱动了海洋的响应。由下至上机制主要强调海洋的热吸收能力，由于海洋热容量巨大，其直接吸收的太阳辐射造成的长期累积效应可能会比较显著（Gray et al.，2010）。图 3.1 用由下至上机制解释了热带太平洋 SST 对 TSI 的 11 年周期响应，最终形成拉尼娜型异常 SST 空间结构的形成过程（Meehl et al.，2008）。当太阳活动处于峰值年时，热带太平洋东部无云区海表面接收到的太阳辐射增加［图 3.1（a）］，从而增加了海洋的感热通量。蒸发导致大气中的水汽增多，更多的水汽随着信风被输送到中西太平洋多云区，加强了那里的降水量和对太阳辐射的反射作用［图 3.1（b）］。而 Walker 环流使东太平洋无云区大气沉降增强，云量进一步减少，导致更强的信风和更强的赤道辐合带［图 3.1（c）］，该过程的核心是使太阳辐射在太平洋东部增加而西部减少。但 White（2006）对 SST 和海洋热含量（oceanic heat content，OHC）等的热收支进行诊断发现，SST 中存在的 11 年太阳周期信号不能仅仅以由下至上机制来解释。他发现，海气界面热通量异常比太阳辐射通量高约 3 倍，因而 11 年周期的太阳周期信号必须通过某种放大机制才能对海洋产生影响。他进一步指出，TSI 中的紫外辐射部分通过大气同温层自上向下机制影响气候系统的作用也可能同时存在。基于气候数值模式，Misios 和 Schmidt 用数值模拟试验证实，TSI 的 11 年周期变化可以驱动热带太平洋产生该尺度的响应，并通过海 - 气反馈过程放大其气候影响（Misios and Schmidt，2012）。而热带和副热带海区可能同时存在由下至上和自上向下两种响应机制。

2. 热带太平洋海洋表面温度对太阳活动的响应

热带海洋是气候系统的热量供给地，由于受到更强的直射太阳辐射，热带海洋是太阳辐射输入能量地，其盈余的能量通过海流和海气相互作用过程被输送到较冷的中高纬度地区和极区。很多分析已经发现，热带海洋具有显著的太阳活动周期信号。同时，热带 SST 的变化与太阳辐射变化还具有锁相特征，热

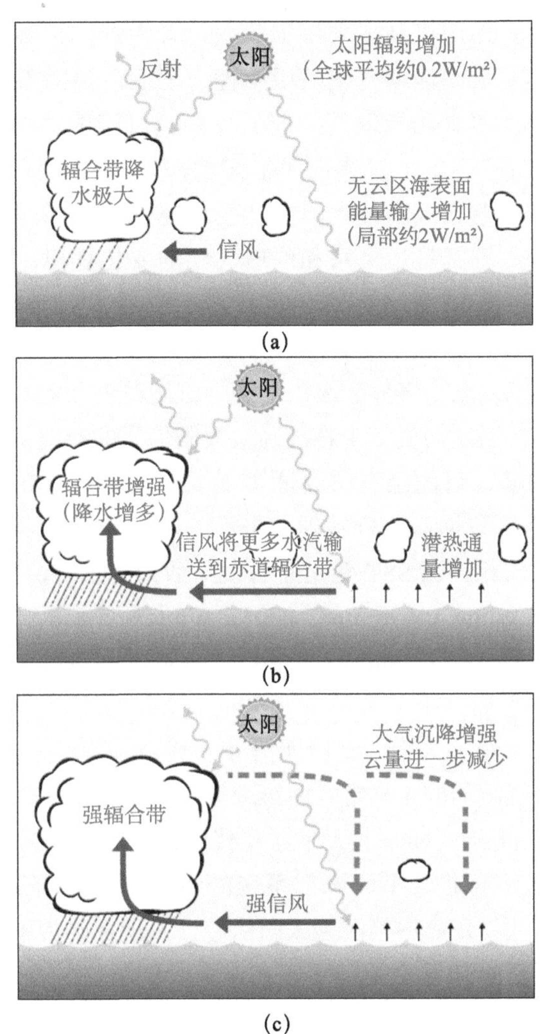

图 3.1　热带太平洋 SST 对 TSI 11 年周期响应的机制

资料来源：Meehl 等（2008）

带 SST 异常位相往往滞后太阳活动峰值年 1 ～ 3 年（White et al.，1997；Misios and Schmidt，2012）。有些学者认为热带太平洋 SST 对太阳辐射强迫的响应类似于 ENSO-like 型的影响（Meehl et al.，2008，2009；Meehl and Arblaster，2009；van Loon and Meehl，2008），但有些学者认为太阳活动的作用仅是对热带太平洋区域气候模态进行调制（Haigh，1996；Ruzmaikin，1999）；另外还有一些学者提出与太阳活动低值年相比，SST 异常在太阳活动高值年更高（Tung and Zhou，2010；Roy，2014）。因此，关于海洋中对太阳辐射变化的响应，目前尚未形成一致的认识，同时其作用机制还未得到共识。考虑到热带海洋在地球气候系统中的重要作用及其对太阳活动变化的敏感性，下面以热带太平洋为主要研究区域，分析热带太平洋对太阳活动的响应，找到其可能的“作用通道”或“放大机制”。这对于我们进一步了解热带太平洋的海洋气候，区分其内部变率和对外强迫响应具有重要意义。明确太阳活动变化与热带太平洋能量存储与释放的关系，也有助于深入理解日地关系和地球气候的变化规律，准确预测未来气候变化。

温度的变化除了气候系统的自然变率以外，还受到多种因素的影响。与太阳活动变化的影响相比，温室气体、火山活动、气溶胶变化等对气温变化的作用更为显著。因此，要在温度的变化中直接确认太阳信号的影响仍存在很大困难。然而，在某些特殊区域，目前已有研究证实了太阳信号的存在。White 等（1997）采用两组独立的 SST 数据，分析发现太平洋、印度洋和大西洋的区域平均 SST 变化与太阳活动同位相，当 SST 变化滞后太阳活动 2 年时，得到最大相关系数。在随后的研究中（White and Tourre，2003；White and Liu，2008a，2008b），其对太平洋中与太阳活动有关的准 10 年信号进行了进一步检测，确认太阳信号显著存在于 SST 和海平面气压中。Tung 和 Zhou（2010）的工作再次确认了在 SST 中确实存在高置信水平的太阳活动周期信号，其响应特征是在太阳活动峰值年，赤道中东太平洋呈现微弱的正异常。曲维政等（2008）采用逐次滤波法分析 SST 的周期变化，发现 11 年周期是北太平洋年代际涛动仅次于趋势项的最重要周期成分，太阳活动可能对北太平洋海气系统的年代际变化有重要影响。Wang 等（2015）在太平洋上层 OHC 中检测到太阳信号，发现在热带中太平洋和热带西太平洋存在两个显著的太阳活动响应区，在这两个区域中，OHC 异常存在明显的准 10 年变率，但是二者的位相是不同的。

图 3.2 给出了 1890 ～ 2015 年年平均 SST 异常与 SSN 的超前滞后相关分析结果。从图中可见，同期相关的显著正相关区域位于南大洋中高纬度地区和东北太平洋地区。而当 SST 异常滞后 SSN 2 年时，热带太平洋地区的正相关增强，尤其是赤道中太平洋地区，相关系数显著性超过 95% 的置信度。这一滞后高相关特征在 OHC 中表现更为明显，如图 3.3 所示。当 OHC 异常滞后 TSI 2 年时，在热带中东太平洋地区呈显著正相关，在热带西太平洋地区呈显著负相关。

功率谱检测也显示在热带太平洋的某些区域，其 SST 异常变率存在与太阳活动变化一致的周期。图 3.4 给出了图 3.2 所示信号相关显著区域的 OHC、SST 和纬向风的功率谱，在图 3.2 中绿色方框分别为 Area_W（125° E ～ 145° E，

10 ° S ～ 20 ° N)、Area_C（165 ° E ～ 140 ° W，10 ° S ～ 10 ° N）和 Area_E（50° W ～ 110° W，15° S ～ 5° N）。

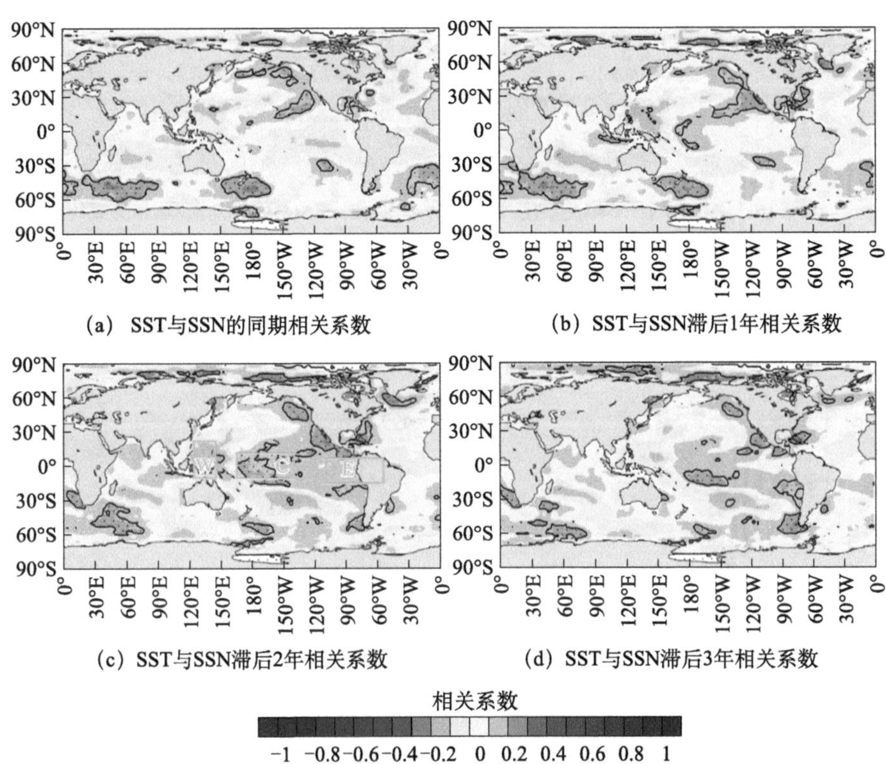

图 3.2　1890 ～ 2015 年年平均 SST 异常与 SSN 的相关系数空间分布

黑色线包围区域显著性超过 95% 的置信度；（c）中绿色矩形区标出 3 个研究区域空间位置

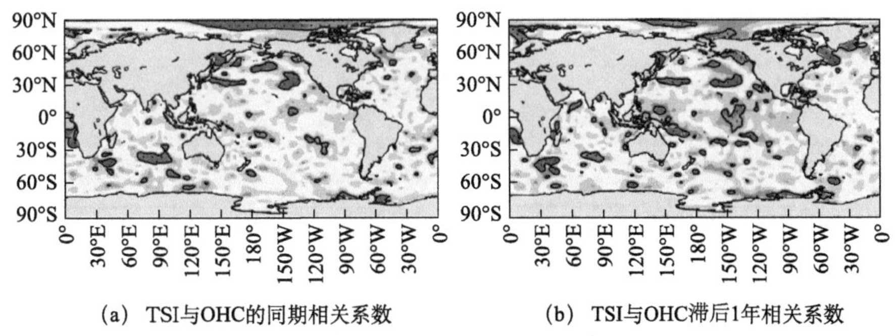

图 3.3　1955 ～ 2015 年 OHC 与 TSI 的相关系数空间分布

黑色线包围区域显著性超过 95% 的置信度

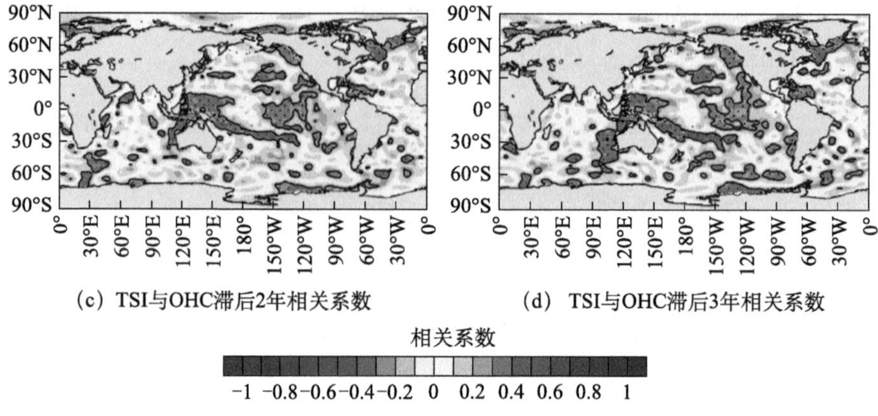

（c）TSI与OHC滞后2年相关系数 （d）TSI与OHC滞后3年相关系数

图 3.3 （续）

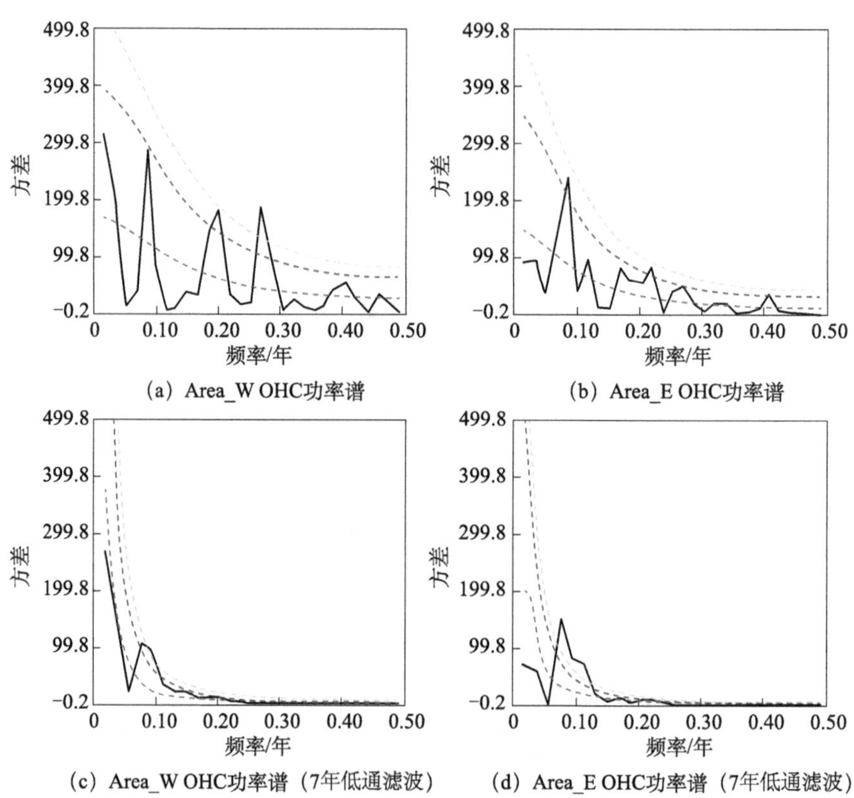

（a）Area_W OHC功率谱 （b）Area_E OHC功率谱

（c）Area_W OHC功率谱（7年低通滤波） （d）Area_E OHC功率谱（7年低通滤波）

图 3.4 OHC、SST 和冬季纬向风的功率谱

红色虚线为白噪声，蓝色虚线为 90% 置信线，绿色虚线为 95% 置信线

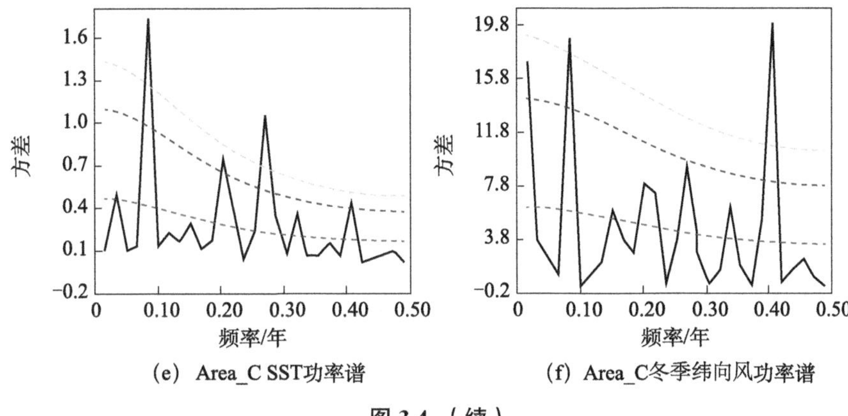

(e) Area_C SST功率谱　　(f) Area_C冬季纬向风功率谱

图 3.4 （续）

从 SSN 与 SST 异常的相关系数空间分布图（图 3. 2）可以看出，当滞后时间为 2 年时，二者在热带太平洋地区的空间相关性与中太平洋型厄尔尼诺（El Niño Modoki）现象的空间型有些类似，因此按照 Ashok 等（2007）年定义 El Niño Modoki 指数（El Niño Modoki index，EMI），即

$$\mathrm{EMI}=[\mathrm{SSTA}]_C-0.5\times[\mathrm{SSTA}]_E-0.5\times[\mathrm{SSTA}]_W \tag{3.1}$$

式中，$[\mathrm{SSTA}]_C$、$[\mathrm{SSTA}]_E$ 和 $[\mathrm{SSTA}]_W$ 分别代表以下各区域的区域平均 SST 异常：热带中太平洋 C（165° E ～ 140° W，10° S ～ 10° N），热带东太平洋 E（50° W ～ 110° W，15° S ～ 5° N）和热带西太平洋 W（125° E ～ 145° E，10° S ～ 20° N）如图 3.2 中绿色方框所示（Ashok et al.，2007）。

年平均 EMI 与 SSN 之间也存在高相关性，当 EMI 滞后 SSN 2 年时，获得最大正相关系数 0.186，通过 95% 的置信度检验（图 3.5）。功率谱检测发现二者具有共同准 11 年主周期（图 3.6），El Niño Modoki 具有强准 10 年振荡周期的现象也引起了其他学者的注意（Ashok et al.，2007；Kug et al.，2009）。此外，El Niño Modoki 现象还具有 4.7 年和 5.5 年的年际变率。

以上分析证实了在热带太平洋 SST 异常中可能存在准 11 年周期的太阳信号，且当 SST 异常滞后太阳活动指数（SSN 和 TSI）2 年时获得最大正相关系数，最大正相关区域位于热带中东太平洋地区。值得注意的是，作为热带太平洋 El Niño Modoki 现象的一种，EMI 与 SSN 也存在高相关性，且具有相同的准 11 年主周期。是否太阳活动在准 10 年时间尺度上与 El Niño Modoki 现象存在某种联系？抑或对该现象的产生存在激发或调制作用？

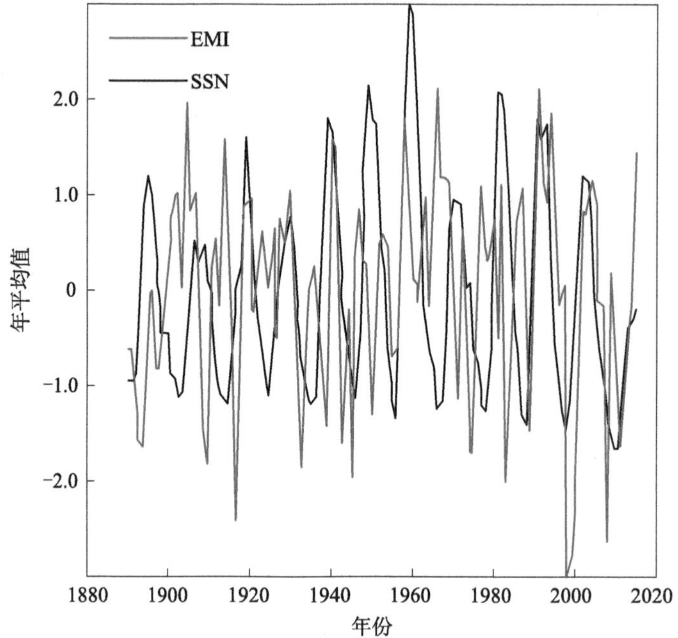

图 3.5 EMI 和 SSN 年平均值的时间序列

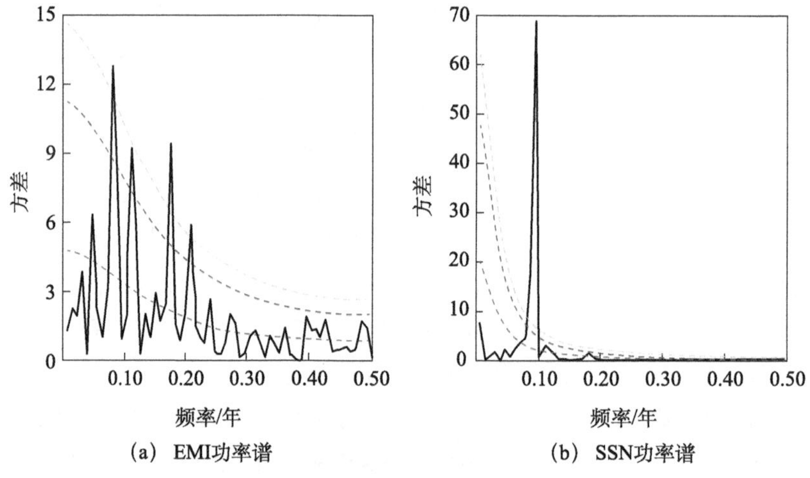

图 3.6 EMI 与 SSN 功率谱

红色虚线为白噪声，蓝色虚线为 90% 置信线，绿色虚线为 95% 置信线

3.1.2 海洋热含量对太阳的响应

1. 太阳辐射与海洋热含量分布

太阳辐射是地球气候系统的主要驱动因子，它提供了大气和海洋运动的几乎

所有能量。TSI 是大气层顶单位圆盘上的辐射通量，全球平均接收到的太阳辐射约是 TSI 的 1/4（球面表面积与大圆截面积之比），即 341W/m^2，这部分能量的 22.9%（78W/m^2）被大气直接吸收，29.8%（102W/m^2）被云、大气（79W/m^2）和地球表面（23W/m^2）反射，最终约 47.2%（161W/m^2）用来加热陆地、海洋和冰原（Trenberth et al.，2009）。被云、大气吸收，以及用来加热地球表面的太阳辐射和从地球气候系统返回太空的长波辐射（239W/m^2）基本相当，从而使地球气候系统基本保持着热量平衡。2000 ～ 2001 年全球年平均太阳辐射和地球气候系统的热量平衡关系如图 3.7 所示。

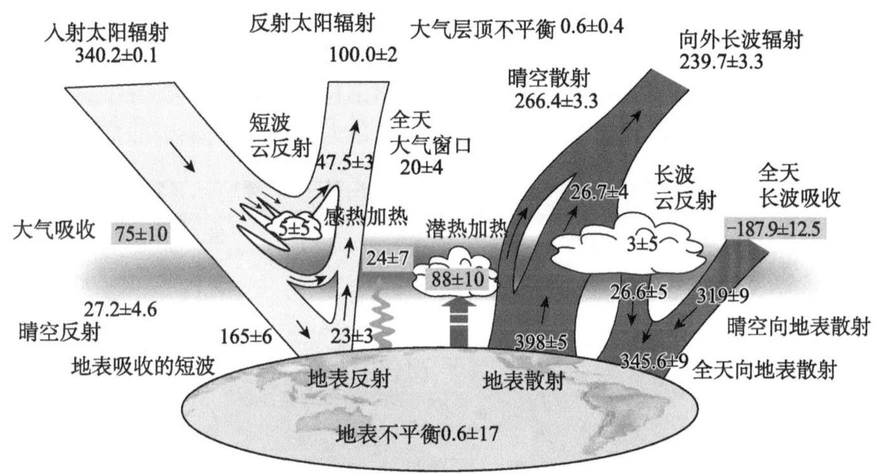

图 3.7　2000 ～ 2001 年全球年平均太阳辐射和地球气候系统的热量平衡关系

资料来源：Stephens 等（2012）

黄色表示太阳辐射通量；紫色表示红外通量；4 个粉色框中的数字表示大气能量平衡的主要部分；数据单位为 W/m^2

地球表面约 70.8% 的面积被海水覆盖，因而约有 1/3 的太阳辐射进入海洋。在清澈的海水中，55% 的太阳辐射在 1m 深度内被吸收，99% 的太阳辐射在 100m 深度内被吸收。透过海面的太阳辐射，除很少部分返回大气外，其余全部在 200m 深度内的浅水层被吸收，转化为海水的热能。大部分太阳辐射（约 85%）被海洋表层（混合层）吸收，因此海洋表层水温较高；表层以下，太阳辐射的直接影响迅速减弱，环流情况也与表层不同，所以水温的分布与表层存在明显差别。一般而言，表层水直接吸收太阳辐射，其变化幅度应大于下层海水的变化幅度，但由于湍流混合作用，海洋表层的热量不断向下传播，且表层海水蒸发也要耗散热量，故表层水的温度变化幅度仍然很小。相比之下，水温的变化幅度在晴好天气比多云天气时大，平静海面比大风天气海况恶劣时大，低纬海域比高纬海域大，夏季比冬季大，浅海比外海大。

世界大洋中的热量，几乎全部为通过海气界面的太阳辐射，而通过海面以下进入海洋的地热与海洋表层吸收的太阳辐射能相比微不足道，只相当于其1/4000。到达海面的太阳辐射与大气透明度和天空中的云量、云状以及太阳高度角有关。平均而言，它只有到达大气层顶太阳辐射的一半，到达海面的太阳辐射又有部分被海面反射到大气中。因此，真正进入海洋的部分可由下式计算：

$$Q_S = Q_{S0}（1-0.7C）（1-A_S） \tag{3.2}$$

式中，*Q*S0 为晴空无云时到达海面的太阳辐射；*C* 为云量（0 ～ 1）；*A*S 为海面反射率，即从海面反射的入射辐射与到达海面太阳辐射之比，它和太阳高度角与海面状况有关。平均而言，*A*S 只有 7%。到达海面的太阳辐射在低纬海域大于高纬海域，这是因为在高纬海域，冰雪覆盖且太阳高度低，所以 *A*S 值大；在低纬海域则相反。考虑到各种影响之后，海洋吸收的年平均太阳辐射能如图 3.8 所示。

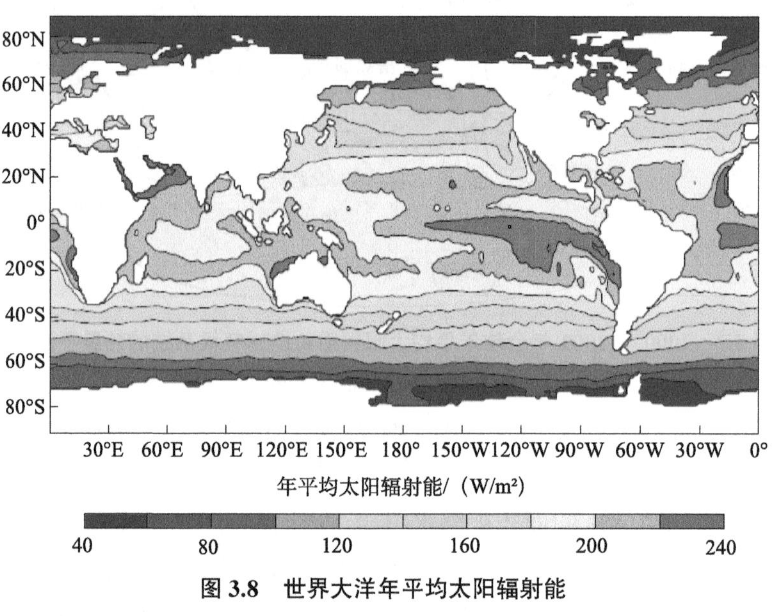

图 3.8　世界大洋年平均太阳辐射能

资料来源：Huang（2009）

大气和海洋运动的原动力都来自太阳辐射能。由于海水反射率较小，吸收到的太阳辐射能较多。热带地区海洋面积最大，因此热带海洋在热量储存方面的地位尤为重要。海洋（特别是热带海洋）储存的热能终将以潜热、长波辐射和感热交换的形式输送给大气，驱动大气运动，成为大气系统极为重要的能量源地。从图 3.7 中可以看到，大气直接吸收的太阳辐射为 78W/m^2，而大气和云的长波辐射到大气外界的则有 199W/m^2。两者之间的差距基本由地表向大气输送的感热（$24W/m^2$）、潜热通量（$78W/m^2$），以及地表和大气之间的辐射差（$23W/m^2$）所平衡。因此，海洋热状况的变化和海面蒸发的强弱都将对大气运动的能量产生重要影响，从而引起气候的变化。

海洋有着极大的热容量，相对大气运动而言，海洋运动较稳定，运动和变化较缓慢。事实上，海洋本身的主要运动也大多与太阳辐射有关，如风海流是由于地球表面太阳辐射热量分布不均，导致海水温度的经向梯度和空气的经向流动，进而驱动海水的运动；热盐环流是由海洋吸收的太阳辐射随纬度分布不均所导致的。

2. 海洋热含量对太阳活动 11 年周期的响应

研究海洋温度与太阳辐射的关系，一个非常大的困难是海洋数据观测非常稀少。物理海洋的观测数据主要是在过去 150 多年中取得的；第一个涵盖海洋科学各领域的海洋科学考察是在 1872 ～ 1876 年由英国的“挑战者”号完成的。第二次世界大战之后（特别是 20 世纪 50 年代以来）现场观测大幅增加；70 年代卫星观测开始之后，海洋数据在数量级上发生了显著变化。从海洋数据的时空分布和太阳活动情况来看，太阳活动 11 年周期是能够直接从数据分析得到的、对上层海洋温度（包括 SST 和 OHC）存在影响的最重要周期。

目前关于海洋对太阳活动 11 年周期的响应研究，大致有如下三种方法：一是根据海洋观测数据计算局部海区（海盆或更大尺度）平均温度（SST 或 OHC 等）时间序列和太阳活动（TSI 或 SSN）时间序列的相关性；二是通过对海洋观测数据的合成平均或合成平均差来确定海洋对太阳活动 11 年周期响应的空间分布；三是基于海 - 气耦合模式的敏感性试验结果，分析海洋对太阳活动 11 年周期的响应过程，进而解释海洋对太阳的响应机制。

王刚等近年的研究探讨了 OHC 异常变化与 TSI 的 11 年周期的关系（王刚等，2014；Wang et al.，2015）。TSI 数据基于 Wang 等（2005）的通量传输模型（模型及介绍网址 https://lasp. colorado. edu/home/sorce/data/tsi-data/）模拟得到，然后进行平移与 Kopp 和 Lean（2011）校正后的 TSI 观测值衔接。OHC 采用 NOAA 和日本气象厅（Japan Meteorological Agency，JMA）的两套数据。NOAA 数据由 Levitus 等基于 WOD09 构建（Levitus et al.，2012）。该数据集提供全球 1° ×1°格点 OHC 数据，时间范围为 1955 ～ 2011 年，包括季节平均、年平均和 5 年平均；垂向包括 0 ～ 700m 和 0 ～ 2000m 两个水层。这里采用的是 0 ～ 700m 水层的 5 年平均数据。JMA 数据由 Ishii 和 Kimoto 基于 WOD05 构建（Ishii and Kimoto，2009），空间分辨率也是 1° ×1°，时间范围为 1950 ～ 2011 年。

根据 TSI 值将 1955 ～ 2012 年分为太阳活动高值年和太阳活动低值年。前者为包括太阳活动峰值年在内的 TSI 的 11 年周期中辐射值较高的年份（大约 5

年），后者为包括太阳活动谷值年在内的 TSI 的 11 年周期中辐射值较低的年份。注意到，如果以一个常数（如这段时间的平均值）来划分高值年和低值年，可能会出现一个太阳活动周内有多个高值年时段或多个低值年时段的情况（如 1965 ～ 1976 年，1971 年为低值年而 1970 年和 1972 为高值年）。因此，采用经验正交分解（empirical mode decomposition，EMD）方法，提取中 TSI 中的 11 年周期的本征模态函数，以此模态代替 TSI 来确定高值年和低值年：高于平均 TSI 的 EMD 分量所对应的年份为太阳活动高值年，其余年份为太阳活动低值年。在做 EMD 分解时，为了减小 EMD 分解中边界效应引起的误差，选取的时间段从 1947 年开始。在做合成平均差时，实际时段根据 OHC 的时段截取。

太阳活动高值年和低值年确定之后，采用合成平均差（将海洋中每个点上的海表面到 700m 深度的热含量按照太阳活动高值年和低值年分为两组，然后计算两组的平均值之差）来确定 OHC 对太阳活动的响应。图 3.9 是根据两套 OHC 数据得到的 OHC 对太阳活动 11 年周期响应的空间模态。

事实上，TSI 的 11 年周期只是图 3.9 中空间各点 OHC 对太阳辐射响应为正或负的充分条件，而不是必要条件。换言之，图 3.9 中为正响应的点，其 OHC 未必具有与 TSI 同位相的 11 年周期振荡；同样，负响应的点也未必具有与 TSI 反位相的 11 年周期振荡。因此，在热带太平洋海域选择两个 OHC 对 TSI 响应较显著的海域，来进一步观察其是否具有 11 年周期振荡。图 3.10 和图 3.11 分别给出了图 3.9 中 Area_A（140° W ～ 180° W，0°～ 10° S）和 Area_B（125° E ～ 180° E，0°～ 15° N）经向平均 OHC 随时间的变化。在 NOAA 数据［图 3.10（a）］和 JMA 数据［图 3.10（b）］中，Area_A 的 OHC 都表现出明显的准 10 年振荡。Area_B 的 OHC 在 20 世纪 80 年代之后表现出明显的准 10 年周期振荡。如果认为 1980 年左右存在一个冷位相［图 3.11（b）中比较明显，图 3.11（a）中不明显］，则从 50 年代至 2011 年会出现一个连续的 10 年周期振荡。这个冷位相的弱化或缺失，可能与 1975 年左右热带太平洋的稳态转换（regime shift）（Stephens et al.，2001）有关。以 Levitus 数据为例，对这两个区域进行小波分析。功率谱显示，两个区域的 OHC 都在 11 年左右周期上有明显谱峰，并通过了红噪声 95% 置信度的检验。对于 Area_A，11 年周期最显著；对于 Area_B，25 年左右周期最显著，11 年周期次之。

此外，在黑潮、湾流、阿加勒斯海流西边界流延伸体区域也分别看到了 OHC 对太阳活动 11 年周期的显著响应。其中，黑潮延伸体区为显著的正响应，后两者为负响应。这些区域的 OHC 变化对局地气候系统都有重要影响。不同海区 OHC 对 TSI 的响应在强度或位相上的差异，可能是海－气非线性相互作用的结果，也可能是海洋本身动力过程的结果。响应过程及作用机理有待进一步深入探讨。

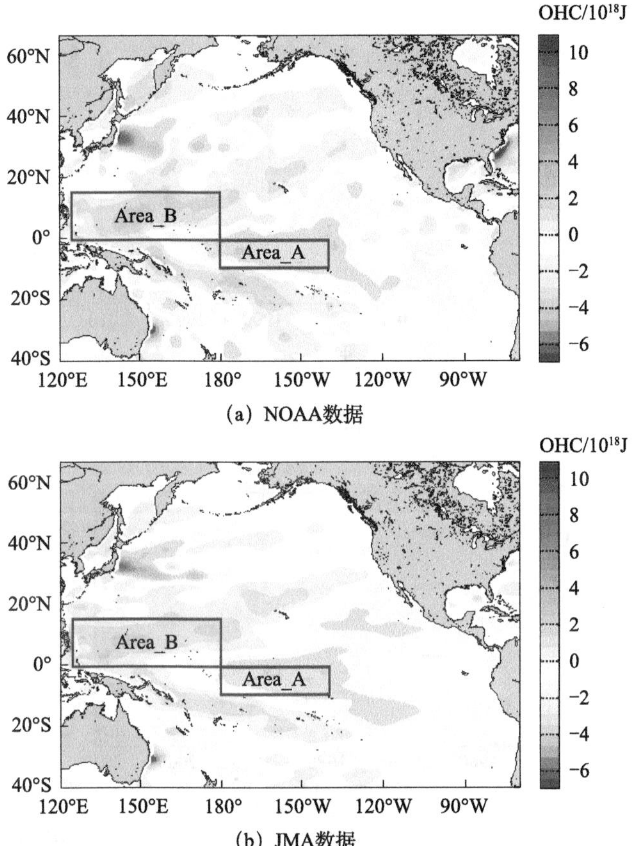

（a）NOAA数据

（b）JMA数据

图 3.9　合成平均差得到的 0～700m 全球 OHC 对太阳活动 11 年周期响应的模态

如果某个点的 OHC 具有与 TSI 同位相的 11 年周期振荡，则该点表现为暖色调；反之，如果某点的 OHC 具有与 TSI 反位相的 11 年周期振荡，则该点表现为冷色调。Area_A 和 Area_B 对应着太平洋 OHC 对 TSI 正响应显著和负响应显著的两个区域

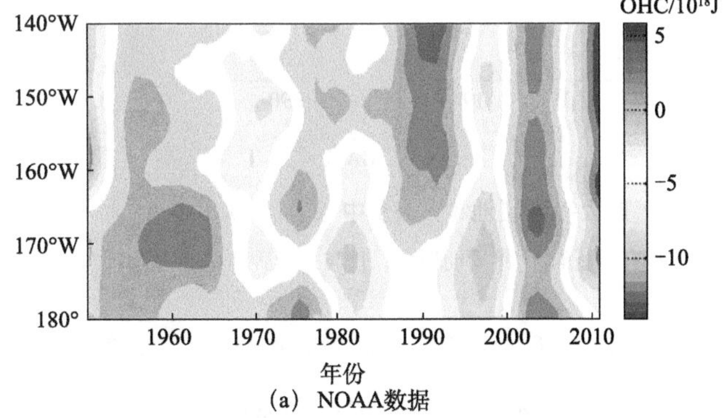

（a）NOAA数据

图 3.10　赤道中太平洋（图 3.9 中 Area_A）OHC 随时间的变化

OHC 具有明显的 11 年周期振荡，且与太阳活动 11 年周期信号同位相

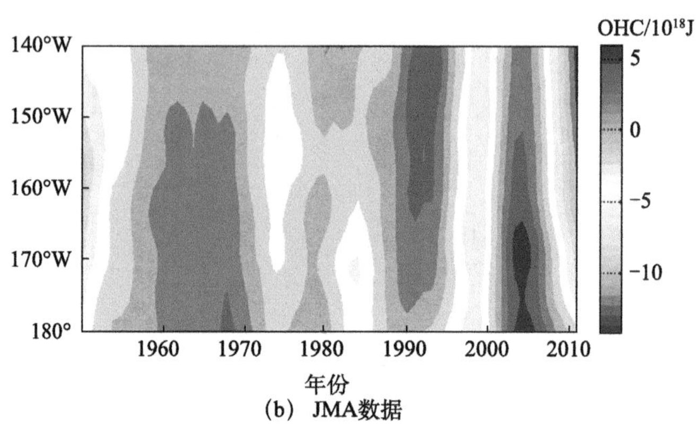

(b) JMA数据

图 3.10（续）

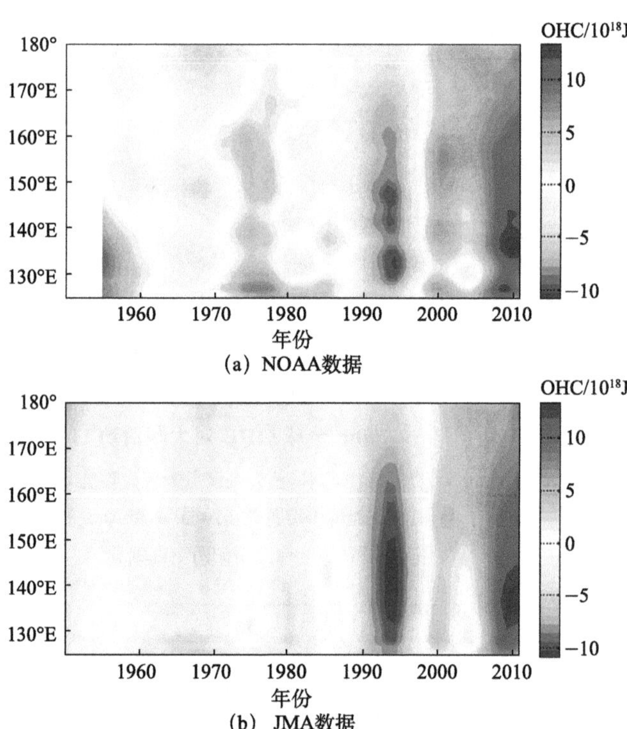

(b) JMA数据

图 3.11　西太平洋暖池（图 3.9 中 Area_B）OHC 随时间的变化

OHC 具有明显的 11 年周期振荡，且与太阳活动 11 年周期信号反位相

3. 太阳活动周期变化的不同位相下热带太平洋海洋热含量异常

研究发现，热带太平洋地区的海洋温度异常的变化（SST、OHC）与太阳辐射变化存在滞后相关性。考虑到海洋对微小变化的“积分”作用，对准周期变

化的太阳辐射强迫进行归一化，从而定义太阳活动周期变化的位相为 TSI 值的函数，将各太阳活动周划分为上升位相和下降位相。其中，上升位相包含太阳活动谷值年而不包含峰值年，下降位相包含太阳活动峰值年而不包含谷值年。各位相包含的时段见表 3.1。

表 3.1　太阳活动周期变化的不同位相包含的时段

太阳位相	时段
上升位相	1955 ～ 1957 年、1964 ～ 1967 年、1975 ～ 1978 年、1984 ～ 1988 年、1996 ～ 1999 年、2007 ～ 2011 年
下降位相	1958 ～ 1963 年、1968 ～ 1974 年、1979 ～ 1983 年、1989 ～ 1995 年、2000 ～ 2006 年、2012 ～ 2015 年

太阳活动变化周期的不同位相下，OHC 异常的合成结果如图 3.12 所示，其深度范围为 0 ～ 700m。结果表明，在两种不同位相下，热带东、西太平洋的 OHC 异常，其空间型几乎一致，而数值却相反。在上升位相，热带西太平洋为 OHC 正异常，而中东太平洋为 OHC 负异常。相反，在下降位相，热带西太平洋为 OHC 负异常，中东太平洋为 OHC 正异常。类似的变化特征在海洋次表层温度异常中也可以检测到，图 3.13 为赤道太平洋地区纬向平均海洋次表层温度异常

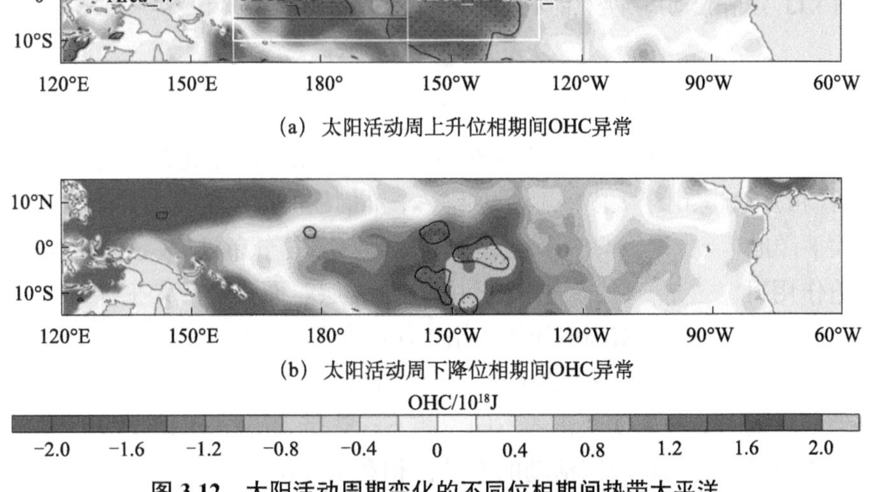

图 3.12　太阳活动周期变化的不同位相期间热带太平洋 0 ～ 700m OHC 异常的合成

黑色线包围区表示显著性通过 95% 的置信度检验

在太阳活动不同位相下的合成结果。从图中可以看出，与 OHC 异常变化的锁相特征类似，自表层到深度 300m，在太阳活动的上升位相，赤道西太平洋地区次表层为温度正异常，而中东太平洋地区次表层为温度负异常。下降位相反之。但值得注意的是，最大温度异常中心位于海洋次表层，其中赤道西太平洋地区的温度异常中心在 100 ～ 200m 深度范围内，而中东太平洋地区则在 100m 深度附近。

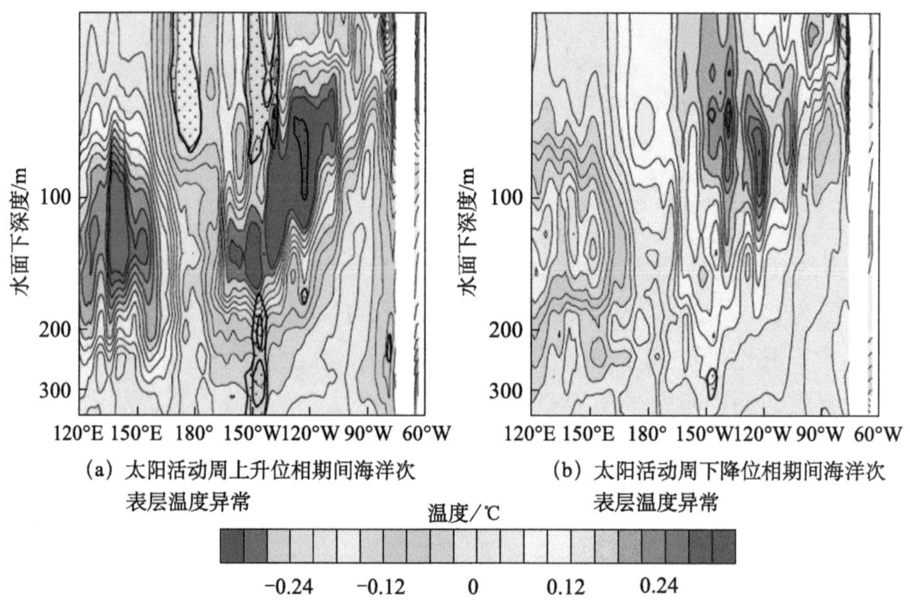

图 3.13　太阳活动周期变化的不同位相期间赤道太平洋地区（10° S ～ 10° N）平均次表层温度异常的合成

黑色线包围区表示显著性通过 95% 的置信度检验；图中空白区域为陆地或者无数据区域，余同

由此可以推测，热带太平洋的热量存储对太阳活动变化的响应可能依赖于太阳活动的位相。由于太阳辐射变化是一个准周期的逐步变化的热辐射强迫，且热带太平洋地区云量分布不均，热带东太平地区云量分布极少，更多的持续热辐射强迫作用可能透过无云区被累积在海洋次表层。而热带西太平洋地区云覆盖量大，阻碍了直接的太阳辐射加热作用，从而在某种程度上打破了局地海洋热平衡，引起动力环境异常，使该地区的响应特征被进一步放大。

为了对太阳活动周期变化的不同位相下，热带太平洋 OHC 异常产生的原因进行初步探讨，我们将太阳活动的上升位相和下降位相进一步划分为八个阶段，如图 3.14（a）所示，其中上升位相包括 A、B、C、D 四个阶段；下降位相包括 E、F、G、H 四个阶段。

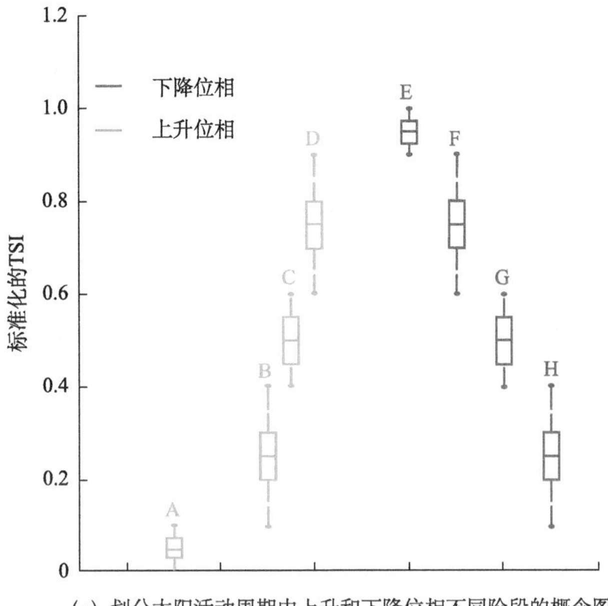

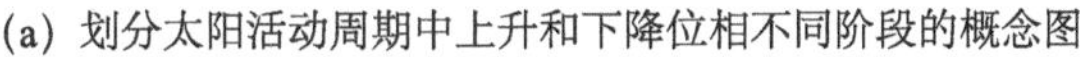
(a) 划分太阳活动周期中上升和下降位相不同阶段的概念图

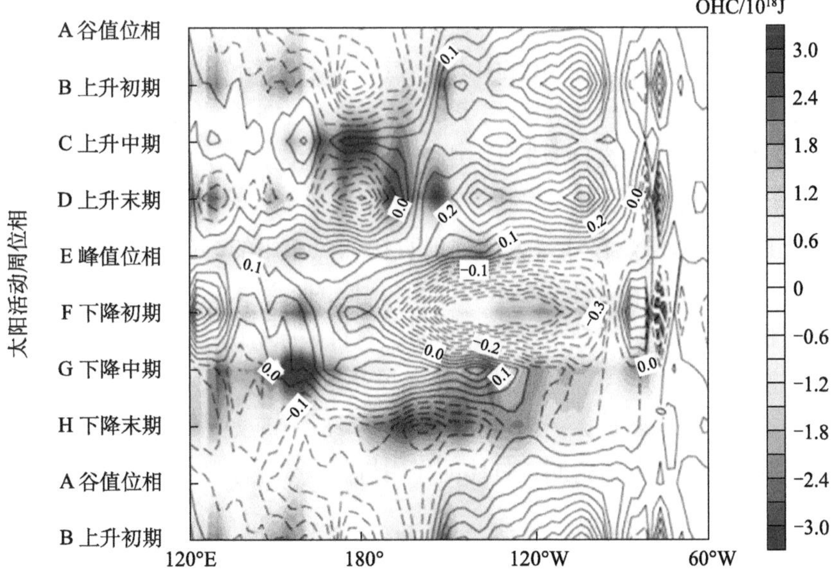

(b) 在太阳活动周期变化的不同位相期间热带太平洋（15°S～15°N）平均OHC异常和纬向风（等值线，单位为m/s）异常

图 3.14　太阳活动周期中上升和下降位相不同阶段的概念图及对应的热带太平洋区域（15°S ～ 15°N）异常 OHC 和纬向风距平演变

以上各阶段，热带太平洋（15° S ～ 15° N）纬向平均 OHC 异常和纬向风异常的合成结果如图 3.14（b）所示。其中，彩色填充等值线图为 OHC 异常，等值线图为纬向风异常，实线为西风异常，虚线为东风异常。从图中可以看出，在太阳活动上升位相的各阶段（A ～ D），热带西太平洋地区为 OHC 正异常，而中太平洋地区为 OHC 负异常，且该负异常中心在日界线附近的东风异常作用下随时间西移。与此同时，热带东太平洋 OHC 为微弱的正异常，该地区的异常西风抑制了赤道海洋表面流却增强了西边界的上升流。同时，西高东低的海面高度有利于增大赤道潜流在中西太平洋地区的流速（Drenkard and Karnauskas，2014），西太平洋的暖水更多地被携带至中东太平洋地区。在整个太阳活动上升位相期间，不断增强的辐射加热作用下，热量在赤道东太平洋的无云区得以不断累积。在以上两个过程的作用下，当太阳辐射强度进入峰值之后，原有的热带太平洋经向温度梯度平衡被打破，热带中东太平洋为 OHC 正异常（图 3.14 中 E），并在接下来的两个阶段 G 和 H 被进一步放大，而热带西太平洋地区为 OHC 负异常。

从图 3.14 可以看出，上升位相 OHC 异常东负西正的准平衡态在峰值阶段被打破，在下降位相形成了新的准平衡态：OHC 异常西负东正。自峰值阶段 E 开始，热带西太平洋地区为西风异常，而东太平洋地区为东风异常，纬向风在中太平洋地区辐合，使更多的暖水在中太平洋次表层累积下沉，从而使该地区的温跃层加深，赤道潜流减弱，因此在下降阶段，热带中东太平洋地区的 OHC 正响应被进一步放大。当进入 H 阶段时，中东太平洋地区的西风异常被东风异常取代，OHC 正异常中心向西传播。

综上所述，海洋热存储对太阳辐射直接加热作用的响应与太阳活动周期变化的位相有关，在不同位相下，OHC 异常是不同的。当太阳辐射强迫增强到某种程度，其累积作用引起海洋热力结构异常时，将打破原有的热力梯度准平衡态，从而引起相应动力环境的改变，包括表面纬向风和次表层洋流，使 OHC 异常对太阳辐射强迫的响应被进一步放大。需要指出的是，以上响应过程仅是基于数据资料，对可能的机制进行定性分析猜测，具体的作用机制需要基于数值模式进行深入研究。

3.1.3 太阳活动对海洋锋的调制作用

用 SST 与 SSN 或太阳辐射做统计相关，可以发现两者在黑潮延伸体区域有显著的相关关系。从图 3.9 中可以看到，太阳活动与黑潮延伸体区域局地 OHC 有显著的关系。另外，Zhao 等（2017）也提到了夏季黑潮延伸体 SST 与太阳活动的紧密联系，并认为北太平洋地区的黑潮延伸体 SST 可能是太阳活动影响中国夏季风雨带的关键纽带。因此，北太平洋黑潮延伸体及其附近中纬度地区 SST 对太阳活动变化的响应情况和响应机制是非常值得探索的科学问题。

近几年的研究揭示了太阳活动与北半球中纬度地区 SST 的密切联系。对于北太平洋中纬度地区，Kodera 等（2016）分别利用 1880 年以来和 1979 年以来的观测数据，采用多元线性回归与合成差值分析的方法，发现太阳活动的增强会引起北太平洋 45° N 南侧 SST 的异常升高和其北侧 SST 的异常降低，对应北太平洋副极地海洋锋区（sub-arctic frontal zone，SAFZ）附近经向温度梯度的加大，这种现象随后也被 Yukimoto 等（2017）的研究所证实。而过去的研究发现，虽然在北大西洋中纬度地区冬季北大西洋 SAFZ 与太阳活动变化也具有密切的联系，但其响应具有明显的滞后特征，一般在滞后太阳活动的第 3 年北大西洋 SAFZ 的强度达到最大（Scaife et al.，2013；Kodera et al.，2016；Yukimoto et al.，2017）。本节将利用观测资料和 CMIP5 模式数据，分析研究太阳活动对冬季北太平洋 SAFZ 的影响，并尝试探讨其中的影响过程。

1. 冬季北太平洋 SAFZ 中的太阳周期信号

为了检测冬季北太平洋 SAFZ 中的太阳周期信号，首先利用 Hadley 中心的 SST 观测资料，计算 1980 ～ 2015 年北半球冬季（12 月到次年 2 月，用 DJF 表示）SST 与 SSN 的超前、滞后 1 ～ 3 年及同期的统计相关，相关系数分布如图 3.15 所示。SSN 与北太平洋中纬度地区 SST 的正相关在同期达到最强，显著正相关区主要位于等 SST 线的密集区，即北太平洋 SAFZ 所在位置；而北大西洋中纬度地区 SST 与 SSN 的正相关在滞后太阳活动 2 ～ 3 年时达到最强，同样位于北大西洋 SAFZ 附近，这与 Yukimoto 等（2017）的分析结果一致。另外，去除 ENSO 信号后的 SST 与 SSN 的相关系数场与图 3.15 几乎无差别，说明北半球中纬度地区 SST 与太阳活动的关系基本不受 ENSO 的干扰。

为了检验北太平洋 SST 与太阳活动之间关联的可靠性，进一步用 NOAA 的两套 SST 资料——OISST V2 和 ERSST V5 计算其相关关系。图 3.16（a）～图 3.16（c）给出了 Hadley 中心、NOAA OISST V2 与 NOAA ERSST V5 的 DJF SST 与 DJF SSN 的同期相关系数分布。从图中可以看到，太阳信号在这三套 SST 资料中的表现相当一致：北太平洋中纬度中西部存在显著的正相关区，以 45°N 为界，北侧为负相关，南侧为显著正相关；45°N 附近经向 SST 梯度的加强，对应着 SAFZ 的加强。同时，图 3.16（d）给出了纬向平均（150°E ～ 170°W）的 DJF SST 与 DJF SSN 的相关性，从图中可以看到，三套资料得到的结果依然一致，相关系数 0 线均位于 45°N 附近，45°N 南侧为正相关，北侧为负相关，最大显著正相关出现在 35°N ～ 40°N 附近。

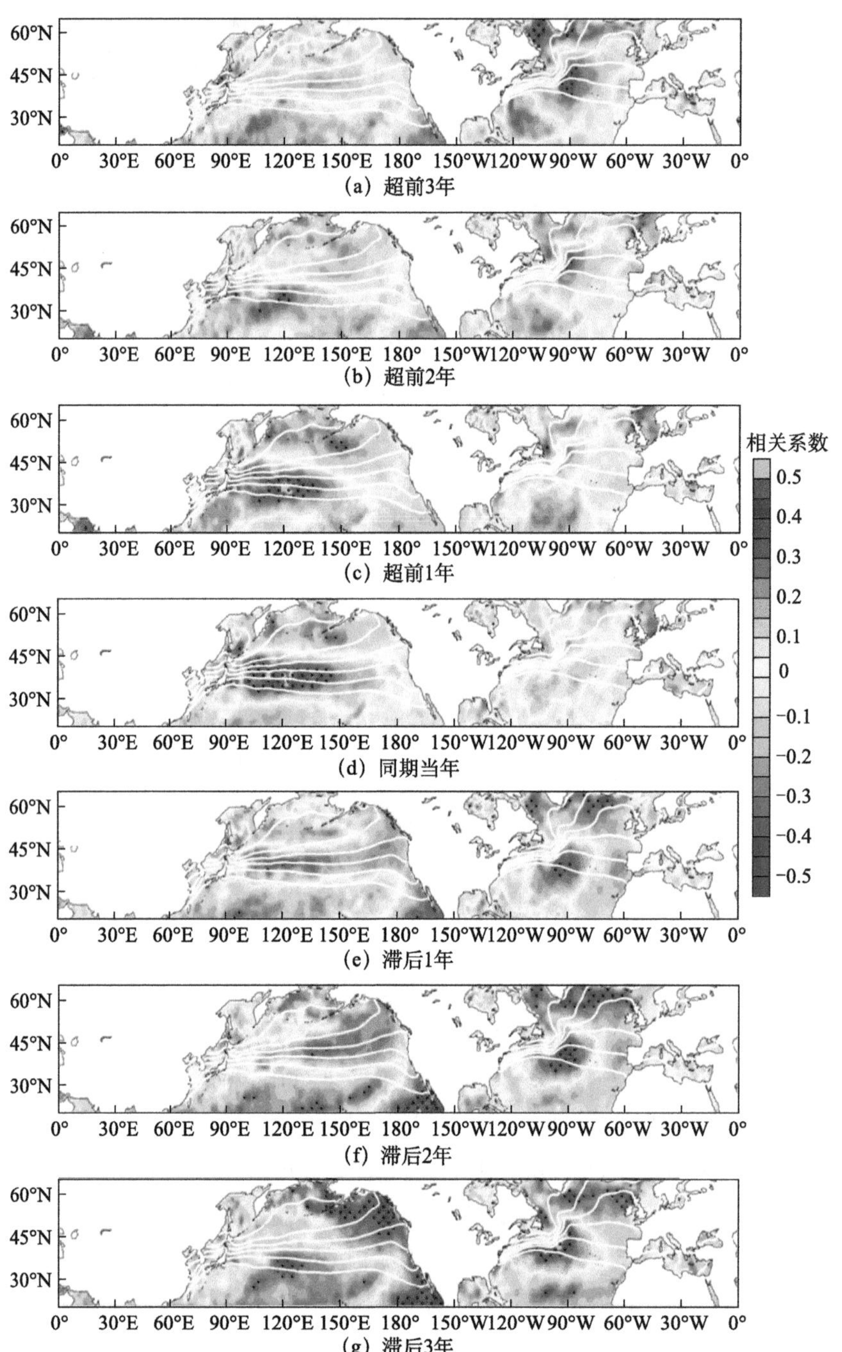

图 3.15 1980～2015 年北半球冬季 DJF SST 超前、滞后 DJF SSN 1～3 年及同期的相关系数分布

白色等值线代表 DJF 等 SST 线，仅画出 3℃～18℃，间隔为 3℃。彩色为 SST 与 SSN 的相关系数，打点区表示相关系数显著性超过 95% 的置信度

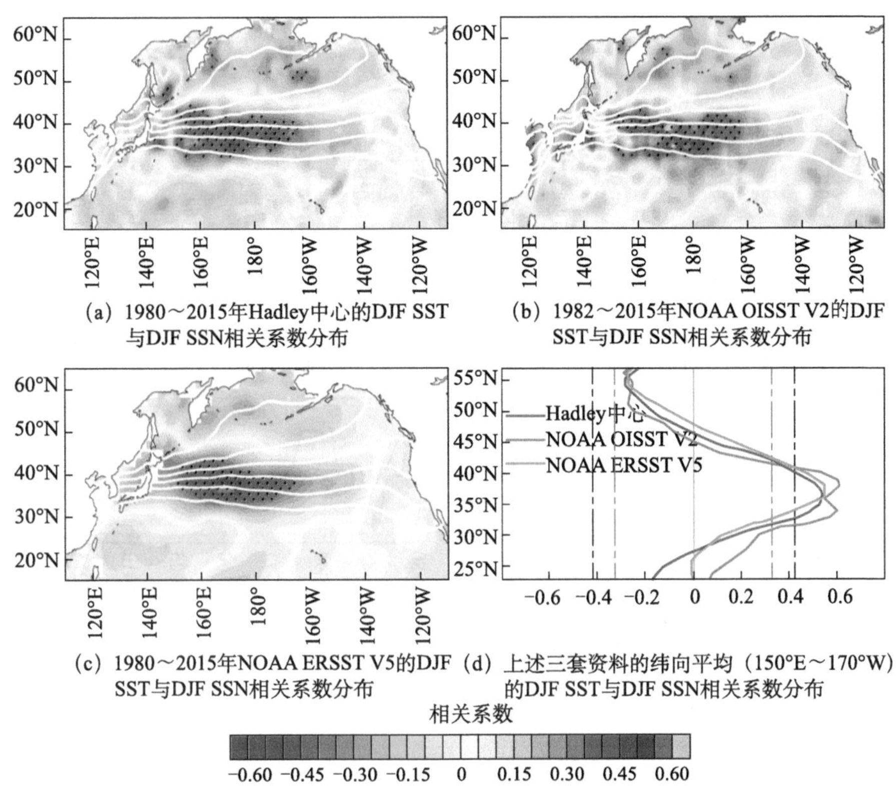

(a) 1980～2015年Hadley中心的DJF SST与DJF SSN相关系数分布

(b) 1982～2015年NOAA OISST V2的DJF SST与DJF SSN相关系数分布

(c) 1980～2015年NOAA ERSST V5的DJF SST与DJF SSN相关系数分布

(d) 上述三套资料的纬向平均（150°E～170°W）的DJF SST与DJF SSN相关系数分布

图 3.16　基于三套不同资料的北太平洋冬季 SST 和 SSN 的相关系数分布及不同纬度（150°W ～ 170°W）区域 SST 与 SSN 的相关系数

（a）～（c）中白色等值线为 DJF 等 SST 线，仅画出 3℃～ 18℃，间隔为 3℃。打点区表示相关系数显著性超过 95% 的置信度。（d）中灰（黑）色虚线代表显著性超过 90%（95%）的置信度

图 3.17（a）和图 3.17（b）分别是 1980 ～ 2015 年北太平洋地区 DJF 经向 SST 梯度的气候态分布和 DJF 北太平洋年代际（7 年以上 Lanczos 滤波）SST 变率分布。从图中可以发现一个很有意思的现象：SST 年代际变率的大值区恰好位于 SAFZ 主体内，间接表明 SAFZ 是 SST 强年代际变化的一种体现。进一步的相关分析展现了冬季 SAFZ 主体区域经向 SST 梯度与 SSN 之间具有显著的正相关关系［图 3.17（c）］。参考 Nakamura 和 Kazmin（2003）对冬季 SAFZ 强度指数的定义［SAFZ 主体区域（40° N ～ 45° N，150° E ～ 175° W）经向 SST 梯度的平均值］，计算 1980 ～ 2015 年冬季 SAFZ 强度指数，发现它与 SSN 的时间序列之间具有非常一致的年代际变化，二者的相关系数高达 0.561，显著性超过 99.99% 的置信度［图 3.17（d）］。为了消除时间序列自相关性的影响，重新计算验证了其有效自由度为 9 的情况下，二者之间的正相关性仍能达到 90% 的置信度。

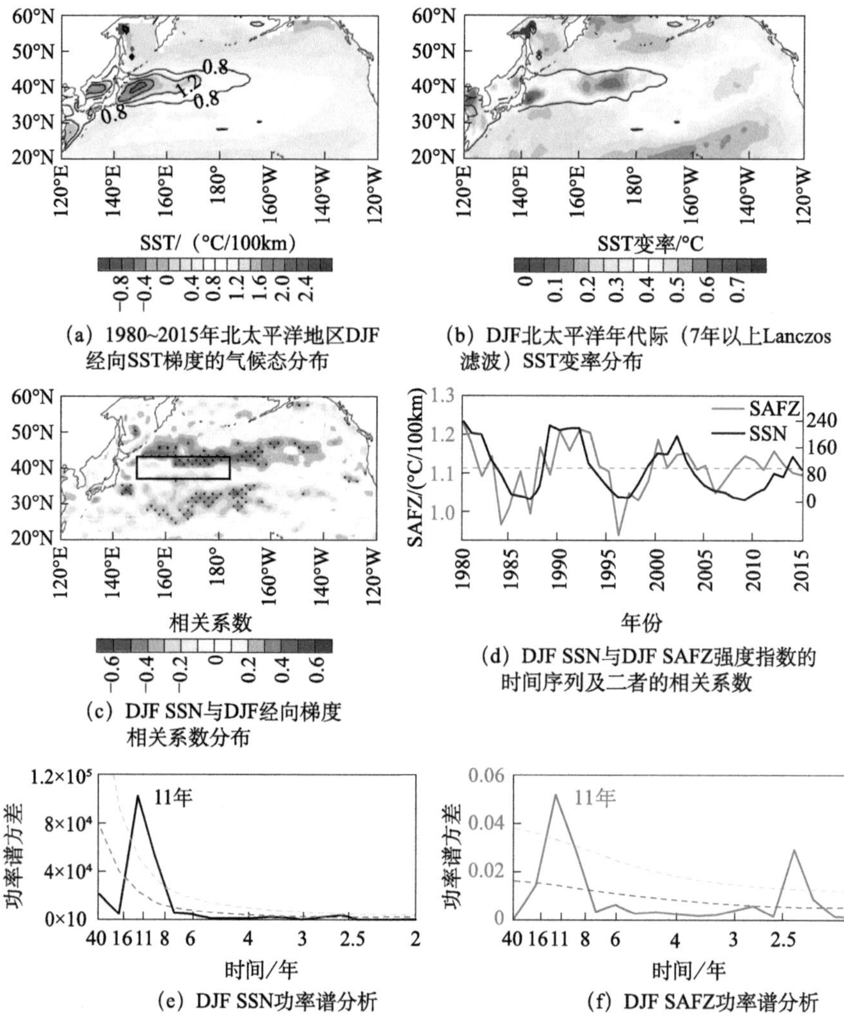

（a）1980~2015年北太平洋地区DJF经向SST梯度的气候态分布

（b）DJF北太平洋年代际（7年以上Lanczos滤波）SST变率分布

（c）DJF SSN与DJF经向梯度相关系数分布

（d）DJF SSN与DJF SAFZ强度指数的时间序列及二者的相关系数

（e）DJF SSN功率谱分析

（f）DJF SAFZ功率谱分析

图 3.17　1980 ～ 2015 年北太平洋地区 DJF 经向 SST 梯度的气候态和年代际分量、SSN 与经向 SST 梯度的相关系数分布、SSN 和 SAFZ 强度指数的时间序列和功率谱

（a）中黑色等值线是 DJF 等经向 SST 梯度≥ 0.8℃ /100km 的 SAFZ 主体，其间隔为 0.4℃ /100km；（b）中黑色等值线内为 SAFZ 主体；（c）中打点区代表显著性超过 95% 的置信度，黑色矩形表示定义的 SAFZ 主体区；（e）和（f）中蓝色虚线为 90% 的置信度检验线，红色虚线表示红噪声

与此同时，功率谱分析显示 SAFZ 强度指数具有与 SSN 相同的准 11 年周期［图 3.17（e）和图 3.17（f）］，说明在共同的周期上太阳活动与 SAFZ 之间存在内在联系，这可能是北太平洋 SAFZ 对太阳活动变化产生显著响应的重要原因。

此外，在 1980 ～ 2015 年纬向平均（150°E ～ 175°W）与经向平均（40°N ～ 45°N）的 DJF 经向 SST 梯度异常随时间的分布图（图 3.18）中，北太

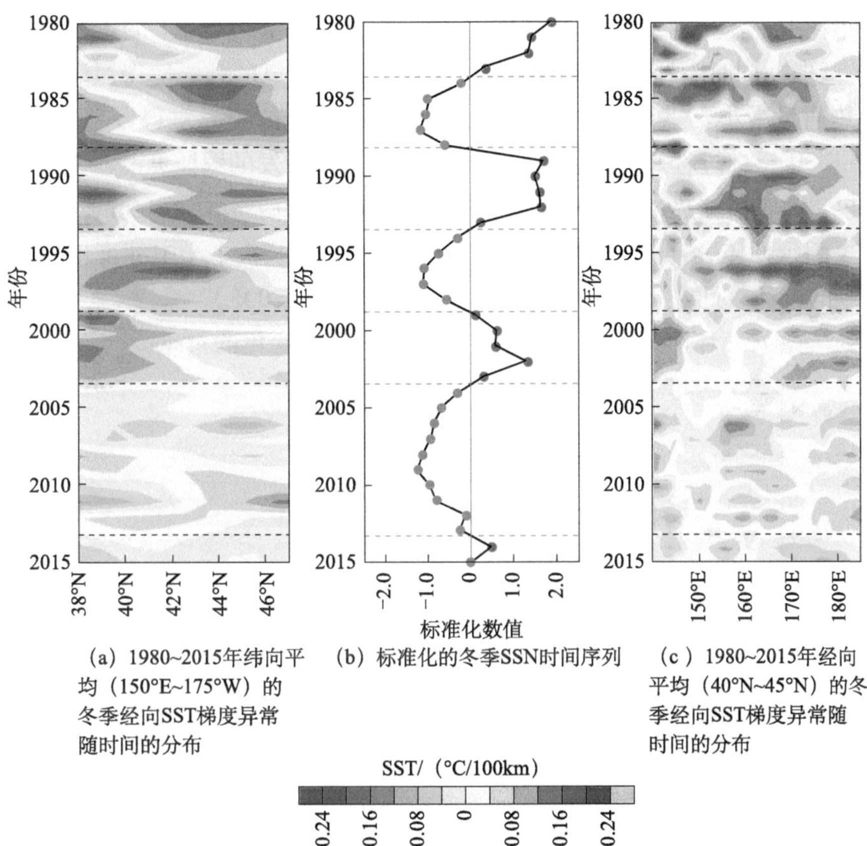

图 3.18　1980～2015 年纬向平均（150°E～170°W）与经向平均（40°N～45°N）的冬季经向 SST 梯度异常的演变及与 SNN 异常的对应关系

（b）中红、蓝点分别为 SSN 正、负位相年

平洋 SAFZ 主体区经向 SST 梯度的正、负异常与 SSN 的正、负位相有较好的对应关系：在准 11 年的太阳活动周期中，SSN 的正位相时期通常对应着 SAFZ 的增强，SSN 的负位相时期基本对应着 SAFZ 的减弱。另外需要指出的是，在 1980～2003 年，太阳活动周期的位相变化与经向 SST 梯度的变化对应得很好，但在 2004～2015 年，太阳活动强度相对较弱，经向 SST 梯度的异常幅度相比之前略有减弱，二者的对应关系变得不稳定。

2. 北太平洋 SAFZ 对太阳活动变化的可能响应机制

北太平洋中纬度西边界地区存在异常强烈的海气相互作用，因此影响 SAFZ 与其附近 SST 变化的因素较为复杂。Latif 和 Barnett（1994，1996）认为北太平洋 SST 的年代际变化归因于副热带海洋涡流和阿留申低压（Aleutian low，AL）

之间不稳定的海气相互作用的循环。北太平洋中纬度地区 SST 的正异常会造成 AL 的减弱，同时中纬度表面西风相应减弱，表面西风的减弱使得黑潮延伸体区域的热通量减小、垂直混合减弱，黑潮延伸体 SST 的正异常得以维持和加强，这是一个正反馈过程。与此同时，风应力旋度变化激发的罗斯贝波在数年后到达西边界，减小了副热带海洋涡流的强度，从而减小了西边界流向北的热输送，逐渐将黑潮延伸体 SST 正异常转变为负异常，导致在北太平洋中纬度地区形成一个连续的循环，且这一循环具有年代际周期（程军，2005）。

为考察大气环流和海洋环流对北太平洋 SAFZ 变化的贡献。图 3.19 给出了

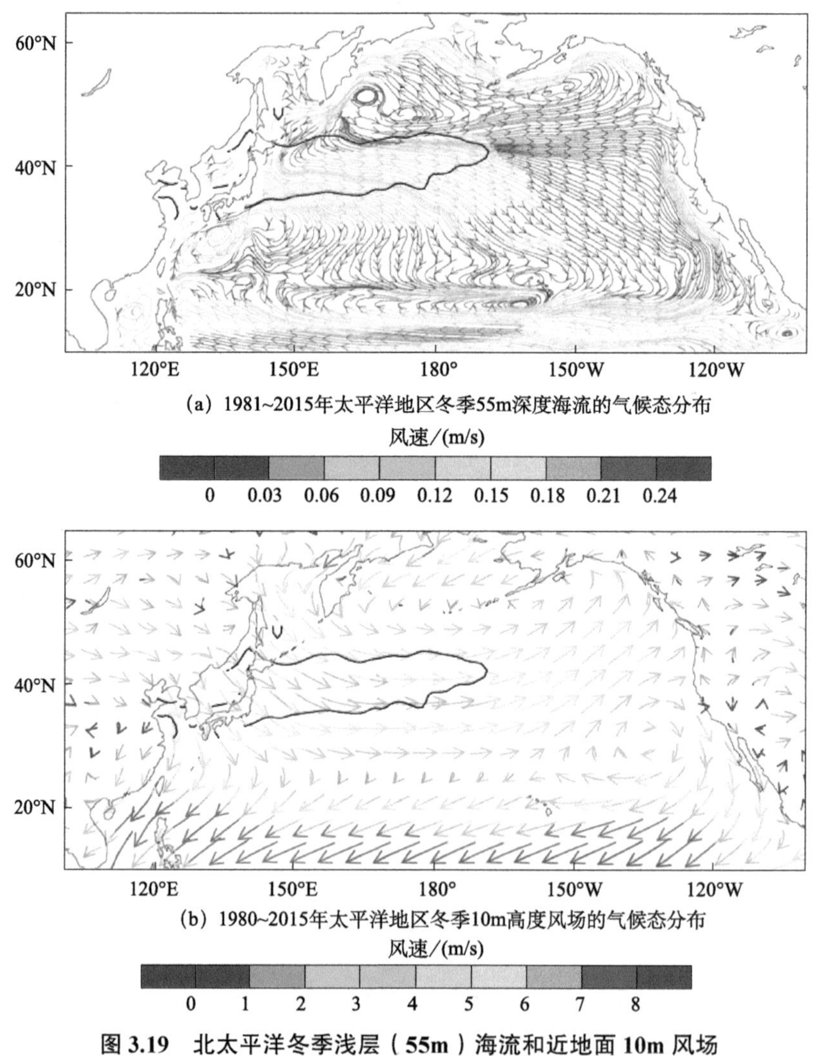

图 3.19　北太平洋冬季浅层（55m）海流和近地面 10m 风场

黑色等值线表示 SAFZ 主体

冬季北太平洋地区 55m 深度海流和 10m 高度风场的气候分布情况。从图中可以看到，强劲的西边界流（即黑潮）与副热带海洋涡流［图 3.19（a）］，以及来自大陆的东亚冬季风（East Asian winter monsoon，EAWM）与 AL［图 3.19（b）］。如果黑潮及其延伸体将热带海洋的热量源源不断地输送到中纬度海洋，那么黑潮延伸体 SST 会一直保持升高。若要使黑潮延伸体 SST 保持稳定，并将 SAFZ 的位置稳定在中纬度附近，就需要其他外力与之相平衡，而这个与大尺度海洋环流的作用相平衡的外力极有可能来自大气环流（Nakamura and Kazmin，2003）。在北半球冬季，来自欧亚大陆的强劲的东亚冬季风带来寒冷空气，有利于中纬度海表热量的散失。另外，与 AL 密切相关的对流层低层中纬度西风，会促进海洋混合，并使埃克曼（Ekman）层向南的热输运加强，有利于中纬度海表的降温（Frankignoul，1985；Miller et al.，1994；Nakamura et al.，1997）。以下我们暂不考虑海洋内部过程，仅从大气环流和海洋表面温度的相互作用简单分析研究太阳活动信号对冬季北太平洋 SAFZ 的影响。

图 3.20 展示了冬季 SAFZ 强度指数与 10m 风场和 SST 的关系。从图中可以看到，SAFZ 的加强对应着黑潮延伸体海域 SST 的异常升高和其南北两侧 SST 的异常降低［图 3.20（a）］。同时，在 SST 正异常区的上空，近地面大气以东风异常为主，显著的东风异常出现在日本以东的中纬度局部海区［图 3.20（c）］。值得注意的是，图 3.20（b）中东、西风异常的交界线和 SST 正、负异常的交界线均大致位于 45° N，与此同时，在纬向平均（145° E ～ 175° W）的 SST 和 10m 纬向风（U）与 SAFZ 强度指数的相关系数随纬度的分布［图 3.20（d）］中也能看到这一特征，且体现了二者间具有反向变化的关系。如果将图 3.20（c）中黑

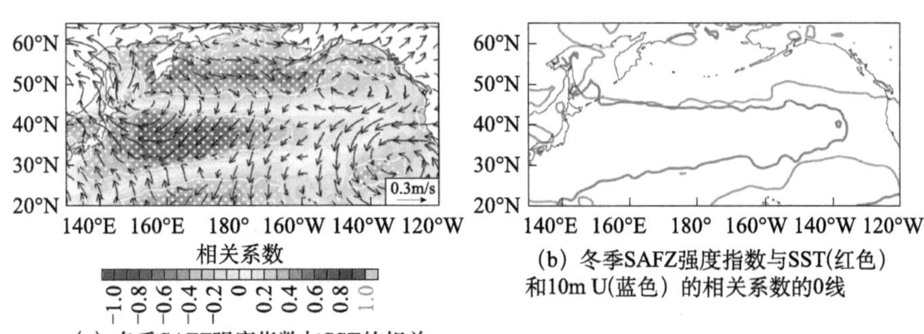

(a) 冬季SAFZ强度指数与SST的相关系数及10m风场分布

(b) 冬季SAFZ强度指数与SST(红色)和10m U(蓝色) 的相关系数的0线

图 3.20　冬季 SAFZ 强度指数与 SST、10m 纬向风相关系数的空间分布、纬度分布及中纬度 SST 和纬向风的时间演变

（a）和（c）中白线（打点）区代表显著性为 90%（95%）的置信度；（d）中灰（黑）色虚线表示显著性为 90%（95%）的置信度；（e）中 MTI 和 MUI 相关系数为 -0.444，显著性通过 99% 的置信度检验

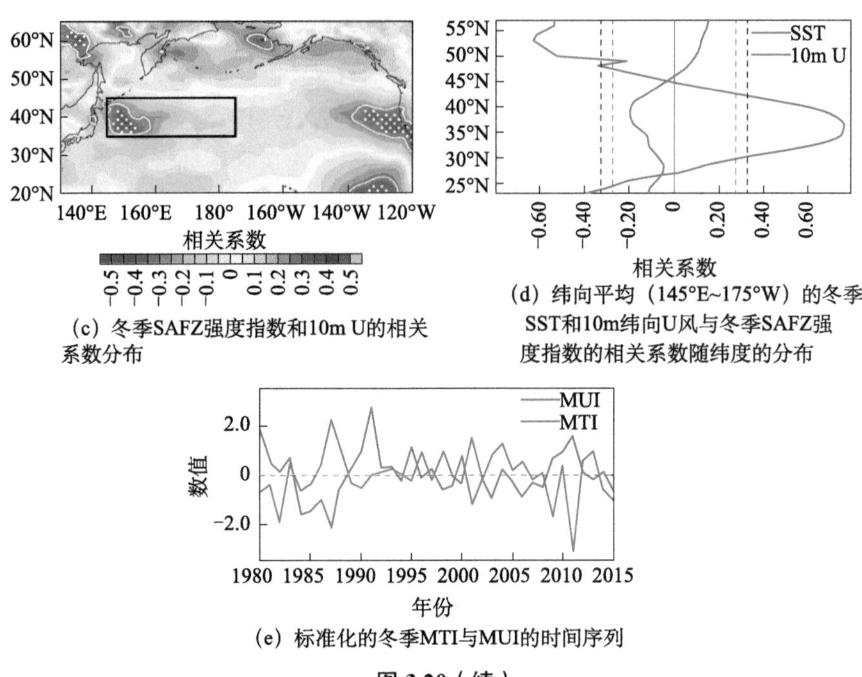

（c）冬季SAFZ强度指数和10m U的相关系数分布

（d）纬向平均（145°E~175°W）的冬季SST和10m纬向U风与冬季SAFZ强度指数的相关系数随纬度的分布

（e）标准化的冬季MTI与MUI的时间序列

图 3.20（续）

色方框（35° N ～ 45° N，145° E ～ 175° W）内平均的 10m U 和 SST 分别定义为中纬度 10m U 强度指数（mid-latitude 10m U intensity index，MUI）和中纬度 SST 强度指数（mid-latitude SST index，MTI），考察其时间序列的相关关系［图 3.20（e）］，可以清楚地看到 MUI 与 MTI 之间具有显著性超过 99% 的置信度的负相关关系，说明北太平洋中纬度表面西风的减弱与中纬度 SST 的加强显著对应。

从上述分析可以看到，北太平洋中纬度表面西风与中纬度 SST 和 SAFZ 之间均存在显著关联，那么太阳活动的加强能否通过引起北太平洋中纬度表面西风的减弱，进而造成中纬度 SST 的升高和 SAFZ 的增强呢？图 3.21 给出了太阳活动与冬季北太平洋 10m 风场和 SLP 的相关情况。从图中可以看到，SSN 的增加对应北太平洋中纬度表面西风的减弱，在北太平洋中部存在显著负相关区［图 3.21（a）］，说明太阳活动的确与 SAFZ 附近表面西风存在密切关联。与此同时，北太平洋西部 40° N ～ 60° N 附近出现了 SSN 与 SLP 的显著正相关区，且北太平洋中高纬度地区被反气旋性异常环流占据［图 3.21（b）］，这意味着 AL 的减弱。纬向平均（145° E ～ 175° W）的 10m U 和纬向平均（150° E ～ 140° W）的 SLP 与 SSN 的相关系数随纬度的分布图不仅验证了 SSN 与中纬度表面西风和 AL 的关系，还展现了中纬度表面西风与 AL 之间的反向变化关系［图 3.21（c）］。另外，还计算了 MUI 和阿留申低压指数［ALI，定义为图 3.21（b）中黑色方框区域（40° N ～ 60° N，150° E ～ 140° W）平均的 SLP］的相关性，二者的负相

关系数高达 -0.747，超过了 99.99% 的信度水平，体现了中纬度表面西风和 AL 的高度依赖关系。因此，随着太阳活动的增强，冬季北太平洋 AL 和中纬度表面西风均减弱，易导致中纬度 SST 增暖，有利于 SAFZ 的增强。

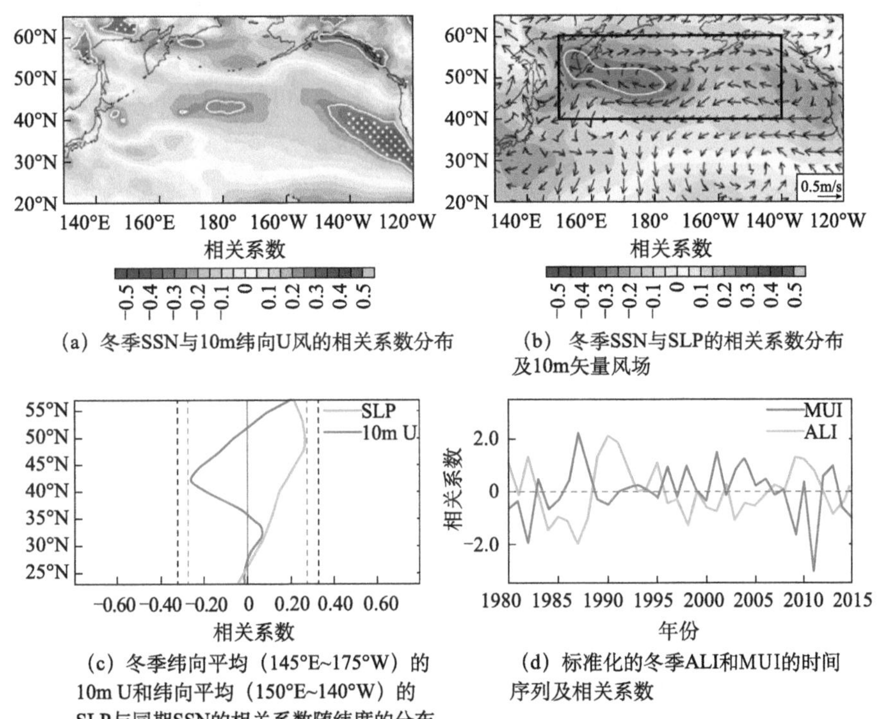

（a）冬季SSN与10m纬向U风的相关系数分布

（b）冬季SSN与SLP的相关系数分布及10m矢量风场

（c）冬季纬向平均（145°E~175°W）的10m U和纬向平均（150°E~140°W）的SLP与同期SSN的相关系数随纬度的分布

（d）标准化的冬季ALI和MUI的时间序列及相关系数

图 3.21　冬季 SSN 与北太平洋海域 10m 纬向风、SLP 的相关系数空间分布、纬度分布及阿留申低压和中纬度纬向风的时间演变

（a）中白线（打点）区代表显著性为 90%（95%）的置信度；（b）中白线区代表显著性为 90% 的置信度；（c）中灰（黑）色虚线表示显著性为 90%（95%）的置信度

为考察冬季细致的时间演变过程，分析太阳活动对冬季近地面环流场的影响，我们将从标准化的冬季 SSN 回归得到 11 ～ 3 月逐月的 SLP、10m 风场、10m U 以及 SST 场，可以发现在太阳活动增强后的演变过程。11 ～ 12 月，北太平洋中高纬度地区 SLP 逐渐增强。12 月，AL 附近区域 SLP 的升高最为显著，最大增幅超过 2hPa，说明 AL 减弱。伴随着 AL 的减弱，北太平洋 40° N 以北地区的表面西风在 12 月异常减弱。在 1 月以后，减弱的表面西风向南发展，在 35° N ～ 45° N 纬度带上出现显著的东风异常，显著性通过 95% 的置信度检验的显著区位于日本东侧，且位置与黑潮延伸体较为接近。

为阐述太阳周期信号如何“自上而下”从平流层传递至对流层低层，以下结合平流层和对流层的相关要素场随太阳活动增强的逐月演变情况进行解释。图 3.22 是冬季（DJF）SSN 与 11 ～ 3 月逐月纬向平均（140°E ～ 150°W）的经向温度梯度、纬向风 U、E-P 通量（Eliassen-Palmflux flux）及其散度的回归系数分布。随着太阳活动的增强，11 ～ 12 月，平流层副热带至中纬度地区的经向温度梯度逐渐增加，且在 12 月最为显著。12 月，平流层中纬度西风大幅增强，最大增速超过 8m/s。显著增强的平流层西风可能对原本从对流层上传的行星波产生反射或折射作用（Kodera and Kuroda，2002；Matthes et al.，2006；Kodera et al.，2016），因此在 12 月出现 E-P 通量的异常向极向下传播。随着异常发展的行星波将平流层的太阳周期信号向对流层传递，在 1 月可以看到对流层低层西风在 55°N ～ 60°N 显著增强、在 35°N ～ 40°N 显著减弱。从上述时间的演变过程可以看到，太阳活动的增强导致平流层副热带至中纬度经向温度梯度加大，平流层中纬度西风随之增强，增强的西风造成行星波的异常向极向下传播，进而通过波流相互作用，平流层的太阳周期信号逐步下传至对流层低层。

为了进一步验证太阳活动对冬季北太平洋中纬度 SST“自上而下”的影响过程，以冬季（DJF）SSN 平均值进行划分，得到了太阳活动高值（high solar activity，HS）15 年和太阳活动低值（low solar activity，LS）21 年（表 3.2），计算了 11 月至次年 3 月逐月的平流层 3hPa 区域平均（25° N ～ 45° N，140° E ～ 150° W）的平流层经向温度梯度（stratospheric meridional temperature gradient，STG）、平流层 3hP 区域平均（35° N ～ 55° N，140° E ～ 150° W）的平流层中纬度 U 风（stratospheric mid-latitude U，SMU）、ALI、MUI、MTI，并利用合成分析的方法，采用柱状图的形式，给出了它们在 HS 与 LS 时期的合成差值情况（图 3.23）。11 ～ 12 月，平流层 3hPa 经向温度梯度与中纬度西风逐渐加大，同时由于波流相互作用，太阳周期信号从平流层下传至对流层低层，AL 区域的 SLP 逐渐升高；12 ～ 1 月，平流层 3hPa 经向温度梯度与中纬度西风均减弱，AL 也明显减弱，中纬度表面西风随之减弱，且在 1 月最为明显；1 ～ 2 月，由于中纬度表面西风的减弱，中纬度 SST 正异常幅度略有增大。图 3.23 直观展现了上述太阳周期信号的传递过程，其结果与图 3.22 中所呈现的过程相一致。

表 3.2 HS 和 LS

项目	年份
HS（15）	1980 年、1981 年、1982 年、1983 年、1989 年、1990 年、1991 年、1992 年、1993 年、1999 年、2000 年、2001 年、2002 年、2003 年、2014 年
LS（21）	1984年、1985年、1986年、1987年、1988年、1994年、1995年、1996年、1997年、1998年、2004年、2005 年、2006 年、2007 年、2008 年、2009 年、2010 年、2011 年、2012 年、2013 年、2015 年

注：括号内数字分别表示 HS、LS 年份的总数

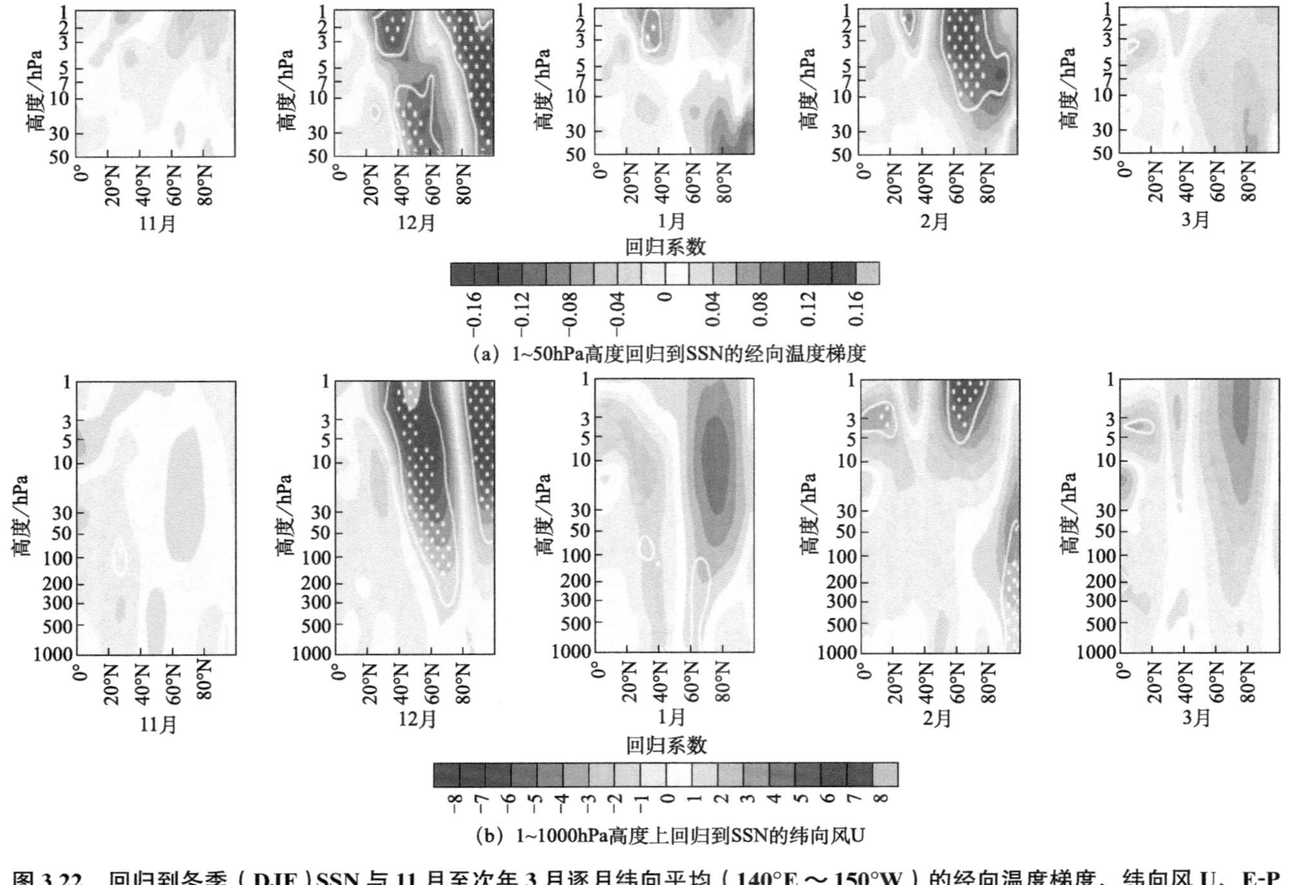

图 3.22　回归到冬季（DJF）SSN 与 11 月至次年 3 月逐月纬向平均（140°E ～ 150°W）的经向温度梯度、纬向风 U、E-P 通量及其散度的回归系数分布

（a）和（b）中的白线（打点区）代表显著性为 90%（95%）的置信度；（c）中的黑色等值线代表 E-P 通量散度与 SSN 的回归系数 0 线，橙（蓝）色填色区是正（负）回归系数显著性通过 90% 的置信度检验，白色打点区表示显著性为 95% 的置信度

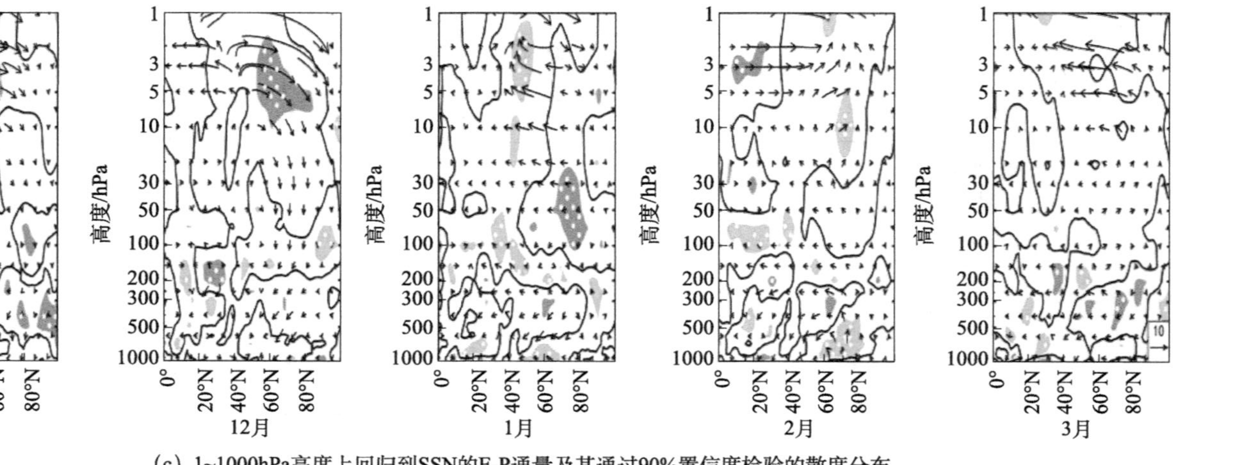

（c）1~1000hPa高度上回归到SSN的E-P通量及其通过90%置信度检验的散度分布

图 3.22（续）

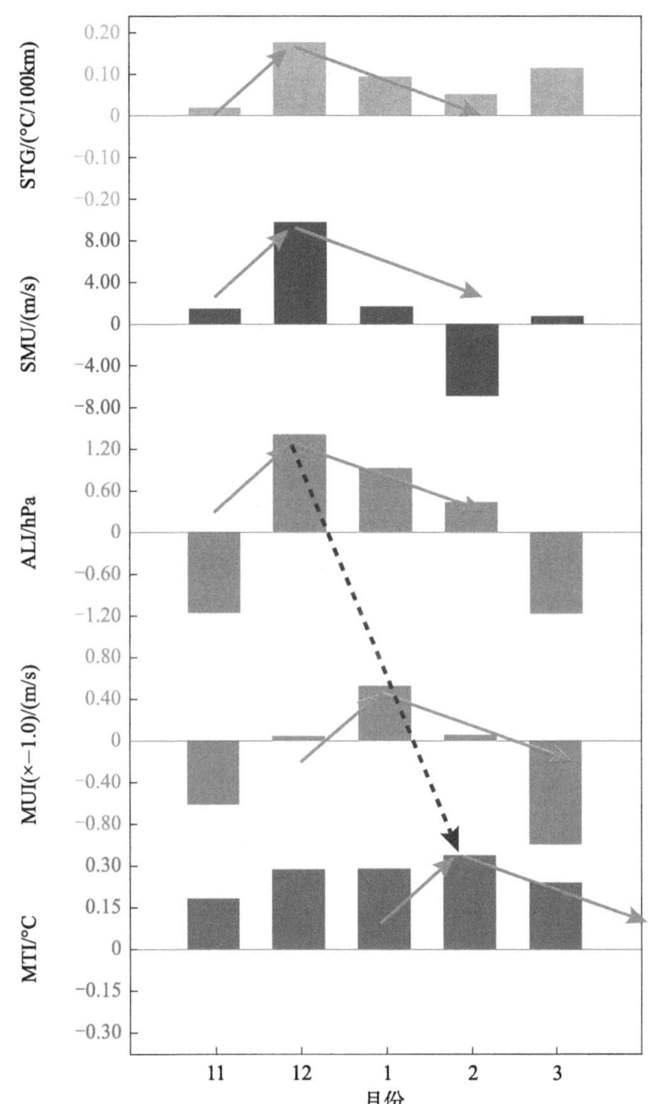

图 3.23　11 月至次年 3 月逐月 STG、SMU、ALI、MUI（×−1.0）及 MTI 在 HS 与 LS 时期的合成差值

以上基于观测资料的分析，可以发现冬季北太平洋 SAFZ 对太阳活动变化具有显著响应，并阐释其中可能的响应机制。接下来，选用 CMIP5 多模式输出数据（Taylor et al.，2012），进一步检验冬季北太平洋 SAFZ 与太阳活动的关系在模式中的表现。分析选用仅包含太阳辐射强迫和火山气溶胶强迫的 CMIP5 自然强迫历史模拟试验。由于只有能够对太阳辐射进行光谱分辨的模式才符合要求，我们挑选采用 Wang 等（2005）基于重构 TSI 数据开展模式试验的 16 个模式，即 BNU-ESM、CanESM2、CCSM4、CNRM-CM5、CSIRO-Mk3.6.0、GFDL-CM3、GFDL-ESM2M、GISS-E2-H、GISS-E2-R、HadGEM2-ES、IPSL-CM5A-LR、IPSL-CM5A-MR、MIROC-ESM、MIROC-ESM-CHEM、MRI-CGCM3 和 NorESM1-M。由于各模式模拟试验输出数据的时间长度存在差别，为便于进行多模式集合平均（multi-model ensemble mean，MMM）分析，并与 1979 年 12 月至 2015 年 2 月观测数据的统计分析结果进行对照，提取了各模式共同的时间段（即 1979 年 12 月至 2005 年 2 月）进行下面的分析。另外，由于各模式的分辨率不尽相同，采用双线性插值的方法，将所有模式输出的 SST、SLP 和近地面纬向风 U 数据重新插值到 2.0°×2.0° 分辨率的格点上。

对数值模式 SST 模拟场与 TSI 的时间序列做相关分析，可以看到虽然每个 CMIP5 模式的结果存在较大差距，但 MMM 结果和大部分 CMIP5 模式模拟结果还是显示出与观测类似的特征。即随着太阳活动的增强，北太平洋副热带至中纬度地区 SST 明显升高，而北太平洋高纬度地区 SST 降低。进一步，对 TSI 与 SST 梯度做相关分析，同样可以看到大部分 CMIP5 模式和 MMM 结果的 SST 梯度与 TSI 呈显著相关，即 TSI 的增强对应北太平洋中纬度附近地区经向 SST 梯度的增大，反映出 SAFZ 的增强，这也与观测情况相近。图 3.24 展示了 1980 ～ 2005 年 MMM 和观测资料中的冬季 SAFZ 强度指数与冬季平均 TSI 的时间序列及相关系数。从图中可以看到，尽管 MMM 中 SAFZ 强度指数与 TSI 的相关系数（0. 451）比观测中 SAFZ 强度指数与 TSI 的相关系数（0.660）小，不过该相关性达到了显著性为 95% 的置信度，说明在 CMIP5 HistoricalNat 数值模拟试验中，太阳活动与冬季北太平洋 SAFZ 之间也存在显著的正相关关系。

上述所阐释的作用机制可以用概念示意图表示（图 3.25）：随着太阳活动的增强，在前冬（11 ～ 12 月），平流层副热带至中纬度经向温度梯度加大，平流层中纬度西风因此增强，增强的西风导致行星波的异常向极向下传播，进而通过波流相互作用，平流层的太阳周期信号逐步传递至对流层低层；12 月，已下传的太阳周期信号在近地面呈现出 AL 减弱的特征，北太平洋中纬度表面西风相应减弱，在 1 月最为明显；减弱的局地表面西风有助于局地 SST 的升高，因此在后冬（2 月）SST 正异常持续出现且幅度略有增大，对应着 SAFZ 的增强。

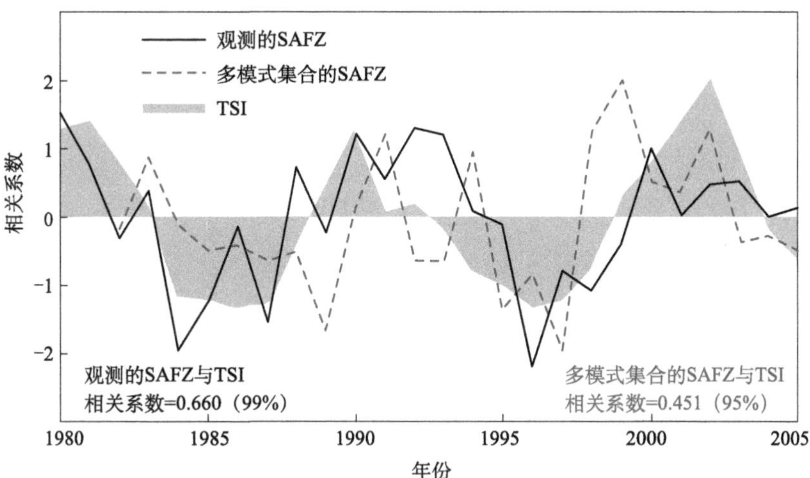

图 3.24　1980～2005 年 MMM 和观测资料中的冬季 SAFZ 强度指数与冬季平均 TSI 的时间序列及相关系数

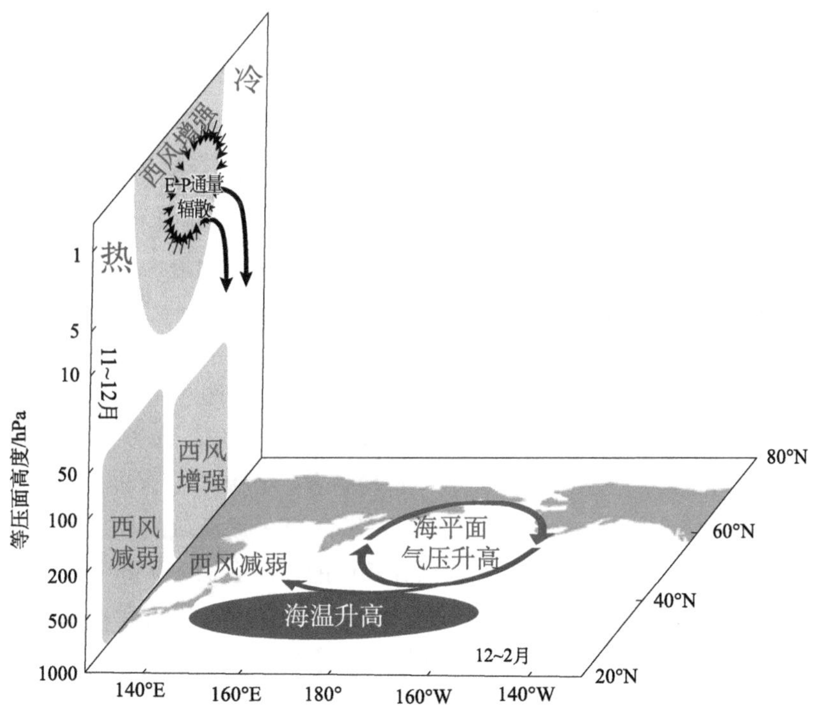

图 3.25　太阳活动对冬季北太平洋 SAFZ“自上而下”的影响机制示意图

3.2 太阳活动峰值年的海温及对中部型 ENSO 的调制作用

3.2.1 太阳黑子异常年冬夏场异常特征

异常海温的强迫作用是影响天气气候的重要因子，其中赤道东太平洋的 SST 异常（如 ENSO 事件）是影响全球气候的最关键因子之一。然而，赤道太平洋 SST 异常的成因机理还并不十分清楚。有研究者（van Loon and Meehl，2008；Meehl，2009）利用全球气候模式对太阳活动与全球气候之间的联系进行分析，指出当太阳活动达到峰值时，它产生的热量足以增加太平洋无云地区的水汽蒸发，增强热带降雨和信风，并使热带东太平洋的海水温度下降，造成一系列类似拉尼娜事件影响。统计太阳活动与美国西部地区的气候还发现（Perry，1994），北美西部部分地区天气在太阳黑子峰（谷）值年暖（冷）而干燥（潮湿），这可能是对太阳活动引起的拉尼娜型 SST 异常场的响应。但同时也有研究者（Meehl and Arblaster，2009；Huo and Xiao，2017）指出，在类拉尼娜现象发生后 1 ～ 2 年，随着海流输送过程将较温暖的海水取代东热带太平洋的冷水，由太阳活动高峰值引起的类拉尼娜现象还将演变成类厄尔尼诺现象。由此可见，太阳活动与 SST 异常可能有重要的联系，但太阳活动对 SST 异常的作用过程如何？太阳活动周是否对 SST 的 ENSO 循环有影响？这些问题都有待进一步研究。

本节重点探讨太阳黑子峰（谷）值年冬夏 SST 场的响应特征。首先我们对太阳黑子峰（谷）典型年的异常 SST 状态进行合成分析。图 3.26（a）和图 3.26（b）分别给出了太阳黑子峰值年（1957 年、1968 年、1979 年、1989 年、2000 年）和 6 个谷值年（1954 年、1964 年、1976 年、1986 年、1996 年、2008 年）冬季平均（12 ～ 2 月）的 SST 异常特征。为了突出同纬度不同经度海域的 SST 异常特征，图 3.26（a）和图 3.26（b）距平值是减去所在纬度的纬向平均。从图中可以看到，太阳黑子峰（谷）值年 SST 距平场基本呈现相反的变化趋势，最显著的反向变化区域出现在赤道中东太平洋、西太平洋中纬度、赤道印度洋地区。从图 3.26（a）可以看到，赤道中东太平洋、西太平洋中纬度、赤道印度洋地区的 SST 呈正异常，南印度洋、南太平洋中纬度 SST 呈负异常，即在太阳黑子峰值年，除了赤道西太平洋地区 SST 呈负异常外，沿 10° S ～ 10° N 的赤道地区 SST 以正异常为主，SST 的这种分布特征类似赤道东太平洋 El Niño 暖水事件。从图 3.26（b）可以看到，赤道中东太平洋、西太平洋中纬度、赤道印度洋地区的 SST 呈负异常，南印度洋、南太平洋中纬度 SST 呈正异常，即在太阳黑子谷值年，除了赤道西太平洋地区 SST 呈正异常外，沿 10° S ～ 10° N 的赤道地区 SST 以负异常为主，类似赤道东太平洋拉尼娜冷水事件。图 3.26 表明，太阳黑子峰（谷）值年 10° S ～ 10° N 地区冬季 SST 呈现出相反的变化特征，说明 10° S ～ 10° N 地区冬季 SST 对太阳黑子峰（谷）值年确实存在显著的响应，即太阳黑子峰值年有利于冬季赤道东太平洋 SST 呈正异常，太阳黑子谷值年有利于冬季赤道东太平洋 SST 呈负异常。此外，图 3.26 还表明，除了赤道东太平洋 SST 在太阳活动峰（谷）值年存在显著反向变化外，西太平洋、印度洋等区域的冬季 SST 在太阳活动峰（谷）值年也呈现显著反向变化趋势。

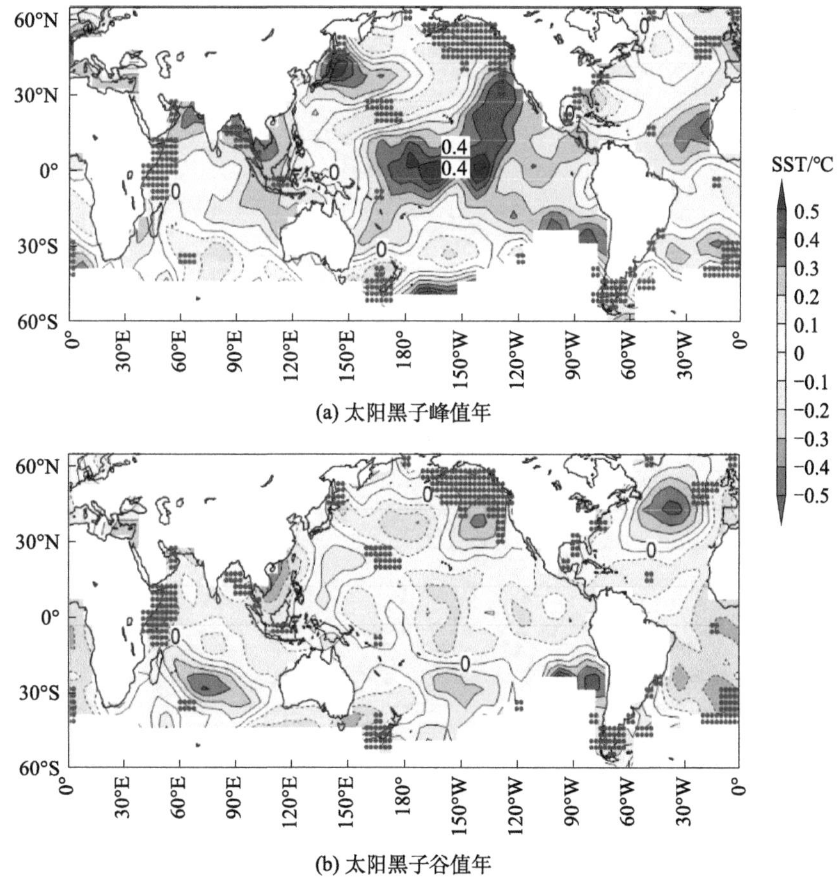

(a) 太阳黑子峰值年

(b) 太阳黑子谷值年

图 3.26　北半球冬季（12 ～ 2 月平均）SST 距平合成

紫色打点区为显著性超过 90% 的置信度

图 3.27（a）和图 3.27（b）分别给出了太阳黑子峰值年和谷值年夏季（6 ～ 8

月）平均的印度洋和太平洋 SST 异常特征。从图中可以看到，太阳黑子峰（谷）值年夏季 SST 距平场在两大洋的很多海域也呈现相反的变化趋势，最显著的反向异常区位于赤道东太平洋、西太平洋、南印度洋、澳大利亚东南部地区。从图 3.27（a）可以看到，太阳黑子峰值年中高纬度北太平洋东部（西部）为 SST 正（负）异常，北印度洋呈现东部（西部）为 SST 负（正）异常。其中，最为显著的 SST 异常出现在东北太平洋和赤道西印度洋。图 3.27（b）则相反，上述海域为显著 SST 负异常。对比图 3.26 和图 3.27 可以看到，在太阳黑子峰（谷）值年，印度洋和西太平洋冬、夏季 SST 异常特征基本一致，即冬、夏季这些地区的 SST 对太阳黑子峰（谷）值年存在一致的响应特征。

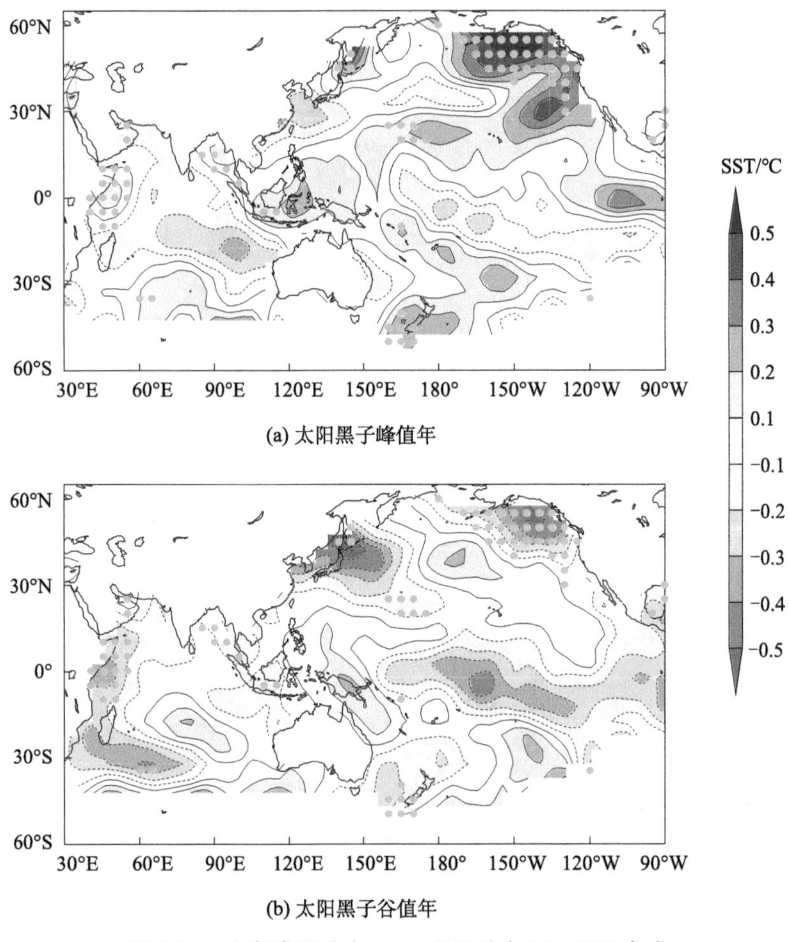

图 3.27 北半球夏季（6～8 月平均）SST 距平合成

绿色打点区为显著性超过 90% 的置信度

3.2.2　太阳活动对中部型 ENSO 的调制作用

ENSO 是热带太平洋地区典型的海气能量交换过程，由于其对年际气候变化的重要影响，科学家对 ENSO 循环和 ENSO 海温的空间分布都有系统研究。例如，符淙斌等（1986）发现在 El Niño 时期，赤道海温增暖的空间分布存在两种类型，一是在赤道东太平洋出现增温的传统 El Niño 现象，二是在赤道中太平洋出现增温的 El Niño 现象。由于二者不同的海气异常特征和气候影响，越来越多的学者认为这两类事件之间是相互独立的。为区别于传统 El Niño 事件，发生在赤道中太平洋的 El Niño 事件被称为“El Niño Modoki”（Ashok et al.，2007）、“Dateline El Niño”（Larkin and Harrison，2005）、“Central Pacific El Niño”（Kao and Yu，2009）、“Warm pool El Niño”（Kug et al.，2009）等。

Ashok 等（2007）定义了 El Niño Modoki 指数（EMI），指出 El Niño Modoki 的主要特征是发生在赤道中太平洋的马蹄形 SST 正异常，两侧为 SST 负异常，伴随着海气耦合过程，SLP 异常呈现独特的三极型。类似的空间结构在其他学者的工作中也得到证实（Kug et al.，2009；Kao and Yu，2009）。Kao 和 Yu（2009）发现，Central Pacific El Niño 事件主要在局地发生、发展和消亡，无明显的传播特征，与温跃层变化关系较小，主要受大气强迫。他们认为，Central Pacific El Niño 现象并不是一个周期性振荡，而是作为一个事件出现，无显著的冷暖位相转变。但值得注意的是，El Niño Modoki 的强准 10 年信号在以上前人的研究中被检测到。那么，这种具有强准 10 年周期的 El Niño Modoki 现象是否与太阳活动的周期强迫有关？在本小节中我们对其进行详细讨论。

通过前面的分析可以发现，热带中东太平洋的 SST 异常与太阳活动变化具有锁相特征。EMI 与 SSN 存在显著的滞后高相关性，相关系数见表 3.3，年平均、冬季平均（DJF）和夏季平均（JJA）均在 EMI 滞后 SSN 两年时达到最大正相关，显著性通过 95% 的置信度检验。而热带太平洋地区的传统 El Niño 指数（Niño3、Niño3.4、Niño4 和 Niño1+2）则与 SSN 无显著相关性。基于以上滞后相关性，对太阳活动峰值年及其之后 3 年的热带及北太平洋的 SST 异常进行合成分析，如图 3.28 所示。结果表明，在太阳活动峰值年当年［图 3.28（a）］，热带太平洋地区的 SST 异常为类拉尼娜型，这与前人的研究结果一致（Meehl and Arblaster，2009；van Loon and Meehl，2008）。而从太阳活动峰值年之后 1 年开始，热带太平洋 SST 异常类似 El Niño Modoki［图 3.28（b）～图 3.28（d）］现象中的 SST 异常空间分布特征，该异常型一直持续到峰值年之后的第 3 年。统计结果也表明，在太阳活动峰值年及之后 1 ～ 3 年往往存在 El Niño Modoki 事件，见表 3.4。其中，EMI（0）、EMI（1）、EMI（2）、EMI（3）分别代表太阳活动峰值年当年及之后 1 年、2 年、3 年 EMI 标准偏差值。按照 Ashok 等（2007）的判别标准，当 EMI 值大于 0.7σ 时（σ 为标准偏差），可认为是一次典型的 El Niño Modoki 事件。

表 3.3　1950 ～ 2015 年 SSN 与 EMI 的同期及超前滞后相关系数

项目	Lag=0	Lag=1	Lag=2	Lag=3	Lag=4
年平均	0.181	0.286**	0.313**	0.272**	0.220*
DJF	0.193	0.256**	0.275**	0.259**	0.179
JJA	0.115	0.265*	0.316**	0.272**	0.200

* 表示显著性为 90% 的置信度；** 表示显著性为 95% 的置信度；Lag 表示 EMI 滞后 SSN 的年数

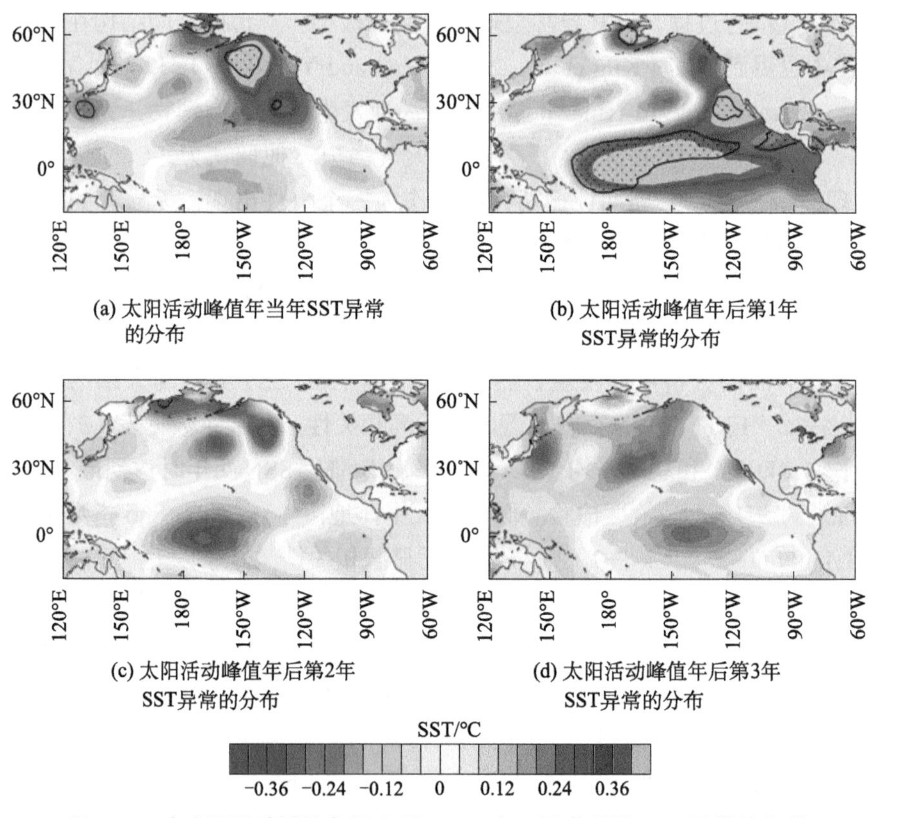

图 3.28　在太阳活动峰值年及之后 1 ～ 3 年，季节平均 SST 异常的合成

黑色打点区为显著性通过 90% 的置信度检验

表 3.4 太阳活动峰值年及之后 1 ～ 3 年 EMI 年平均值

项目	1917 年	1928 年	1937 年	1947 年	1957 年	1968 年	1979 年	1989 年	2000 年	2014 年
EMI（0）	−2.22	0.69	−0.20	0.81#	0.60	1.12#	0.272	−1.36	−2.04	−0.07
EMI（1）	0.04	0.46	−0.90	0.28	1.69#	1.07#	0.72#	1.32#	−0.61	1.36#
EMI（2）	0.82#	0.99#	−1.31	0.26	0.87#	0.15	−0.48	1.97#	0.78#	
EMI（3）	0.91#	−0.12	1.49#	−1.19	0.12	−1.05	1.03#	1.17#	0.76#	

EMI ＞ 0.7σ

以上分析表明，太阳活动在准 10 年尺度上与 El Niño Modoki 确实存在密切联系。为了进一步检查太阳活动峰值年附近 El Niño Modoki 事件的建立和发展过程。图 3.29 给出了在太阳活动峰值年及之后 1 ～ 3 年 SST 异常和表面风场的合成图，从图中可以看到，在太阳活动峰值年之后 1 ～ 2 年，SST 异常型（图 3.29 中的填色图）的演变过程类似 El Niño Modoki 现象，具有明显的季节特征。在太阳活动峰值年当年北半球冬季，赤道地区为显著负异常。该 SST 负异常在当年接下来的季节衰退，在秋季被正异常所取代［图 3.29（b）～图 3.29（d）］。自峰值年之后 1 年开始［图 3.29（e）］，显著 SST 正异常自北美西海岸开始延伸到赤道中太平洋，赤道中太平洋地区的 SST 正异常随时间增强（通过 90% 显著性检验），并在太阳活动峰值年之后第 3 年衰退［图 3.29（m）～图 3.29（p）］。值得注意的是，在北半球冬季，东北太平洋的 SST 正异常向西南方向延伸至赤道中太平洋，这一特征在前人的研究中也被发现（Pierce et al.，2000；Xie et al.，2013），并指出中高纬度的 SST 正异常可能是激发赤道中太平洋增暖的关键因子。

季节平均表面风异常如图 3.29（矢量图）所示，太阳活动峰值年当年冬季，北太平洋为反气旋性异常。而在下一个冬季，则为气旋性异常。前人的研究表明，北太平洋地区的气旋性异常可能在接下来的季节引起赤道中太平洋增暖，并提出了季节足迹机制和风蒸发反馈机制（Furtado et al.，2012；Xie et al.，2013；Vimont et al.，2001；Wu and Zhang，2010）。从图 3. 29 可以看出，自太阳活动峰值年之后 1 年的冬季开始［图 3.29（e）］，一旦 SST 正异常在赤道中太平洋地区出现，对应有赤道地区纬向风在该地区辐合，这一正反馈过程对 El Niño Modoki 事件的发展和维持起着关键作用。

由于异常纬向风在赤道地区的辐合作用，暖水在该地区累积下沉，从而使赤道中太平洋次表层水增温，演变过程如图 3.30 所示。在太阳活动峰值年当年夏季［图 3.30（c），JJA（0）］，正异常暖水首先出现在赤道东太平洋的混合层，在接下来的秋季［图 3.30（d），SON（0）］，120° W ～ 160° W 范围海域 100m 深度的 SST 负异常被正异常所取代。在接下来太阳活动峰值年之后的 1 ～ 2 年，

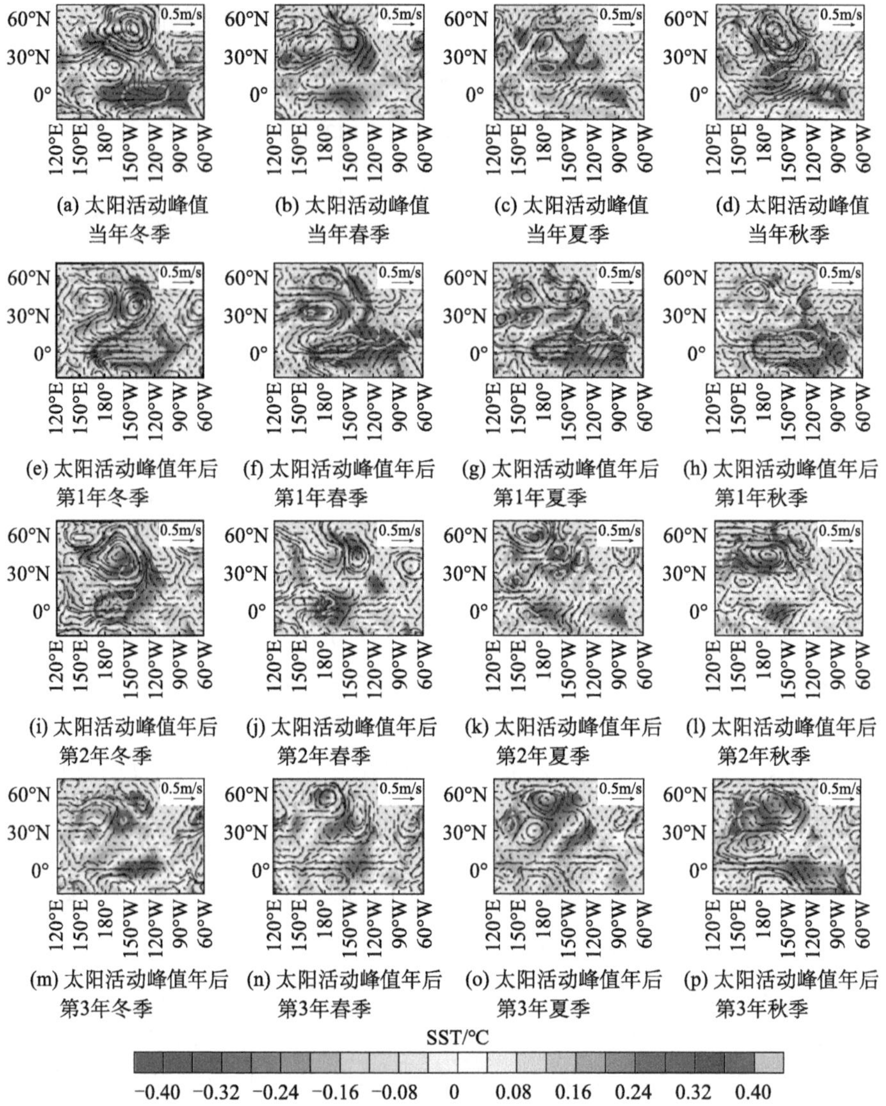

60°N
30°N
0°
0.5m/s
120°E 150°E 180° 150°W 120°W 90°W 60°W
(a) 太阳活动峰值当年冬季
(b) 太阳活动峰值当年春季
(c) 太阳活动峰值当年夏季
(d) 太阳活动峰值当年秋季
(e) 太阳活动峰值年后第1年冬季
(f) 太阳活动峰值年后第1年春季
(g) 太阳活动峰值年后第1年夏季
(h) 太阳活动峰值年后第1年秋季
(i) 太阳活动峰值年后第2年冬季
(j) 太阳活动峰值年后第2年春季
(k) 太阳活动峰值年后第2年夏季
(l) 太阳活动峰值年后第2年秋季
(m) 太阳活动峰值年后第3年冬季
(n) 太阳活动峰值年后第3年春季
(o) 太阳活动峰值年后第3年夏季
(p) 太阳活动峰值年后第3年秋季
SST/°C
−0.40 −0.32 −0.24 −0.16 −0.08 0 0.08 0.16 0.24 0.32 0.40

图 3.29 在太阳活动峰值年及之后 1～3 年季节平均 SST 异常的合成和表面风场合成

绿色线包围区为显著性通过 90% 的置信度检验

自表面到 150m 的深度范围，赤道中太平洋的 SST 正异常逐渐增强。直到太阳活动峰值年之后的第 3 年开始减弱。

以上分析结果表明，在太阳活动峰值年附近，可能存在有利于 El Niño Modoki 发生的条件。那么，太阳活动是如何影响或激发 El Niño Modoki 现象的？

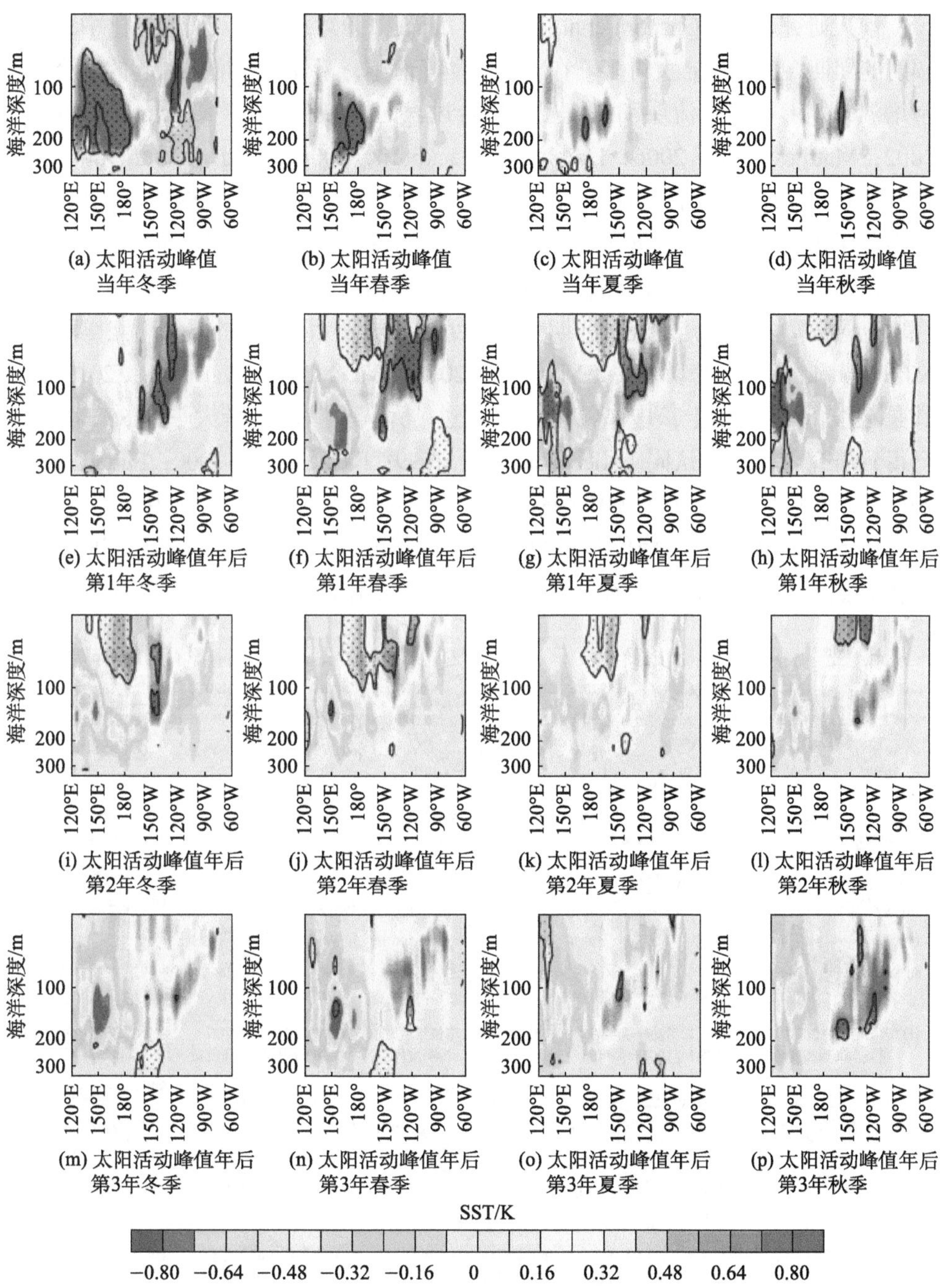

图 3.30　太阳活动峰值年及之后 1 ～ 3 年赤道（10°S ～ 10°N）纬向平均的季节平均次表层 SST 异常合成

黑色打点区为显著性通过 90% 的置信度检验

前人研究发现（Chandra et al.，1994；Lean，1997），在太阳辐射光谱中，紫外辐射的周期变率比 TSI 大得多。在太阳活动峰值年，紫外辐射增强引起的平流层异常增温，能够通过平流层和对流层的耦合过程向极向下传播（Kodera and Kuroda，2002；Matthes et al.，2006；Haigh and Blackburn，2006；Baldwin and Dunkerton，2001）。在太阳活动峰值年的北半球冬季，AO 活动显著增强，在平流层顶具有明显的半球环状模结构，且易进入正位相状态（Huth et al.，2007；Shindell et al.，2001）。因此，太阳活动对平流层的热扰动通过行星波的相互作用，可引起中高纬度低层大气环流异常。多人研究发现，前期中高纬度大气异常及副热带的海气相互作用与 El Niño Modoki 的发展密切相关（Xie et al.，2013；Wu Q G，2010；Wu S，2010）。尤其是在准 10 年尺度上，中高纬度大气通过“大气桥”对热带太平洋 SST 的影响已得到研究者的广泛认同（Kleeman et al.，1999；Pierce et al.，2000；Furtado et al.，2012）。其中，Vimont 等（2001）提出的“季节足迹机制”被多次引用。

因此，对太阳活动峰值年及之后 1 ～ 3 年的大气位势高度场异常进行合成分析，如图 3.31 所示。从图中可以看到，在太阳活动峰值年的北半球冬季，位

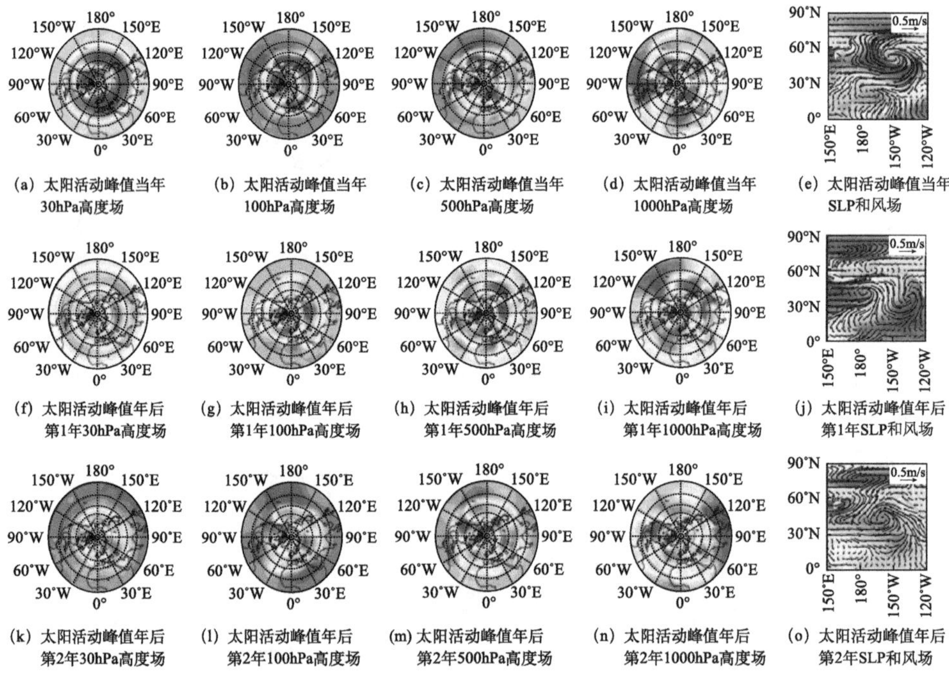

（a）太阳活动峰值当年 30hPa高度场　（b）太阳活动峰值当年 100hPa高度场　（c）太阳活动峰值当年 500hPa高度场　（d）太阳活动峰值当年 1000hPa高度场　（e）太阳活动峰值当年 SLP和风场

（f）太阳活动峰值年后第1年30hPa高度场　（g）太阳活动峰值年后第1年100hPa高度场　（h）太阳活动峰值年后第1年500hPa高度场　（i）太阳活动峰值年后第1年1000hPa高度场　（j）太阳活动峰值年后第1年SLP和风场

（k）太阳活动峰值年后第2年30hPa高度场　（l）太阳活动峰值年后第2年100hPa高度场　（m）太阳活动峰值年后第2年500hPa高度场　（n）太阳活动峰值年后第2年1000hPa高度场　（o）太阳活动峰值年后第2年SLP和风场

图 3.31　在太阳活动峰值年及之后 1 ～ 3 年北半球冬季季节平均位势高度场异常分别在不同高度（30hPa、100hPa、500hPa、1000hPa）的合成

最右列为对应的北半球太平洋地区 SLP 异常（单位：hPa）和风场异常（矢量）（单位：m/s）

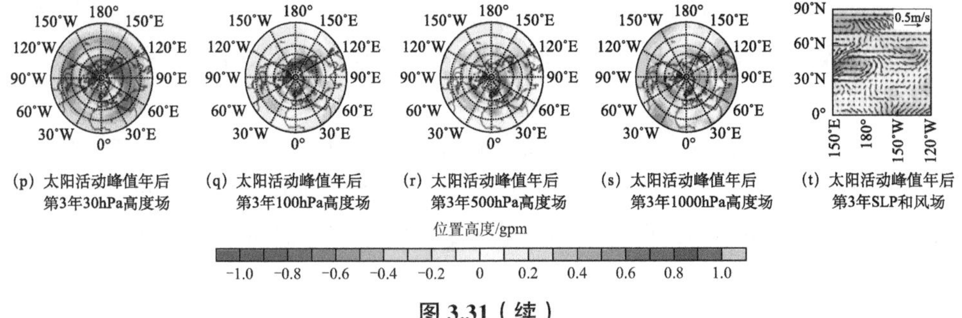

图 3.31（续）

势高度场异常类似于 AO 正位相。该自上而下的位势高度场异常意味着在极区高度场异常偏低，而在中高纬度地区异常偏高。这样的异常梯度结构有利于在东北太平洋地区产生异常反气旋［图 3.31（e）］。而在接下来的两年，位势高度场异常则呈相反的特征，位势高度场正异常出现在极区附近，负异常出现在东北太平洋地区，因此副热带北美西边界附近出现了气旋异常，这一特征在太阳活动峰值年之后的第 3 年冬季消失。从图 3.31（e）和图 3.31（i）可以看到，在太阳活动峰值年之后的冬季出现在中高纬度东北太平洋地区的气旋异常，其异常西南风降低了东北太平洋和中高纬度地区的局地信风风速，减少了风导致的水汽蒸发，从而减少了当地的云覆盖量，在强太阳辐射加热下，东北太平洋自北美西边界开始出现 SST 正异常，并在温度 - 风 - 蒸发正反馈机制的作用下，沿异常的西南风路径向南向西传播，在热带中太平洋地区产生 SST 正异常。此后，赤道西太平洋地区西风异常爆发，纬向风在中太平洋地区辐合，初始 SST 正异常在热带海气相互作用过程中被放大。同时，赤道东太平洋地区的东风异常减弱，赤道太平洋东边界上升流增强，从而发展成为类似 El Niño Modoki 的 SST 异常型。

综上所述，发生在热带太平洋地区的 El Niño Modoki 现象在准 10 年尺度上可能与太阳辐射强迫变化有关。在太阳活动峰值年，增强的紫外辐射强迫与臭氧的光化学反应引起平流层增温，之后增温异常通过平流层和对流层耦合过程向极向下传播，引起中高纬度大气异常，形成气旋性异常环流。在太阳活动峰值年之后中高纬度的气旋性异常环流有利于引起中太平洋地区的 SST 正异常，进而可能发展成为 El Niño Modoki 事件。

3.3 青藏高原积雪对太阳活动的响应

冰雪对太阳辐射的反射率高达 0.5 ～ 0.7，是陆地和海洋反射率的 10 倍。

除了大大增加对太阳辐射的反作用以外，冰雪覆盖还可以通过影响蒸发和湍流等途径改变地球表面与大气之间的热交换过程。因此，冰雪圈对气候系统的演变具有不可忽视的作用。

观测和理论研究都表明，青藏高原通过热力和动力作用对地球气候系统有重要的影响（叶笃正和高由禧，1979；吴国雄等，1997；陶诗言等，1999）。青藏高原平均海拔超过4000m，拥有中纬度地区最大的冰雪覆盖面积，形成了特殊的热力状况、地质地貌和生态环境，被人们称为第三极（Qiu，2008；马耀明，2010；姚檀栋，2014）。青藏高原也很可能是地球气候系统对太阳活动变化最敏感的重要区域之一，因此研究青藏高原积雪变化中的太阳活动变化信号具有重要的意义。

3.3.1　青藏高原冬季积雪和东亚冬季风对太阳活动的响应

青藏高原积雪是影响全球气候的关键物理因子之一（宋燕等，2011），研究积雪与太阳活动之间的关系，可以加深太阳活动变化对气候系统影响过程的理解。太阳射电通量（Solar radiant flux，SRF）、SSN和TSI是较常用的表征太阳活动的参数，本节计算和分析了这些太阳活动变化指标与冬季青藏高原积雪的关系，并讨论了它们与北极涛动、东亚冬季风之间的年代际关系（Lü et al.，2008；Gimeno et al.，2003；Ineson et al.，2011；Shindell et al.，2001；Slonosky et al.，2001；Mann et al.，2009；周群，2013；Kodera et al.，2007）。

1. 太阳射电通量

SRF和冬季高原积雪深度指数（winter snow depth index，WSDI）以及表征东亚冬季环流的典型模态——北极涛动指数（Arctic oscillation index，AOI）和东亚冬季风指数（East Asian winter monsoon index，EAWMI）的时间序列如图3.32所示。

通过计算可以发现，事实上SRF与WSDI、AOI和EAWMI的相关关系均不显著，相关系数分别为−0.10、0.23和−0.18，这说明在年际时间尺度上不存在显著相关关系。由于太阳活动变化主要为年代际信号，分别将SRF、WSDI、AOI和EAWMI做9年滑动平均，滤去年际变化信号和反映ENSO特征的4～7年显著周期以后，再计算同期相关系数分别为0.37、0.33和−0.43。虽然经过9年滑动平均后的同期和滞后相关系数数值明显增大，但是采用Monte-Carlo方法检验发现显著性仍不能通过90%的置信度检验。

一些研究结果表明，太阳活动与气候参数的长期变化的相关性高于短期变化（赵新华和冯学尚，2014），太阳活动能够影响未来几十年时间尺度的全球变

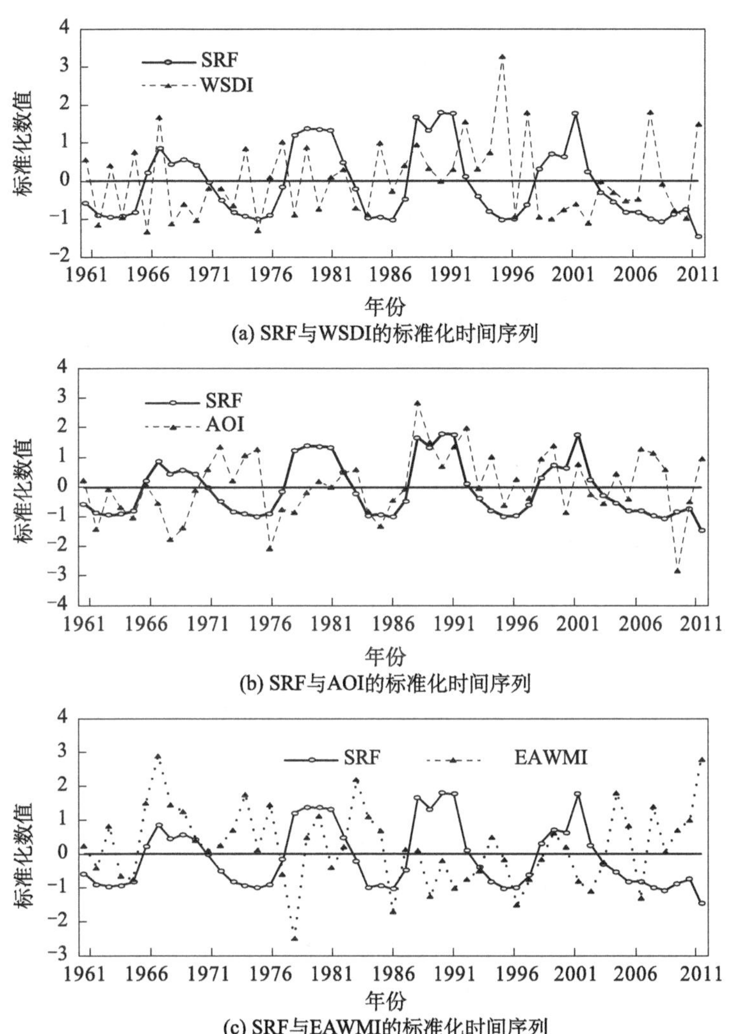

(a) SRF与WSDI的标准化时间序列

(b) SRF与AOI的标准化时间序列

(c) SRF与EAWMI的标准化时间序列

图 3.32　SRF 分别与 WSDI、AOI 和 EAWMI 的标准化时间序列

暖趋势（赵宗慈等，2013）。那么，在去掉太阳活动 11 年周期之后，它们之间的相关是否会有所改变呢？图 3.33 是经过 11 年滑动平均后的 SRF 与 WSDI、AOI 和 EAWMI 的时间序列，从图中可以看到，在长时间尺度上太阳活动变化与之显示出了一定的关系。

表 3.5 是应用 Monte-Carlo 检验方法对 11 年滑动平均后的 1961 ～ 2011 年共 51 年样本资料的显著性检验阈值。表 3.6 是经过 11 年滑动平均后的 SRF 与 WSDI、AOI 和 EAWMI 的同期和滞后相关系数。将表 3.6 与表 3.5 相对照，可以看到 SRF 与 WSDI、AOI 和 EAWMI 之间显示出显著的滞后相关，其中 WSDI 滞

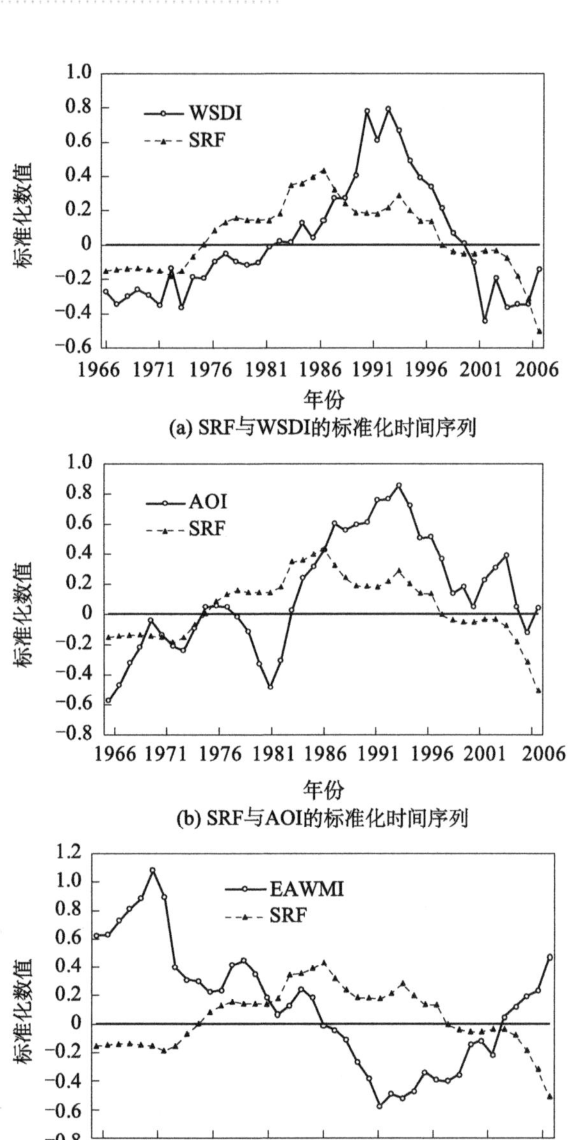

(a) SRF与WSDI的标准化时间序列

(b) SRF与AOI的标准化时间序列

(c) SRF与EAWMI的标准化时间序列

图 3.33 经过 11 年滑动平均后的 SRF 与 WSDI、AOI 和 EAWMI 的标准化时间序列

后 SRF 第 2 ～ 6 年的正相关显著性均通过了 90% 的置信度检验，滞后第 4 年最为显著，相关系数达到 0.801，显著性通过了 95% 的置信度检验。

表 3.5　1961 ～ 2011 年样本资料经过 11 年滑动平均后的置信度阈值

时滞关系	置信度阈值		
	90%	95%	99%
滞后 0 年	0.681	0.755	0.854
滞后 1 年	0.689	0.762	0.859
滞后 2 年	0.696	0.770	0.866
滞后 3 年	0.705	0.777	0.871
滞后 4 年	0.712	0.784	0.875
滞后 5 年	0.721	0.791	0.882
滞后 6 年	0.728	0.799	0.887
滞后 7 年	0.738	0.806	0.882
滞后 8 年	0.747	0.814	0.897
滞后 9 年	0.755	0.822	0.904
滞后 10 年	0.767	0.831	0.908

表 3.6　1961 ～ 2011 年经过 11 年滑动平均后的 SRF 与 WSDI、AOI 和 EAWMI 的同期和滞后相关系数

时滞关系	WSDI	AOI	EAWMI
滞后 0 年	0.636	0.518	−0.501
滞后 1 年	0.693	0.602	−0.563
滞后 2 年	0.724*	0.618	−0.625
滞后 3 年	0.768*	0.633	−0.690
滞后 4 年	0.801**	0.651	−0.755*
滞后 5 年	0.787*	0.701	−0.824**
滞后 6 年	0.774*	0.769*	−0.876**
滞后 7 年	0.713	0.825**	−0.899***
滞后 8 年	0.576	0.833**	−0.871**
滞后 9 年	0.462	0.778*	−0.791*
滞后 10 年	0.327	0.682	−0.707

* 表示显著性通过 90% 的置信度检验，** 表示显著性通过 95% 的置信度检验，*** 表示显著性通过 99% 的置信度检验

在年代际尺度上 SRF 与 AOI 之间也存在显著正相关关系，并且滞后第 6 ～ 9 年显著性均通过了 90% 的置信度检验，滞后第 7 ～ 8 年显著性均通过 95% 的置信度检验，其中以滞后第 8 年相关最显著，相关系数为 0.833。Ineson 等（2011）曾经利用资料分析和数值试验证明在太阳活动弱的冬季，紫外线对太阳活动的响应减少，导致平流层臭氧减少，热带平流层上空形成强冷空气，向极向下传播，在近地面形成类似 AO 的负位相。其他一些学者利用不同资料和不同方法研究发现在太阳活动活跃期，北半球 SLP 空间变化更趋向于 AO 正位相（Kodera，2002；Ogi et al.，2003），而太阳活动弱年，AO 亦较弱（Huth et al.，2007）。计算分析 1960 ～ 2014 年冬季 SRF 与 50hPa（平流层中下层）位势高度场的相关系数的空间分布可以发现，太阳活动强度 SRF 和高度场的相关系数分布与北极环状模的正位相特征相似，其中太平洋中高纬度的正相关显著性通过 99% 的置信度检验。这些分析结果验证了过去的结论，即太阳活动的强弱与北极涛动呈正相关关系。

同样还可以发现，SRF 与 EAWMI 之间存在负相关关系，并且滞后第 4 ～ 9 年显著性均通过了 90% 的置信度检验，滞后第 5 ～ 8 年显著性均通过了 95% 置信度检验，其中滞后第 7 年相关系数达到 −0.90，显著性通过了 99% 的置信度检验。

经过以上分析可以得出，在年代际时间尺度上（去掉太阳活动 11 年周期后）SRF 与 WSDI、AOI 和 EAWMI 存在显著的超前滞后相关关系，显著性均能通过 95% 的置信度检验，说明太阳活动在更长的时间尺度上超前调节着高原积雪和东亚冬季环流的异常。在太阳活动偏强时期，冬季高原积雪偏多，北极涛动正位相，东亚冬季风偏弱，东亚冬季环流以纬向环流为主；反之，相反。这种关系在滞后太阳活动的年份更为显著。高原积雪、北极涛动和东亚冬季风分别在滞后太阳活动第 4 年、第 8 年和第 7 年时最为显著。在前人的研究中，一些对太阳活动响应的局地信号也证明了气候变化对太阳活动响应具有滞后性（Perry，1994）。

2. 太阳黑子数

与其他太阳活动参数相比，SSN 观测时间最早，资料序列最长。为了证实其他太阳活动参数与 WSDI、AOI 和 EAWMI 之间的年代际相关特征与 SRF 相似，利用 SSN 重复计算了与 WSDI、AOI 和 EAWMI 之间的相关系数。

通过同样的计算得到，SSN 与 WSDI、AOI 和 EAWMI 原始标准化序列之间的同期相关系数分别为 −0.18、0.20 和 −0.09，均未通过显著性检验；滞后相关也不显著。经过 9 年滑动平均后，只有 EAWMI 滞后第 8 ～ 10 年显著性通过 90% 的置信度检验，而 WSDI 和 AOI 均没通过置信度检验。但是，经过 11 年滑动平均后，SSN 与 WSDI、AOI 和 EAWMI 的超前、滞后相关均有了明显改善，显著性均通过了 90% 的置信度检验，有的显著性通过了 95% 的置信度检验（表 3.7）。

表 3.7　1961 ～ 2011 年经过 11 年滑动平均后的 SSN 与 WSDI、AOI 和 EAWMI 的同期和滞后相关系数

时滞关系	WSDI	AOI	EAWMI
滞后 0 年	0.606	0.492	−0.463
滞后 1 年	0.644	0.544	−0.527
滞后 2 年	0.684	0.564	−0.607
滞后 3 年	0.735	0.584	−0.683
滞后 4 年	0.766*	0.622	−0.755*
滞后 5 年	0.775*	0.705	−0.815**
滞后 6 年	0.756*	0.795*	−0.859**
滞后 7 年	0.694	0.858**	−0.871**
滞后 8 年	0.582	0.853**	−0.826**
滞后 9 年	0.476	0.780*	−0.762*
滞后 10 年	0.358	0.656	−0.707

* 表示显著性通过 90% 的置信度检验，** 表示显著性通过 95% 的置信度检验

与表 3.5 相对比可以发现，经过 11 年滑动平均后，SSN 与 WSDI、AOI 和 EAWMI 之间的同期和滞后相关有了显著提高，尤其是滞后相关更为显著，与基于 SRF 得到的结果非常类似。WSDI 与 SSN 在滞后第 4 ～ 7 年的相关显著性通过了 90% 的置信度检验。AOI 与 SSN 的相关在滞后第 6 ～ 9 年显著性通过了 90% 的置信度检验，滞后第 7 ～ 8 年显著性通过了 95% 的置信度检验。EAWMI 与 SSN 的相关在滞后第 4 ～ 9 年显著性通过了 90% 的置信度检验，滞后第 5 ～ 8 年显著性通过了 95% 置信度检验。但它们的同期相关都没有通过置信度检验。

3. 太阳总辐照度

TSI 是表征太阳活动变化的重要指标之一，TSI 的变化可以导致地球气候的长期变化（赵亮等，2011）。为了充分验证太阳活动与高原积雪和东亚冬季环流之间的关系，以下计算分析了 TSI 与 WSDI、AOI 和 EAWMI 之间的年代际相关特征。

同样，TSI 与 WSDI、AOI 和 EAWMI 原始数据序列之间的同期和滞后相关都不显著，同期相关系数分别为 −0.16、0.22 和 −0.05；经过 9 年滑动平均后也得到同样的结论。但是，11 年滑动平均后的相关系数有了较大改善，计算结果见表 3.8。

表 3.8　1961 ～ 2009 年经过 11 年滑动平均后的 TSI 与 WSDI、AOI 和 EAWMI 的同期和滞后相关系数

时滞关系	WSDI	AOI	EAWMI
滞后 0 年	0.419	0.240	−0.275
滞后 1 年	0.412	0.279	−0.322
滞后 2 年	0.433	0.294	−0.387
滞后 3 年	0.475	0.336	−0.470
滞后 4 年	0.538	0.423	−0.547
滞后 5 年	0.614	0.569	−0.610
滞后 6 年	0.662*	0.720	−0.674
滞后 7 年	0.688	0.838**	−0.723
滞后 8 年	0.694	0.917***	−0.748
滞后 9 年	0.671	0.900**	−0.763
滞后 10 年	0.625	0.797*	−0.799*

* 表示显著性通过 90% 的置信度检验，** 表示显著性通过 95% 置信度检验，*** 表示显著性通过 99% 的置信度检验

应用 Monte-Carlo 检验方法算出 1961 ～ 2009 年置信度检验阈值，对照可知基于 TSI 的分析结果，与 SRF 和 SSN 非常相似。经过 11 年滑动平均后，TSI 与 WSDI、AOI 和 EAWMI 之间的同期和滞后相关有了很大提高，尤其是滞后相关更为显著。WSDI 滞后 TSI 第 9 年时的相关系数最高，达到 0.671。滞后第 6 年的相关系数显著性通过了 90% 的置信度检验。而 AOI 与 TSI 之间的 11 年滑动

平均相关比 SRF 和 SSN 还要高，滞后第 7 ～ 9 年时的相关系数显著性均通过了 95% 的置信度检验，滞后第 8 年时相关系数为 0.917，显著性通过了 99% 的置信度检验。EAWMI 与 TSI 在滞后第 10 年时相关系数达到 −0.799，显著性通过了 99% 的置信度检验，但它们之间的同期相关没有通过显著性检验。

通过分析 SRF、SSN 和 TSI 与 WSDI、AOI 和 EAWMI 之间的相关关系可以发现，经过 11 年滑动平均后的滞后相关均好于同期相关，且都能通过显著性检验，再一次说明了太阳活动在更长的时间尺度上超前调节着高原积雪的多少和冬季东亚环流的强弱。在太阳活动偏强时期，冬季高原积雪偏多，北极涛动正位相，东亚冬季风偏弱，东亚环流以纬向型为主；反之则相反。同时，显著性检验也表明，SRF、SSN 和 TSI 与 WSDI、AOI 和 EAWMI 之间的相关关系不完全相同，这可能与 SRF、TSI 和 SSN 的物理意义差别有关，也和这些大气环流模态的性质有关。例如，TSI 与北极涛动的关系最为密切，可能显示了北极涛动的半球范围大尺度特征与全球大气接收太阳辐射的强度密切相关。而高原积雪和东亚冬季风是反映区域尺度气候异常的物理因子，它们与太阳活动的联系代表了区域尺度上接受太阳辐射量变化的特点。

从上述分析可以看到，太阳活动信号对高原积雪、北极涛动和东亚冬季风的异常变化具有超前调节作用。过去的研究也指出（赵新华和冯学尚，2014），太阳活动对气候系统的影响具有“延迟”效应，很可能是太阳活动变化微弱信号的“积累”效果所致。

3.3.2　青藏高原积雪、北极涛动和东亚冬季风之间的年代际相关分析

有研究表明，北极涛动与青藏高原积雪存在很好的年代际时间尺度上的显著正相关，并且在季节尺度上前冬和后冬之间的调制关系并不相同（Lü et al., 2008）。但是，目前在年代际时间尺度上对两者之间关系的研究还较少。东亚地区属于季风气候，冬季风是其冬季的主要气候特征，作为外强迫因子的高原积雪和大气内部因子的北极涛动都能造成冬季气候异常，同时高原的气候异常也可以反作用于高原积雪和北极涛动。因此，研究高原积雪、北极涛动与东亚冬季风之间的年代际关系很有意义。

图 3.34 为 1961 ～ 2011 年经过 11 年滑动平均后的 WSDI 与 AOI 演变及两者的超前滞后相关系数。从图 3.34（b）可以看到，WSDI 超前 AOI 1 年时的相关系数最大，达到 0.79，显著性通过了 95% 的置信度检验。AOI 超前 WSDI 时的相关系数绝对值都小于该数值，这表明高原积雪的多少超前调节着北极涛动的强

弱。另外，两者同期的相关系数达到 0.78，显著性也通过了 95% 的置信度检验。说明在年代际时间尺度上，高原积雪影响着同期和滞后的北极涛动强弱，且两者呈正相关关系。高原积雪异常作为外强迫源可能造成大气环流异常，从而导致北极涛动位相发生变化。

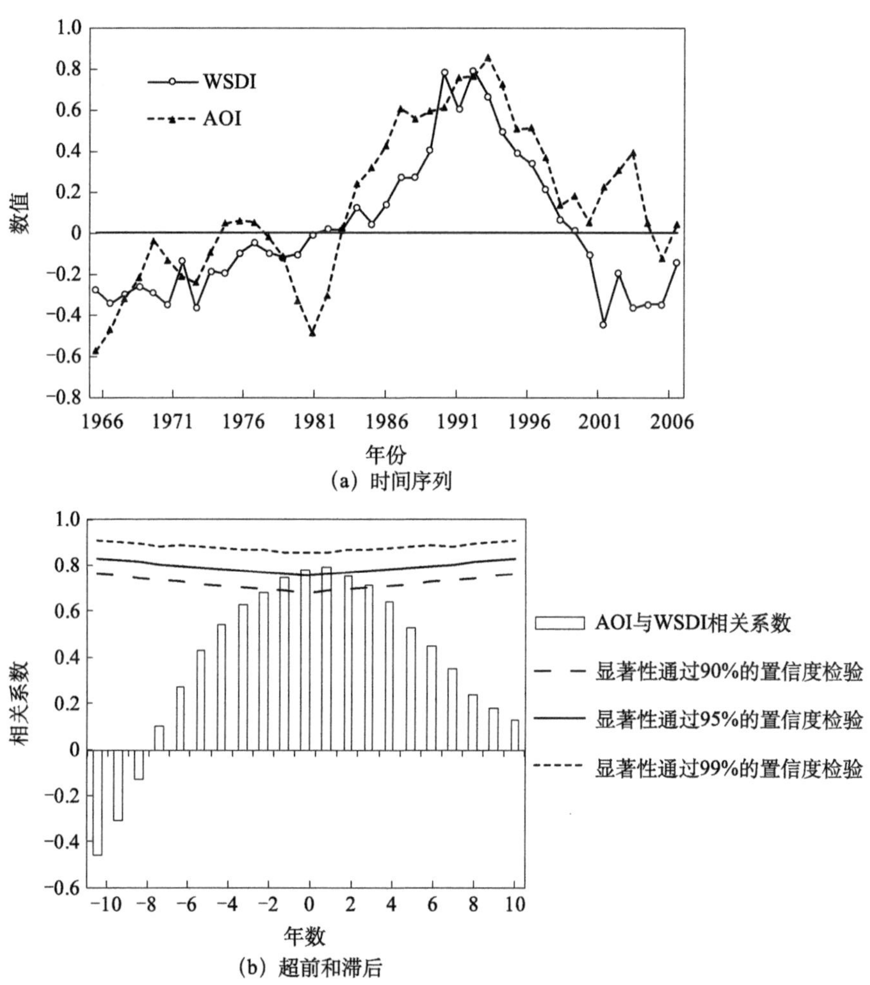

(a) 时间序列

(b) 超前和滞后

图 3.34　1961 ～ 2011 年经过 11 年滑动平均后的 WSDI 与 AOI 演变及两者的超前滞后相关系数

图 3.35 给出了青藏高原冬季积雪偏多时期（1981 ～ 2000 年）和少雪时期（1961 ～ 1980 年）1000hPa、500hPa 和 200hPa 位势高度场的差值。从图中可以看到，从对流层低层到高层均呈现北极涛动正位相状态，表明高原积雪与北极涛动在年代际时间尺度上的同相位变化。图 3.36 为 1961 ～ 2011 年经过 11 年滑动

平均后的 WSDI 与 EAWMI 演变及两者的超前滞后相关系数。从图中可以看到，两者同期相关系数达到 -0.76，显著性通过 95% 的置信度检验。值得注意的是，两者的相关系数在高原积雪超前东亚冬季风第 2 年时达到最大（-0.83）。这表明高原积雪的变化超前东亚冬季风的强度变化，同时表明高原积雪和东亚冬季风呈显著负相关关系。高原积雪异常可以引起东亚大气环流的异常，造成东亚冬季风异常，高原积雪偏多时期东亚冬季风较弱。进一步考察 AOI 与 EAWMI 的关系，图 3.37 给出了 1961 ～ 2011 年经过 11 年滑动平均后的 AOI 与 EAWMI 演变及两者的超前滞后相关系数。从图中可以看到，两者同期相关系数达到 -0.79，显著

(a) 1000hPa

(b) 500hPa

(c) 200hPa

图 3.35　1000hPa、500hPa 和 200hPa 位势高度场 1981 ～ 2000 年与 1961 ～ 1980 年的差值场以及 *t* 检验

阴影区表示显著性通过 95% 的置信度检验

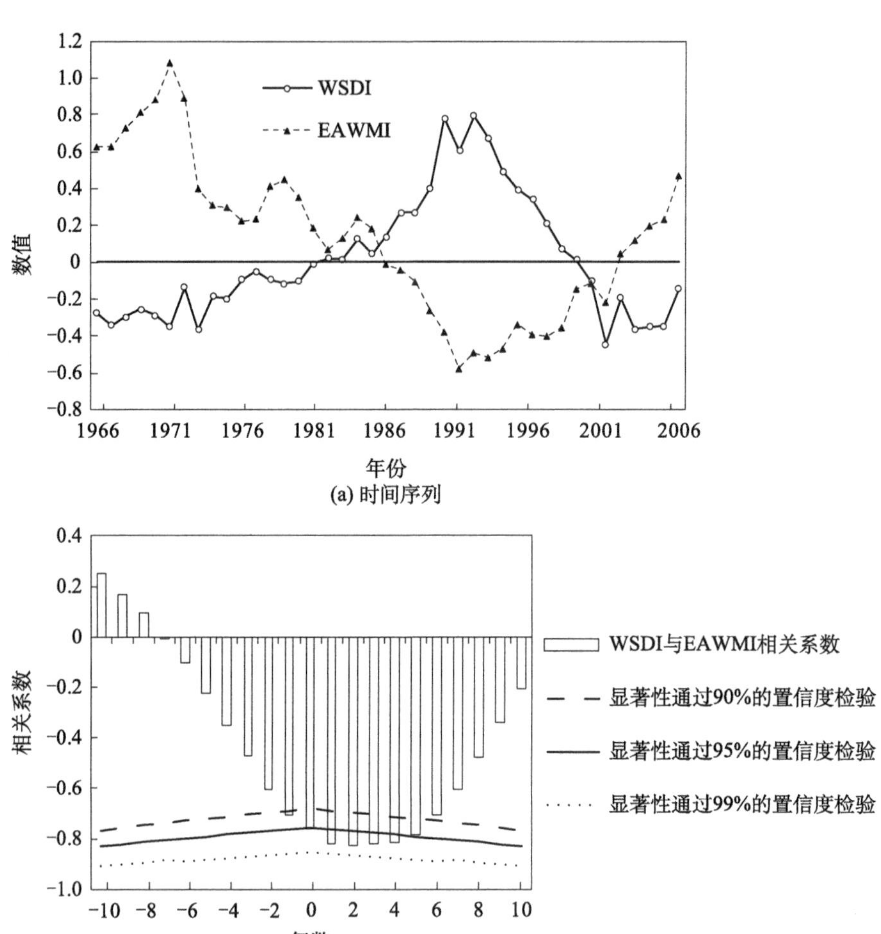

图 3.36 1961～2011 年经过 11 年滑动平均后的 WSDI 与 EAWMI 演变及两者的超前滞后相关系数

性通过 95% 的置信度检验。而当北极涛动超前东亚冬季风 4 年时相关系数最大(−0.82)。这可能是北极涛动的正位相使得北半球以纬向环流为主，南北气流交换较弱，导致东亚冬季偏暖，冬季风较弱；反之亦然。

从以上分析可以得出，高原积雪超前影响北极涛动，北极涛动对东亚冬季风有超前调制作用，而青藏高原积雪又受到太阳活动变化的影响。因此，青藏高原积雪、北极涛动和东亚冬季风三者均可能受到太阳活动的超前调节作用，在太阳活动偏强时期，青藏高原积雪偏多时，北极涛动正位相，东亚冬季风偏弱。

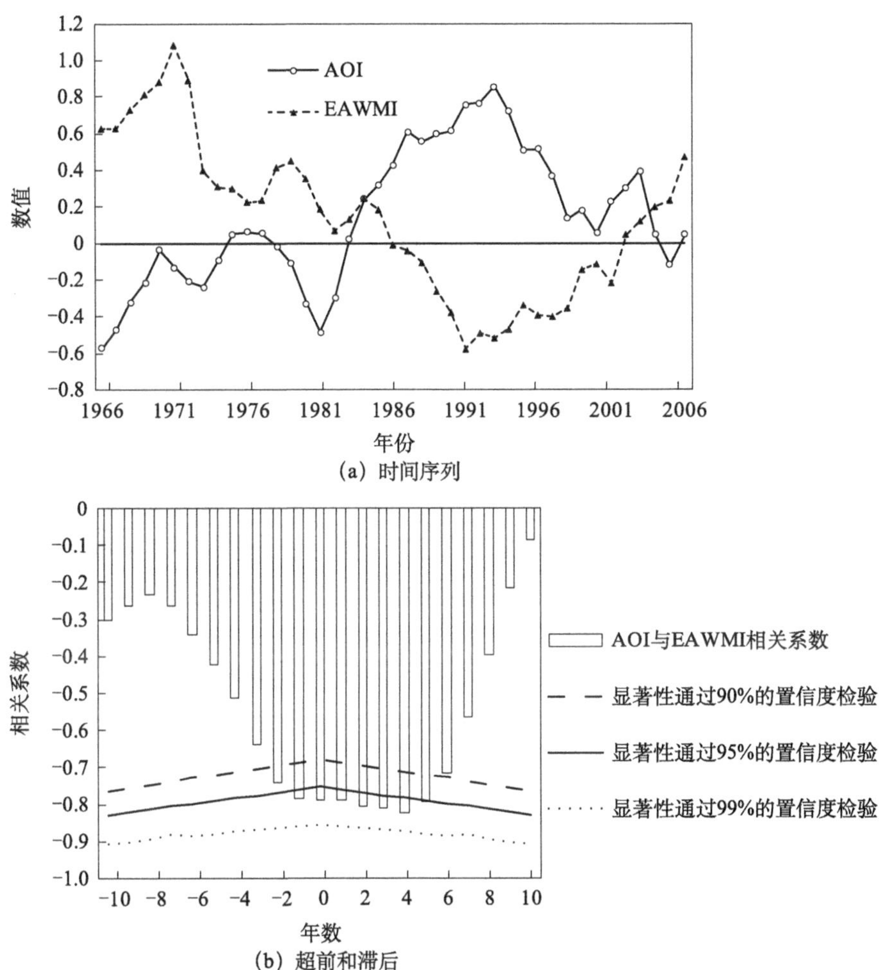

(a) 时间序列

(b) 超前和滞后

图 3.37　1961～2011 年经过 11 年滑动平均后的 AOI 与 EAWMI 演变及两者的超前滞后相关系数

3.4　空间天气对太阳活动的响应

本节介绍的空间天气主要指近地空间环境，包括中高层大气、电离层、磁层。近地空间环境是人类生存、发展等活动的重要空域环境。近地空间环境的变化，对航天安全、无线电通信、导航、全球定位系统、电力系统、输油管道、生产活动及生态环境都有很大影响。太阳活动异常变化时，来自太阳的电磁辐射和粒子辐射都会有一定程度的扰动，特别是在太阳活动峰值年，太阳活动通过耀斑和日冕物质抛射（coronal mass ejection，CME）会带来剧烈的电磁辐射和粒子辐射扰动。另外，太阳的电磁辐射可以直接作用于地球大气层，产生各种大气加热和光化学效应。太阳的带电粒子辐射还可以在地球高纬的磁极开放区进入地球极区大气，对高纬地区的中高层大气产生加热和化学作用。因此，太阳活动变化给近地空间环境带来的物质和能量的扰动在磁层、电离层和中高层大气等都有会明显的体现。

3.4.1　空间天气中的太阳活动信号

1. 磁层

太阳是与人类活动关系最密切的活动剧烈的天体，太阳表面发生的一些瞬态事件，如太阳爆发活动产生的强电磁辐射、太阳高能粒子（solar energetic particle，SEP）、日冕物质抛射等在行星际空间传播和演化，引起行星际介质的剧烈扰动，如动压脉冲（dynamic pressure pulse）、行星际激波（interplanetary shock）、磁云（magnetic cloud，MC）、行星际日冕物质抛射（interplanetary coronal mass ejection，ICME）、共转相互作用区（coratating interaction region，CIR）、磁流体力学波动（magnetohydrodynamics wave，MHD wave），以及各种间断面结构，如切向间断（tangential discontinuity，TD）、旋转间断（rotational discontinuity，RD）、接触间断（contact discontinuity，CD）等。其中，对地球空间环境影响最大的就是行星际激波和各种行星际南向磁场结构。行星际激波会压缩磁层，改变磁层内的电流体系，引起地球同步轨道的磁场变化和地面的磁急始脉冲（sudden impulses，SI）；而行星际南向磁场结构，将引起向阳侧磁重联，届时大量太阳风能量进入磁层内部，从而引发强烈的空间天气现象，如磁暴、亚暴等，给许多天基和地基技术系统带来了严重破坏。图 3.38 为空间灾害性天气对天基和地基系统影响示意图。另外，太阳的一些缓变过程，如太阳 27 天自转和每年的磁场变化等，也会产生贯穿大气层的强电流，改变电离层的反射特性和平流层的化学性质，引起低层大气和地球表面的增温。

2. 近地空间环境的影响

地球处在内日球层的一个开放“暴露区”，一些有害的短波辐射以及致命的太阳和宇宙粒子都是潜在的危险。太阳的电磁辐射强度和高能粒子通量通常是相互关联且高度动态的，不仅存在 11 年的太阳活动周期，而且有对应于太阳自转、太阳瞬态过程和太阳风扰动的天变化甚至是分钟量级的变化。

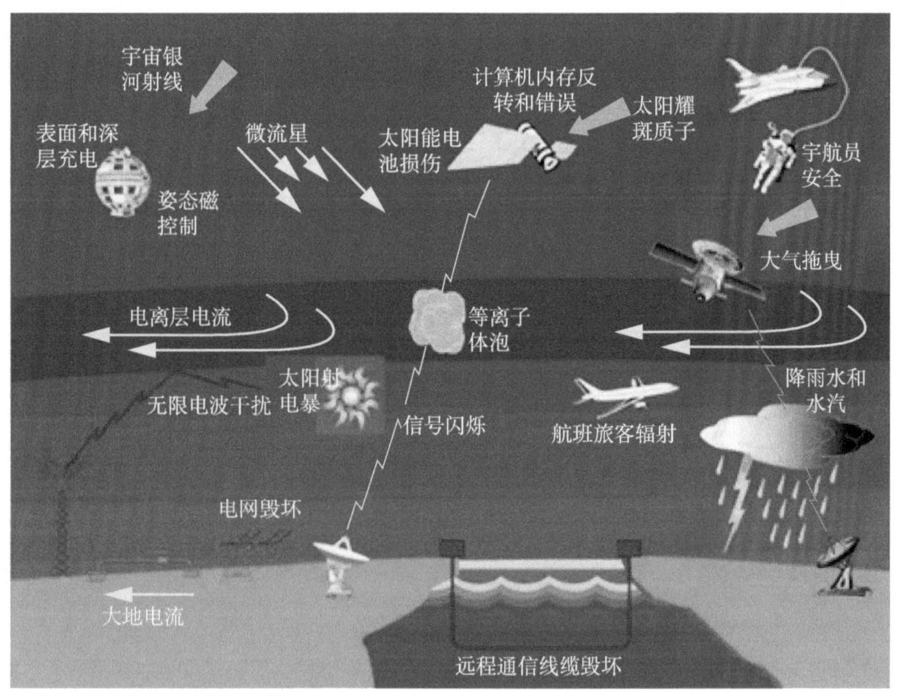

图 3.38　空间灾害性天气对天基和地基系统的影响示意图

资料来源：Lanzerotti（2001）

电磁辐射强度和高能粒子通量的变化幅度主要取决于太阳表面和大气中的磁场环境。太阳大气的温度随高度增加，因此能量、粒子和辐射的变化也有类似的效应。就电磁辐射而言，这也意味着随着高度的增加，从光球层到色球层乃至日冕层发射出的辐射对系统地向更短波长、更高能量、更大潜在危害转变。

地球空间环境包括地球高层大气、电离层和磁层中的各种环境，通常是指围绕地球，受地球磁场、引力场和电磁辐射等所控制的空间范围内的环境，如图 3.39 所示。该环境主要有重力场，中性高层大气，由电离层、等离子体层、磁层及各边界层构成的空间等离子体和波，辐射带和宇宙线构成的高能粒子，来自太阳的电磁辐射，地气热辐射，电场和磁场，以及来自宇宙空间的流星体和人类航天活动产生的空间碎片。地球空间环境是人类生产生活、航天活动主要经受的空间环境。因此，对地球空间环境及其效应的研究对于人类的发展极为重要，这也是空间科学的主要研究范围。地球空间系统的能量和扰动来源于太阳，同时这一系统又与地球低层大气紧密耦合，因此地球空间环境的研究范围并无严格的定义。根据需要和习惯，经常使用“近地空间”“地球空间”“日地空间”等不同的名称，以强调不同的空间范围。

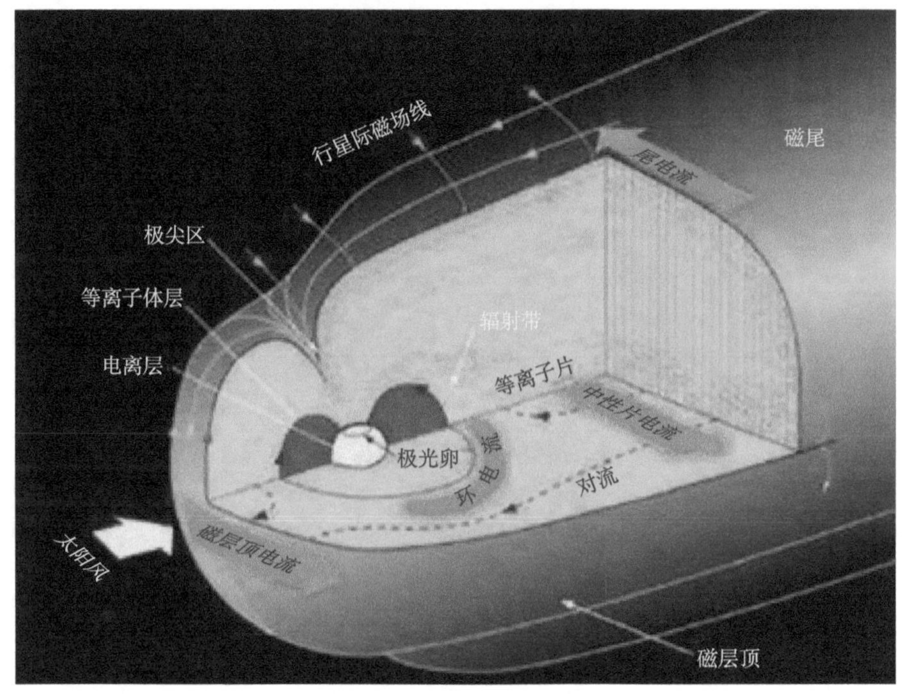

图 3.39　地球空间环境示意图

资料来源：Solar and Space Physics Survey Committee，National Research Council（2002）

地球同步轨道位于距地心 6. 6 个地球半径左右的近赤道区域，是空间卫星的高密度区。该区域的空间环境主要由除引力场外的高能粒子、热等离子体、等离子体层等离子体、环电流、磁场、太阳电磁辐射、流星体和空间碎片构成。地球同步轨道区是受太阳活动影响严重的区域，强太阳风到达时，磁层被压缩，地球同步轨道区可能完全暴露在太阳宇宙线和高速太阳风中。对于那些采用地球磁场进行姿态控制的地球同步轨道卫星来说，如果飞船的在轨控制系统中没有加入适当的防范措施，磁层边界上和磁层外磁场的快速时空变化可使利用磁场致稳的卫星发生严重混乱。磁层外磁场的极性甚至和卫星通常所处磁层内环境的极性相反，一旦卫星跨过磁层顶，可能发生方向完全“翻转”的情况（Kamide and Chian，2007）。在磁暴或亚暴时，从磁尾注入的高温等离子体也能到达地球同步轨道区。高能粒子［包括太阳质子事件（solar proton event，SPE）］环境和亚暴注入的热等离子体环境是最重要的致异常环境，是发生航天器充电问题最严重的区域。

地球基本磁场和变化磁场构成了地球空间的地磁环境，其中基本磁场起源于地球内部，即通常所说的内源场，它是地磁场的主要部分，而变化磁场起源于地球外部的电流体系，即通常所说的外源场。由于太阳风的作用，地球磁场只存在于磁层顶以内的空间，内源场有着非常缓慢的长期变化，而外源场受地球外部磁层－电离层（M-I）大尺度电流体系的影响，常常发生剧烈扰动，如磁暴、亚暴、地磁脉动等。影响地磁场的磁层－电离层的大尺度电流体系包括电离层电流（如赤道电集流、白天中纬度电离层的 Sq 电流、极光卵中的极光电集流等）、磁层顶电流、环电流与部分环电流、1 区和 2 区场向电流、磁尾电流等，有着不同的位置和时间尺度。

地磁环境的变化主要与太阳事件有关，通过大量的分析研究，人们发现二者之间存在很多有意义的统计相关性（徐文耀，2004）。人们最早注意到地磁环境变化与太阳密切相关的事实就是地磁活动性与太阳黑子数都有 11 年的周期变化。高的地磁活动性对应着强的太阳黑子活动，但通常地磁活动性的峰值比太阳黑子数的峰值落后 1 ～ 2 年。另外，太阳风的变化也会引起地磁环境的扰动。描述太阳风性质和状态的参数有速度、温度、密度、磁场等，这些参数也都与地磁活动有着不同程度和不同形式的相关性。图 3.40 为 1962 ～ 1975 年太阳风速度年均值

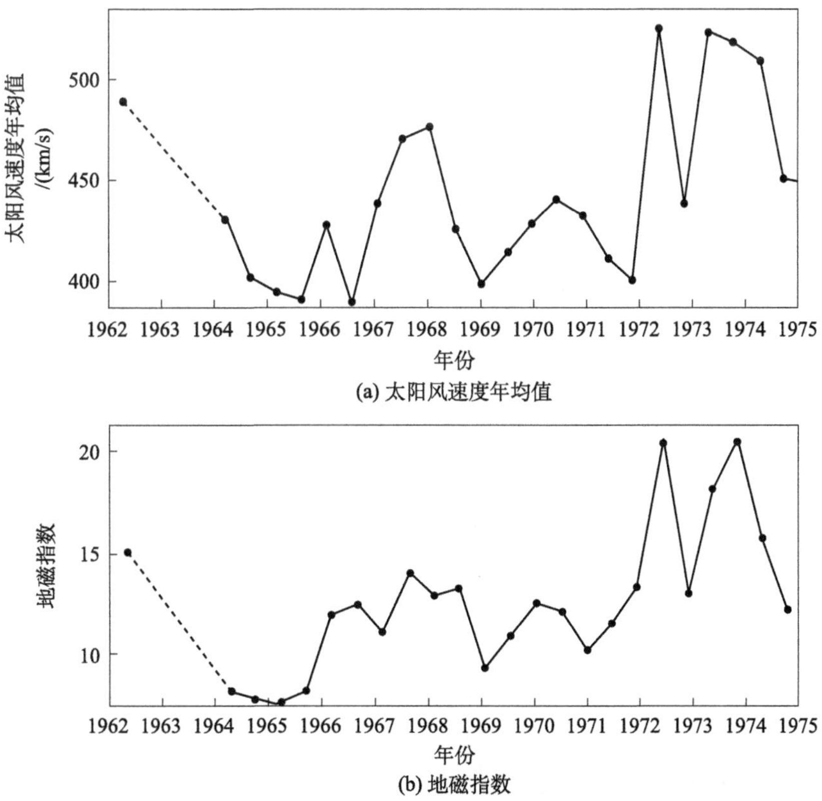

图 3.40　1962 ～ 1975 年太阳风速度年均值与地磁指数的比较

资料来源：Crooker 等（1977）

与地磁指数的比较。从图中可以看到，两条曲线高度相似，表明地磁活动与太阳风速度有密切关系。除此之外，行星际磁场扇形结构（即东向分量）的变化在高纬度地区产生了一种特定的地磁变化，称为“扇形效应”（Hirshberg et al.，1972），表现了行星际扇形磁场在具有向日极性和背日极性时期极区磁场的相应变化。

地磁环境的突然大幅度扰动和变化对于地面上的无线电通信、电力系统、输油管道等有着重要影响。1989 年 3 月超级磁暴期间，人们观测到从联邦德国到美国等地无线电波传播质量大幅下降。而在阿拉斯加、加拿大、俄罗斯等高纬度地磁活动性高的极光带地区，远距离输油管道受到地磁变化影响后可产生高达 1000 A 的巨大感应电流，这种感应电流会加速输油管道的电化学腐蚀。

3. 地磁暴

太阳风影响会导致地球外部磁场的重塑和扩展。在太阳风的吹拂下，地球外部磁场向阳侧磁层顶压缩，使其更靠近地球，而在另外一侧（夜侧），太阳风使磁尾的长度延伸 20 倍以上。这些变化将降低磁层的防御能力，使得太阳风粒子的高能粒子更容易侵入地球大气层。

地磁暴是地球磁场强烈的扰动，是行星际磁场作用的一个延伸效应。当地磁暴发生时，在中低纬地磁台站经常能观测到地磁场水平分量的大幅度减小，并且大约持续数天（Gonzalez et al.，1994）。地磁暴是一种恶劣的空间天气现象，作为日地能量耦合链中最重要的环节之一，它对全球地磁形态有重大影响，能引起磁层、电离层、中高层大气环境的强烈变化。

磁暴的主要影响是从磁层到地球表面产生了感应电流。典型磁暴分为急始型磁暴和缓始型磁暴。急始型磁暴通常是由日冕物质抛射引起的，磁暴开始时会出现磁场水平分量的突然增加，称为急始磁暴（sudden commencement magnetic storm），这是由太阳风压缩磁层顶，使得磁层顶电流迅速增强，在地面上产生水平分量正扰动引起的（Araki，1977）。磁暴急始的幅度正比于太阳风的动压（Burton et al.，1975）。缓始型磁暴通常是由共转相互作用区 / 太阳风高速流引起的，磁暴开始阶段表现为平缓上升（Bothmer and Daglis，2006）。磁暴过程包括初相（initial phase）、主相（main phase）和恢复相（recovery phase）。磁暴的初相和主相是由不同的物理机制引起的，前者受太阳风动压影响，后者是行星际磁场与地球磁场重联的结果（Dungey，1961；Gonzalez and Mozer，1974；Akasofu，1981；Gonzalez et al.，1989）。

地磁暴是由行星际磁场南向分量通过与向阳侧地磁场重联（Dungey，1961），太阳风中的能量、粒子得以注入磁层内部引起的。注入的太阳风粒子形成西向环电流，使得地球表面磁场的水平分量大幅度下降。随着粒子的不断注入，环电流会逐渐增强并接近某一临界值，使得注入率大于损失率，这一过程为磁暴主相。当行星际磁场的南向分量减弱或者反转时，注入率开始小于损失率，环电流会停止增加并开始减弱，此时磁暴进入恢复相。

4. 电离层

电离层狭义上指高层大气的离化部分，但是在通常情形下，人们将涵盖地球上从约 60km 高度到超过 1000km 高度的整个区域称为电离层（Giraud and Petit，1978）。地球大气在太阳极紫外线（extreme ultra-violet，EUV）和 X 射线的电离作用下，电子从一部分热层中性粒子中脱离出来，释放成为自由电子。失去电子的中性粒子变成离子（电离产生的这些离子又称为初级离子），自由电子和离子两者以等离子体存在。来自磁层的沉降粒子在极光带也可以引起中性粒子的电离。这些由自由电子和离子组成的电离物，它们在数量上足以显著地影响无线电波的传播。在 60km 以上高度处于离化状态的区域，称为电离层。

电离层是地空通信及远距离地面通信的主要传播媒质，电离层的等离子体特性决定了跨电离层传播的短波通信的最高可用频率和最低可用频率，也对利用无线电的星空链路的通信条件和卫星导航定位、授时的精度等有着非常重要的影响。在电离层的特定高度区域流动着电流，这些电离层电流的磁效应对地球和近地空间的地磁环境有着重要的影响。地球电离层作为近地大气和外层空间连接的纽带，与热层和磁层存在强烈的耦合，使得地球空间环境成为一个复杂的开放式系统。电离层与中高层大气区域是人类空间活动最主要的活动场所，是载人航天的运行环境，也是大多数人造卫星、飞船运行或穿过的区域。因此，电离层处在空间天气研究的关键环节（Moldwin，2008）。

由于电离层的形成强烈依赖于太阳辐射，电离层的变化显著地受到太阳辐射变化的影响。太阳辐射变化的时间尺度涵盖从太阳耀斑爆发时间尺度（约 10min）、天际、太阳自转周（约 27 天）到太阳活动周（约 11 年），甚至更长周期的分量。电离层参数随太阳活动有明显的约 11 年周期变化，其电子密度和太阳辐射强度呈正相关关系。即各层电子密度在太阳活动低值年低，在太阳活动高值年高。同时，电离层对太阳活动的响应具有明显的季节和空间差异性。此外，电离层对太阳活动的依赖还表现出类似磁性材料的“磁滞”效应，即在相同的太阳活动水平，电离层参数在太阳活动周上升相的值可能不同于其在太阳活动周下降相的值。

剧烈的太阳活动带来的磁暴会造成电离层的强烈扰动，称为电离层暴；此外，太阳耀斑爆发时的极紫外线和 X 射线增强会造成地球向日面大气中性成分的过量电离，使得电离层各个高度的电子浓度增加，称为电离层突扰（sudden ionospheric disturbance，SID）；剧烈太阳活动期间，兆电子伏特（MeV）级的太阳宇宙线粒子会进入极区 50 ～ 100km 高度的地球大气层，电离那里的大气，造成通过极区的无线电波被严重吸收，称为电离层极盖吸收现象。极光的形成就是磁层 - 电离层相互作用的结果，磁层 - 电离层耦合是日地关系链中的重要一环，特别是太阳风与磁层相互作用产生的场向电流将能量传输到极光电离层，造成焦耳加热和电子沉降。因此，磁层和电离层的这种动力相互作用对空间天气现象具有重要的意义。

5. 中高层大气

中高层大气是中层大气和高层大气的总称，一般是指 10km 以上的地球大气。中高层大气包括对流层上部、平流层、中间层和热层。中高层大气与人类生存和活动的对流层有密切联系，中高层大气虽然比较稀薄，但却有巨大的体积，在其空间区域内存在复杂的光化和动力学过程，这些过程与人类的生存和发展以及航天和军事活动密切相关。例如，低平流层内的臭氧强烈地吸收来自太阳的紫外辐射，保护着地球生物圈的安全。而在中层顶的低温条件下的水蒸气通过非均匀的核化过程产生冰晶粒子，可以显著地改变行星的反射率，从而影响局部或全球气候。

在剧烈的太阳活动期间，在太阳的紫外辐射和粒子辐射作用下，地球大气被部分电离，产生自由电子和离子，形成电离层。热层与电离层是相互重叠的大气层，也是紧密耦合的系统。在热层大气中，大气非常稀薄，分子的平均动能很大，分子之间的碰撞次数很少，大气以分子扩散为主，在地球重力的作用下，大气分子和原子的分布按照其质量出现扩散分离，各种成分的比例发生变化，平均分子量不再保持常数。随着高度的增加，质量较重的分子或原子成分的比例逐渐减小，而质量较轻的分子或原子成分的比例逐渐增加，所以热层大气是非均质层大气。因此，热层大气的风场与下面的中低层大气有明显差别。在中低层大气中，大尺度运动主要是气压梯度力与科里奥利力平衡的结果，地转风的风向与压力梯度垂直，风的水平分量比垂直分量约大两个数量级，风的风速和风向随季节和纬度有很大变化。而热层大气风场主要是气压梯度力与摩擦力（包括离子曳力）平衡的结果，风向与压力梯度平行。大气基本上是从向阳面吹向背阳面，并伴随热空气上升和冷空气下降。造成热层大气强烈扰动的原因主要是太阳紫外线和 X 射线的剧烈变化、太阳粒子辐射，以及磁暴期间的高纬地区粒子加热和焦耳加热等过程。太阳辐射对热层大气的影响主要发生在紫外线和 X 射线波段。紫外线和 X 射线仅占全部太阳电磁辐射总能量的 9% 左右，但它们随太阳活动的变化很大，通常可以达到一个数量级以上。这些短波长的辐射可以被高层大气直接吸收，引起高层大气光化学和动力学变化。同时，太阳的粒子辐射也是造成中高层大气变化的一个重要原因，尽管粒子辐射的能量远小于电磁辐射，但粒子辐射的变化更强烈，高能粒子也能够穿透高层大气，直接造成中低层大气的变化。

已有观测表明，地球热层大气和外层大气温度也有明显的 11 年周期变化。由于太阳活动区在日球上的不均匀分布，太阳 27 天周期的自转造成太阳紫外辐射也具有 27 天的周期变化，卫星观测数据表明热层大气也存在相应的 27 天。由于地磁场的作用，太阳的粒子辐射主要影响地球高纬地区的中高层大气，且具有很强的穿透性，太阳高能粒子的沉降甚至可以穿透到 90km 以下的大气层，造成极区和高纬地区大气电离成分和化学成分的变化。在磁暴期间，热层大气的扰动表现得尤为剧烈，极区电离层对流电场显著增强，高能粒子沉降使得电离层电导率增加，高纬地区粒子加热和焦耳加热急剧增加，其中焦耳加热可以是平静期的数十倍甚至上百倍。焦耳加热使得极区热层大气加热膨胀，同时强烈的高能粒子沉降将能量带到中高层大气，从而改变全球高层大气的温度、密度和风场。

由于中高层大气密度随高度呈指数下降趋势，热层的大气扰动很难影响到低层大气的物理状态。因此，太阳活动对中层大气最为重要的作用是通过对臭氧的影响实现的。太阳活动峰值年，太阳辐射中的紫外辐射流量增加，虽然太阳总辐射在一个太阳活动周的变化仅为 0. 1% ～ 0. 2%，而紫外辐射却占整个太阳活动周辐射变化的 30% 以上（Floyd et al.，2003）。卫星的观测表明，平流层上层的臭氧混合比与太阳辐射加热有明显的正相关关系，太阳活动峰值年（太阳黑子多）所引起的辐射量（尤其是紫外辐射）将明显调制和影响平流层的臭氧量及其分布，从而引起平流层热状况的变化，并进而产生平流层温度场和大气环流异常，最终通过行星波的异常（因为行星波可以通过对流层顶垂直传播）影响对流层的天气气候变化。近年来，太阳活动影响调制中的带电粒子通过极区进入大气并影响大气中臭氧成分的现象，受到了科学家的关注，成为一个重要的热点研究问题。

3.4.2　极区太阳能量粒子沉降与高纬地区臭氧损耗的关联研究

在诸多太阳活动影响地球气候的因素中，太阳能量粒子沉降（solar energetic particle precipitation，SEPP）可以直接改变地球大气成分并调制大气中的臭氧量，因此是太阳活动影响地球大气的重要机制，也是近年来国际上的一个研究热点。

在剧烈的空间天气事件期间，大量的太阳能量粒子从地球磁力线开放区进入极盖区大气，其中部分高能粒子甚至可以达到20km的高度（Reid，1986）。高能粒子的电离作用会产生大量的奇氮物质（NO_x），这些物质是大气中臭氧的消耗源，而这样的事件一般会持续几小时到几天。高能粒子沉降对高空大气臭氧量影响较大，对40km以下大气中的臭氧量影响较小。但在剧烈的磁暴活动中，随着进入大气的高能粒子能量的增加，40km以下大气中的臭氧量也会有明显的消耗（10%～20%），且持续时间较长（1～2个月）。在平流层起到加热作用的臭氧量的改变，势必影响到平流层的热平衡和大气环流，这种改变再通过某种大气波动机制传导到对流层大气从而影响到地球的天气气候。虽然太阳能量粒子沉降对臭氧量的物理驱动机制已经比较清楚，但具体量化的影响程度尚需大量数据去验证。

Weeks等（1972）通过火箭的探测资料分析了1969年11月2日太阳质子事件，首次发现52km高度臭氧量的损耗与太阳质子事件有明显相关。在此之后，学者利用“云雨”卫星计划的观测资料陆续证实，太阳质子事件发生后高纬地区臭氧量会明显减少（Heath et al.，1977；McPeters et al.，1981；Thomas et al.，1983）。而Jackman和MCpeters（1985）、Jackman等（1990，2000，2007）对第21、第22、第23太阳活动周的太阳质子事件大气臭氧量的分析发现，太阳质子事件对50km以上的臭氧有明显的消耗并且与太阳天顶角有强相关。Seppälä等（2007a，2007b）对2003～2004年北极地区的观测资料进行了定量分析，发现两次较大的能量粒子沉降（energetic particle precipitation，EPP）事件（“万圣节风暴”期间的EPP增强）使得40km高度的臭氧分别损耗30%和17%；同时，他们还利用GOMOS卫星2002～2006年的观测资料揭示了由EPP产生的奇氮物质在南北极区夜间上层大气中的储运过程。Verronen等（2011）利用POES系列卫星搭载的粒子探测器和微波辐射计资料，首次发现了在中间层大气中由外辐射带高能电子沉降（energetic electron precipitation，EEP）生成的奇氢物质（HO_x）。

国内学者对高能粒子沉降调制臭氧量方面的工作基本集中在对太阳质子事件与臭氧量变化的相关分析方面。例如，叶宗海等（1987）统计分析了1960～1982年太阳质子事件与四个不同地理纬度大气臭氧量的相互关系。结果表明，只有到达一定强度的太阳质子事件才对臭氧量产生扰动且有明显的纬度效应。同时，他们还指出，冬天太阳质子事件对臭氧量的扰动大于夏天。言穆弘等（1993）的分析则指出，太阳活动以及平流层臭氧和温度在年时间尺度和日时间

尺度上均存在明显关系。

从大量的观测研究中可以发现，太阳能量粒子沉降确实对臭氧量有影响。由于粒子沉降产生的奇氮物质的特性，这些物质可以被存储并被大气环流输运到别的区域产生后续影响。通过平流层和对流层的动力耦合过程，进而影响地表气温乃至地球气候。因此，这是气候变化研究中需要探索的领域。观测事实表明，高纬地区的臭氧量与该区域内的平流层温度息息相关。图 3.41 给出了应用多年的卫星资料得到的高纬地区臭氧总量与平流层温度的对比关系图，两者之间的相关系数约为 0.75，显著性通过了 99% 的置信度检验。因此，臭氧总量的变化基本上都会带来平流层温度的扰动。图 3.42 为 1982 ～ 2012 年南极 10 月臭氧洞特征值。从图中可以看到，随着时间的推移臭氧洞特征值呈逐渐增加趋势，在 2011 ～ 2012 年臭氧洞特征值有一个突变。臭氧洞特征值的逐年变化包含了人类活动的贡献，但该变化是相对稳定的。如果在特殊的年份发生突变，则应该寻找自然归因。过去一直认为其原因可能是质子沉降事件，但强质子事件的发生频率和流量都较低。经过近年来的观测和模型研究，科学家普遍认为，太阳风和日冕物质抛射带来的电子沉降事件有可能是主要原因。但电子沉降事件的发生频率并不和太阳活动呈正相关关系，反而在太阳活动周的下降段内电子沉降事件的发生频率是增加的。除此之外，沉降电子的分能谱流量探测数据目前并不全面，难以量化和分离粒子沉降与其他事件的影响。因此，用电子沉降解释臭氧的突变特征尚存在难点。

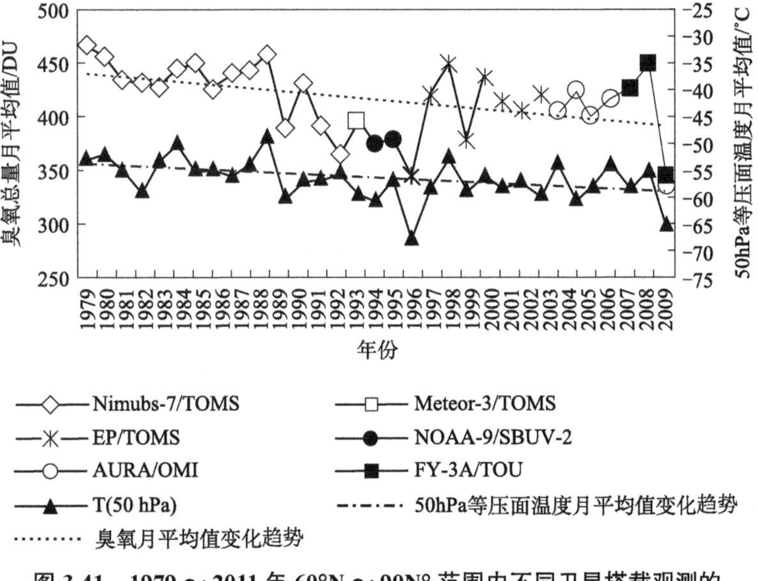

图 3.41　1979 ～ 2011 年 60°N ～ 90N° 范围内不同卫星搭载观测的 3 月臭氧总量月平均值和 50 hPa 等压面温度月平均值变化情况

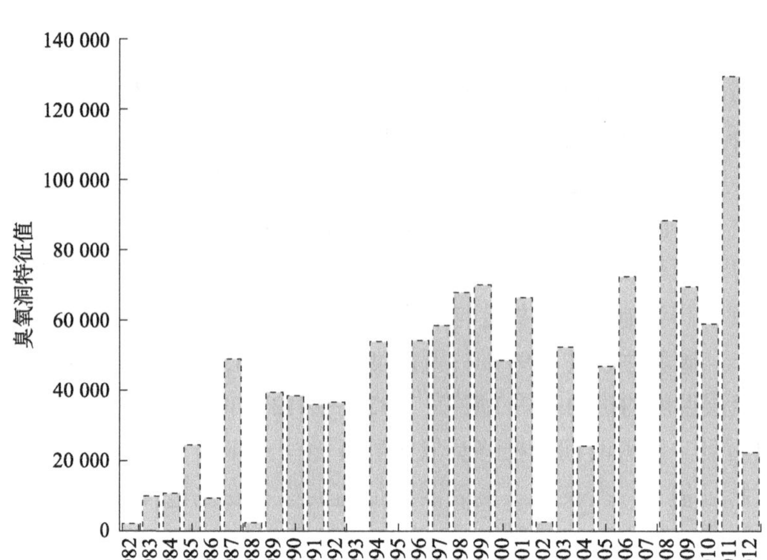

图 3.42 1982～2012 年南极 10 月臭氧洞特征值

臭氧洞特征值是由臭氧洞面积和臭氧洞距平厚度（即减去平均厚度 220DU，DU 为多布森单位，千分之一厘米）计算出的一个值，它包含了臭氧洞的面积和厚度信息

2000 年 3 月，美国国家航空航天局（National Aeronautics and Space Administration，NASA）在亚利桑那大学召开了一次关于太阳 - 气候关系专题的工作讨论会，在这次讨论会上针对粒子沉降对大气的影响研究提出了如下问题：①电子沉降、极光带沉降粒子、太阳质子事件对 35～120km 高度范围内极夜区大气中的奇氮物质产生的影响有什么观测特征？②在一个太阳活动周内，由中间层向平流层输入了多少奇氮物质，以及这些奇氮物质的主要来源是什么？③由电子沉降、极光带沉降粒子、太阳质子事件带来的臭氧量的变化是否可以改变平流层和对流层内的温度、环流和行星波的位相与幅度？④电子沉降、极光沉降粒子、太阳质子事件对地球年代际和短期气候变化的作用如何？这种作用是否可以与太阳活动周内紫外辐射的变幅和人类活动的贡献相比拟？解答这些关键的科学问题，可以帮助我们更好地理解太阳能量粒子沉降对大气臭氧的作用和对气候变化的影响。

可以通过一些典型空间天气事件来研究和分析太阳能量粒子沉降对高纬地区臭氧的损耗作用。2012 年 1 月下旬发生了一次强空间天气事件，由于这次事件正值中国农历“龙年”，因此被称为“中国龙事件”。这次事件中所发生的太阳质子事件（1 月 23 日）流量峰值达到了 6310pfu[①]，是有观测以来第 13 大质子事件。

① particle flux unit，粒子通量单位。

“中国龙事件”期间分别在 1 月 23 日和 27 日发生了两次太阳质子事件，其中 27 日的太阳质子事件流量虽然不及 23 日，但能谱较“硬”（能量大于 100MeV 的质子比 23 日的事件流量高），因此在较低高度上的臭氧观测中两次事件有不同的表现。2012 年 3 月又发生了一次强空间天气事件（简称“3 月事件”），这次事件期间也有两次太阳质子事件发生，其中 3 月 7 日发生的太阳质子事件峰值流量达到 6530pfu，是有观测以来第 12 大质子事件，而且能谱很“硬”，能量超过 100MeV 的质子流量达到 70pfu，会对较低高度大气中的臭氧产生明显影响。

图 3.43 是国家卫星气象中心应用 FY-3 卫星搭载的臭氧总量探测器（total ozone unit，TOU）探测的 2012 年 1 ～ 3 月的臭氧总量。其中，南北极的臭氧在 2 月都出现了大约 4% 的损耗，但因为臭氧量具有季节变化的特点，且 2012 年 1 月北半球的平流层出现增温现象，同时太阳质子事件是发生在增温现象结束后，这时中间层生成的大量奇氮物质与太阳质子事件的效应混淆在一起，使得损耗事件的分析变得复杂。

图 3.44 是在太阳质子事件期间，国家卫星气象中心应用 FY-3 卫星搭载的臭氧垂直探测仪（solar backscatter ultraviolet sounder，SBUS）探测的 30km 高度处分层臭氧量和粒子变化。其中，采用的数据高度为 30km，这是因为 100MeV 以上能量的质子可以直接到达 30km 以下的大气并产生短时效应，这样可以和臭氧季节变化中一些长期效应区分开并考察 100MeV 以上能量质子流量变化对 30km 处臭氧含量的影响。从图 3.44（a）可以看到，1 月 23 日的太阳质子事件并没

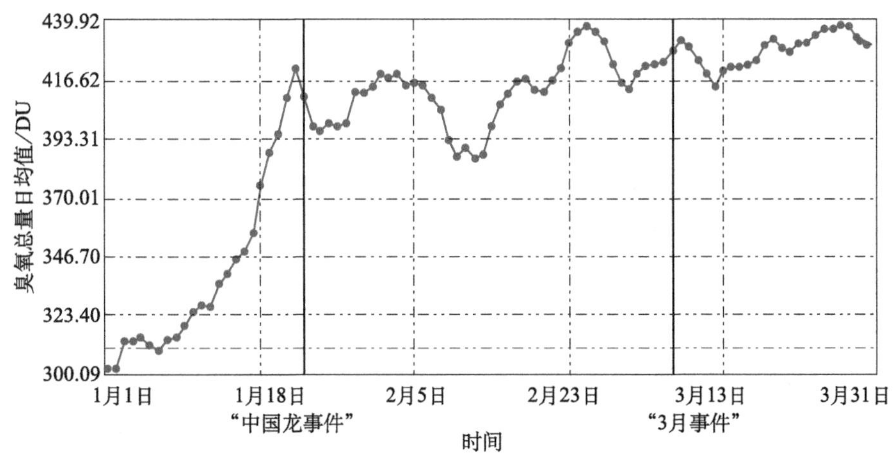

(a) 观测时间：2012年3月21日；范围：180°W～180°E，60°N～90°N

图 3.43　FY-3 TOU 观测的 2012 年 1 ～ 3 月南北极区臭氧总量数据

资料来源：黄聪等（2014）

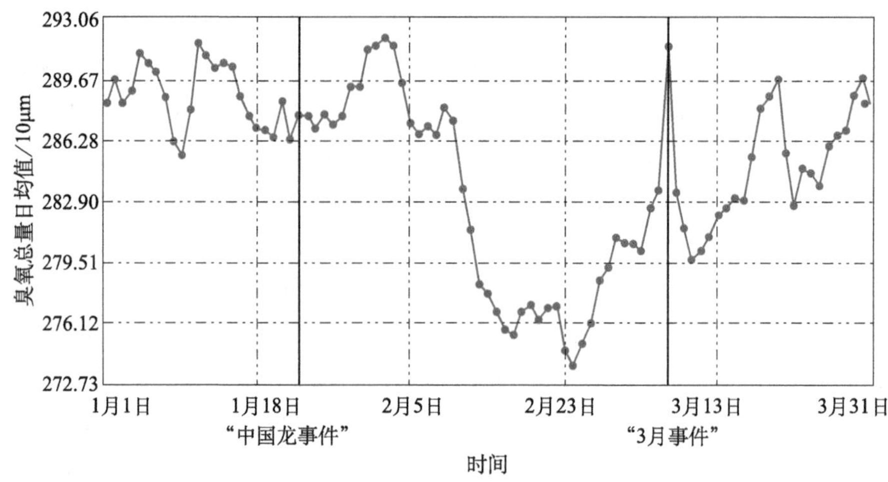

(b) 观测时间：2012年3月21日；范围：180°W～180°E，60°S～90°S

图 3.43（续）

有对 30km 处臭氧量带来明显影响，而 1 月 27 日的太阳质子事件则有一个较明显的影响。这反映了其能谱特性的不同，在 1 月 27 日的太阳质子事件中，大于 100MeV 能量质子流量比 1 月 23 日的太阳质子事件高。图 3.44（b）是"3 月事件"中两次太阳质子事件对 30km 高度处臭氧量的影响观测结果，可以看出由于 3 月 7 日爆发的太阳质子事件对 30km 高度处臭氧量产生了明显影响，臭氧分布也有改变。3 月 13 日爆发的太阳质子事件虽然臭氧量也有一定损耗，但由于大于 100MeV 能量质子流量不如 3 月 7 日，因此对 30km 高度处臭氧量的影响就不如 3 月 7 日明显。

图 3.45 为应用 FY-3 SBUS 观测数据计算得到的臭氧在南北极区（60° N ～ 90° N，60° S ～ 90° S）内分层臭氧量距平时序变化图。从图中可以看出，北半球由于 1 月的平流层突然增温事件，在 2 月平流层由于中间层的富奇氮物质的沉淀作用产生了一个较长时间臭氧损耗过程，在 1 月 23 日的太阳质子事件发生后在中上平流层都出现了一个大约 −10% 的距平变化，而在"3 月事件"发生后，中上平流层不仅出现了短时损耗，并且在事件后还有一个持续到 3 月底的向下传播的损耗影响；在南半球的距平图上，因为平流层顶的持续降温事件，使"中国龙事件"的影响难于分辨。但在"3 月事件"发生后，上平流层臭氧出现了持续 2 ～ 3 天的损耗变化。总体上看，北半球极区平流层臭氧损耗对于这两次事件的响应比南半球显著一些。

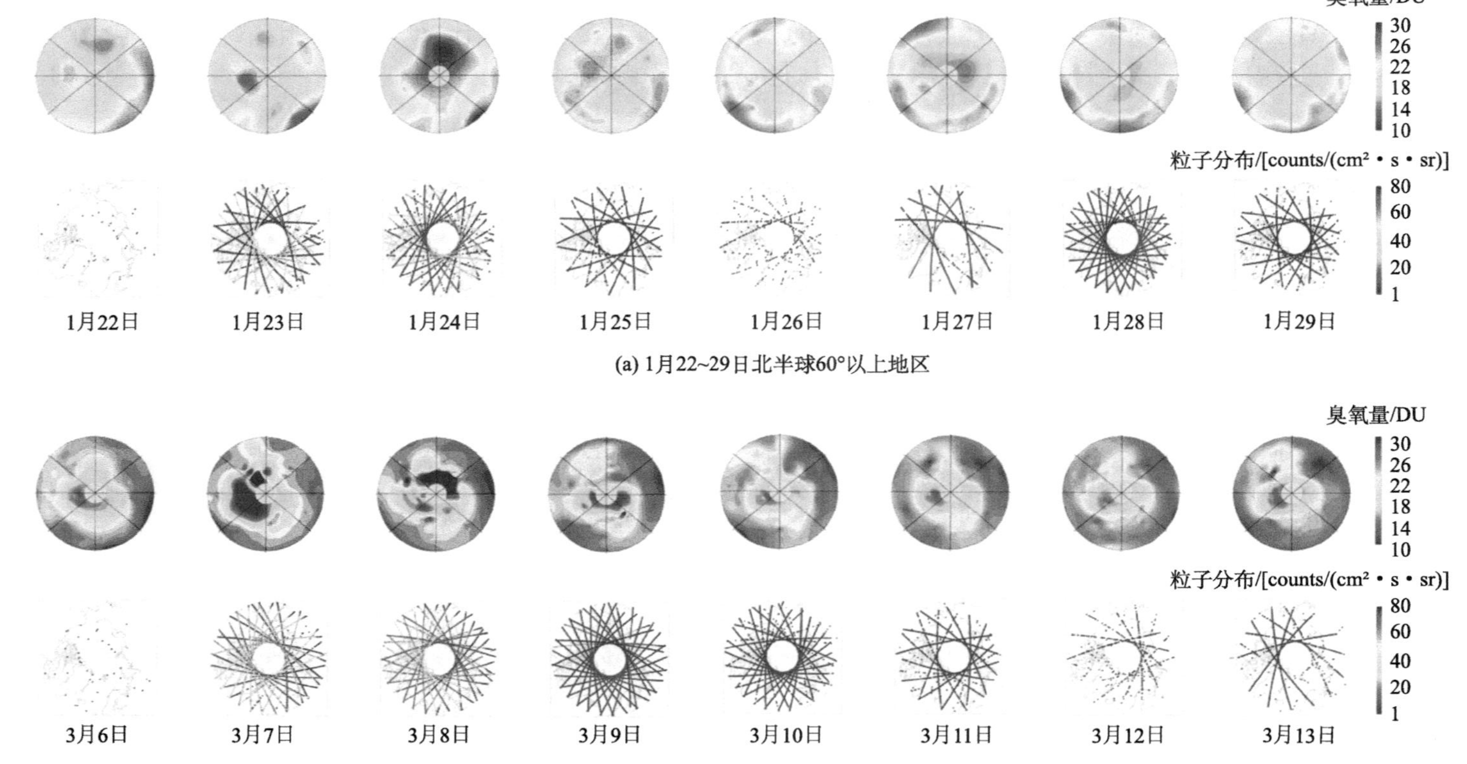

图 3.44　FY-3 SBUS 观测的 10hPa（30km 高度）臭氧量和粒子变化

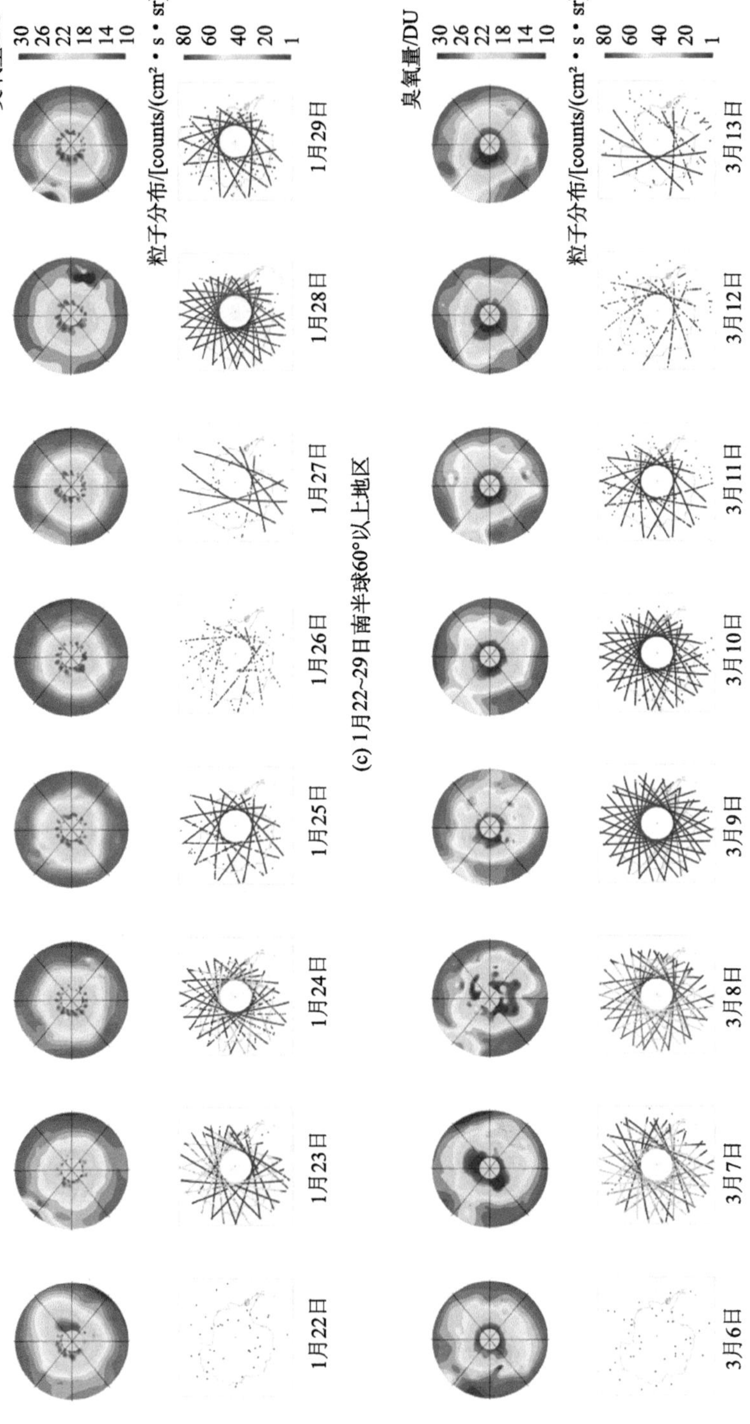

(c) 1月22~29日南半球60°以上地区

(d) 3月6~13日南半球60°以上地区

图 3.44 （续）

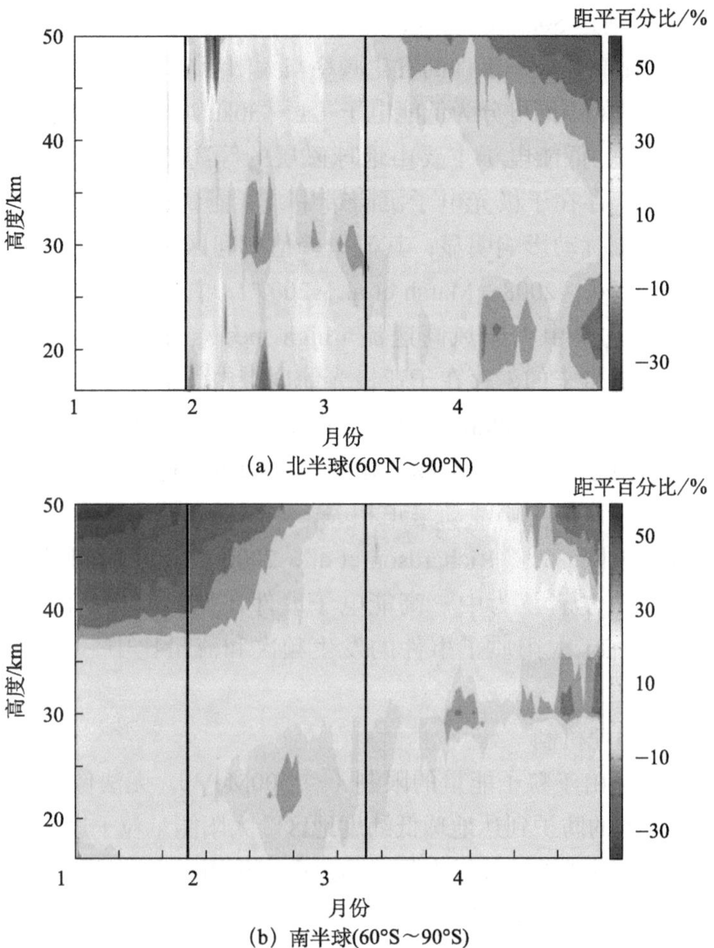

图 3.45　应用 FY-3 SBUS 观测数据计算得到的南北极区分层臭氧量距平时序变化

黑竖线表明两次事件的发生时间位置

资料来源：黄聪等（2014）

在太阳能量粒子沉降影响臭氧量的驱动机制研究中，极区的能量粒子沉降会在中层大气中引起离子化学反应，产生奇氮物质和奇氢物质，再通过光化学反应，消耗高纬地区平流层和中间层大气中的臭氧。太阳能量粒子沉降对臭氧的损耗机制包括粒子成分、光化学损耗机制和储运过程三个方面。

（1）粒子成分

太阳能量粒子（solar energetic particle，SEP）的成分为质子和电子。太阳高能质子主要由太阳耀斑或者日冕物质抛射激波产生，能量由几兆电子伏特到 500Mev，一般来说 10MeV 质子可以到达 65km 的高度（Hargreaves，1992），

30MeV 质子可以到达 50km 的高度，100Mev 以上的质子可以到达 30km 以下的平流层大气。太阳高能质子事件的发生频率与太阳活动呈正相关。太阳能量粒子中的电子根据能量的不同可分为低能电子（1～30keV）和中－高能电子（30keV 到几兆电子伏特）。低能电子主要由地球磁层的等离子片内产生（Brasseur and Solomon，2005），存在于极光电子沉降带中，所能到达的大气高度为 90km 以上的区域，受地磁扰动影响明显，其流量峰值时间区间存在于太阳活动周的下降时段（Emery et al.，2008；Marsh et al.，2007）。中－高能电子主要来源于地球的外辐射带，它是由太阳风高速流（high-speed solar wind stream，HSSWS）或者日冕物质抛射带来的，存在于亚极光纬度带内，它可以到达的大气区域从 90km（30kev）高度直到 50km（2MeV）以下。中－高能电子事件的发生频次受到多种影响，由于它是由日冕物质抛射和太阳风高速流共同驱动的，而日冕物质抛射的发生频次与太阳活动呈正相关，太阳风高速流的发生频次峰值则是在太阳活动周的下降时段（Richardson et al.，2000），两个时间段并不吻合。在最近的研究中，有学者认为中－高能电子事件在气候变化中的作用超过太阳质子事件，原因在于太阳质子事件的发生频次和流量比中－高能电子事件低很多。

（2）光化学损耗机制

太阳能量粒子由于粒子能量的限制（＜ 500MeV），无法像银河宇宙线那样可以无视地球磁场的防护到达地球低纬度地区。太阳能量粒子进入大气的途径是沿地球磁场磁力线进入地球极区大气，通过电离作用产生大量次级电子并与大气主要成分作用形成 N_2^+、N^+、NO^+、O^+、O_2^+ 等离子物质，这些离子通过电荷交换和复合反应产生一些奇氮物质和奇氢物质，这些奇氮物质和奇氢物质会参与到臭氧的光化学反应过程中，充当光化学反应过程中的催化剂，最终的反应结果为

$$2O_3 \longrightarrow 3O_2$$

因此，太阳能量粒子进入极区大气后通过这些离子化学反应，导致这一区域内臭氧的损耗。但由于太阳能量粒子成分和能量的不同，所能进入大气的深度也不同，且奇氮物质和奇氢物质的存在寿命也不同，在大气环流的影响下，这些“损耗源”的输运和存储过程较复杂。

（3）储运过程

奇氢物质和奇氮物质的储运过程取决于这些物质的光化学寿命与大气环流运动的典型时间尺度。其中，奇氢物质存在时间短，在中间层的寿命只有几个小时，在平流层更是以分钟计算，因此奇氢物质造成的影响是短暂的。奇氮物质存在时间长，在平流层高度奇氮物质的寿命可以长达几十天甚至到年的量

级，因此由太阳能量粒子沉降造成的奇氮物质在大气环流的输运下，可以扩散到更广大的区域，产生更深远的影响。表 3.9 列出了氧物质、奇氮物质、奇氢物质光化学寿命和大气环流运动的典型时间尺度，当两者的时间尺度可比拟或者光化学寿命超过运动的典型时间尺度时，物质的输运过程才是有效的。此外，奇氮物质的化学反应链中需要氧原子的参与，且地球大气背阳面缺乏日光，奇氮物质在反应中转变成 NO_2 分子后，由于氧原子的耗尽无法进行下一步反应，太阳能量粒子对臭氧的损耗影响以"NO_2"的形式存储起来，待到有日光照射大气生成氧原子后再继续对臭氧的损耗反应。奇氮物质的这一"黑夜存储"特点，在其输运过程中是很重要的，它使奇氮物质通过环流搬运在远离产生地点的位置继续对臭氧产生破坏作用。奇氮物质向低纬地区的水平运输需靠 Brewer-Dobson 环流来完成，向下的扩散过程则需通过极涡大气的向下运动来完成。

表 3.9　氧物质、奇氮物质、奇氢物质光化学寿命和大气环流运动的典型时间尺度对比

项目	类别	40km	60km	80km	100km
光化学寿命	氧物质	天级别	小时级别	小时级别	月级别
	奇氮物质	月级别	月级别	月级别	天级别
	奇氢物质	分钟级别	小时级别	天级别	年级别
典型时间尺度	纬向环流	小时级别	小时级别	天级别	天级别
	经向环流	月级别	天级别	天级别	多天级别
	垂直运动	月级别	月级别	月级别	月级别

资料来源：Brasseur 和 Solomon（2005）

剧烈的空间天气事件中，带电粒子流主要沿磁力线进入地球极盖区大气层，对极区中性大气及电离层产生重要影响，如持续数小时甚至数日大幅增加中间层及平流层顶奇氢物质（H、OH、HO_2）和奇氮物质（N、NO、NO_2）等成分的密度［中间层和上平流层中的臭氧主要损耗源为奇氢物质，中平流层以下的臭氧损耗源为奇氮物质（Lary，1997）］，进而减小臭氧密度并调制大气动力结构，导致低中间层的环流和气温变化（Jackman et al.，2005，2008；Rohen et al.，2005）。很多学者以太阳质子事件、臭氧的观测数据和光化学反应的理论，建立模型模拟大型太阳质子事件对臭氧量的影响。这些重要的太阳质子事件包括：1989 年 10 月和 2003 年的"万圣节风暴"，以及 1859 年发生的"卡林顿（Carrington）事件"

（Reid et al.，1991；Zadorozhny et al.，1992；Jackman et al.，1995，2001，2007，2009；Verronen et al.，2002；Vogel et al.，2008；Robichaud et al.，2009）。

在极端空间天气事件模拟研究中，Thomas 等（2007）的模拟结果显示，1859 年发生的“卡林顿事件”中能量粒子沉降对极区臭氧造成的影响是 1989 年 10 月太阳质子事件对臭氧损耗量的 3.5 倍；Rodger 等（2008）的模拟研究则表明，在类似“卡林顿事件”级别的空间天气事件中，由于能量大于 30MeV 质子流量的大幅增加，上对流层臭氧损耗可达 40%。近年来，随着近地卫星对地球极区辐射带的探测资料和全球臭氧观测资料的丰富，人们对能量粒子沉降的臭氧量影响有了进一步的深入研究。这些研究从高能粒子的流量、分布及能谱出发，能够更好地阐释能量粒子沉降调制臭氧量的驱动机制，以及由能量粒子沉降导致的高纬地区臭氧量变化。Brasseur 和 Solomon（2005）的研究认为，带电的高能粒子在大气中会产生奇氮物质，其对臭氧的损耗起着催化作用；Randall 等（2005，2007）认为，高能粒子沉降给极区平流层上层大气中的臭氧量带来了明显的损耗，奇氮物质造成的臭氧损耗时间可长达几月甚至年的时间量级。Rozanov 等（2005）的研究认为，能量粒子沉降通过对平流层臭氧量的调制，可以影响平流层的热辐射平衡从而导致气候变化。Sinnhuber 等（2006）的研究发现，太阳活动造成的能量粒子沉降流量的年代际变化可能造成极区的臭氧量高达 20% 的损耗。欧洲中期天气预报中心（European Centre for Medium-Range Weather Forecast）对由磁暴引起的能量粒子沉降对臭氧量的影响，以及其导致的极区气温的改变开展数值模拟研究（Rozanov et al.，2005），同时进行观测数据的分析和验证（Seppala et al.，2009）。下面以三个研究事例介绍太阳能量粒子沉降对臭氧损耗和气候变化影响的数值模拟工作。

（1）臭氧损耗模拟

太阳能量粒子沉降损耗臭氧的数值模拟主要是基于能量粒子进入大气后产生的离子，计算所生成的奇氢物质、奇氮物质（损耗源）的生成量，并通过离子化学反应方程式来得到臭氧的损耗，再结合损耗源物质的传输过程的动力过程，建立大气化学 - 传输模型。其中，奇氢物质、奇氮物质的生成量取决于进入大气的太阳能量粒子的流量和能谱（即注入的总能量和到达的高度）。一般来说，35eV 可以产生一个离子对（Porter et al.，1976），而每个离子对生成的奇氢物质、奇氮物质可以建立一个函数关系，其中奇氢物质的生成量取决于高度，而奇氮物质的生成量取决于反应生成的激发态氮原子 N（^{2}D）和基态氮原子 N（^{4}S）的分支比。目前一般认为每个离子对可以生成 1.25 个奇氮分子，即 N（^{2}D）与 N（^{4}S）的分支比为 0.55 ： 0.45（Porter et al.，1976）。损耗源物质的传输过程则是根据奇氢物质、奇氮物质的光化学寿命和“黑夜存储”的特点，综合考虑大气扩散、环流和季节等因素建立臭氧损耗与垂直传输过程。

国际上对于粒子沉降造成的化学影响的建模工作已取得了很多进展，其中 Jackman 等针对近几个太阳活动周中重要的太阳质子事件，利用多维光化学－传输模型进行了大量的观测试验与数值模拟（Jackman et al.，1995；Funke et al.，2007），得到了一些重要的结果。例如，粒子沉降中产生激发态和基态的氮原子的分支比，即每个离子对生成的氮分子数在 1.5 个以下；太阳质子事件中，奇氮物质的光化学寿命长，有足够长的存在时间沉淀到平流层作为平流层臭氧的消耗源，奇氢物质与之相反；超强太阳质子事件在大气中产生的影响会持续几个月甚至年的时间量级，等等。这些研究进展的详细情形可以参考 Jackman 等（2008）、Reddmann 等（2010）、Egorova 等（2011）的工作。从 Jackman 等（2005）对“万圣节风暴”中超强太阳质子事件的模拟结果中可以看到，超强太阳质子事件造成的奇氮物质在北半球大气中持续存在时间长达 2 年。

（2）极端事件模拟

由于高度量化的太阳活动观测始于卫星时代，目前我们积累的空间天气事件观测事例也只有 50 多年的数据，而在卫星时代之前，也曾发生过极端空间天气事件，这些极端事件对臭氧的影响究竟如何，也可以通过建模模拟来研究这些极端事件的效应。但对于卫星时代之前极端事件模拟，由于缺乏全面和精密量化的观测数据，极端事件的强度估算只能依靠文献的记载来验证。近年来，国际上有些学者对于发生在 1859 年的一次非常剧烈的空间天气事件开展了分析。这次事件史称“卡林顿事件”，事件的名称来源于卡林顿和霍奇森观测到了这一事件并在 1859 年的文献中记载了下来（Carrington，1859；Hodgson，1860）。“卡林顿事件”始于 1859 年 9 月 1 日的一次长达 5min 的太阳耀斑，17h 后高速的日冕物质抛射到达近地空间导致了长达 2h 的剧烈地磁暴。这次地磁暴如此剧烈，以至于低纬地区的人们可以看到极光现象，美国和欧洲的电报系统由于地磁感应电流（geomagnetic induce current，GIC）的影响而起火燃烧。Thomas 等（2007）利用沉淀在格陵兰岛冰雪中的氮化物量，估算了“卡林顿事件”中太阳能量粒子的流量，这次事件中大于 30MeV 的质子流量是 1989 年造成加拿大魁北克省大停电的“魁北克事件”的 6.5 倍左右。Thomas 等（2007）采用“卡林顿事件”中估算的质子流量结合大气化学－传输模型计算了“卡林顿事件”对大气中的臭氧带来的损耗影响。从模拟结果可以看到，“卡林顿事件”这种级别的极端事件会造成长达 4 年的臭氧损耗影响，影响区域可以从高纬地区扩展到30°的低纬地区。

（3）气候变化模拟

臭氧作为平流层的主要辐射吸收物质，其含量的改变会影响到平流层的热平衡，改变环流状态，这样的扰动会调制极涡的动力学状态并对地面气温产生影响。那么，如何量化这种影响，太阳能量粒子沉降究竟会对地球气候变化带来什么效应？这是目前学界热烈探讨的话题。在这方面，已经有很多学者结合大气化学－传输模式和气候耦合模式（统称化学－气候模式，chemistry-climate model，CCM）来计算能量粒子沉降对气温的影响。Langematz 等（2005）发现低能电子沉降可能会对平流层的臭氧带来明显影响；Rozanov 等（2005）利用 NOAA 的 TIROS 卫星的高能电子沉降探测结果模拟了奇氮物质的产生率并将其加到他们的化学－气候模型中，极盖区气温改变了 2K。他们认为，高能电子沉降在这一区域的作用有可能超过了太阳活动周内紫外辐射波动对臭氧量的影响；Jackman 等（2009）对太阳质子事件的长期气候效应做了模拟，发现太阳质子事件对气候的长期效应并不显著，这可能与强太阳质子事件的发生频次较低有关。近年来，有些学者研究了低－中能电子沉降造成的奇氮物质对臭氧和气候的影响（Marsh et al.，2007；Baumgaertner et al.，2009，2011），发现在模拟的结果中电子沉降带来的极区冬季臭氧损耗以及地表气温和海面气压的后效变化，与先前一些关于气候和地磁活动相关的研究结论是相互符合的；Semeniuk 等（2011）通过对多种粒子沉降效应的模拟发现，南半球冬季平流层臭氧因能量粒子沉降而损耗 10% 左右，并且会带来平流层动力结构的改变；Rozanov 等（2012）模拟了多种粒子沉降的效应，证实了地表气温对粒子沉降响应的显著性，模拟结果显示欧洲中部气温因粒子沉降增温约 1K。

3.5　河流水循环对地球运动因子的响应

地球极移是指地球自转轴相对于地球本体的位置变化。地球极移是主要由内力驱动、在地球转动时自发的摆动现象。目前，已观测到的极移周期有 1 年周期和 14 个月的钱德勒周期。驱动极移的内力可能是大气环流、雨雪消长、洋流和地下水等，但一直还没有定论（赵丰，1990）。不过 Chen 等（2013）的研究成果

展示了北极海冰的消融对近 10 年地轴向东移动的驱动联系。

从机理上讲，极移和径流之间可能存在两种内在联系。一方面，如图 3.46 所示，极移可以通过变形力的作用影响地球表层的大气运动，进而影响陆地水文循环过程（彭公炳等，1980；Wahr，1985）。彭公炳等（1980）基于 1900 ～ 1977 年的极移资料和我国一些地区的气温、降水、气压、少数水位和流量资料以及北半球内的一些大气环流和大气活动中心指标，采用滑动分析、方差分析和能谱分析，发现极移的 12 个月、14 个月、6 ～ 7 年和 35 年周期在气候上都有明显响应。气象观测资料的统计分析发现，北京、沈阳、长春、哈尔滨、郑州、重庆、昆明、汕头 8 个站的 10 年逐月平均气温、500hPa 副高指数、亚洲经向环流指数以及武汉、九江、岳阳逐月平均降水都具有 11.4 个月和 13.3 个月周期，即接近极移的 12 个月和 14 个月周期。而长江中下游五站（上海、南京、九江、芜湖、武汉）5 ～ 8 月降水和华北五站（北京、天津、保定、石家庄、营口）7～8月降水、汉口6～9月平均流量、太平洋副高西界和南界、赤道低压位置都有 6 ～ 7 年周期；而长江中下游五站 5 ～ 8 月降水和年降水、华北五站年降水、赤道低压东界和西伯利亚高压北界、7 月印度低压东界都有 30 ～ 36 年周期。因此，从资料统计看，极移和很多流域或区域性的降水变化、江河流量变化及重要的天气系统位置变化有相同的周期特征。另一方面，径流变化反映了区域水储量信息，而水储量的变化引起地球质量再分配，对极移具有重要的激发作用（Wahr，1985；闫昊明等，2002；Chen and Wilson，2005；Nastula et al.，2007；Jin et al.，2010，2012；Chen et al.，2012），径流变化和极移变化的逻辑关系如图 3.47 所示。

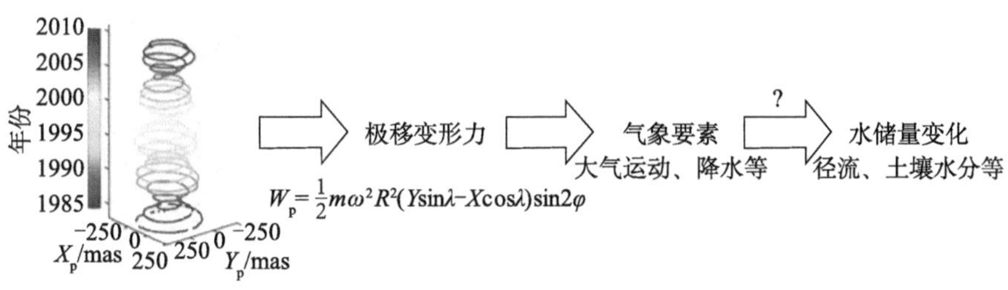

图 3. 46　极移对径流影响的可能物理机制示意图

图中问号表示从极移变形力到大气环流的机制迄今还不甚明了，极移变化曲线引自 Schuh 和 Böhm（2011）
X_p 和 Y_p 表示 X、Y 方向的极移分量，W_p 表示极移变形力，m 为质量，w 为地球自转角速度，R 为到地球中心距离，λ 为经向坐标，φ 为纬向坐标，X、Y 为两个极移分量

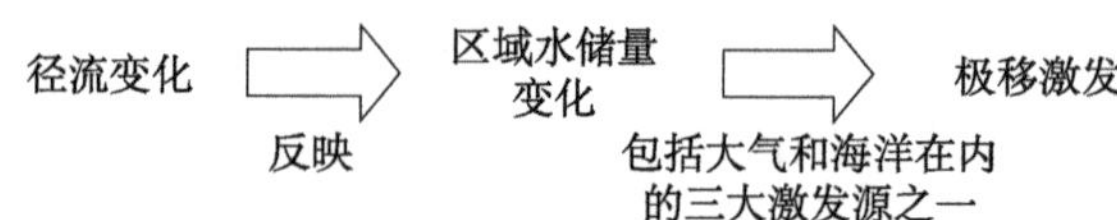

图 3.47　径流对极移影响的可能物理机制

在极移与径流之间存在的上述可能的紧密联系基础上，运用格兰杰（Granger）因果关系检验方法，从统计学角度进一步探索径流和极移之间的关系。

3.5.1　极移与雅鲁藏布江径流的关系检验

1. 格兰杰因果关系检验

格兰杰因果关系（Granger，1969）是从统计学角度探索两组时间序列之间因果关系的方法，起初被用于经济学，目前已开始被用于气象和水文科学研究中（Elsner，2007；He et al.，2007；Attanasio，2012；Attanasio et al.，2012）。对于变量 Y 的预测，如果加入变量 X 的信息后能够显著提高单独运用 Y 的信息进行预测的效果，则称变量 X 是变量 Y 的格兰杰原因。定义 K 阶自回归模型（autoregressive model，AR）和 K 阶向量自回归模型（vector autoregressive model，VAR）分别为

$$y_t = C_1 + \sum_{i=1}^{k} \alpha_i \Delta y_{t-i} + \varepsilon_{t0} \tag{3.3}$$

$$y_t = C_2 + \sum_{i=1}^{k} \beta_i \Delta y_{t-i} + \sum_{i=1}^{k} \gamma_i \Delta x_{t-i} + \varepsilon_{t1} \tag{3.4}$$

式中，C_1 和 C_2 是常量；α、β、γ 是模型的系数；ε_{t0} 和 ε_{t1} 是模型的残差，公式为对 t 时刻 y 变量的预报。格兰杰因果关系检验的原假设（二者之间不存在因果关系）：

$$H_0: \gamma_1 = \gamma_2 = \ldots = \gamma_k = 0 \tag{3.5}$$

通过最小二乘法计算回归模型和向量自回归模型的参数，然后用 F 检验判定两个模型之间是否存在显著差异。

$$F = \frac{\left(\mathrm{RSS_{AR}} - \mathrm{RSS_{VAR}}\right)/q}{\mathrm{RSS_{VAR}}/(n-m)} \tag{3.6}$$

式中，$\mathrm{RSS_{AR}}$ 是回归模型的残差平方和；$\mathrm{RSS_{AVR}}$ 是向量自回归模型的残差平方和；q 是回归模型系数的个数（$q = k$）；m 是向量自回归模型系数的个数（$m = 2k+1$）；n 是观测数据样本数。

格兰杰因果关系检验的前提是序列必须是平稳的，否则将出现假的因果关系

（Stock and Watson，1989；Sims et al.，1990）。如果序列不平稳，可通过进行一阶差分甚至是二阶差分计算，将序列转化为平稳序列。单位根检验（augmented Dickey-Fuller unit root test，ADF test）常被用来进行序列平稳性检验（Dickey and Fuller，1981；Attanasio，2012）。

2. 数据和方案

极移资料来自国际地球自转参考服务的地球定位参数计划。相对于国际协议原点，地极用坐标 X，Y 来记录，单位为 mas。X 方向为格林尼治子午线方向，从北极向南为正，Y 方向为西经 90°方向，从北极向南为正。资料起始年限为 1847 年，原始资料时间间隔包括 0.1 年和 0.5 年。

鉴于全球大部分河流受人类活动影响，因此选取位于青藏高原的受人类活动影响小、区域水循环变化主要受控于自然因素的雅鲁藏布江（图 3.48）及全球类似河流，进行极移与径流之间的关系探索。雅鲁藏布江径流序列是 1978 年 1 月到 2006 年 12 月的奴下水文站的月径流资料 Q，单位为 m^3/s。奴下水文站流域控制面积为 191 235km^2，在径流的组成成分中，冰川积雪融水占 38%（刘天仇，1999），径流变化中包含大量的冰川积雪变化和土壤水分变化信息。

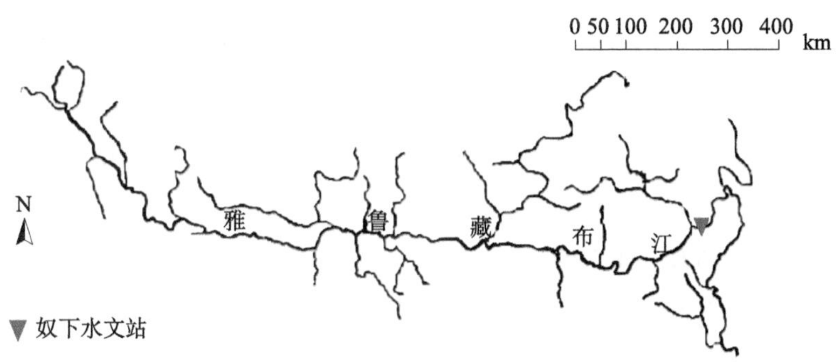

图 3.48　雅鲁藏布江及其奴下水文站示意图

首先，对时间序列 X、Y 和 Q 进行平稳性检验，以 $p = 5\%$ 为显著性水平检验。其次，从月、季和年三个不同尺度上进行格兰杰因果关系检验，探索在不同时间尺度上，极移和径流之间可能存在的关系。为了与径流资料匹配，检验所用资料时间统一为 1978 年 1 月到 2006 年 12 月，极移资料统一处理月尺度间隔。最后，分别进行从极移到径流（径流预测中加极移）和从径流到极移（极移预测中加径流）的格兰杰因果关系检验。为了兼顾模型的预测效率和自由度，在选取滞后项时，月尺度上进行了 1 ～ 36 个滞后项检验，季尺度上进行了 1 ～ 12 个滞后项检验，年尺度上进行了 1 ～ 3 个滞后项检验。

3. 极移和雅鲁藏布江径流的时间变化趋势

图 3.49 为极移 X 分量、Y 分量和雅鲁藏布江奴下水文站径流在 1978 ～ 2006 年的变化趋势。从图中可以看到，极移 X 分量沿格林尼治子午线方向相对于国际协议原点来回摆动，变幅在 −250 ～ 300mas，1mas 约 3cm，故变程约 16.5m。极移 Y 分量沿西经 90°摆动式漂移，变幅在 0 ～ 600mas，故变程约 18m。

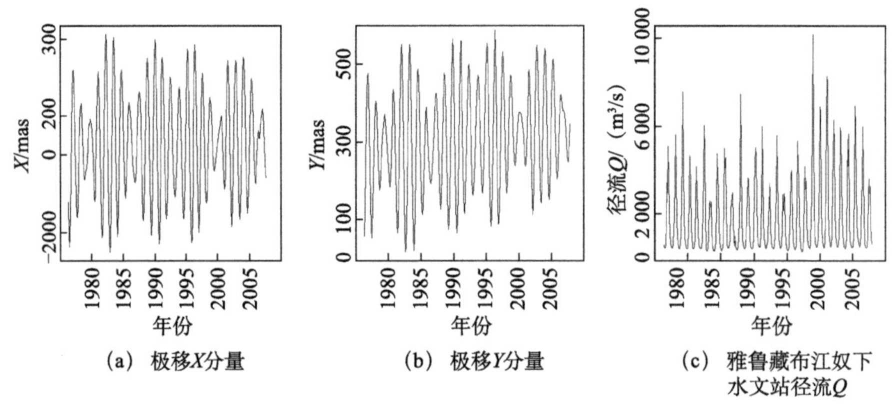

图 3.49　1978 ～ 2006 年极移 X 分量、Y 分量和雅鲁藏布江奴下水文站径流

资料来源：刘苏峡等（2014）

雅鲁藏布江奴下水文站径流 1978 ～ 2006 年的变化中，前 20 年平稳，后 9 年水量增大。在明显的年内季节变化的基础上，每年的月径流峰值相差 8000m^3/s，相当于径流深峰值相差 0.108m。

1978 ～ 2006 年，相对于径流的 29 个峰值，极移 X 分量有 24 个峰值，极移 Y 分量有 25 个峰值。极移 X 和 Y 分量为正弦式脉冲，径流 Q 为蛙跳式脉冲。

4. 雅鲁藏布江平稳性检验

对三个时间尺度序列进行 ADF 检验，如表 3.10 ～ 3.12 所示。其中在进行 ADF 检验时，需要确定所构建的统计量的一阶滞后差分和的项数 p^*。根据 AIC（Akaike information criteria，赤池信息量准则）（Akaike，1974），月、季和年尺度上 p^* 的最大值分别取 30、12 和 6。

表 3.10　月尺度序列 ADF 检验结果

序列名称	ADF 检验	实际 p^*	概率 /%
X	−1.68	29	44.04
Y	−1.58	26	48.97
Q	−2.27	22	18.12
ΔX	−6.35	28	0.00
ΔY	−6.82	25	0.00
ΔQ	−7.40	25	0.00

注：最大 p^* 取 30，置信度水平为 95%

表 3.11　季尺度序列 ADF 检验结果

序列名称	ADF 检验	实际 p^*	概率 /%
X	−1.85	9	35.47
Y	−1.21	9	66.63
Q	−2.04	7	26.81
ΔX	−7.38	8	0.00
ΔY	−7.31	8	0.00
ΔQ	−8.34	6	0.00

注：最大 p^* 取 12，置信度水平为 95%

表 3.12　年尺度序列 ADF 检验结果

序列名称	ADF 检验	实际 p^*	概率 /%
X	−0.64	5	84.18
Y	−1.18	5	66.49
Q	−2.43	3	14.31
ΔX	−5.00	4	0.06
ΔY	−6.30	4	0.00
ΔQ	−9.70	0	0.00

注：最大 p^* 取 6，置信度水平为 95%

由表 3.10 ～表 3.12 可知，在置信度为 95% 的水平上，系列 X、Y 和 Q 均不平稳（概率大于 5%）。对 X、Y 和 Q 分别求一阶差分，得到序列 ΔX、ΔY 和 ΔQ，即极移 X、Y 分量和径流 Q 的变化量，再进行平稳性检验，三个序列均转化为平稳序列，因此可以对它们进行格兰杰因果关系检验。

5. 极移因子对雅鲁藏布江径流预测精度提高的效果检验

图 3.50 显示了径流变化预测中加极移因子的变化量对预测精度提高的效果。根据格兰杰因果关系检验原理，若拒绝原假设的概率比置信度水平（0.05）小，则拒绝原假设。具体到图 3.50（a），也就是说，若建立滞后分别为 1 ～ 8 个月、10 ～ 21 个月的径流变化量的回归模型和向量自回归模型，加入 ΔX 后，两模型之间存在显著差异，说明加入 X 极移后月尺度上径流预测精度可能提高。

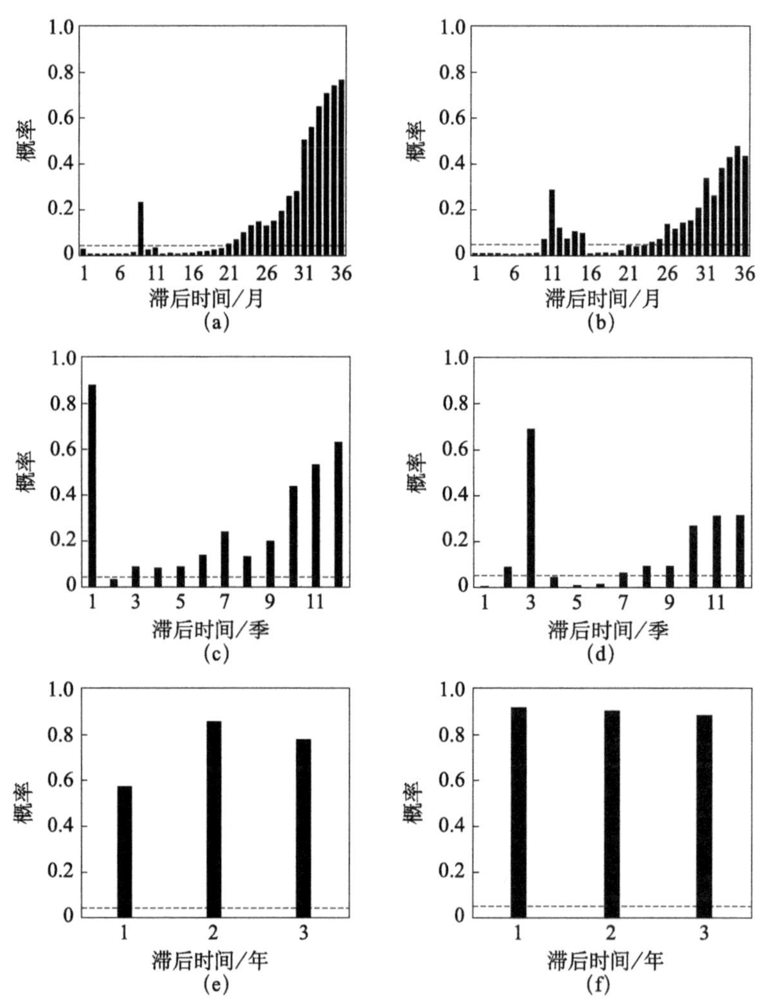

图 3.50 极移影响径流的因果关系检验结果

资料来源：刘苏峡等（2014）

（a）、（c）、（e）对应加入 ΔX 的结果，（b）、（d）、（f）对应加入 ΔY 的结果，虚线为 95% 的置信度检验线

若建立滞后为 1 ～ 9 个月、17 ～ 24 个月的径流变化量的回归模型和向量自回归模型，加入 ΔY后，两模型之间存在显著差异，说明加入 Y 极移后月尺度上径流预测精度可能提高［图 3.50（b）］。

在季尺度上，仅仅在建立滞后为 2 个季度的径流变化的回归模型和向量自回归模型中，加入 ΔX后，两模型之间存在显著差异，说明加入 X 极移后季节尺度上径流预测精度可能提高［图 3.50（c）］。而在建立滞后为 1 个季度、4 ～ 6 个季度的径流变化的回归模型和向量自回归模型，加入 ΔY后，两模型之间存在显著差异，说明加入 Y 极移后季节尺度上径流预测精度可能提高［图 3.50（d）］。

在年尺度上，不论是滞后多少年，加入 ΔX或者 ΔY，径流变化的回归模型和向量自回归模型之间不存在显著差异，说明加入极移后年尺度上径流预测精度不可能提高。

6. 雅鲁藏布江径流因子对极移预测精度提高的效果检验

将上述的因果关系对调进行检验。图 3.51 显示了极移变化预测中加入雅鲁藏布江径流变化量对预测精度提高的效果。对于月尺度，若建立滞后 3 ～ 25 个月的 ΔX的回归模型和向量自回归模型，加入 ΔQ后，两模型之间存在显著差异，说明加入径流因子后月尺度 X 极移预测精度可能提高［图 3.51（a）］。

若建立滞后分别为1个月和3～25个月的 ΔY的回归模型和向量自回归模型，加入 ΔQ后，两模型之间存在显著差异，说明加入径流因子后月尺度上 Y 极移预测精度可能提高［图 3.51（b）］。

在季尺度上，在建立滞后为 2 ～ 8 个季度的 ΔX的回归模型和向量自回归模型中，加入 ΔQ后，两模型之间存在显著差异，说明加入径流因子后季节 Y 极

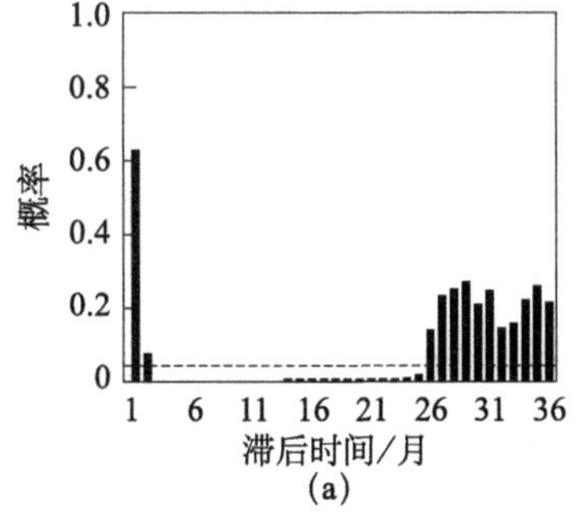

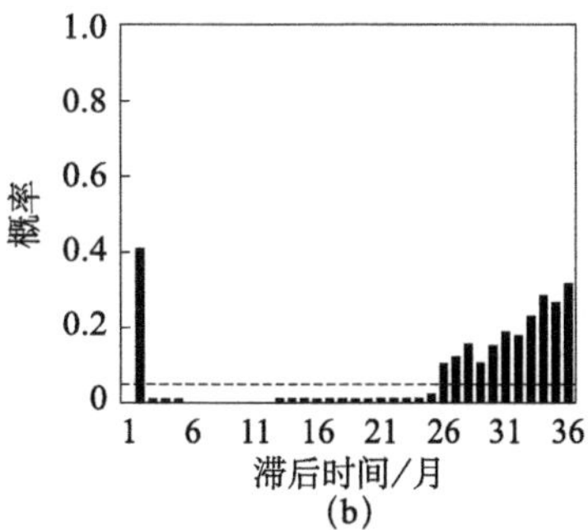

图 3.51 雅鲁藏布江奴下水文站径流影响极移的因果关系检验结果

资料来源：刘苏峡等（2014）

（a）、（c）、（e）对应加入 ΔX的结果，（b）、（d）、（f）对应加入 ΔY的结果，虚线为 95% 的置信度检验线

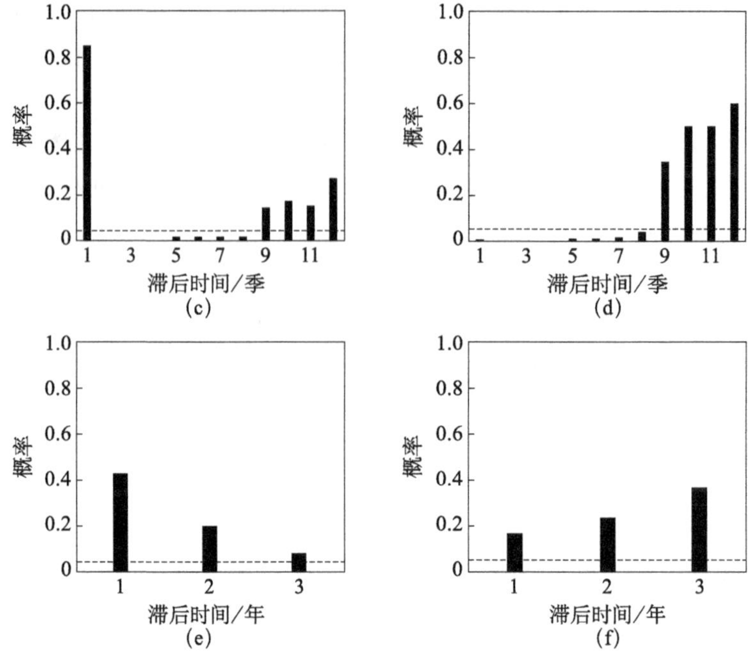

图 3.51（续）

移预测精度可能提高［图 3.51（c）］。在建立滞后为 1 ～ 8 个季度的 Δ*Y* 的回归模型和向量自回归模型中，在加入 Δ*Q* 后，两模型之间存在显著差异，说明加入径流因子后季节 *Y* 极移预测精度可能提高［图 3.51（d）］。

在年尺度上，不论滞后多少年，加入 Δ*Q* 后，不论是对 Δ*X* 还是 Δ*Y*，两模型之间不存在显著差异，说明年尺度上加入径流因子后极移预测精度不可能提高。

7. 极移与全球径流关系的空间格局及格兰杰因果关系检验

全球 22 条主要河流径流（径流序列长度见表 3.13）与极移 *X* 分量的月尺度相关关系空间格局可以发现，除科罗拉多河、里奥格兰德河、多瑙河、伏尔加河以外，大多数河流的径流与极移 *X* 分量显著性通过 95% 的置信度检验。高纬度的河流，包括育空河、鄂毕河、叶尼塞河、勒拿河与极移 *X* 分量呈正相关关系，南半球的巴拿马河和刚果河与极移 *X* 分量呈负相关关系。而分析全球主要河流径流量与极移 *Y* 分量的月尺度相关关系可以看到，除科罗拉多河和湄公河以外，其他河流径流量与极移 *Y* 分量的相关关系显著性均通过了 95% 的置信度检验。除了非洲大陆的尼日尔河、尼罗河和刚果河以外，全球主要河流均与极移 *Y* 分量呈正相关关系。在相关系数的绝对值方面，径流量与极移 *X* 分量的相关系数最高值出现在北半球高纬度的河流，而径流量与极移 *Y* 分量的相关系数最高值出现在赤道河流。

表 3.13　全球 22 条主要河流的径流数据资料

河流	序列时间		序列长度 / 年
圣劳伦斯河	1860 年	1984 年	124
尼罗河	1870 年	1985 年	115
哥伦比亚河	1878 年	1988 年	110
伏尔加河	1891 年	1985 年	94
刚果河	1903 年	1983 年	80
科罗拉多河	1904 年	1964 年	60
巴拿马河	1920 年	1980 年	60
多瑙河	1921 年	1984 年	63
湄公河	1924 年	1986 年	62
鄂毕河	1930 年	1984 年	54
密西西比河	1933 年	1984 年	51
勒拿河	1935 年	1984 年	49
叶尼塞河	1936 年	1984 年	48
莱茵河	1936 年	1984 年	48
里奥格兰德河	1939 年	1991 年	52
尼日尔河	1941 年	1991 年	50
育空河	1951 年	1988 年	37
亚马孙河	1970 年	1995 年	25
恒河	1978 年	2006 年	28
黄河	1980 年	2006 年	26
长江	1980 年	2006 年	26
珠江	1980 年	2006 年	26

相关系数只能指示两个变量之间的变化特征的关联，并不能说明变量之间的相互作用关系，因此需要进一步分析极移对全球主要河流径流的格兰杰因果关系。首先，为保证序列的平稳性，对原始序列进行一次差分。在一次差分之后，得到极移 X、Y 分量对全球主要河流径流的月尺度格兰杰因果关系检验结果。其中，全球大部分河流均可以找到滞后若干个月就可以通过 95% 的置信度检验拒绝原假设，说明加入极移因素后径流预测精度会发生改变，即极移变化可能是导致径流变化的格兰杰原因。但是不同地区的河流滞后时间不同，这可能暗含了不同地区河流径流对极移变化的敏感度不同，以及不同河流可能受到的人类活动影响不同。

通过对比全球主要河流径流与极移两分量的格兰杰因果关系检测结果可以发现（图 3.52 和图 3.53），虽然不同河流存在不同的滞后时间，但对于大部分河流，

极移 X 分量和 Y 分量变化是滞后 2 ～ 7 个月径流变化的格兰杰原因。该共性可能暗示了极移对气候水文作用的时间滞后特征。

3.5.2 极移与全球主要河流径流的相关性分析

对全球主要河流径流和极移进行格兰杰因果关系检验后，我们还对 1962 ～ 1984 年的年均极移 EOP 08 C04 极移时间序列和共 31 个全球主要河流上的水文站点的月均径流量资料序列，进一步开展了不同时间尺度（年、月）下极移和径流的直接的超前滞后相关关系的研究分析。

首先，基于 1962 ～ 1984 年的年均极移 EOP 08 C04 极移时间序列和共 31 条全球主要河流上的水文站点的月均径流量资料序列，在年际尺度上分析极移 X 分量、Y 分量和全球主要河流径流的相关关系。除了计算各条河流与极移 X 分量和 Y 分量之间的相关关系外，还计算了极移 X 分量滞后 1 ～ 3 年时与各条河流的年径流、极移 Y 分量滞后 1 ～ 3 年时与各条河流的年径流，以及各条河流年径流滞后 1 ～ 3 年时与极移 X 分量和 Y 分量之间的相关系数。结果如下：在 31 条河流中，年均径流量序列和极移 X 分量同期相关显著性通过 95% 的置信度检验共有 7 条河流，而年均径流量序列和极移 Y 分量同期相关显著性通过 95% 的置信度检验共有 6 条河流。当年均径流量滞后 1 ～ 3 年时，与年均 X 分量的相关系数显著性通过 95% 的置信度对应的相关系数的河流数量分别为 6 条、3 条、1 条，与年均 Y 分量的相关系数显著性通过 95% 的置信度对应的相关系数的河流数量分别为 4 条、7 条、9 条。反过来，极移 X 分量的年均值滞后 1 ～ 3 年后与年均径流量求相关的结果表明，分别有 11 条、9 条、5 条河流的径流量与滞后的极移 X 分量的相关系数通过显著性检验，极移 Y 分量的年均值滞后 1 ～ 5 年后与年均径流量求相关系数，分别有 8 条、11 条、12 条河流的径流量与滞后的极移 Y 分量的相关系数通过显著性检验。

其次，基于 1962 ～ 1984 年的极移 EOP 08 C04 极移时间序列和共 31 条全球主要河流上的水文站点的月均径流量资料序列，在月尺度上分析极移 X 分量、Y 分量与全球主要河流径流的相关关系。在进行相关关系计算之前，将时间分辨率为 1 天的极移 EOP 08 C04 序列转换为月均值。采用 1962 ～ 1984 年的极移数据和径流数据，分别滞后 1 ～ 36 个月计算了超前滞后相关系数。结果发现：在 95% 的置信度水平上，当极移超前径流量时，31 条河流中有 24 条河流与极移 X 分量呈显著相关关系，有 23 条河流与极移 Y 分量呈显著相关关系。说明在月尺度上，极移和全球主要河流径流存在显著相关关系；当极移滞后 31 条全球主要

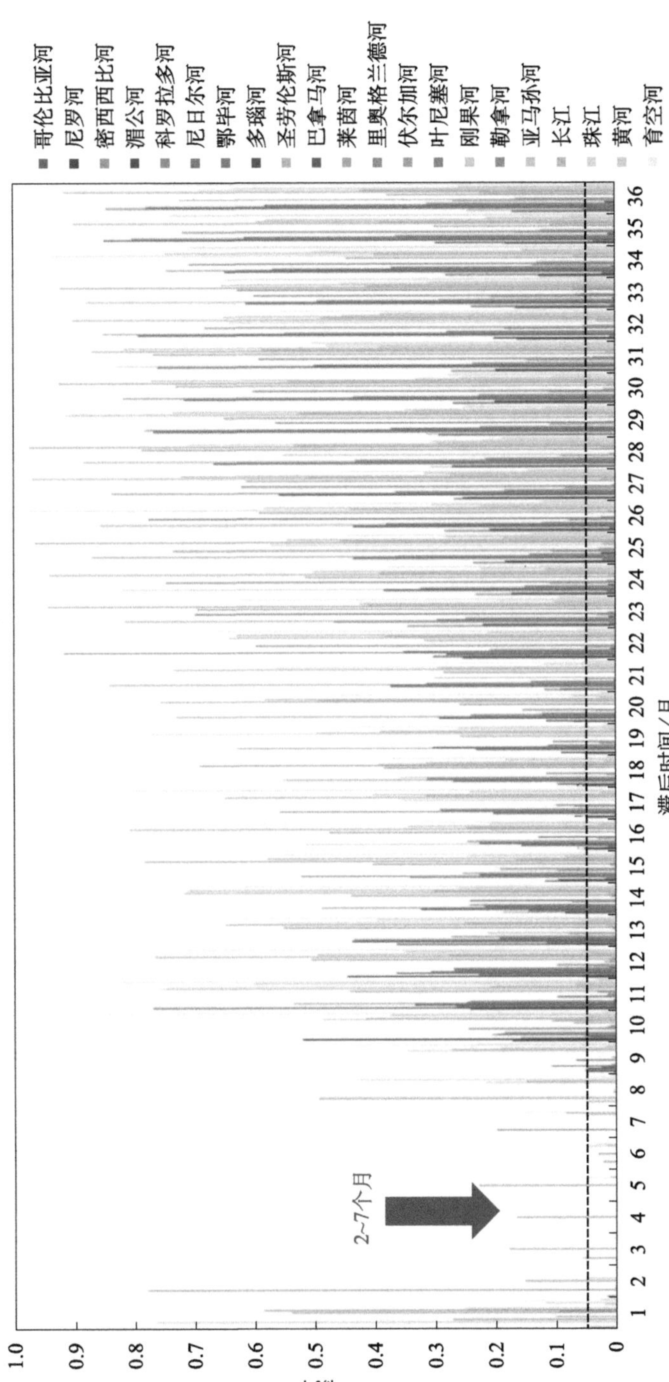

图 3.52　极移 *X* 分量变化对全球主要河流径流变化格兰杰因果关系检验的不同滞后期

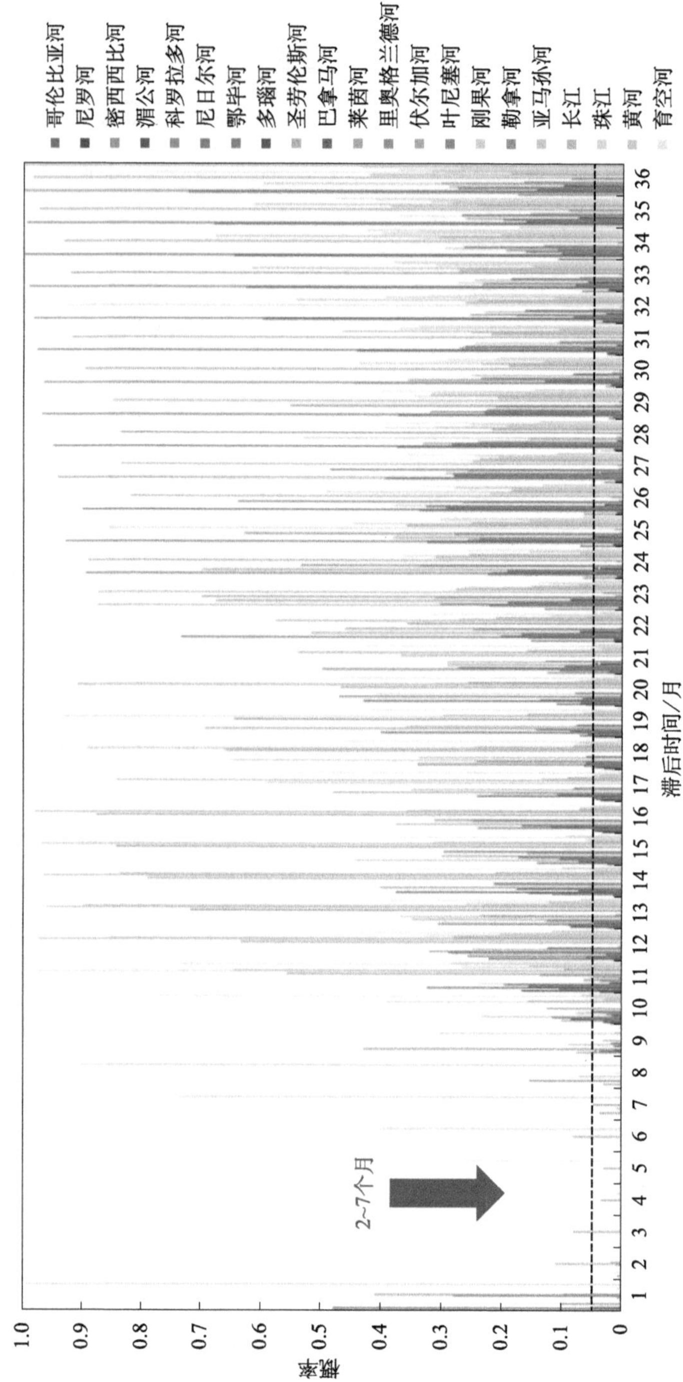

图 3.53 极移 *Y* 分量变化对全球主要河流径流变化格兰杰因果关系检验的不同滞后期

河流月均径流 1 ～ 36 个月时，31 条河流有 27 条河流的月均径流和极移 X 分量都存在 95% 的置信度水平上的显著相关关系，同时有 27 条河流的月均径流与极移 Y 分量呈显著相关关系。从统计上看，极移 X 分量与径流显著相关的河流条数比极移 Y 分量多，且无论是极移 X 分量还是极移 Y 分量，极移因子滞后 1 ～ 36 个月后与径流显著相关的河流条数比径流滞后 1 ～ 36 个月与极移因子显著相关的总条数多。

全球主要河流径流和极移超前滞后相关关系分析的结果显示，在月尺度上，极移和河流径流之间可能存在相互影响。极移和径流比年尺度上具有更密切的相关关系，径流影响极移的作用很可能比极移影响径流的作用大。极移和径流之间的关联机制可能有两种。①极移影响河流径流：极移通过影响离心力系统，影响地球上大气环流和空气质量输送，进而影响各种气候因子，最终通过气候因子的变化影响径流。②河流径流影响极移：径流通过陆地水储量的重新分配改变地球的质量分布，从而激发极移。陆地水储量变化对极移具有很强的季节激发作用，这很可能解释了在月尺度上极移和径流的相关关系比年尺度上更显著的原因，和格兰杰因果关系检验统计的结果一致。两种统计结果都表明，河流水循环和极移之间的关系在月尺度上更明显，且河流水循环对极移的影响大于极移对河流水循环的影响。

3.5.3　问题和讨论

1. 径流和极移究竟在哪个尺度上更可能存在联系？

在 3.5.2 节中，我们在月季尺度和年尺度上分别进行了极移与径流之间的格兰杰因果关系检验。从分析结果可以看到，径流和极移在 95% 的置信度水平上都显著地互为格兰杰因果。也就是说，总能找到一个滞后时间并在该时间上建立回归模型和向量自回归模型，使得两模型之间存在显著差异，从而验证两者存在互为因果关系。但在年尺度上，尚未检测出因果关系。这一结论与 Chen 和 Wilson（2005）研究得到的陆地水储量变化对极移具有很强的季节激发结论相一致。月尺度和季尺度上河流径流量与极移的紧密关系说明，地球极移变化可以作为水文月尺度和季尺度上的预报信号。

2. 是极移影响径流还是径流影响极移?

极移和水循环的关系，谁是因，谁是果，尚不明确。从 3.5.1 节中也可以看出，径流变化和极移变化相互影响。有意思的是，不同的滞后尺度影响也不同。在选取相同滞后项的前提下，我们统计了雅鲁藏布江径流变化预测加入极移变化量和极移变化预测加入径流变化量，发生拒绝原假设的滞后模型个数，如表 3.14 所示。显示拒绝“径流不影响极移预测”（在极移变化预测中加入径流变化量预测精度不变化）的次数比拒绝“极移不影响径流预测”（在径流变化预测中加入极移变化量预测精度不变化）的次数多。单纯从这个统计意义上讲，极移对径流的影响作用弱于径流对极移的影响作用。

表 3.14　拒绝原假设的滞后模型个数　　（单位：个）

项目	月尺度		季尺度	
	极移 *X* 分量	极移 *Y* 分量	极移 *X* 分量	极移 *Y* 分量
径流变化预测加入极移变化量	19	17	1	4
极移变化预测加入径流变化量	21	24	7	8

同时还可发现，极移 *Y* 分量的拒绝次数比极移 *X* 分量的拒绝次数多，这意味着径流变化与极移 *Y* 分量变化量的统计关系强于径流变化与极移 *X* 分量变化量的统计关系。这可能与雅鲁藏布江所在的位置和该区域的水循环特点有着紧密联系。如图 3.54 所示，雅鲁藏布江所在区域位于 90°E 附近，即极移 *Y* 分量的负方向，该区域的水文循环过程主要是印度洋季风沿着经向北上形成降水，降水再主要通过径流的形式又回到印度洋，该水文循环过程主要是经向上的，因此该区域的径流变化与极移 *Y* 分量的变化统计关系更显著。

图 3.54　雅鲁藏布江水文循环过程示意图

3. 雅鲁藏布江径流与极移

和地球相比，雅鲁藏布江流域面积不是很大，为何我们的统计结果显示其径流的变化与极移存在关系？朱琳等（2014）的研究表明，1948 ～ 2011 年，全球山脉力矩变化最为显著的地区集中在欧亚大陆的中南部和南美洲安第斯山脉，尤其以青藏高原区域变化最为剧烈。我们统计得到的雅鲁藏布江径流与极移的关系是因为其位置处于敏感区的特殊性？还是一种统计的必然（即抑或任何河流径流都存在关系）？

4. 研究的引申意义

陆地水储量变化是地移激发的一个重要来源，而极移反过来又可能通过离心力的变化改变陆地水文循环过程。鉴于极移具有较长时间序列，弄清楚极移与径流之间的关系，可为借用极移资料提高资料稀缺地区的水文预测精度提供宝贵的资料支持。资料稀缺地区的水文预报（Predictions in Ungauged Basins，PUB）是国际水文科学协会（International Association of Hydrological Sciences，IAHS）于 2002 年启动的一个十年水文计划。如何在资料稀缺地区开展预报研究，相关学者总结出 PUB 研究的“借”“替”“种”方法三元论（朱琳等，2014；刘苏峡等，2010）。循此方法论，若能厘清极移和径流的关系，就可“借”用有较长时间系列的极移资料的优势，展延水文资料，提高水文预测的精度。

5. 研究的局限

格兰杰因果关系检验的一个局限是，它只能检测出加入某个因子后是否与不加因子的预测效果是否一样，但它尚不能展示加入某个因子后，是否会提高预测精度。因此，径流和极移关系的探索任重而道远。

另外，限于篇幅，我们只做了有限的滞后时间的比较，对于其他滞后时间，是否会带来不同的结论，还需要更多探索。

需要强调的是，即使统计方法能做得尽善尽美，欲真正弄清极移和径流之间的关系还需要走“统计—统计推断—动力机制”相结合的路径。彭公炳等（1980）在统计事实基础上推断，极移振幅增大时，极移与气候变化的联系的可能性增强。极移和气候变化的联系究竟如何，需要更多统计事实来揭露，当然更需要从机理上揭示其联系的物理过程。更深入的统计推断和动力机制将是下一步工作的方向。

3.6　海洋与地球运动因子的关系

ENSO 是地海气系统中最重要的异常事件，ENSO 的发生给世界各地带来了严重的气候灾害，因而受到各国政府及科学家的高度重视。由于观测资料的不断丰富，人们对 ENSO 的认识也更加深入，对传统 ENSO 机制理论，不断提出了新的挑战。所有这些都表明，对 ENSO 的发生还没有一个较完善的解释，对 ENSO 机制的探讨还需要深入。我们希望从地球运动因子（极移）的角度，来解释赤道太平洋 SST 异常的可能原因，为解释 ENSO 的发生提供一个新的路径。

本节将利用正交小波分解（或经验正交分解等类似方法）分析极移振幅与赤道太平洋 SST 的多时间尺度特征，研究了两者在不同时间尺度上的关系，以期了解极移振幅对赤道太平洋 SST 的可能影响。

3.6.1 极移表达和分析方法

采用的地极坐标序列是近年国际地球自转参数服务局发布的一个统一归算的数据序列，时间跨度为 1890 ～ 2013 年，以每 0.05 年的间隔给出一对地极坐标值（图 3.55）。由于地极相对于国际协议原点存在长期漂移，这里的极移振幅实际上是本节所用序列的每 0. 05 年的瞬时极点与国际协议原点的角距离。

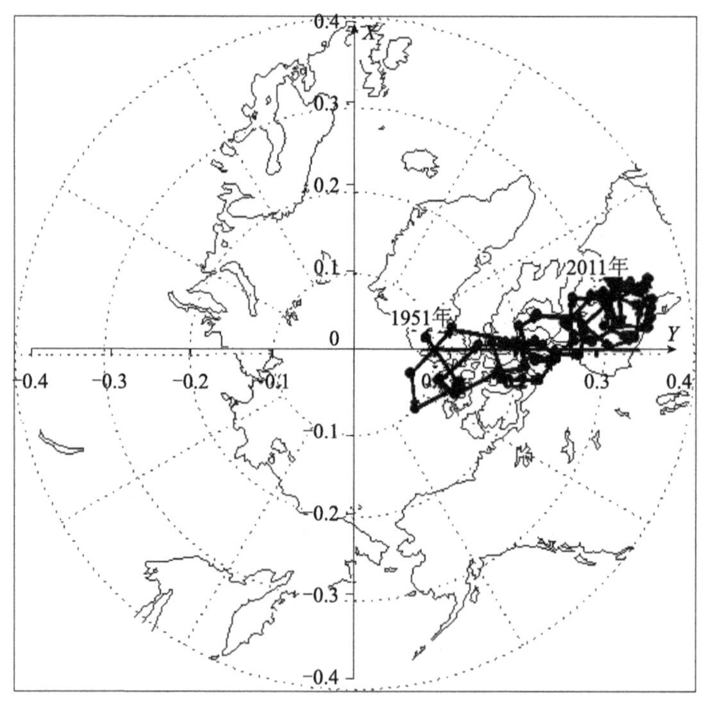

图 3.55 极移变化示意图

资料来源：王勇等（2017）

赤道太平洋不同区段 SST 是判断赤道太平洋所处状态的重要标志，通常将赤道太平洋海域划分为 Niño 1+2、Niño 3、Niño 4 和 Niño 3.4 几个区块（图 3.56）。美国国家大气海洋和大气管理局下属的国家气象局（National Oceanic and Atmospheric Administration/National Weather Service）和国家环境预测中心（National Centers for Environmental Prediction）的气候预测中心（Climate Prediction Center）则用 Niño 3.4 区（5°N ～ 5°S，120°W ～ 170°W）的 3 个月平均 SST 异常来判断当月所处的状态。下面以 Niño 3.4 区作为研究区域。

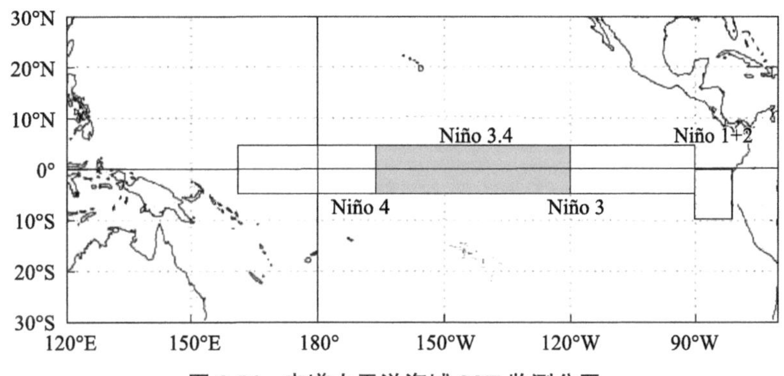

图 3.56　赤道太平洋海域 SST 监测分区

小波分析可以进行时间频率局部化，其基函数通过改变伸缩尺度和平移参数，可以对信号的任何部分和不同尺度进行研究。可以用相同的基函数分析不同的资料从而使分析结果具有可比性。考虑到在连续小波变换中边界对分析较长周期分量的干扰以及分析结果的直观性，使用 Daub4（DB4）正交小波分解（Daubechies，1992）分析资料序列的多尺度特征。原因在于，DB4 正交小波分解特别适合于分析长周期序列，并且可以直观地展现它们的位相配置关系。根据小波多分辨分析理论，对于离散时间序列 signal，可以进行多层正交小波分解，其分解过程如图 3.57 所示。

小波采用二进位移，信号分解为近似项（混合信号）和细节项（高频），近似项再分解为近似部分和细节部分（次高频）等。这种分解是正交的，不同于那些任意选定尺度的小波基函数，它使不同序列相应尺度的分析具有可比性，对序列结构的分析更有说服力。考虑到研究序列的长度为 64 年，本节的分解只能进行到第 5 层，即时间尺度范围为 2 ～ 2^5 年。

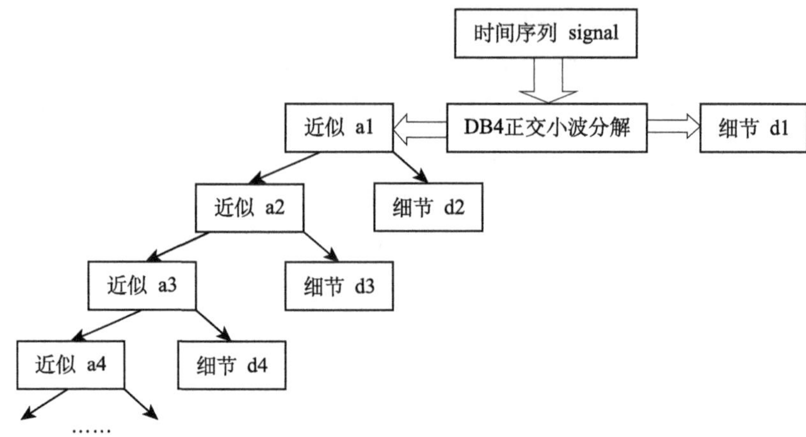

图 3.57　正交小波分解示意图

3.6.2　极移与赤道太平洋海温异常之间的关系

1. 极移振幅的多尺度分析

本节用 DB4 正交小波分解方法对极移振幅资料进行分析，图 3.58 为

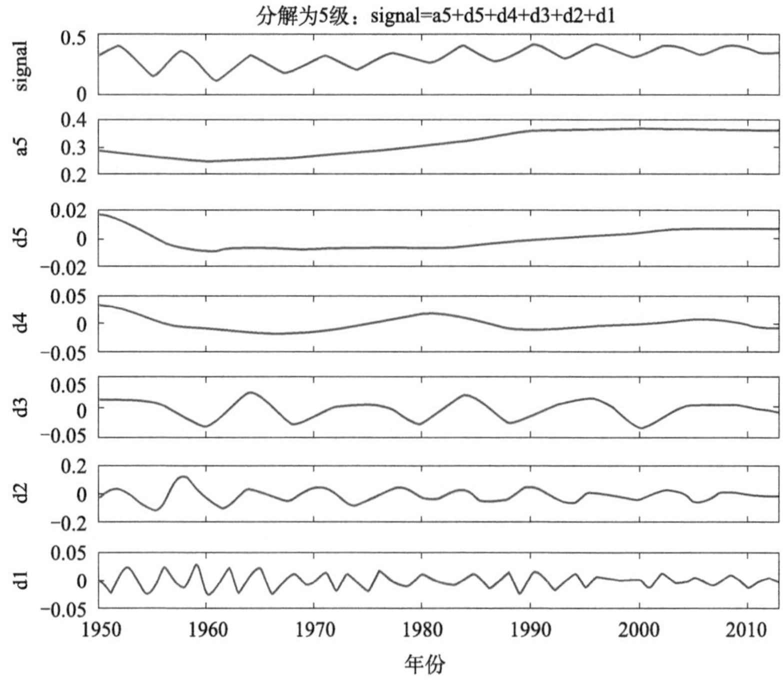

图 3.58　1950 ～ 2013 年极移振幅的 DB4 正交小波分解

1950 ～ 2013 年极移振幅的 DB4 正交小波分解。近似项（a5）显示了极移振幅在 1950 ～ 2013 年呈现增加的变化趋势，5 个细节项从 d5 到 d1 是依次由低频向高频周期排列的。表 3.15 列出了 5 个细节项经过谱分析得到的主要周期，细节项 d1 到 d5 依次以 3.4 年、5.1 年、13.5 年、28.6 年及＞ 32 年的主周期波动。

表 3.15　极移振幅 DB4 小波展开分量的主要周期和贡献率

项目	d1	d2	d3	d4	d5	a5
主要周期 / 年	3.4	5.1	13.5	28.6	＞ 32	
贡献率 /%	4.3	42.9	5.5	3.0	0.9	43.4

经过 DB4 正交小波分解，把与极移振幅相联系的主要波动周期特征都表现出来了。细节项 d2 的主周期集中在 5.1 年，与韩永志等（2006）的研究一致。由此可见，DB4 正交小波分解方法对极移振幅资料的分析具有非常好的效果。

为了了解各个波动对极移振幅原序列的影响大小，即各个分量（包括细节项和近似项）对原序列的贡献，通过各分量解析方差来表示。表 3.15 列出了各个分量对原序列的贡献率，极移振幅变化的增长趋势贡献最大（近似项 a5），贡献率为 43.4%；其次是细节项 d2，贡献率为 42.9%；接着依次是细节项 d3、d1、d4 和 d5，贡献率共 13.7%。由此可见，极移振幅变化在 1950 ～ 2013 年以增长趋势和 5.1 年的周期为主。

2. 赤道太平洋海温的多尺度分析

用 Niño 3.4 数据可以代表赤道太平洋 SST，本部分用 DB4 正交小波分解方法对赤道太平洋 1950 ～ 2013 年的 SST 进行多时间尺度分析。图 3.59 为 1950 ～ 2013 年赤道太平洋 SST DB4 正交小波分解。近似项（a5）显示了赤道太平洋 SST 在 1950 ～ 2013 年呈现先上升后下降的变化趋势，5 个细节项由低频向高频依次排列。表 3.16 列出了 5 个细节项经过谱分析得到的主要周期，细节项 d1 到 d5 依次以 3.6 年、6.4 年、11.1 年、19.7 年及＞ 32 年的主周期波动。

同时，表 3.16 也列出了各个分量对原序列的贡献率，细节项 d1 贡献率最大，贡献率为 44.4%；其次是细节项 d2，贡献率为 36.3%；接着是细节项 d3，贡献率为 11.4%；然后是细节项 d4、d5 和近似项 a5，贡献率分别为 4.5%、1.8%、1.6%。这表明，赤道太平洋 SST 变化以高频波动为主，贡献率为 80.7%，与当前 ENSO 主要周期为 2 ～ 8 年基本一致。但相对于极移振幅周期波动，趋势贡献率较弱，不占主导地位。

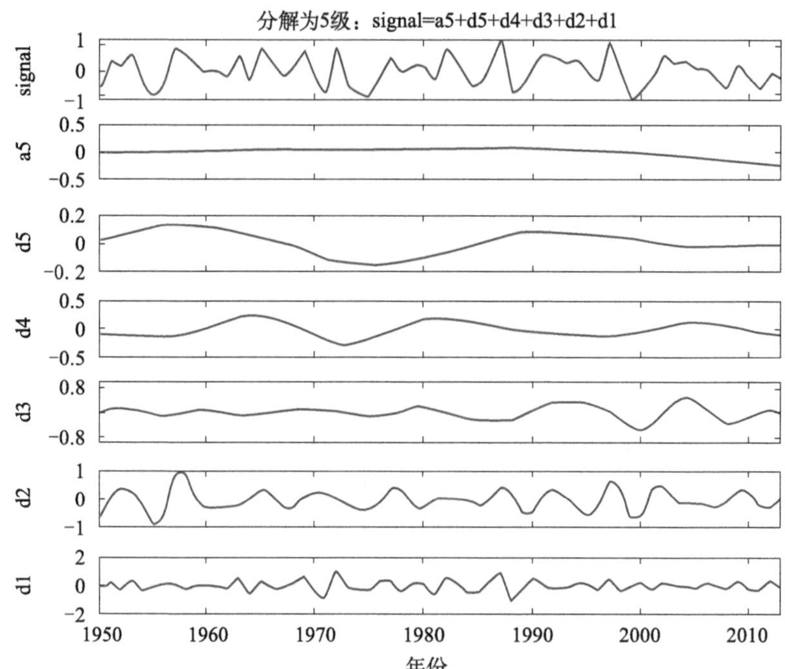

图 3.59 1950 ～ 2013 年赤道太平洋 SST DB4 正交小波分解

表 3.16 赤道太平洋 SST DB4 小波展开分量的主要周期和贡献率

项目	d1	d2	d3	d4	d5	a5
主要周期 / 年	3.6	6.4	11.1	19.7	＞ 32	
贡献率 /%	44.4	36.3	11.4	4.5	1.8	1.6

3. 极移与不同时间尺度赤道太平洋海温的相关关系

极移振幅对赤道太平洋 SST 在不同尺度上的影响，可以从不同尺度上的两者相关关系反映出来。在周期波动方面，表 3.17 显示出两者在低频 d2 部分的相近频率之间相关性非常好，极移振幅的准 5.1 年周期 d2 与赤道太平洋 SST 的 6.4 年尺度 d2 的相关系数达 0.577，并显著性通过了 99% 的置信度检验；除上述两个分量的相关系数显著外，极移振幅和赤道太平洋 SST 各分量之间的相关系数都较小，且不显著。另外，在趋势变化方面，两者呈负相关关系，显著性通过了 95% 的置信度检验。

表 3.17　极移振幅与赤道太平洋 SST 小波展开各分量之间的相关系数

极移振幅	赤道太平洋 SST					
	d1	d2	d3	d4	d5	a5
d1	−0.079	−0.002	0.001	0.001	0.000	0.003
d2	0.001	0.577**	0.011	0.002	0.001	0.008
d3	0.002	−0.017	0.178	−0.029	−0.019	−0.054
d4	0.002	−0.049	0.059	0.002	−0.170	−0.034
d5	0.000	−0.048	0.016	−0.198	0.204	−0.619**
a5	−0.001	0.000	−0.028	0.005	−0.025	−0.357*

* 显著性通过 95% 的置信度检验，** 显著性通过 99% 的置信度检验

经过分析，极移振幅与赤道太平洋 SST 的关系在高频尺度上有显著关联。图 3.60 是极移振幅（d2）与赤道太平洋 SST（d2）各自展开分量的曲线图。从图中可以看到，极移振幅与赤道太平洋 SST 在细节项 d2 尺度上，从位相看基本一致，振幅略为超前，但在 1980 ～ 1990 年出现不一致，甚至出现反位相，原因可能在于赤道太平洋 SST 受 20 世纪 80 年代发生的两次较强的 El Niño 事件（吴仁广和陈烈庭，1995）的影响，总体来看一致的时间占绝对多数；从两者贡献率上看，这两个分量在原序列中占主要的周期变化，表明极移振幅对赤道太平洋 SST 变化有很强的影响。

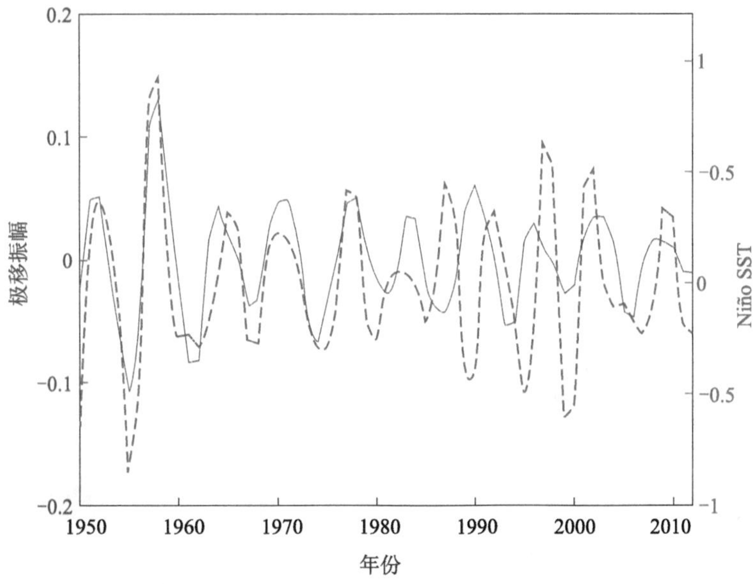

图 3.60　极移振幅（d2）与赤道太平洋 SST（d2）各自展开分量的曲线图

3.6.3 极移对赤道太平洋海温异常的可能影响机制

极移影响海洋 SST 主要是通过离心力位势的改变实现的，离心力位势的变化带来极潮的变化，而在赤道太平洋上的极潮变化会影响西太平洋暖池和 Niño 3.4 之间海水的流动。本节利用下式计算西太平洋暖池和 Niño 3.4 两地之间的位势之差。

$$\Delta W_{\mathrm{p}} = \frac{1}{2} m\omega^2 R^2 L\left[-2\sin\left(\frac{2\theta+\lambda_1+\lambda_2}{2}\right)\sin\left(\frac{\lambda_2-\lambda_1}{2}\right)\right] \quad (3.7)$$

式中，m 是质量；λ_1、λ_2 是两地的经度；θ 是纬度；R 是极移；L 是地球半径；ω 是自转速率。

如图 3.61 所示，极移振幅与西太平洋暖池和 Niño 3.4 区间的位势差（海平面高度差）变化一致，推测建立如下概念模型、极移振幅影响极潮（海平面高度），驱动西太平洋暖池向东扩展（图 3.62），最终影响赤道太平洋 SST。也就是说，海洋是极移对大气影响的媒介，起着放大的作用，极移影响海洋上的离心力

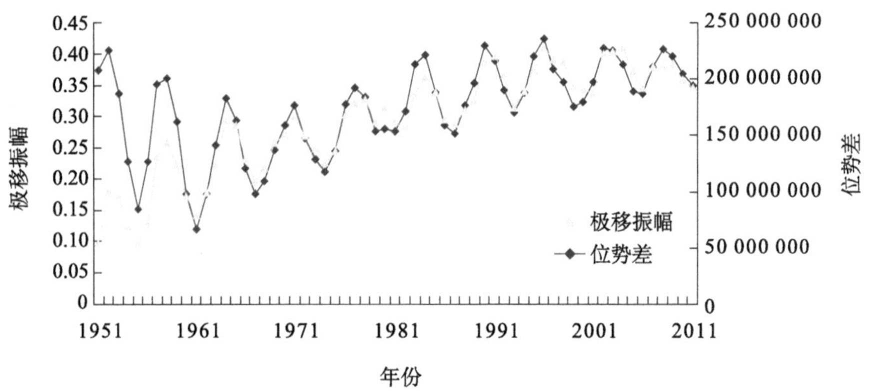

图 3.61 极移振幅与位势差变化图

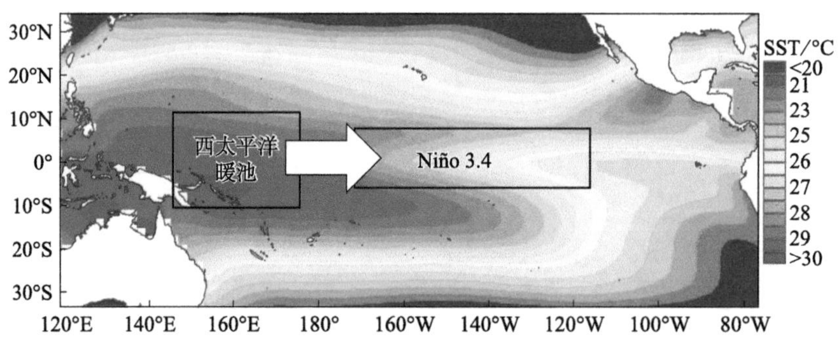

图 3.62 极移对赤道太平洋 SST 异常的影响作用示意图

位势，产生“极潮”，从而影响海平面高度的变化，尤其是热带赤道太平洋地区，促进西太平洋暖池向东扩展，使太平洋东部海水变暖，形成 ENSO 现象。

参考文献

程军 . 2005. 北太平洋气候系统年代际演变的主要特征及其海气耦合机制初探 . 南京：南京信息工程大学 .

符淙斌，Diaz H，Fletcher J. 1986. 赤道太平洋暖水区的东西振荡与“埃尔尼诺”（El Niño）发展的关系 . 科学通报，31（2）：126-128.

符淙斌，弗莱彻 J. 1985.“埃尔尼诺”（El Niño）时期赤道增暖的两种类型 . 科学通报，30（8）：596-599.

韩永志，马利华，尹志强 . 2006. 极移振幅主要周期分量的时变特征 . 地球物理学进展，21（3）：798-801.

黄聪，张效信，曹冬杰，等 . 2014. 极区太阳能量粒子沉降对高纬臭氧含量影响研究进展 . 气象科技进展，4（1）：28-37.

黎鑫，李崇银 . 2014. 两类 El Niño 的发生与赤道太平洋次表层海温异常 . 科学通报，59（21）：2098-2107.

刘苏峡，刘昌明，赵卫民，等 . 2010. 无测站流域水文预测（PUB）的研究方法 . 地理科学进展，29（11）：1333-1339.

刘苏峡，王盛，王月玲，等 . 2014. 地极移动与河川径流的关系研究 . 气象科技进展，4（3）：6-12.

刘天仇 . 1999. 雅鲁藏布江水文特征 . 地理学报，66（s1）：157-164.

马耀明 . 2010.“第三极环境（TPE）计划”：一个新的研究青藏高原及其周边地区地气相互作用的机遇 // 中国气象学会 . 第 27 届中国气象学会年会干旱半干旱区地气相互作用分会场论文集 . 北京 .

彭公炳，陆巍，殷延珍 . 1980. 地极移动与气候的几个问题 . 大气科学，4（4）：369-378.

曲维政，邓声贵，黄菲，等 . 2004. 深海温度变化对太阳活动的响应 . 第四纪研究，24（3）：285-292.

曲维政，黄菲，赵进平，等 . 2008. 北太平洋年代际涛动与太阳活动的联系 . 海洋与湖沼，39（6）：552-560.

宋燕，张菁，李智才，等 . 2011. 青藏高原冬季积雪年代际变化及对中国夏季降水的影响 . 高原气象，30（4）：843-851.

陶诗言，陈联寿，徐祥德 . 1999. 第二次青藏高原大气科学试验理论研究进展 . 北京：气象出版社 .

王刚，颜双喜，林敏．2014. 海洋热含量对太阳总辐射 11 年周期变化的响应．气象科技进展，4（4）：13-18.

王勇，刘苏峡，邵亚平，等．2017. 地球极移振幅和相位的长期变化特征及预测研究．气象科技进展，7（1）：12-17.

吴国雄，李伟平，郭华，等．1997. 青藏高原感热气泵和亚洲夏季风 // 叶笃正．赵九章纪念文集．北京：科学出版社：116-126.

吴仁广，陈烈庭．1995. 1980—1989 年全球 1000hPa 高度距平 3—5 年尺度演变．大气科学，19（5）：575-585.

徐文耀．2004. 地磁活动性概论．北京：科学出版社．

闫昊明，钟敏，朱耀仲，等．2002. 极移半年振荡的年际变化与北大西洋涛动．自然科学进展，12（1）：104-107.

言穆弘，安学敏，张义军，等．1993. 太阳活动、大气臭氧和平流层温度相关分析研究．高原气象，12（3）：302-311.

姚檀栋．2014. “第三极环境（TPE）”国际计划——应对区域未来环境生态重大挑战问题的国际计划．地理科学进展，33（7）：884-892.

叶笃正，高由禧．1979. 青藏高原气象学．北京：科学出版社．

叶宗海，薛顺生，王莲英．1987. 太阳质子事件与大气臭氧扰动．空间科学学报，7（1）：65-72.

赵丰．1990. 见微知著——话地球自转．科学月刊，21（11）：866-876.

赵亮，徐影，王劲松，等．2011. 太阳活动对近百年气候变化的影响研究进展．气象科技进展，1（4）：37-48.

赵新华，冯学尚．2014. 太阳活动与地球表面温度变化的周期性和相关性．科学通报，59（14）：1284-1292.

赵宗慈，罗勇，黄建斌．2013. 多年代气候预估中太阳黑子的作用．气候变化研究进展，9（5）：379-382.

周群．2013. 太阳活动 11 年周期对东亚气候的影响及其机理．北京：中国科学院大气物理研究所．

朱琳，黄玫，巩贺，等．2014. 全球山脉力矩时空变化及其与地球自转的关系．气象科技进展，（3）：32-35.

Akaike H. 1974. A new look at the statistical model identification. IEEE Transactions on Automatic Control，19（6）：716-723.

Akasofu S I. 1981. Prediction of development of geomagnetic storms using the solar wind-magnetosphere energy coupling function ε. Planetary and Space Science，29：1151-1158.

Araki T. 1977. Global structure of geomagnetic sudden commencements. Planetary and Space Science，25（4）：373-384.

Ashok K，Behera S，Rao S A，et al. 2007. El Niño Modoki and its possible teleconnection. Journal of Geophysical Research，112（C11）：C11007，1-27.

Ashok Kumar B C，Nayak U P. 2000. A peripheral port termination for EMI tests. International Conference on Electromagnetic Interference & Compatibility.

Attanasio A. 2012. Testing for linear Granger causality from natural/ anthropogenic forcings to global temperature anomalies. Theoretical and Applied Climatology，110：281-289.

Attanasio A，Pasini A，Triacca U. 2012. A contribution to attribution of recent global warming by out-of-sample Granger causality analysis. Atmospheric Science Letters，13（1）：67-72.

Baldwin M P，Dunkerton T J. 2001. Stratospheric harbingers of anomalous weather regimes. Science，294（5542）：581-584.

Baumgaertner A J G，Jockel P，Bruhl C. 2009. Energetic particle precipitation in ECHAM5/MESSy1-Part I：downward transport of upper atmospheric NO_x produced by low energy electrons. Atmospheric Chemistry and Physics，9（8）：2729-2740.

Baumgaertner A J G，Seppala A，Jockel P，et al. 2011. Geomagnetic activity related NO_x enhancements and polar surface air temperature variability in a chemistry climate model：modulation of the NAM index. Atmospheric Chemistry and Physics，11（9）：4521-4531.

Beckers B. 2013. Worldwide Aspects of Solar Radiation Impact//Breitkopf P，Beckers B. London：Solar Energy at Urban Scale Wiley-ISTE：99-118.

Beer J，Mende W，Stellmacher R. 2000. The role of the sun in climate forcing. Quaternary Science Reviews，19（1-5）：403-415.

Bothmer V，Daglis I A. 2006. Space Weather：Physics and Effects. Berlin：Springer Praxi Books.

Brasseur G P，Solomon S. 2005. Aeronomy of the Middle Atmosphere. Dordrecht：Springer.

Burton R K，Mcpherron R L，Russell C T. 1975. An empirical relationship between interplanetary conditions and Dst. Journal of Geophysical Research，80（31）：4204-4214.

Carrington R C. 1859. Description of a singular appearance seen in the sun on September 1，1859. Monthly Notices of the Royal Astronomical Society，20（1）：13-15.

Chandra M，Da S E，Sorenson M M，et al. 1994. The effects of N helix deletion and mutant F29W on the Ca^{2+} binding and functional properties of chicken skeletal muscle troponin. Journal of Biological Chemistry，269（21）：14988-14994.

Chen J L，Wilson C R，Ries J C，et al. 2013. Rapid ice melting drives earth's pole to the east. Geophysical Research Letters，40（11）：2625-2630.

Chen J L，Wilson C R，Zhou Y H. 2012. Seasonal excitation of polar motion. Journal of Geodynamics，62：8-15.

Chen J L，Wilson C R. 2005. Hydrological excitations of polar motion，1993-2002.

Geophysical Research Letters，160（3）：833-839.

Christoforou P，Hameed S. 1997. Solar cycle and the Pacific "centers of action" . Geophysical Research Letters，24（3）：293-296.

Crooker N U，Feynman J，Gosling J T. 1977. On the high correlation between long-term averages of solar wind speed and geomagnetic activity. Journal of Geophysical Research，82（13）：1933-1937.

Daubechies I. 1992. Ten lectures on wavelets. CBMS-NSF Regional Conference Series in Applied Mathematics.

Dickey D，Fuller W A. 1981. Likelihood ratio statistic for autoregressive time series with a unit root. Econometrica，49（4）：1057-1072.

Drenkard E J，Karnauskas K B. 2014. Strengthening of the pacific equatorial undercurrent in the SODA reanalysis：mechanisms，ocean dynamics，and implications. Journal of Climate，27（6）：2405-2416.

Dungey J W. 1961. Interplanetary magnetic field and the auroral zones. Physical Review Letters，6（2）：47-48.

Egorova T，Rozanov E，Ozolin Y，et al. 2011. The atmospheric effects of October 2003 solar proton event simulated with the chemistry-climate model SOCOL using complete and parameterized ion chemistry. Journal of Atmospheric and Solar-Terrestrial Physics，73：356-365.

Elsner J B. 2007. Granger causality and Atlantic hurricanes. Tellus，59：476-485.

Emery B A，Coumans V，Evans D S，et al. 2008. Seasonal，Kp，solar wind，and solar flux variations in long-term single-pass satellite estimates of electron and ion auroral hemispheric power. Journal of Geophysical Research，113（A6）：A06311.

Floyd L E，Cook J W，Herring L C，et al. 2003. SUSIM'S 11-year observational record of the solar UV irradiance. Advances in Space Research，31（9）：2111-2120.

Frankignoul C. 1985. Sea surface temperature anomalies，planetary waves，and air-sea feedback in the middle latitudes. Reviews of Geophysics，23：357-390.

Funke B，Lopez-Puertas M，Fischer H，et al. 2007. Comment on "Origin of the January-April 2004 increase in stratospheric NO_2 observed in northern polar latitudes" by Jean-Baptist Renard et al.. Geophysical Research Letters，34（7）：L07813.

Furtado J C，Lorenzo E D，Anderson B T，et al. 2012. Linkages between the North Pacific Oscillation and central tropical Pacific SSTs at low frequencies. Climate Dynamics，39（12）：2833-2846.

Gimeno L，de la Torre L，Nieto R，et al. 2003. Changes in the relationship NAO-Northern hemisphere temperature due to solar activity. Earth and Planetary Science Letters，206：15-20.

Giraud A，Petit M. 1978. Ionospheric techniques and phenomena. Dordrecht：D. Reidel

Publishing Co.（Geophysics and Astrophysics Monographs. Volume 13）.

Gonzalez W D，Joselyn J A，Kamide Y，et al. 1994. What is a geomagnetic storm ?. Journal of Geophysical Research，99（A4）：5771-5782.

Gonzalez W D，Mozer F S. 1974. A quantitative model for the potential resulting from reconnection with an arbitrary interplanetary magnetic field. Journal of Geophysical Research，79：4186-4194.

Gonzalez W D，Tsurutani B T，Gonzalez A L C，et al. 1989. Solar wind-magnetosphere coupling during intense magnetic storms（1978-1979）. Journal of Geophysical Research，94：8835-8851.

Granger C W J. 1969. Investigating causal relations by econometric methods and cross-spectral methods. Econometrica，37（3）：424-438.

Gray L J，Beer J，Geller M，et al. 2010. Solar influences on climate. Reviews of Geophysics，48（4）：RG4001.

Haigh C L，Brown D R. 2010. Prion protein reduces both oxidative and non-oxidative copper toxicity. Journal of Neurochemistry，98（3）：677-689.

Haigh J D，1996. The impact of solar variability on climate. Science，272（5264）：981-984.

Haigh J D. Blackburn M. 2006. Solar influences on dynamical coupling between the stratosphere and troposphere. Space Science Reviews，125（1）：331-344.

Hargreaves J K. 1992. The solar-terrestrial environment. Cambridge Atmospheric and Space Science Series. Cambridge：Cambridge University Press.

He D M，Ren J，Fu K D，et al. 2007. Sediment change under climate changes and human activities in the Yuanjiang-Red River Basin. Chinese Science Bulletin，52：164-171.

Heath D F，Krueger A J，Crutzen P J. 1977. Solar proton event：influence on stratospheric ozone. Science，197（4306）：886-889.

Hirshberg J，Bame S J，Robbins D E. 1972. Solar flares and solar wind helium enrichments：July 1965—July 1967. Solar Physics，23（2）：467-486.

Hodgson R. 1860. On a curious appearance seen in the Sun. Monthly Notices of the Royal Astronomical Society，20：15-16.

Huang R. 2009. Ocean Circulation：Wind-Driven and Thermohaline Processes. Cambridge：Cambridge University Press.

Huo W J，Xiao Z N. 2017. Anomalous pattern of ocean heat content during different phases of the solar cycle in the tropical Pacific. Atmospheric and Oceanic Science Letters，10（1）：9-16.

Huth R，Bochníček J，Hejda P. 2007. The 11-year solar cycle affects the intensity and annularity of the Arctic Oscillation. Journal of Atmospheric and Solar-Terrestrial Physics，

69（9）：1095-1109.

Ineson S，Scaife A A，Knight J R，et al. 2011. Solar forcing of winter climate variability in the Northern Hemisphere. Nature Geoscience，4（11）：753-757.

Ishii M，Kimoto M. 2009. Reevaluation of historical ocean heat content variations with time-varying XBT and MBT depth bias corrections. Journal of Oceanogrphy，65（3）：287-299.

Jackman C H，Cerniglia M C，Nielsen J E，et al. 1995. Two-dimensional and three-dimensional model simulations，measurements，and interpretation of the influence of the October 1989 solar proton events on the middle atmosphere. Journal of Geophysical Research，100（D6）：11641-11660.

Jackman C H，DeLand M T，Labow G J，et al. 2005. The influence of several very large solar proton events in years 2000-2003 on the neutral middle atmosphere. Advances in Space Research.，35（3）：445-450.

Jackman C H，Douglass A R，Rood R B，et al. 1990. Effect of solar proton events on middle atmosphere during the past two solar cycles as computed using a two-dimensional model. Journal of Geophysical Research，95：7417-7428.

Jackman C H，Fleming E L，Vitt F M. 2000. Influence of extremely large solar proton events in a changing stratosphere. Journal of Geophysical Research，105（D9）：11659-11670.

Jackman C H，Marsh D R，Vitt F M，et al. 2008. Short- and medium-term atmospheric constituent effects of very large solar proton events. Atmospheric Chemistry and Physics，8：765-785.

Jackman C H，Marsh D R，Vitt F M，et al. 2009. Long-term middle atmospheric influence of very large solar proton events. Journal of Geophysical Research，114：D11304（1-14）.

Jackman C H，McPeters R D，Labow G J，et al. 2001. Northern hemisphere atmospheric effects due to the July 2000 solar proton event. Geophysical Research Letters，28（15）：2883-2886.

Jackman C H，Mcpeters R D. 1985. The response of ozone to solar proton events during solar cycle 21：a theoretical interpretation. Journal of Geophysical Research，90（D5）：7955-7966.

Jackman C H，Roble R G，Fleming E L. 2007. Mesospheric dynamical changes induced by the solar proton events in October-November 2003. Geophysical Research Letters，34（4）：L04812.

Jin S G，Chambers D P，Tapley B D. 2010. Hydrological and oceanic effects on polar motion from GRACE and models. Journal of Geophysical Research，115（B2）：B02403.

Jin S G，Hassana A A，Feng G P. 2012. Assessment of terrestrial water contributions to polar motion from GRACE and hydrological models. Journal of Geodynamics，62：40-48.

Kamide Y，Chian A C L. 2007. Handbook of the Solar-Terrestrial Environment. Berlin：Springer.

Kao H Y，Yu J Y. 2009. Contrasting eastern-pacific and central-pacific types of ENSO. Journal of Climate，22（3）：615-632.

Kleeman R，McCreary J P，Klinger B A. 1999. A mechanism for generating ENSO decadal variability. Geophysical Research Letters，26（12）：1743-1746.

Kodera K. 2002. Solar cycle modulation of the North Atlantic Oscillation：Implication in the spatial structure of the NAO. Geophysical Research Letters，29（8）：591-594.

Kodera K，Coughlin K，Arakawa O. 2007. Possible modulation of the connection between the Pacific and Indian Ocean variability by the solar cycle. Geophysical Research Letters，34（3）：L03710.

Kodera K，Kuroda Y. 2002. Dynamical response to the solar cycle. Journal of Geophysical Research，107（D24）：4749.

Kodera K，Thiéblemont R，Yukimoto S，et al. 2016. How can we understand the global distribution of the solar cycle signal on the earth's surface?. Atmospheric Chemistry and Physics，16（20）：12925-12944.

Kopp G，Lean J L. 2011. A new，lower value of total solar irradiance：evidence and climate significance. Geophysical Research Letters，38（1）：541-551.

Kug J S，Jin F F，An S I. 2009. Two types of El Niño Events：cold tongue El Niño and warm pool El Niño. Journal of Climate，22（6）：1499-1515.

Kug J S，Sooraj K P，Jin F F，et al. 2009. Impact of Indian Ocean Dipole on high-frequency atmospheric variability over the Indian Ocean. Atmospheric Research，94（1）：134-139.

Langematz U，Grenfell J L，Matthes K，et al. 2005. Chemical effects in 11-year solar cycle simulations with the Freie Universitat Berlin Climate Middle Atmosphere Model with online chemistry（FUB-CMAM-CHEM）. Geophysical Research Letters，32（13）：L13803.

Lanzerotti L J. 2001. Space Weather Effects on Communications//Daglis I A. Space Storms and Space Weather Hazards. NATO Science Series（Series Ⅱ：Mathematics，Physics and Chemistry），vol 38. Dordrecht：Springer：1-28.

Larkin N K，Harrison D E. 2005. Global seasonal temperature and precipitation anomalies during El Niño autumn and winter. Geophysical Research Letters，32（16）：3613-3619.

Lary D. 1997. Catalytic destruction of stratospheric ozone. Journal of Geophysical Research，102：21515- 21526.

Latif M，Barnett T P. 1994. Causes of decadal climate variability over the North Pacific and North America. Science，266（5185）：634-637.

Latif M，Barnett T P. 1996. Decadal climate variability over the North Pacific and North America：dynamics and predictability. Journal of Climate，9（10）：2407-2423.

Lean J. 1997. The sun's variable radiation and its relevance for Earth. Annual Review of Astronomy & Astrophysics，35（1）：33-67.

Legras B，Mestre O，Bard E，et al. 2010. A critical look at solar-climate relationships from long temperature series. Climate of the Past，6（6）：745-758.

Levitus S，Antonov J I，Boyer T P，et al. 2012. World ocean heat content and thermosteric sea level change（0-2000m），1955-2010. Geophysical Research Letters，39：L10603.

Lü J M，Ju J H，Kim S J，et al. 2008. Arctic oscillation and the autumn/ winter snow depth over the Tibetan Plateau. Journal of Geophysical Research，113（D14）：D14117.

Mann M E，Zhang Z，Rutherford S，et al. 2009. Global signatures of the little ice age and medieval climate anomaly and plausible dynamical origins. Science，326：1256-1260.

Marsh D R，Garcia R R，Kinnison D E，et al. 2007. Modeling the whole atmosphere response to solar cycle changes in radiative and geomagnetic forcing. Journal of Geophysical Research，112（D23）：D23306.

Matthes K，Kuroda Y，Kodera K，et al. 2006. Transfer of the solar signal from the stratosphere to the troposphere：Northern winter. Journal of Geophysical Research，111（D6）：D06108.

McPeters R D，Jackman C H，Stassinopoulos E G. 1981. Observations of ozone depletion associated with solar proton events. Journal of Geophysical Research，86：12071-12081.

Meehl G A. 2009. The coupled ocean-atmosphere modeling problem in the tropical pacific and asian monsoon regions. Journal of Climate，2（10）：1146-1163.

Meehl G A，Arblaster J M. 2009. A lagged warm event-like response to peaks in solar forcing in the Pacific region. Journal of Climate，22（13）：3647-3660.

Meehl G A，Arblaster J M，Branstator G，et al. 2008. A coupled air sea response mechanism to solar forcing in the Pacific region. Journal of Climate，21（12）：2883-2897.

Meehl G A，Arblaster J M，Matthes K，et al. 2009. Amplifying the Pacific climate system response to a small 11-year solar cycle forcing. Science，325（5944）：1114-1118.

Miller A J，Cayan D R，Barnett T P，et al. 1994. Interdecadal variability of the Pacific Ocean：model response to observed heat flux and wind stress anomalies. Climate Dynamics，9（6）：287-302.

Misios S，Schmidt H. 2012. Mechanisms involved in the amplification of the 11-yr solar cycle signal in the tropical Pacific Ocean. Journal of Climate，25（14）：5102-5118.

Moldwin M. 2008. An Introduction to Space Weather. Cambridge：Cambridge University Press.

Nakamura H，Kazmin A S. 2003. Decadal changes in the North Pacific oceanic frontal zones as revealed in ship and satellite observations. Journal of Geophysical Research，108（C3）：3078.

Nakamura H，Lin G，Yamagata T. 1997. Decadal climate variability in the North Pacific during the recent decades. Bulletin of the American Meteorological Society，78（10）：2215-2225.

Nastula J，Ponte R M，Salstein D A. 2007. Comparison of polar motion excitation series derived from GRACE and from analyses of geophysical fluids. Geophysical Research Letters，34：L11306.

Njau E C. 2000a. Sun-weather/climate relationships：a review—Part I. PINSA，66，A（3&4）：415-441.

Njau E C. 2000b. Sun-weather/climate relationships：a review—Part Ⅱ. PINSA，66，A（5）：451-466.

Ogi M，Yamazaki K，Tachibana Y. 2003. Solar cycle modulation of the seasonal linkage of the North Atlantic Oscillation（NAO）. Geophysical Research Letters，30（22）：2170-2177.

Perry C A. 1994. Solar-irradiance variations and regional precipitation fluctuations in the western USA. International Journal of Climatology，14：969-983.

Pierce D W，Barnett T P，Latif M. 2000. Connections between the Pacific Ocean Tropics and midlatitudes on decadal timescales. Journal of Climate，13（6）：1173-1194.

Porter H S，Jackman C H，Green A E S. 1976. Efficiencies for production of atomic nitrogen and oxygen by relativistic proton impact in air. Journal of Chemical Physics，65（1）：154-167.

Qiu J. 2008. China：the third pole. Nature，454：393-396.

Randall C E，Harvey V L，Manney G L，et al. 2005. Stratospheric effects of energetic particle precipitation in 2003-2004. Geophysical Research Letters，32（5）：L05802.

Randall C E，Harvey V L，Singleton C S，et al. 2007. Energetic particle precipitation effects on the Southern Hemisphere stratosphere in 1992-2005. Journal of Geophysical Research，112（D8）：D08308.

Reddmann T，Ruhnke R，Versick S，et al. 2010. Modeling disturbed stratospheric chemistry during solar-induced NO_x enhancements observed with MIPAS/ENVISAT. Journal of Geophysical Research，115（D1）：D00I11.

Reid G C. 1986. Solar Energetic Particles and their Effects on the Terrestrial Environment//Sturrock P A，Holzer T E，Mihalas D M，et al. Physics of the Sun. Geophysics and Astrophysics Monographs，vol 26. Dordrecht：Springer：252-278.

Reid G C. 1987. Influence of solar variability on global sea surface temperatures. Nature，329（6135）：142-143.

Reid G C. 1991. Solar total irradiance variations and the global sea surface temperature record. Journal of Geophysical Research，96（D2）：2835-2844.

Reid G C，Solomon S，Garcia R R. 1991. Response of the middle atmosphere to the solar proton events of August-December，1989. Geophysical Research Letters，18：1019-1022.

Richardson I G，Cliver E W，Cane H V. 2000. Sources of geomagnetic activity over the solar cycle：relative importance of coronal mass ejections，high-speed streams，and slow solar wind. Journal of Geophysical Research，105（A8）：18203-18213.

Robichaud A，Menard R，Chabrillat S，et al. 2009. Impact of energetic particle precipitation on stratospheric polar constituents：an assessment using MIPAS data monitoring and assimilation. Atmospheric Chemistry and Physics，9（5）：22459-22504.

Rodger C J，Verronen P T，Clilverd M A. 2008. Atmospheric impact of the Carrington event solar protons. Journal of Geophysical Research，113（D23）：D23302.

Rohen G C，Savigny V，Sinnhuber M，et al. 2005. Ozone depletion during the solar proton events of October/November 2003 as seen by SCIAMACHY. Journal of Geophysical Research，110（A9）：A09S39.

Roy I. 2014. The role of the sun in atmosphere-ocean coupling. International Journal of Climatology，34（3）：655-677.

Roy I，Haigh J D. 2010. Solar cycle signals in sea level pressure and sea surface temperature. Atmospheric Chemistry and Physics，9（6）：3147-3153.

Roy I，Haigh J D. 2012. Solar cycle signals in the Pacific and the issue of timings. Journal of the Atmospheric Sciences，69（4）：1446-1451.

Rozanov E，Calisto M，Egorova T A，et al. 2012. Influence of the precipitating energetic particles on atmospheric chemistry and climate. Surveys in Geophysics，33（3-4）：483-501.

Rozanov E，Callis L，Schlesinger M，et al. 2005. Atmospheric response to NO_y source due to energetic electron precipitation. Geophysical Research Letters，32（14）：L14811.

Ruzmaikin A. 1999. Can El Niño amplify the solar forcing of climate?. Geophysical Research Letters，26（15）：2255-2258.

Scaife A A，Ineson S，Knight J R，et al. 2013. A mechanism for lagged North Atlantic climate response to solar variability. Geophysical Research Letters，40（2）：434-439.

Schuh H，Böhm S. 2011. Earth Rotation//Gupta H K. Encyclopedia of Solid Earth Geophysics（Encyclopedia of Earth Sciences Series 1）. Berlin：Springer：123-129.

Semeniuk K，Fomichev V I，McConnell J C，et al. 2011. Middle atmosphere response to the solar cycle in irradiance and ionizing particle precipitation. Atmospheric Chemistry and Physics，11（10）：5045-5077.

Seppälä A，Clilverd M A，Rodger C J. 2007a. NO_x enhancements in the middle atmosphere during 2003-2004 polar winter：relative significance of solar proton events and the aurora as a source. Journal of Geophysical Research，112：D23303.

Seppälä A，Verronen P T，Clilverd M A. 2007b. Arctic and Antarctic polar winter NO_x and energetic particle precipitation in 2002-2006. Geophysical Research Letters，34（12）：L12810.

Seppälä A，Randall C E，Clilverd M A，et al. 2009. Geomagnetic activity and polar surface level air temperature variability. Journal of Geophysical Research，114（A10）：A10312.

Shindell D T，Schmidt G A，Mann M E，et al. 2001. Solar forcing of regional climate change during the Maunder minimum. Science，294（5549）：2149-2152.

Shu W，Wu L，Liu Q，et al. 2010. Development processes of the Tropical Pacific Meridional Mode. Advances in Atmospheric Sciences，27（1）：95-99.

Sims C A，Stock J H，Watson M W. 1990. Inference in linear time series models with some unit roots. Econometrica，58（1）：113-144.

Sinnhuber B M，Gathen P，Sinnhuber M，et al. 2006. Large decadal scale changes of polar ozone suggest solar influence. Atmospheric Chemistry and Physics，6：1835-1841.

Slonosky V C，Jones P D，Davies T D. 2001. Instrumental pressure observation and atmospheric circulation from the 17th and 18th centuries：London and Paris. International Journal of Climatology，21（3）：285-298.

Solar and Space Physics Survey Committee，National Research Council. 2002. The Sun to the Earth-and Beyond：A Decadal Research Strategy in Solar and Space Physics：Executive Summary. Washington D C：The National Academies Press.

Stephens C，Levitus S，Antonov J，et al. 2001. On the Pacific Ocean regime shift. Geophysical Research Letters，28（19）：3721-3724.

Stephens G L，Li J L，Wild M，et al. 2012. An update on earth's energy balance in light of the latest global observations. Nature Geoscience，5（10）：691-696.

Stock J H，Watson M W. 1989. Interpreting the evidence on money-income causality. Journal of Econometrics，40（1）：161-181.

Taylor K E，Stouffer R J，Meehl G A. 2012. An overview of CMIP5 and the experiment design. Bulletin of the American Meteorological Society，93（4）：485-498.

Thomas B C，Jackman C H，Melott A L. 2007. Modeling atmospheric effects of the September 1859 Solar Flare. Geophysical Research Letters，34（6）：L06810.

Thomas R J，Barth C A，Rottman G J，et al. 1983. Mesospheric ozone depletion during the solar proton event of July 13，1982 Part I Measurement. Geophysical Research Letters，10（4）：253-255.

Trenberth K E，Fasullo J T，Kiehl J. 2009. Earth's global energy budget. Bulletin of the American Meteorological Society，90：311-324.

Tung K K, Zhou J S. 2010. The Pacific's response to surface heating in 130yr of SST: La Niña-like or El Niño-like?. Journal of the Atmospheric Sciences, 67 (8): 2649-2657.

van Loon H, Meehl G A, Shea D J. 2007. Coupled air sea response to solar forcing in the Pacific region during northern winter. Journal of Geophysical Research, 112 (D2): D02108.

van Loon H, Meehl G A. 2008. The response in the Pacific to the Sun's decadal peaks and contrasts to cold events in the Southern Oscillation. Journal of Atmospheric and Solar-Terrestrial Physics, 70 (7): 1046-1055.

Verronen P T, Rodger C J, Clilverd M A, et al. 2011. First evidence of mesospheric hydroxyl response to electron precipitation from the radiation belts. Journal of Geophysical Research, 116 (D7): D07307.

Verronen P T, Turunen E, Ulich T, et al. 2002. Modelling the effects of the October 1989 solar proton event on mesospheric odd nitrogen using a detailed ion and neutral chemistry model. Annales Geophysicae, 20 (12): 1967-1976.

Vimont D J, Battisti D S, Hirst A C. 2001. Footprinting: a seasonal connection between the tropics and mid-latitudes. Geophysical Research Letters, 28 (20): 3923-3926.

Vogel B, Konopkal P, Groob J U, et al. 2008. Model simulations of stratospheric ozone loss caused by enhanced mesospheric NO_x during Arctic Winter 2003/2004. Atmospheric Chemistry and Physics, 8: 4911-4947.

Wahr J M. 1985. Deformation induced by polar motion. Journal of Geophysical Research: Solid Earth, 90 (B11): 9363-9368.

Wang G, Yan S X, Qiao F L. 2015. Decadal variability of upper ocean heat content in the Pacific: responding to the 11-year solar cycle. Journal of Atmospheric and Solar-Terrestrical Physics, 135: 101-106.

Wang Y M, Lean J L, Sheeley J N R. 2005. Modeling the Sun's magnetic field and irradiance since 1713. Astrophysical Journal, 625: 522-538.

Weeks C H, Cuikay R S, Corbin J R. 1972. Ozone measurements in the mesosphere during the solar proton event of 2 November, 1969. Journal of the Atmospheric Sciences, 29 (6): 1138-1142.

White W B. 2006. Response of tropical global ocean temperature to the Sun's quasi-decadal UV radiative forcing of the stratosphere. Journal of Geophysical Research, 111 (C9): C09020.

White W B, Cayan D R, Lean J. 1998. Global upper ocean heat storage response to radiative forcing from changing solar irradiance and increasing greenhouse gas/aerosol concentrations. Journal of Geophysical Research, 103 (C10): 21355-21366.

White W B, Lean J, Cayan D R, et al. 1997. Response of global upper ocean temperature to changing solar irradiance. Journal of Geophysical Research, 102 (C2):

3255-3266.

White W B，Liu Z Y. 2008a. Non-linear alignment of El Niño to the 11-year solar cycle. Geophysical Research Letters，35（19）：L19607.

White W B，Liu Z Y. 2008b. Resonant excitation of the quasi-decadal oscillation by the 11-year signal in the sun's irradiance. Journal of Geophysical Research，113（C1）：C01002.

White W B，Tourre Y M. 2003. Global SST/SLP waves during the 20th century. Geophysical Research Letters，30（12）：1651.

Wu Q G. 2010. Forcing of tropical SST anomalies by Wintertime AO-like variability. Journal of Climate，23（10）：2465-2472.

Wu Q，Zhang X. 2010. Observed forcing-feedback processes between Northern Hemisphere atmospheric circulation and Arctic sea ice coverage. Journal of Geophysical Research，115：D14119.

Wu S. 2010. Development processes of the tropical Pacific Meridional Mode. Advances in Atmospheric Sciences，27（1）：95-99.

Xie R H，Huang F，Ren H L. 2013. Subtropical air-sea interaction and the development of the Central Pacific El Niño. Journal of Ocean University of China，12（2）：260-271.

Xie R，Huang F，Jin F F，et al. 2015. The impact of basic state on quasi-biennial periodicity of central Pacific ENSO over the past decade. Theoretical & Applied Climatology，120：55-67.

Yukimoto S，Kodera K，Thiéblemont R. 2017. Delayed North Atlantic response to solar forcing of the stratospheric polar vortex. Scientific Online Letters on the Atmosphere，13：53-58.

Zadorozhny A M，Tuchkov G A，Kikthenko V N，et al. 1992. Nitric oxide and lower ionosphere quantities during solar particle events of October 1989 after rocket and ground-based measurements. Journal of Atmospheric and Terrestrial Physics，54：183-192.

Zhao L，Wang J S，Liu H W，et al. 2017. Amplification of the solar signal in the summer monsoon rainband in China by synergistic actions of different dynamical responses. Journal of Meteorological Research，31（1）：61-72.

第4章

太阳活动和地球运动因子对大气环流及气候的影响

4.1 太阳活动因子之间的关系

太阳辐射强度可以用太阳黑子数、太阳射电通量（10.7cm）和太阳总辐射等表征，这些观测量都具有准 11 年周期。太阳射电通量（10.7cm）资料始于 1947 年，太阳黑子观测资料始于 1749 年。为了解二者的变化趋势，图 4.1（a）给出了 1951 ～ 2011 年太阳射电通量（10.7cm）以及年平均太阳黑子数、夏季（6 ～ 8 月）平均太阳黑子数的变化趋势。从图 4.1（a）可以看到，无论是年平均还是夏季平均太阳黑子数的变化趋势与太阳射电通量（10.7cm）的年平均以及夏季平均的变化趋势一致。通过计算时间序列的相关可知，年平均太阳黑子数与年平均太阳射电通量（10.7cm）的相关系数为 0.989，而年平均太阳黑子数与夏季平均太阳黑子数的相关系数为 0.984，年平均太阳射电通量（10.7cm）和夏季平均太阳射电通量（10.7cm）的相关系数为 0. 986。这说明，不仅太阳黑子数的年变化趋势与太阳射电通量（10.7cm）的年变化趋势一致，各自的季节变化趋势也与年变化趋势一致。图 4.1（b）是 1749 ～ 2011 年年平均太阳黑子数变化。从图 4.1（b）可以看到，1749 ～ 1775 年与 1915 ～ 1955 年这两个时段的太阳黑子数峰值（准 11 年振荡）呈现出年代际的上升阶段，1776 ～ 1914 年与 1956 ～ 2011 年这两个时段的太阳黑子数峰值呈现出年代际的下降阶段（图中蓝色实线代表趋势变化），这表明太阳黑子数的变化除了有准 11 年左右周期振荡外，其峰值和谷值变化趋势还有显著的年代际变化特征。

图 4.2 给出了 1749 ～ 2011 年年平均太阳黑子数的功率谱。从图中可以看到，11 年左右的准周期振荡是唯一通过显著性检验的周期，这说明太阳黑子数最主要的振荡周期是准 11 年周期。

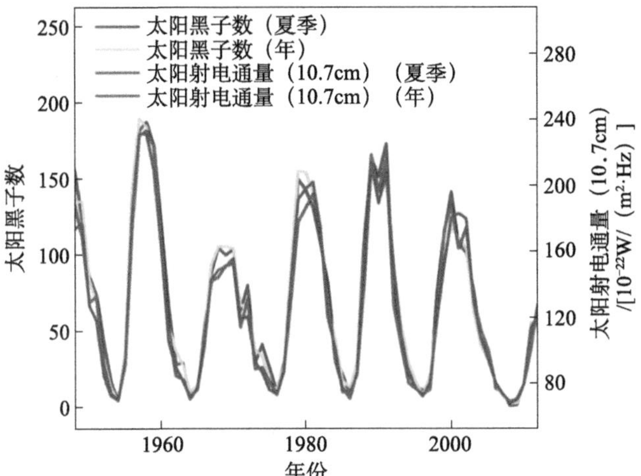

（a）1951~2011年太阳射电通量（10.7cm）与年平均太阳黑子数、夏季（6~8月）平均太阳黑子数的变化趋势

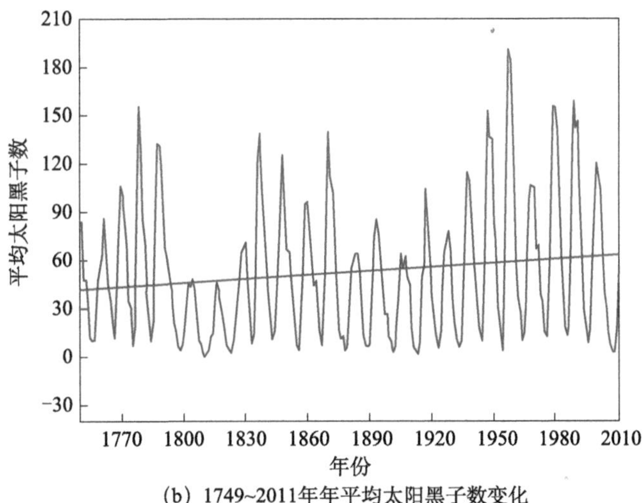

（b）1749~2011年年平均太阳黑子数变化

图 4.1　1951 ～ 2011 年太阳射电通量（10.7cm）与年平均、夏季（6 ～ 8 月）平均太阳黑子数的变化趋势以及 1749 ～ 2011 年年平均太阳黑子数变化

（b）中蓝色线表示趋势变化

太阳风是表征太阳活动强度的另外一个重要物理量。“太阳风”的概念在 1958 年由著名的太阳物理学家帕克（Parker）提出。他认为，太阳大气的最外层——日冕处于非静力平衡状态，日冕气体向行星际空间膨胀扩展，继而形成了太阳风。太阳风的主要成分包括电子、原子和 α 粒子。太阳风速度通常在 200 ～ 700km/s，且随时间而变化。太阳风能够与地球磁场发生强烈的相互作用，引起高能粒子在较高地磁纬度的地球大气中上层发生沉降（Clilverd et al.,

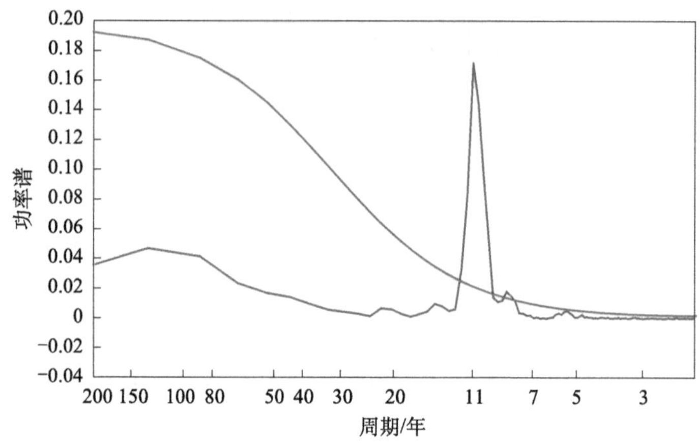

图 4.2 1749 ～ 2011 年年平均太阳黑子数的功率谱

蓝色线表示通过 99% 的置信度检验

2006），高能粒子沉降所产生的氮氧化物可导致极区平流层臭氧减少，在一系列化学过程的作用下，平流层的热力和动力状况逐渐发生改变（Solomon et al.，1982；Seppälä et al.，2013；Randall et al.，2005，2007；Baumgaertner et al.，2011）。Boberg和Lundstedt（2002）认为，太阳风强弱振荡在地球中高层大气中所引起的电磁场扰动，有可能借助于平流层-对流层的动力耦合过程下传至对流层低层。此外，Tinsley（2008，2012）和Mironova等（2012）提出了更加快速而直接的太阳风影响机制。由于受到地球磁场的调制，太阳风粒子无法直接进入地球大气的中低层，而其在地球大气电路中所产生的电磁扰动则可快速地在亚极光带区域进入地球低层大气，这一变化又通过云静电微物理过程改变了云的结构和分布，从而将太阳风的变化信号传递至低层的海气系统。

图 4.3（a）～图 4.3（c）分别给出了 1963 ～ 2011 年月平均的太阳射电通量（10.7cm）、太阳黑子数和太阳风速度的时间序列，图 4.3（d）～图 4.3（f）则分别给出了它们各自对应的小波功率谱。这一时段主要涉及了太阳活动的第 20、第 21、第 22、第 23 和部分第 24 活动周期。从图中可以看到，太阳黑子数与太阳射电通量（10.7cm）的变化具有更好的一致性，但太阳风速度的变化却有较大的不同。太阳风平均速度约 400km/s，其速度的周期变化较太阳黑子数和太阳射电通量（10.7cm）复杂得多，冕洞是高速太阳风的主要来源，冕洞在太阳上的位置及其和地球的相对位置决定了空间环境中太阳风的速度，而太阳活动极小期也会有冕洞出现在太阳中低纬度地区，造成高速太阳风袭击地球。通过小波功率谱分析可以发现［图 4.3（f）］，1963 ～ 2011 年的太阳风速度存在 9.6 年的主周期变化。由于采用月平均数据进行周期分析，未能展现太阳风速度变化已确认的

27 天周期特征。对比图 4.3（a）～图 4.3（c），太阳风速度变化周期与太阳黑子数和太阳射电通量（10.7cm）变化的周期并不重合，相关分析表明两者有 39 个月的位相差（0.335，显著性通过 99% 的置信度检验）。

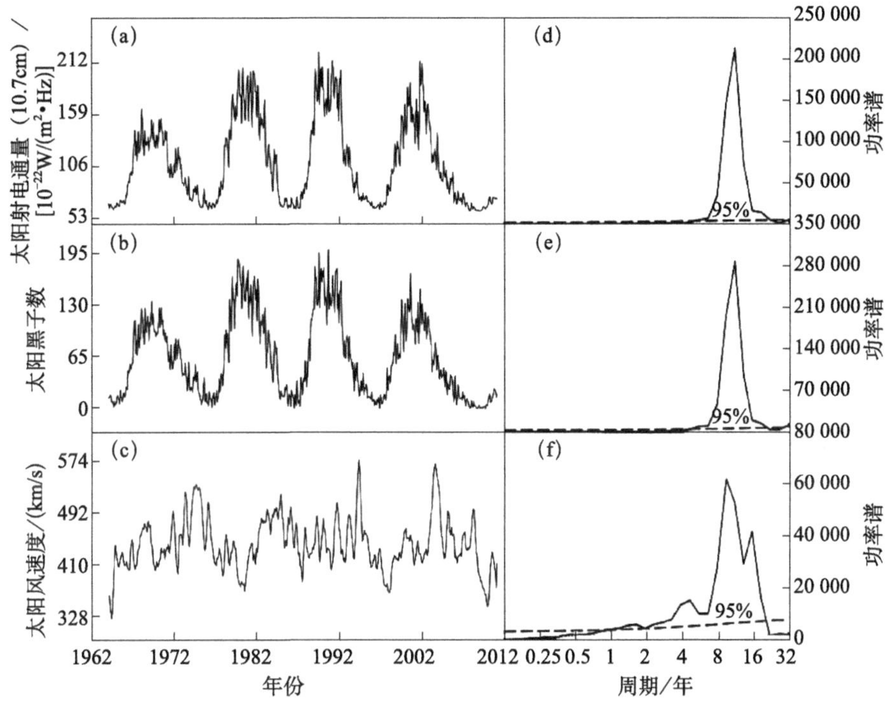

图 4.3　第 20～第 23 太阳活动周期逐月太阳射电通量（10.7cm）、太阳黑子数、太阳风速度序列及其小波功率谱

4.2　极地涡旋环流对太阳风活动的响应

已有的研究大多认为，太阳活动对中高层大气的物理化学等过程有重要影响，而对地面气候影响的直接证据较少。北极涛动在平流层和对流层中有较好的一致性，可能其在平流层和对流层的耦合中有重要作用，因此许多研究对北极涛动给予了特别的关注。北大西洋涛动是北半球高纬度地区非常重要的大气模态，对天气气候有重要影响，同时北大西洋涛动常常被认为是一个区域性的北极涛动。因此，研究北极涛动（北大西洋涛动）对太阳活动的响应可能是认识太阳活动影响欧亚大陆及北美大范围天气气候变化的关键。近年来，有学者（Ineson et al.,

2011；Oldenborgh et al.，2013；Asenovska，2014；Woollings et al.，2015；Chen et al.，2015）用北大西洋涛动对太阳活动的响应来解释 2009 ～ 2011 年的欧美冷冬，尽管不同的研究结果在细节上有些差异，但他们大多认为北极涛动或北大西洋涛动对太阳活动的响应可能是太阳影响气候变化机制中的重要环节，北半球冬季的北极涛动对太阳活动的响应被认为是太阳活动调控北半球冬季气候的重要通道。

近年来，关于太阳活动对北大西洋的研究得到越来越多的关注，许多学者认为太阳活动很可能是影响北大西洋海气耦合模态的重要原因之一（Shindell et al.，2001a，2001b；Bond et al.，2001；Boberg and Lundstedt，2002，2003；Kodera and Kuroda，2005；Ineson et al.，2011；Li et al.，2011；Scaife et al.，2013）。人们通过对观测资料进行统计分析发现，在太阳活动 11 年周期的不同位相时期，北大西洋涛动的强度、空间结构和中心位置表现出明显的不同（Kodera and Kuroda，2005；Huth et al.，2006；Kodera，2002，2003；Maliniemi et al.，2014）。Scaife 等（2013）利用哈得来中心的海气耦合模式，通过逐年提高太阳紫外辐射强度进行模拟试验，发现北大西洋的海气状态对紫外辐射增强存在滞后 2 ～ 4 年的显著响应，表现为类北大西洋涛动正位相和三极型海温异常的正位相。Lu 等（2008）研究指出，太阳风（SW）与北极环状模之间有密切的联系，而北极环状模又与低层的北大西洋涛动现象密不可分。

利用太阳黑子数（SSN）、太阳射电通量（10. 7cm）、太阳风速度（SWS）以及 Boberg 和 Lundstedt（2002）定义的太阳风电磁场资料和气象资料，分析比较了 1964 ～ 2011 年冬季北大西洋涛动指数与不同太阳活动因子的同期相关性。结果发现，唯有太阳风速度与北大西洋涛动指数存在显著的同期相关，太阳风很可能是影响北大西洋涛动形成的机制之一。为研究这一过程是否能对大气环流产生影响，利用 1963 ～ 2011 年（48 年）的太阳风速度、银河宇宙线、太阳黑子数、

表 4.1　1963 ～ 2011 年冬季主要太阳活动参数与北极涛动指数、北大西洋涛动指数的相关分析

项目	北极涛动指数	北大西洋涛动指数	太阳风速度	太阳黑子数	太阳射电通量（10.7cm）	银河宇宙线
北极涛动指数	1	0.922**	0.377**	0.185	0.241*	−0.063
北大西洋涛动指数		1	0.501**	0.192	0.224	−0.011
太阳风速度			1	−0.092	−0.101	0.160
太阳黑子数				1	0.979**	0.580**
太阳射电通量（10.7cm）					1	0.579*
银河宇宙线						1

注：采用 Pearson 相关性统计，** 表示显著性通过 99% 的置信度检验，* 表示显著性通过 95% 的置信度检验

北极涛动指数、北大西洋涛动指数的月平均值，提取冬季（12 ～ 3 月）平均值，对 5 个指标的 48 组样本进行了相关分析（表 4.1）。与短时变化检测结果类似，太阳风速度与北极涛动指数（相关系数 0.377，显著性通过 99% 的置信度检验）和北大西洋涛动指数（相关系数 0.501，显著性通过 99% 的置信度检验），均有显著的正相关。其他参数中作为太阳辐射信号的太阳射电通量（10.7cm）与北极涛动指数有一定的正相关（相关系数 0.241，显著性通过 95% 的置信度检验），而银河宇宙线变化与北极涛动指数未发现有显著相关。虽然太阳辐射（包括总辐射和紫外辐射）变化对北极涛动有影响，但在未考虑滞后效应和准两年振荡作用的情况下，太阳风速度的影响更为显著。

为研究在天气尺度上对北大西洋气压和北极涛动指数的影响，我们对 1963 ～ 2011 年的 887 个太阳风变速事件进行了时序重叠分析，并分别考察了在

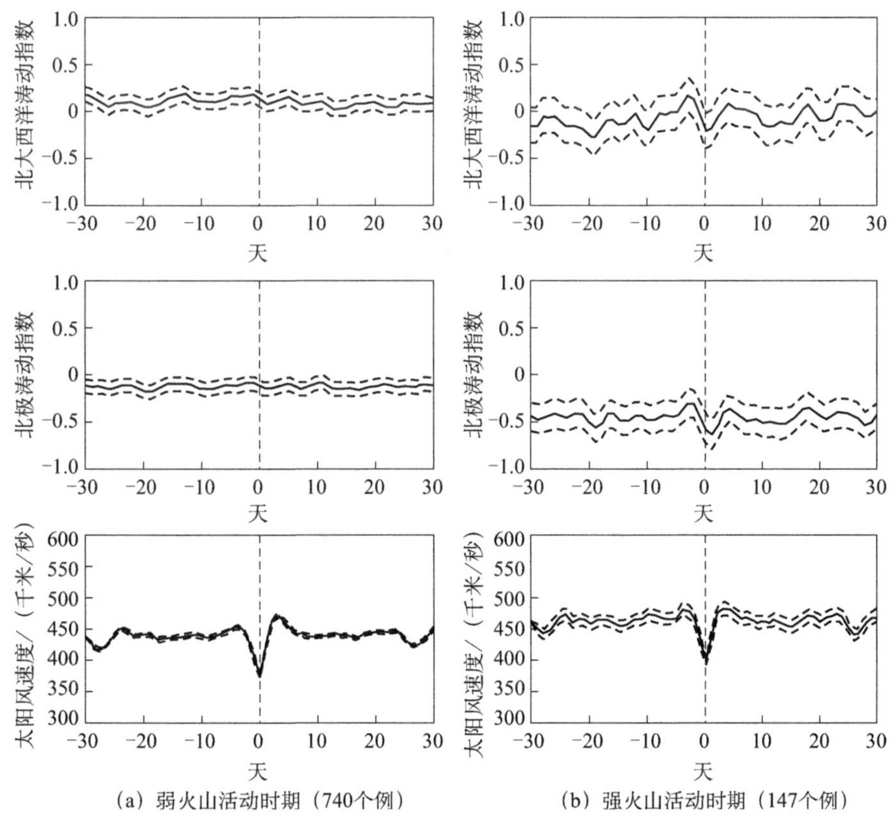

（a）弱火山活动时期（740个例）　　（b）强火山活动时期（147个例）

图 4.4　1963 ～ 2011 年北半球冬季太阳风变速期间北极涛动指数和北大西洋涛动指数的响应时序重叠分析

以太阳风速度变化最小为 0 天

火山活动强弱年的不同情况。分析结果表明，在天气尺度上太阳风变速过程中北大西洋涛动指数、北极涛动指数均有显著的响应（图 4.4），同时这一响应在火山活动高峰期尤为明显。在天气尺度上，臭氧光化学作用和辐射过程等均无法产生这一变化。进一步对受太阳风影响的高能电子进行分析，也可以看到在高能电子沉降的亚极光带上的冰岛低压有显著响应（图 4.5），因此可以推断高能电子可能是连接太阳风变速与低层大气响应过程的关键因子。

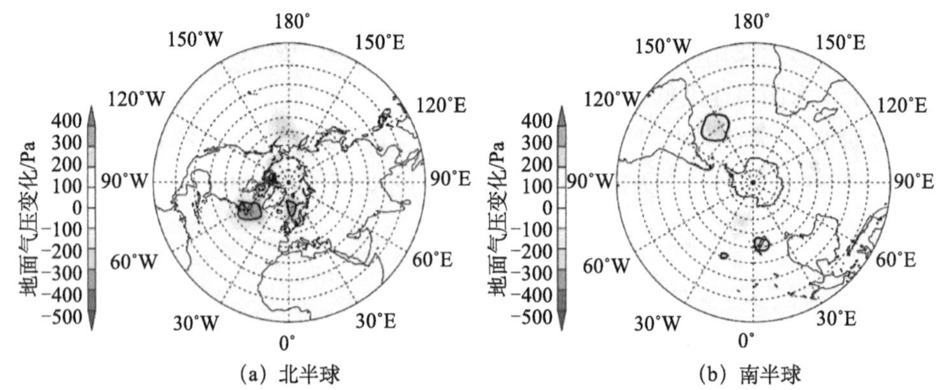

图 4.5 1963 ～ 2011 年 887 个太阳风变速事件过程中太阳风最低速与前 48h 的地面气压差合成分析

黑线包围区表示显著性通过 99% 的置信度检验

进一步利用 1963 ～ 2011 年的样本对太阳风速度与位势高度场的关系进行了分析。结果表明，大气对太阳风速度的这种响应在长时间尺度上也是成立的（图 4.6）。从图中可以看到，在北极和北大西洋地区位势高度场与太阳风速度有通过 0.01 显著性的相关关系，且这种相关关系在近地面的 1000hPa 高度更加明显，而

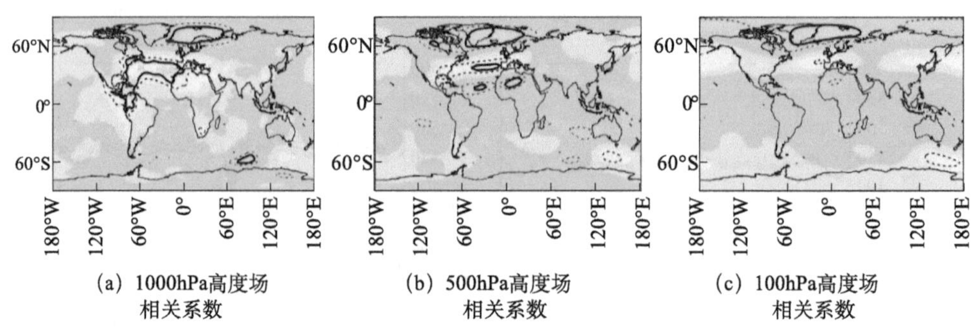

图 4.6 1963 ～ 2011 年冬季（12 月、1 月、2 月）不同高度季节平均位势高度与太阳风速度季节平均值的相关性分析

黑虚（实）线包围区表示通过 95%（99%）的蒙特卡洛检验

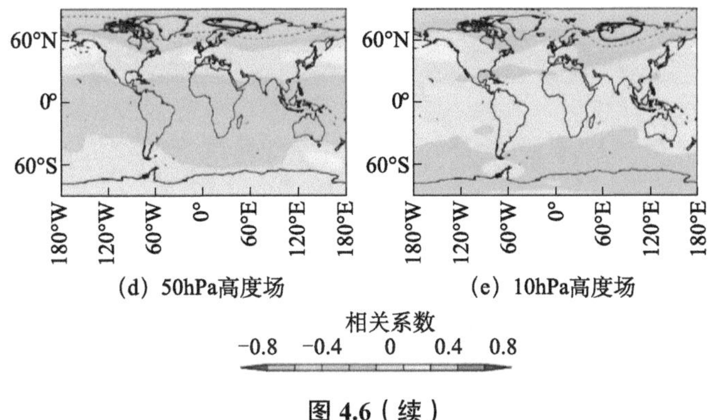

图 4.6（续）

随着高度的增加相关关系逐渐减弱，在平流层低层，仅在极地有较弱的关系。也就是说，大气对太阳风的响应在近地面比高层强，这进一步说明，太阳风影响机制可以直接到达对流层。图 4.7 给出了 1963 ～ 2011 年不同季节北大西洋海温平均值与太阳风速度平均值的相关系数分布。从图中可以看到，太阳风速度与大西洋的海温有密切联系，尤其以冬季和春季的海温响应更为明显。这可能反映了太阳风速度可以通过与北大西洋涛动显著影响北大西洋海温（图 4.7）。

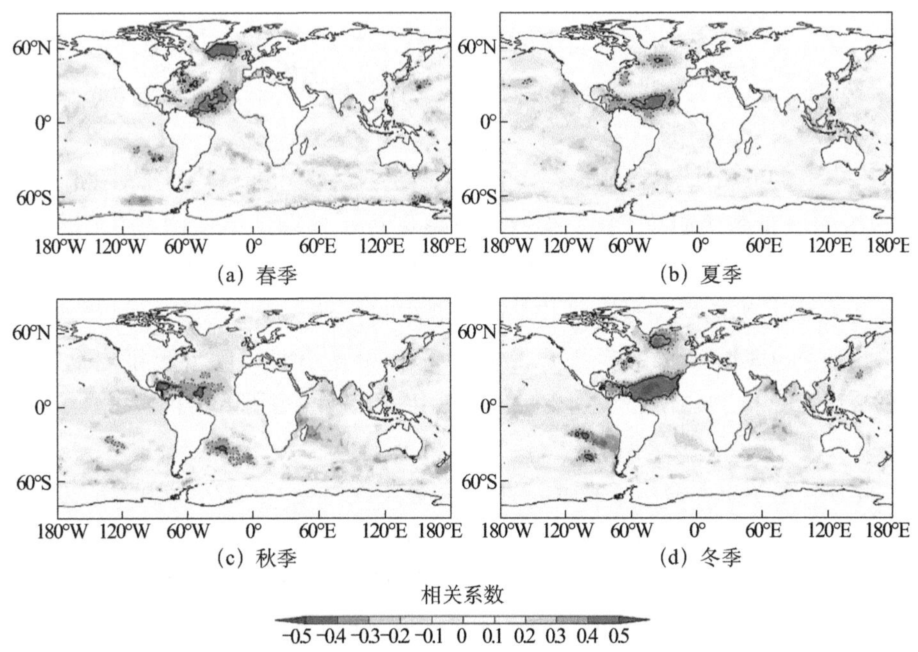

图 4.7　1963 ～ 2011 年不同季节海温平均值与太阳风速度平均值的相关系数分布

黑虚（实）线包围区域表示通过 95%（99%）的蒙特卡洛检验

4.3 热带对流活动对太阳活动的响应

太阳向地球提供着光和热，是地球气候系统最基本的能量源。然而在百年以下的时间尺度上，太阳辐射的变化仅为 0.1%，因此被认为对全球气候的变化影响很小（IPCC，2007，2013）。然而 IPCC 报告指出，由于对太阳活动影响气候的机制尚不清楚，对于太阳活动影响气候的研究存在很大的不确定性。例如，太阳活动的影响可能在气候系统相互作用的某些环节中被放大，使得太阳活动对气候的影响超出我们的预期。热带地区云量和对流的变化对于全球气候具有重要的影响，云也是气候变化评估中最不确定的过程之一（葛全胜等，2010），因此，热带对流变化是研究全球大气变化的一个重要着眼点（余斌和黄荣辉，1995）。已有研究指出，云的产生过程中可能存在由太阳辐射引起的放大机制（Svensmark and Friis-Christensen，1997；Farrar，2000；Carslaw et al.，2002；Harrison，2008）。热带低纬度地区云量的变化与太阳辐射的变化有着密切的联系，而对流活动是影响热带云量的主要因子，热带海洋是对流活动最活跃的区域，热带地区气候要素的变化对全球气候变化有重要影响，因此本节将主要讨论热带对流对太阳活动的响应。

在本节的分析中，采用了 Z-score 标准化方法（Triola，1995）对太阳射电通量（10.7cm) 指数（简称 F10.7 指数）数据进行了处理，并使用 F10.7 指数的标准化距平来挑选太阳活动高值（HS）年和太阳活动低值（LS）年。HS（LS）年被定义为北半球冬季和夏季平均 F10.7 指数的标准化距平大于（小于）1（−1）的年份（图 4.8）。表 4.2 给出了北半球冬季和夏季 HS 年、HS 年之后第一年（HS+1）、HS 年之后第二年（HS+2）、LS 年、LS 年之后第一年（LS+1）、LS 年之后第二年（LS+2）的年份。

此外，本节主要使用了 Pearson 相关系数（魏凤英，2007）及其检验方法、经验正交函数（empirical orthogonal function，EOF）（黄嘉佑，2004）、合成差值分析方法、功率谱分析（魏凤英，2007）。合成差值分析方法具体如下：分别计算 HS 年平均气候要素值减去 LS 年平均气候要素值，即 $HS_{ave}-LS_{ave}$；HS+1 年平均气候要素值减去 LS+1 年平均气候要素值，即 $(HS+1)_{ave}-(LS+1)_{ave}$；HS+2 年平均气候要素值减去 LS+2 年平均气候要素值，即 $(HS+2)_{ave}-(LS+2)_{ave}$。

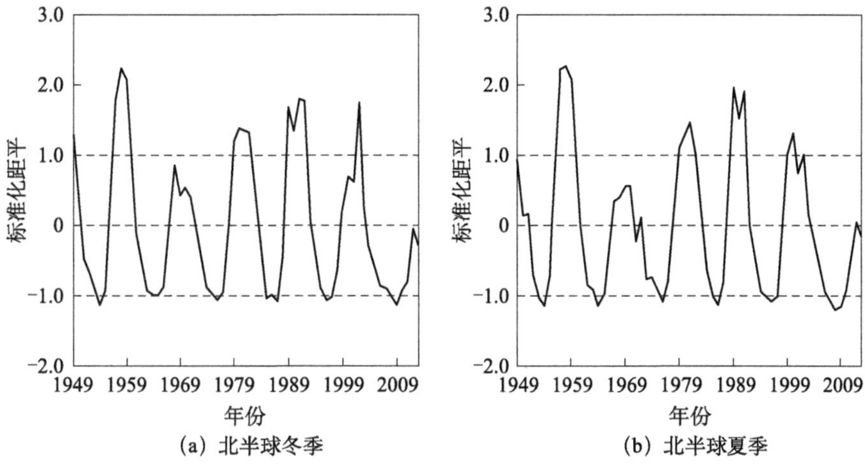

图 4.8　北半球冬季和夏季 F10.7 指数时间序列的标准化距平

表 4.2　北半球冬季和夏季 HS 年、HS+1 年、HS+2 年、LS 年、LS+1 年、LS+2 年的年份

季节		年份
冬季	HS	1957 年、1958 年、1959 年、1960 年、1979 年、1980 年、1981 年、1982 年、1989 年、1990 年、1991 年、1992 年、2002 年
	HS + 1	1958 年、1959 年、1960 年、1961 年、1980 年、1981 年、1982 年、1983 年、1990 年、1991 年、1992 年、1993 年、2003 年
	HS + 2	1959 年、1960 年、1961 年、1962 年、1981 年、1982 年、1983 年、1984 年、1991 年、1992 年、1993 年、1994 年、2004 年
	LS	1954 年、1976 年、1985 年、1987 年、1996 年、1997 年、2008 年、2009 年
	LS + 1	1955 年、1977 年、1986 年、1988 年、1997 年、1998 年、2009 年、2010 年
	LS + 2	1956 年、1978 年、1987 年、1989 年、1998 年、1999 年、2010 年、2011 年
夏季	HS	1956 年、1957 年、1958 年、1959 年、1979 年、1980 年、1981 年、1989 年、1990 年、1991 年、1999 年、2000 年、2002 年
	HS + 1	1957 年、1958 年、1959 年、1960 年、1980 年、1981 年、1982 年、1990 年、1991 年、1992 年、2000 年、2001 年、2003 年
	HS + 2	1958 年、1959 年、1960 年、1961 年、1981 年、1982 年、1983 年、1991 年、1992 年、1993 年、2001 年、2002 年、2004 年
	LS	1953 年、1954 年、1964 年、1976 年、1986 年、1995 年、1996 年、1997 年、2007 年、2008 年、2009 年
	LS + 1	1954 年、1955 年、1965 年、1977 年、1987 年、1996 年、1997 年、1998 年、2008 年、2009 年、2010 年
	LS + 2	1955 年、1956 年、1966 年、1978 年、1988 年、1997 年、1998 年、1999 年、2009 年、2010 年、2011 年

4.3.1 热带太平洋对流活动对太阳活动的响应

1. 热带太平洋向外长波辐射对太阳活动的响应

对流活动通常可以用向外长波辐射（outgoing long-wave radiation，OLR）来表示。通过计算夏季平均 F10.7 指数与夏季平均热带太平洋 OLR 的同期和滞后相关系数（图 4.9）。从图中可以看到，夏季平均 F10. 7 指数与 OLR 在热带太平洋的同期相关系数并不显著［图 4.9（a）］，然而在赤道外太平洋东南部和太平洋

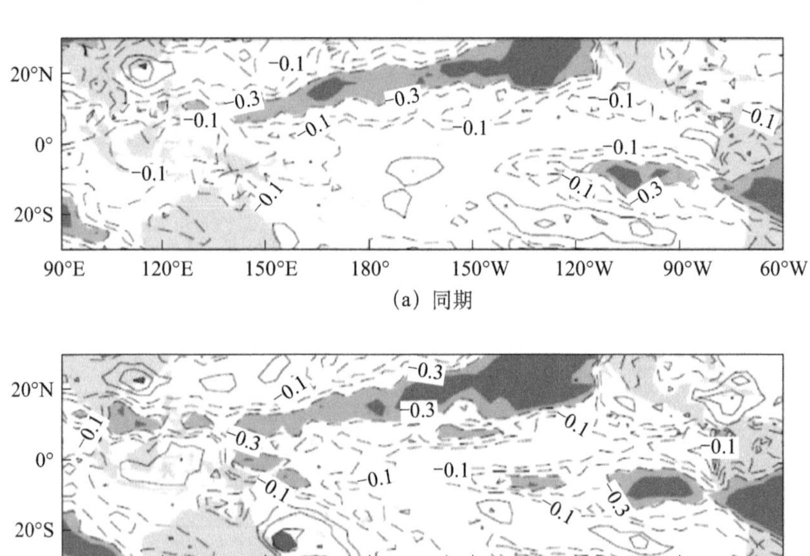

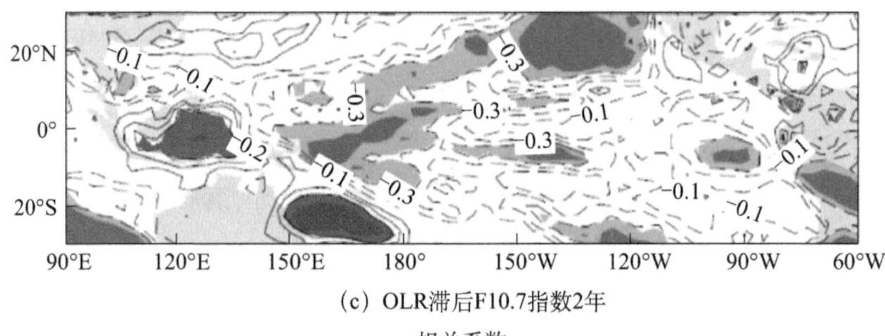

图 4.9 夏季 OLR 与 F10.7 指数的同期相关、OLR 滞后 F10.7 指数 1 年、OLR 滞后 F10.7 指数 2 年的相关系数分布

浅色（深色）阴影区表示显著性通过 95%（99%）的置信度检验

北部却存在显著的负相关区域。这表明，当太阳活动较强时，赤道外太平洋东南部和太平洋北部上空对流活动有明显的增强；当太阳活动较弱时，这些区域上空对流活动有明显的减弱。此外，在计算 OLR 和 F10.7 指数之间的超前滞后系数后可以看到，夏季 OLR 与太阳活动的相关关系在随后的时间里表现出逐渐增强的滞后效应。当 OLR 滞后 F10.7 指数 1 年时［图 4.9（b）]，OLR 与 F10.7 指数的显著负相关区域范围扩大，且相关系数增加，相关关系更为显著。同时，在热带中部太平洋海域却出现了显著的负相关区域。另外，夏季平均 OLR 与 F10.7 指数在西太平洋、澳大利亚东部呈正相关关系，并在 OLR 滞后 F10.7 指数 2 年时两者的相关关系达到最大［图 4.9（c）]。此时，夏季平均 OLR 与 F10.7 指数的相关系数的空间分布如下：在热带西太平洋到海洋性大陆呈显著正相关，而在 150°E 以东至日界线的热带海面上空呈显著负相关。显著正、负相关区域在热带西太平洋形成了一个纬向的偶极子模态，同时在澳大利亚东侧也出现了更强的显著正相关区域。

以上相关分析的结果表明，在太阳活动变强（变弱）之后，海洋性大陆上空对流活动减弱（增强），中太平洋上空对流活动增强（减弱）。该模态与 ENSO 所造成的热带太平洋上空的异常对流模态有些相似。因此，这种显著的对流偶极模态不排除可能是热带太平洋上空对流活动对 ENSO 信号的响应。Roy 和 Haigh（2010）指出，如果在太阳信号对热带太平洋影响的研究中不考虑 ENSO 的影响，那么 ENSO 在海洋表面温度或者海洋表面气压的信号可能会被误认为是太阳影响作用。因此，为了剔除 ENSO 信号，用原始夏季平均 OLR 数据减去用 Niño3 指数（15°W ～ 90°W，5°N ～ 5°S）回归得到的夏季平均 OLR 数据。再使用剔除 ENSO 信号后的夏季平均 OLR 数据与夏季平均 F10. 7 指数求相关系数，得到的结果如图 4.10 所示。从图中可以看到，剔除 ENSO 后的相关模态与图 4.9 非常相似，也存在对太阳活动响应的滞后显著相关偶极子模态。因此，可以认为图 4.9 和图 4.10 所示的偶极子型响应模态不是由 ENSO 信号引起的。

为了进一步分析太阳活动与热带太平洋上空对流变化之间的关系，我们分析了 OLR 变率的时空特征。通过 EOF 分解可以得到夏季热带太平洋上空对流的第一模态（图 4.11）和第二模态（图 4.12）。其中，图 4.11（a）和图 4.12（a）分别表示夏季平均 OLR 变率的 EOF 第一模态和第二模态，而图 4.11（b）和图 4.12（b）分别为空间模态的时间序列。如图 4.11 所示，第一模态占解释方差的 22.6%，该模态的空间分布与 ENSO 引起的热带太平洋上空的变化非常相似。但第二模态（图 4.12）为一个新的模态，其占解释方差的 13.0%。从图 4.12（a）可以看到，该对流模态表现为海洋性大陆与印度尼西亚的东北部上空呈反向变

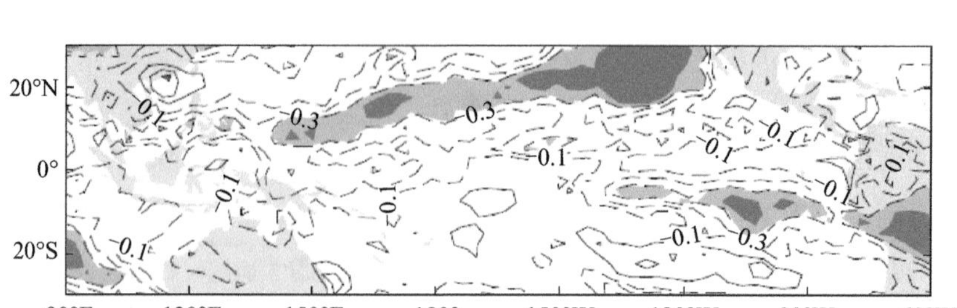

(a) 同期

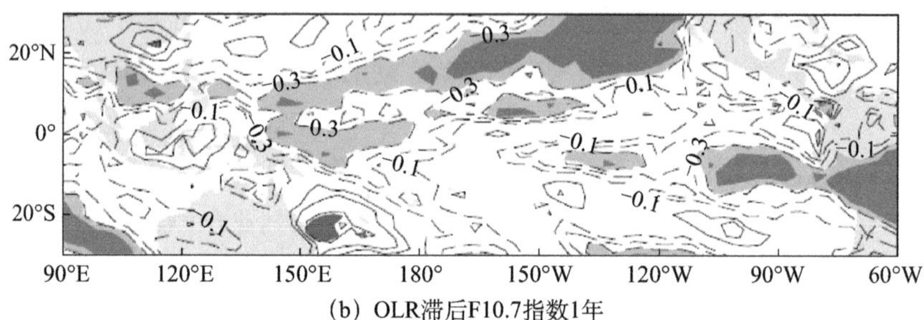

(b) OLR滞后F10.7指数1年

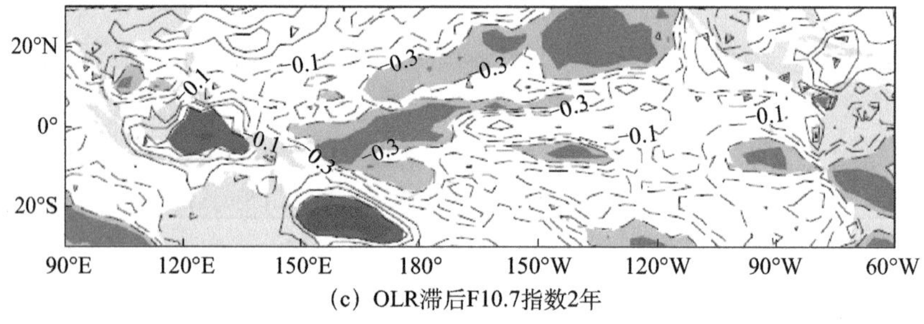

(c) OLR滞后F10.7指数2年

图 4.10 将 OLR 资料剔除 ENSO 信号后，夏季 OLR 与 F10.7 指数的同期相关、OLR 滞后 F10.7 指数 1 年、OLR 滞后 F10.7 指数 2 年的相关系数分布

浅色（深色）阴影区表示显著性通过 95%（99%）的置信度检验

化，其空间分布与 OLR 和 F10.7 指数滞后 2 年的相关分析中得到的相关系数空间分布型很相似，也呈现出了纬向偶极子模态。同样地，使用上述剔除 ENSO 信号的方法剔除 OLR 资料中的 ENSO 信号后再进行 EOF 分析，可以得到剔除 ENSO 信号后 OLR 的 EOF 第一模态，如图 4.13 所示，此时其占解释方差的 16.3%。从图中可以看到，当 ENSO 信号剔除后，EOF 第一模态［图 4.13（a）］与未剔除 ENSO 时的 EOF 第二模态［图 4.12（a）］十分相似。因此，海洋性大陆—西太平洋赤道地区对流活动的偶极子模态是该地区一个有别于 ENSO 的年际

变化模态，这一模态可能就是热带对流对太阳活动变化的响应。

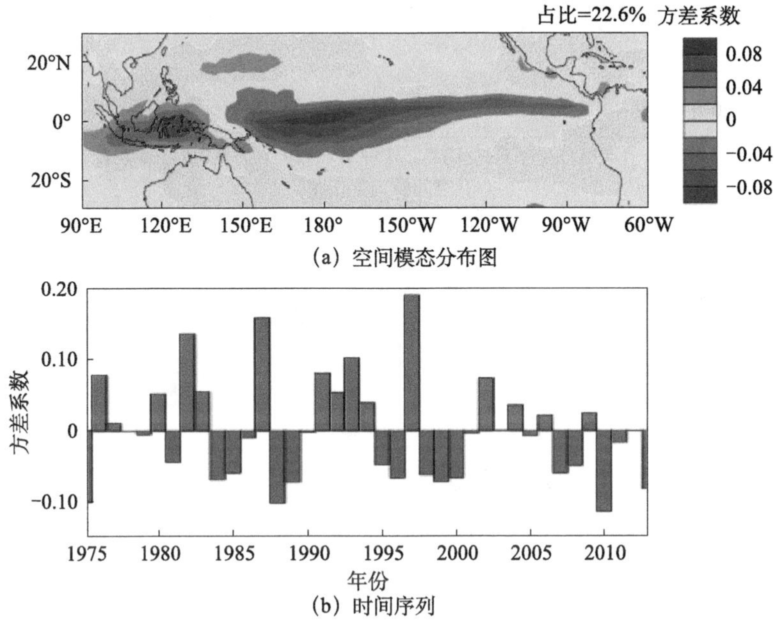

图 4.11　夏季热带太平洋区域 OLR 的 EOF 第一模态

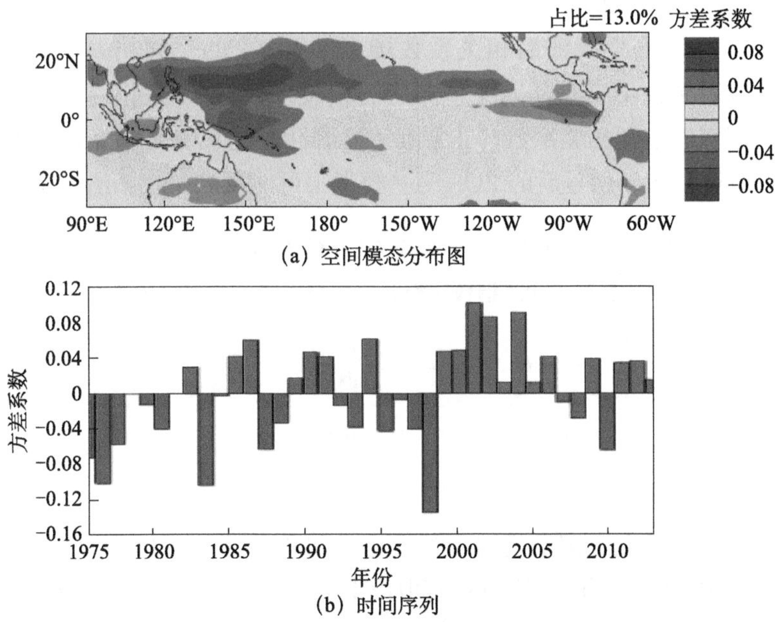

图 4.12　夏季热带太平洋区域 OLR 的 EOF 第二模态

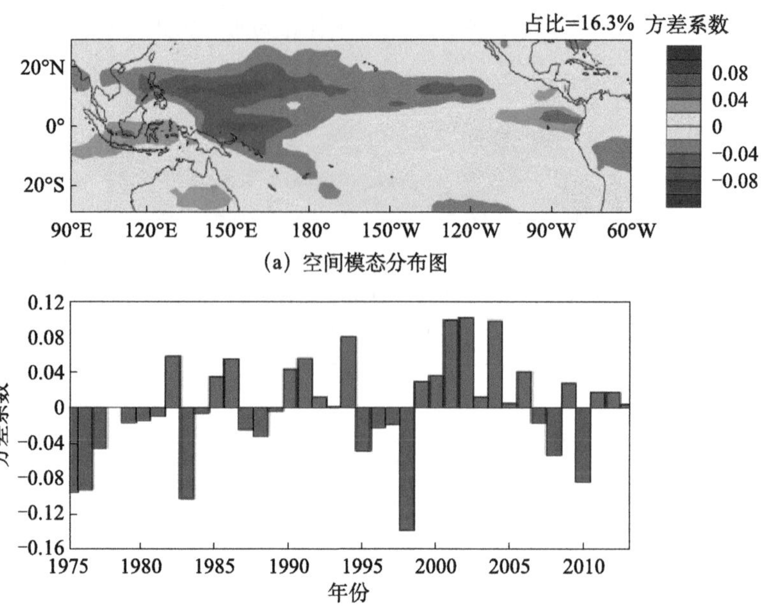

(b) 时间序列

图 4.13　将 OLR 资料剔除 ENSO 信号后夏季热带太平洋区域 OLR 的 EOF 第一模态

为了考察剔除 ENSO 信号后夏季 OLR 的 EOF 第一模态与 F10.7 指数和 OLR 相关系数分布场的一致性。我们计算了剔除 ENSO 信号后的 EOF 第一模态［图 4.13（a）］与同期及滞后相关系数场（图 4.10）的空间相关系数（表 4.3）。从表中可以看到，不论是同期还是滞后的相关系数场，与剔除 ENSO 信号后的 EOF 第一模态的空间相关系数都非常高（显著性通过 99% 的置信度检验），这进一步表明剔除 ENSO 信号后的 EOF 第一模态很可能反映了太阳活动变化的影响。

表 4.3　剔除 ENSO 信号后夏季 OLR 的 EOF 第一模态的分布型与 OLR 和 F10.7 指数的相关系数分布场的空间相关系数

空间相关系数	同期相关系数	OLR 滞后 F10.7 指数 1 年的空间相关系数	OLR 滞后 F10.7 指数 2 年的空间相关系数
R	0. 49***	0. 56***	0. 55***

*** 表示显著性通过 99% 的置信度检验

为了进一步研究太阳活动对上述模态的可能贡献，可以计算剔除 ENSO 信号后夏季 OLR 的 EOF 第一模态的时间序列与 F10.7 指数的同期和滞后相关系数，如表 4.4 所示。由表 4.4 可知，EOF 第一模态的时间序列滞后 F10.7 指数 1 ～ 2 年，它们之间的相关系数呈正相关，并达到了最强，显著性通过 95% 的置信度检验。

该结果表明，随着太阳活动的增强，在之后 1 ～ 2 年，东强西弱的西太平洋对流偶极子模态为正位相，两者的关系也将增强，反之亦然。此外，计算剔除 ENSO 信号后夏季 OLR 的 EOF 第一模态的功率谱，如图 4.14（a）所示。从图中可以看到，该模态表现出包含显著的 11 年周期，并且显著性通过 99% 的置信度检验。这与太阳活动的周期［图 4.14（b）］一致，因此由太阳活动引起的热带太平洋的对流活动的变率对西太平洋的对流偶极子模态具有贡献。

表 4.4　剔除 ENSO 信号后夏季 OLR 的 EOF 第一模态的时间序列与 F10.7 指数的相关系数

Lag	0	1	2	3	4	5
相关系数	0.30*	0.40**	0.39**	0.30*	0.01	−0.06

* 表示显著性通过 95% 的置信度检验，** 表示显著性通过 99% 的置信度检验

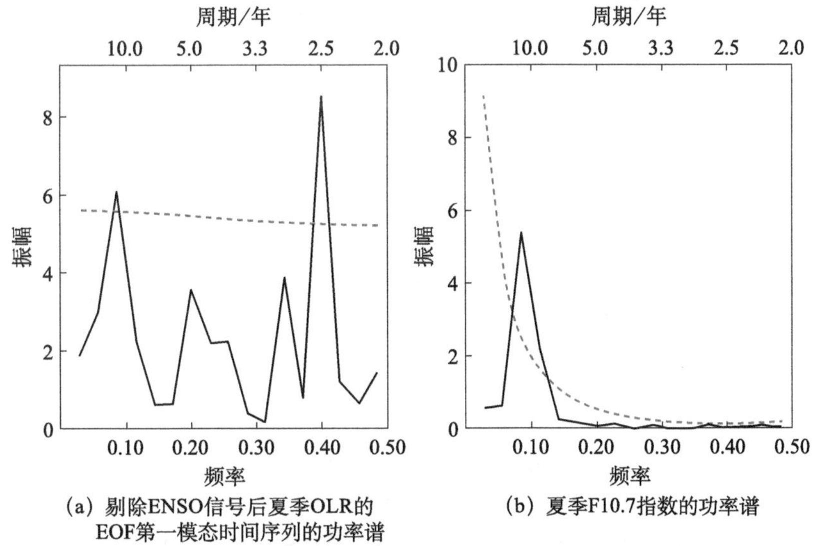

（a）剔除ENSO信号后夏季OLR的EOF第一模态时间序列的功率谱　（b）夏季F10.7指数的功率谱

图 4.14　夏季 OLR 的 EOF 第一模态和 F10.7 指数的功率谱对比

红色虚线为 90% 的置信度检验线

为了进一步验证上述对流模态与太阳活动的关系，图 4.15 给出了 HS 年和 LS 年以及 HS 年和 LS 年之后第 1 年、第 2 年合成分析的结果。结果表明，显著的异常分布模态和夏季 OLR 与 F10.7 指数的相关系数的分布模态一致，负的 OLR 异常出现在中太平洋和北太平洋上空。这表明，中太平洋和北太平洋上空的对流活动在 HS 年以及其后 1 ～ 2 年增强。从图 4.15（b）和图 4.15（c）可以看出，该异常的显著性具有滞后效果，在 HS 年之后第 1 ～ 2 年的夏季异常对流

模态达到了最显著。同时，海洋性大陆上空为正的 OLR 异常，表明该区域上空的对流活动在 HS 年及之后年份减弱。该合成差值的空间分布型与上述分析反映出的结果是一致的。

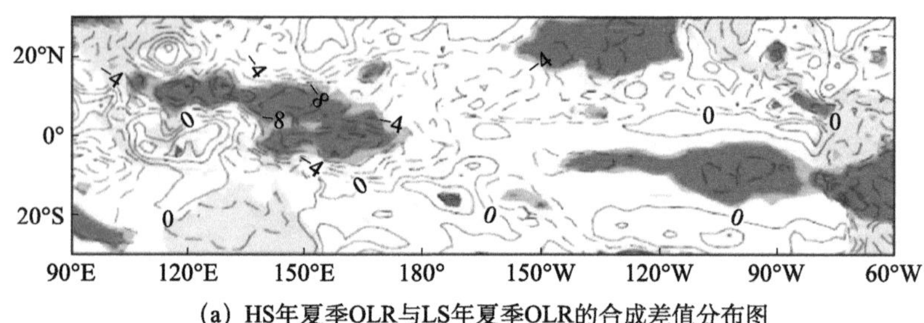

(a) HS年夏季OLR与LS年夏季OLR的合成差值分布图

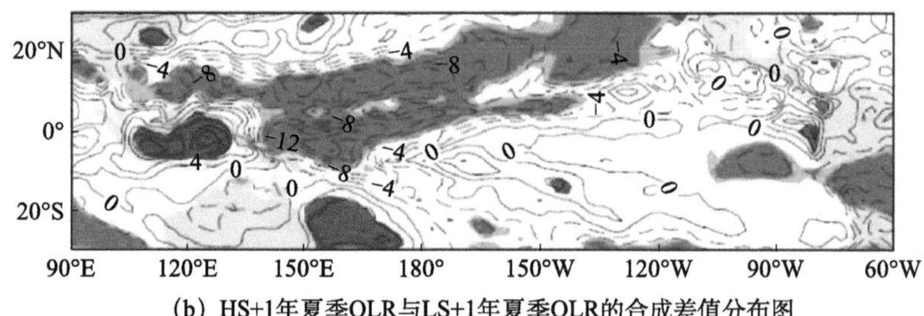

(b) HS+1年夏季OLR与LS+1年夏季OLR的合成差值分布图

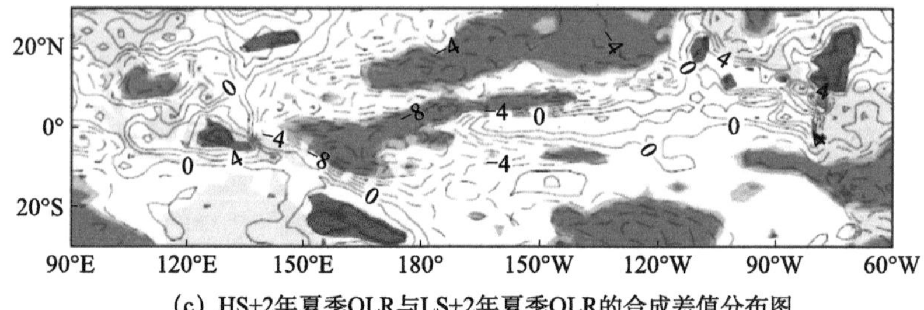

(c) HS+2年夏季OLR与LS+2年夏季OLR的合成差值分布图

图 4.15 剔除 ENSO 信号后太阳活动峰值年（及之后 2 年）与谷值年（及之后 2 年）OLR 差值（单位：W/m^2）的空间分布

图内等值线间隔为 $4W/m^2$；浅色（深色）阴影区表示显著性通过 90%（95%）的置信度检验

海洋性大陆和西太平洋暖池上空是全球最旺盛的深对流发展区域。从以上分析可以看到，在太阳活动增强的过程中，海洋性大陆上空的对流活动被抑制，而热带中太平洋上空的对流活动则增强。这种异常变化表征了位于西太平洋的深对流区域向东移动。Misios 和 Schmidt（2012）曾经使用耦合大气－海洋环流模式进行了敏感性模拟试验。结果表明，在太阳活动峰值年，西太平洋上空的深对流确实显现出向东移动的趋势。同时，上述基于观测和再分析资料的研究结果表明，深对流区域的东移更可能发生在 HS 年之后的 1 ～ 2 年。

2. 热带太平洋垂直速度对太阳活动的响应

为了具体研究西太平洋深对流区东移的现象，可以利用再分析资料考察太阳活动变化对大气垂直速度场的影响。图 4.16 为剔除 ENSO 信号后夏季赤道（5° S ～ 5° N 平均）太平洋垂直速度高度 - 纬度剖面图。从图中可以看到，在赤道西太平洋 120°E ～ 180° 区域的整个对流层为负值，表明该区域上空为强烈的上升运动，即对流很强，该区域也为 Walker 环流上升支所处区域。而在 150°W 以东至东太平洋的对流层大部分区域都为正值，表明该区域上空为强烈的下沉运动，即对流很弱，该区域也为 Walker 环流下沉支所处区域。计算剔除 ENSO 信号后夏季赤道（5° S ～ 5° N 平均）垂直速度与夏季 F10.7 指数的相关关系，得到二者同期和滞后相关系数分布高度 - 经度剖面图，如图 4.17 所示。从图 4.17（a）可以看到，同期相关系数在热带西太平洋 150°E 的对流层存在显著正相关。这表明，太阳活动增强时海洋性大陆上空的上升运动减弱，存在异常的下沉运动，对流活动减弱。图 4.17（b）为在垂直速度滞后 F10.7 指数 1 年的相关系数分布。从图中可以看到，热带西太平洋 150°E 上空的显著正相关依旧存在，但在 150°E 到日界线的上空和日界线附近的上空出现了显著负相关。这表明，太阳活动增强时该区域上空的上升运动增强，存在异常的上升运动，对流活动增强。显著正相关与显著负相关在空间上形成了纬向的偶极子空间结构。图 4.17（c）为垂直

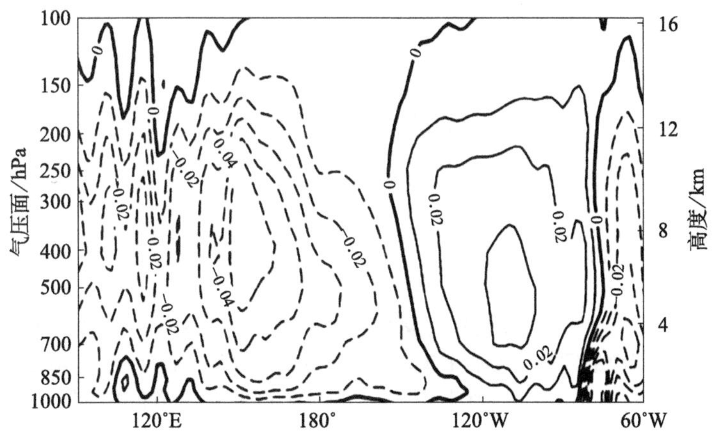

图 4.16　剔除 ENSO 信号后夏季赤道（5°S ～ 5°N 平均）太平洋垂直速度高度 - 纬度剖面图

图中数字单位为 Pa/s，正值表示下沉运动，负值表示上升运动

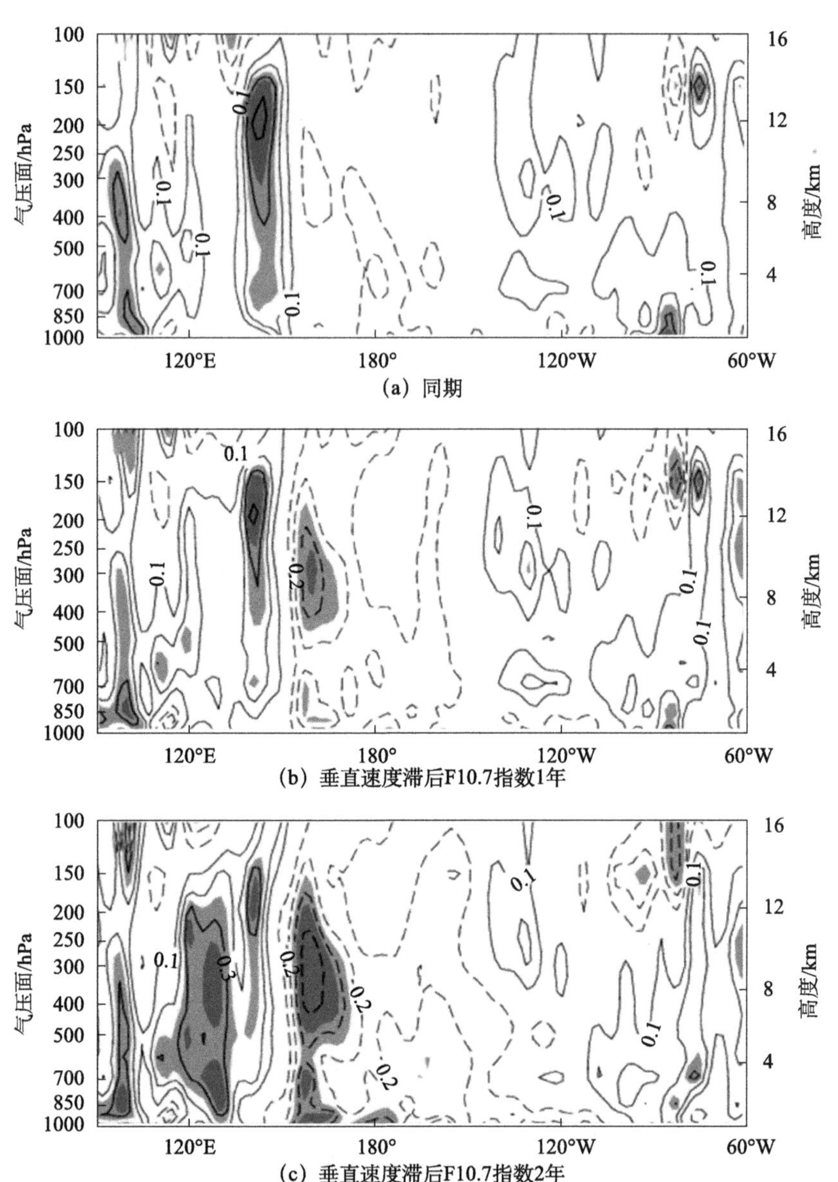

(a) 同期

(b) 垂直速度滞后F10.7指数1年

(c) 垂直速度滞后F10.7指数2年

图 4.17 剔除 ENSO 信号后夏季赤道（5°S ～ 5°N 平均）垂直速度与 F10.7 指数的同期、滞后 1 年、2 年的相关系数分布高度–经度剖面图

浅色（深色）阴影区表示显著性通过 90%（95%）的置信度检验

速度滞后 F10.7 指数 2 年的相关系数分布。从图中可以看到，此时正负相关的显著性增强并延伸至对流层低层，表明异常偶极子模态几乎贯穿整个热带西太平洋上空对流层。因此，热带西太平洋上空的垂直运动对太阳活动的响应与 OLR 资料表征的对流响应是完全一致的，对流层的垂直速度的东西反相位的偶极型异常响应表明，随着太阳活动的增强，位于西太平洋的深对流区有向东移动的趋势。用合成差值分析也可以得到类似的情况。

3. 热带太平洋纬向风对太阳活动的响应

上述对太阳活动变化的响应也可以在热带纬向风场的分析中看到。图 4.18 为剔除 ENSO 信号后的夏季赤道（5°S ～ 5° N 平均）太平洋上空纬向风的高度 – 经度剖面图。从图中可以看到，高低层纬向风为通常的 Walker 环流。120°E ～ 120°W 的对流层高层为西风，而 120°E ～ 120°W 的对流层低层为东风。图 4.19 为剔除 ENSO 信号后赤道（5°S ～ 5°N 平均）纬向风与夏季 F10.7 指数的同期以及滞后的相关系数分布图。同期相关系数分布如图 4.19（a）所示，从图中可以看到，整个太平洋除了 120°E 以西的对流层低层和 60°W ～ 90°W 区域对流层高层存在显著正相关外，整个中太平洋不存在显著的相关关系。而在纬向风滞后 F10.7 指数 1 年的相关系数分布图［图 4.19（b）］中可以看到，90°E 以东至日界线的整个对流层低层以及 120°W 以东的对流层高层出现了显著正相关，而在 150°E 的对流层顶以及 60°W 对流层低层存在小区域的显著负相关。显著相关区的位置表明，太阳活动强年的次年，热带西太平洋在对流层低层出现显著的异常西风而高层出现异常东风；相反，在热带东太平洋对流层低层出现异常东风而高层出现异常西风。当纬向风滞后 F10.7 指数 2 年时［图 4.19（c）］，西太平洋上空 120°E 至日界线的对流层高层出现显著负相关，对流层低层的显著正相关集中在 120°E 至日界线附近海域，而东太平洋上空的相关系数分布基本维持。对比纬向风气候场可以推断，太阳活动增强，整个 Walker 环流的纬向运动都有所减弱，且上升支由西太平洋 120°E 附近移动到日界线附近。

对赤道太平洋上空的纬向风进行合成差值分析也可以得到类似的结果。图 4.20 为剔除 ENSO 信号后赤道（5°S ～ 5°N 平均）上空太阳活动峰（谷）值年夏季纬向风合成差值的高度 – 经度剖面图。从图中可以看到，合成差值场的变化与相关系数分布剖面图非常一致，且显著性更强于相关系数分布场。在合成差值异常场也同样可以看到很强的滞后效应，在滞后 1 年的合成差值场中［图 4.20（b）］可以看到，90°E 以东至日界线的整个对流层低层以及 120°W 以东的对流层高层出现了显著正异常，表明该区域存在显著的异常西风；同时，150°E 的对流层高层以及 60°W 的对流层低层存在小区域的显著负异常，表明太阳活动增强时该区域出现异常东风。图 4.20（c）给出了滞后 2 年的合成差值场，从图中可以看到，120°E 至日界线的对流层高层出现了显著负异常，表明该区域出现显著的

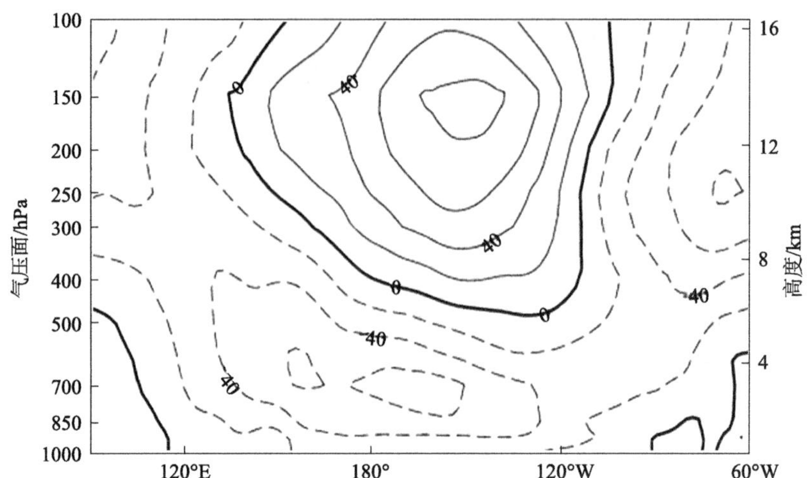

图 4.18　剔除 ENSO 信号后夏季赤道（5°S ～ 5°N 平均）太平洋纬向风的高度 - 经度剖面图

图内数字表示风速，单位为 m/s，正值表示西风，负值表示东风

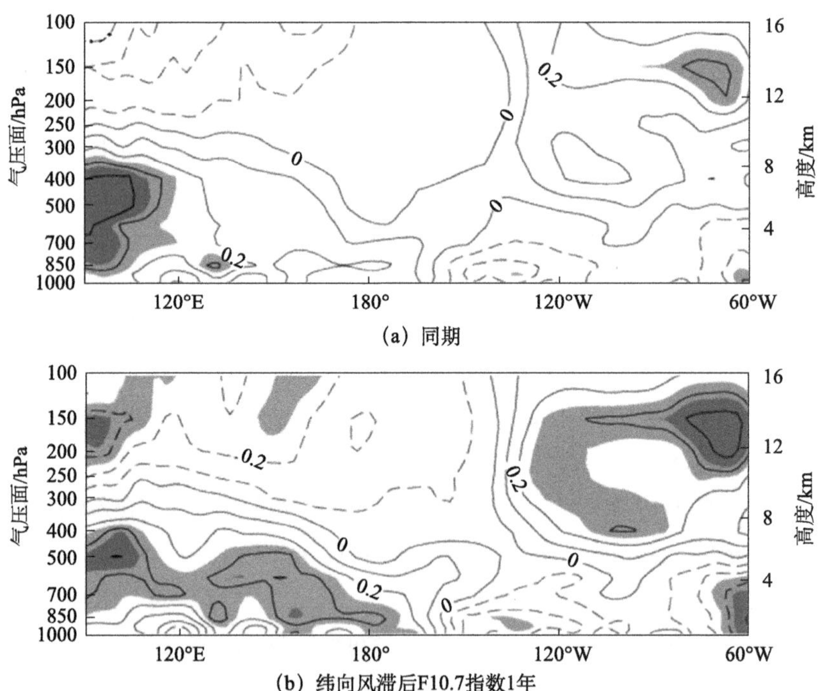

图 4.19　剔除 ENSO 信号后赤道（5°S ～ 5°N 平均）夏季纬向风与夏季 F10.7 指数的同期、滞后 1 年、2 年相关系数分布高度 - 经度剖面图

浅色（深色）阴影区表示显著性通过 90%（95%）的置信度检验

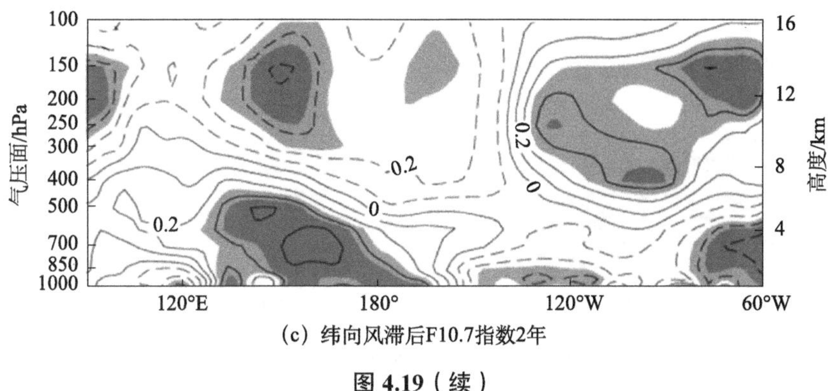

(c) 纬向风滞后F10.7指数2年

图 4.19（续）

异常东风；而对流层低层的显著正异常出现在 120°E 至日界线的地区，对应该区域出现显著的异常西风。与相关分析的结果类似，东太平洋的异常的高低对流层的相关模态依旧存在。合成差值分析的结果也表明，Walker 环流上升支和西太平洋深对流区的东移是太平洋热带赤道地区大气系统对太阳活动变化的响应。

4. 热带太平洋对流对太阳活动响应的可能机制

上述分析结果表明，热带西太平洋深对流的位置与太阳活动密切相关，其对太阳活动变化的响应具有 1 ～ 2 年的滞后效应。通常在太阳活动高值年之后 1 ～ 2 年，热带西太平洋上空会产生一个异常对流偶极子模态，而与该对流偶极子模态的产生相伴的，是西太平洋和海洋性大陆上空 Walker 环流上升支位置的东移，但其具体的影响机制目前尚不清楚，本小节将对这一异常变化的可能机制进行讨论分析。

Meinen 和 McPhaden（2000）的研究指出，东太平洋上涌海水的温度将会影响东太平洋海温异常，进而通过改变大气深对流和海平面气压梯度来影响纬向风。因此，热带对流活动对太阳活动的滞后响应可能是通过海气耦合过程来实现的，在滞后 2 年后，太阳活动的信号通过海气的非线性相互作用得到放大。Meehl 和 Arblaster（2009）指出，在太阳峰值年的北半球冬季，太平洋海温将会出现一个类冷事件模态，在太阳活力峰值年之后 1 ～ 2 年，会出现一个滞后的类暖事件模态对太阳活动的变化做出响应。一个自然的问题是：夏季的热带太平洋是否也会出现一个滞后的类暖事件模态？如果存在，这种响应与产生热带太平洋对流偶极子模态的机制是类似的。图 4.21 为夏季海温异常场 5°S ～ 5°N 的平均纬向 Hovmöller 图。具体计算方法如下：HS 年夏季平均海温

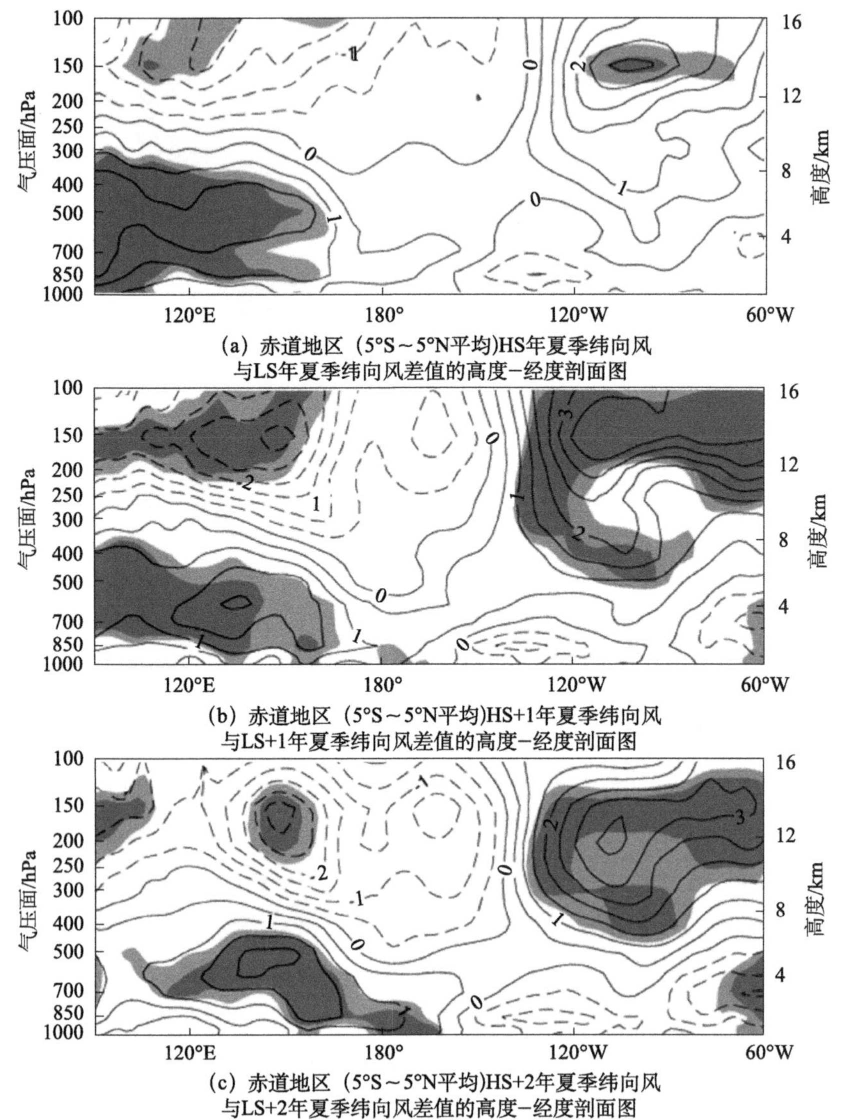

图 4.20　剔除 ENSO 信号后赤道（5°S ～ 5°N 平均）上空
太阳活动峰（谷）值年夏季纬向风合成差值的高度 - 经度剖面图

浅色（深色）阴影区表示显著性通过 90%（95%）的置信度检验

减去 LS 年夏季平均海温得到 Y0 海温场，HS 年之后 1 年夏季平均海温减去 LS 年之后 1 年夏季平均海温得到 Y+1 海温场，HS 年之后 2 年夏季平均海温减去 LS 年之后 2 年夏季平均海温得到 Y+2 海温场，即 $HS_{ave}-LS_{ave}$，$(HS+1)_{ave}-(LS+1)_{ave}$，$(HS+2)_{ave}-(LS+2)_{ave}$。使用的合成差值分析方法与之前合成差值分析

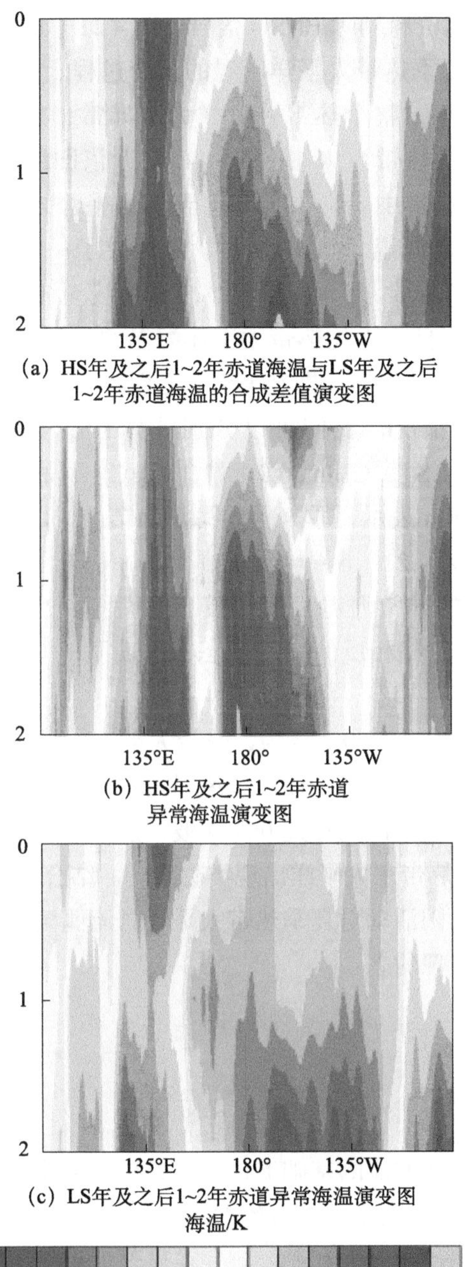

(a) HS年及之后1~2年赤道海温与LS年及之后1~2年赤道海温的合成差值演变图

(b) HS年及之后1~2年赤道异常海温演变图

(c) LS年及之后1~2年赤道异常海温演变图

图 4.21　HS 年、LS 年异常海温及 HS 年与 LS 年异常海温差演变的 Hovmöller 图

方法一致，其中海温资料剔除 ENSO 信号。图 4.21（a）直观地显示了 HS（LS）年及之后 2 年逐年夏季热带太平洋海温的演变过程。从图中可以看到，相比于 LS 年，在 HS 异常年，整个热带太平洋为冷异常，热带西太平洋冷异常幅度最强。在之后 1 年，热带西太平洋 135°E 附近依旧维持冷异常，但冷异常的强度有所减弱。而热带中太平洋 150°E 到西太平洋 135°W 出现了暖异常，且强度较强。正负异常海温在热带西太平洋构成了一个偶极子模态。在之后 2 年，135°E 附近的负异常海温显著增强，日界线至 135°W 的正异常海温也继续增强。这就说明，夏季平均热带太平洋海温的偶极子模态的滞后特征是与对流活动的异常变化相对应的，即在 HS 年之后 1 ～ 2 年不断增强。如果分别考察 HS 年与 LS 年的情况，我们可以分别计算 HS_{ave}−Clim、（HS+1）$_{ave}$−Clim、（HS+2）$_{ave}$−Clim、LS_{ave}−Clim、（LS+1）$_{ave}$−Clim 和（LS+2）$_{ave}$−Clim 后做 Hovmöller，其中 Clim 表示夏季气候态海温，结果如图 4.21（b）和图 4.21（c）所示。可以看到，图 4.21（b）与图 4.21（a）一致，海温都在热带西太平洋表现出了纬向型分布的异常海温偶极子模态。而图 4.21（c）则表现出与图 4.21（a）和图 4.21（b）位相相反的演变模态，这表明在 LS 年及之后 1 ～ 2 年，热带太平洋表现出冷事件模态。

Meehl 和 Arblaster（2009）认为，热带太平洋地区通过动力耦合过程对太阳峰值年的太阳强迫进行响应，从而产生风强迫罗斯贝波。罗斯贝波向西传播，到达西边界后反弹，产生下沉的赤道开尔文波，加深了温跃层，减少了上升涌的冷水，在滞后 1 ～ 2 年热带东太平洋出现类暖事件。结合 Meehl 和 Arblaster（2009）的结论，可以认为太阳活动对夏季热带太平洋对流偶极子模态的滞后影响可能是通过引起海温异常实现的。

4.3.2　印度洋对流对太阳活动的响应

1. 印度洋 OLR 对太阳活动的响应

在分析热带太平洋响应的基础上，本节分析北半球冬季印度洋上空对流活动与太阳活动之间的关系。图 4.22 为冬季 OLR 与 F10.7 指数的同期相关系数分布图。从图中可以看到，在澳大利亚西侧存在显著负相关，即太阳活动增强时该区域对流活动增强，负相关区域一直延伸到印度洋中部，同时在南亚、阿拉伯半岛沿海也存在显著负相关。

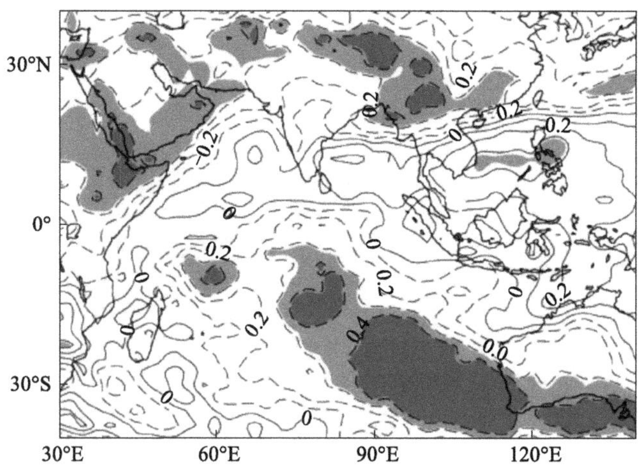

图 4.22　冬季 OLR 与 F10.7 指数的同期相关系数分布图

浅色（深色）阴影区表示置信度通过 95%（99%）的显著性检验

为了进一步分析冬季太阳活动变化特征与印度洋上空对流的关系，使用 EOF 来分析热带印度洋上空 OLR 变率的时空特征。通过 EOF 分解得到冬季热带印度洋上空 OLR 的第一、第二、第三模态，如图 4.23 ～图 4.25 所示。第一模态［图 4.23（a）］占解释方差的 29.2%，该模态表现出东印度洋与非洲东北部、阿拉伯半岛、南亚地区上空 OLR 呈反向变化。该模态主要反映的是海洋性大陆暖池地区的对流活动。第二模态［图 4.24（a）］为全印度洋海盆一致型，类似于印度洋海盆一致型海温模态，并与中国南海、中南半岛上空 OLR 呈反向变化，该模态占解释方差的 18.0%。第三模态［图 4.25（a）］呈现出东、西印度洋上空 OLR 呈反向变化的特征，其空间分布类似印度洋海温的偶极子模态，该模态占解释方差的 10.2%。我们计算了热带印度洋 OLR 与 F10.7 指数的相关系数分布场（图 4.22）和 EOF 各模态（图 4.23 ～图 4.25）之间空间场的相关系数（表 4.5）。结果表明，F10.7 指数与 OLR 的 EOF 第三模态的相关系数为 −0.50，远大于与其他模态的相关系数，表现出更显著的相关性。此外，我们还计算了冬季 F10.7 指数与 EOF 各模态时间序列的相关系数，见表 4.6。OLR 的 EOF 第三模态时间序列与 F10.7 指数的相关系数为 0.31，显著性通过 99% 的置信度检验，表明冬季热带印度洋第三模态时间序列与太阳活动的变化呈显著相关关系。因此，太阳活动变化可能对印度洋海温偶极子模态产生更大影响。

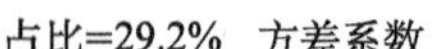

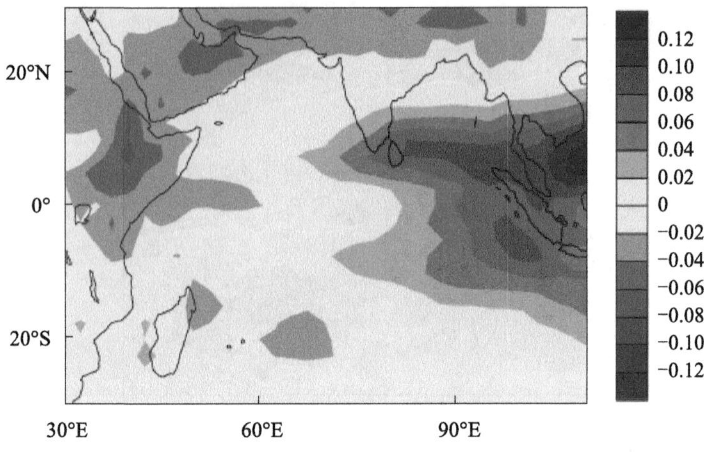

(a) 空间模态分布图

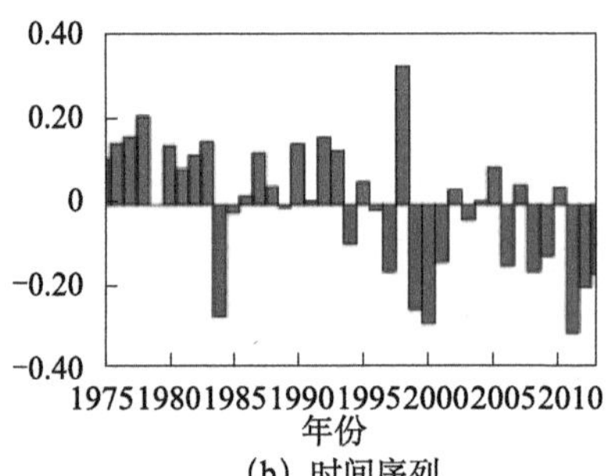

(b) 时间序列

图 4.23 冬季热带印度洋区域 OLR 的 EOF 第一模态

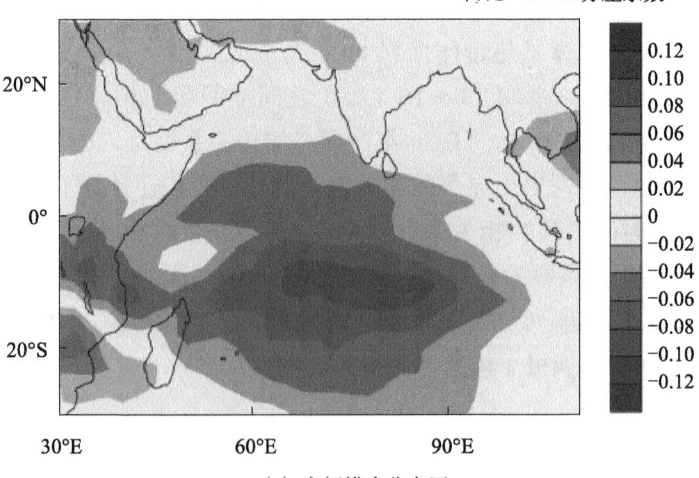

(a) 空间模态分布图

图 4.24 冬季热带印度洋区域 OLR 的 EOF 第二模态

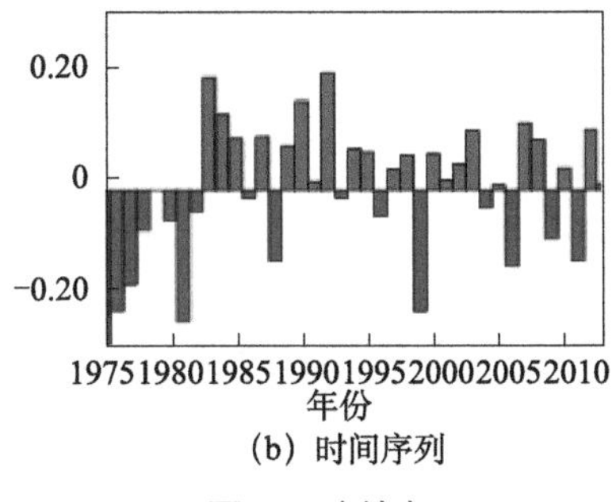

（b）时间序列

图 4.24（续）

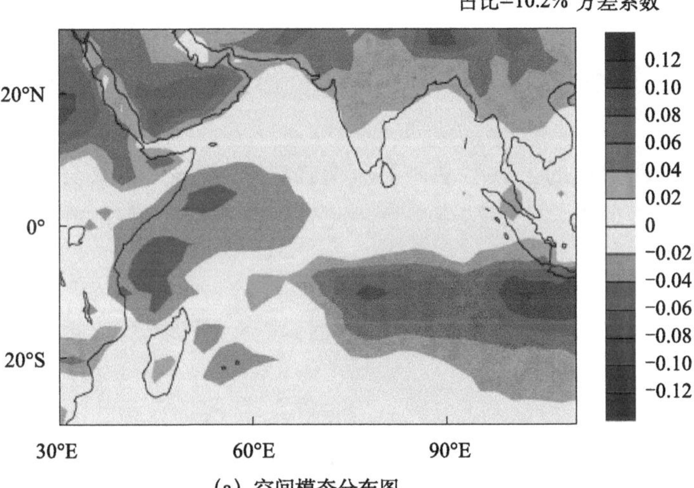

（a）空间模态分布图

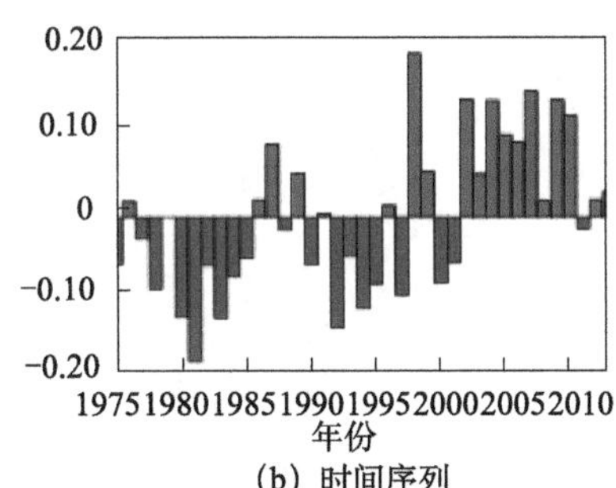

（b）时间序列

图 4.25　冬季热带印度洋区域 OLR 的 EOF 第三模态

表 4.5　北半球冬季热带印度洋 OLR 与 F10.7 指数的相关系数分布场和 EOF 各模态之间空间场的相关系数

EOF	1	2	3
相关系数	0.32	0.42	−0.50

表 4.6 北半球冬季热带印度洋 OLR 的 EOF 各模态的时间序列与 F10.7 指数的相关系数

EOF	1	2	3
相关系数	−0.12	−0.21	0.31*

* 表示显著性通过 99% 的置信度检验

2. 热带印度洋垂直速度对太阳活动的响应

利用大气垂直速度（垂直速度用 ω 表示，单位为 Pa/s，值为正的垂直速度，即上升速度）资料，可以对热带印度洋上空的对流对太阳活动的响应进行进一步分析与验证。图 4.26 为冬季热带印度洋垂直速度 ω 与 F10.7 指数的同期相关系数分布高度 - 纬度剖面图（30°E ～ 110°E 平均）。从图中可以看到，热带印度洋 30°S 的上空 ω 与 F10.7 指数呈负相关，该负相关区域从对流层低层延伸至对流层高层，且在 30°S 对流层中层的负相关最为显著，即在太阳活动较强时，该区域上空将会出现异常的上升运动，对流增强。这与基于 OLR 分析得出的在澳大利亚以西海面的对流响应的结果一致。此外，在热带印度洋 30°N 附近的对流层也存在负相关。

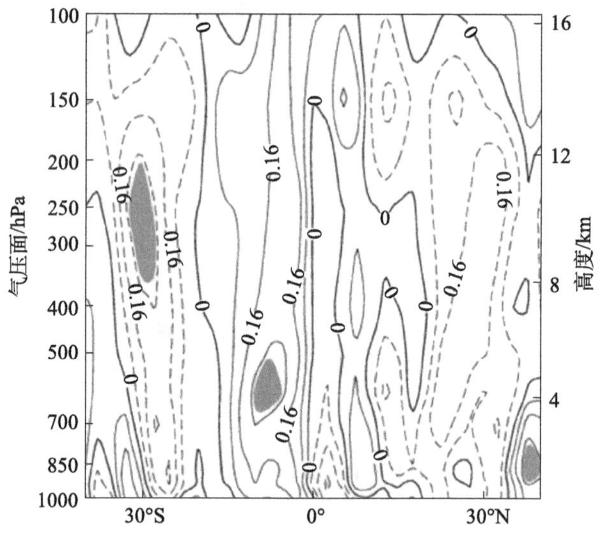

图 4.26 冬季热带印度洋垂直速度 ω 与 F10.7 指数的同期相关系数分布高度 - 纬度剖面图（30°E ～ 110°E 平均）

阴影区表示显著性通过 95% 的置信度检验

通过计算 HS 年和 LS 年的合成差值，可以得到冬季印度洋垂直速度的合成差值分布高度 - 纬度剖面图（30°E ～ 110°E 平均），如图 4.27 所示。从图中可以看到，相比 LS 年，在南半球 30°S 附近的上空，整个对流层存在显著负异常，负异常从对流层低层延伸到高层，表明相较于 LS 年，该区域在 HS 年对流显著增强。该结果与基于 OLR 资料的分析结果一致。这表明在冬季，在南印度洋 30°S 上空的对流对太阳活动的响应非常显著，并存在一个正的响应过程。此外，在北印度洋 30°N 上空对流层也存在显著负异常，与南印度洋 30°S 上空的负异常形成了南北对称的模态。在相关系数分布剖面图上（图 4.26）该区域相关性并不显著，呈负相关关系。总体来看，合成差值与相关系数的空间分布较为一致。因此，该模态是印度洋上空值得关注的一个响应模态。

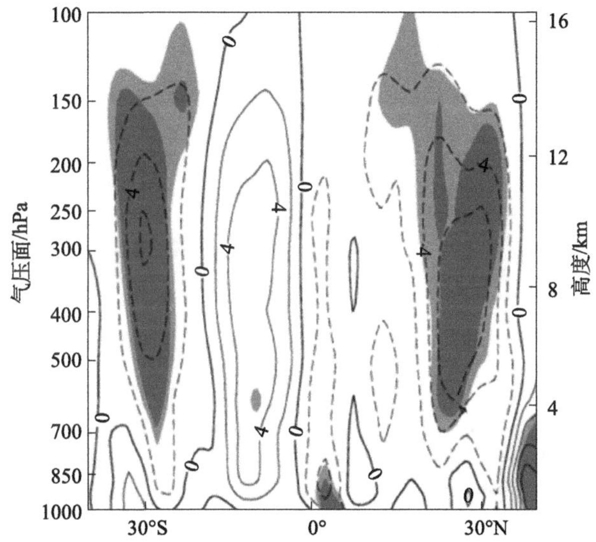

图 4.27　HS 年冬季印度洋垂直速度与 LS 年冬季印度洋垂直速度的合成差值分布高度－纬度剖面图（30°E ～ 110°E 平均）

图中数字单位为 Pa/s，浅色（深色）阴影区表示显著性通过 90%（95%）的置信度检验

3. 热带印度洋对流对太阳活动响应的可能机制

通过以上不同资料与方法的分析可以看到，太阳活动变化会影响印度洋上空的对流活动，但主要的响应区域位于印度洋的副热带地区和热带印度洋中部，尤其是南印度洋和澳大利亚以西洋面上，这种特征可能与其响应机制有关。人们认为，地球大气对太阳活动变化的响应机制主要有两种。第一种机制为自下而上（bottom-up）机制，即热带海洋海温受太阳辐射的影响从而产生反馈，通过海气耦合作用传输至大气，从而影响大气运动的气候特征（Meehl et al.，2008；Meehl and Arblaster，2009）；第二种机制为自上而下（top-down）机制，即太阳

辐射通过臭氧层时影响了臭氧量，导致大气化学性质发生变化，从大气上层传输至大气下层影响了大气运动（Harrison，2008；Haigh et al.，2005；Labitzke et al.，2002；Simpson et al.，2009）。

考察印度洋海温对太阳活动变化的响应。印度洋海温具有全区一致的持续增暖型模态（晏红明等，2000），因此对海温资料做了去趋势处理。图 4.28（a）为冬季热带印度洋海温与 F10.7 指数的同期相关系数分布图。从图中可以看到，东印度洋一直到印度洋中部的海温存在显著正相关。图 4.28（b）为 HS 年和 LS 年冬季印度洋海温差值的合成分布图。从图中可以看到，显著正异常区域也位于北印度洋，与相关分析得到的结果基本一致，但显著正异常区域比显著正相关区域更大，覆盖整个印度洋，且差值较大的区域在西北印度洋。

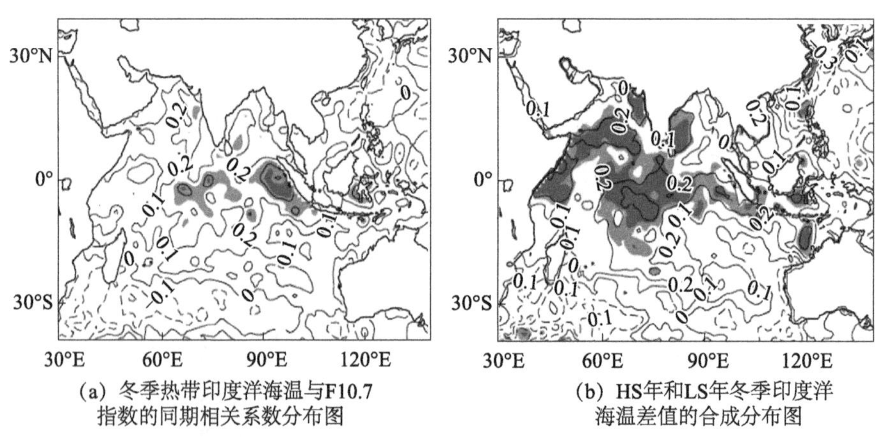

(a) 冬季热带印度洋海温与F10.7指数的同期相关系数分布图

(b) HS年和LS年冬季印度洋海温差值的合成分布图

图 4.28 冬季热带印度洋海温与 F10.7 指数的同期相关系数以及 HS 年和 LS 年冬季印度洋海温差值的合成分布图

（a）中等值线为相关系数，浅色（深色）阴影区表示显著性通过 95%（99%）的置信度检验；（b）中等值线为海温（K），浅色（深色）阴影区表示显著性通过 90%（95%）的置信度检验

太阳对气候自上而下的影响是通过臭氧的化学过程实现的，Haigh（1996，2005）提出太阳辐射通过影响平流层的臭氧量，从而调制大气的热力特征和环流特征。利用冬季气温资料和 F10.7 指数可以分析大气平流层和对流层高层中可能存在的太阳信号。图 4.29（a）为冬季印度洋气温与 F10.7 指数的相关系数分布图。从图中可以看到，在印度洋上空平流层到对流层顶存在正相关，其中 30°S ～ 40°S 地区上空的平流层存在显著正相关，该区域与澳大利亚西侧的显著响应区域一致。此外，可以注意到整个热带的对流层顶也存在显著正相关，表明在太阳活动较强年份，热带对流层顶到平流层会出现增温异常。从合成差值图中也可得到较为一致的结果［图 4.29（b）］，且异常模态的显著性更强。

因此，太阳活动的变化很可能首先通过臭氧的光化学作用影响平流层中的臭氧量和分布异常，进而引起平流层的增温，并通过平流层对流层的耦合作用将太阳活动变化的异常信号传输至对流层（Haigh，1999），进而影响印度洋地区的大气环流，其影响机制可能主要是自上而下机制。

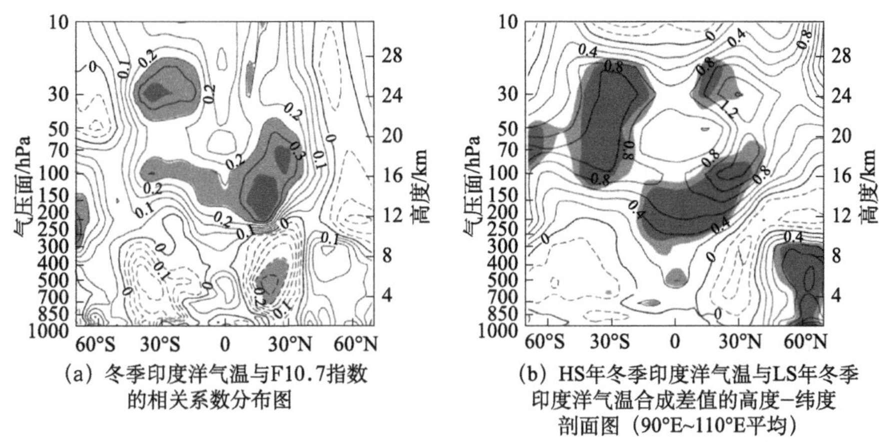

(a) 冬季印度洋气温与F10.7指数的相关系数分布图

(b) HS年冬季印度洋气温与LS年冬季印度洋气温合成差值的高度–纬度剖面图（90°E~110°E平均）

图 4.29　冬季印度洋气温与 F10.7 指数的相关系数分布以及 HS 年冬季印度洋气温与 LS 年冬季印度洋气温合成差值的高度 - 纬度剖面图（90°E ～ 110°E 平均）

（a）中等值线为相关系数，（b）中等值线为气温（℃），浅色（深色）阴影区域表示显著性通过 90%（95%）的置信度检验

综上所述，太平洋对太阳活动变化的响应主要发生在西太平洋，在北半球夏季，热带西太平洋和海洋性大陆上空的对流活动对太阳活动存在一定的滞后响应。具体表现如下：在太阳活动高值年之后 1 ～ 2 年的夏季，西太平洋对流异常呈现出偶极子模态。该模态独立于 ENSO 事件所引起的对流异常，为西太平洋上空对流存在的一个固有模态，表明太阳活动对该区域上空对流具有显著影响。对流偶极子模态表现出西太平洋深对流区的东移并伴随西太平洋 Walker 上升支的东移。

这一具有滞后响应特征的模态可能是由海气耦合作用激发的。夏季，当太阳活动增强时，其信号首先作用于东热带太平洋无云区的海温，并通过动力耦合过程对增强的太阳强迫进行响应，从而产生风强迫的罗斯贝波。罗斯贝波向西传播，到达西边界后反弹，产生了下沉的赤道开尔文波，加深了温跃层，减少了上升涌的冷水，有助于滞后 1 ～ 2 年的太平洋的热输送，促进太平洋地区出现 ENSO 类暖事件异常海温。该异常海温分布型通过调制热带太平洋上空的气温，改变上空对流层的温压结构，从而影响对流活动的变化，使得深对流区向东移动。

印度洋对太阳活动变化的响应主要在热带和低纬度地区，其中热带印度洋东南部、澳大利亚以西的海面存在显著的响应信号。太阳活动变化的影响很可能与印度洋海温偶极子模态有关，其影响机制可能是通过自上而下的响应过程。

4.4 东亚气候和大气环流对太阳活动的响应

人们很早就注意到，区域气候与太阳活动变化有一定的关联。1801 年英国天文学家威廉·赫歇尔（William Herschel）研究了太阳黑子数与地球上旱涝灾害的关系，发现日面上太阳黑子数少时，一些地区雨量就少，地面干旱，粮食价格随之上涨。1852 年，瑞士天文学家沃尔夫研究了苏黎世历史上气象要素和太阳黑子数的相对关系发现，当太阳黑子数多时，苏黎世气候较干燥，农业获得丰收；而当太阳黑子数少时，天气较潮湿，常有暴风雨造成农业歉收。19 世纪末期，天文学家以印度洋地区为中心，发现气压、气温、雨量、风暴等都和太阳活动周期有明显的相关性。这些研究一直持续到现在，各种区域的海温、气温、降水等海洋大气要素变化都显示出与太阳活动，即太阳黑子 11 年、22 年左右的准周期变化一致的现象（李可军等，2000；Lean and Rind，2001；Kniveton and Todd，2001；王涌泉，2001；王钟睿等，2002；李春晖和杨志峰，2005；段长春和孙绩华，2006；Battinelli et al.，1997）。

我国科学家对太阳活动与我国天气气候关系的研究开始于 20 世纪 20 年代中期，竺可桢（1926，1931）分析了中国降水与太阳黑子数的关系，发现长江流域性大洪水有太阳活动 22 年的周期，长江流域的雨量与太阳黑子数呈正相关。涂长望（1942）对西南诸省的天气情况进行分析指出，太阳黑子数多时，长江流域 5 月的雨量较平时稀少，长江流域夏季（6 ～ 8 月）雨量与太阳黑子数的相关系数为正；太阳黑子数增多时，西南诸省 6 月的雨量较平时稀少，7 月雨量则较平时增多。区域性异常天气气候事件与太阳黑子活动极大年或极小年有较好的相关性，在黄河中游地区、江淮流域下游、太湖流域的旱涝变化与太阳活动具有共同的变化周期，其中 11 年左右周期尤为突出。长江中上游和黄河流域，在太阳活动峰值年前后易发生洪涝和大水，而在太阳活动谷值年附近易发生干旱，并在太阳活动周单周或双周有多发的趋势。董安祥等（1999）利用近 400 年资料，分析了太阳黑子与厄尔尼诺、西北地区（陕西、甘肃、宁夏、青海）降水的关系，指出太阳黑子低值年和谷值年易出现厄尔尼诺事件，在太阳黑子谷值年西北地区易旱。王涌泉（2001）通过周期分析发现，近百年来长江中下游出现大洪水的1896年、1919年、1931年、1954年、1980年、1998年都具有准22年左右的振荡周期，太阳黑子22年左右的准周期变化是长江流域大洪水的重要前兆。潘静等（2010）研究发现，中国东部夏季降水与太阳活动有明显的关系，强（弱）太阳活动年，华北平原和东北南部地区少（多）雨，西北地区多（少）雨，而江淮地区的夏季降水量也偏多（少）；太阳活动与夏季的梅雨量存在既显著又复杂的相关关系，而且它们之间的相关关系还随时间有年代际变化；强（弱）太阳活动有利于在中国上空造成500hPa位势高度出现正（负）异常，并与夏季降水异常的形势较为相配，可能是太阳活动影响中国东部降水的重要途径。王钟睿等（2002）用太阳黑子相对数及太阳黑子周期长度拟合近2000年的温度变化，指出近2000年特别是近700年来温度变化的总趋势与太阳活动基本一致。李春晖和杨志峰（2005）对黄河流域1951～1997年的降水与太阳黑子的小波系数变化进行分析发现，黄河流域年降水与太阳黑子在9年时间尺度上呈一定的负相关关系，且降水有1～2年的滞后现象。周群和陈文（2012，2014）的研究发现，太阳活动高（低）值年，ENSO发展期各阶段赤道东太平洋和热带西太平洋海温异常的强度和范围都偏小（大），在太阳活动低值年ENSO与东亚冬季风的关系更为密切，东亚冬季风与夏季风的关系在太阳活动低值年比高值年更紧密。

综上所述，以太阳黑子数为表征的太阳活动变化与区域气候异常有显著的联系，但其关系较复杂。为了进一步了解太阳活动周期变化与亚洲区域性天气气候的异常关系，探究其对区域气候变化的驱动与放大机制，本节重点分析太阳黑子11年准周期振荡极值年［太阳黑子峰（谷）值年］大气热力因子异常及亚洲区域冬夏环流以及温度、降水的响应特征。如图4.30所示，1957年、1968年、1979年、1989年和2000年为太阳黑子峰值年；1954年、1964年、1976年、1986年、1996年和2008年为太阳黑子谷值年，在以下的合成分析中，我们将峰（谷）临近的年份均视为太阳黑子高（低）值年，这样高值年包括：1956年、1957年、1958年、1969年、1970年、1971年、1980年、1981年、1982年、1988年、1989年、1990年、2000年、2001年、2002年共15年，而太阳黑子低值年则包括：1953年、1954年、1955年、1963年、1964年、1965年、1975年、1976年、1977年、1985年、1986年、1987年、1995年、1996年、1997年、2007年、2008年、2009年共18年。我们将分别给出上述太阳活动峰（谷）值年北半球冬季和夏季平均长波辐射、大气环流、温度、降水、海温的响应特征。

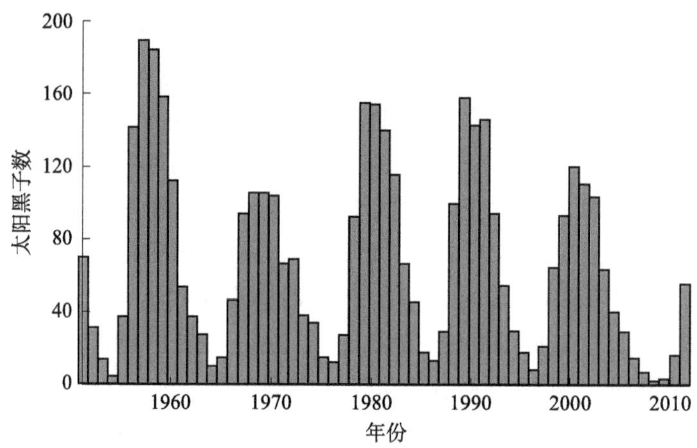

图 4.30　1951 ～ 2011 年太阳黑子数逐年变化

4.4.1　太阳黑子异常年东亚冬季环流及温度异常特征

2008 ～ 2010 年为太阳黑子谷值年，同一时期，美国与欧洲部分地区遭遇严冬。英国气象局研究员 Ineson 等（2011）根据计算机模拟的长期气候状况，证实了在太阳黑子谷值年，异常冷空气在赤道大气上空形成，造成大气热量重新分配和大气环流变化，令欧洲北部和美国遭遇异常低温和暴风雪，加拿大和地中海地区气候则变得更温和；进入太阳黑子峰值年，情况则相反。Ineson 对此结果评论说："对已观测到的太阳（黑子）变化与地区冬季气候间联系，研究予以了证实"。Ineson 认为，这一发现将有助于长期天气预测，方便各地早做准备应对极端天气。不过，她也强调，研究所用卫星数据仅涉及最近几年，准确性有待更多研究确认。"极端天气"的源头可能起于太阳活动对地球磁场的扰动，地磁活动异常会造成北极圈出现少见的北极光等异常天象，以及大气中的北极涛动异常，从而加强了寒潮的南下活动。2012 年 1 月 26 日前后，北极圈许多国家（如挪威、加拿大、英格兰、英国等）连续数日所看见的"北极光"（北极光的出现与地球磁场的强烈扰动有关）—— 就是地球磁场对"太阳磁场"的特殊反应。紧随而来的是，北极圈地区的气压也出现了高压状态，出现北极涛动负位相。

太阳向地球发射的辐射属于短波辐射，地球吸收太阳辐射后，温度增高，同时地球和大气通过长波辐射将能量向天空发射。为了了解太阳黑子峰（谷）值年冬季大气长波辐射的异常特征和对天气气候的影响，对太阳黑子峰（谷）值年冬季平均长波辐射值进行合成。图 4.31（a）和图 4.31（b）给出了太阳黑子 5 个峰值年和 6 个谷值年冬季平均长波辐射合成图。从图 4.31（a）可以看到，5 个太阳黑子峰值年合成的长波辐射异常分布情况，东半球的北冰洋海域、贝加尔湖以北的东亚中高纬地区及以南的东亚中低纬地区长波辐射呈现正、负、正的异常分布，正（负）异常代表辐射加强（减弱）；图 4.31（b）则是 6 个太阳黑子谷值年合成图，与太阳黑子峰值年显示的长波辐射异常情况相反，在东半球的北冰洋海域、贝加尔湖以北的东亚中高纬地区及以南的东亚中低纬地区长波辐射呈现负、正、负的异常分布。图 4.31 清楚地表明，太阳黑子峰（谷）值年的东半球北冰洋海域、贝加尔湖以北的东亚中高纬地区及以南的东亚中低纬地区冬季长波辐射距平值变化特征呈现反向变化趋势。以下进一步分析太阳黑子峰（谷）值年长波辐射的这种分布特征对东亚冬季环流有怎样的影响。

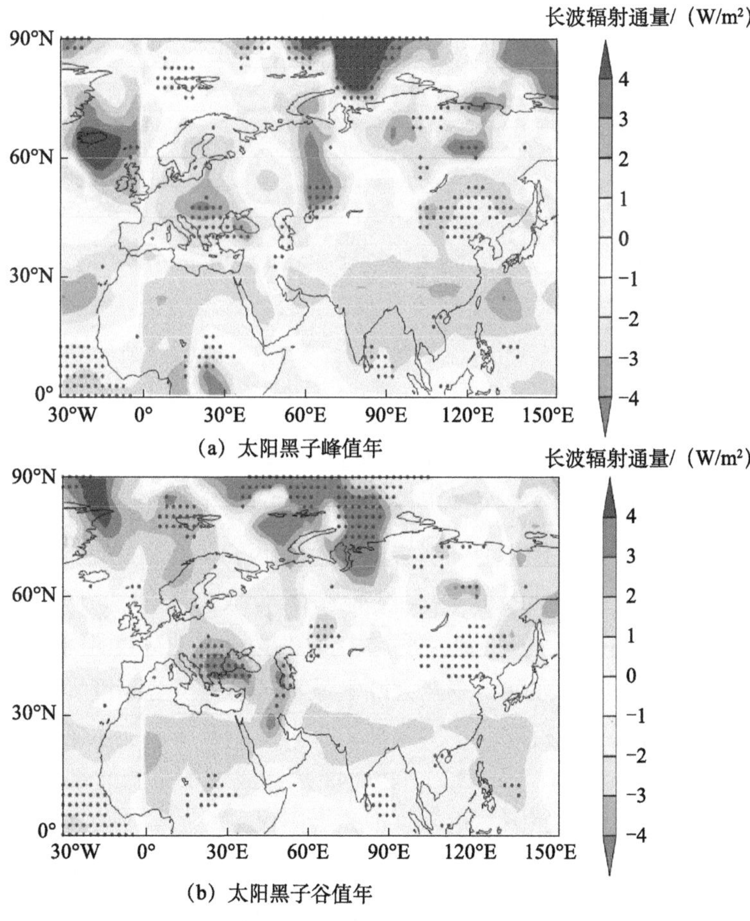

图 4.31　冬季（12 ～ 2 月平均）长波辐射合成

黑色打点区为显著性超过 90% 的置信度的区域

图 4.32（a）和图 4.32（b）分别给出了太阳黑子峰（谷）值年冬季（12 ～ 2

月平均）高层 10hPa 位势高度距平场合成。从图 4.32（a）显示的太阳黑子峰值年 10hPa 位势高度距平分布可以看到，最强的位势高度负距平中心主要位于西半球，表明太阳黑子峰值年北半球的极涡中心位于西半球；图 4.32（b）是太阳黑子谷值年 10hPa 位势高度距平分布，最强的位势高度负距平中心主要位于东半球，表明太阳黑子谷值年北半球的极涡中心位于东半球。分析发现，太阳黑子峰（谷）值年冬季北半球的极涡中心位置与东半球北冰洋海域的大气向外长波辐射正、负异常有关。也就是说，大气向外长波辐射正（负）异常出现在东半球的北冰洋海域，受该海域大气向外长波辐射加强（减弱）的影响，造成东半球极涡强度减弱（加强），使得极涡强中心出现在西（东）半球。由此可见，太阳黑子峰（谷）值年东半球北冰洋海域大气向外长波辐射呈现正（负）异常，是造成冬季北半球极涡位置位于西（东）半球的热力因子。

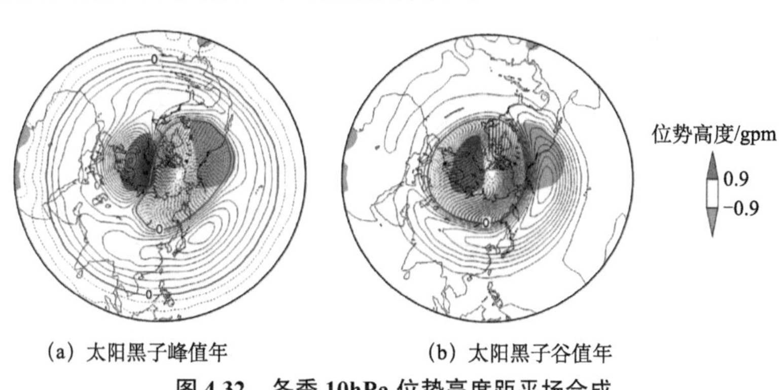

(a) 太阳黑子峰值年　　(b) 太阳黑子谷值年

图 4.32　冬季 10hPa 位势高度距平场合成

图中等值线间隔为 2gpm，涂色区域为显著性超过 90% 的置信度的区域

图 4.33（a）和图 4.33（b）分别给出了太阳黑子峰（谷）值年冬季（12 ～ 2 月平均）对流层中层 500hPa 位势高度距平场合成。太阳黑子峰（谷）值年 500hPa 位势高度距平场上东亚到太平洋中高纬度地区的高度距平呈现负、正、负（正、负、正）的距平波列，东亚大陆上最显著的强位势高度异常距平中心位于贝加尔湖北部地区。分析发现，太阳黑子峰（谷）值年贝加尔湖北部地区的长波辐射呈现负（正）异常（图 4.33），这可能是造成贝加尔湖北部地区位势高度呈现负（正）距平异常的原因。也就是说，太阳黑子峰（谷）值年贝加尔湖北部地区大气向外长波辐射呈现负（正）异常，有利于冬季东亚到太平洋中高纬度地区的高度距平呈现负、正、负（正、负、正）的距平波列，冬季东亚到太平洋中高纬度地区的高度距平波列的异常受太阳黑子峰（谷）值年东亚大陆上空的大气向外长波辐射距平波引起的热力异常的影响。

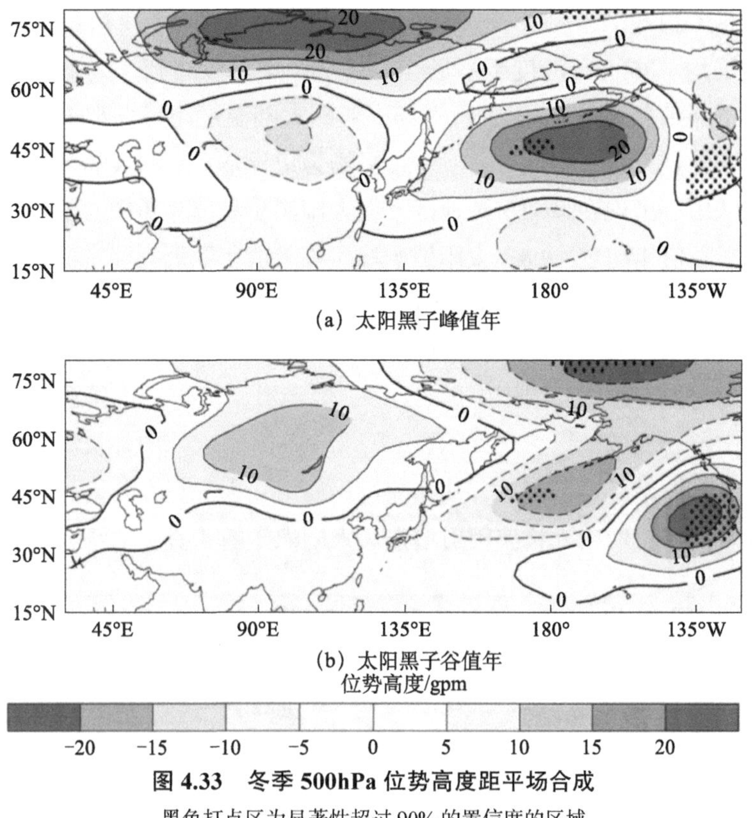

图 4.33　冬季 500hPa 位势高度距平场合成

黑色打点区为显著性超过 90% 的置信度的区域

上述分析表明，太阳黑子峰（谷）值年，冬季贝加尔湖北部地区大气向外长波辐射呈负（正）异常，对应冬季 500hPa 高度场上贝加尔湖北部地区位势高度出现负（正）异常，表明贝加尔湖地区受低压（高压）环流系统控制。为了进一步了解太阳黑子峰（谷）值年冬季贝加尔湖地区上空的环流特征，图 4.34（a）和图 4.34（b）分别给出了太阳黑子峰（谷）值年冬季（12 ～ 2 月平均）850hPa 纬向风距平场合成。从图中可以看到，太阳黑子峰值年 850hPa 纬向风距平场上贝加尔湖北部出现东风距平、南部出现西风距平，即太阳黑子峰值年贝加尔湖地区出现气旋性环流；太阳黑子谷值年 850hPa 纬向风距平场上贝加尔湖北部出现西风距平、南部出现东风距平，即太阳黑子谷值年贝加尔湖地区出现反气旋性环流；也就是说，无论是太阳黑子峰值年还是太阳黑子谷值年，850hPa 纬向风距平上东亚大陆贝加尔湖北部与南部的纬向风距平都表现出相反的变化趋势，太阳黑子峰（谷）值年贝加尔湖出现气旋性（反气旋性）环流与贝加尔湖北部、南部长波辐射异常变化一致（图 4.31）。下面进一步分析太阳黑子峰（谷）值年东亚大陆贝加尔湖地区出现异常气旋性（反气旋性）环流与我国冬季气候异常的关系。

图 4.35（a）和图 4.35（b）分别给出了太阳黑子峰（谷）值年冬季（12 月至次年 2 月平均）850hPa 温度距平场合成。从图中可以看到，太阳黑子峰值年或是太阳黑子谷值年 850hPa 温度距平场上亚洲大陆温度距平场都表现出中高纬度温度距平场为负异常、中低纬度温度距平场为正异常，亚洲大陆中高纬度最低的温度负异常中心出现在贝加尔湖地区，但太阳黑子峰值年负中心值达 −1.6 以上，而太阳黑子谷值年超过−0.8；太阳黑子峰（谷）值年亚洲大陆中低纬度温度正异常中心出现东亚大陆 30° N/90° E 附近，正异常中心的强度在太阳黑子峰值年大于谷值年，这说明太阳黑子峰（谷）值年东亚贝加尔湖北部、南部地区温度梯度加强（减弱）。分析发现，太阳黑子峰（谷）值年温度的正、负异常中心都出现在贝加尔湖南部、北部地区，与太阳黑子峰（谷）值年大气向外长波辐射异常位于贝加尔湖北部、南部地区有关，其物理过程如下：大气温度与向外长波辐射密切相关，异常高温对应向外长波辐射增强。太阳黑子峰（谷）值年大气向外长波辐

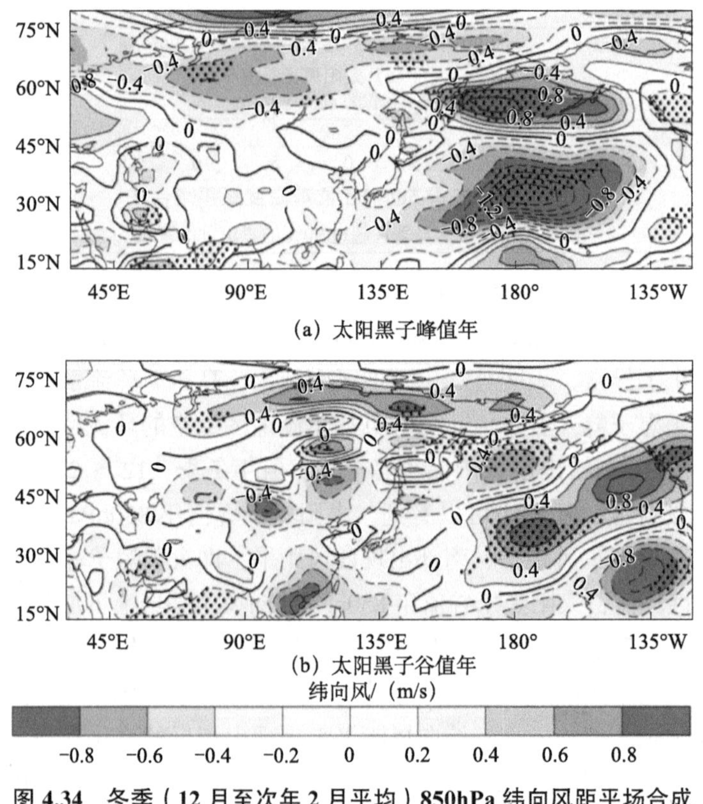

图 4.34　冬季（12 月至次年 2 月平均）850hPa 纬向风距平场合成

黑色打点区为显著性超过 90% 的置信度的区域

射随纬度升高而减弱（加强），而大气平均状态是向外长波辐射随纬度升高而降低，两者的效应叠加后使得太阳黑子峰值年东亚贝加尔湖地区的高低纬度温度梯度加强，而太阳黑子谷值年东亚贝加尔湖地区的高低纬度温度梯度减弱。

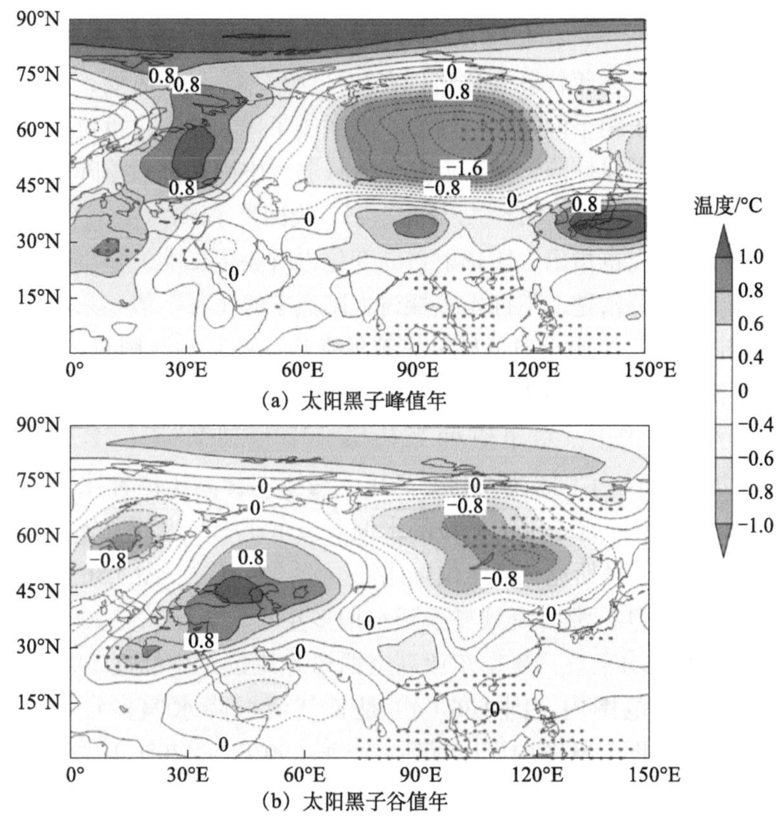

图 4.35　冬季 850hPa 温度距平场合成

黑色打点区为显著性超过 90% 的置信度的区域

综上所述，太阳黑子峰（谷）值年冬季贝加尔湖南部与北部的大气向外长波辐射存在反向变化，有利于东亚大陆贝加尔湖地区出现异常的气旋性（反气旋性）环流，并造成东亚大陆高低纬度温度梯度加大（减小）。

4.4.2　太阳黑子异常年东亚夏季环流及降水异常特征

受东亚夏季热带、副热带季风环流以及亚洲高纬度环流年际变化及其季节内进退快慢的影响，夏季中国东部的华南、江淮以及华北地区汛期降水呈现出不同时间尺度的变化特征。中国东部夏季降水的多时空变化特征及成因机理，一直是天气气候动力学研究的热点问题，我国气象工作者对此开展了一系列的系统研究。张人禾等（2008）对中国东部夏季气候20世纪80年代后期的年代际转型的可能成因进行了探讨，指出青藏高原前冬和春季积雪的年代际减少与热带中东太平洋海温的年代际增加是东亚降水型改变的主要原因。邓伟涛等（2009）分析了中国东部夏季降水型的年代际变化与北太平洋海温的关系，指出近50年中国东部夏季降水型第一次年代际变化出现在20世纪70年代中后期，北太平洋中纬度地区冬季海温由正距平向负距平转变，太平洋年代际振荡由负位相向正位相转变，改变了东亚夏季风环流，使东亚夏季风减弱，中国东部夏季降水从北到南由“＋－＋”转变为“－＋－”的三极分布形态。我国夏季降水型异常除了受海温异常影响外，一些研究也指出太阳辐射量的变化也有一定影响，但其对异常降水的影响机理仍然不十分清楚。下面重点探讨太阳黑子峰（谷）值年东亚高空西风急流、热带对流活动、亚澳季风低层风场等异常特征及其与我国夏季降水的关系。

首先考察回顾江淮流域夏季降水异常时期大气环流的特征。张庆云和郭恒（2014）的研究指出，20世纪90年代夏季长江流域降水偏多与东亚中纬度西风带环流加强以及南半球澳大利亚高压、马斯克林高压位置比气候态偏东有关；而21世纪前10年夏季淮河流域降水偏多与东亚中纬度西风环流减弱以及南半球澳大利亚高压、马斯克林高压位置比气候态偏西有关。图4.36（a）和图4.36（b）分别给出了长江、淮河流域夏季降水偏多年6～7月平均200hPa纬向风距平合成，从气候平均来看，夏季东亚高空西风急流位于中纬度（90°E～130°E，37.5°N～42.5°N）范围内。图4.36（a）是长江流域降水偏多年6～7月平均200hPa纬向风距平图。从图中可以看到，东亚（90°E～130°E）中纬度区域呈现为西风距平，说明夏季东亚高空副热带西风急流加强，有利于长江流域降水偏多。

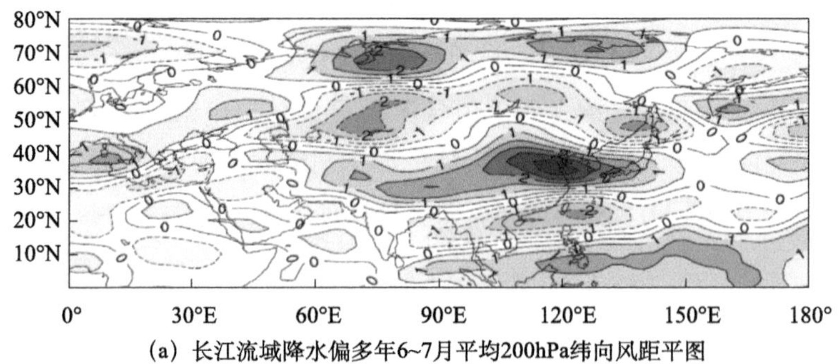

（a）长江流域降水偏多年6~7月平均200hPa纬向风距平图

图4.36 长江、淮河流域降水偏多年6～7月平均200hPa纬向风距平合成

降水偏多年包括1980年、1983年、1993年、1996年、1998年和1999年，降水偏少年包括1991年、2000年、2003年、2005年和2007年，气候平均值取1979～2009年的平均

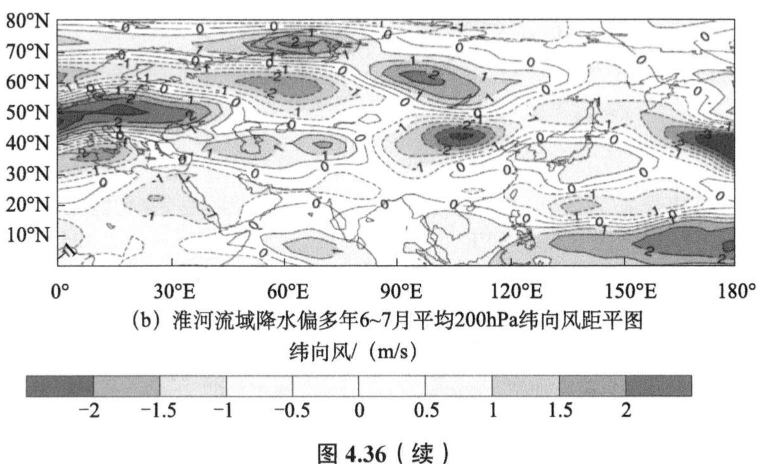

（b）淮河流域降水偏多年6~7月平均200hPa纬向风距平图

图 4.36（续）

图 4.36（b）是淮河流域降水偏多年 6 ～ 7 月平均 200hPa 纬向风距平图。从图中可以看到，东亚（90°E ～ 130°E）中纬度区域呈现为东风距平，说明夏季东亚高空副热带西风急流减弱，有利于淮河流域降水偏多。因此，东亚（90°E ～ 130°E）中纬度区域纬向西风急流的增加和减弱分别对应了长江和淮河流域降水的增加。

图 4.37（a）和图 4.37（b）分别给出了太阳活动峰（谷）值年 6 ～ 7 月平均 200hPa 纬向风距平合成。与图 4. 36 对比可以发现，在太阳活动峰值年，东亚（90° E ～ 120° E）中纬度区域呈现为西风距平，说明夏季东亚高空副热带西风急流加强，与图 4.36（a）非常相似，有利于长江流域降水偏多；而在太阳活动谷值年，在东亚上空的 200hPa 纬向风距平为负异常［图 4.37（b）］，东亚（90° E ～ 120° E）中纬度区域呈现为东风距平，与图 4.36（b）非常相似，说明夏季东亚高空副热带西风急流减弱，有利于淮河流域降水偏多。

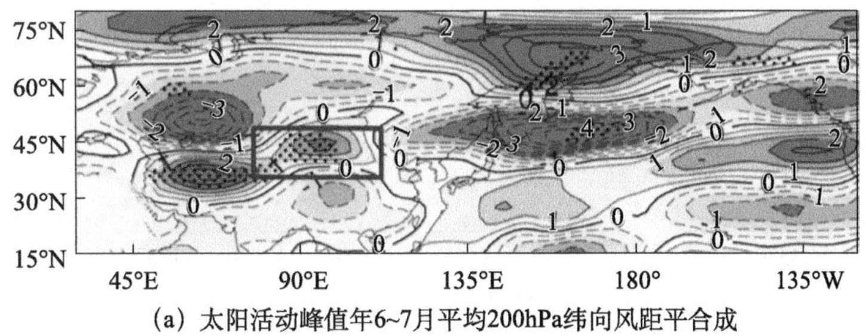

（a）太阳活动峰值年6~7月平均200hPa纬向风距平合成

图 4.37　太阳活动峰（谷）值年 6 ～ 7 月平均 200hPa 纬向风距平合成

太阳活动峰值年包括 1957 年、1970 年、1981 年、1989 年和 2001 年，太阳活动谷值年包括 1954 年、1964 年、1976 年、1986 年、1996 年和 2008 年；黑色打点区为显著性超过 90% 的置信度的区域；黑色矩形框为关注的东亚急流位置

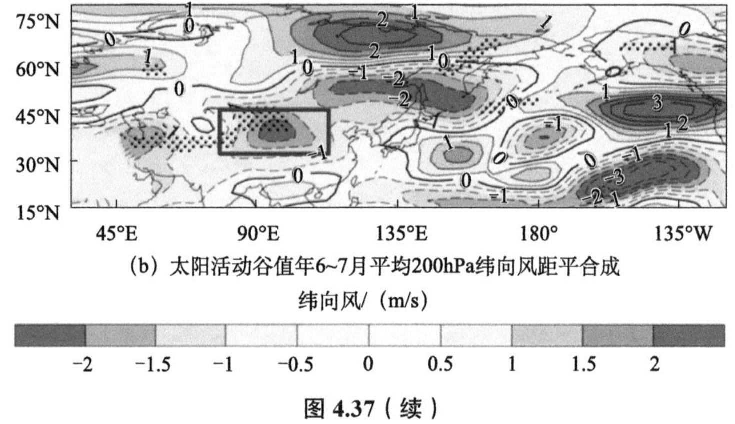

（b）太阳活动谷值年6~7月平均200hPa纬向风距平合成

图 4.37（续）

东亚热带季风槽的强弱对我国东部夏季降水有直接影响。为了了解太阳黑子峰（谷）值年东亚热带季风槽强弱的异常特征，图 4.38 给出了 1981 ～ 2000 年太阳黑子峰（谷）值年夏季（6 ～ 8 月平均）亚洲季风区 OLR 异常分布。从图中可以看到，东亚热带季风槽即 ITCZ 区（5°N ～ 20°N，120°E ～ 150°E）的对流在太阳黑子峰（谷）值年出现显著不同，太阳黑子峰（谷）值年东亚热带季风槽即 ITCZ 区对流强（弱），有利于东亚热带季风槽的加强（减弱）。因此，太阳活动周峰（谷）值年对东亚热带季风槽的强弱变化有重要的作用，从而间接地影响东亚夏季季风环流的强弱以及我国夏季降水分布。

图 4.39 给出了太阳黑子峰（谷）值年夏季（6 ～ 8 月平均）850hPa 风场距平合成。从图 4.39（a）可以看到，在太阳黑子峰值年夏季，850hPa 风场上南半

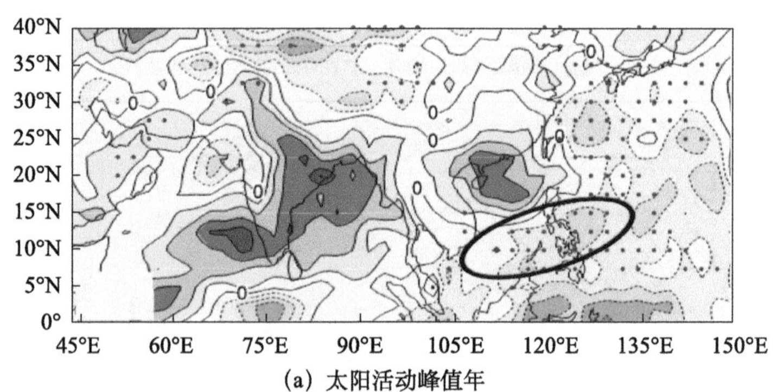

（a）太阳活动峰值年

图 4.38 1981 ～ 2000 年太阳黑子峰（谷）值年夏季（6 ～ 8 月平均）亚洲季风区 OLR 异常分布

黑色打点区为显著性超过 90% 的置信度的区域；黑色椭圆表示 ITCZ 区位置

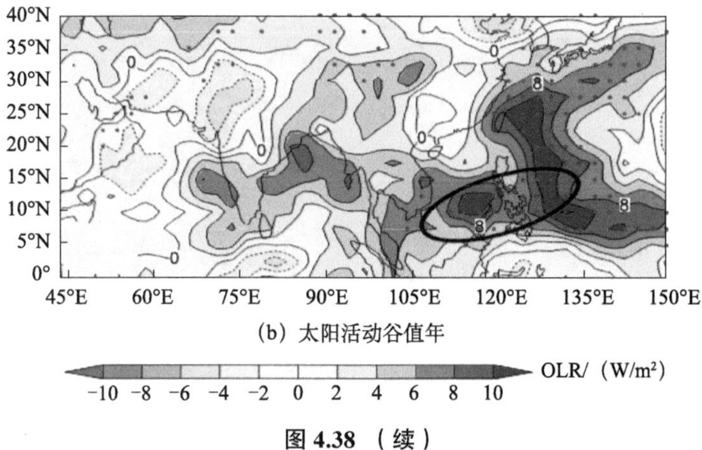

（b）太阳活动谷值年

图 4.38 （续）

球中纬度环流呈现澳大利亚高压异常偏弱而马斯克林高压异常偏强的特征。这样的异常配置将造成印度洋的越赤道气流加强，有利于东亚热带季风槽区出现气旋性环流，东亚热带季风槽区的对流加强，进而在东亚副热带贝加尔湖以南出现反气旋性异常环流。与此相反，在太阳黑子谷值年夏季，850hPa 风场上南半球中纬度澳大利亚高压强、马斯克林高压弱，造成太平洋的越赤道气流加强，东亚热带季风槽区出现反气旋性异常环流，东亚热带季风槽区的对流出现异常偏弱，同

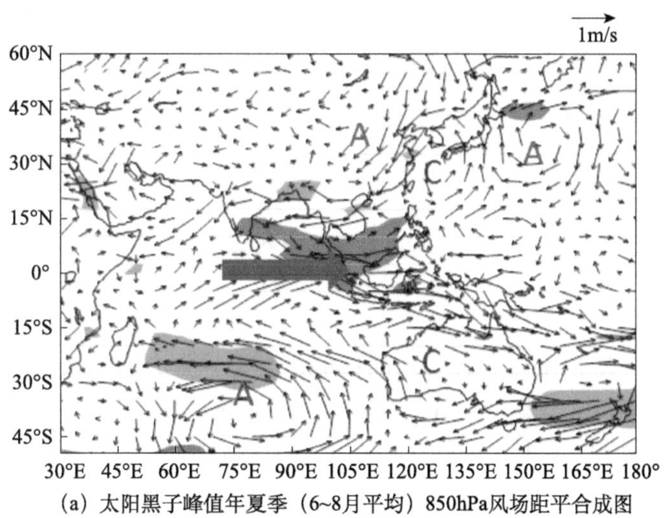

（a）太阳黑子峰值年夏季（6~8月平均）850hPa风场距平合成图

图 4.39　太阳黑子峰（谷）值年夏季（6 ～ 8 月平均）850hPa 风场距平合成

图中箭头代表矢量风，风速单位为 m/s，红（蓝）色为显著性超过 90% 的偏西（东）风区域，A、C 为反气旋、气旋环流系统所在位置

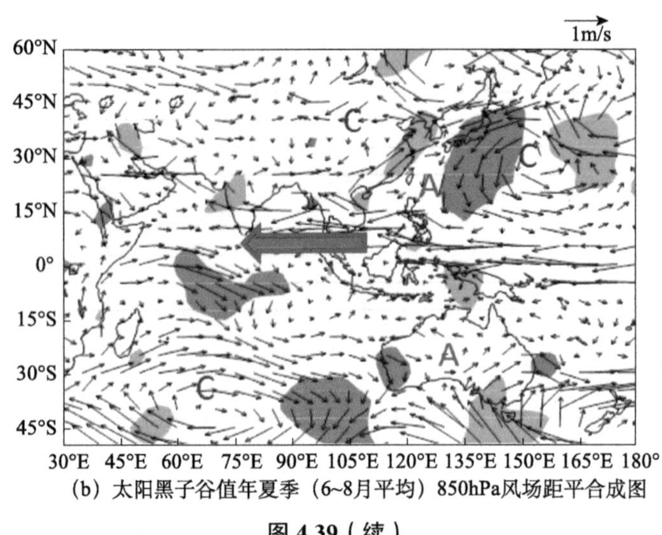

（b）太阳黑子谷值年夏季（6~8月平均）850hPa风场距平合成图

图 4.39（续）

时东亚副热带贝加尔湖以南地区出现气旋性异常环流。太阳黑子峰（谷）值年夏季850hPa 风场的主要季风环流系统都呈现相反的变化特征，特别是太阳黑子峰（谷）值年南半球热带地区澳大利亚高压及马斯克林高压强度存在显著不同，使得南半球越赤道气流位置、强度发生变化，造成东亚夏季风热带环流异常加强或异常偏弱。

综上可见，本节分析了太阳黑子峰（谷）值年东亚夏季降水以及大气环流、对流等动力热力场的差异，表明东亚区域气候对太阳黑子的多寡确实存在不同程度的响应。

4.5 太阳活动对遥相关型的调制作用

大气遥相关型是重要的大气内部特征，海温异常会激发大气遥相关的发生，海温异常分布型通常与某种大气遥相关型紧密联系。本节主要讨论太阳活动对太平洋 - 北美遥相关型和北大西洋三极型遥相关型的影响。

4.5.1 太阳活动在 ENSO 对太平洋 - 北美遥相关型影响效应中的调制作用

太平洋 - 北美遥相关型（Pacific-North American，PNA）是北半球对流层最重要的遥相关型之一，它从热带太平洋中部以大圆波列的方式传播到北美地区，具有四个活动中心，在冬季达到最强。PNA 正位相通常表现为夏威夷附近和北美西北部山区位势高度场的正异常，阿留申群岛以南和北美东南部位势高度场的负异常（Wallace and Gutzler，1981）。已有研究指出，PNA 的发展变化对北太平洋和北美地区的气候有着显著影响。一般来说，PNA 正位相会导致加拿大和美国西部的气温偏高、美国东南部和中西部的气温偏低，同时 PNA 正位相也与阿拉斯加湾及北美西部沿岸的降水量偏多、美国中西部的降水量偏少有一定关系（Leathers et al.，1991；Rogers and Coleman，2003）；PNA 负位相的影响效应通常与之相反。

尽管有研究认为 PNA 是独立于热带的海气耦合系统的北半球热带外大气变率的内部模态（Straus and Shukla，2002），但普遍认为 PNA 受到来自热带太平洋海气耦合最强信号 ENSO 的强烈激发作用（Horel and Wallace，1981；Yu and Zwiers，2007）。一般来说，ENSO 暖位相与 PNA 正位相相对应，ENSO 冷位相与 PNA 负位相相对应（Renwick and Wallace，1996）。在 ENSO 事件的发生发展期间，赤道太平洋海温和降水的异常会引起对流层高层风场辐散的异常，进而影响 PNA 环流型的发展（Hoskins and Karoly，1981；Held and Kang，1987）。

近年来的一些研究表明，太阳活动对北半球中高纬度地区的大气环流系统具有明显的调制作用，尤其与北极涛动、北大西洋涛动有着密切的联系（Gray et al.，2010；Ineson et al.，2011；Kodera，2002，2003）。不过，目前关于太阳活动对 PNA 影响的研究相对较少。Huth 等（2006）利用主成分分析方法，发现在太阳活动较强的阶段，北半球 500hPa 高度场提取出的 PNA 表现得最弱（解释方差最小）。Liu 等（2014）认为，较弱的太阳活动对应着类似 PNA 正位相的环流型，但其信度较低。也就是说，尽管已有研究发现了太阳活动对 PNA 具有一定的作用，但分析结果通常难以通过高水平的置信度检验。原因在于，一方面 ENSO 与 PNA 本身关系密切，另一方面 ENSO 是全球海气耦合最重要的现象，其作为中间媒介可放大太阳活动微弱变化的信号，进而将太阳信号传递至热带外的大气环流，因此太阳活动很可能通过影响 ENSO 的变化进而对 PNA 产生调制作用。

下面将着重比较在不同太阳活动强度时期 ENSO 对对流层大气环流影响的差异，具体分析太阳活动强弱在 ENSO 与 PNA 之间关系的调制作用，并进一步分析太阳活动变化对 ENSO 的冷暖位相影响热带外大气环流过程调制作用。

1. 太阳活动强弱对 ENSO 与 PNA 之间关系的调制

PNA 在北半球冬季表现得最为明显，因此在分析中选用了冬季（12 月、1

月、2 月）平均的 PNA 指数，并进行了去除线性趋势的处理。热带外大气对热带太平洋海温异常的响应通常存在 1 ～ 3 个月的滞后（Trenberth and Hurrell, 1994），因此为保证前期热带太平洋海温异常对冬季 PNA 存在持续性的影响，在此选取当年 9 月至次年 1 月 5 个月平均的 Niño3.4 指数代表秋冬季 ENSO 事件的强度，并进行了去除线性趋势的处理。为包含 PNA 指数与 Niño3.4 指数的所有月份的信息，太阳辐射强度以当年 9 月至次年 2 月 6 个月平均的 F10.7 指数来表征，并以其多年平均值为标准，将 1950 ～ 2015 年的数据划分为太阳活动强年（HS）和弱年（LS）两部分。

在研究太阳活动对 ENSO 与 PNA 之间关系的调制作用之前，首先检验太阳活动分别对 ENSO 与 PNA 是否存在同期的线性影响。图 4.40（a）展示了 1950 ～ 2015 年标准化的 F10.7 指数、Niño3.4 指数与 500hPa PNA 指数。从图中

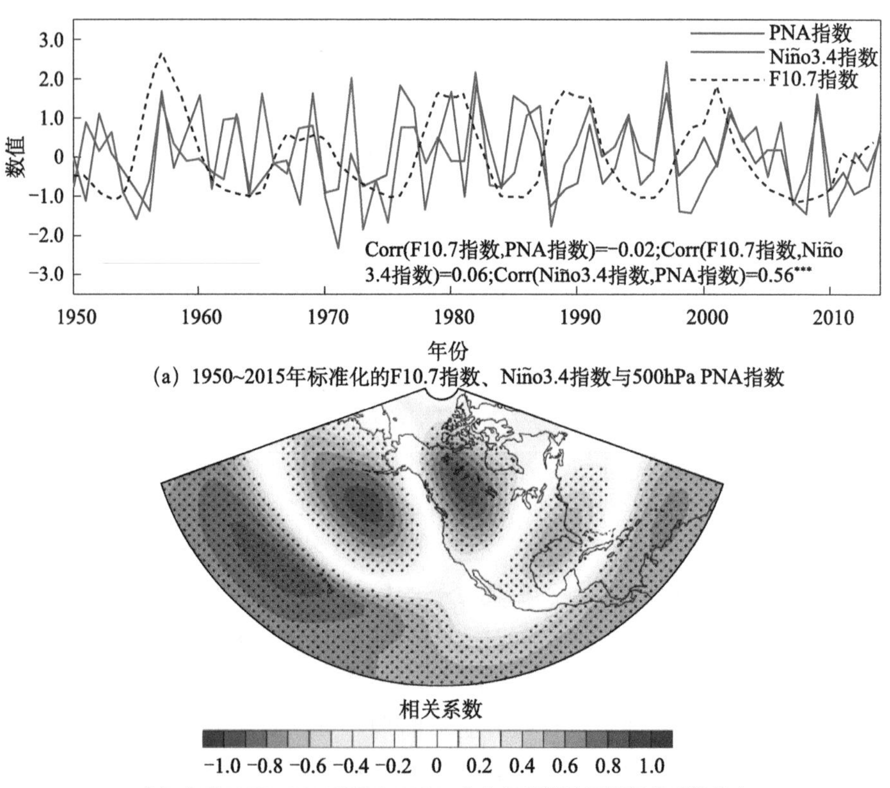

（a）1950~2015年标准化的F10.7指数、Niño3.4指数与500hPa PNA指数

（b）冬季500hPa PNA指数与500hPa位势高度场的同期相关系数分布

图 4.40 标准化的 F10.7 指数、Niño3.4 指数和 PNA 指数的年际变化以及 PNA 指数与 500hPa 高度场相关系数的分布

（a）中 Corr 表示相关系数，*** 表示显著性通过 99% 的置信度检验；（b）中黑色打点区表示显著性超过 99% 的置信度检验

可以看到，Niño3.4 指数与 500hPa PNA 指数的同期相关系数通过了 99% 的置信度显著性检验，这与前人的分析结果一致（Renwick and Wallace，1996；Straus and Shukla，2002），说明 ENSO 与 PNA 之间的确有着密切关联。但是，F10.7 指数与 Niño3.4 指数、PNA 指数之间几乎不存在同期相关关系，这近似排除了太阳活动对同期 ENSO 与 PNA 具有显著影响的可能，说明将太阳活动的强弱作为背景，研究其对 ENSO 与 PNA 之间关系的调制作用是合理的。图 4.40（b）给出了冬季 500hPa PNA 指数与 500hPa 位势高度场的同期相关系数分布，分布特征与北半球冬季典型的 PNA 正位相非常类似。从图中可以看到，从热带太平洋到北美东南部位势高度场上正、负、正、负的大圆波列。

既然 F10.7 指数与 Niño3.4 指数及 PNA 指数之间均无显著的线性关系，那么在 HS 与 LS 时期，Niño3.4 指数与 PNA 指数的关系会发生怎样的变化？ PNA 在整个对流层表现为近似正压的垂直结构，在对流层顶附近消失（吴洪宝和王盘兴，1994）。计算全部年份以及 HS 与 LS 时期的 1000 ～ 100hPa 冬季 PNA 指数与 Niño3.4 指数的同期相关系数（图 4.41）。结果显示，HS 与 LS 时期 Niño3.4 指数与对流层 PNA 指数的正相关系数均通过了 99% 的置信度检验。但是，二者的正相关性在 HS 时期表现得最好，LS 时期二者的相关系数相比全部年份更小，说明在较强的太阳活动背景下，ENSO 与 PNA 之间的关系得到了加强。

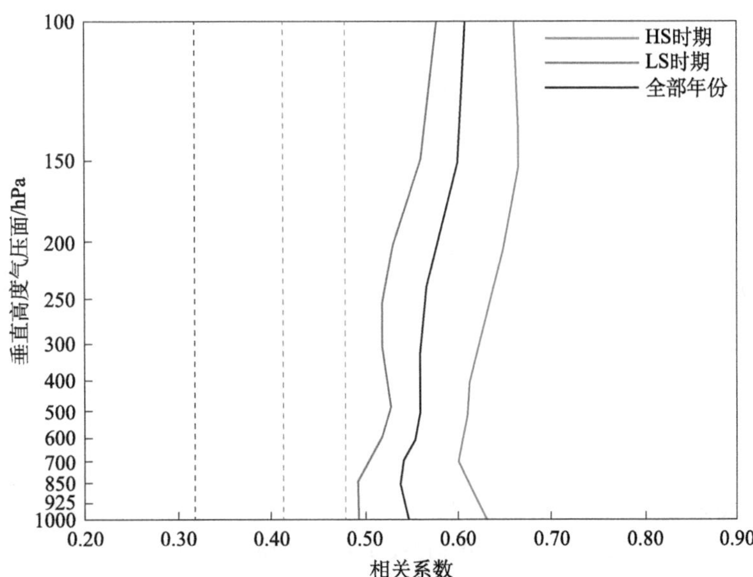

图 4.41　1950 ～ 2015 年全部年份、HS 和 LS 时期，9 月～次年 1 月平均 Niño3.4 指数与对流层 1000 ～ 100hPa 冬季 PNA 指数的同期相关系数

虚线表示显著性通过 99% 的置信度检验

为证实上述结论，进一步计算了 Niño3.4 指数与 500hPa 位势高度场在 HS 和 LS 时期的相关系数分布（图 4.42）。结果表明，在 HS 和 LS 时期，冬季北半球 500hPa 位势高度场对 Niño3.4 指数的响应有所不同。具体来说，HS 时期［图 4.42（b）］，中高纬度 500hPa 位势高度场对 Niño3.4 区海温的异常响应主要出现在东北太平洋和美国东南部，成为两个独立的负相关中心，尤其是东北太平洋地区的负相关系数超过 0.7，相比于全部年份［图 4.42（a）］明显加强，形态上与图 4.43（b）中典型的 PNA 正位相更为相似。LS 时期［图 4.42（c）］，正、负异常的响应区域主要位于加拿大中部、北太平洋至美国南部一带，近似于北极涛动负位相。上述分析结果表明，HS 时期 ENSO 与 PNA 之间的关系得到加强，并且 500hPa 位势高度场对 Niño3.4 指数的异常响应型更类似 PNA 正位相。

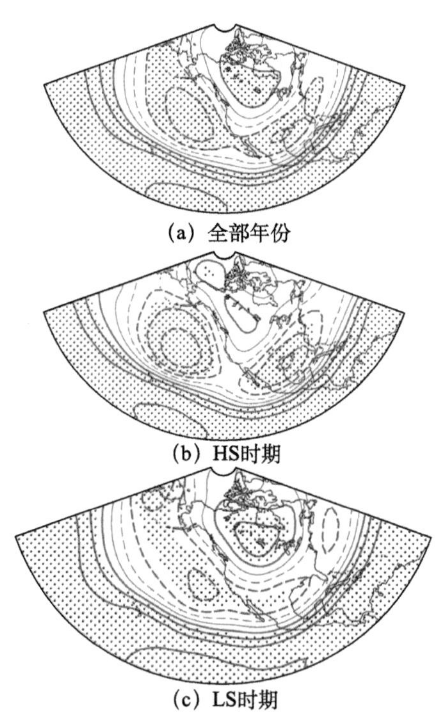

图 4.42　9 月～次年 1 月平均 Niño3.4 指数与冬季 500hPa 位势高度场在全部年份、HS 时期、LS 时期的相关系数分布

相关系数曲线范围为 -0.1 ～ 0.1，相邻曲线间隔为 0.2，正、负相关分别用红色实线、蓝色虚线表示；黑色打点区表示显著性通过 95% 的置信度检验

2. 太阳活动对 ENSO 冷暖位相影响效应的不同调制作用

已有研究指出，ENSO 冷暖位相对 PNA 的激发作用存在非对称性（Kumar and Hoerling，1997，1998），因此有必要进一步分析 ENSO 的冷暖位相的情况，分析中 ENSO 暖位相（warm ENSO，WE）和冷位相（cold ENSO，CE）典型年是以 Niño3.4 指数大于零、小于零为原则进行分类的。

首先，考察 HS 和 LS 时期 500hPa 位势高度场对 F10.7 指数的响应情况。图 4.43（a）和图 4.43（b）分别给出了 HS 和 LS 时期 500hPa 位势高度场与 F10.7 指数的相关系数分布。从图中可以看到，在 HS 时期，虽然显著性检验区仅出现在热带，但整体的分布型与典型 PNA 正位相比较类似，而在 LS 时期不存在通过显著性检验的相关系数分布，这说明太阳活动的影响存在不对称性。其次，考察不同 ENSO 位相时期，冬季 500hPa 位势高度场对 9 月～次年 1 月平均 Niño3.4 指数的响应情况［图 4.43（c）和图 4.43（d）］。从图中可以看到，虽然在 WE 和 CE 下，500hPa 位势高度场均能对 ENSO 产生显著的 PNA 正位相型的响应，但响应的位置和强度存在差别。因此，我们更为关心的是，在太阳活动作用有显著影响的 HS 时期，太阳活动对异常冷、暖东太平洋海温所激发产生的 PNA 有什么样的调制作用？因此，在下面的研究中我们将太阳活动峰值年中的 WE 和 CE 年份分开，得到 HS-WE 和 HS-CE 两组年份数据（表 4.7），并进一步比较分析太阳活动的影响。

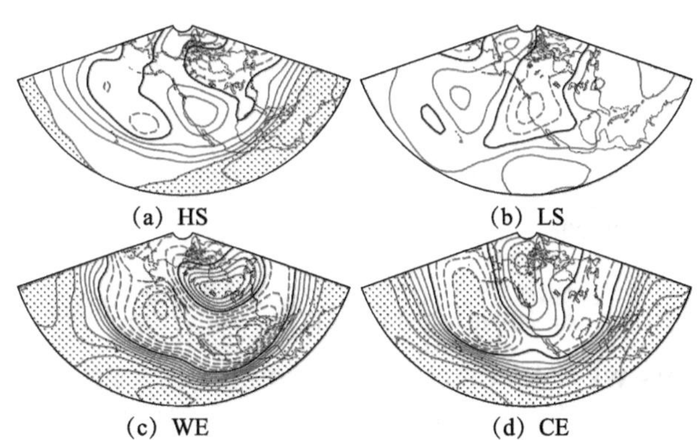

图 4.43　HS（LS）时期和 WE（CE）年冬季 500hPa 位势高度场分别与 F10.7 指数和 Niño3.4 指数的相关系数分布

（a）和（b）为 HS、LS 时期冬季 500hPa 位势高度场与 9 月～次年 2 月平均 F10.7 指数的相关系数分布；（c）和（d）为 WE、CE 年冬季 500hPa 位势高度场与 9 月～次年 1 月平均 Niño3.4 指数的相关系数分布；黑色粗实线表示零线，相邻曲线间隔为 0.1，正、负相关分别用红色实线、蓝色虚线表示；黑色打点区表示显著性通过 95% 的置信度检验

表 4.7 HS 时期 WE 和 CE 年份的划分结果

项目	年份
HS-WE（10）	1957年、1958年、1968年、1969年、1979年、1982年、1990年、1991年、2002年、2014年
HS-CE（18）	1955年、1956年、1959年、1960年、1967年、1970年、1978年、1980年、1981年、1988年、1989年、1992年、1998年、1999年、2000年、2001年、2011年、2013年

注：括号中数字代表年份个数

图 4.44 为 HS-WE 和 HS-CE 时期冬季 500hPa 位势高度场的合成差值分布。对比图 4.44（a）和图 4.44（b）可以看到，合成差值场大体呈现相反的形态。在 WE 年［图 4.44（a）]，强太阳活动显著加强了东北太平洋和热带地区 500hPa 位势高度场对 Niño3.4 指数的异常响应，表现为类似 PNA 正位相的分布型；在 CE 年［图 4.44（b）]，强太阳活动仅显著加强了美国东南部和热带太平洋中东部位势高度场对 Niño3.4 指数的异常响应，分布型近似于 PNA 负位相。值得注意的是，在 HS-WE 时期，东北太平洋地区位势高度场的异常幅度明显超出 HS-CE 时期此处的异常幅度约 30gpm。图 4.44 中 HS 时期的 F10.7 指数和 WE 年的 Niño3.4 指数与东北太平洋地区位势高度场均存在负相关关系，因此此处较大的异常幅度很可能是强太阳活动与 ENSO 暖位相共同作用的结果。

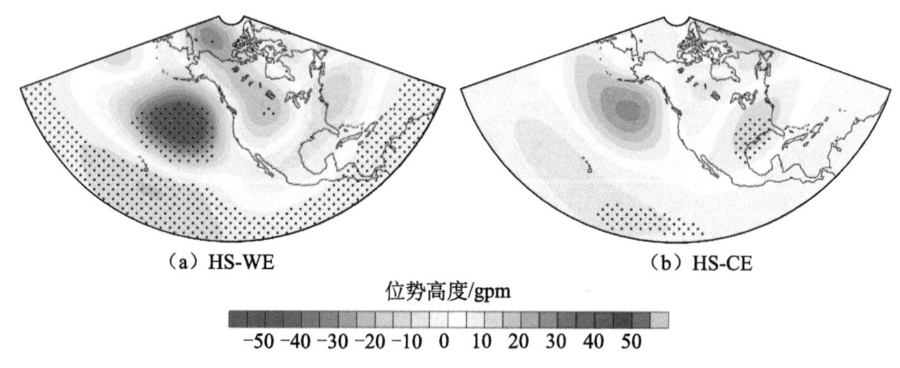

图 4.44 HS-WE 和 HS-CE 时期冬季 500hPa 位势高度场的合成差值分布
黑色打点区表示显著性通过 95% 的置信度检验

为了进一步验证 HS-WE 与 HS-CE 时期冬季 500hPa PNA 指数对 Niño3.4 指数响应的区别，分别将 HS-WE 和 HS-CE 时期标准化的 500hPa PNA 指数线性回归到标准化的 Niño3.4 指数上，得到图 4.45 中的两条回归直线。其中，HS-WE 时期的线性回归系数高达 1.21，且显著性通过了 95% 的置信度检验，而 HS-CE 时期的线性回归系数仅为 0.53，显著性并未通过置信度检验。这表明，在

HS-WE 时期 PNA 对 ENSO 的线性响应程度明显增强。该分析结果进一步证实了强太阳活动能够显著加强 PNA 对 WE 变化的异常响应。

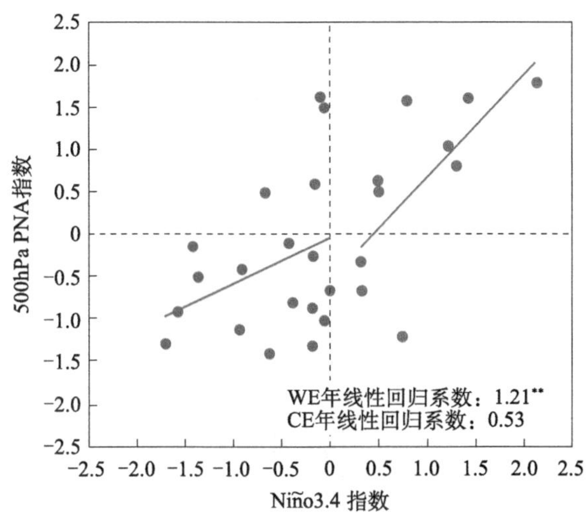

图 4.45　HS-WE（红色）、HS-CE（蓝色）时期标准化的冬季 500hPa PNA 指数与标准化的 9 月～次年 1 月平均 Niño3.4 指数的散点图及线性回归系数

** 表示显著性通过 95% 的置信度检验

3. PNA 遥相关受太阳活动调制的关键因子

以上分析已经表明，ENSO 对 PNA 的影响会受到太阳活动的调制，异常强的太阳活动变化能够显著加强东北太平洋地区对流层位势高度场对东太平洋 WE 的响应。那么，强太阳活动究竟作用于 ENSO 对 PNA 影响的哪个关键环节，进而影响 PNA 波列的发展和传播呢？已有研究指出，急流可以作为波动能量传播的波导影响大气遥相关型的形成和传播，热带中东太平洋的海温异常可以通过影响北太平洋副热带西风急流进而影响 PNA 波列的传播（Yang et al.，2002）。异常强的太阳活动背景下，在 ENSO 信号从热带太平洋传播到北太平洋的过程中，是否也受到副热带西风急流的影响，为此，下面我们将主要分析 HS-WE 和 HS-CE 时期，PNA 在热带中东太平洋（15°N ～ 25°N，180° ～ 140°W）和北太平洋（40°N ～ 50°N，180° ～ 140°W）两个活动中心经度范围内（180° ～ 140°W）冬季对流层纬向风的合成差值场。同时，比较近似去除 ENSO 信号（在原始场中减去标准化的 Niño3.4 指数回归的异常场）前后的合成差值场，以提取太阳活动对纬向风的影响。

图 4.46（a）和图 4.46（b）分别给出了 HS-WE 和 HS-CE 时期冬季纬向平均

（180°～140°W）纬向风的合成差值场。两幅图的异常分布型大体相反，HS-WE 时期的纬向风场异常幅度明显强于 HS-CE 时期，副热带西风急流区风速显著加强，其南北两侧出现东风异常，200hPa 最大西风异常约为 10m/s，中心位于 28°N。去除 ENSO 信号后，从图 4.46（c）可以看到，HS-WE 时期的异常分布型与去除 ENSO 信号前［图 4.46（a）］非常相似，且在西风急流区附近仍然存在显著加强的区域。这表明，强太阳活动和 WE 对北太平洋副热带对流层纬向风场的作用一致，都使急流增强。HS-CE 时期［图 4.46（d）］并不存在通过置信度检验的区域，即在 CE 年，强太阳活动对纬向风的影响很小。此外，HS-WE 和

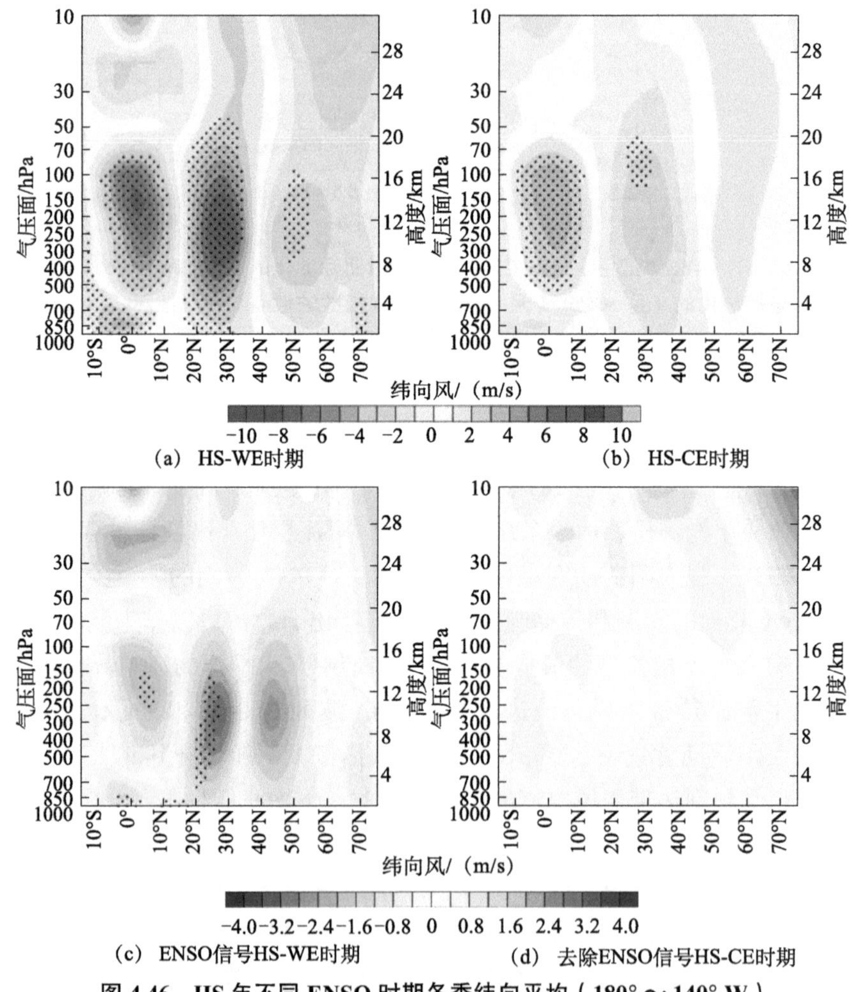

图 4.46 HS 年不同 ENSO 时期冬季纬向平均（180°～140° W）纬向风的合成异常场和去除 ENSO 信号后纬向风合成异常场

黑色打点区表示显著性通过 95% 的置信度检验

HS-CE 时期冬季 200hPa 纬向风合成差值场（图 4.47）也显示，在 HS-WE 时期，去除 ENSO 信号前后的纬向风场异常分布型较一致，北太平洋中东部的副热带西风急流均向东发展并在急流出口区附近显著加强，其南北两侧存在东风异常，因此西风异常的南部会出现反气旋性异常环流，北部出现气旋性异常环流，分别对应图 4.44（a）中东北太平洋与热带中东太平洋地区位势高度场的正、负异常；在 HS-CE 时期，去除 ENSO 信号前后 200hPa 纬向风的异常分布发生了变化，图 4.47（d）中不存在通过置信度检验的区域，同样说明了在 CE 年强太阳活动对对流层高层纬向风的影响很弱。

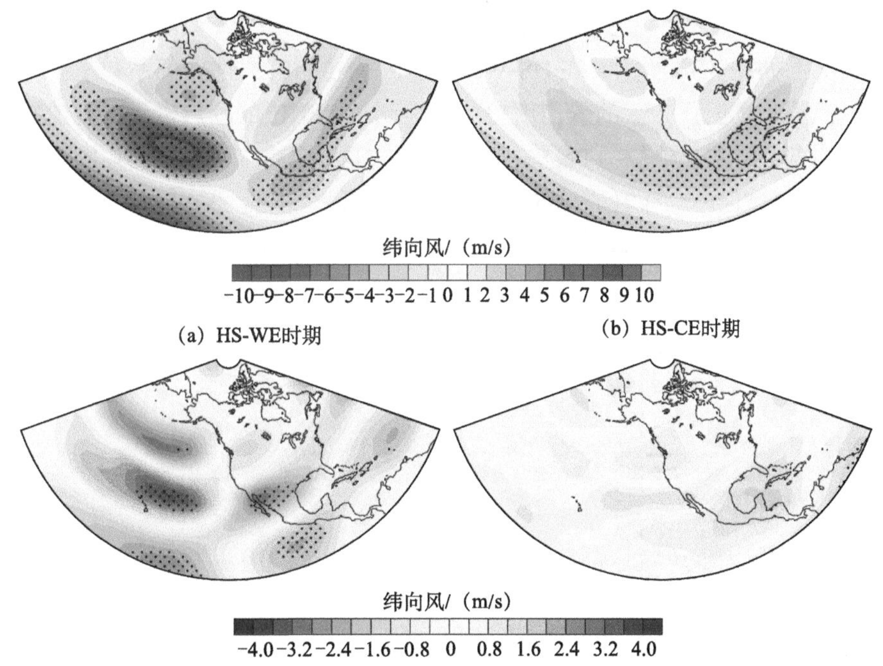

图 4.47　HS 年不同 ENSO 时期冬季 200hPa 异常纬向风分布和去除 ENSO 信号后异常纬向风分布

黑色打点区表示显著性通过 95% 的置信度检验

与此同时，表 4.8 中列出了 HS-WE 和 HS-CE 时期去除 ENSO 信号前后（图 4.46 和图 4.47）纬向风合成差值场的场相关系数。可以发现，去除 ENSO 信号前后，HS-WE 时期两个纬向风合成差值场的场相关系数最高，分别达到 0.76 和 0.66，而 HS-CE 时期对应的场相关系数相对较小。这表明，在 HS-WE 时期，强太阳活动与 WE 对对流层纬向风的影响是一致的，或者说较强的太阳活动放大了 WE 对纬向风的影响效应，在北太平洋的副热带西风急流区（或急流出口区）尤为明显。

表 4.8　HS-WE、HS-CE 时期去除 ENSO 信号前后（图 4.46 和图 4.47）纬向风合成差值场的场相关系数

项目	HS-WE［（a）和（c）］	HS-CE［（b）和（d）］
图 4.46	0.76	0.28
图 4.47	0.66	0.35

根据图 4.47 中的显著区域，将 200hPa 副热带西风急流区（20°N ～ 35°N，160°E ～ 120°W）区域平均纬向风近似定义为北太平洋副热带西风急流的强度，将 HS-WE 与 HS-CE 时期标准化的冬季 500hPa PNA 指数回归到对应标准化的冬季 200hPa 副热带西风急流指数上，来看这两个时期 PNA 对副热带西风急流的响应情况。如图 4.48 所示，在 HS-WE 时期二者之间的线性回归系数最高，达到 1.31，显著性通过了 99% 的置信度检验，表明 1 个单位的副热带西风急流指数的变化会引起约 1.3 个单位的 PNA 指数的变化，这比图 4.45 中 Niño3.4 指数与 PNA 指数的线性回归系数（1.21）和置信度（95%）都高，说明 HS-WE 时期副热带西风急流的变化对 PNA 的影响比热带太平洋海温异常变化对 PNA 的影响可能更加直接。

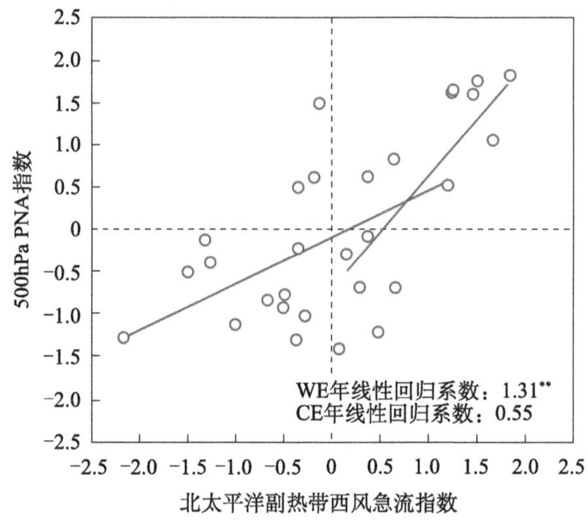

图 4.48　HS-WE（红）、HS-CE（蓝）时期标准化的冬季 500hPa PNA 指数与 200hPa 北太平洋副热带西风急流指数的散点图及线性回归系数

** 表示显著性通过 99% 的置信度检验

因此，HS 时期，在 ENSO 信号从热带太平洋传播到北太平洋的过程中，强太阳活动显著放大了 WE 对北太平洋副热带西风急流的影响效应，急流的东移和增强又进一步使 PNA 波列向北美的传播加强。也就是说，太阳活动很可能主要通过对对流层高层纬向风场的影响，从而调制热带太平洋 ENSO 与北半球中高纬度 PNA 的联系。

4.5.2 太阳风速度变化对北大西洋三极型海温模态的影响

冬季北大西洋海温年际变化的主导模态呈现出自北而南的负、正、负三极型特征，即中纬度海域为暖距平，副极地大洋及赤道与 30° N 之间的副热带海域为冷距平（Sutton et al.，2000；Marshall et al.，2001；Czaja and Marshall，2001；Wu and Liu，2005；周天军等，2006；Fan and Schneider，2012）。许多观测资料和数值模式的研究结果都表明，北大西洋的三极型海温异常与北美、北非和欧亚大陆的天气气候变化密切相关。Rodriguez-Fonseca 等（2006）分析指出，夏季北大西洋副热带地区海温的持续异常信号可用于预测冬季欧洲和北非的降水异常分布情况。Wu 等（2010）利用观测资料研究发现，当 ENSO 与中国东北地区夏季气温的关系减弱时，中国东北夏季气温变化会受到前期春季北大西洋三极型海温异常信号的显著影响。Sutton 等（2000）的数值模式模拟结果表明，北美东部气温的显著正异常很可能是北大西洋海温三极子作用的结果。此外，Li 等（2003）利用大气环流模式，揭示了北大西洋海温三极子对非洲大陆西北部降水的影响在前冬和后冬表现出非对称的特点。

北大西洋涛动是指冰岛低压与亚速尔高压海平面气压呈反向变化的大尺度大气涛动现象（Marshall et al.，2001；Delworth，1996；Czaja and Frankignoul，1999；Cassou et al.，2007；Wang et al.，2004），大量研究已经证实了冬季北大西洋三极型海温异常与北大西洋涛动之间的密切关联，二者相互依赖并同时存在，因此在某种程度上可将二者视为一个统一的海气耦合模态。探究这一海气耦合模态形成的物理机制，对于预测北大西洋地区以及其他大陆和海域的气候变化形态和趋势有着重要的意义。目前提出的物理机制中，较为公认的主要有以下三种：①平 - 对流层相互作用（Perlwitz and Graf，1995）；②热带强迫（Robertson and Mechoso，2000；Robertson et al.，2000）；③海洋内部热力耦合（Barsugli and Battisti，1998），不过究竟是哪种机制主导该海气耦合模态的形成尚未有定论。Zhou 等（2014）比较了 1964 ～ 2011 年冬季北大西洋涛动指数与不同太阳活动因子的同期相关性，所用的太阳活动因子包括太阳黑子数（SSN）、F10.7 指数、太阳风速度（SWS）以及 Boberg 和 Lundstedt（2002）定义的太阳风电磁场。值得注意的是，他们发现唯有 SWS 与北大西洋涛动指数存在显著的同期相关，因此认为太阳风很可能是影响北大西洋涛动形成的机制之一。

那么，太阳风是否能够作为关键的外部强迫因子驱动地球区域性气候变化？受到上述研究成果的启发，本小节的研究主要从以下三个问题展开：① SWS 变化与北大西洋三极型海温模态及其上空的大气环流之间是否存在密切关联？

② SWS 的改变对北大西洋三极型海温异常的形成具有怎样的作用？③太阳风信号通过何种机制下传并影响北大西洋海气状态？

1. 北大西洋海温主模态与不同太阳参数的关系

为了分析冬季北大西洋海温与太阳活动参数的关系，首先，对 1964 ～ 2013 年冬季北大西洋区域（5°N ～ 75°N，100°W ～ 15°E）的海温进行 EOF 分解，提取得到了该区域海温年际变化的主导模态（简称 EOF1）的空间分布型及其对应的时间系数序列（图 4.49）。北大西洋海温 EOF1［图 4.49（a）］能够解释该区域海温变化总方差的 27.7%，比 EOF2 的解释方差高出 11.2%。EOF1 在经向上表现为三极型的负、正、负带状距平，最大距平中心分别位于纽芬兰东北侧、美国东南沿海和北非西海岸附近。与此同时，与 EOF1 相对应的时间系数［图 4.49（b）］表现出明显的年际和年代际尺度的变化特征。其次，利用来自 NASA Goddard 飞行控制中心的 OMNI 数据库的 SWS 数据和来自比利时皇家天文台的 SSN 数据，计算了冬季平均 SWS、SSN 与冬季北大西洋海温 EOF1 时间系数序列的同期相关系数。如表 4.9 所示，SWS 与 EOF1 的相关系数达到 0.475，显著性通过了 99% 的置信度检验。考虑到 SWS 与 EOF1 时间序列中均存在较高的自相关，根据 Davis（1976）和 Chen（1982）在文章中采用的公式，重新计算得到的有效自由度为 37，二者的相关系数仍然显著性通过了 99% 的置信度检验。但是，SSN 与北大西洋海温 EOF1 之间不存在显著相关。也就是说，与 SSN 相比，SWS 与同期冬季北大西洋海温主模态的显著关联更加突出。

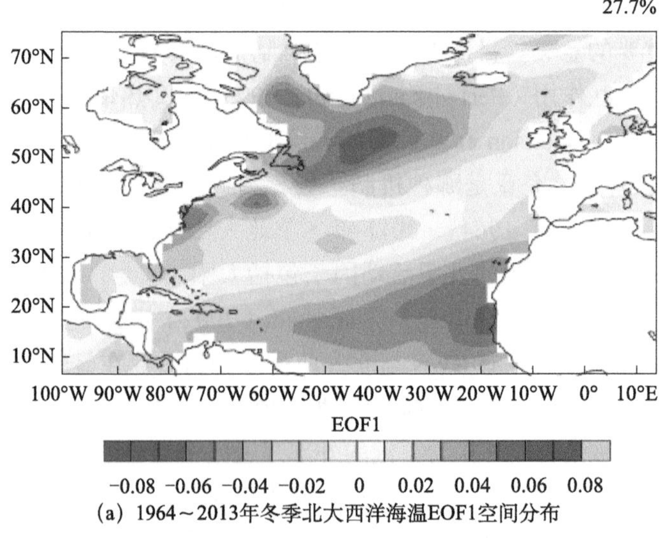

(a) 1964～2013年冬季北大西洋海温EOF1空间分布

图 4.49　1964 ～ 2013 年冬季北大西洋海温 EOF1 空间分布和时间系数

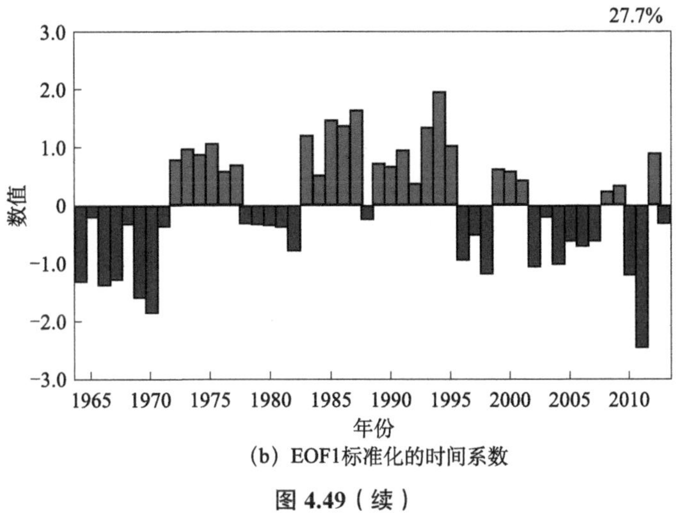

(b) EOF1标准化的时间系数

图 4.49（续）

表 4.9　1964 ～ 2013 年冬季平均 SWS、SSN 与冬季北大西洋海温 EOF1 的同期相关系数

项目	EOF1	SWS	SSN
EOF1	1	0.475*	−0.033
SWS		1	−0.063
SSN			1

* 表示显著性通过 99% 的置信度检验

为了考察 SWS 与北大西洋海温 EOF1 之间的内在联系，应用功率谱分析方法检测 SWS、SSN 与 EOF1 时间序列中的显著周期。图 4.50（a）～图 4.50（c）给出了 1964 ～ 2013 年冬季北大西洋海温 EOF1、SWS 和 SSN 的标准化时间序列，图 4.50（d）～图 4.50（f）给出了对应的功率谱分布。虽然 SWS 和 SSN 均具有准 11 年的显著周期，不过叠加在 SWS 上的 5 点平滑曲线却表明 SWS 年代际周期的峰值年位于 SSN 年代际周期的下降位相，并滞后于 SSN 峰值年 2 ～ 4 年。另外，相比于 SSN，SWS 的年际变化更加明显，值得注意的是，功率谱分析显示 SWS 与 EOF1 均具有 4 年左右的年际周期。McIntosh 等（2015）分析推测太阳风的年际变化很可能来自太阳两个半球磁场带的剧烈活动。因此，可以认为 SWS 与北大西洋海温主模态在年际变化上的相似性表明二者之间可能存在的内在关联。

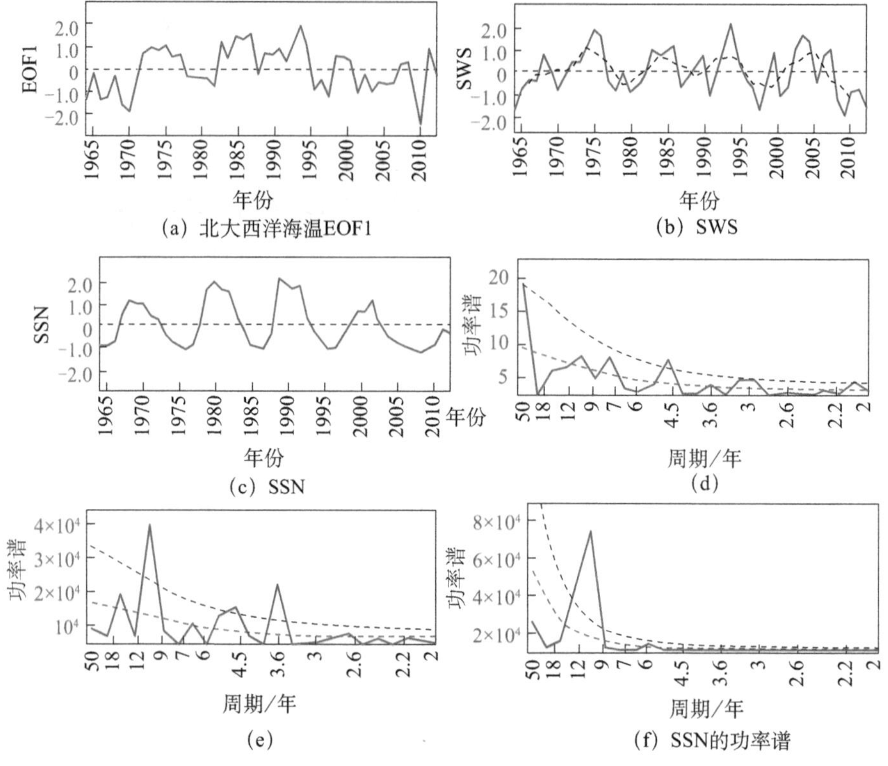

图 4.50　1964 ～ 2013 年冬季北大西洋海温 EOF1、SWS、SSN 的标准化时间序列和功率谱

（b）中叠加的黑色虚线代表 5 点平滑曲线；（d）～（f）中红色和黑色虚线分别代表红噪声和 90% 置信度检验线

2. 太阳风速度变化对北大西洋海温的影响

采用线性回归与合成分析的方法，可以研究 SWS 变化对北大西洋海温的影响。由于大西洋的海气状态对全球变化的响应非常敏感（Paeth et al.，1999；Wang and Dong，2010；Holland and Bruyère，2014），我们进一步计算 SWS 对海温的线性回归系数场在北大西洋区域（5°N ～ 75°N，100°W ～ 15°E）的分布及解释方差，以定量描述 SWS 变化对北大西洋海温的影响程度。图 4.51 给出了 1964 ～ 2013 年冬季 SWS 与北大西洋海温的线性回归系数分布。从图中可以看到，海温回归场表现出显著的三极型带状分布，其中暖异常位于美国东海岸，冷异常位于副极地和热带海洋，且该海温回归场可以解释北大西洋地区海温变率的 26.6%。与此同时，该海温回归场与 EOF1［图 4.49（a）］的场相关系数高达 0.92，这说明 SWS 变化引起的海温异常可以解释北大西洋海温年际变率的部分方差。

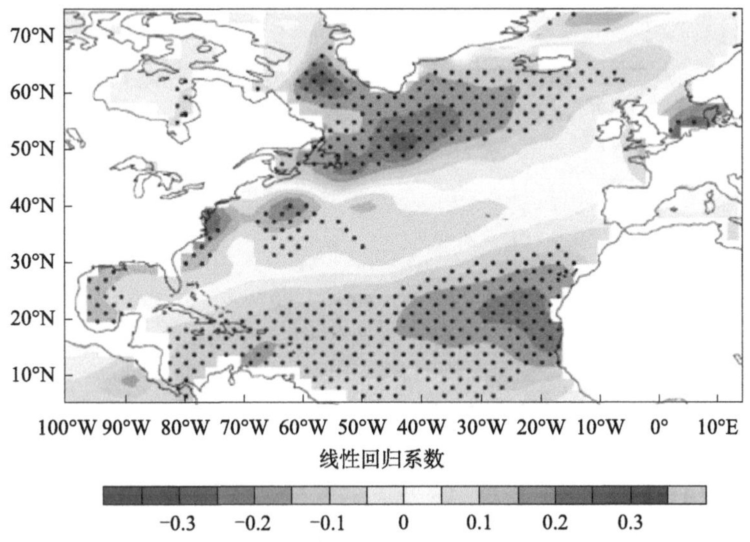

图 4.51　1964～2013 年冬季 SWS 与北大西洋海温的线性回归系数分布图

解释方差为 26.6%，黑色打点区表示显著性通过 95% 的置信度检验

为进一步证实 SWS 与北大西洋三极型海温模态的密切关系，采用合成分析的方法检测北大西洋海温对 SWS 变化的响应特征。以 ±0.8 为划分标准，在标准化的冬季 SWS 时间序列中挑选出典型 SWS 高（低）值年，见表 4.10。将典型 SWS 高（低）值年做合成分析，可以得到典型 SWS 高（低）值年冬季北大西洋海温的合成异常场，如图 4.52 所示。从图 4.52（a）中可以看到，在典型 SWS 高值年，北大西洋的海温异常型非常类似三极子正位相，即中纬度海域表现为正异常、两侧高纬度和低纬度海域表现为负异常，且显著性通过 90% 的置信度检验的区域主要集中在热带北大西洋区域。从图 4.52（b）中可以看到，典型 SWS 低值年的合成异常场与 SWS 典型高值年几乎完全反位相。虽然图 4.52（a）和图 4.52（b）中显著性通过置信度检验的区域并不多，但在典型 SWS 高（低）值年的冬季海温合成差值场［图 4.52（c）］中却能表现出更加显著的三极型异常分布特征，且与北大西洋冬季海温 EOF1 的场相关系数高达 0.90。上述合成分析的结果表明，SWS 很可能是驱动北大西洋海温三极型主导模态的主要因子之一。

表 4.10　典型 SWS 高（低）值年划分结果

高值年（12）	1974 年、1975 年、1976 年、1983 年、1985 年、1986 年、1993 年、1994 年、2003 年、2004 年、2005 年、2008 年
低值年（10）	1964 年、1978 年、1980 年、1991 年、1998 年、2001 年、2009 年、2010 年、2011 年、2013 年

注：括号中的数字代表典型年份的个数

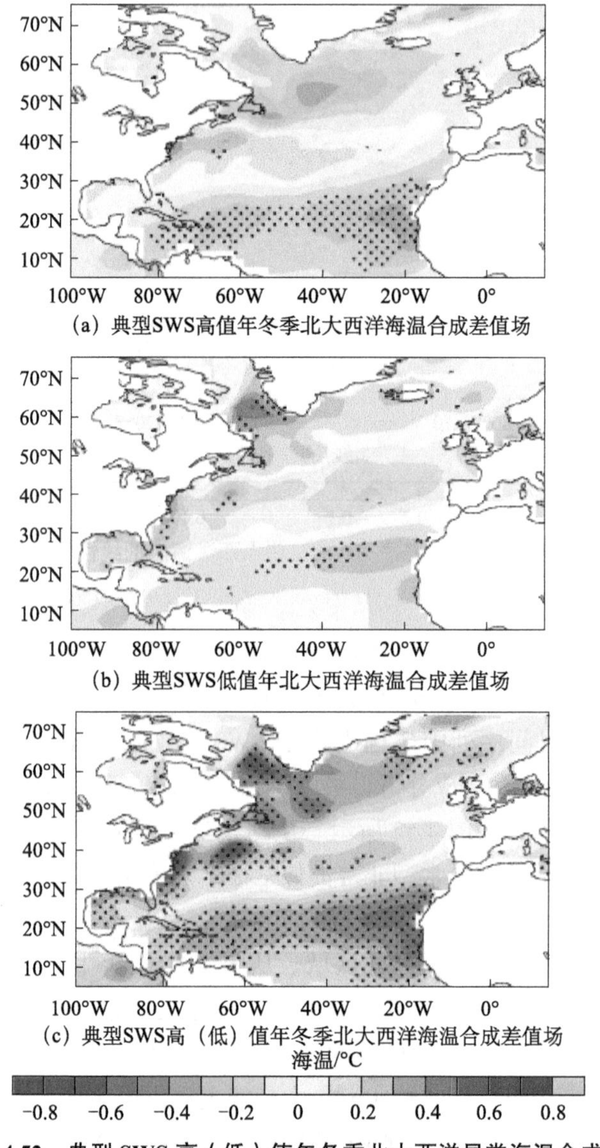

(a) 典型SWS高值年冬季北大西洋海温合成差值场

(b) 典型SWS低值年北大西洋海温合成差值场

(c) 典型SWS高（低）值年冬季北大西洋海温合成差值场

图 4.52 典型 SWS 高（低）值年冬季北大西洋异常海温合成及典型 SWS 高（低）值年合成差值场

黑色打点区表示显著性通过 90% 的置信度检验

3. 北大西洋大气状态对太阳风速度变化的响应

前面的分析结果已经证实了 SWS 与北大西洋海温存在密切关联，那么 SWS 扰动是如何传递至北大西洋的大气环流，进而驱动三极型海温模态的形成？因此，下面着重考察北大西洋地区上空平流层和对流层的大气环流状态对

SWS 变化的响应。

冬季海平面气压与冬季北大西洋海温 EOF1 时间序列的相关系数分布场［图 4.53（a）］表现为类似北大西洋涛动正位相的分布型。与此同时，图 4.53（b）中冬季海平面气压与冬季 SWS 的相关系数场也显示出典型的北大西洋涛动正位相特征，也就是说，冬季 SWS 的加大，对应着亚速尔高压的加强和冰岛低压的加深。同时，图 4.53（a）和图 4.53（b）的场相关系数达到 0.93，说明与冬季三极型海温模态相对应的海平面气压异常状态与冬季 SWS 的影响有关。

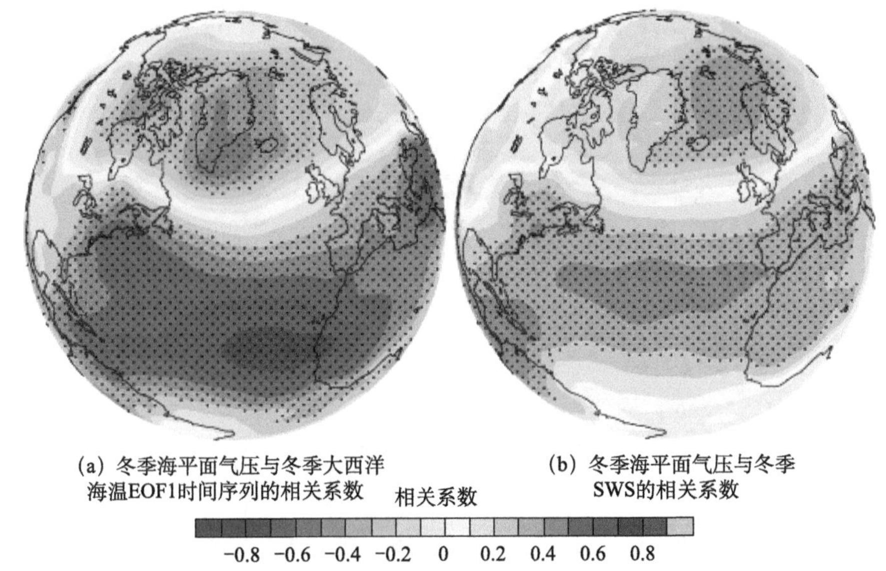

图 4.53　1964 ～ 2013 年冬季海平面气压与冬季北大西洋海温 EOF1 时间序列、冬季 SWS 的相关系数分布图

黑色打点区表示显著性通过 95% 的置信度检验

在海气相互作用的过程中，纬向风起着至关重要的作用。因此，分别计算冬季北大西洋地区（100°W ～ 15°E）的纬向平均纬向风与冬季北大西洋海温 EOF1 时间序列和冬季 SWS 之间的相关系数，结果如图 4.54 所示。北大西洋三极型海温模态与其上空对流层到平流层低层的纬向风之间存在显著的相关性，在经向上表现为准正压的三极型结构，正相关区出现在中纬度地区，负相关区分别位于高、低纬度地区［图 4.54（a）］。冬季 SWS 与北大西洋地区纬向平均纬向风的相关系数分布也表现为三极型结构，随着 SWS 的加强，对流层 45°N ～ 65°N 附近的西风带明显增强，其南北两侧为东风异常，与冰岛低压的加深和亚速尔高压的加强相对应［图 4.54（b）］。图 4.54（a）和图 4.54（b）的场相关系数高达 0.93，进一步证实了与冬季三极型海温模态相对应的北大西洋地区大气环流异常状态与冬季 SWS

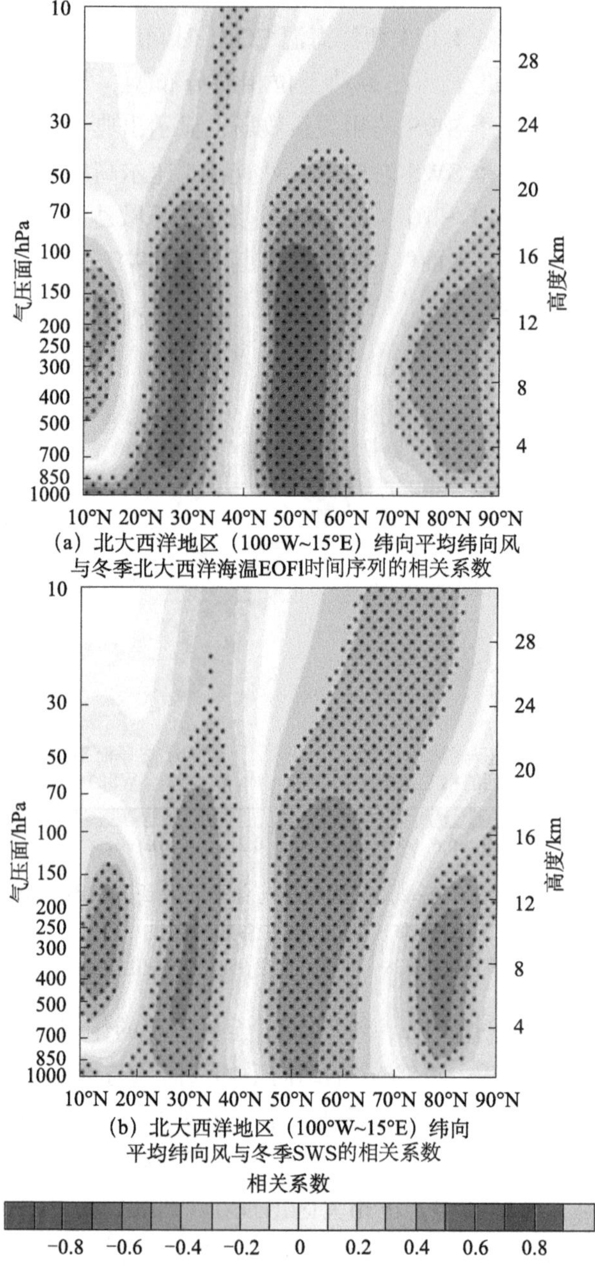

图 4.54 1964～2013 年北大西洋地区（100°W～15°E）纬向平均纬向风与冬季北大西洋海温 EOF1 时间序列、冬季 SWS 的相关系数分布图

黑色打点区表示显著性通过 95% 的置信度检验

的影响有关。需要指出的是，虽然图 4.54（a）和图 4.54（b）中相关系数显著性超过置信度检验的区域均占据了对流层并扩展至平流层低层，不过图 4.54（b）中纬向平均纬向风与 SWS 的相关系数在 50hPa 以上的平流层高纬地区依然显著，因此猜测 SWS 有可能首先对平流层产生影响，进而快速将影响信号下传至对流层。

Boberg 和 Lundstedt（2002）曾指出，对于太阳风年际变化信号的区域性响应问题，可以用冬季平流层－对流层的动力耦合机制来解释。当平流层极夜急流（polar night jet，PNJ）发展稳定时，对流层中高纬度西风带的强度有所加强（Wallace and Thompson，2002；Kodera and Kuroda，2002）。而且，平流层异常纬向风信号的下传通常在冬半年表现得更活跃（Baldwin and Dunkerton，2001）。因此，检测了 11 月～次年 3 月北大西洋地区（100° W ～ 15° E）纬向平均纬向风气候态的逐月演变情况［图 4.55（a）］及其与冬季平均 SWS 的相关系数分布情况［图 4.55（b）］。与冬季 SWS 相关的纬向风三极型首先出现在 11 月，但显著性未通过置信度检验。12 月～次年 1 月，在极地辐射冷却的影响下，PNJ 稳定加强并向下发展。12 月，与 SWS 相关的西风异常显著占据了中纬度对流层和平流层，其南北两侧为东风异常；1 月，随着 PNJ 向下发展到最强状态，纬向风异常的显著三极型也有所加强，并从平流层向下发展到对流层。然而，1 ～ 3 月，随着 PNJ 的减弱，SWS 与纬向风的相关性变弱，2 月显著的相关区主要出现在平流层高纬地区，3 月相关型发生明显改变。上述分析结果表明，前冬平流层 PNJ 的加强和维持促进了太阳风信号从平流层下传至对流层，而后冬 PNJ 的减弱使太阳风信号的影响主要限制在平流层，不利于太阳风信号的下传。因此，冬季平流层－对流层较强的耦合作用（PNJ 的增强），有利于太阳风信号从平流层向下传递至对流层低层。

平流层 PNJ 的强度在很大程度上受到平流层经向温度梯度的调制，前人的研究揭示了太阳风通过一系列化学作用使得北极地区臭氧量减少，引发北极降温，进而引起平流层温度结构的改变（Lu et al.，2008；Baumgaertner et al.，2011；Seppälä et al.，2013），最终导致平流层大气环流的变化。因此，图 4.54（b）中得到的平流层 PNJ 的加强有可能是太阳风化学作用的间接结果。考虑到图 4.54（a）中北大西洋海温 EOF1 对其上空大气环流的影响主要位于平流层 30hPa 以下，为了避免海温异常对平流层低层大气环流的影响，选取平流层 10hPa、20hPa 和 30hPa 的温度场来分析 SWS 改变引起的平流层温度的变化情况。图 4.56（a）为北半球冬季平均 10hPa、20hPa 和 30hPa 温度场的气候态。从图中可以看到，平流层北极及其附近地区的温度明显低于中低纬度地区，这种气候态具有从热带指向极地的温度梯度，支持了平流层 PNJ 在冬季的稳定发展。与之相对应，北半球冬季平均 10hPa、20hPa 和 30hPa 温度场与冬季平均 SWS 的相关系数分布场［图 4.56（b）］的共同特点是，北极及其附近的欧亚大陆高纬地区出现

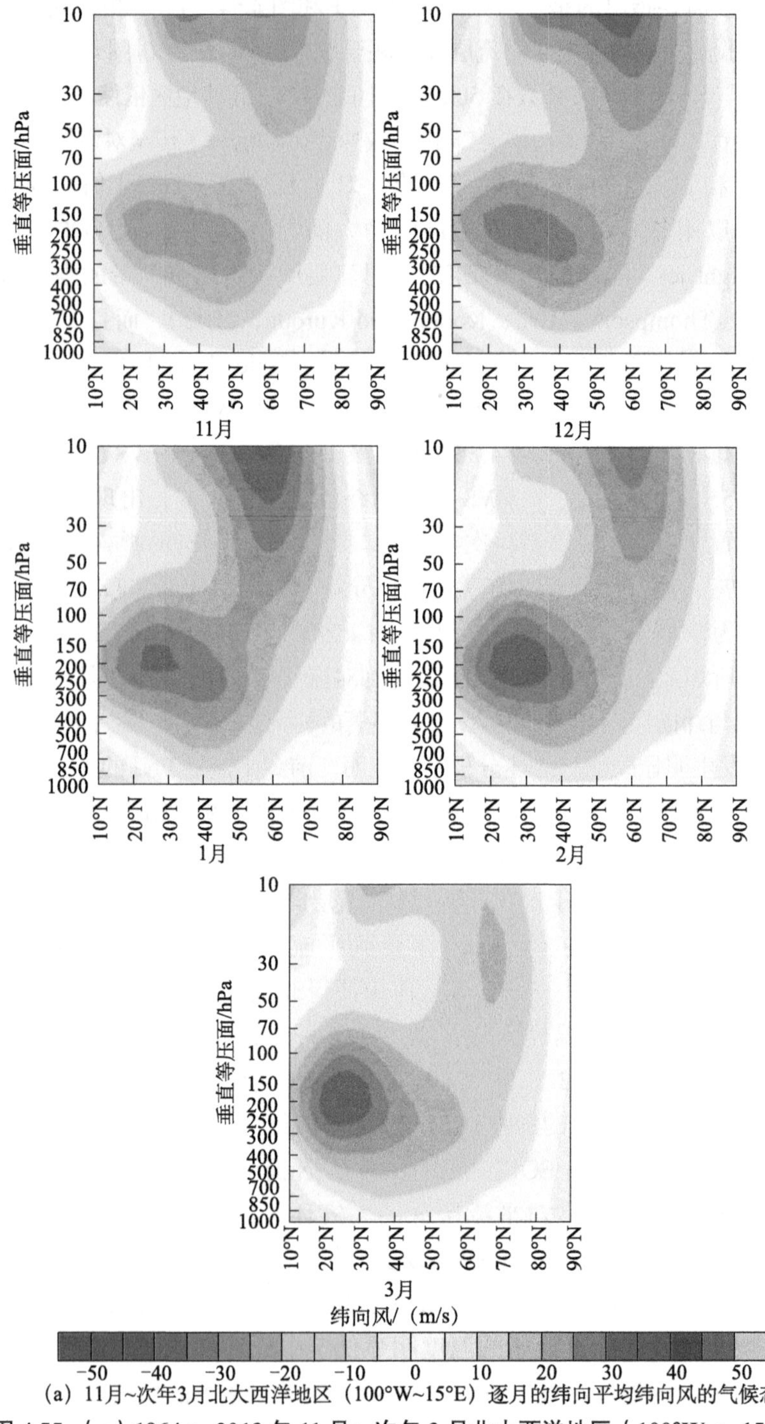

（a）11月~次年3月北大西洋地区（100°W~15°E）逐月的纬向平均纬向风的气候态

图 4.55 （a）1964～2013 年 11 月～次年 3 月北大西洋地区（100°W～15°E）逐月的纬向平均纬向风的气候态及其与冬季平均 SWS 的逐月相关系数分布

黑色打点区表显著性通过 95% 的置信度检验

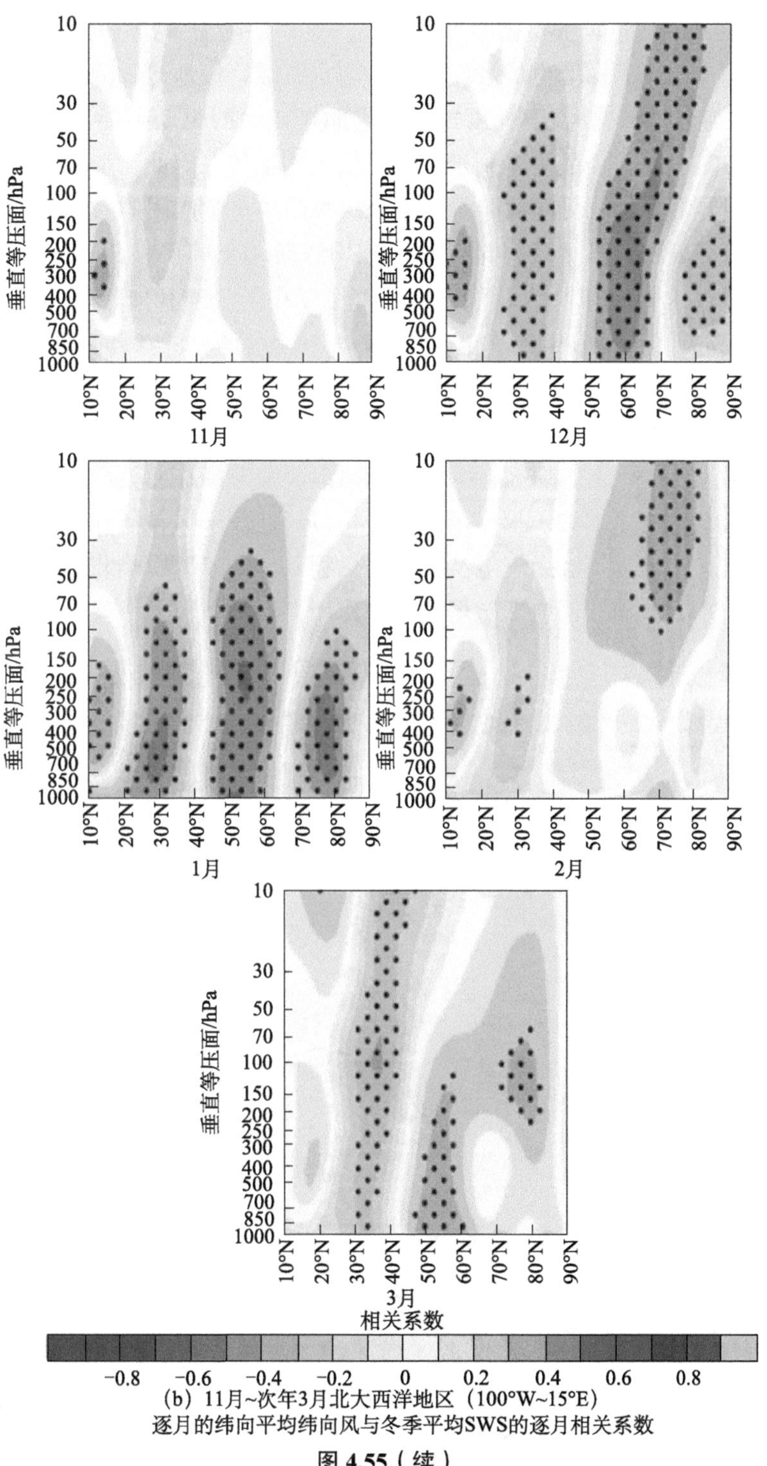

(b) 11月~次年3月北大西洋地区（100°W~15°E）逐月的纬向平均纬向风与冬季平均SWS的逐月相关系数

图 4.55（续）

显著冷异常，低纬地区主要被暖异常占据，这说明随着 SWS 的加大，平流层热带和北极之间的温度梯度也加大，表现为热带增暖，极地冷却，这样的温度异常分布型会使平流层赤极温度梯度加大，进而在热力的驱动下促进平流层 PNJ 的稳定加强和向下发展，最终有利于太阳风信号的下传。因此，上述分析得到的纬向风三极型异常形态也可能部分受到平流层太阳风化学作用的间接影响。

上述研究表明，北大西洋地区纬向平均纬向风会对 SWS 的年际变化产生显著响应，不过这种纬向风的显著变化是否也存在于全球其他区域？图 4.57 给出了典型 SWS 高（低）值年冬季全球 45°N ～ 70°N 经向平均纬向风的合成差值场分布情况。从图中可以看到，在 45°N ～ 70°N 经向平均的整个全球纬圈，显著的西风异常仅出现在北大西洋上空的对流层和平流层，像一条贯穿北大西洋平流层和对流层的垂直通道。那么，为何太阳风信号只选择在北大西洋地区下传呢？结合 Tinsley（2008，2012）提出的理论，可以认为太阳风粒子在全球大气电路中产生的电磁扰动能够通过大气电 – 云静电微物理过程显著影响北大西洋地区的大气环流。具体来说，由于地球磁场的调制作用，太阳风粒子一般无法直接进入地

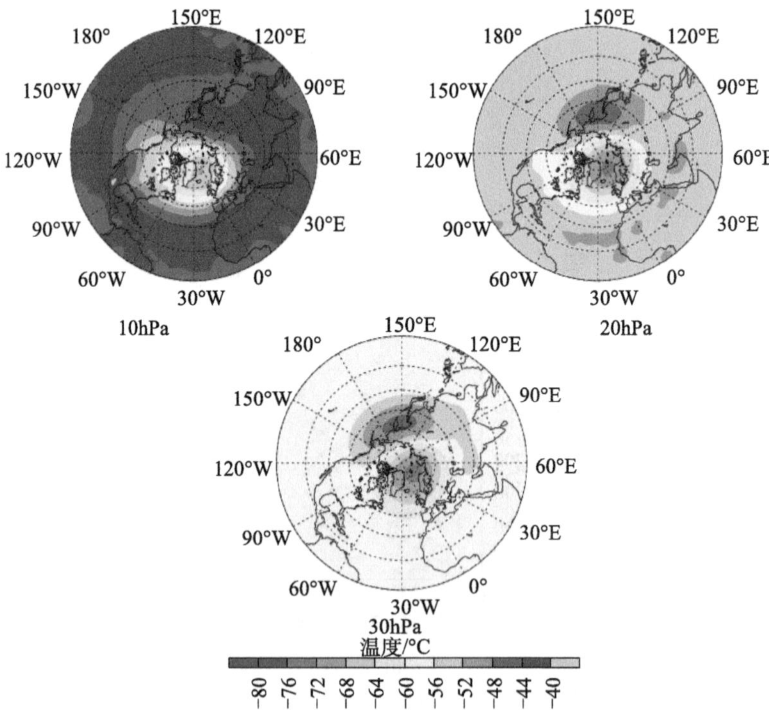

（a）北半球冬季平均 10hPa、20hPa 和 30hPa 温度场的气候态

图 4.56 （a）1964 ～ 2013 年北半球冬季平均 10hPa、20hPa 和 30hPa 温度场的气候态及其与冬季平均 SWS 的相关系数分布

黑色打点区表示显著性通过 90% 的置信度检验

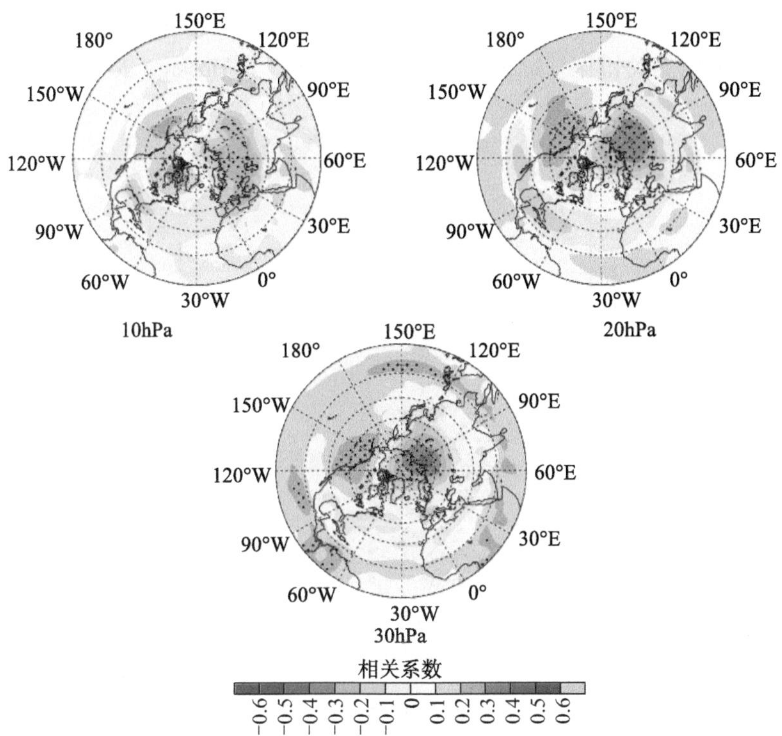

（b）北半球冬季平均 10hPa、20hPa 和 30hPa 温度场与冬季平均 SWS 的相关系数

图 4.56（续）

球大气的中低层，但其通过地球辐射带时激发的高能粒子能够在亚极光带区域沉降进入平流层中高层，并改变这一区域的大气电离度，且高能粒子产生的 X 射线可以快速影响亚极光区平流层低层甚至对流层顶的大气电离度，进而显著改变大气电路向下输送的电流，最终这一变化又通过云静电微物理过程改变对流层的大气环流状态（Mironova et al.，2012；Tinsley，2012；黄静等，2013）。太阳风信号仅在北大西洋上空快速下传，主要归因于以下两个事实：一方面，亚极光带的地理位置和冰岛较接近，因此北大西洋高纬地区与高能粒子显著沉降的位置相对应；另一方面，冰岛低压是半永久性的低压系统，它在冬季和夏季均存在，冬季强度最强且云量较多，有利于云静电微物理过程的发生发展。因此，进一步分析北半球 20°N ～ 70°N 区域冬季云量的气候态以及典型 SWS 高（低）值年云量的合成差值场（图 4.58）。从图 4.58（a）可以看到，冬季北半球地区云量气候态的最大值出现在北太平洋和北大西洋的中高纬地区，与阿留申低压和冰岛低压的位置对应。在典型 SWS 高（低）值年冬季云量的合成差值场分布图中［图 4.58（b）］，仅在北大西洋冰岛附近的 45°N ～ 65°N 区域存在成片的显著正异常区，这表明与阿

留申低压的位置相比，冰岛低压的位置由于与亚极光带的位置更加接近而成为太阳风信号显著下传的关键区。以上对云量的分析支持了 Tinsley（2012）的研究结果。

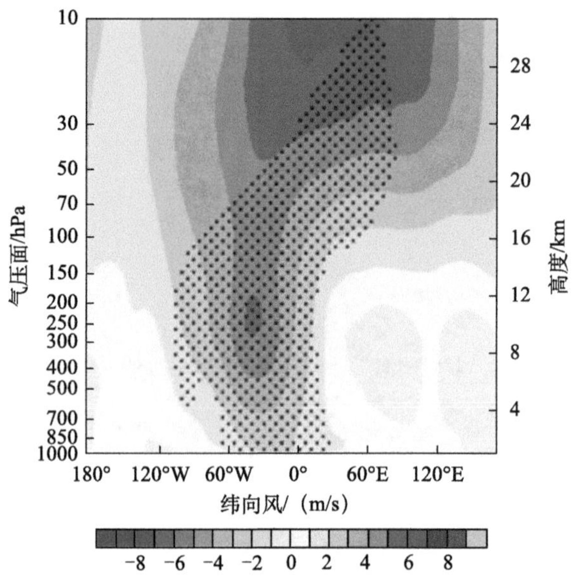

图 4.57 典型 SWS 高（低）值年冬季全球 45°N ～ 70°N 经向平均纬向风的合成差值场

黑色打点区表示显著性通过 95% 的置信度检验

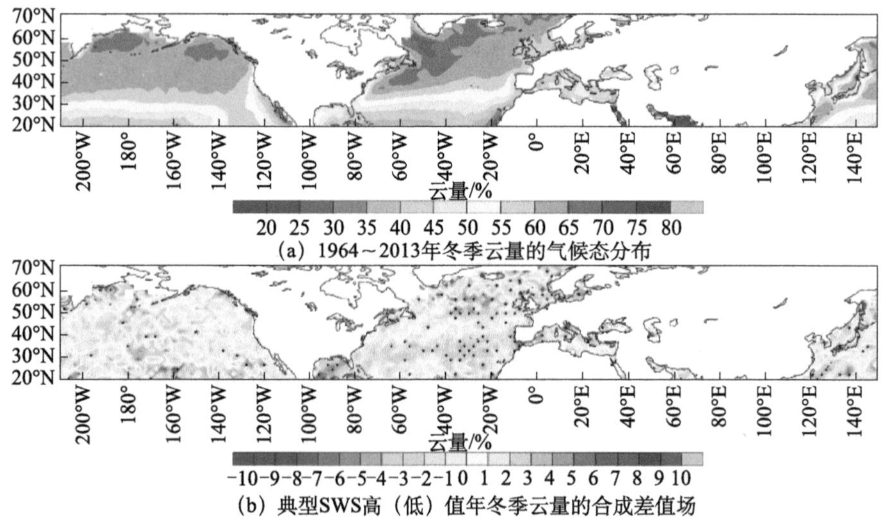

图 4.58 1964 ～ 2013 年冬季云量的气候态分布以及典型 SWS 高（低）值年冬季云量的合成差值场

黑色打点区表示显著性通过 90% 的置信度检验

综上所述，可以认为太阳风对北大西洋三极型海温模态的可能影响机制主要为以下两种：其一，太阳风粒子的化学作用与平流层 - 对流层动力耦合机制。太阳风通过化学过程影响平流层的经向温度梯度，进而改变平流层的大气环流状态，间接促进 PNJ 的加强和垂直发展。借助于冬季平流层 PNJ 的加强和向下扩张，太阳风扰动信号可以传递至对流层。其二，大气电 - 云微物理机制。该机制可以解释太阳风信号为何只选择在北大西洋地区快速直接下传。不仅因为冰岛低压的位置与亚极光带（太阳风粒子激发的辐射带高能粒子在此区域沉降）的地理位置接近，还因为冰岛低压地区常年为全球云量大值区，有利于云静电微物理过程在此处发展，进而使北大西洋地区对流层的大气环流发生变化。

4.6　地球自转对不同纬度大气角动量（力矩）的影响

地球系统由固体地球、大气和海洋等流体层组成。在自转的地球上相对于地球表面运动的空气，因受到摩擦和山脉的作用，与转动地球之间产生转动力矩，即大气角动量（atmospheric angular momentum，AAM）。早期，有关 AAM 的研究主要用于解释大气环流中信风和盛行西风得以维持的原因（Ferrel，1882；Thomson，1892；叶笃正和朱抱真，1958）。近年来，研究者更注重研究 AAM 的变化问题，包括山脉和摩擦力矩、角动量及其输送的季节、年际和年代际等多时间尺度的变化问题（Oort and Peixoto，1983；Starr，1953；吴国雄和 Tibaldi，1988；White，1949；Swinbank，1985；Iskenderian and Salstein，1998），并将其与日长变化、ENSO 等地球、海洋和大气现象联系起来（Del Rio et al.，2000；Rosen and Salstein，1983；郑大伟等，1988；Gross，2007）。作为一个描述大气环流的基本变量（Palmen and Newton，1969；Marshall and Plumb，2008），AAM 的平衡和异常反映了大气活动与固体地球、海洋在多时空尺度上的耦合过程（Peixoto and Oort，1992）。例如，大气的季节性质量重新分布（大气压）和运动（纬向风）的驱动（也就意味着 AAM 发生了变化）可导致日长随之发生相应的季节性变化（Langley et al.，1981）。从角动量守恒的角度来讲，当大气自西向东的角动量增加时，固体地球的角动量必然减小，地球自转速度减慢，日长增大，反之亦然（彭公炳，1983）。

虽然有关地球自转对 AAM 影响的研究已有很多（Qian and Chou，1996；Abarca et al.，2000；Seidel et al.，2008），但目前仍不是很清楚具体的作用机制和物理过程。因此，本节重点讨论不同纬度带 AAM 的多时间尺度变化及其输送特征，并研究地球自转对不同纬度带 AAM 的影响。

4.6.1 大气角动量和大气对固体地球作用力矩的计算

根据地球转动的欧拉方程，考虑到地球旋转对称和弹性形变很小，可以将地球自转用刘维方程以激发函数的形式表示。对于 AAM 的计算，可以分为质量变化引起的角动量变化 χ^p（又称质量项，或行星角动量）和空气运动（风）引起的角动量变化 χ^w（又称相对角动量），可以表示为

极移分量：

$$\chi = \chi^p + \chi^w$$

日长变化分量：

$$\chi_3 = \chi_3^p + \chi_3^w$$

如果采用球坐标公式，可表达为（闫昊明等，2005）

$$\chi^p = \chi_1^p + \mathrm{i}\chi_2^p = \frac{-1.098R_\mathrm{e}^4}{g(C-A)}\int_0^{2\pi}\int_{\frac{-\pi}{2}}^{\frac{\pi}{2}} p_\mathrm{s}\sin\varphi\cos^2\varphi \mathrm{e}^{\mathrm{i}\lambda}\mathrm{d}\lambda\mathrm{d}\varphi$$

$$\chi^w = \chi_1^w + \mathrm{i}\chi_2^w = \frac{-1.5913R_\mathrm{e}^3}{g\Omega(C-A)}\int_0^{2\pi}\int_{\frac{-\pi}{2}}^{\frac{\pi}{2}}\int_{p_\mathrm{bot}}^{p_\mathrm{top}} (u\sin\varphi + \mathrm{i}v)\cos\varphi \mathrm{e}^{\mathrm{i}\lambda}\mathrm{d}p_\mathrm{s}\mathrm{d}\lambda\mathrm{d}\varphi$$

$$\chi_3^p = \frac{0.753R_\mathrm{e}^4}{gC_\mathrm{m}}\int_0^{2\pi}\int_{\frac{-\pi}{2}}^{\frac{\pi}{2}} p_\mathrm{s}\cos^3\varphi\mathrm{d}\lambda\mathrm{d}\varphi$$

$$\chi_3^w = \frac{0.998R_\mathrm{e}^3}{g\Omega C_\mathrm{m}}\int_0^{2\pi}\int_{\frac{-\pi}{2}}^{\frac{\pi}{2}}\int_{p_\mathrm{bot}}^{p_\mathrm{top}} u\cos^2\varphi\mathrm{d}p\mathrm{d}\lambda\mathrm{d}\varphi$$

式中，R_e 为地球平均半径；$g = 9.8\mathrm{m/s^2}$ 为重力加速度；i 为复数虚部；p_s 为表面气压；u、v 分别为纬向（东向）和经向（北向）风速；p_bot、p_top 分别为底层气压面（BP 方法，1000hPa）或地形表面（SP 方法），具体可参见 Aoyama and Natio（2000）和闫昊明等（2005）的文献。大气顶层为 10hPa 或其他值；λ 和 φ 分别为经度和纬度；Ω 为地球自转平均角速度；C、A 和 C_m 分别为地球 X 轴、Z 轴和地球地幔的 Z 轴主惯性张量。

除了采用角动量方法来计算大气和固体地球的角动量交换外，还可以用力矩的方法表征大气和固体地球的相互作用。实际上，大气和固体地球角动量的交换过程就是通过力矩实现的，AAM 对时间的导数就是大气对固体地球的力矩。大气对固体地球的力矩一般可以分为三个主要分量：一是山脉力矩，由于地形的作

用，不同地形上的气压差对固体地球产生力矩作用，在山脉尤其是高山区域，作用比较显著，因此称为山脉力矩。二是摩擦力矩，由风应力对固体地球的摩擦作用产生的力矩。三是重力波拖曳力矩，由于小尺度的大气变化在一般大气模式中不能很好地模拟，可通过重力波拖曳的参数形式，来表示大气模式中由于空间分辨率的不足而省略的小尺度变化。

与 AAM 类似，大气对固体地球的力矩也可以分为 x、y、z 三个方向，对于 x 和 y 方向，一般以复数的形式表达为（Egger and Hoinka，2007）

$$T_{\mathrm{m}} = R_{\mathrm{e}}^{2}\int_{0}^{2\pi}\int_{-\frac{\pi}{2}}^{\frac{\pi}{2}}\left(p_{\mathrm{s}}\frac{\partial H}{\partial \lambda}\sin\varphi - \mathrm{i}_{P}\frac{\partial H}{\partial \varphi}\cos\varphi\right)\mathrm{e}^{\mathrm{i}\lambda}\mathrm{d}\lambda\mathrm{d}\varphi$$

$$T_{\mathrm{f}} = -R_{\mathrm{e}}^{3}\int_{0}^{2\pi}\int_{-\frac{\pi}{2}}^{\frac{\pi}{2}}(\tau_{\mathrm{e}}\sin\varphi + \mathrm{i}\,\tau_{\mathrm{n}})\cos\varphi\mathrm{e}^{\mathrm{i}\lambda}\mathrm{d}\lambda\mathrm{d}\varphi$$

$$T_{\mathrm{g}} = -R_{\mathrm{e}}^{3}\int_{0}^{2\pi}\int_{-\frac{\pi}{2}}^{\frac{\pi}{2}}(\tau_{\mathrm{e}}^{\mathrm{g}}\sin\varphi + \mathrm{i}\,\tau_{\mathrm{n}}^{\mathrm{g}})\cos\varphi\mathrm{e}^{\mathrm{i}\lambda}\mathrm{d}\lambda\mathrm{d}\varphi$$

式中，下标 m、f 和 g 分别代表山脉力矩、摩擦力矩和重力波拖曳力矩；R_{e} 为地球平均半径；p_{s} 为表面气压；H 为表面地形高度；τ_{e} 和 τ_{n} 分别为东向和北向风应力；$\tau_{\mathrm{e}}^{\mathrm{g}}$ 和 $\tau_{\mathrm{n}}^{\mathrm{g}}$ 分别为东向和北向重力波拖曳应力；λ 和 φ 分别为经度和纬度。

对于 z 分量，大气对固体地球的力矩可以表示为（Egger and Hoinka，2007）

$$T_{\mathrm{m3}} = -R_{\mathrm{e}}^{2}\int_{0}^{2\pi}\int_{-\frac{\pi}{2}}^{\frac{\pi}{2}}p_{\mathrm{s}}\frac{\partial H}{\partial \lambda}\cos\varphi\mathrm{d}\lambda\mathrm{d}\varphi$$

$$T_{\mathrm{f3}} = -R_{\mathrm{e}}^{3}\int_{0}^{2\pi}\int_{-\frac{\pi}{2}}^{\frac{\pi}{2}}\tau_{\mathrm{e}}\cos^{2}\varphi\mathrm{d}\lambda\mathrm{d}\varphi$$

$$T_{\mathrm{g3}} = -R_{\mathrm{e}}^{3}\int_{0}^{2\pi}\int_{-\frac{\pi}{2}}^{\frac{\pi}{2}}\tau_{\mathrm{e}}^{\mathrm{g}}\cos^{2}\varphi\mathrm{d}\lambda\mathrm{d}\varphi$$

4.6.2　不同纬度大气角动量的变化特征

AAM 与纬向风紧密相关，是大气动能的代表。与纬向风的空间分布相似，AAM 在热带地区为负值，副热带地区为正值。图 4.59（a）显示 AAM 最强正值中心位于南北半球中纬度地区，北半球夏季 AAM 的正值区覆盖了南半球的大部分地区（20°S ～ 60°S）；而赤道附近为 AAM 负值区，夏季负值区可向北扩展至 30°N 附近。由于北半球山脉分布比南半球多，AAM 通过摩擦力矩和山脉力矩在北半球的损耗较多。以青藏高原为例，在青藏高原所在的区域（28° N ～

40°N），AAM 由于山脉的消耗比南半球同纬度地区大很多，北半球 30°N 附近 AAM 最大值可达 1.0×10^{25}kg·m^2/s，而南半球 30°S 附近 AAM 最大值只有 0.9×10^{25}kg·m^2/s。除此之外，北半球夏季（5～9 月）热带地区的最强负值中心为 -0.3×10^{25}kg·m^2/s，可向北扩展至 30°N 附近，而南半球夏季（1～3 月）的最强负值中心只有 -0.2×10^{25}kg·m^2/s，从赤道向南扩展至 15°S。

图 4.59（b）是 AAM 的垂直分布。南北半球副热带地区 AAM 正值中心位于 100hPa 以下，且南半球的正值中心强于北半球。AAM 的负值中心出现在低纬度地区，且有两个负值中心，主中心位于对流层 500hPa 附近，副中心位于平流层。

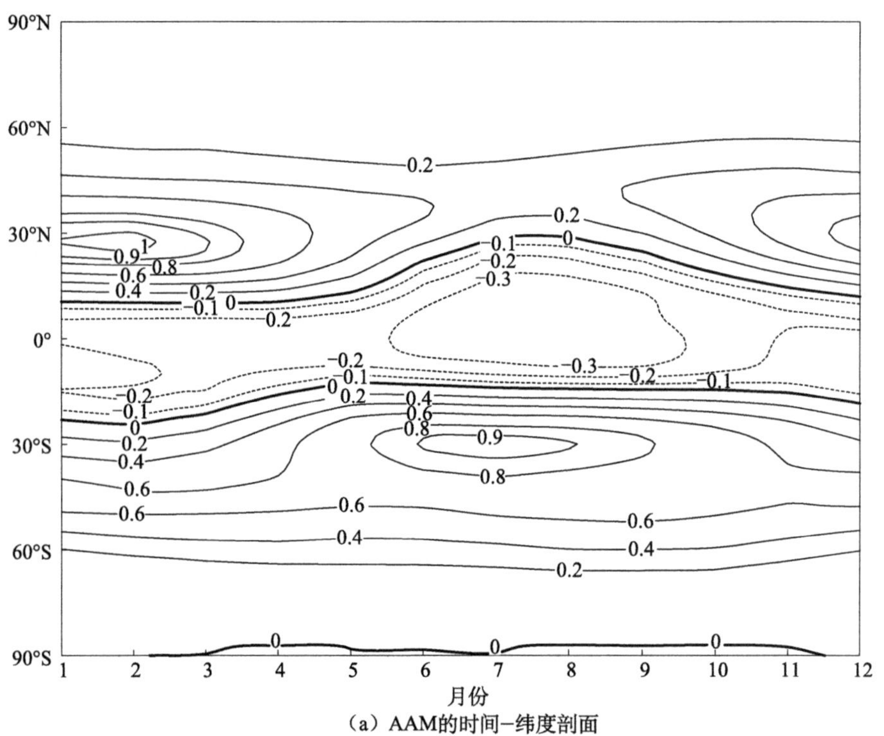

（a）AAM的时间−纬度剖面

图 4.59　不同纬度带 AAM 的年变化和等压高度面基本分布特征

图内数字单位为 10^{25}kg·m^2/s

图 4.60 是 1962～2010 年不同地区纬向平均 AAM 的时间序列。不同地区的 AAM 序列中均具有明显的季节、年际和年代际变化。副热带 AAM 的变化振幅比热带强。对不同地区 AAM 序列的功率谱分析显示，热带、副热带和全球 AAM 均有显著的年循环和半年循环，这与前人的分析结果一致（Rosen et al., 1991）。

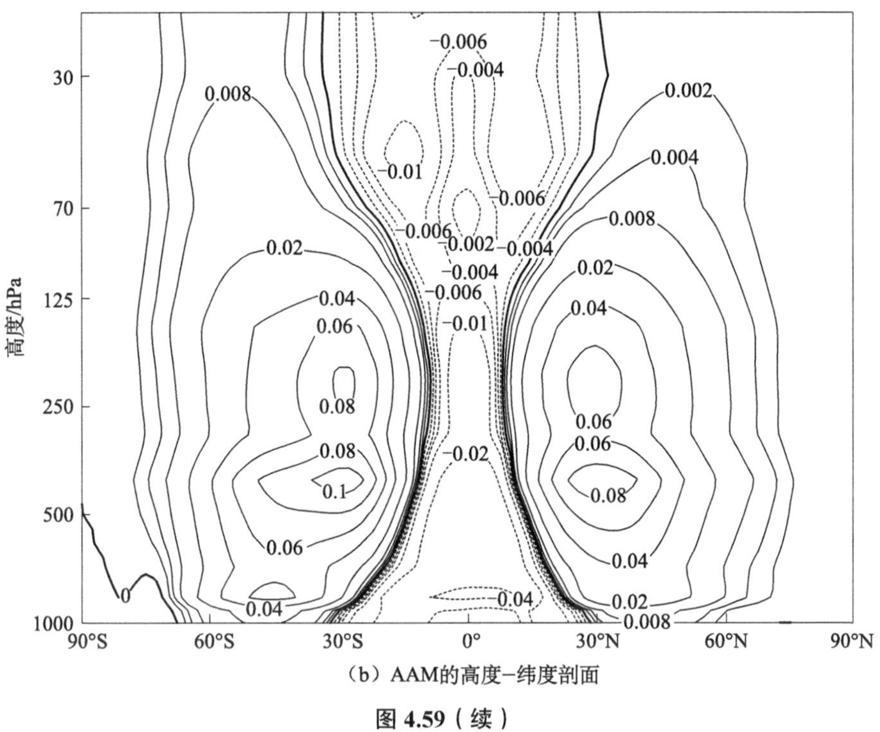

（b）AAM的高度–纬度剖面

图 4.59（续）

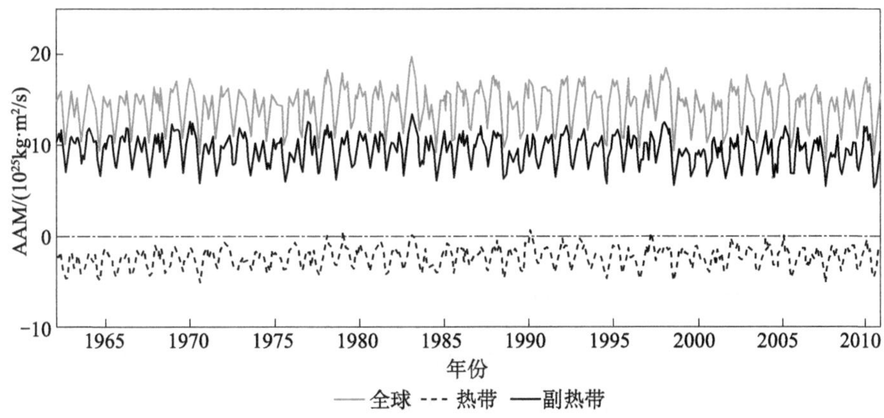

图 4.60　1962 ～ 2010 年不同地区纬向平均 AAM 的时间序列

不同纬度带 AAM 值分布不同，因此考察不同纬度带（包括热带、副热带、全球）年际尺度和较长时间尺度上大气角动量异常（AAM anomaly，AAMA）的时间序列［图 4.61（a）］。对 AAMA 时间序列的功率谱分析发现，热带和全球 AAMA 存在明显的 28 个月的周期，副热带 AAMA 没有明显的周期成分，这与 Abarca 等（2000）的周期分析结果一致。这表明，热带 AAM 的变化对全球

AAM 的贡献较大。

为了详细揭示不同纬度带 AAMA 的分布特征，图 4.61（b）给出了 AAMA 的纬度 - 时间剖面。从图中可以看到，1970 年前后发生了一次转折，热带地区 1970 年之前表现为负异常，之后表现为正异常，副热带地区恰恰相反，1970 年之前表现为正异常，之后负异常居多。同时，AAMA 存在热带向副热带传播的现象，尤其是在 ENSO 事件发生时，Dickey 等（1992）也曾指出 AAM 的这种年际变化特征。

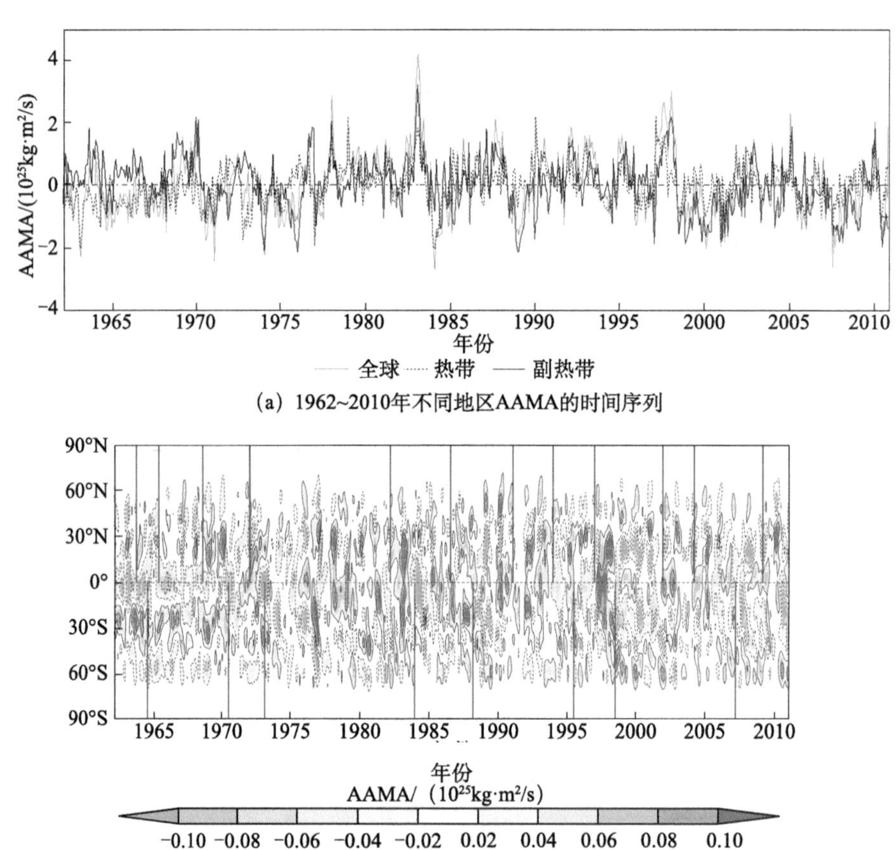

图 4.61　1962 ～ 2010 年不同地区 AAMA 的时间序列和 AAMA 的纬度 - 时间剖面

图（b）中红色实线代表厄尔尼诺年，蓝色实线代表拉尼娜年

为进一步明晰热带和副热带 AAM 的联系，尤其是 ENSO 年，图 4.62 展示了 1996 ～ 1999 年热带和副热带 AAM 收支的变化特征。从图 4.62（a）中可以

看到，热带 AAM 的趋势项与摩擦力矩的变化相关密切（二者之间的相关系数为 0.43，通过了 99% 的置信度检验），而与山脉力矩之间不存在显著相关性。当 AAM 的趋势项减弱时，摩擦力矩也减小。对于副热带而言，AAM 的趋势项与山脉力矩显著相关。图 4.62（b）显示，副热带 AAM 的趋势项与山脉力矩存在显著负相关关系，二者之间的相关系数高达 −0.56，通过了 99% 的置信度检验。这一结论在前人的研究中也有体现（Weickmann et al.，1997；Marcus et al.，2011；Wang et al.，2011）。

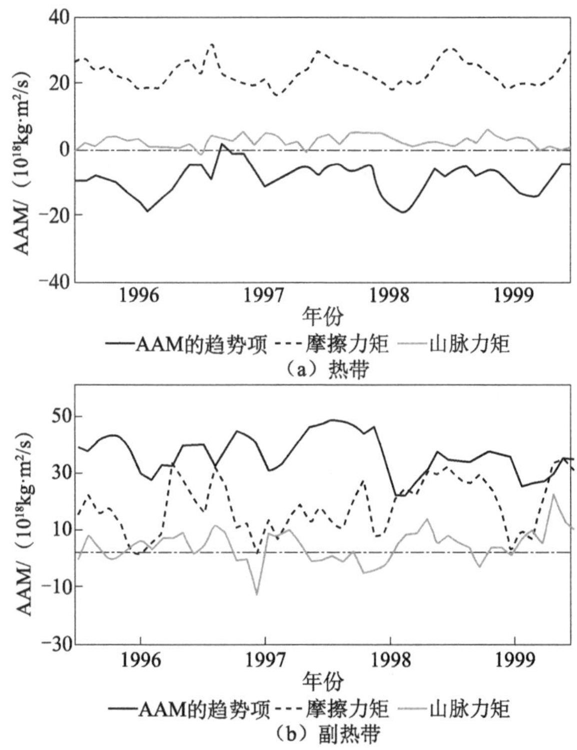

图 4.62　1996 ～ 1999 年热带和副热带 AAM 收支的变化

图 4.63 给出了 1962 ～ 2010 年赤道地区和 30° S 地区 AAMA 的逐月时间序列及其 M-K 突变检验序列。对比图 4.63（a）和图 4.63（b）可以看到，热带和副热带 AAMA 的变化有较大差别，其变化趋势恰好呈反位相。热带地区 AAMA 呈显著增加趋势，而副热带 AAMA 呈显著减小趋势。通过 M-K 突变检验（Mann，1945）发现，赤道和 30° S AAMA 的突变点均发生在 1970 年。与赤道 AAMA 的演变特征相似，全球 AAMA 也呈显著增加趋势，突变点发生在 1970 年。

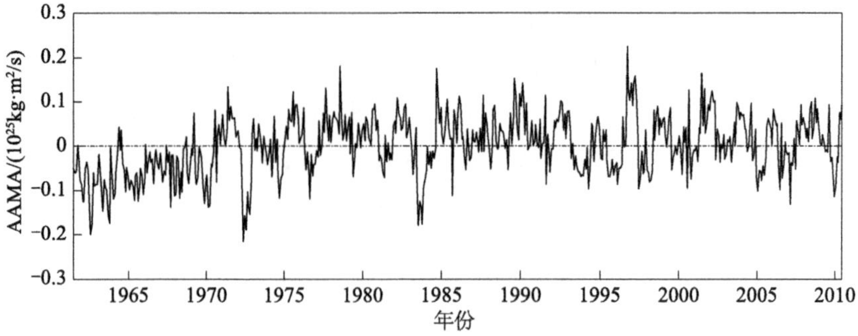

(a) 1961~2010年赤道地区AAMA的逐月变化

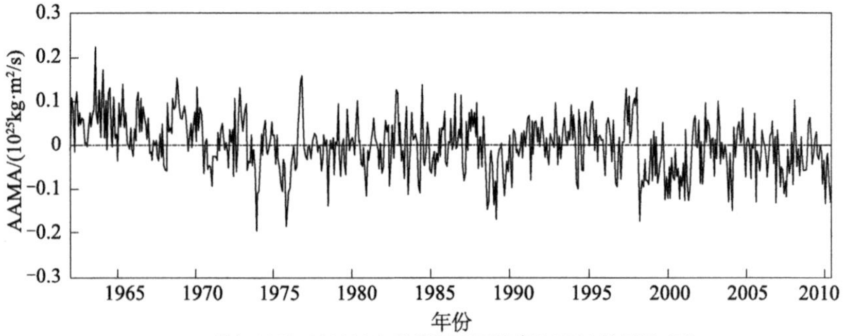

(b) 1961~2010年南半球沿30°S纬度AAMA的逐月变化

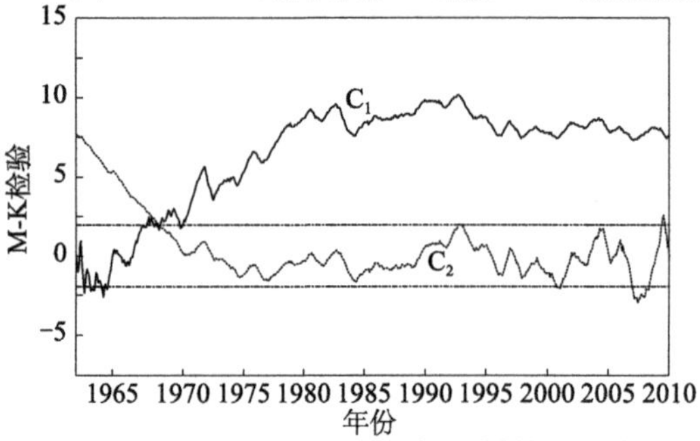

(c) 赤道地区AAMA的逐月变化的M-K突变检验

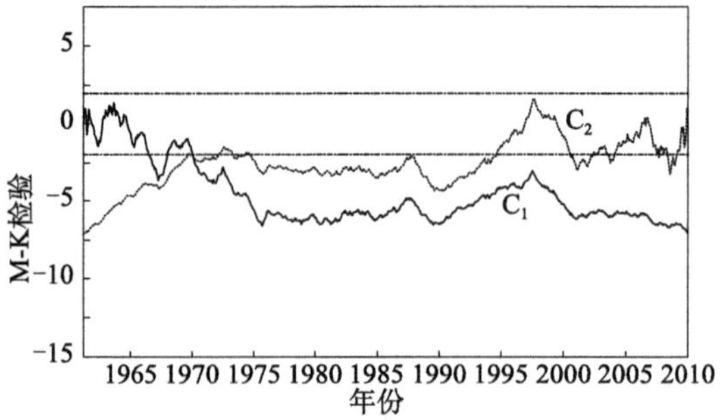

(d) 南半球沿30°S纬度AAMA的逐月变化M-K突变检验

图 4.63　1961～2010 年赤道地区和 30°S 地区 AAMA 的逐月时间序列及其 M-K 突变检验序列

图中 C_1 和 C_2 为 M-K 突变检验的两个分量

为了证实热带和副热带 AAMA 之间的因果联系，计算二者月时间尺度的超前滞后相关（图 4.64）。从图中可以看到，热带和副热带 AAMA 的相关系数在超前滞后 12 个月以内时最大。除此之外，热带 AAMA 超前副热带 AAMA10 个月以内均为显著正相关，相关系数均通过了 95% 的置信度检验，比较而言，热带 AAMA 滞后副热带 AAMA 4 ～ 14 个月内为显著负相关。这表明，一方面，当热带 AAMA 增加时，10 个月以后副热带 AAMA 也会增加；另一方面，副热带 AAMA 的增加将导致 4 ～ 14 个月以后热带 AAMA 的减少。负的热带 AAMA 会导致 10 个月以后副热带出现负的 AAMA，继而又导致 14 ～ 24 个月以后热带地区的 AAMA 转变为正值。也就是说，AAMA 从热带地区传播至副热带地区，再传播回热带地球的周期大约是 2 年。

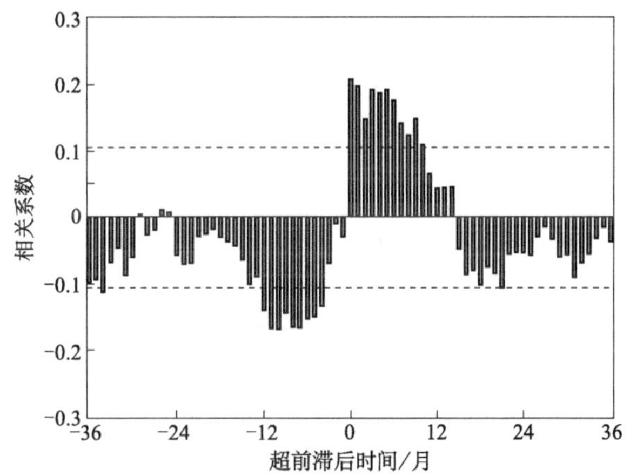

图 4.64　月时间尺度上热带和副热带 AAMA 的超前滞后相关

AAMA 的值也在垂直方向上变化（Abarca，1999）。这里，我们再次讨论 AAMA 的垂直分布和传播特征。图 4.65 显示了 AAMA 沿赤道的时间 - 高度剖面。从图中可以看到，热带平流层中 AAMA 存在向下传播的现象，从较高层的 10hPa 向平流较低层传播。通过计算 10hPa 和 70hPa AAMA 的时间系列［图 4.65（b）］，发现 AAMA 集中在平流层，且有两年的准周期，与高层大气中的准两年振荡有关。前人的研究中也提到了 AAM 的向下传播与准两年振荡的关系（Baldwin et al.，2001；Paek and Huang，2012a，2012b）。为了更详细地揭示向下传播的过程，图 4.65（c）给出了 10hPa 和 70hPa AAMA 的超前滞后相关。当 70hPa AAMA 滞后 10hPa AAMA 9 个月时，两者的相关系数达到了最大值。这意味着，10hPa 的 AAMA 大约要花 9 个月的时间向下传播至 70hPa。可以推测，平流层较低层 AAM 的变化有相当部分源自高层大气的变化，这一点有待更进一步的研究（Manzini et al.，2012）。

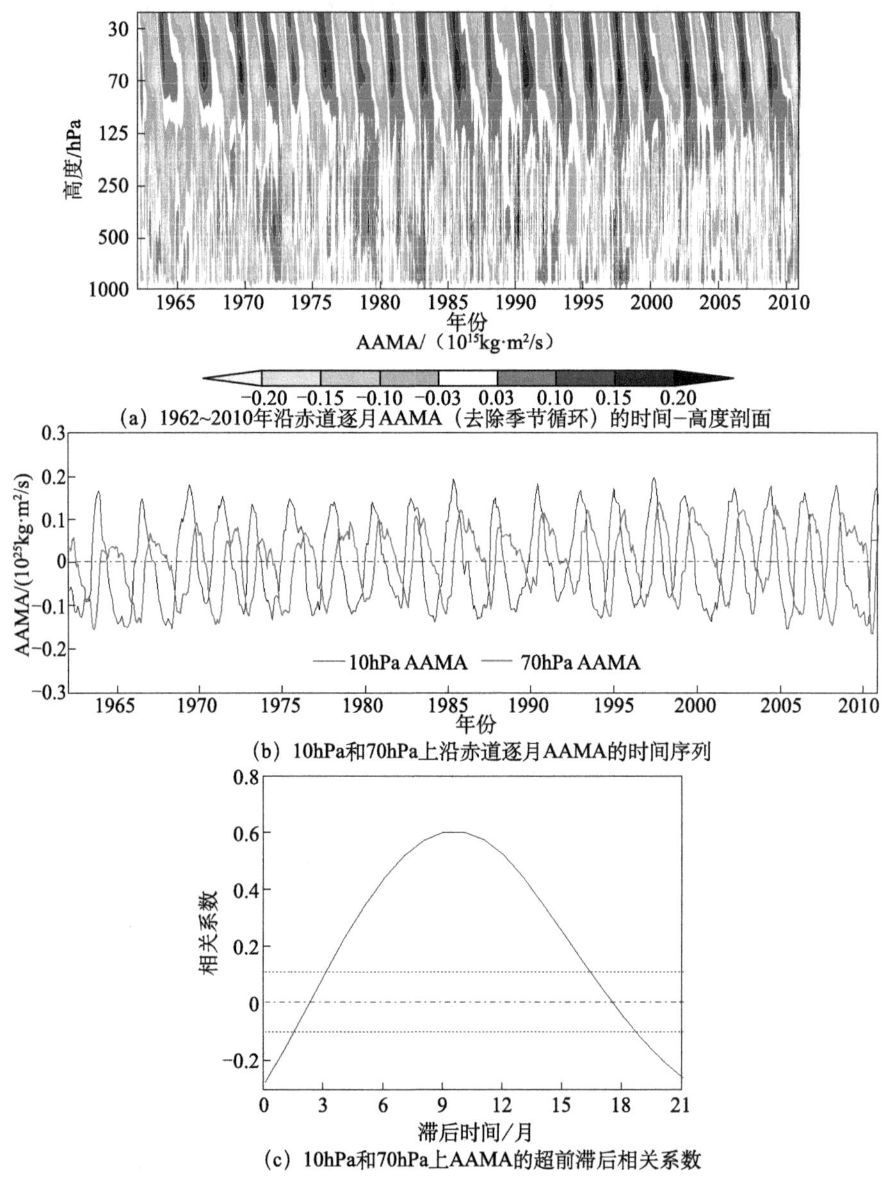

（a）1962~2010年沿赤道逐月AAMA（去除季节循环）的时间–高度剖面

（b）10hPa和70hPa上沿赤道逐月AAMA的时间序列

（c）10hPa和70hPa上AAMA的超前滞后相关系数

图 4.65 1962 ～ 2010 年赤道地区不同高度 AAMA 的逐月变化及 10hPa 和 70hPa 高度层 AAMA 的超前滞后相关

（c）中虚线为 95% 的置信度检验线

4.6.3 地球自转变化对大气角动量的影响

由于地气系统中角动量守恒，AAM 与 LOD 之间存在密切联系。LOD 最主要的变化特征是年代际变化。比较而言，全球、热带和副热带 AAM 的变化呈现出显著的年际变化特征，但是三者之间的变化并不一致，这种不一致很可能与大气的多时间尺度变率有关。另外，从长期趋势上看，LOD 自 1962 年以来表现出显著的减弱趋势，LOD 的减弱趋势对 AAM 的变化有重要影响。为了验证 LOD 与 AAM 之间的可能联系，计算全球 AAMA 与 LOD 的相关系数，两者并不存在显著的相关关系。但是，将 LOD 中的长期趋势去除以后，全球 AAM 和 LOD 表现出同步的变化特征：当 AAM 减小时，LOD 也随之减弱，即地球旋转得更快，反之亦然。

表 4.11 中分别计算了去除长期线性趋势前后，月尺度上 LOD 与全球、热带和副热带 AAM 之间的相关系数。在去除线性趋势以后，LOD 与全球 AAM 的相关系数从 0.202 增加到 0.375，显著性通过 99. 9% 的置信度检验。值得注意的是，去除线性趋势以后，热带 AAM 与 LOD 之间也表现出较强的相关性，二者的相关系数达到了 0.353，远远超过 99.9% 的置信度。另外，在去除线性趋势之前，副热带 AAM 和 LOD 之间的联系密切（二者的相关系数为 0.306），在去除线性趋势以后，两者的联系大大减弱。

在不考虑外部强迫的条件下，地气系统角动量是守恒的（Langley et al., 1981）。也就是说，当 AAM 增加时，地球角动量是减少的，AAM 和 LOD 之间存在正相关关系。以上分析表明，地气系统在较短时间尺度上比长时间尺度上更像一个守恒系统。月尺度上比年际尺度上地球和大气之间的联系更为密切，在短时间尺度上外部强迫对地气系统的影响可以忽略不计，地气系统可被看作一个守恒系统。在较短时间尺度上，当地球加速旋转时，LOD 缩短，为了保持地气系统角动量守恒，AAM 必然减小，这意味着 AAM 和 LOD 之间存在正相关关系。在长时间尺度上，地球受到宇宙活动、太阳活动等外界强迫的驱动，同时由于摩擦力矩和山脉力矩适应地球的旋转，大气层又受到地球的拖曳，于是 AAM 和 LOD 之间的相关关系很弱，甚至表现为负相关。

表 4.11　1962 ～ 2010 年逐月 LOD 与全球、热带和副热带 AAM 之间的相关系数

LOD	全球 AAM	热带 AAM	副热带 AAM
去趋势	0.375*	0.353*	0.193*
原序列	0.202*	0.086	0.306*

* 表示显著性超过 99.9% 的置信度

图 4.66 给出了去除长期变化趋势前后 LOD 和全球、热带、副热带 AAM 逐月时间序列的超前滞后相关关系。从图中可以看到，副热带 AAM 和 LOD 之间存在显著的同期正相关关系，在热带 AAM 滞后 LOD 大约 18 个月时，呈现出显著的负相关，而热带 AAM 和 LOD 的同期正相关关系很弱。这表明，在同期或

者月时间尺度上，全球AAM，尤其是副热带AAM和LOD基本保持守恒。

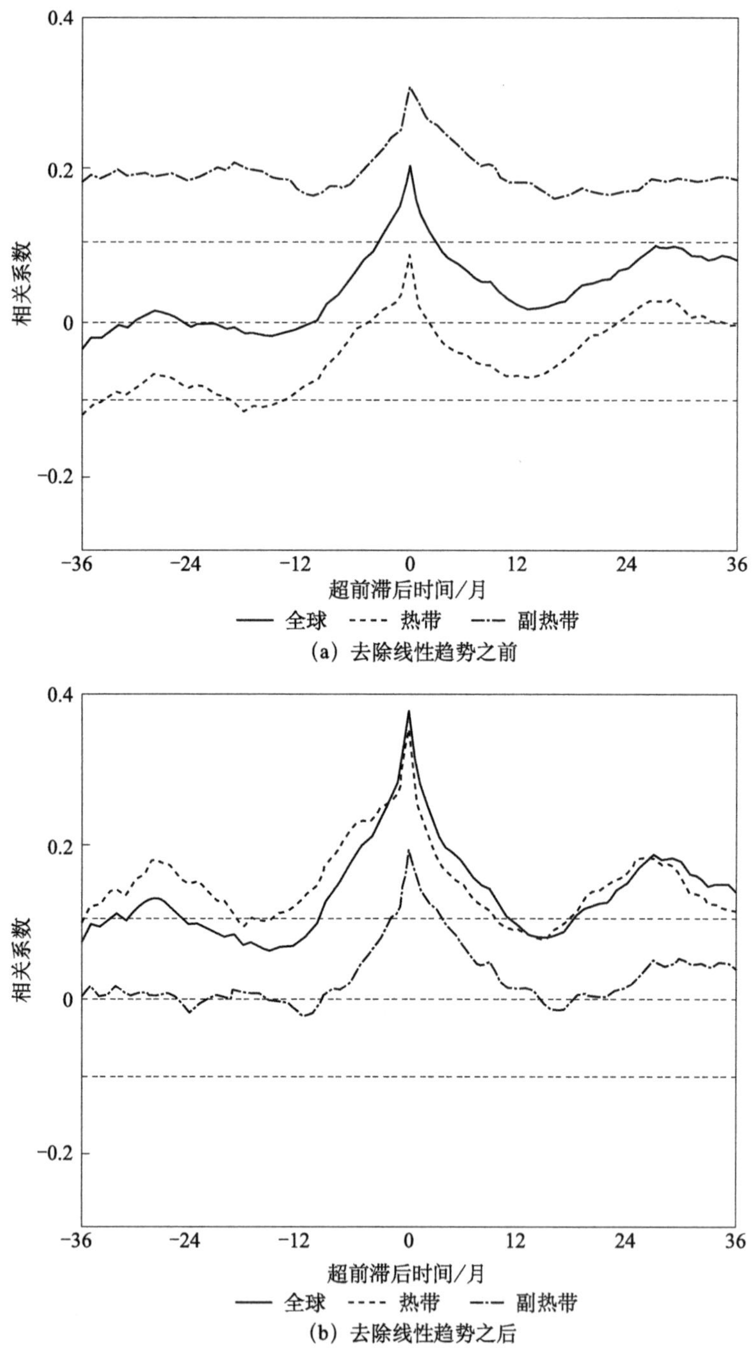

图4.66 去除线性趋势之前和去除线性趋势之后LOD和全球、热带、副热带AAM的超前滞后相关

相反地，LOD 对热带 AAM 的影响集中在年际尺度上，对比图 4.66（a）和图 4.66（b）可以发现，在去除长期趋势以后，LOD 和热带 AAM 之间的相关系数大大增加。超前滞后 12 个月以内，LOD 和全球、热带 AAM 均表现出显著的正相关关系。当超前滞后 2.5 年时，LOD 和全球、热带 AAM 也存在较强的正相关关系。

热带、副热带 AAM 和地气系统中角动量的交换密切相关。一般来说，副热带 AAM 的变化反映了地球从大气中获得角动量的事实。在不同时间尺度上，AAM 对地球角动量的影响不同。相反地，热带 AAM 在大气从地球上获得角动量中扮演着重要的角色，经证实只有在较短时间尺度上，地气系统角动量是守恒的。在长时间尺度上，地球角动量驱动 AAM 的变化，不遵循角动量守恒定律。

4.6.4　AAM 的季节变化及其与地面温度的联系

1. AAM 的季节变化

图 4.67 和图 4.68 分别为 1962 ～ 2011 年四个季节 AAM 及其方差的空间分布。从图 4.67（a）中可以看到，东风角动量位于低纬度地区，西风角动量的最大值位于南北半球的中纬度地区。值得注意的是，AAM 的年平均最大值位于西北太平洋和美国东北部的副热带急流轴所在地区。但从年变化看，北半球 AAM 的大值在春季显著减弱［图 4.67（b）］，在夏季大值区移到了南半球［图 4.67（c）］，位于日界线附近的副热带南太平洋上（澳大利亚和新西兰附近），到了秋季 AAM 的大值区又开始减弱并向北半球移动［图 4.67（d）］。四个季节 AAM 空间分布的最大差异在于，冬季 AAM 的大值区位于副热带西北太平洋，而夏季 AAM 的大值区位于副热带西南太平洋，且与冬季相比夏季 AAM 大值区的强度显著减弱。

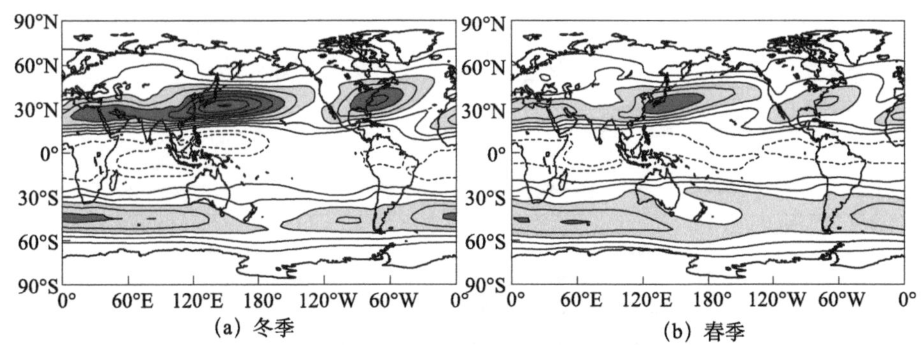

图 4.67　1962 ～ 2011 年四个季节 1000 ～ 10hPa 积分的 AAM 的空间分布

资料来源：Li 等（2017）

图中等值线的间隔是 2×10^{11}kg · m²/s，实线和虚线分别代表正值和负值

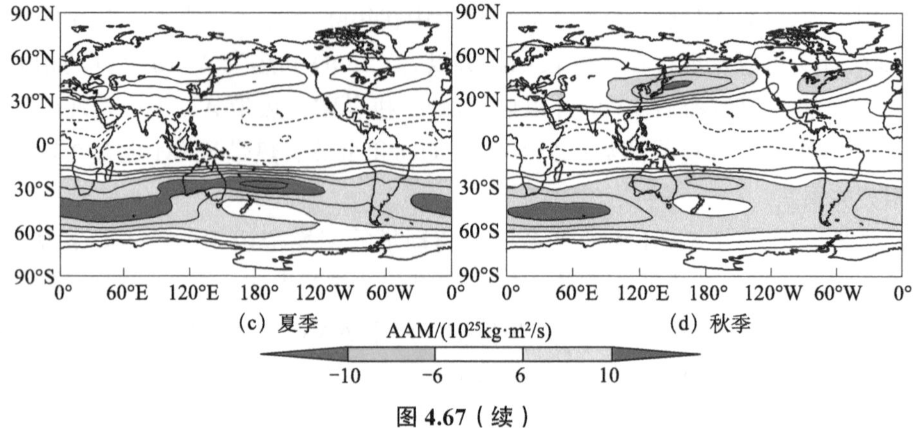

图 4.67（续）

图 4.68 显示出 AAM 方差的大值区与图 4.67 中 AAM 的大值区对应较好，只是有所向东偏移。这种偏移的特征比 Black 等（1996）的分析结果更加清晰，这是因为 Black 等（1996）在计算 AAM 时，是从 1000hPa 积分至 100hPa，而本小节计算 AAM 时是从 1000hPa 积分至 10hPa。此外，本小节计算所用数据资料

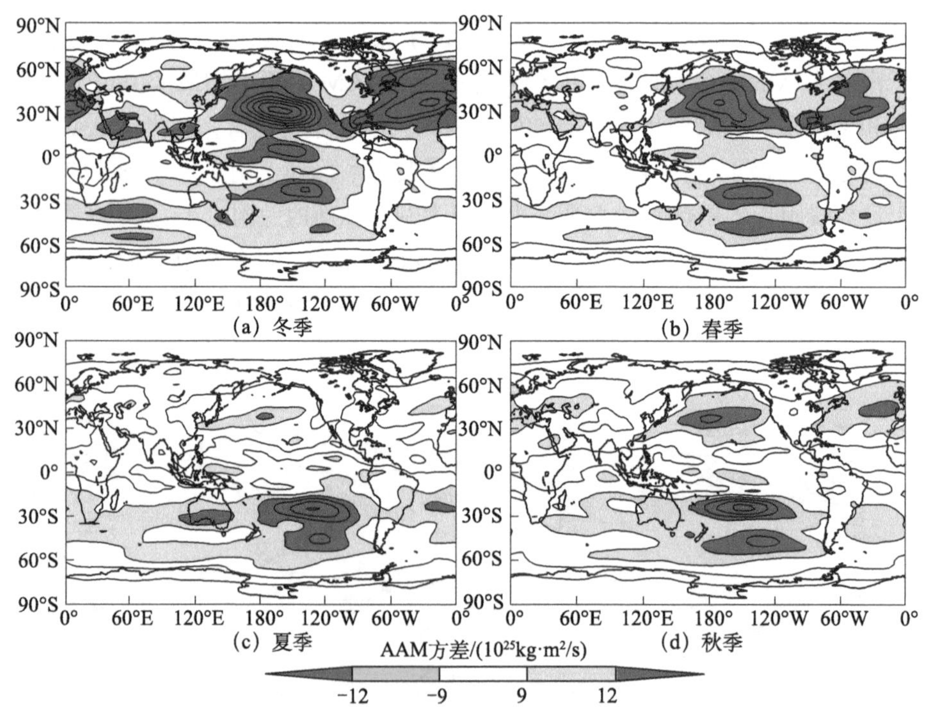

图 4.68　1962 ～ 2011 年四个季节 AAM 方差的空间分布

资料来源：Li 等（2017）

图中等值线的间隔是 3×10^{10}kg · m²/s

的空间分辨率也远比 Black 等（1996）高。从图 4.68 中可以看到，冬季和春季 AAM 方差的大值位于太平洋上，准确来说位于北太平洋上，而夏季和秋季 AAM 方差的大值位于南太平洋上。

2. 全球 AAM 与地表温度 T_s 的联系

研究发现，AAM 的方差贡献主要来自年际尺度的贡献，其年代际尺度的贡献非常小。也就是说，中纬度 30°N 附近北太平洋（30°S 附近南太平洋）上 AAM 的年际变化方差对冬春季（夏秋季）地球角动量（LOD）的调制影响较大。接下来，重点分析全球 AAM 的年际变化与 T_s 的联系。为了得到全球积分的 AAM 的年际变化，利用高斯滤波器将全球 AAM 进行 2 ～ 9 年的滤波分析。图 4.69 给出了年际尺度上四个季节全球 AAM 与 T_s 的同期相关系数分布。从图中可以看到，显著相关区出现在海洋上。就四个季节而言，显著正相关区均出现在热带中东太平洋上，太平洋上出现了类似经典 ENSO 的相关模态，冬季北欧也存在大片正值区。也就是说，东太平洋型类 ENSO 海温模态与全球 AAM 的变化密切相关。

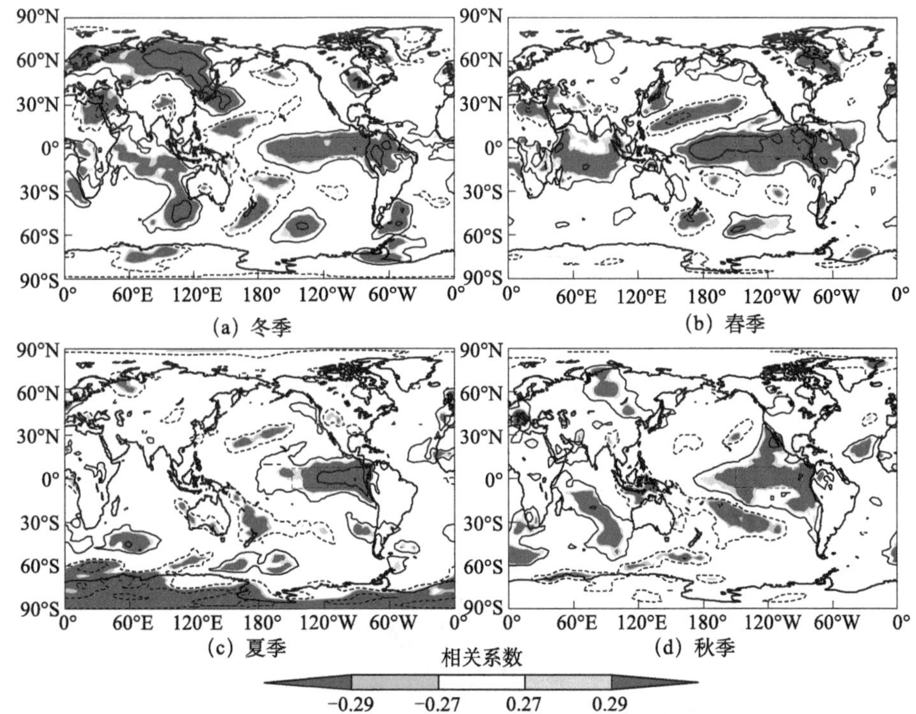

图 4.69　1962 ～ 2011 年全球 AAM 年际变化与 T_s 的同期相关系数

资料来源：Li 等（2017）

图中等值线间隔是 0.2，红色和蓝色（黄色和绿色）区域为显著性通过 95%（90%）的置信度检验，实等值线代表正值，虚等值线代表负值，虚线方框区是 Niño3 区

图 4.70 给出了年际尺度上全球 AAM 与滞后一个季节的 T_s 的相关系数分布。从图中可以看到，春季、夏季、秋季全球 AAM 年际分量的变化与对应随后一个季节类 ENSO 海温模态的关系密切。热带中东太平洋上出现了超过 95% 置信度水平的显著相关区域。这说明，ENSO 峰值与前期季节全球 AAM 的变化关系紧密。

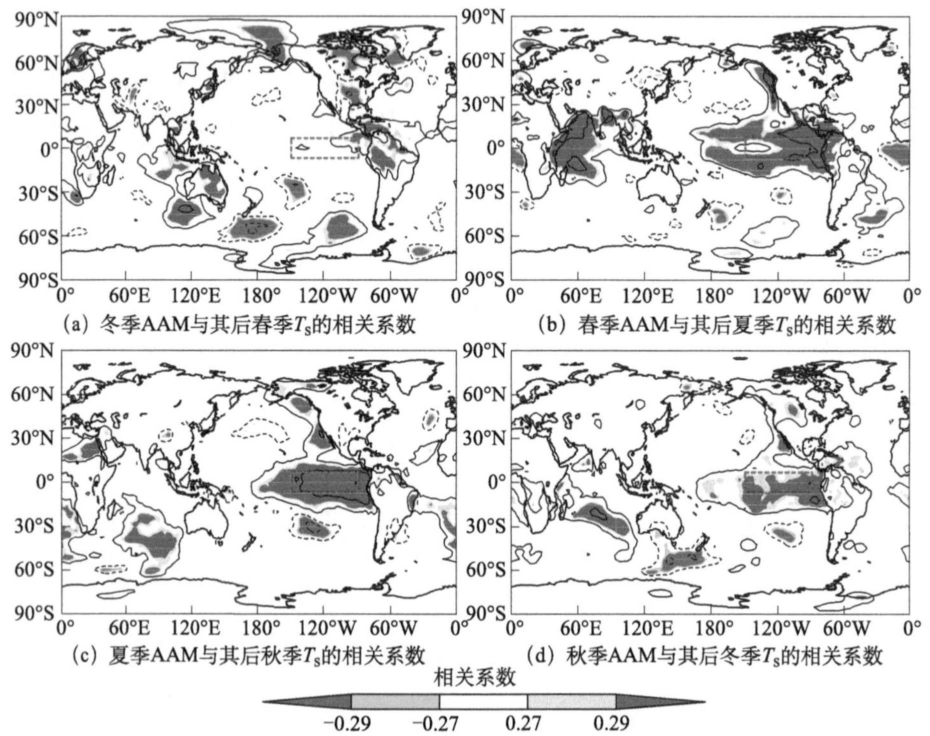

(a) 冬季AAM与其后春季T_S的相关系数 (b) 春季AAM与其后夏季T_S的相关系数

(c) 夏季AAM与其后秋季T_S的相关系数 (d) 秋季AAM与其后冬季T_S的相关系数

图 4.70 1962 ～ 2011 年全球 AAM 年际变化与 T_s 滞后一个季节的相关系数

资料来源：Li 等（2017）

图中等值线间隔是 0.2，红色和蓝色（黄色和绿色）区域为显著性通过 95%（90%）的置信度检验，实等值线代表正值，虚等值线代表负值，虚线方框区是 Niño3 区

与图 4.70 的计算方法相似，图 4.71 显示的是全球 AAM 年际变化与 T_s 超前一个季节的相关系数分布。对比图 4.70 可以看到，只有冬季和夏季类 ENSO 海温模态与随后一个季节的全球 AAM 之间存在显著相关。也就是说，冬季 / 夏季的类 ENSO 海温模态对随后春季 / 秋季全球 AAM 的变化有显著影响［图 4.71（a）和图 4.71（c）］。而春季 / 秋季的类 ENSO 海温模态对随后一个季节的全球 AAM 不存在显著影响［图 4.71（b）和图 4.71（d）］。只有在厄尔尼诺 / 拉尼娜峰值时期（即冬季），海温异常能够影响随后一个季节全球 AAM 的变化，假若 ENSO 能够持续到夏季，海温异常也能对秋季全球 AAM 产生某种程度的影响［图 4.71（c）］。

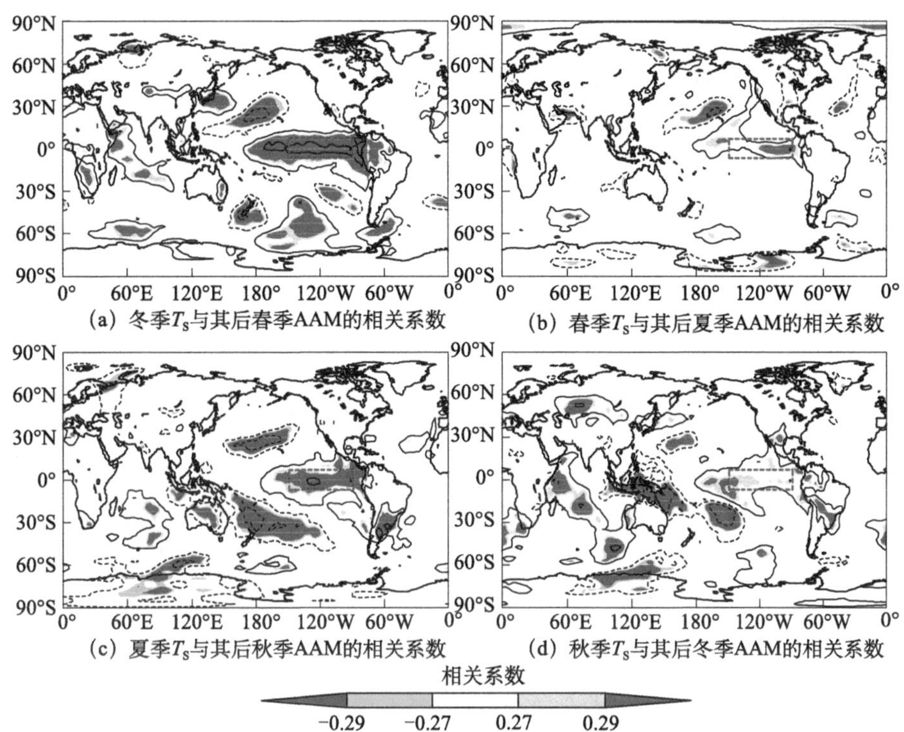

图 4.71　1962～2011 年全球 AAM 年际变化与 T_s 超前一个季节的相关系数

资料来源：Li 等（2017）

图中等值线间隔是 0.2，红色和蓝色（黄色和绿色）区域为显著性超过 95%（90%）的置信度，实等值线代表正值，虚等值线代表负值，虚线方框区是 Niño3 区

4.7　地磁气候和大气环流的影响

地磁是地球运动的一种形式，同时地磁又受到太阳风和外空间磁场的影响，因此地磁与太阳活动有密切的耦合关系。地磁力对大气运动有什么影响和作用，一直是人们讨论的一个问题。一般认为，地磁的影响可以忽略不计，在大气运动方程表达中不含有地磁力的作用。但一些统计结果表明，地磁与大气环流和气候之间存在一定的统计关系，本节将分析地磁变化与大气环流和气候之间的联系。通常，可以用地磁指数来表征地磁的变化，地磁指数是地磁扰动的总体强度或磁扰强度的分级指标。本节使用地磁指数（AP）和中低纬度地磁指数（DST）。AP 主要描述地磁活动的总体水平，而不考虑地磁扰动的具体类型。AP 是全球的全

日地磁扰动强度的指数，称为行星性等效日幅度。DST是为描述特定类型磁扰或特定区域磁扰而设计的指数。该指数每小时量测一次，主要是量测地磁水平分量的强度变化。磁赤道附近的磁场强度主要受到环型电流的影响，因此量测的DST也可以用来估算环型电流的变化量，同时DST也具有区域性特点。

4.7.1 大气要素场对地磁活动的响应

图4.72给出了1961～2011年AP与全球平均气温的逐年演变及拟合变化趋势。从图中可以看到，AP与全球平均气温有很好的负相关关系，20世纪80年代以来，AP呈减小趋势，与全球平均气温增加的趋势相反。

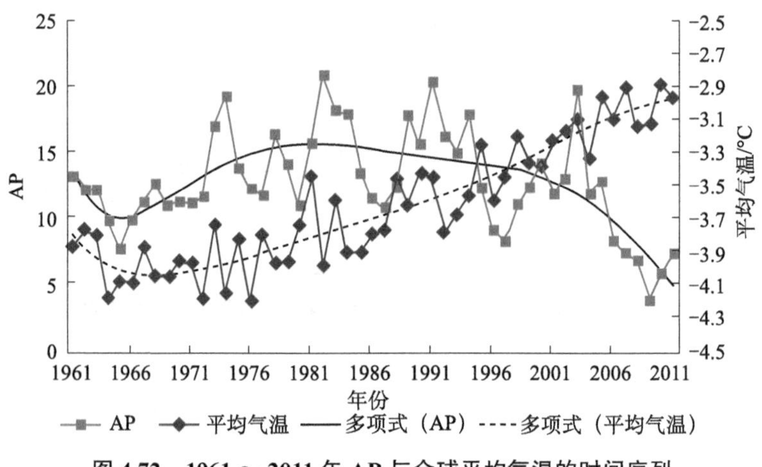

图4.72 1961～2011年AP与全球平均气温的时间序列

图4.73（a）和图4.73（b）分别给出了北半球500hPa位势高度场、近地面10m高度纬向风场与AP的变化曲线。从图4.73（a）中可以看到，AP与北半球30°N以北的平均位势高度有非常好的反相关关系，20世纪90年代以后，平均位势高度呈增加趋势，两者的相关系数为−0.449，显著性通过了99%的置信度检验。而AP与北半球近地面10m高度纬向平均风速呈显著正相关［图4.73（b）］，两者的相关系数高达0.528。

图4.74为1961～2011年DST与全球地面平均气压和地面10m高度全球纬向风的逐年演变。从图中可以看到，DST与全球地面平均气压密切相关［图4.74（a）］，两者的相关系数为0.415，显著性通过了99%的置信度检验。同时，DST与地面10m高度全球纬向风也有显著的反向相关关系［图4.74（b）］，两者的相关系数高达−0.660。我们还可以发现其他气象要素场与DST也有明显的相关关系。

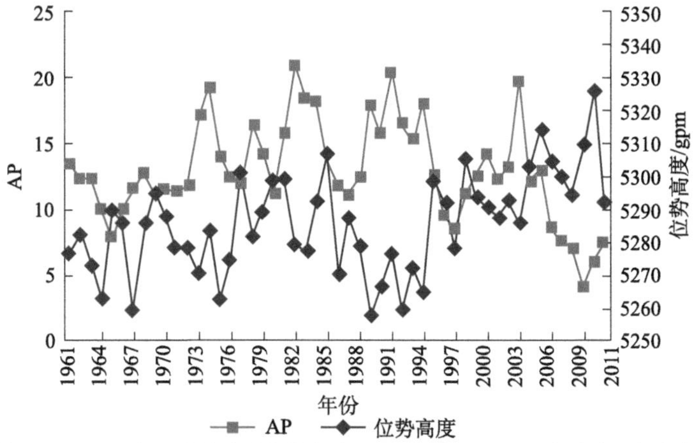

(a) 1961～2011年AP和北半球高纬度（30°N~90°N）500hPa位势高度逐年演变

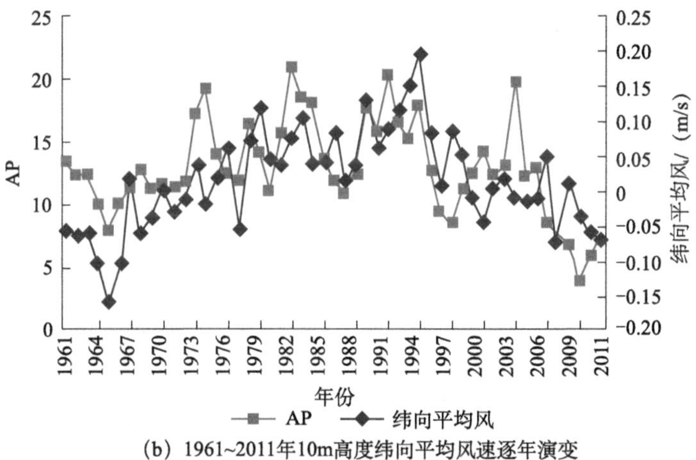

(b) 1961~2011年10m高度纬向平均风速逐年演变

图 4.73　1961 ～ 2011 年平均 AP 与北半球 500hPa 位势高度、10m 高度纬向平均风逐年演变

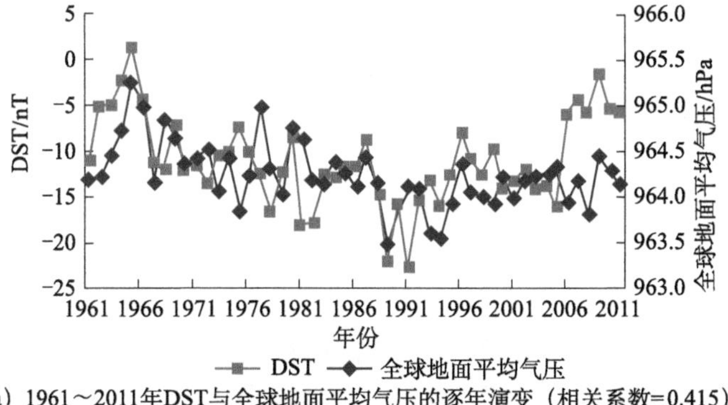

(a) 1961～2011年DST与全球地面平均气压的逐年演变（相关系数=0.415）

图 4.74　1961 ～ 2011 年 DST 与全球地面平均气压、地面 10m 高度全球纬向风的逐年演变

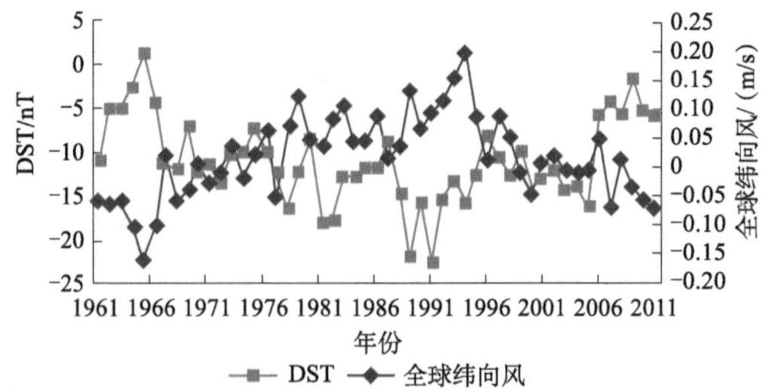

（b）1961～2011年DST与地面10m高度全球纬向风的逐年演变（相关系数=−0.660）

图 4.74（续）

例如，相关关系的统计分析发现，1961 ～ 2011 年 DST 与北半球低纬度（0° ～ 30°N）净潜热通量存在显著关联，两者的相关系数为 0.312。而同期 DST 与南半球中纬度（30°S ～ 60°S）净潜热通量的相关系数高达 0.547（图 4.75）。由此可见，DST 的变化确实与大气的宏观物理状态有关联。虽然地磁变化影响地球大气的物理过程尚不清楚，但 DST 影响大气的现象值得重视，其影响机制需要进一步研究。

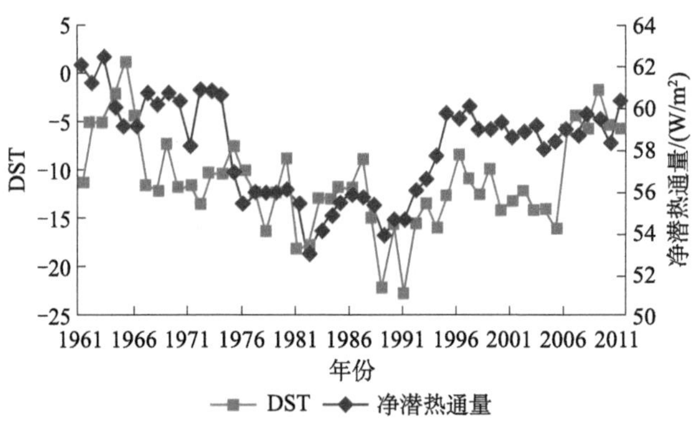

图 4.75　1961 ～ 2011 年 DST 与南半球中纬度（30°S ～ 60°S）净潜热通量的关系（相关系数 =0. 547）

4.7.2　大气环流和季风对地磁活动的响应

在 4.7.1 节的分析中可以看到，地磁的变化与很多宏观的气象场存在较密切的关联。因此，进一步分析地磁与大气行星尺度的一些大气环流特征的关系。

图 4.76 给出了 1961 ～ 2014 年 AP 和年平均 AO 指数的逐年演变。从图中可以看到，AP 和 AO 指数有很类似的演变特征。通过相关统计分析可知，AP 与 AO 指数具有显著的相关关系，存在同期和滞后 1 年正相关，相关系数分别为 0.347 和 0.224，分别显著性通过了 99.9% 和 99.0% 的置信度检验。也就是说，1961 ～ 2014 年 AP 与 AO 指数年变化呈一致性波动，AP 和 AO 指数同期或滞后 1 年有显著的相关关系。

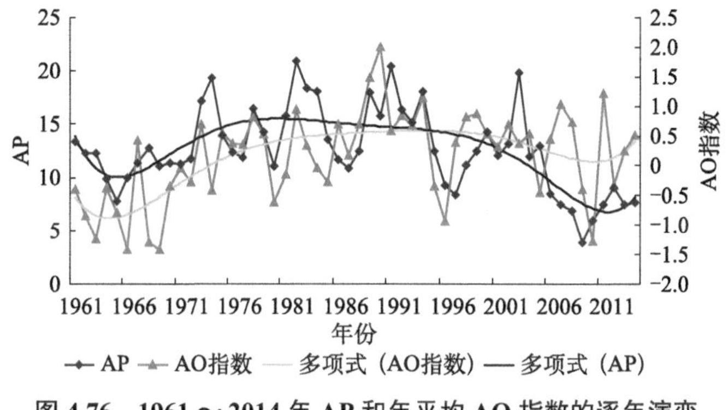

图 4.76　1961 ～ 2014 年 AP 和年平均 AO 指数的逐年演变

如果分季节对 AP 和 AO 指数进行相关统计分析，也可以得到两者在夏季和冬季均存在显著的正相关关系。其中，AP 与 AO 指数在夏季的相关系数为 0.205，在冬季两者的相关系数为 0.216，显著性都通过了 99% 的置信度检验。即从数理统计角度来说，AP 与 AO 指数在不同的季节均存在趋势变化的一致性特征，且在冬季两者的关系更为密切。

季风系统是最为复杂的大气气候系统之一，季风受到多种大气环流系统的影响。因此，我们进一步对 AP 和夏、冬季风指数进行相关统计分析。图 4.77（a）和图 4.77（b）分别给出了 1961 ～ 2014 年 AP 和夏、冬季风指数的时间演变。从图 4.77（a）中可以看到，AP 与夏季风指数存在显著正相关，相关系数为 0.211，显著性通过了 90% 的置信度检验。从超前滞后相关和 2 年滑动曲线均可以看到，AP 与夏季风指数存在趋势变化相同的正相关关系，置信度检验也是显著的，说明 AP 可能对东亚夏季风也有滞后影响。与此相反，AP 与冬季风指数存在显著负相关［图 4.77（b）］，相关系数为 −0.268，显著性通过了 99% 的置信度检验。从超前滞后相关和 2 年滑动曲线可以看到，AP 与冬季风指数存在趋势变化相反的负相关关系，位相相差 180°左右，说明 AP 对东亚冬季风也可能具有滞后影响。

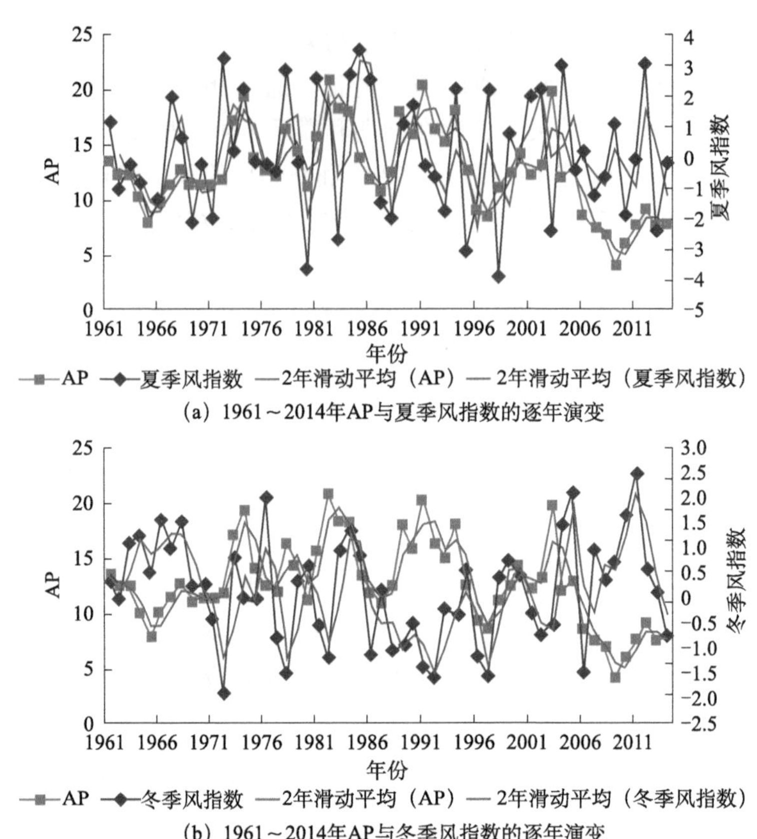

图 4.77 1961 ～ 2014 年 AP 和夏、冬季风指数的逐年演变

为探索地磁变化与大气状态和大气环流变化的关系，考察地磁高值年和低值年大气高、低层的异常响应。图 4.78（a）和图 4.78（b）分别给出了 AP 高值年和低值年地面气压距平场分布。对比图中具有反位相的异常分布可以发现，AP 高值年和低值年地面气压距平差别主要在北极和北半球高纬度地区。从图 4.78（c）和图 4.78（d）同样可以看到 100hPa 高度距平场的差别同样在北极和北半球高纬度地区，其中在东亚地区延伸到了中纬度地区。这也许反映了地磁变化与冬季风活动的联系。在北极从低层到高层的异常响应特征相同，并与上述分析得到的 AO 与地磁的相关关系是一致的。也就是说，AP 异常高（低）值年北极地区为负（正）距平区；东亚地区为正（弱负）距平区；北半球呈现 AO 正（负）位相特征。

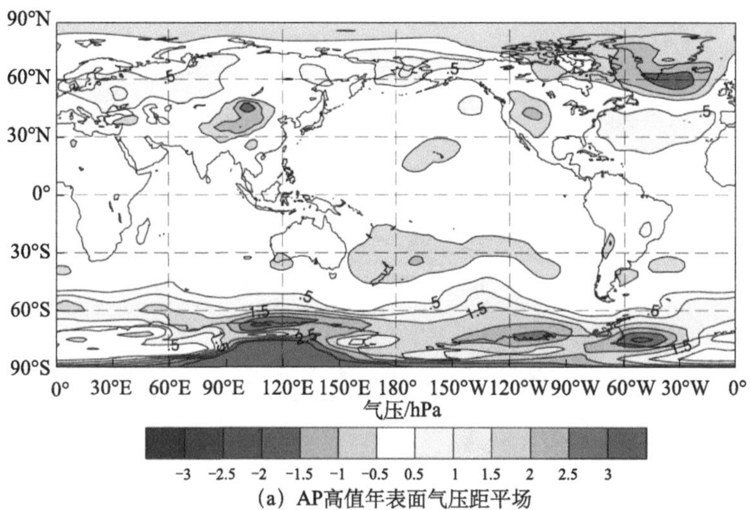

(a) AP高值年表面气压距平场

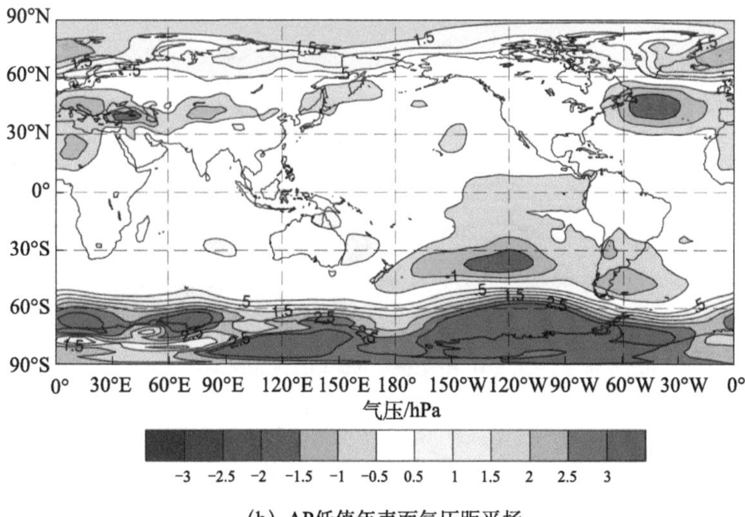

(b) AP低值年表面气压距平场

图 4.78　AP 高、低值年地面气压距平场和 100hPa 高度距平场

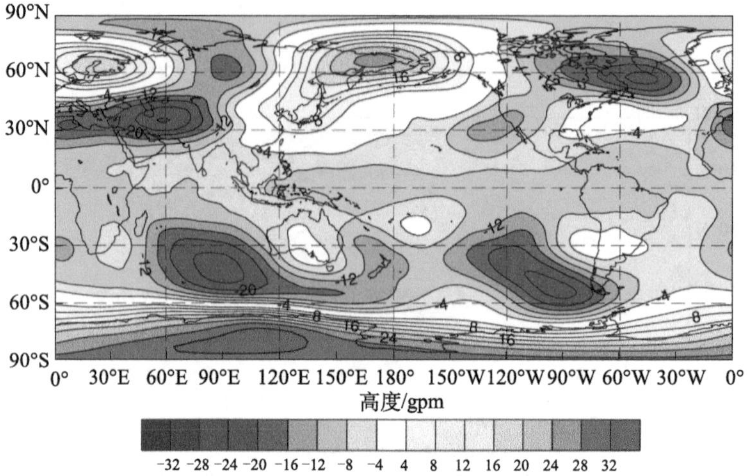

(c) AP高值年100hPa高度距平场

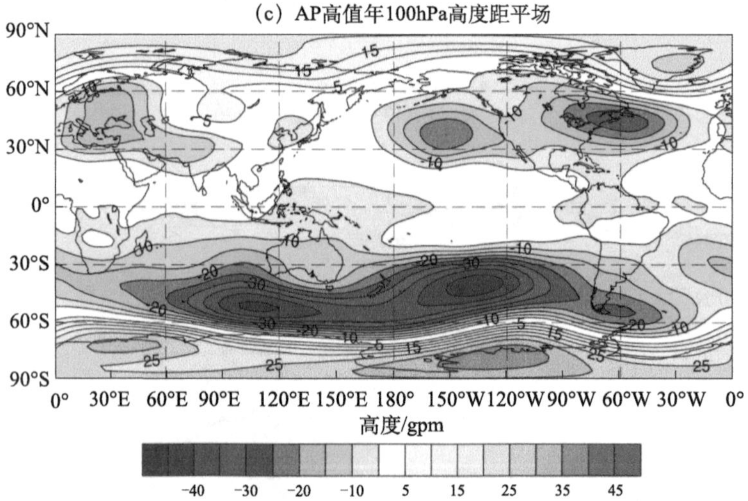

(d) AP低值年100hPa高度距平场

图 4.78（续）

进一步地，用一个简单的地磁模式（IGRF-11）对地磁的变化进行模拟，可以得到地磁活动的主要异常区分布（图 4.79）。从图中可以看到，地磁活动有四个主要异常活动区，分别位于南美洲、北美洲、欧亚大陆和南大洋。上述分析已经指出：DST 与北半球低纬度、南半球低纬度和中纬度潜热通量显著相关，因此模拟可能已经表征了地球第一、第二、第三异常区地磁强度和潜热通量的显著相关性。这表明，地磁活动越强，下垫面与大气之间热量交换越多。

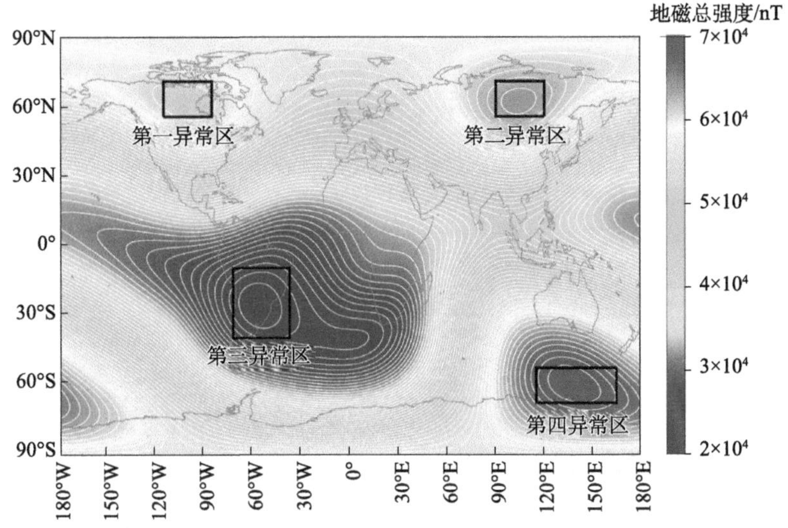

图 4.79　地磁模式（IGRF-11）模拟所得的四个异常区

图中彩色涂色和等值线是地磁场总强度；矩形框为极大值位置

总结以上分析统计和模拟的结果，我们提出如图 4.80 所示的地磁影响气候的一种可能机制。地磁活动通过地球内部释放焦耳热影响区域的地气热量通量交换，当地球表面低纬度地区下垫面以海洋为主时，地磁活动通过海气耦合作用实现对气候变化的影响；当地磁异常区主要在陆地上时，地磁活动通过陆气相互作用实现对气候变化的影响。因此，海气耦合和陆气相互作用可能是地磁影响全球气候变化的桥梁。

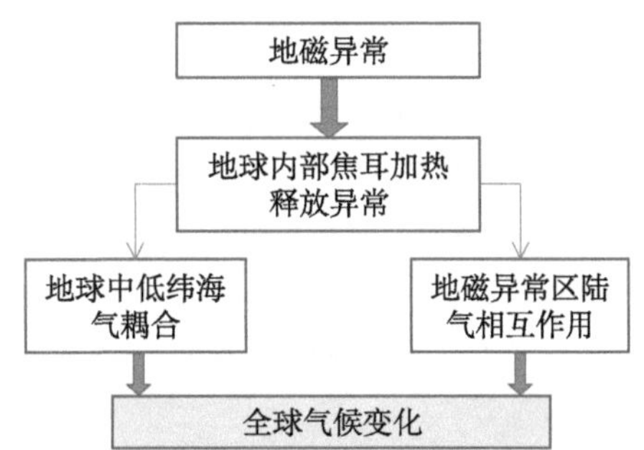

图 4.80　地磁影响气候的物理过程和概念模型

参考文献

邓伟涛，孙照渤，曾刚 . 2009. 中国东部夏季降水型的年代际变化及其与北太平洋海温的关系 . 大气科学，33（4）：835-846.

丁一汇 . 1991. 高等天气学 . 北京：气象出版社 .

董安祥，祝小妮，郭慧 . 1999. 太阳活动与西北地区降水 . 甘肃科学学报，11（4）：3-5.

段长春，孙绩华 . 2006. 太阳活动异常与降水和地面气温的关系 . 气象科技，（4）：31-36.

葛全胜，王绍武，方修琦 . 2010. 气候变化研究中若干不确定性的认识问题 . 地理研究，（2）：3-15.

黄嘉佑 . 2004. 气象统计分析与预报方法（第 3 版）. 北京：气象出版社 .

黄静，周立旻，肖子牛，等 . 2013. 天气尺度到气候尺度太阳风变速对中高纬大气环流的影响 . 空间科学学报，33（6）：637-644.

黄荣辉，孙凤英 . 1994. 热带西太平洋暖池的热状态及其上空的对流活动对东亚夏季气候异常的影响 . 大气科学，18（2）：141-151.

金祖辉，陈隽 . 2002. 西太平洋暖池区海表水温暖异常对东亚夏季风影响的研究 . 大气科学，26（1）：57-68.

李春晖，杨志峰 . 2005. 太阳活动与黄河流域降水关系分析 . 气象，31（11）：42-44.

李可军，李秋莎，陈学昆，等 . 2000. 太阳活动的不对称性研究 . 天文学进展，（4）：312-319.

李忠贤，孙照渤 . 2006. 冬季黑潮 SSTA 影响东亚夏季风的数值试验 . 南京气象学院学报，29（1）：62-67.

刘舸，张庆云，孙淑清 . 2008. 澳大利亚东侧环流及海温异常与长江中下游夏季旱涝的关系 . 大气科学，32：231-241.

吕俊梅，张庆云，陶诗言，等 . 2007. 东亚夏季风强弱年大气环流和热源异常对比分析 . 应用气象学报，18（4）：442-451.

潘静，李崇银，顾薇 . 2010. 太阳活动对中国东部夏季降水异常的可能影响 . 气象科学，30（5）：574-581.

彭公炳 . 1983. 大气热力状况在地球自转速度季节变化中的作用 . 天体物理学报，3（4）：303-311.

曲维政，黄菲，赵进平，等 . 2008. 北太平洋年代际涛动与太阳活动的联系 . 海洋与湖沼，39（6）：552-560.

陶诗言，朱福康 . 1964. 夏季亚洲南部 100 毫巴流型的变化及其与西太平洋副热带高压进退的关系 . 气象学报，34（4）：387-396.

涂长望 . 1942. 何以贵州高原“天无三日晴”. 浙江大学文科研究所史地学部丛刊，（2）：1-3.

王晓玲，孙照渤 . 2006. 冬季黑潮区 SST 异常和东亚夏季风的相关研究 . 南京气象学院学报，29（1）：68-74.

王涌泉 . 2001. 特大洪水日地水文学长期预测 . 地学前缘，8（1）：123-133.

王钟睿，高晓清，汤懋苍 . 2002. 用太阳活动拟合近 2000 年的温度变化 . 高原气象，21（6）：552-555.

魏凤英 . 2007. 现代气候统计诊断与预测技术 . 北京：气象出版社 .

吴国雄，Tibaldi S. 1998. 平均经圈环流在大气角动量和感热收支中的作用 . 大气科学，12（1）：8-17.

吴洪宝，王盘兴 . 1994. 北半球冬季遥相关型环流异常的若干性质 . 南京气象学院学报，17（2）：225-231.

谢炯光，林钦畅，纪仲萍，等 . 2000. 太阳黑子活动与副高强度等参数关系的分析及预测 . 广东气象，（Z1）：11-13.

徐群 . 1986. 太阳活动和火山灰云对 1980 年夏我国异常气候的综合影响 . 气象科学，（1）：17-26.

薛峰值 . 2005. 南半球环流变化对东亚夏季风的影响 . 气候与环境研究，10（3）：401-408.

薛峰值，王会军，何金海 . 2003. 马斯克林高压和澳大利亚高压的年际变化及其对东亚夏季风降水的影响 . 科学通报，48（3）：287-291.

闫昊明，钟敏，朱耀仲 . 2005. 大气对地球自转变化的影响——方法和数据的深入分析 . 天文学报，（4）：102-109.

晏红明，肖子牛，谢应齐 . 2000. 近 50 年热带印度洋海温距平场的时空特征分析 . 气候与环境研究，（2）：180-188.

叶笃正，朱抱真 . 1958. 大气环流的若干基本问题 . 北京：科学出版社 .

余斌，黄荣辉 . 1995. 热带对流活动与低频波流相互作用 . 热带气象学报，（4）：297-305.

张庆云，郭恒 . 2014. 夏季长江淮河流域异常降水事件环流差异及机理研究 . 大气科学，38（4）：656-669.

张庆云，陶诗言 . 1998. 夏季东亚热带和副热带季风与中国东部汛期降水 . 应用气象学报，9（S1）：17-23.

张庆云，陶诗言，陈烈庭 . 2003. 东亚夏季风指数的年际变化与东亚大气环流 . 气象学报，61：559-568.

张人禾，武炳义，赵平，等 . 2008. 中国东部夏季气候 20 世纪 80 年代后期的年代际转型及其可能成因 . 气象学报，65（5）：697-706.

郑大伟，罗时芳，宋国玄 . 1998. 地球自转年际变化、El Niño 事件和大气角动量 . 中国科学（B 辑），（3）：332-337.

周群，陈文 . 2012. 太阳活动 11 年周期对 ENSO 事件海温异常演变和东亚降水的影响 . 大气科学，36（4）：851-862.

周群，陈文．2014. 太阳活动 11 年周期对东亚冬季风与随后东亚夏季风关系的影响及其过程．气候与环境研究，19（4）：486-496.

周天军，宇如聪，郜永祺，等．2006. 北大西洋年际变率的海气耦合模式模拟 Ⅰ：局地海气相互作用．气象学报，64（1）：1-17.

竺可桢．1926. 我国历史上气候的脉动．科学汇刊，16（2）：274-282.

竺可桢．1931. 中国气候区域．前中央气象研究所集刊．

Abarca D R. 1999. The influence of global warming in Earth rotation speed. Annals of Geophysics，17：806-811.

Abarca D R，Gambis D，Salstein D A. 2000. Interannual signals in length of day and atmospheric angular momentum. Annals of Geophysics，18：347-364.

Abarca D R，Gambis D，Salstein D A. 2012. Interdecadal oscillations in Atmospheric Angular Momentum variations. Journal of Geodetic Science，2（1）：42-52.

Alexander M A，Bladé I，Newman M，et al. 2002. The atmospheric bridge：the influence of ENSO teleconnections on air-sea interaction over the global oceans. Journal of Climate，15：2205-2231.

Aoyama Y，Naito I. 2000. Wind contributions to the earth's angular momentum budgets in seasonal variation. Journal of Geophysical Research，105（D10）：12417- 12431.

Asenovska Y. 2014. High Speed Solar Wind Influence on NAO Index and Surface Temperature on Earth. Sun & Geosphere.

Ashok K，Behera S K，Rao S A，et al. 2007. El Niño Modoki and its possible teleconnection. Journal of Geophysical Research，112：C11007.

Baldwin M P，Dunkerton T J. 2001. Stratospheric harbingers of anomalous weather regimes. Science，294：581-584.

Baldwin M P，Dunkerton T J. 2005. The solar cycle and stratosphere-troposphere dynamical coupling. Journal of Atmospheric and Solar-Terrestrial Physics，67：71-82.

Baldwin M P，Gray L J，Dunkerton T J，et al. 2001. The quasi-biennial oscillation. Reviews of Geophysics，39（2）：179-229.

Barsugli J J，Battisti D S. 1998. The basic effects of atmosphere-ocean thermal coupling on mid-latitude variability. Journal of the Atmospheric Sciences，55（4）：477-493.

Battinelli P，Di Fazio A，Torelli M. 1997. The Relation between Extreme Weather Events and the Solar Activity. Joint European & National Astronomical Meeting.

Baumgaertner A J G，Seppälä A，Jöckel P，et al. 2011. Geomagnetic activity related NO_x enhancements and polar surface air temperature variability in a chemistry climate model：modulation of the NAM index. Atmospheric Chemistry and Physics，11：4521-4531.

Black R X，Salstein D A，Rosen R D. 1996. Interannual modes of variability in atmospheric angular momentum. Journal of Climate，9（11）：2834-2849.

Boberg F，Lundstedt H. 2002. Solar wind variations related to fluctuations of the North Atlantic Oscillation. Geophysical Research Letters，29：13-1-13-4.

Boberg F，Lundstedt H. 2003. Solar wind electric field modulation of the NAO：a correlation analysis in the lower atmosphere. Geophysical Research Letters，30（15）：1825.

Bond G，Kromer B，Beer J，et al. 2001. Persistent solar influence on North Atlantic climate during the Holocene. Science，294：2130-2136.

Carslaw K S，Harrison R G，Kirkby J. 2002. Cosmic rays，clouds，and climate. Science，298（5599）：1732-1737.

Cassou C，Deser C，Alexander M A. 2007. Investigating the impact of reemerging sea surface temperature anomalies on the winter atmospheric circulation over the North Atlantic. Journal of Climate，20：3510-3526.

Chandra S，McPeters R D. 1994. The solar cycle variation of ozone in the stratosphere inferred from Nimbus 7 and NOAA 11 satellites. Geophysical Research Letters，99：20665-20671.

Chen H，Ma H，Li X，et al. 2015. Solar influences on spatial patterns of Eurasian winter temperature and atmospheric general circulation anomalies. Journal of Geophysical Research Atmospheres，120（17）：8642-8657.

Chen T C，Yen M C，Tribbia J J，et al. 1996. Interannual variation of global atmospheric angular momentum. Journal of the Atmospheric Sciences，53（19）：2852-2857.

Chen W Y. 1982. Fluctuations in Northern Hemisphere 700mb height field associated with the Southern Oscillation. Monthly Weather Review，110：808-823.

Clilverd M A，Rodger C J，Ulich T. 2006. The importance of atmospheric precipitation in storm-time relativistic electron flux drop outs. Geophysical Research Letters，33：L01102.

Czaja A，Frankignoul C. 1999. Influence of the North Atlantic SST on the atmospheric circulation. Geophysical Research Letters，26：2969-2972.

Czaja A，Marshall J. 2001. Observations of atmosphere-ocean coupling in the North Atlantic. Quarterly Journal of Royal Meteorological Society，127：1893-1916.

Davis R E. 1976. Predictability of sea surface temperature and sea level pressure anomalies over the North Pacific Ocean. Journal of Physical Oceanogr，6（3）：249-266.

Del Rio R A，Gambis D，Salstein D A. 2000. Interannual signals in length of day and atmospheric angular momentum. Annales Geophysicae，18（3）：347-364.

Delworth T. 1996. North Atlantic interannual variability in a coupled ocean-atmosphere model. Journal of Climate，9：2356-2375.

Dickey J O，Marcus S L，Hide R. 1992. Global propagation of interannual fluctuations in atmospheric angular momentum. Nature，357：484-488.

Drenkard E J，Karnauskas K B. 2014. Strengthening of the pacific equatorial undercurrent in the soda reanalysis：mechanisms，ocean dynamics，and implications. Journal of Climate，27：2405-2416.

Egger J, Hoinka K P. 2007. Mountain torque events in the Mediterranean. Advances in Geosciences, 12（1）：39-42.

Fan M，Schneider E K. 2012. Observed decadal North Atlantic tripole SST variability. Part I：weather noise forcing and coupled response. Journal of the Atmospheric Sciences，69：35-50.

Farrar P D. 2000. Are cosmic rays influencing oceanic cloud coverage-or is it only el niño?. Climatic Change，47（1）：7-15.

Ferrel W. 1882. Recent mathematical papers concerning the motions of the atmosphere：the motions of fluids and solids on the earth's surface（No. 8）. Office of the Chief Signal Officer. Signal Server，12：7-19.

Furtado J C，Lorenzo E D，Anderson B T，et al. 2012. Linkages between the North Pacific Oscillation and central tropical Pacific SSTs at low frequencies. Climate Dynamics，39：2833-2846.

Gray L J，Beer J，Geller M，et al. 2010. Solar influences on climate. Reviews of Geophysics，48：RG4001.

Gross R S. 2007. Earth rotation variations-long period. Treatise on Geophysics，3：239-294.

Haigh J D. 1996. The impact of solar variability on climate. Science，272：981-984.

Haigh J D. 1999. A GCM study of climate change in response to the 11-year solar cycle. Quarterly Journal of the Royal Meteorological Society，125（555）:871-892.

Haigh J D，Blackburn M. 2006. Solar influences on dynamical coupling between the stratosphere and troposphere. Space Science Reviews，125：331-344.

Haigh J D，Blackburn M，Day R. 2005. The response of tropospheric circulation to perturbations in lower-stratospheric temperature. Journal of Climate，18（17）：3672-3685.

Harrison R G. 2008. Discrimination between cosmic ray and solar irradiance effects on clouds，and evidence for geophysical modulation of cloud thickness. Proceedings of the Royal Society A：Mathematical，Physical and Engineering Sciences，464（2098）：2575-2590.

Held I M，Kang I S. 1987. Barotropic models of the extratropical response to El Niño. Journal of the Atmospheric Sciences，44（23）：3576-3586.

Holland G，Bruyère C L. 2014. Recent intense hurricane response to global climate change. Climate Dynamics，42：617-627.

Horel J D，Wallace J M. 1981. Planetary-scale atmospheric phenomena associated with the Southern Oscillation. Monthly Weather Review，109（4）：813-829.

Hoskins B J，Karoly D J. 1981. The steady linear response of a spherical atmosphere to thermal and orographic forcing. Journal of the Atmospheric Sciences，38（6）：1179-1196.

Huang R，Lu L. 1989. Numerical simulation of the relationship between the anomaly of subtropical high over East Asia and the convective activities in the tropical western Pacific. Advances in Atmospheric Sciences，6（2）：202-214.

Huang R，Sun F. 1992. Impacts of the tropical western Pacific on the East Asian summer monsoon. Journal of the Meteorological Society of Japan. Ser. II，70（1B）：243-256.

Huth R，Bochníček J，Hejda P. 2007. The 11-year solar cycle affects the intensity and annularity of the Arctic Oscillation. Journal of Atmospheric and Solar-Terrestrial Physics，69：1095-1109.

Huth R，Pokorná L，Bochníček J，et al. 2006. Solar cycle effects on modes of low-frequency circulation variability. Journal of Geophysical Research，111：D22107.

Ineson S，Scaife A A，Knight J R，et al. 2011. Solar forcing of winter climate variability in the Northern Hemisphere. Nature Geoscience，4（11）：753-757.

IPCC. 2007. Climate Change 2007：The Physical Science Basis，Contribution of Working Group I to the Fourth Assessment Report of the IPCC（AR4）. Cambridge，United Kingdom and New York：Cambridge University Press.

IPCC. 2013. Climate Change 2013：The Physical Science Basis，Contribution of Working Group I to the Fifth Assessment Report of the Intergovernmental Panel on Climate Change. Cambridge，United Kingdom and New York：Cambridge Universing Press.

Iskenderian H，Salstein D A. 1998. Regional sources of mountain torque variability and high-frequency fluctuations in atmospheric angular momentum. Monthly Weather Review，126：1681-1694.

Kalnay E，Kanamitsu M，Kistler R，et al. 1996. The NCEP/NCAR 40-year reanalysis project. Bulletin of the American Meteorological Society，77，437-471.

Kao H，Yu J. 2009. Contrasting Eastern-Pacific and Central-Pacific Types of ENSO. Journal of Climate，22：615-632.

Kaplan A，Cane M A，Kushnir Y，et al. 1998. Analyses of global sea surface temperature 1856-1991. Journal of Geophysical Research，103（C9）：18567-18589.

Kleeman R，Mccreary J P，Klinger B A. 1999. A mechanism for generating ENSO decadal variability. Geophysical Research Letters，26（12）：1743-1746.

Kniveton D R，Todd M C. 2001. On the relationship of cosmic ray flux and precipitation. Geophysical Research Letters，28（8）：1527-1530.

Kodera K. 2002. Solar cycle modulation of the North Atlantic Oscillation：implication in the spatial structure of the NAO. Geophysical Research Letters，29（8）：59-1-59-4.

Kodera K. 2003. Solar influence on the spatial structure of the NAO during the winter 1900-1999. Geophysical Research Letters，30（4）：1175.

Kodera K，Kuroda Y. 2002. Dynamical response to the solar cycle. Journal of Geophysical Research，107（D24）：4749.

Kodera K，Kuroda Y. 2005. A possible mechanism of solar modulation of the spatial structure of the North Atlantic Oscillation. Journal of Geophysical Research，110：D02111.

Kug J，Jin F，An S. 2009. Two-types of El Niño events：cold tongue El Niño and warm pool El Niño. Journal of Climate，22：1499-1515.

Kumar A，Hoerling M P. 1997. Interpretation and implications of the observed inter-El Niño variability. Journal of Climate，10（1）：83-91.

Kumar A，Hoerling M P. 1998. Annual cycle of Pacific-North American seasonal predictability associated with different phases of ENSO. Journal of Climate，11（12）：3295-3308.

Labitzke K，Austin J，Butchart N，et al. 2002. The global signal of the 11-year solar cycle in the stratosphere：observations and model results. Journal of Atmospheric and Solar-Terrestrial Physics，64：203-210.

Langley R B，King R W，Shapiro I I，et al. 1981. Salstein，atmospheric angular momentum and the length of day：a common fluctuation with a period near 50 days. Nature，294：730-732.

Larkin N K，Harrison D E. 2005. On the definition of El Niño and associated seasonal average U. S. weather anomalies. Geophysical Research Letters，32（13）：L13705.

Lean J，Rind D. 2001. Earth's response to a variable sun. Science，292（5515）：234-236.

Lean J，Rottman G，Kyle H，et al. 1997. Detection and parameterization of variations in solar mid and near ultraviolet radiation（200-400 nm）. Journal of Geophysical Research，102（D25）：29939-29956.

Leathers D J，Yarnal B，Palecki M A. 1991. The Pacific/North American teleconnection pattern and United States climate. Part I：regional temperature and precipitation associations. Journal of Climate，4（5）：517-528.

Li S，Robinson W A，Peng S. 2003. Influence of the North Atlantic SST tripole on northwest African rainfall. Journal of Geophysical Research，108（D19）：4594.

Li Y，Lu H，Martin M J，et al. 2011. Nonlinear and nonstationary influences of geomagnetic activity on the winter North Atlantic Oscillation. Journal of Geophysical Research，116：D16109.

Li Y F，Xiao Z N，Shi W J. 2017. Interannual variations in length of day and atmospheric angular momentum，and their seasonal associations with El Niño/Southern Oscillation-like sea surface temperature patterns. Frontiers of Earth Science，11（4）：751-764.

Liu Z，Yoshimura K，Buenning N H，et al. 2014. Solar cycle modulation of the Pacific-North American teleconnection influence on North American winter climate. Environmental

Research Letters，9（2）：024004.

Lu H，Jarvis M J，Hibbins R E. 2008. Possible solar wind effect on the northern annular mode and Northern Hemispheric circulation during winter and spring. Journal of Geophysical Research，113：D23104.

Maliniemi V，Asikainen T，Mursula K. 2014. Spatial distribution of Northern Hemisphere winter temperatures during different phases of the solar cycle. Journal of Geophysical Research，119：9752-9764.

Mann H B. 1945. Nonparametric tests against trend. Econometrica，13：245-259.

Manzini E，Cagnazzo C，Fogli P G，et al. 2012. Stratosphere-troposphere coupling on interdecadal timescales：implications for the North Atlantic Ocean. Geophysical Research Letters，39：L05801.

Marcus S L，de Viron O，Dickey J O. 2011. Abrupt atmospheric torque changes and their role in the 1976-1977 climate regime shift. Journal of Geophysical Research，116：D03107.

Marshall J，Kushner Y，Battisti D，et al. 2001. North Atlantic climate variability：phenomena，impacts and mechanisms. International Journal of Climatology，21：1863-1898.

Marshall J，Plumb R A. 2008. Atmosphere，ocean and climate dynamics：an introductory text. International Geophysics Series，93. New York：Academic Press .

Matthes K，Kuroda Y，Kodera K，et al. 2006. Transfer of the solar signal from the stratosphere to the troposphere：northern winter. Journal of Geophysical Research，111：D06108.

McIntosh S W，Leamon R J，Krista L D，et al. 2015. The solar magnetic activity band interaction and instabilities that shape quasi-periodic variability. Nature Communications，6：6491.

Meehl G A，Arblaster J M. 2009. A lagged warm event-like response to peaks in solar forcing in the Pacific region. Journal of Climate，22：3647-3660.

Meehl G A，Arblaster J M，Branstator G，et al. 2008. A coupled air-sea response mechanism to solar forcing in the Pacific region. Journal of Climate，21：2883-2897.

Meehl G A，Arblaster J M，Matthes K，et al. 2009. Amplifying the Pacific climate system response to a small 11-year solar cycle forcing. Science，325：1114-1118.

Meinen C S，McPhaden M J. 2000. Observations of warm water volume changes in the equatorial Pacific and their relationship to El Niño and La Niña. Journal of Climate，13：3551-3559.

Mironova I，Tinsley B A，Zhou L. 2012. The links between atmospheric vorticity，radiation belt electrons，and the solar wind. Advances in Space Research，50：783-790.

Misios S，Schmidt H. 2012. Mechanisms involved in the amplification of the 11-yr solar cycle signal in the tropical Pacific Ocean. Journal of Climate，25（14）：5102-5118.

Oldenborgh G，Laat J D，Luterbacher J，et al. 2013. Are solar minima associated with severe winters in Europe?. EGU2013 General Assembly Conference Abstracts.

Oort A H，Peixoto J P. 1983. Angular momentum and energy balance requirements from observations. Advances in Geophysics，25：355-490.

Paek H，Huang H P. 2012a. A comparison of the interannual variability in atmospheric angular momentum and length-of-day using multiple reanalysis datasets. Journal of Geophysical Research，117：D20102.

Paek H，Huang H P. 2012b. A comparison of decadal-tointerdecadal variability and trend in reanalysis datasets using atmospheric angular momentum. Journal of Climate，25：4750-4758.

Paeth H，Hense A，Glowienka-Hense R，et al. 1999. The North Atlantic Oscillation as an indicator for greenhouse-gas induced regional climate change. Climate Dynamics，15：953-960.

Palmen E，Newton C W. 1969. Atmospheric Circulation Systems：Their Structure and Physical Interpretation. New York：Academic Press.

Peixoto J P，Oort A H. 1992. Physics of Climate. New York：American Institute of Physics.

Perlwitz J，Graf H F. 1995. The statistical connection between tropospheric and stratospheric circulation of the Northern Hemisphere in winter. Journal of Climate，8（10）：2281-2295.

Pierce D W，Barnett T P，Latif M. 2000. Connections between the Pacific Ocean tropics and midlatitudes on decadal timescales. Journal of Climate，13：1173-1194.

Qian W，Chou J. 1996. Atmosphere-earth angular momentum exchange and ENSO cycle. Science. in China（Series D），39（2）：215-224.

Randall C E，Harvey V L，Manney G L，et al. 2005. Stratospheric effects of energetic particle precipitation in 2003-2004. Geophysical Research Letters，32：L05802.

Randall C E，Harvey V L，Singleton C S，et al. 2007. Energetic particle precipitation effects on the southern hemisphere stratosphere in 1992-2005. Journal of Geophysical Research，112：D08308.

Renwick J A，Wallace J M. 1996. Relationships between North Pacific wintertime blocking，El Niño，and the PNA pattern. Monthly Weather Review，124（9）：2071-2076.

Robertson A W，Mechoso C R. 2000. Interannual and interdecadal variability of the South Atlantic convergence zone. Monthly Weather Review，128（8）：2947-2957.

Robertson A W，Mechoso C R，Kim Y J. 2000. The influence of Atlantic sea surface temperature anomalies on the North Atlantic Oscillation. Journal of Climate，13（1）：122-138.

Rodriguez-Fonseca B，Polo I，Serrano E，et al. 2006. Evaluation of the North Atlantic SST forcing on the European and Northern African winter climate. International Journal of Climatology，26：179-191.

Rogers J C，Coleman J S M. 2003. Interactions between the Atlantic Multidecadal Oscillation，El Niño/La Niña，and the PNA in winter Mississippi valley stream flow. Geophysical Research Letters，30：1518.

Rosen R D，Salstein D A. 1983. Variations in atmospheric angular momentum on global and regional scales and the length of day. Journal of Geophysical Research，88（C9）：5451-5470.

Rosen R D，Salstein D A，Nehrkorn T. 1991. Predictions of zonal wind and angular momentum by the NMC medium-range forecast model during 1985-89. Monthly Weather Review，119（1）：208-217.

Roy I. 2014. The role of the sun in atmosphere-ocean coupling. International Journal of Climatology，34：655-677.

Roy I，Haigh J D. 2010. Solar cycle signals in the sea level pressure and sea surface temperature. Atmospheric Chemistry and Physics，10（6）：3147-3153.

Ruzmaikin A. 1999. Can El Niño amplify the solar forcing of climate?. Geophysical Research Letters，26（15）：2255-2258.

Scaife A A，Ineson S，Knight J R，et al. 2013. A mechanism for lagged North Atlantic climate response to solar variability. Geophysical Research Letters，40：434-439.

Seidel D J，Fu Q，Randel W J，et al. 2008. Widening of the tropical belt in a changing climate. Nature Geoscience，1：21-24.

Seppälä A，Lu H，Clilverd M A，et al. 2013. Geomagnetic activity signatures in wintertime stratosphere-troposphere temperature，wind，and wave response. Journal of Geophysical Research，118：2169-2183.

Shindell D T，Schmidt G A，Miller R L，et al. 2001a. Northern Hemisphere winter climate response to greenhouse gas，ozone，solar，and volcanic forcing. Journal of Geophysical Research，106：7193-7210.

Shindell D T，Schmidt G A，Mann M E，et al. 2001b. Solar forcing of regional climate change during the Maunder minimum. Science，294：2149-2152.

Simpson I R，Blackburn M，Haigh J D. 2009. The role of eddies in driving the tropospheric response to stratospheric heating perturbations. Journal of the Atmospheric Sciences，66：1347-1365.

Solomon S，Crutzen P J，Roble R G. 1982. Photochemical coupling between the thermosphere and the lower atmosphere：1. Odd nitrogen from 50 to 120 km. Journal of Geophysical Research，87：7206-7220.

Starr V P. 1953. Note concerning the nature of the large-scale eddies in the atmosphere. Tellus, 5（4）: 494-498.

Stergios M, Schmidt H. 2012. Mechanisms involved in the amplification of the 11-yr solar cycle signal in the Tropic Pacific Ocean. Journal of Climate, 25: 5102-5118.

Straus D M, Shukla J. 2002. Does ENSO force the PNA? .Journal of . Climate, 15（17）: 2340-2358.

Sutton R T, Norton W A, Jewson S P. 2000. The North Atlantic Oscillation—what role for the ocean? .Atmospheric Science Letters, 1: 89-100.

Svensmark H, Friis-Christensen E. 1997. Variation of cosmic ray flux and global cloud coverage—a missing link in solar-climate relationships. Journal of Atmospheric and Solar-Terrestrial Physics, 59（11）: 1225-1232.

Swinbank R. 1985. Global atmospheric angular momentum balance inferred from analyses made during the FGGE. Quarterly Journal of the Royal Meteorological Society, 111（470）: 977-992.

Thomson J. 1892. Bakerian lecture: on the grand currents of atmospheric circulation. Philosophical Transactions of the Royal Society of London. A, 183: 653-684.

Tinsley B A. 2008. The global atmospheric electric circuit and its effects on cloud microphysics. Reports on Progress in Physics, 71（6）: 066801.

Tinsley B A. 2012. A working hypothesis for connections between electrically-induced changes in cloud microphysics and storm vorticity, with possible effects on circulation. Advances in Space Research, 50: 791-805.

Trenberth K E, Branstator G W, Karoly D, et al. 1998. Progress during TOGA in understanding and modeling global teleconnections associated with tropical sea surface temperatures. Journal of Geophysical Research, 103（C7）: 14291-14324.

Trenberth K E, Hurrell J W. 1994. Decadal atmosphere-ocean variations in the Pacific. Climate Dynamics, 9: 303-319.

Triola M F. 1995. Elementary Statistics（6th edition）. Reading M A: Addison-Wesley.

Tung K K, Zhou J. 2010. The Pacific's response to surface heating in 130 yr of SST: La Niña-like or El Niño-like?. Journal of the Atmospheric Sciences, 67: 2649-2657.

van Loon H, Meehl G A. 2008. The response in the Pacific to the Sun's decadal peaks and contrasts to cold events in the Southern Oscillation. Journal of Atmospheric and Solar-Terrestrial Physics, 70: 1046-1055.

Vimont D J, Battisti D S, Hirst A C. 2001. Footprinting: a seasonal connection between the tropics and mid-latitudes. Geophysical Research Letters, 28（20）: 3923-3926.

Wallace J M, Gutzler D S. 1981. Teleconnections in the geopotential height field during the Northern Hemisphere winter. Monthly Weather Review, 109: 784-812.

Wallace J M, Thompson D W. 2002. Annular modes and climate prediction. Physics

Today，55（2）：28-33.

Wang C，Dong S. 2010. Is the basin-wide warming in the North Atlantic Ocean related to atmospheric carbon dioxide and global warming? .Geophysical Research Letters，37：292-305.

Wang G，Yan S，Qiao F. 2015. Decadal variability of upper ocean heat content in the Pacific：responding to the 11-year solar cycle. Journal of Atmospheric and Solar-Terrestrial Physics，135：101-106.

Wang W，Anderson B，Kaufmann R K，et al. 2004. The relation between the North Atlantic Oscillation and SSTs in the North Atlantic basin. Journal of Climate，17（24）：4752-4759.

Wang Y，Wei D，Li Y. 2011. Relationship between variability of the regional AAM torque and synoptic-scale system over East Asia in May and June 1998. Plateau Meteorology，30（5）：1189-1194.

Weickmann K M，Kiladis G N，Sardeshmukh P D. 1997. The dynamics of intraseasonal atmospheric angular momentum oscillations. Journal of the Atmospheric Sciences，54：1445-1461.

White R M. 1949. The role of mountains in the angular momentum balance of the atmosphere. Journal of Meteorology，6（5）：353-355.

White W B，Dettinger M，Cayan D. 2003. Sources of global warming of the upper ocean on decadal period scales. Journal of Geophysical Research，108：3248.

White W B，Lean J，Cayan D R，et al. 1997. Response of global upper ocean temperature to changing solar irradiance. Journal of Geophysical Research，102：3255-3266.

White W B，Liu Z. 2008. Non-linear alignment of El Niño to the 11-year solar cycle. Geophysical Research Letters，35：L19607.

White W B，Liu Z. 2008. Resonant excitation of the quasi-decadal oscillation by the 11-year signal in the Sun's irradiance. Journal of Geophysical Research，113：C01002.

Woollings T，Franzke C，Hodson D，et al. 2015. Contrasting interannual and multidecadal NAO variability. Climate Dynamics，45（1-2）：539-556.

Wu L，Liu Z. 2005. North Atlantic decadal variability：air-sea coupling，oceanic memory，and potential Northern Hemisphere resonance. Journal of Climate，18：331-349.

Wu Q. 2010. Forcing of tropical SST anomalies by wintertime AO-like variability. Journal of Climate，23（10）：2465-2472.

Wu R，Yang S，Liu S，et al. 2010. Change in the relationship between Northeast China summer temperature and ENSO. Journal of Geophysical Research，115：D21107.

Wu S，Wu L X，Liu Q Y，et al. 2010. Development processes of the Tropical Pacific Meridional Mode. Advances in Atmospheric Sciences，（1）：95-99.

Xie R H，Huang F，Ren H L. 2013. Subtropical air-sea interaction and the development of the Central Pacific El Niño. Journal of Ocean University of China，12（2）：260-271.

Xu Q，Yang Q. 1993. Response of the intensity of subtropical high in the Northern Hemisphere to solar activity. Advances in Atmospheric Sciences，10（3）：325-334.

Yang S，Lau K M，Kim K M. 2002. Variations of the East Asian jet stream and Asian-Pacific-American winter climate anomalies. Journal of Climate，15（3）：306-325.

Yu B，Zwiers F W. 2007. The impact of combined ENSO and PDO on the PNA climate：a 1,000-year climate modeling study. Climate Dynamics，29（7-8）：837-851.

Zhou L，Tinsley B A，Huang J. 2014. Effects on winter circulation of short and long term solar wind changes. Advances in Space Research，54：2478-2490.

第 5 章

太阳活动和地球运动因子对中国气候的影响

5.1 太阳活动对中国冬季气候的影响

东亚地处世界上最显著的季风区，冬季气候变率十分复杂，冬季风的增强常伴随着寒潮 / 暴风雪等灾害性天气的发生（黄荣辉等，2007；李崇银等，2008）。长期以来，围绕东亚冬季气候的变化特征及其与中高纬环流和热带海温异常的联系国内外开展了一系列分析研究（Zhang et al.，1997；Gong et al.，2001；陈文，2002；康丽华等，2006；王遵娅和丁一汇，2006），但东亚地区冬季气候的变异机理及其预测依旧是个难题。20 世纪末以来，人们逐渐关注到平流层 - 对流层动力耦合对北半球乃至东亚地区冬季气候的重要影响（Baldwin et al.，2003；陈文和魏科，2009），而另一些研究指出，平流层的环流异常以及平流层与对流层的动力耦合深受太阳活动的调制（Chandra and McPeters，1994；Shindell et al.，1999；Baldwin and Dunkerton，2005；Haigh and Blackburn，2006）。因此，研究分析太阳活动变化与东亚大气环流异常之间的关联，将有助于提高东亚冬季气候的可预报性。

由于北极涛动 / 北大西洋涛动（AO/NAO）在平流层 - 对流层耦合中有重要作用（陆春晖和丁一汇，2013；Gerber et al.，2010；Kodera and Kuroda，2000；Baldwin and Dunkerton，1999），人们分析了 AO/NAO 对东亚冬季气候的影响（Chen and Zhou，2012），同时还进一步研究了 AO/NAO 对太阳活动的响应（Ruzmaikin and Feynman，2002）。这些研究结果表明，在太阳活动峰值年及其随后的几年，AO/NAO 倾向增强，给大西洋和欧洲地区带来了显著的气候异常（Huth et al.，2007；Scaife et al.，2013），而在太阳活动较弱时期，往往伴随着较低的 AO/NAO 指数（Weng，2012），此时冬季大西洋东部阻塞高压活动增强（Barriopedro et al.，2008）。一些分析认为，这是造成蒙德极小期（Luterbacher et al.，2001；Shindell et al.，2001；Mann et al.，2009）以及最近几年欧洲和北半球许多地区冬季严寒天气的重要原因（Lockwood et al.，2010）。进一步的分析发现，AO/NAO 与太阳活动变化的关联在强、弱太阳活动时期并不一致，存在非对称性。Kodera（2002）和 Gimeno 等（2003）的研究均表明，在强太阳活动时期，NAO 与北半球海平面气压相关系数场的空间结构更接近 AO，具有半球特征，且信号延伸到平流层；在弱太阳活动时期，这种信号被限制在大西洋。Ogi 等（2003）的研究也发现，冬季 NAO 与来年春季气候的相关性在太阳活动高值年强于太阳活动低值年。Woollings 等（2010）也注意到，在太阳活动高值年，欧亚冬季气候的太阳活动信号更强一些。Kodera 和 Kuroda（2002，2005）对产生这类现象的原因进行了系统研究，认为太阳活动高值年的冬季早期，平流层顶的副热带急流因辐射作用加强，这种异常信号随季节的推进向极向下传播，并通过与行星波的相互作用，引起中高纬地区显著的纬向风异常，使 AO 更加活跃，而在太阳活动低值年，平流层纬向风异常下传较弱，对流层 AO 信号被限制在区域尺度上。因此，AO 对于东亚气候的影响也必将受到太阳活动的调制，Chen 和 Zhou（2012）通过观测研究验证了这一点，在太阳活动高值年，较高 AO 指数能引起东北亚显著增暖，而在太阳活动低值年，增暖信号明显减弱。另外，ENSO 的变率及演变特征在太阳活动高（低）值年也不同（Kryjov and Park，2007；Calvo and Marsh，2011；周群和陈文，2012），通过调节 Walker 环流异常和西北太平洋异常反气旋的位置，太阳活动的强弱变化可能调制 ENSO 与东亚冬季气候的联系（Zhou et al.，2013）。

综上所述，前人关于太阳活动对北半球冬季气候具有非对称影响的研究主要集中在太阳活动对区域气候模态（AO/NAO、ENSO 等）与欧亚冬季气候关系的调制上，而有关强、弱太阳活动时期太阳活动与东亚冬季气候直接关联的非对称性及其可能成因这一领域的阐述较少。因此，本节首先分析太阳活动变化与东亚冬季气候的联系，然后将研究期分为强太阳活动时期和弱太阳活动时期，分别分析 F10. 7 指数与对流层海平面气压场、高度场、风场、地表温度、降水的联系。最后，通过分析纬向平均纬向风、行星波、海表温度对太阳活动的非对称响应，初步解释太阳活动与东亚冬季气候非对称联系的可能成因。

5.1.1　太阳活动变化与东亚冬季气候的联系

东亚冬季风是该地区冬季气候的主要特征，下面应用国家气候中心提供的月平均东亚大槽强度指数（I_{CQ}）来表征冬季风的强弱，I_{CQ} 是根据东亚大槽所在区

域的月平均 500hPa 位势高度场得到的（杨桂英和章淹，1994），计算公式为

$$I_{CQ} = \sum_{i=1}^{5} H_i - (H_{max} - H_{min}) \tag{5.1}$$

式中，$\sum_{i=1}^{5} H_i$ 为沿槽线 35° N ～ 55° N 范围内每隔 5 个纬度所读的高度值（网格点上最小值，略去百位数）之和；$H_{max} - H_{min}$ 为最大高度值与最小高度值之差。按定义可知，I_{CQ} 值越大（小）代表东亚大槽强度越弱（强）。

1958 年以前，由于平流层缺乏足够的观测，平流层再分析资料并不可靠（Kistler et al.，2001）。据此，选用 1959 ～ 2013 年共 55 年的资料进行统计分析，并按惯例将 12 月和次年 1 月、2 月作为冬季，1959 代表 1958/1959 年冬季，依次类推。此外，分析中各要素均进行了冬季平均。对冬季平均资料进行纬向谐波分析，用纬向波数 1 ～ 3 波之和代表准定常行星波，行星波活动的传播用 E-P 通量来描述（Andrews et al.，1987）。

通过相关分析考察太阳活动与东亚冬季气候的普遍联系，图 5.1 给出了北半球冬季 F10.7 指数与主要气象要素场相关系数的空间分布，在 500 hPa 高度场上［图 5.1（a）］，太阳活动与东亚中纬度地区的位势高度呈正相关，而在亚洲北部呈负相关。其中，日本上空通过置信度检验，这意味着增强的太阳活动使东亚大槽减弱，造成欧亚大陆上空南北气压梯度增强，纬向环流更活跃，低层冷性高压的发展将会受到抑制。与对流层中层环流异常相匹配，在 850 hPa 风场上［图 5.1（b）］，日本以东洋面上存在显著反气旋环流，东亚大部地区存在异常偏南风，东亚冬季风随着太阳活动的增强而减弱。同时，在海平面气压场上［图 5.1（c）］，随着太阳活动的增强，欧亚大陆西部气压减弱，而东亚沿海区域气压呈升高态势，对流层低层海陆气压差的减弱会导致不活跃的东亚冬季风。东亚大槽偏弱，冬季风偏弱的环流背景不利于冷空气自高纬向南入侵，因此在近地面气温场上［图 5.1（d）］，包括我国东北和西北地区在内的东亚中纬度地区以及日本以东洋面（40°N 附近）的气温均与太阳活动呈显著正相关。此外，由于中高纬西风的增强有利于大西洋水汽向欧亚大陆输送，在欧亚大陆 60°N 附近存在带状的降水正相关区域［图 5.1（e）］。由上述分析可知，太阳活动变化与东亚地区冬季气候要素具有广泛的联系。

虽然太阳活动变化与东亚冬季大气环流有较好的相关性，但是我们也注意到，太阳活动变化与东亚冬季环流的联系仅在有限区域显著。事实上，过去的一些研究也指出（段长春和孙绩华，2006），尽管太阳活动变化与我国大部分地区冬季气温呈正相关，但仅有北方的少部分地区能通过置信度检验。值得注意的是，Kodera（2002）、Kodera 和 Kuroda（2005）发现在太阳活动较强的年

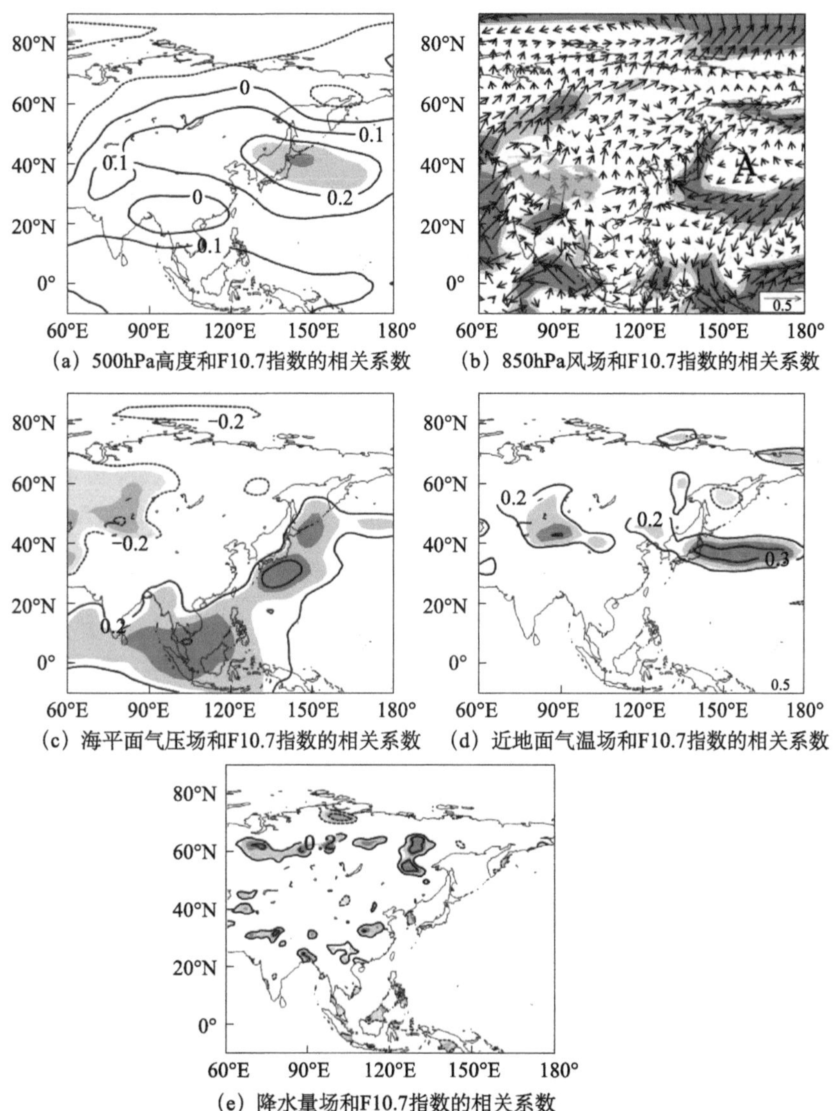

(a) 500hPa高度和F10.7指数的相关系数　(b) 850hPa风场和F10.7指数的相关系数

(c) 海平面气压场和F10.7指数的相关系数　(d) 近地面气温场和F10.7指数的相关系数

(e) 降水量场和F10.7指数的相关系数

图 5.1　1959～2013 年北半球冬季平均 500hPa 高度、850hPa 风场、海平面气压场、近地面气温场、降水量场与 F10.7 指数的相关系数分布

图中等值线间隔：0.1 [(c)、(d)、(e) 已略去绝对值小于 0.2 的等值线]；实线表示正相关，虚线表示负相关；红（蓝）色浅（深）阴影区分别表示正（负）显著性通过 90%（95%）的置信度检验

份，AO/NAO 的信号更为活跃，空间尺度更大，其信号可延伸至亚欧东部及其下游区域，而 Chen 和 Zhou（2012）也注意到 AO 与我国冬季气候的联系在强太阳活动时期更密切。这些研究表明，太阳活动变化与东亚冬季天气气候的联系可能在太阳活动活跃时期更紧密。

东亚大槽是东亚地区冬季的主要环流系统之一，其强弱变化与东亚冬季风的异常活动高度相关（高辉，2007），极大地影响着广大区域的气温和降水。因此，选取 I_{CQ} 表征东亚大槽强度，分别分析在强、弱太阳活动时期 I_{CQ} 与 F10.7 指数的变化特征以及二者之间的关系。图 5.2（a）为 1959 ～ 2013 年北半球冬季平均 F10.7 指数和 I_{CQ} 的时间序列。从图中可以看到，太阳活动具有显著的 11 年周期，同时也存在年际变化，这 55 年冬季平均 F10.7 指数与 I_{CQ} 的相关系数为 0.297，通过了 95% 的置信度检验。为了比较强、弱太阳活动时期二者相关关系的差别，以 F10.7 指数值为 1350SFU 为界，取大于该值的年份作为太阳活动高值（high solar，HS）年，小于该值的年份则视为太阳活动低值（low solar，LS）年，分别得到 21 个 HS 年（强太阳活动时期）和 34 个 LS 年（弱太阳活动时期）。图 5.2（b）给出了 F10.7 指数和 I_{CQ} 的散点分布图。从图中可以看到，HS 年冬季平均 F10.7 指数与 I_{CQ} 的方差都远大于其在 LS 年的方差，即与 LS 年相比，HS 年的太阳活动与东亚大槽具有更大的变率。而且很显然，太阳活动变化对东亚大槽的影响在强、弱太阳活动时期是不同的（表 5.1），在弱太阳活动时期 F10.7 指数的变化与 I_{CQ} 的相关系数仅为 0.042，未通过置信度检验，而在强太阳活动时期，F10.7 指数的变化与 I_{CQ} 的相关系数高达 0.609，通过了 99% 的置信度检验，即随着太阳活动增强，东亚大槽显著减弱。因此，太阳活动的变化与东亚大槽的联系在强、弱太阳活动时期是非对称的，在强太阳活动时期，太阳活动变化对东亚大槽强度具有显著影响，而在弱太阳活动时期，二者之间的联系微弱。

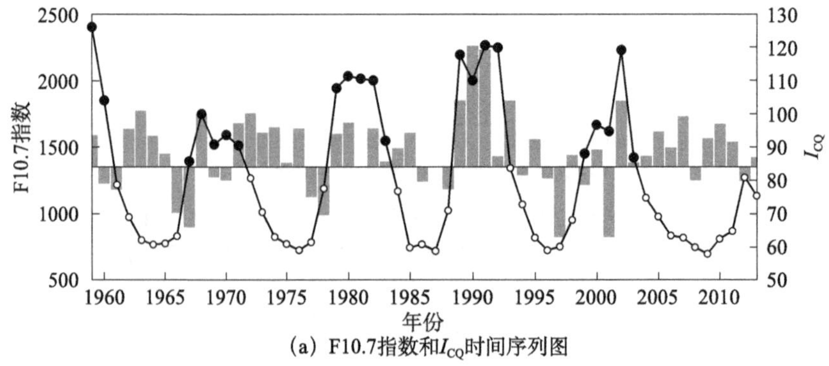

(a) F10.7指数和I_{CQ}时间序列图

图 5.2 1959 ～ 2013 年北半球冬季平均 F10.7 指数与 I_{CQ} 时间序列图和散点分布图及其分段线性趋势线

图（a）中折线表示 F10.7 指数，柱状表示 I_{CQ}，实心圆和空心圆分别表示 HS 年和 LS 年

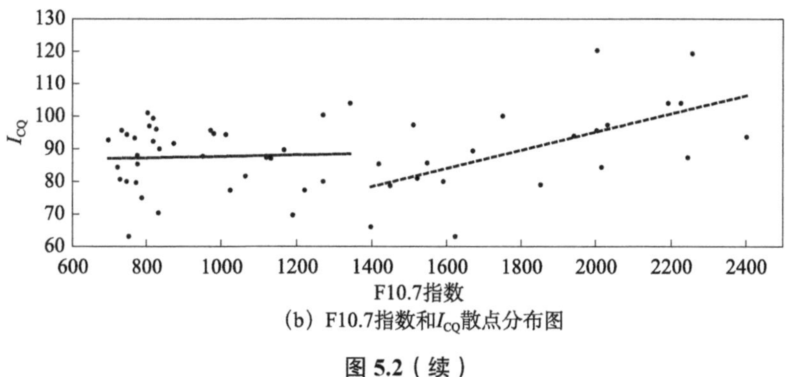

（b）F10.7指数和I_{CQ}散点分布图

图 5.2（续）

表 5.1　1959 ～ 2013 年 HS 年和 LS 年 F10.7 指数、I_{CQ}、AO 的相关系数

太阳活动年份	相关系数		
	F10.7 指数与 I_{CQ}	F10.7 指数与 AO	AO 与 I_{CQ}
1959 ～ 2013 年	0.297**	0.238*	0.363***
HS 年	0.609***	0.395*	0.465**
LS 年	0.042	0.265	0.258

*、**、*** 分别表示相关系数显著性通过 90%、95%、99% 的置信度检验

5.1.2　太阳活动变化对东亚冬季气候的非对称影响

上述对太阳活动变化与东亚大槽强度关系的分析初步表明，在强、弱太阳活动时期其变化与东亚冬季气候联系的紧密程度可能是不同的。下面从环流、气温、降水等方面进一步分析太阳活动变化与东亚冬季气候关系的非对称特征。图 5.3 给出了强、弱太阳活动时期 500hPa 高度场、850hPa 风场以及海平面气压场与冬季平均 F10.7 指数相关系数的空间分布图。从图中可以看到，强太阳活动时期东亚冬季环流与太阳活动的联系远强于弱太阳活动时期。此外，相比于 1959 ～ 2013 年的普遍联系（图 5.1），强太阳活动时期太阳活动年际变化与东亚区域各气象要素场的关系也更密切。在强太阳活动时期太阳活动变化与 500hPa 高度场相关系数的空间分布图上［图 5.3（a）］，太阳活动变化与整个东北亚地区的高度场呈显著正相关，而与高纬度极地呈相反的变化趋势。这意味着，当太阳活动变化异常偏强时，东北亚为正的位势高度异常控制，东亚大槽减弱，而高纬度极地为负异常，极地低压增强，纬向环流倾向于增强，而弱太阳活动时期二者之间没有显著的直接联系［图 5.3（b）］。与之相对应，在

850 hPa 风场上［图 5.3（c）］，强太阳活动时期的 F10.7 指数增强年份亚洲中高纬地区由显著的偏南风距平控制，这表明增强的太阳活动可能导致冬季风的减弱。同时，当太阳活动异常偏强时，热带西北太平洋地区为显著的西风异常，东北信风减弱。这种中高纬强于低纬的环流异常型类似于 Wang 等（2010）提出的东亚冬季风的北方模态，该模态受中高纬环流异常影响较大，与 AO/NAO 存在较高的相关。有所不同的是，北方模态被认为主要是由前期秋季的雪盖异常以及北大西洋和印度洋的海温异常引起的，而我们的研究揭示了其变化也可能受到增强的太阳活动的调制。此外，与图 5.1（b）比较可以注意到，在强太阳活动时期，太阳活动变化与风场的联系无论是在空间范围上还是在强度上都远远强于二者在近 55 年来平均状况下的联系，而在弱太阳活动时期，相关性仅仅局限于北极附近［图 5.3（d）］。图 5.3（e）给出了强太阳活动时期 F10.7 指数与海平面气压场的相关系数。从图中可以看到，亚洲海平面气压随着太阳活动的增强呈南北偶极子型变化趋势，中高纬度气压与太阳活动呈显著负相关，负相关中心位于亚洲西北部。同时，热带洋面上气压与太阳活动呈显著正相关，最大相关系数高于 0.5。这意味着，当太阳活动变化为正异常时，西伯利亚高压会明显偏弱，与此同时热带洋面上气压偏高，这种气压配置会抑制冬季风和冷涌活动。而在弱太阳活动时期［图 5.3（f）］，海平面气压与太阳活动变化几乎不存在明显的相关关系。

从上述分析可以发现，太阳活动变化与东亚冬季大气环流的关联在强太阳活动时期非常密切，而在弱太阳活动时期这种关系相当微弱，太阳活动变化与大气环流联系的这种非对称性也体现在其与近地面气温和降水的相关关系中。在强太阳活动时期［图 5.4（a）］，随着太阳活动增强而减弱的冬季风会使东亚地区气温偏高，因此 F10.7 指数与东亚大部分地区的气温呈显著正相关，在中纬地区的相关系数普遍达到 0.4 以上，相关系数最高甚至达到 0.7 以上，同时与低纬度减弱的东北信风相匹配［图 5.3（c）］，东南亚部分地区有降温出现，F10.7 指数与该区域气温呈负相关。而在弱太阳活动时期［图 5.4（b）］，尽管 F10.7 指数与东亚高纬度气温呈正相关而与低纬度气温呈负相关，但基本未通过置信度检验。Miyazaki 和 Yasunari（2008）系统分析了东亚冬季气候变率的各个模态及其与环流异常和外强迫的关系，发现其中的第二模态，即“亚洲内部模态”，呈现出明显的年代际振荡，并与太阳活动 11 年周期密切相关。可以看到，“亚洲内部模态”在中高纬地区和图 5.4（a）给出的太阳活动变化与地面气温的相关分布较为相似，但这种联系仅在强太阳活动时期成立，弱太阳活动时期东亚地区的气温和环流与太阳活动变化并无密切联系［图 5.4（b）］。

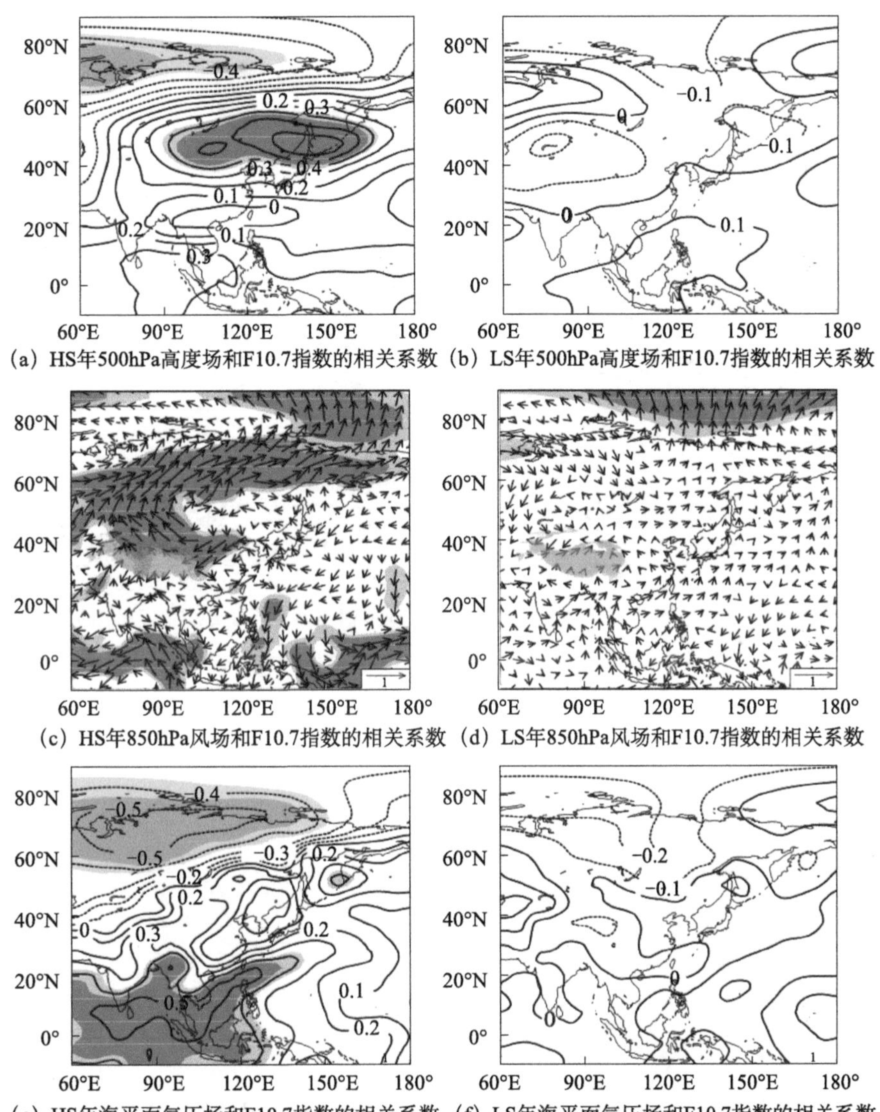

（a）HS年500hPa高度场和F10.7指数的相关系数（b）LS年500hPa高度场和F10.7指数的相关系数

（c）HS年850hPa风场和F10.7指数的相关系数（d）LS年850hPa风场和F10.7指数的相关系数

（e）HS年海平面气压场和F10.7指数的相关系数（f）LS年海平面气压场和F10.7指数的相关系数

图 5.3　HS 年和 LS 年冬季平均气象要素场与 F10.7 指数的相关系数分布

图中等值线间隔：0.1，实线表示正相关，虚线表示负相关；风场图右下角箭头矢量长度为 1；红（蓝）色浅（深）阴影区分别表示正（负）显著性通过 90%（95%）的置信度检验

图 5.5（a）和图 5.5（b）分别给出了亚欧地区强、弱太阳活动时期其变化与降水相关关系的空间分布。从图 5.5（a）中可以看到，在强太阳活动时期，欧亚大陆 60° N 附近的降水与太阳活动变化呈显著正相关，青藏高原的西侧至南侧以及我国淮河至华南区域的冬季降水也呈现与太阳活动强弱变化一致的变化趋势。与此同时，海洋性大陆大部分地区的降水与太阳活动变化呈显著负相关。然而在

弱太阳活动时期［图 5.5（b）］，整个东亚仅零星区域的降水与 F10.7 指数呈显著相关，这可能与这期间太阳信号较弱，降水更多地受到太阳活动以外其他因素的影响有关（何溪澄等，2006；房巧敏等，2007；况雪源等，2008）。由此可见，与大气环流的情形相对应，太阳活动变化与亚欧冬季温度和降水的联系在强、弱太阳活动时期也显示了非对称特征。

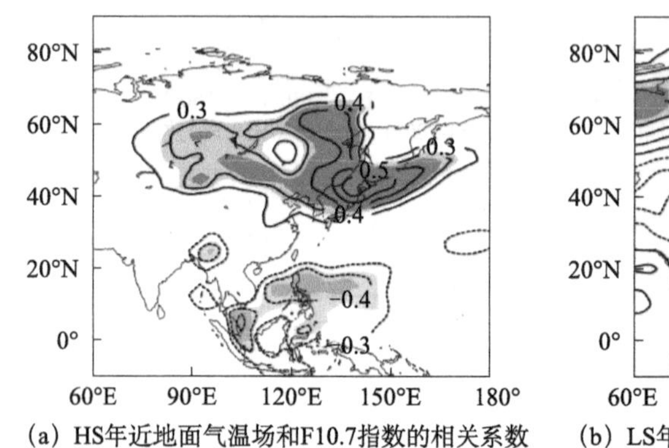

（a）HS年近地面气温场和F10.7指数的相关系数

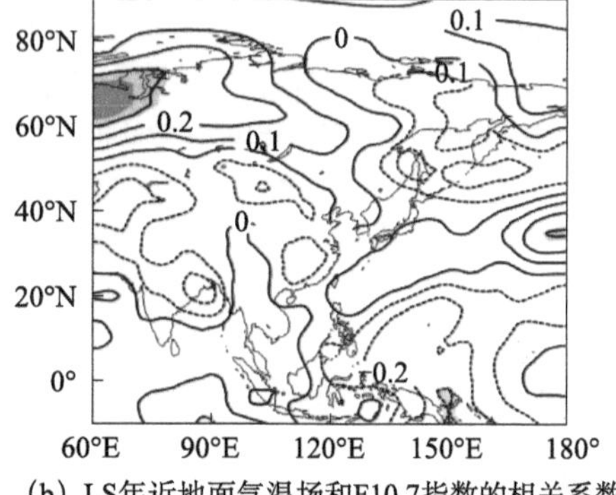

（b）LS年近地面气温场和F10.7指数的相关系数

图 5.4　冬季近地面气温场与 F10.7 指数的相关系数分布

图中等值线间隔：0.1；图（a）中已略去绝对值小于 0.3 的等值线；实线表示正相关，虚线表示负相关；红（蓝）色浅（深）阴影区分别表示正（负）显著性通过 90%（95%）的置信度检验

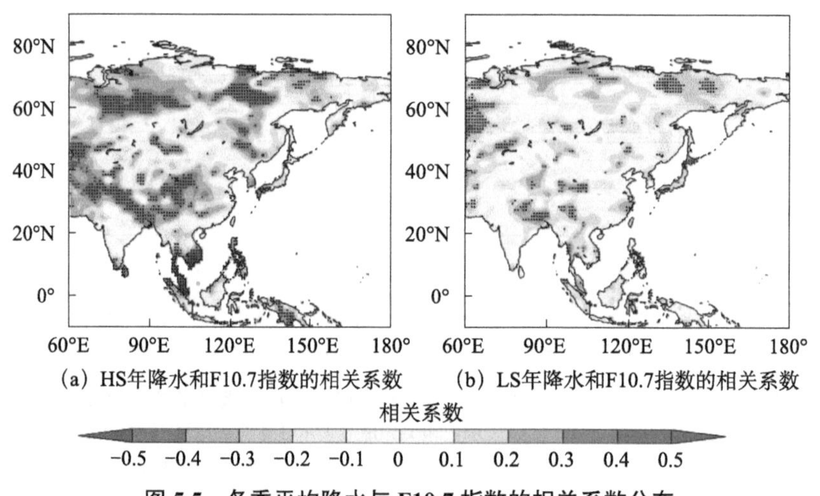

（a）HS年降水和F10.7指数的相关系数　（b）LS年降水和F10.7指数的相关系数

图 5.5　冬季平均降水与 F10.7 指数的相关系数分布

黑色打点区显著性通过 90% 的置信度检验

5.1.3　太阳活动变化对东亚冬季气候非对称影响的可能机制

太阳对气候影响的重要途径之一是通过臭氧的光化学作用导致平流层温

度和环流异常，进而通过平流层 - 对流层耦合作用影响对流层（Gray et al., 2010）。当太阳活动较强时，热带平流层上层温度显著升高（Crooks and Gray, 2005；Frame and Gray，2010），从而加强了平流层的经向温度梯度，使得平流层副热带地区西风加强。异常增强的西风急流调制行星波活动造成中高纬地区平流层 - 对流层的动力耦合作用更加强烈，最终影响对流层的 AO（Kodera and Kuroda，2002，2005；Baldwin and Dunkerton，2005；Chen and Zhou，2012）。因此，下面探讨强、弱太阳活动时期纬向风的变化及其对东亚冬季气候的可能影响。

图 5.6 给出了强、弱太阳活动时期冬季平均 F10.7 指数与北半球纬向平均纬向风的相关系数在纬度 - 高度剖面上的分布。在强太阳活动时期［图 5.6（a）］，60° N 附近的纬向风与太阳活动变化呈显著正相关，即当太阳活动变化为正异常时，极锋急流增强，表现出 AO 正位相特征，且这种信号从对流层一直延伸到平流层低层。陈文等（2013）指出，平流层绕极西风急流随太阳活动变化可能是导致冬季亚欧区域温度异常南北反相变化的原因。同时，副热带纬向风随太阳活动增强而减弱，对流层副热带急流的变化体现了欧亚大陆与西太平洋热力差异的异常（况雪源等，2008）。在弱太阳活动时期［图 5.6（b）］，无论是平流层还是对流层纬向风与太阳活动变化相关关系均不显著。

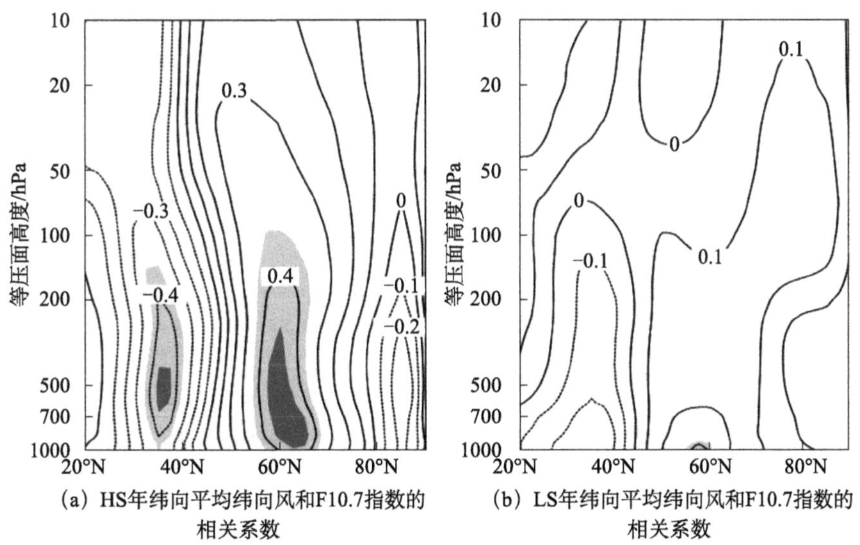

（a）HS年纬向平均纬向风和F10.7指数的相关系数

（b）LS年纬向平均纬向风和F10.7指数的相关系数

图 5.6　太阳活动强、弱年等压面高度 - 纬度剖面上冬季平均 F10.7 指数与纬向平均纬向风的相关系数分布

图中等值线间隔：0.1；实线表示正相关，虚线表示负相关；浅色（深色）阴影区显著性通过 90%（95%）的置信度检验

图 5.7 是北半球冬季平均 F10.7 指数与 E-P 通量（箭头）及其散度（等值线）的相关系数分布图，该图进一步展示了强、弱太阳活动时期其年际变化与行星波传播特征的联系特征。在强太阳活动时期［图 5.7（a）］，平流层 E-P 通量的水平分量与 F10.7 指数呈显著负相关，即随着太阳活动的增强平流层的行星波活动活跃，在水平方向上存在从极地向赤道的显著异常传播。同时，E-P 通量散度在中纬度与太阳活动变化呈显著负相关，而在高纬度平流层呈正相关。这意味着，当太阳活动变化呈正异常时，随着行星波向赤道传播的增强，高纬度地区出现 E-P 通量的异常辐散，导致波动能量向平均流转化，促使纬向西风增强，而中纬度地区出现 E-P 通量的异常辐合，造成纬向风减弱。这与图 5.6（a）中副热带急流的减弱以及高纬度西风的增强相对应。在弱太阳活动时期［图 5.7（b）］，E-P 通量与 F10.7 指数之间的联系微弱，无大范围显著相关区，这可能是由于弱太阳活动时期行星波更多地受其他因素的调制（傅晓卫和许有丰，1994；刘毅等，2009；陆春晖，2011）。

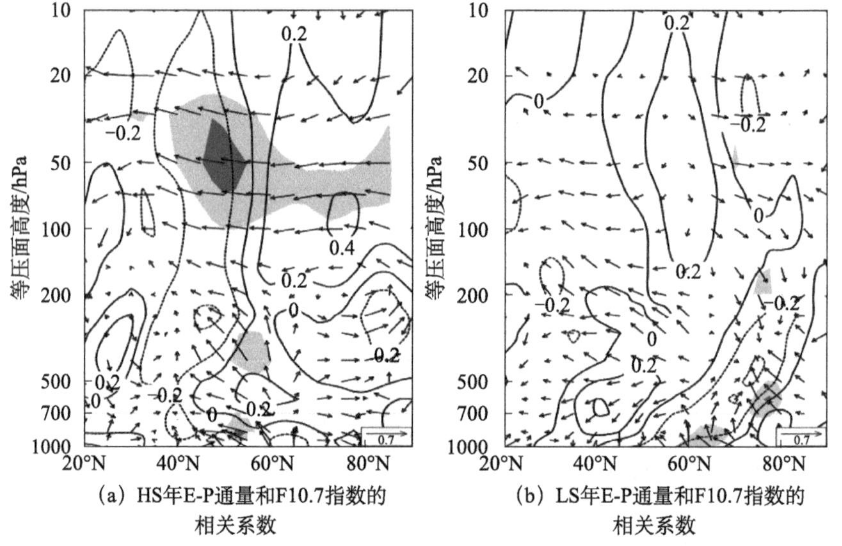

图 5.7 太阳活动强、弱年等压面高度 - 纬度剖面上冬季平均 F10.7 指数与 E-P 通量（箭头）及其散度（等值线）的相关系数分布

图中等值线间隔：0.2；实线表示正相关，虚线表示负相关；浅色（深色）阴影区显著性通过 90%（95%）的置信度检验

以上分析表明，由于平流层行星波的传播在强、弱太阳活动时期与太阳活动变化之间联系的非对称性，平流层 - 对流层 AO 对太阳活动的响应也存在明显差异。AO 与太阳活动变化在强太阳活动时期呈显著正相关，并通过平流层 - 对流

层动力耦合使大气纬向环流对太阳活动变化产生响应，从而引起对流层冬季季风和气候的异常变化。在弱太阳活动时期，这种联系不明显，表 5.1 中 F10.7 指数与 AO 之间的关系也支持这一结论，此外 AO 与东亚大槽的联系也与之一致。因此，在强、弱太阳活动时期 AO 信号与太阳活动变化联系的差异性是太阳活动与东亚冬季气候存在非对称性联系的重要原因。

过去的研究表明，除了中高纬大气环流异常外，海洋热力差异的改变（尤其是热带地区海温异常）对东亚冬季气候也存在显著影响，布和朝鲁和纪立人（1999）的研究表明，强（弱）东亚冬季风年的热带中西太平洋海温为正（负）距平，海温异常作为热力强迫，作用于热带外地区，会影响到东亚冬季风的活动。可以注意到，太阳活动与冬季西北太平洋海温也有联系，并且在强、弱太阳活动时期该区域海温与太阳活动变化的相关关系也具有差异性。图 5.8 给出了强、弱太阳活动时期其变化与海温相关系数分布。在强太阳活动时期［图 5.8（a）］，热带西北太平洋到中国南海为显著负相关区，而在弱太阳活动时期［图 5.8（b）］，热带西北太平洋海温与太阳活动变化没有显著的相关关系，这与近地面气温对太阳活动的响应一致（图 5.4）。如果用 I_{CQ} 高低值的典型年份做合成海温场，同样可以看到在中国南海和西北太平洋热带地区为显著的海温负异常，即东亚冬季风弱年（相对于东亚冬季风强年）热带西北太平洋海温异常偏低，而北太平洋海温偏高（李崇银，1988）。然而，热带西北太平洋暖池海温的变化究竟是由冬季风异常引起的，还是受太阳活动对低纬度地区海温的直接影响，其影响机制尚不清楚，还需要做进一步的研究分析。

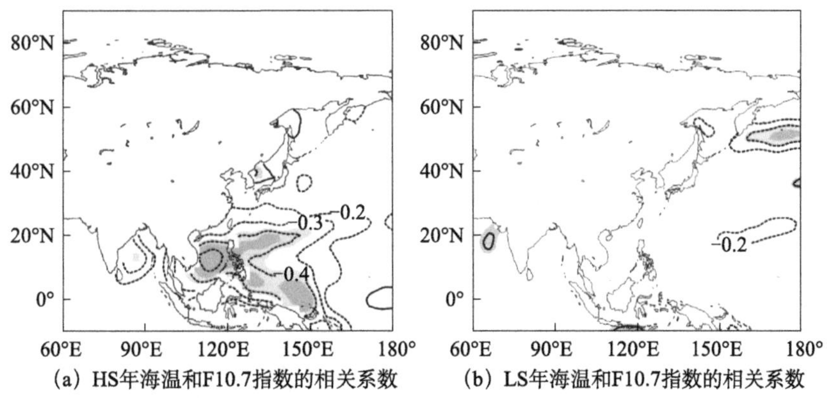

（a）HS年海温和F10.7指数的相关系数　（b）LS年海温和F10.7指数的相关系数

图 5.8　冬季平均 F10.7 指数与海温的相关系数分布

图中等值线间隔：0.1，绝对值小于 0.2 的等值线已略去；实线表示正相关，虚线表示负相关；浅蓝和黄色阴影区显著性通过 90% 的置信度检验；深蓝色阴影区显著性通过 95% 的置信度检验

5.1.4 小结

本节讨论了太阳活动变化与东亚冬季大气环流相关关系及其气候效应，根据F10.7指数的高、低分析了强、弱太阳活动时期太阳活动变化与东亚冬季气候联系的非对称性，并探讨了其可能机制。主要得出如下结论：

1）太阳活动变化与东亚冬季大气环流存在较好的相关关系，而且事实上强、弱太阳活动时期其变化与东亚冬季大气环流的联系具有显著的非对称性特征，太阳活动变化与东亚冬季气候的相关性在强太阳活动时期明显强于弱太阳活动时期，这种相关关系仅在强太阳活动时期显著。

2）在强太阳活动时期，随着太阳活动的增强，冬季东亚中高纬对流层中层的大气环流倾向纬向型，东亚大槽减弱，冷空气活动较弱，东亚大部分地区气温显著偏高，中高纬降水增多；而在弱太阳活动时期，太阳活动与东亚冬季大气环流之间几乎不存在显著相关关系。

3）强、弱太阳活动时期平流层行星波活动、热带西北太平洋海温的差异可能是造成这种非对称影响的重要原因。在强太阳活动时期，平流层行星波的水平传播与太阳活动变化具有显著的相关关系，随着太阳活动的异常增强，高纬地区E-P通量辐散增强，平流层－对流层耦合导致中高纬度西风及AO出现一致的正异常响应，使得东亚大槽、西伯利亚高压等冬季风系统成员显著偏弱，同时热带西北太平洋海温异常偏冷，海陆热力差异缩小，大气环流经向度减弱，东亚冬季风偏弱。

这部分研究虽然揭示了强、弱太阳活动时期太阳活动变化与东亚冬季气候的联系具有显著非对称性的客观事实，但对其机制仅进行了初步讨论，一些问题还不清楚，如太阳活动对热带海温的影响过程究竟如何，还需要做进一步的研究和探索。

5.2 太阳活动对东亚夏季风的影响

季风是影响降水等气候要素年际和年代际变化直接而重要的因子之一，研究季风系统在太阳－气候年代际变化中所起的作用，探索其对太阳信号可能的放大作用，对于揭示季风年代际变化以及太阳活动影响气候的物理机制具有积极意义（Kerr，2005）。有些研究正是从这一点出发，得到了一些有益的结果（Perry，1994；Wang et al.，2005；Verschuren et al.，2009；van Loon and Meehl，2012）。

Sud 等（2002）研究发现，在主要的季风区，太阳辐射加热的年变化对降水的影响强于海温，但世界不同地区的降水变化对太阳辐射变化的响应并不一致，甚至可能相反。Meehl 和 Arblaster（2009）认为，这可能是由于自上而下的平流层臭氧响应和自下而上的海气耦合这两种机制的联合放大作用，增强了太阳活动周期变化对赤道外降水的影响。也有研究认为对于季风降水变率而言，近百年来太阳的强迫效应可能比人类强迫影响更大（Liu et al.，2009）。

早在 20 世纪上半叶，我国科学家竺可桢（1926）和涂长望（1936）就对太阳等天文因子和中国气候的关系做了开拓性的研究。杨鉴初（1962）、朱炳海（1962）、王绍武（1962）把太阳黑子数应用到气象台站的业务预报中。之后，陈菊英（1980，1986，1999）对我国旱涝与日月的关系进行了大量研究，发现太阳黑子数在月际和年际都为低谷的月，气象灾害和地震灾害都很严重。徐群和金龙（1986）、徐群和王冰梅（1993）、徐群和杨秋明（1994）进一步研究了局地气候系统（西太平洋副高）和太阳活动周期的耦合关系。Currie（1995）发现，中国的旱涝周期存在显著的 18.6 年和 10.5 年周期，通过滤波发现 8 ～ 30 年的太阳和月亮信号的方差贡献可以占到中国旱涝变化 8 年以上的低频信号的 70% 左右。Li 等（2002）发现，近百年夏季华北地区降水变化存在 11 年的太阳黑子振荡周期。近年来，由于探测手段的增加、数据的更新扩展和代用资料的使用，一些有关东亚夏季风及季风降水年代际变化的研究进一步发现了其中可能存在太阳活动信号（Wang et al.，2005；段长春和孙绩华，2006；Davi et al.，2006）。魏凤英（2006）研究发现，在影响长江中下游夏季降水年代际变化的强迫因子中，太阳黑子数代表的太阳活动的贡献最显著。潘静等（2010）采用上百年的梅雨资料检测出中国梅雨与太阳活动具有相似的周期。赵平等（2011）研究发现，亚洲季风在百年尺度上的突变主要受太阳辐射的影响。

对流层位于大气层底部，对流层内气候系统对外部强迫的动力响应往往在其边缘处可以被检测到（Wang and Zhao，2012）。一些不同的独立研究都指出，一些重要的气候系统或大气环流边界在太阳活动强年倾向于向极地偏移或扩展，如印度季风（Kodera，2004；van Loon and Meehl，2012）、Hadley 环流、Ferrel 环流和副热带急流（Haigh，2003；Gleisner and Thejll，2003；Haigh et al.，2005；Brönnimann et al.，2006）；在太阳活动弱年，倾向于向赤道偏移，如北大西洋风暴路径（Martin-Puertas et al.，2012）。这些研究指出，强太阳活动时期，Hadley 环流扩大，导致副热带干旱区向北扩展，北半球季风北界位置偏北，使得某些地区脱离原先的季风区，降水量反而偏少，而某些陆面地区由于季风的加强降水偏多（Verschuren et al.，2000；Haigh et al.，2005）。

5.2.1　太阳活动对东亚夏季风降水的影响

气候系统除了受到外界（包括其他圈层、天文因子、人类活动等）的影响外，其内部也存在多种复杂的物理过程和反馈作用，这都可能在很大程度上模糊或遮掩太阳影响的信号（Rind，2002）。因此，根据不同的局地气候系统划分研究区域，可能有利于信号的突显。基于这种思路，赵亮和王劲松（2009）、Zhao等（2012）、Wang和Zhao（2012）研究发现，东亚夏季风北边缘区降水存在显著的11年周期变化，这种信号比季风内部和西风控制区强得多。通过检测验证季风北边缘对太阳活动的响应，可以较好地解释该区域降水的年代际变化。这表明，局地气候系统可能在太阳活动影响降水年代际变化过程中起重要的作用。

合理选取研究的时空范围，尽可能地选取具有代表意义的关键时期和气候敏感区域，将有助于发现规律和验证结论的可靠性。1901年以来，大约经历了10个完整的准11年太阳黑子周期（Schwabe周期）。为了检测太阳11年周期活动与降水场的可能关系，将这10个太阳活动周中的太阳黑子数峰（MAX）和谷（MIN）值年挑选出来，见表5.2。计算东亚季风区沿115°E经线26°N～34°N纬度带1901～2006年平均各月降水量占全年的比例［图5.9（a）上半部分］。从图中可以看到，6月降水量占全年的比例最大，对应的是长江及其南侧地区雨季盛期。同时，从沿115°E高低年平均降水量差值场和1901～2006年月降水量与太阳黑子数的相关系数演变情况［图5.9（a）下半部分］来看，6月降水量在太阳黑子数值的高低年差异以及其和太阳黑子数的显著相关区都较大，显著相关区主要位于27°N、33°N和42°N附近，且正负显著相关区同时存在。可见，在与太阳活动周期的可能联系关系，6月都可能是具有重要意义的时段。

表5.2　1901～2006年太阳黑子数峰值年和谷值年（10个太阳活动周）

项目	年份
太阳黑子数峰值年	1905年、1917年、1928年、1937年、1947年、1957年、1968年、1979年、1989年、2000年
太阳黑子数谷值年	1901年、1913年、1923年、1933年、1944年、1954年、1964年、1976年、1986年、1996年

在空间上，可以根据6月低层风场环流特征进行区域选择。图5.9（b）给出了1901～2006年6月地面降水量与当年太阳黑子数的同期相关系数（阴影）和平均6月700hPa水平风场。从图中可以看到，三个显著相关区分别位于河套地区、淮河地区、江南地区。图中南风0线大致可以代表700hPa东亚夏季风的影响范围前沿位置，可以发现三个显著相关区从南到北恰好分别位于东亚夏季风盛行

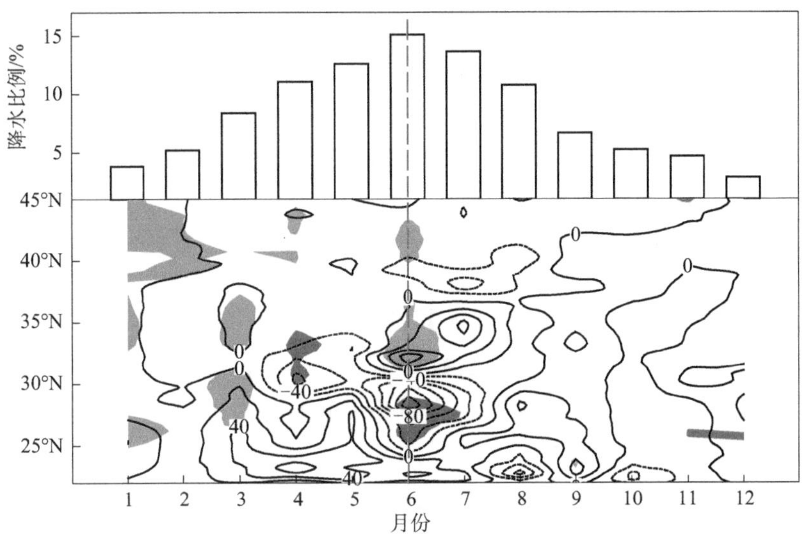

(a) 1901~2006年区域（115°E，26°N ~34°N）平均各月降水量占全年的百分率（上）以及沿115°E太阳高值年和低值年平均降水量差值场和1901～2006年月降水量与当年太阳黑子数的同时相关系数的时间-纬度图（下）

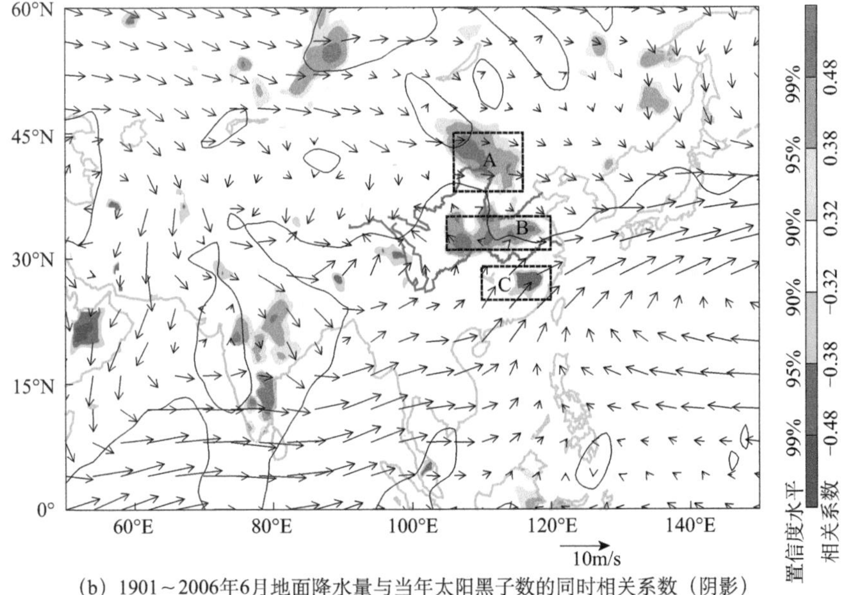

(b) 1901～2006年6月地面降水量与当年太阳黑子数的同时相关系数（阴影）和106年平均6月700hPa水平风场

图 5.9　1901 ～ 2006 年平均各月降水量占全年的百分率及其与当年太阳黑子数的相关系数分布，以及 6 月降水量与太阳黑子数的相关系数及 6 月的 700hPa 水平风场

资料来源：Zhao 等（2012）；Wang 和 Zhao（2012）

（a）中柱状图为降水量占全年总降水量的百分率（单位：%）；等值线为降水量差值场（单位：mm/ 月）；橙色和蓝色阴影区分别表示显著性通过 90% 置信度检验的正和负相关区。（b）中阴影为相关系数，矢量箭头为 700hPa 风场（单位：m/s）；粗实线代表经向风 0 线。矩形框表示所选研究区域：河套（A）、淮河（B）与江南（C）

区、前沿区、西风带控制区。因此，选取这三个地区为主要研究区域，有利于发现不同局地气候系统与太阳活动的可能关系。于是，选取河套地区（106° E ～ 116° E，38° N ～ 45° N）、淮河地区（105° E ～ 120° E，31° N ～ 35° N）、江南地区（110° E ～ 120° E，25° N ～ 29° N）为主要研究区域［在图 5.9（b）中用虚线框标出］，并加以对比分析。

1. 相关性分析

太阳信号可能更多地在长期（尤其是 8 年以上）尺度上起作用，因此为了消除 ENSO 等的影响，分别做了原始数据相关分析和低通滤波后的相关分析。河套地区、淮河地区、江南地区原始的和 8 年低通滤波的月（年）降水量与太阳黑子数的相关关系，如图 5.10（a）～图 5.10（c）所示。相关系数最大值（对河套地区和淮河地区而言）和最小值（对江南地区而言）都出现在 6 月（置信度>95%），低通滤波后几乎每个月的相关系数都有较大提高。6 月，尽管原始数据

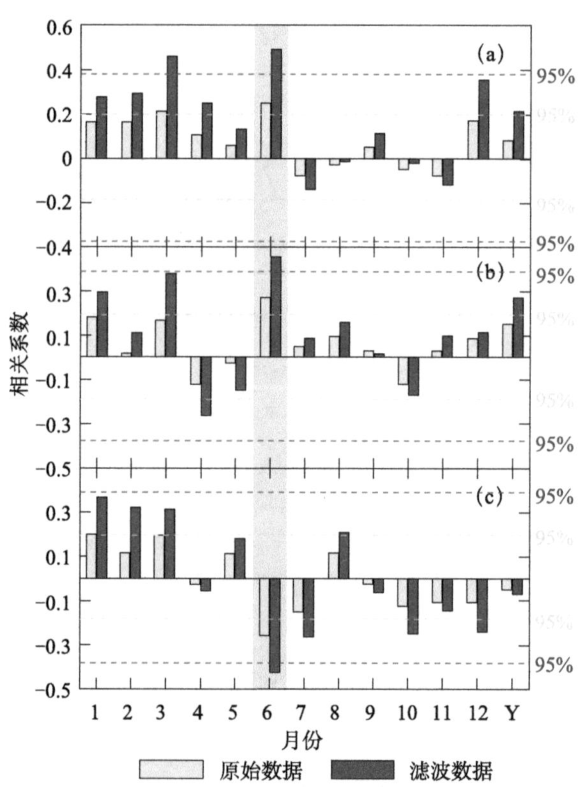

图 5.10　河套地区、淮河地区和江南地区降水量与太阳黑子数不同月份的相关系数及 6 月降水量和太阳黑子数的时间演变

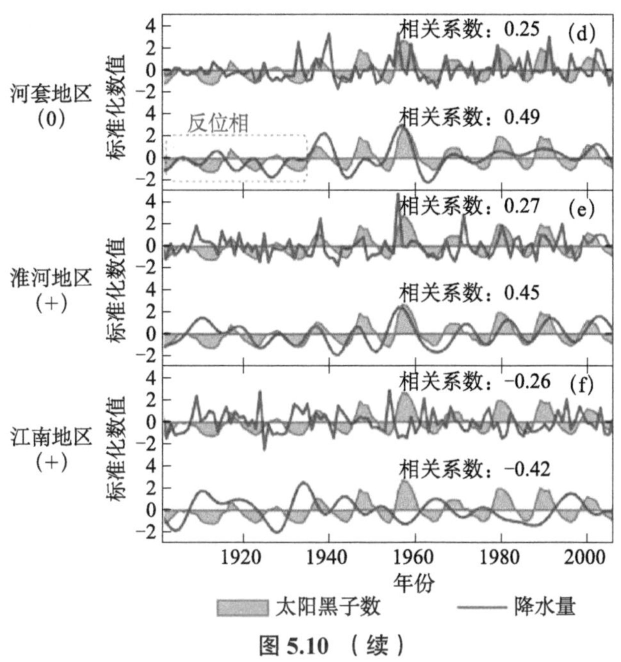

图 5.10 （续）

资料来源：Wang 和 Zhao（2012）

（a）～（c）1901 ～ 2006 年原始 /8 年低通滤波的各月降水量与当年太阳黑子数的相关系数（浅 / 深色水平虚线代表原始 / 低通滤波数据 95% 置信度水平；垂直方向虚线标出 6 月；横坐标“Y”代表年平均情景）；（d）～（f）原始（各分图的上半部分）/8 年低通滤波（各分图的下半部分）的区域平均 6 月降水量和当年太阳黑子数标准化时间序列。（a）和（d）：河套地区；（b）和（e）：淮河地区；（c）和（f）：江南地区；括号中“0”、“+”和“−”代表相关性检验结果为“不确定”、“通过”和“不通过”，下同

的相关系数都小于 0.3，但图 5.10（d）～图 5.10（f）各分图上半部分仍然能够看出 6 月降水量变化总体上与太阳黑子数呈较高同位相或反位相关系，8 年低通滤波后的情形比滤波前更加明显［图 5.10（d）～图 5.10（f）各分图下半部分］，这表明太阳信号可能更多地在年代际以上尺度上起作用，高频信号可能代表了噪声，降低了相关系数。不过，在河套地区，在 20 世纪 40 年代之前（长虚线框标出），降水量是反位相于太阳黑子数的，而其后呈明显正相关。可见，河套地区降水量与太阳活动的相关性值得怀疑。在其他两个地区，同号相关保持在整个研究时段。因此，相关分析的结果可总结为，河套地区的相关显著但不稳定，淮河地区和江南地区的相关显著且稳定。

2. 差异性分析

利用典型年的差异性分析和检验可以进一步检测相关分析的结果。图 5.11 给出了 1901 ～ 2006 年太阳黑子数峰值年和谷值年 6 月降水场差异。在太阳黑子数峰值年与谷值年 6 月，中国地区的陆面降水有较大差异：峰值年，淮河和秦岭地区、我国西南部降水偏多，而江南、胶东半岛降水偏少。对比相关分析结果［图 5.10（b）］可以发现，季风区（江南地区）及其边缘区（淮河地区）太阳黑子数峰（谷）值年降水的差异与 1901 ～ 2006 年的相关系数分布较为一致。

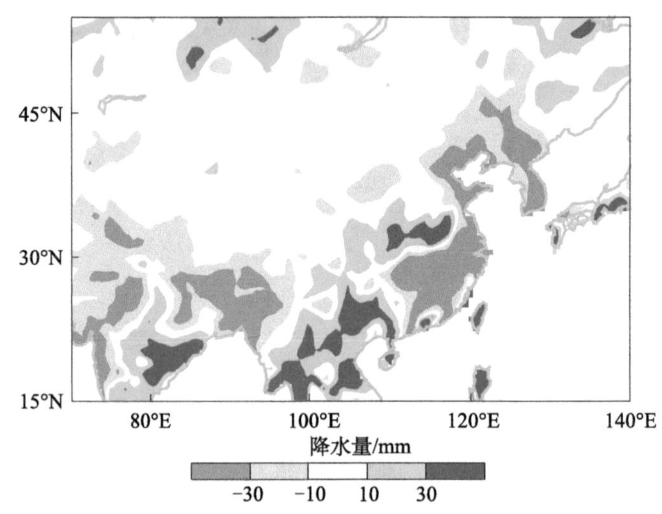

图 5.11　1901 ～ 2006 年太阳黑子数峰值年和谷值年 6 月降水场差异

图 5.12 给出了 8 年低通滤波后河套、淮河、江南地区太阳黑子数峰值和谷值年平均月降水量的绝对差异。从图中可以看到，淮河地区和江南地区，最大差异在 6 月，置信度水平在 95% 左右。而在河套地区，最大差异在 7 月（即季风北界基本到达一年中最北位置的月份），6 月的绝对差异未通过置信度检验。经计算，河套、淮河与江南地区太阳黑子数峰（谷）值年平均 6 月降水量分别为 38（33）mm、125（103）mm 和 233（271）mm，其峰值年的值比谷值年的值分别高 15%、高 21% 和低 14%。因此，差异性分析和检验结果表明，淮河和江南地区，太阳黑子数峰值年和谷值年 6 月降水量存在显著的差异，而河套地区的降水量差异是不显著的。

3. 周期性分析

Morlet 小波可以在时间和频率的局部化之间取得好的平衡，因此用它来提取特征信息是一个好的选择（Grinsted et al.，2004）。下面选用 Morlet 小波作为母小波进行波功率谱分析（Torrence and Compo，1998），将它应用到区域平均降水量和太阳黑子数上。图 5.13 显示了 8 年低通滤波前后各区域平均 6 月降水量和当年太阳黑子数的全局小波功率谱。滤波前，各区域降水量的谱峰都没有通过置

信度检验，但滤波后，3 个区域的准 11 年降水量谱峰都通过了置信度检验。

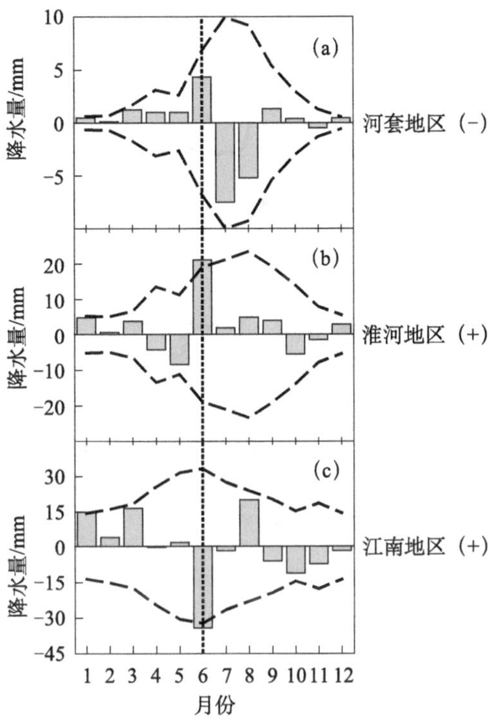

图 5.12　8 年低通滤波后河套、淮河、江南地区太阳黑子数峰值年和谷值年平均月降水量的绝对差异

图中横虚线为 95% 置信度检验线，竖虚线标出 6 月

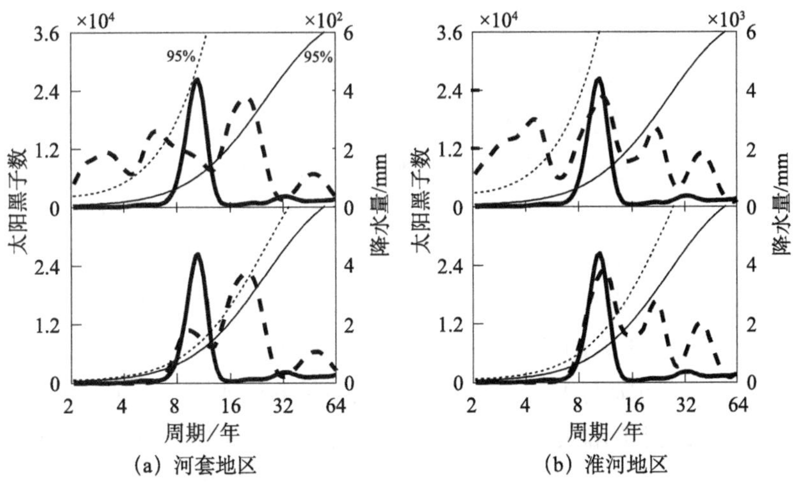

图 5.13　8 年低通滤波前（上）后（下）河套、淮河和江南地区 6 月降水量与当年太阳黑子数的全局小波（Morlet 小波）谱

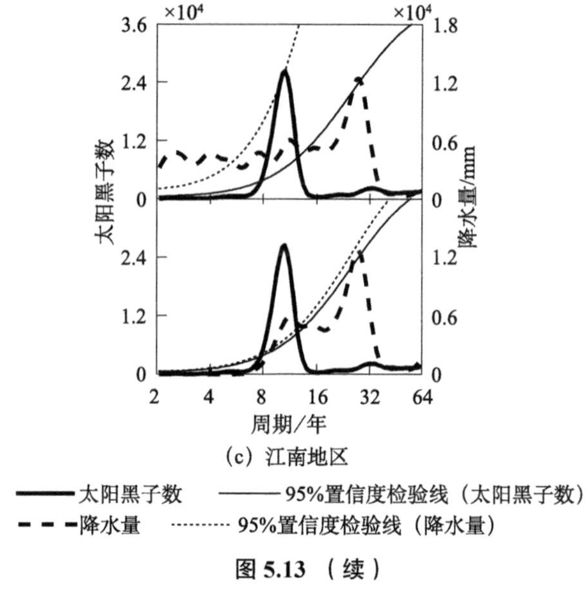

(c) 江南地区

太阳黑子数 —— 95%置信度检验线（太阳黑子数）
降水量 ········ 95%置信度检验线（降水量）

图 5.13 （续）

4. 准 11 年周期的能量检测

尺度平均小波功率谱（scale-averaged wavelet power，SAWP）是一定频段内平均能量谱的时间序列，可以用来检测一个时间序列是否受另一个时间序列的调制（Torrence and Compo，1998）。这里，可以用来检测准 11 年尺度上降水量与太阳黑子数的谱能量随时间变化的关系。图 5.14 给出了 8 年低通滤波前后河套、淮河和江南地区 6 月降水量和当年太阳黑子数的准 11 年尺度平均 Morlet 小波功率谱时间序列。在河套和淮河地区，降水量尺度平均小波功率谱趋向于随太阳黑子数谱变化，相关系数分别为 0.74 和 0.92，并在 8 年低通滤波后，分别在 1950 ～ 1960 年和 1940 ～ 1990 年通过了置信度检验，太阳黑子数的准 11 年能量在这些时期也是最高的。这表明，在这些时期，河套和淮河地区都有强的准 11 年周期，并与太阳黑子数的准 11 年能量变化一致。相比之下，江南地区的准 11 年能量变化似乎反相于太阳黑子数的准 11 年能量变化，相关系数为 −0.55，其最强的准 11 年能量出现在 1930 年，显然不同于太阳黑子数，也不同于其他两个地区。因此，也许可以推断，降水量随 11 年太阳周期调制的地区在 1940 年发生了迁移，从长江以南地区迁移到江北，这可能与 11 年太阳黑子周期能量的快速增长有关。只有当两个时间序列在某一尺度上的能量都足够强，并随时间变化总体一致（同位相）时，才可以认为它们是可能存在内在联系的。因此，尺度平均小波功率谱分析结果表明，河套和淮河地区通过了置信度检验，而江南地区没有通过置信度检验。

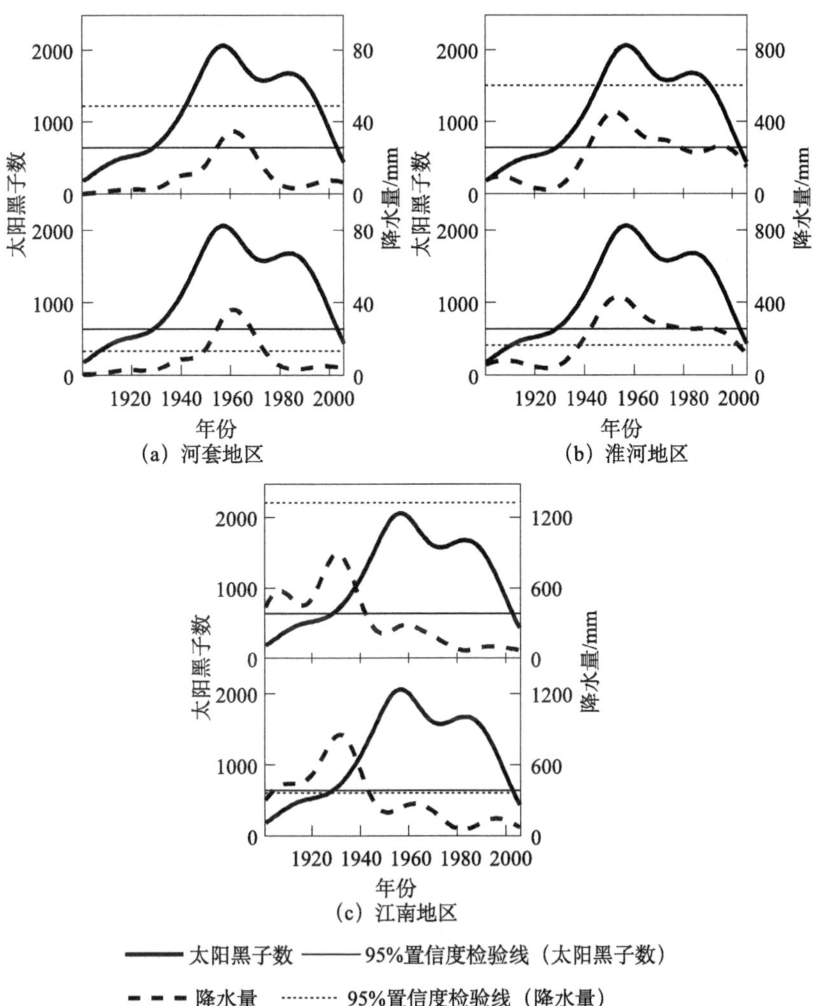

图 5.14　8 年低通滤波前（上）后（下）河套、淮河和江南地区 6 月降水量和当年太阳黑子数的准 11 年（9～13 年）尺度 Morlet 小波功率谱时间序列

5. 共同能量和相对位相检测

连续小波变换（continuous wavelet transform，CWT）是用来分析间歇性振荡的工具，而交叉小波变换（cross wavelet transform，XWT）由两个连续小波变换建立的，可以揭露两个小波的共同能量和相对位相迁移，理论介绍和计算步骤可参见 Torrence 和 Compo（1998）、Grinsted 等（2004）。如果某一地区降水量与太阳黑子周期有物理联系，那么它们的共同能量谱和一致或微小的位相滞后（前者滞后于后者）应该可以被检测到。图 5.15 显示了太阳黑子数和 3 个地区 6 月降水量的小波交叉谱。从图中可以看到，在 8 ～ 14 年周期尺度上，3 个地区都有通过置信度检验的连续的共同能量，尤其是在淮河与江南地区，通过检验的时间跨度更长。从相对位相（箭头）关系来看，河套地区在 1940 年之前太阳黑子数反位相于降水量，而 1940 年之后太阳黑子数趋向于与降水量同位相，但仔细观察，在通过置信度检验的大部分时间，太阳黑子数滞后于降水量，这说明在河套地区两者的关系是令人怀疑的；在淮河地区，太阳黑子数主要同位相或略微超前于降水量；在江南地区，太阳黑子数主要反位相于降水量。因此，交叉小波谱分析的结果表明，河套地区，太阳黑子数与降水量的关系不确定，淮河和江南地区，太阳黑子数与降水量的关系相对可靠。

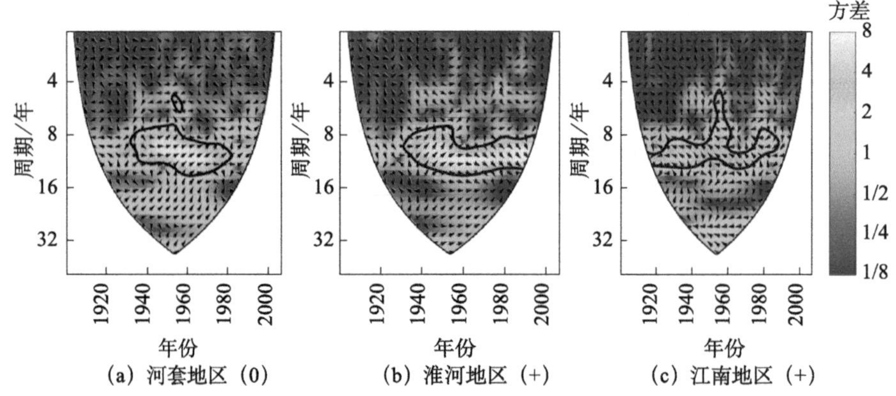

图 5.15　1901 ～ 2006 年河套、淮河和江南地区全年太阳黑子数与 6 月降水量的小波交叉谱

资料来源：Wang 和 Zhao（2012）

粗实线上部通过 5% 显著性水平的红噪声检验；相对位相关系用矢量箭头表示：向右（左）表示同（反）位相，向下（上）表示太阳黑子数超前（滞后）降水量 90°

6. 方差贡献率分析

方差贡献率能够展现不同时间尺度分量占总信号或某一较宽尺度信号变化的比例，反映不同尺度分量的重要性。因此，利用带通滤波分别计算中国 6 月降水量 9 ～ 13 年尺度分量占原始信号和长周期（低频，即＞ 8 年周期）分量的方差贡献率（图 5.16）。华中的淮河—秦岭地区 9 ～ 13 年尺度分量占原始信号和低频信号的方差贡献率是所有地区中最高的，分别为＞ 15% 和＞ 50%；河套和江南地区准 11 年分量的方差贡献率都较低。＞ 50% 意味着淮河—秦岭地区准 11 年分量是其低频信号中最主要的分量，它主导着这里的年代际的低频变化。如果以 9 ～ 13 年尺度分量占低频信号的方差贡献率＞ 50% 为判别标准，那么在所研究的 3 个区域中，只有淮河地区超过了这一标准，而其他两个地区没有达到。

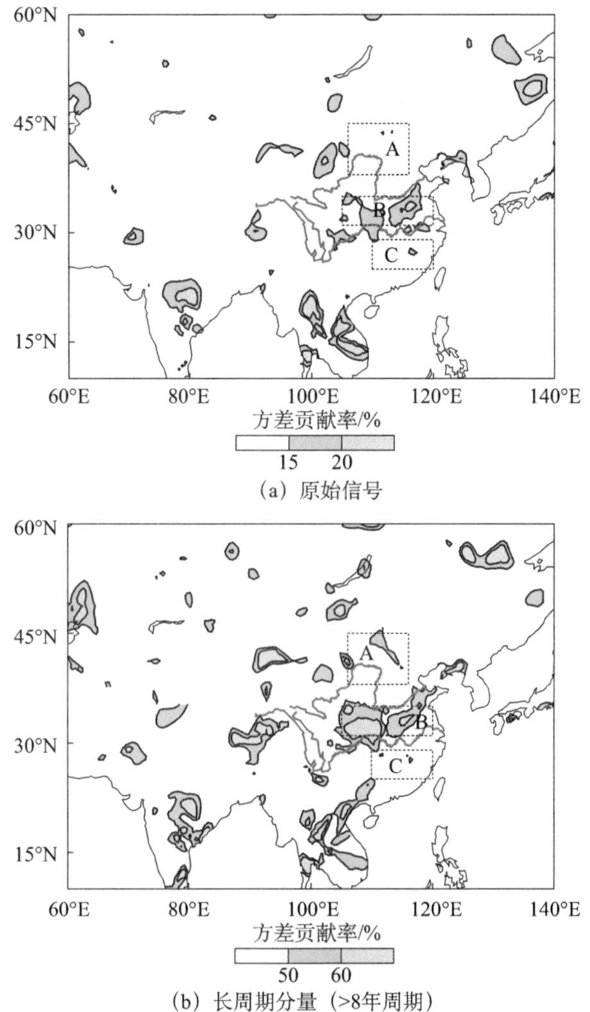

（a）原始信号

（b）长周期分量（>8年周期）

图 5.16　1901 ～ 2006 年中国 6 月降水量 9 ～ 13 年分量占原始和长周期分量（ > 8 年周期）的方差贡献率

图中矩形框分别表示河套（A）、江淮（B）和江南（C）三个研究区域

7. 夏季风降水带中太阳信号的综合评估

以上分析利用了 6 种数学和统计方法检测了 3 个不同气候区 6 月降水量与太阳黑子数的关系，不同的方法有各自的缺点和优点，所得的结果也可能是不同的。为了获得太阳 11 年周期与中国不同气候区降水量关系可信度的总体评估，采用以下方法进行评估：当某一地区原始或 8 年低通滤波后的降水量与太阳黑子数的关系能够通过相应方法的检验时（例如，对于相关分析，置信度水平达到

95%；对于方差贡献率分析，方差贡献率＞ 50%），视降水量与太阳黑子数的关系为显著，给予 +1 评分；否则，如果原始或 8 年低通滤波后的数据都不能通过相应方法的检验时，视降水量与太阳黑子数的关系为不显著，给予 −1 评分；如果用同一种方法，不同时期检测结果不同，如不同时期相关系数符号相反或位相发生近 180°突变，则视其检验结果不确定，给予 0 评分。最终评估结果见表 5.3。从表中可以看到，淮河地区评分最高（满分 6 分），表明这一地区降水量与太阳黑子数的关系相对最为显著；江南地区得 2 分，暗示这一地区 6 月降水量与太阳 11 年周期的关系似乎存在，但可信度不高；而河套地区（0 分）6 月降水量和太阳黑子数基本没有相关关系。因此，这些检测和评估结果表明，在 6 月季风与西风带的交界区（秦岭—淮河地区），很可能存在准 11 年的太阳周期信号，它很可能是太阳周期信号的敏感区；而在季风盛行区（江南地区），可能存在负相关关系。

表 5.3　6 月河套、淮河和江南地区关系可信度评分

检测方法	河套地区	淮河地区	江南地区
相关性分析	0	+	+
差异性分析	−	+	+
周期性分析	+	+	+
方差贡献率分析	−	+	−
尺度平均小波功率谱分析	+	+	−
小波交叉谱分析	0	+	+
总体得分分析	0	6	2

注：根据前面的检测结果，用 +/− 代表通过 / 不通过相应的检测（得 +1/−1 分），0 代表不确定（得 0 分），最后一行显示各地区得分之和

5.2.2　中国东部夏季降水对 11 年太阳周期的动力响应过程

河套、淮河和江南地区，分别处于不同的局地气候系统。从图 5.17（a）可以看到，在 700hPa 南风 0 线可以大致代表这一高度的东亚夏季风前沿位置。可以发现，在 6 月，江南地区通常已处于东亚夏季风盛行区，河套地区还基本没有受到季风影响，主要处于西风带控制区，而秦岭—淮河地区正好处于东亚夏季风与西风带的交界区。图 5.17（b）给出了太阳活动高（低）值年环流场的合成差异。从南风 0 线位置来看，可以清楚地看到，太阳活动高值年季风的影响范围明显比太阳活动低值年大，其前沿位置更偏北，在太阳活动高值年，淮河流域大部分

地区受到季风气流的影响，而在太阳活动低值年，受季风影响的地区明显偏小；从风场差异来看，处于季风与西风带交界区的淮河地区，存在显著的西南风差异，说明太阳活动高值年，这里的夏季风气流偏强，有利于淮河地区降水。而在江南（河套）地区，无论是太阳活动高值年还是太阳活动低值年，6 月都受（不受）季风气流影响，因此这两个地区对太阳 11 年周期活动的影响不如淮河地区显著。

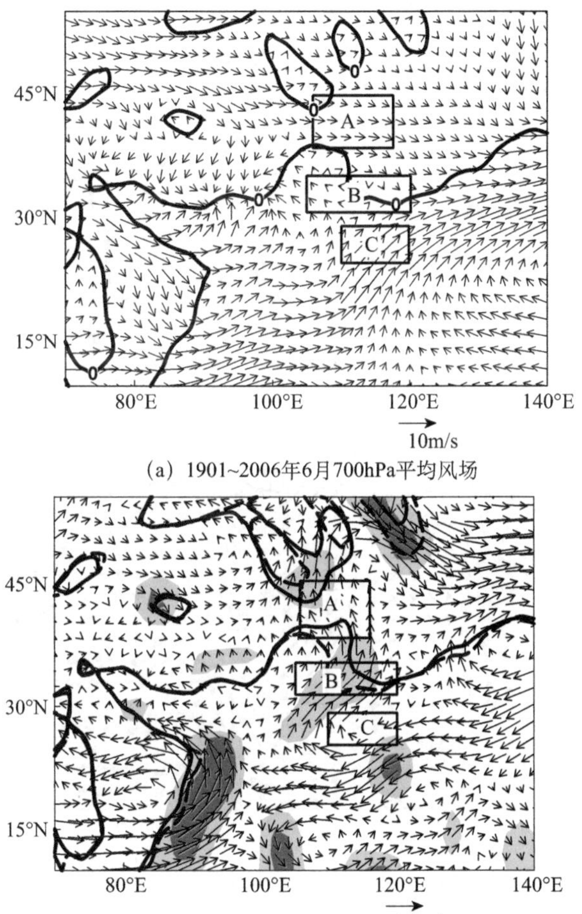

（b）1901~2006年6月降水与太阳黑子数显著相关区域的空间分布和太阳活动高（低）值年6月700hPa风场合成差异

图 5.17　1901 ～ 2006 年 6 月 700hPa 平均风场、降水与太阳黑子数显著相关区域的空间分布及太阳活动高（低）值年 6 月 700hPa 风场合成差异

（a）实线、（b）红线 / 蓝线分别表示 1901 ～ 2006 年平均、太阳活动高 / 低值年平均南风 0 线，紫色和蓝色阴影分别表示经向风 t 检验大于 95%（80%）置信度水平的区域，矩形框分别表示河套（A）、江淮（B）和江南（C）三个研究区域在垂直方向沿 110°E ～ 120°E 平均的风场纬度 - 气压剖面进一步验证了这一点（图 5.18）。从 1901 ～ 2006 年平均经圈环流形势来看［图 5.18（a）］，江南地区对流层中低层基本都处于季风气流上升运动区，淮河地区处于季风上升运动

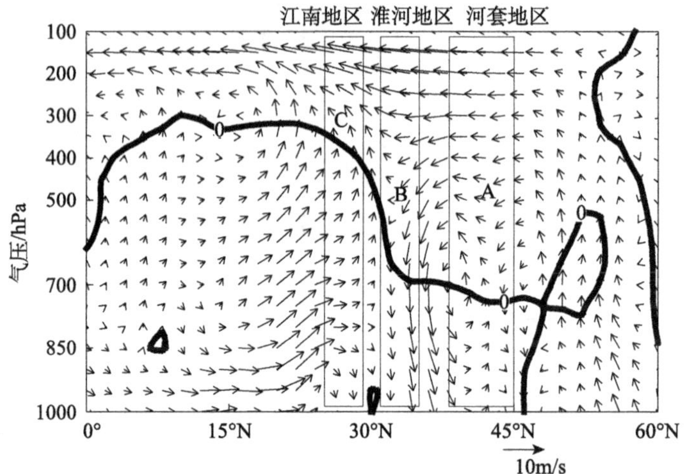

（a）沿110°E~120°E平均的纬度–气压剖面1901~2006年6月平均风场

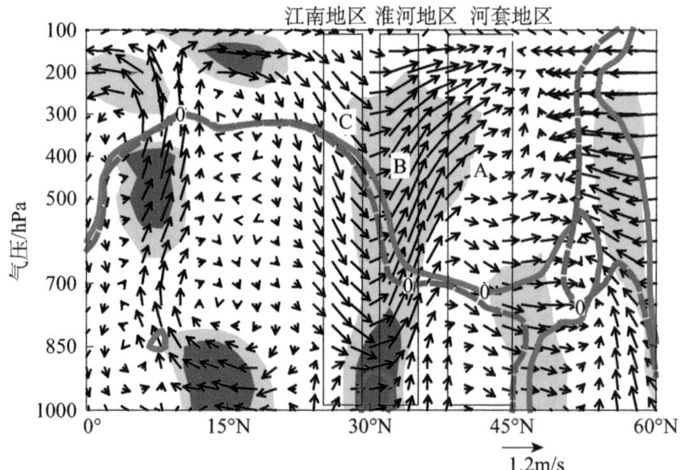

（b）沿110°E~120°E平均的维度–气压剖面风场与太阳黑子数显著相关区域的空间分布（彩色阴影）及太阳活动高（低）值年6月风场合成差异

图 5.18 沿 110°E ～ 120°E 平均的纬度 - 气压剖面 1901 ～ 2006 年 6 月平均风场、风场与太阳黑子数显著相关区域的空间分布及太阳活动高（低）值年 6 月风场合成差异

资料来源：Wang 和 Zhao（2012）

（a）实线、（b）红线 / 蓝线分别表示 1901 ～ 2006 年平均、太阳活动高 / 低值年平均南风 0 线，紫色和蓝色阴影分别表示经向风 t 检验大于 95%（80%）置信度水平的区域，矩形框分别表示河套（A）、江淮（B）和江南（C）三个研究区域，其中垂直速度为乘以了 −50Pa/s 的值

与西风带下沉运动交汇区，而河套地区处于西风带。从太阳活动高（低）值年南风 0 线位置及风场合成差异来看［图 5.18（b）]，太阳活动高值年，南风 0 线在淮河地区上空明显偏北偏高，显示该地区中低层更易受到季风影响，淮河地区整个对流层都存在显著的上升差异，有利于形成降水。这表明，太阳活动高值年 6 月，夏季风区范围比太阳活动低值年大，能够影响到淮河大部分地区；在太阳活动低值年 6 月，淮河地区受季风影响较小。江南地区，无论是太阳活动高值年还是太阳活动低值年的 6 月，都受季风影响；与此相反，河套地区，无论是太阳活动高值年还是太阳活动低值年的 6 月，都不受季风影响。

综上所述，造成这三个地区太阳活动高（低）值年降水差异的直接原因，可以用东亚夏季风的影响范围及其前沿位置受太阳 11 年周期调制来解释。

东亚夏季风前沿位置变化的直接原因，一方面可能与孟加拉湾西南季风气流有关，另一方面可能与西太平洋副高位置有关。如图 5.17（a）所示，季风气流源于热带印度洋和西太平洋，在西太平洋副高的作用下，向北偏转抵达中国。总体上，东亚夏季风既受印度洋季风气流的影响，又受西太平洋副高的影响。当热带季风气流相对较强，西太平洋副高相对偏北时，东亚夏季风前沿更容易偏北。在太阳活动高值年，如图 5.17（b）所示，孟加拉湾西南季风气流明显偏强，西北太平洋、江南地区和日本存在一个反气旋性距平或差值环流，表明西太平洋副高偏北，这种形势有利于东亚夏季风向北扩展。Xu 和 Yang（1993）使用 500hPa（110°E ～ 180°，10°N ～ 90°N）范围内超过 5880gpm 的格点数来定义西太平洋副高面积指数，并发现它对 11 年周期太阳活动有一个滞后响应。这里，利用该指数检测 6 月西太平洋副高与太阳活动的关系。另外，利用中国中东部区域的 700hPa 南风格点数（the grid number of southerlies，GNS）大致可以代表这一时期东亚夏季风影响范围的相对大小和间接反映中国东亚夏季风前沿经向位置，因此选用（105° E ～ 118° E，25° N ～ 45° N）区域 6 月 700hPa 南风格点数来检测季风影响范围与 11 年太阳周期的关系。图 5.19 显示了 6 月西太平洋副高面积指数、南风格点数与太阳黑子数时间序列。原始 /8 年低通滤波的西太平洋副高面积指数与太阳黑子数的相关系数为 0.26/0.36，蒙特卡洛检验结果表明其置信度为 99%/94%，原始 /8 年低通滤波的南风格点数与太阳黑子数的相关系数为 0.22/0.33，蒙特卡洛检验结果表明其置信度为 98%/91%。这一结果进一步验证了之前的推论，即太阳活动高值年，西太平洋副高面积更大，孟加拉湾季风气流更强，这直接导致东亚夏季风影响范围更大更偏北。

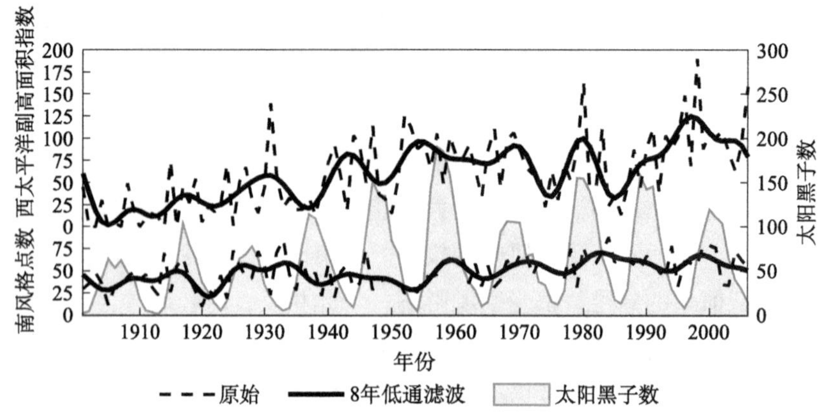

图 5.19 原始 /8 年低通滤波 6 月 500hPa 西太平洋副高面积指数、700hPa 南风格点数和原始太阳黑子数

资料来源：Wang 和 Zhao（2012）

综上所述，东亚夏季风的影响范围可能受 11 年太阳周期调制，这直接导致中国夏季风雨带的经向偏移，东亚夏季风的影响范围可能与孟加拉湾西南季风气流强度和西太平洋副高的经向偏移有关。也就是说，太阳活动可能通过放大或减弱东亚夏季风的作用而间接影响中国夏季降水。但对这种信号转换机制的具体实现过程，目前相关研究还不能给出确切答案。Meehl 和 Arblaster（2009）的模拟结果显示，在太阳活动高值年，平流层大气对太阳强迫的上－下响应和海洋－大气耦合的下－上响应可能联合起来，最终放大对流层气候系统的气候响应。另一些研究表明，与太阳黑子数匹配的大气环流模态主导并可能放大了对流层高层和平流层大气变率，为太阳信号从平流层向下传输影响气候的机制提供了支持（Haigh，1996，1999；Shindell et al.，1999；Dima et al.，2005）。从图 5.18（b）中可以看到，在季风差值环流的高层和低层确实都存在显著差异。因此，季风环流的年代际经向变化的原动力是来自其上部还是下部，还需要进一步研究确认。此外，季风雨带经向年代际变化实际上是季风爆发早晚的反映，从季风爆发早晚的角度来研究这一问题也是非常有意义的。

5.2.3 太阳活动对梅雨的调制

梅雨期是东亚夏季风最集中和典型的降水期（Ding，1992；Chen et al.，1992），许多重大洪涝灾害发生在梅雨期。这一时期的降水变化规律更具有代表性。东亚夏季风在南海地区爆发后，随着夏季风的向北推进，东西跨度几千公里的大尺度梅雨雨带相继在中国的华南、台湾、江淮流域，以及日本、朝鲜半岛建立（Ding，1992；Chen et al.，1992；Qian and Lee，2000）。虽然不同地区使用不同术语来描述这一季节性雨季（Chen，2004），但实际上它们都以东亚夏季风爆发后这个大尺度准纬向的季风雨带和准静止锋为主要特征。Zhao 和 Wang（2014）将这一时期统一称为"东亚梅雨季"。

一些研究已经发现，印度夏季风（Kodera，2004；van Loon and Meehl，2012）和东亚夏季风（Zhao et al.，2012；Wang and Zhao，2012）在年代际尺度上对太阳活动的响应。魏凤英（2006）研究发现，在影响长江中下游夏季降水年代际变化的强迫因子中，太阳黑子数代表的太阳活动的贡献最显著。田荣湘和张炎（2007）研究发现，杭州梅雨量的变化存在 22 年左右和准两年左右的周期振荡，雨量和赤道平流层纬向风的准两年振荡之间具有相关关系，这种关系受到太阳活动的调控。潘静等（2010）分析了太阳活动对中国东部夏季降水异常的可能影响，指出强（弱）太阳活动年，江淮地区的夏季降水量偏多（少）；并认为，太阳活动与夏季的梅雨量存在既显著又复杂的相关关系。近年来，一个值得注意的发现是，Zhao 和 Wang（2014）发现了东亚夏季风降水对 11 年太阳活动周响应最显著的时期正是东亚梅雨季，揭示了东亚梅雨雨带经向位置与太阳活动的密切关系。这一显著的统计相关与明确的物理意义之间的巧合强烈地暗示着东亚夏季风系统参与了太阳信号的修改和传递。

通过对中国夏季风和降水的研究，可以初步看到，东亚夏季风降水的年代际变化可能与太阳周期活动有关。但限于降水资料时间分辨率较粗，还不能给出降水与太阳活动关系最显著的准确时段。虽然 6 月相关最显著，但其所蕴含的物理意义不是很明确。要解决以上问题，需要基于逐日资料进行深入分析。下面进一步检测与 11 年太阳周期活动相关最显著的准确时段，并针对东亚夏季风的典型雨季——梅雨，研究其与太阳活动的可能关系。

首先，计算夏半年（4 月 1 日至 9 月 30 日）任意时段（例如，最小为 1 天，最大为 183 天）的平均雨带位置（共得到 183 × 182/2 个时段组合）；其次，求它们的逐年序列与逐年太阳黑子数的相关；再次，找出最大相关对应的准确时段；最后，也是最重要的，检测该相关最大时段是否有物理意义。这可以通过检测这一相关最大期是否对应某一典型的气候期来判断，这种验证方式可以寻找出哪种气候系统是太阳信号传递或修改的重要执行者。下面将遵循这一思路，进一步检测太阳活动对东亚夏季风降水的影响。

1. 东亚梅雨期及雨带纬度位置的定义

梅雨这一雨季在不同的地区有不同的名称（Chen et al.，1992），在中国华南称为“前汛期”（pre-summer rainy season）（Tao and Chen，1987），在中国台湾称为“梅雨季”（Mei-Yu season）或“早梅期”（pre-Mei-Yu season）（陈泰然，1988；Chen et al.，1992；Chang et al.，2000），在中国江淮地区称为“梅雨季”（Mei-Yu season）（Tao and Chen，1987），在日本称为“Baiu 季”（Baiu season）（Ninomiya and Murakami，1987）。由于本研究并不只限于某一特定地区，所以为了统一，这里将东亚夏季风开始影响中国大陆最南端直到江淮梅雨结束，也就是将中国华南、台湾和江淮地区的季风雨季统称为“东亚梅雨”或“广义梅雨”（Zhao and Wang，2014），它们的一个共同特征是常伴有行星尺度的准静止锋和雨带。实际上，5 月中旬东亚夏季风在中国南海爆发后，经过 1 ～ 2 候，可以影响到中国大陆最南端。根据有关研究（Tao and Chen，1987；Lau and Yang，1997；Wang and Lin，2002；Chen，2004；郑彬等，2006），在气候平均状态下，夏季风降水在中国华南地区的开始日期大约为 5 月 22 日，所以可将 5 月 22 日定为东亚梅雨的平均开始日。另外，根据徐群等（2001）的研究，1960 ～ 2000 年平均出梅日是 7 月 14 日，其前一天（7 月 13 日）为梅雨最后一天，故可将 7 月 13 日定为多年平均东亚梅雨结束日。这样，得到多年平均东亚梅雨期（东亚夏季风开始影响中国大陆最南端到江淮梅雨结束）：5 月 22 日至 7 月 13 日，共 53 天。它与 Lau 和 Yang（1997）给出的亚洲夏季风爆发日期图中的中国大陆夏季风推进过程基本相符。

5.2.2 节已经指出，淮河流域和江南地区降水量与太阳周期的相关关系可能相反，这启发我们如果这种关系确实存在，那么夏季风雨带的位置应该会在年代际尺度上出现南北振荡信号。为了定量地描述夏季风雨带的平均经向位置，需要用某一时段某一经度范围内所有经线上降水量最大值的平均纬度位置来定义雨带平均纬度位置。首先，利用克雷斯曼（Cressman）插值方法，将站点降水数据插值到 0.5°×0.5°网格上；然后，把中国（105° E ～ 122. 5° E，20° N ～ 45° N）范围内，每条经线上某一时段内平均降水量最大值对应的纬度平均值，定义为雨带纬度位置（R_{L}），即

$$R_{\mathrm{L}} = \frac{1}{n}\sum_{i=1}^{n}(\mathrm{Maxloc}(\overline{R}_i)) \tag{5.2}$$

式中，$\overline{R}_i$ 表示某一经度范围内（n 条经线）第 i 条经线某一时段平均降水量；Maxloc（ ）表示最大值出现纬度；n 表示经线数量（由经度跨度 105° E ～ 122.5° E，插值网格分辨率 0.5°共同决定）。

本研究使用了中国气象局整编的 1951 ～ 2012 年中国 752 个基本基准站逐日降水数据，逐日资料可以方便地检测出对太阳活动响应最显著的准确日期。

从 1958 年开始，每日无缺测站数从开始一直维持在 600 个以上，并保持相对稳定。为了保证研究结论的可靠性，选取 1958 年之后的每日降水数据，这样既可保证较多的站数，也可保证所选取站的前后一致性。因此，以下的研究时段为 1958 ～ 2012 年。

2. 东亚梅雨与太阳黑子周的统计检验

根据上述方法，首先，计算 4 月 1 日至 9 月 30 日任意时段内平均雨带纬度位置（R_L），然后，求它的逐年序列与逐年太阳黑子数的相关系数。计算结果如图 5.20 所示，横轴代表所选时段的开始日期，纵轴代表结束日期，最早的可能开始日期为 4 月 1 日（左下角坐标原点）。1958 ～ 2012 年数据得出的相关系数最大值为 0.47（> 99.9% 置信度水平），对应起点为 5 月 22 日，终点为 7 月 13 日。

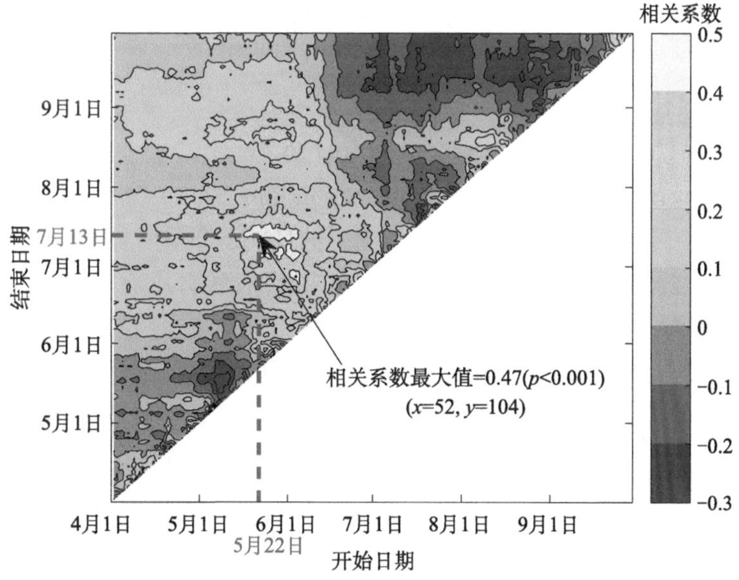

图 5.20　1958 ～ 2012 年，4 月 1 日至 9 月 30 日任意时段内（最小为 1 天，最大为 183 天）平均雨带纬度位置（R_L）的逐年序列与逐年太阳黑子数的相关系数

资料来源：Zhao 和 Wang（2014）

图 5.21 给出了原始雨带位置时间序列和其 8 年低通滤波后的时间序列以及太阳黑子数年序列。从图中可以看到，梅雨雨带纬度尤其是在经过 8 年低通滤波后，与太阳黑子数有非常相似的振荡趋势，其原始数据和低通数据与太阳黑子数的相关系数分别达到 0.47 和 0.87，虽然滤波后数据的自由度降低，但是经蒙特卡洛检验，发现低通滤波后的相关系数 0.87 远远超过 0.01 显著性水平的

临界值 0.62。

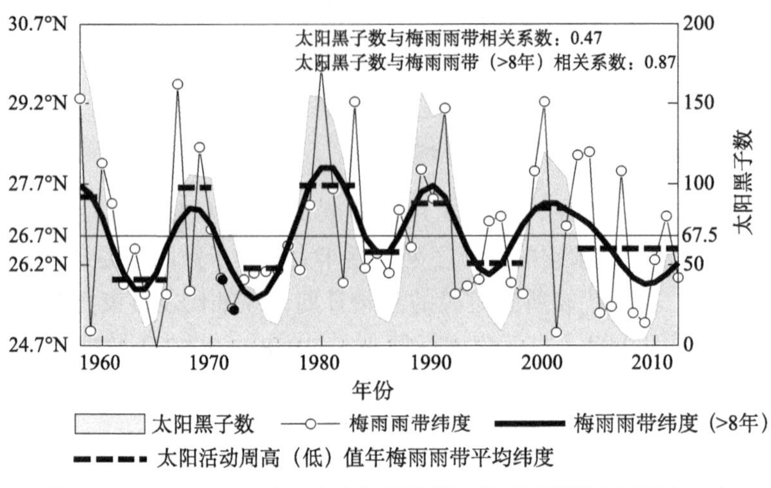

图 5.21　1958 ～ 2012 年逐年太阳黑子数、梅雨雨带纬度及其在各自太阳活动周高（低）值年的平均纬度

横线代表梅雨雨带纬度的 1958 ～ 2012 年平均值

可以发现，相关系数最大值对应起点日期（5 月 22 日）恰好大约与 Tao 和 Chen（1987）、Lau 和 Yang（1997）、Wang 和 Lin（2002）分析和确定的东亚夏季风开始影响中国大陆最南端（华南沿岸）的日期，即华南夏季风降水的开始日期（郑彬等，2006）相对应，即恰好对应东亚梅雨平均开始日 5 月 22 日。相关系数最大值对应终点日期（7 月 13 日）又恰好正是东亚梅雨平均结束日。因此，这一相关系数最大期恰好对应之前定义的东亚梅雨期（东亚夏季风开始影响中国大陆最南端到江淮梅雨结束），即恰好对应大尺度准纬向梅雨锋雨带时期，且这种相关非常显著（> 99.9% 置信度水平），这表明这种相关系数最大期具有明确的物理意义，这种巧合强烈地暗示东亚梅雨期可能是需要研究的关键期，东亚夏季风正是在这一时期参与了太阳信号的传递或修改。

3. 太阳活动调制东亚梅雨雨带年代际变化的特点

鉴于上述统计检验和物理验证，下面将东亚梅雨雨带纬度与太阳黑子数相关系数最大期（5 月 22 日至 7 月 13 日，共 53 天）截选出来，作为研究的关键时段。用每年这一时段降水量最大值所在的平均纬度作为东亚梅雨期雨带平均位置的数据。可依据该序列数据，研究太阳活动在年代际尺度上调制东亚梅雨雨带呈现怎样的特点。

根据太阳黑子数的平均值（67.5），将 1958 ～ 2012 年分为太阳活动高值年和太阳活动低值年：年太阳黑子数高于 67.5 的年份称为太阳活动高值年，反之，称为太阳活动低值年，见表 5.4。

表 5.4　1958 ～ 2012 年太阳黑子数高值年和低值年时间段

项目	时段
太阳活动高值年（5 段 22 年）	1958 ～ 1960 年、1967 ～ 1970 年、1978 ～ 1983 年、1988 ～ 1992 年、1999 ～ 2002 年
太阳活动低值年（5 段 31 年）	1961 ～ 1966 年、1971 ～ 1977 年、1984 ～ 1987 年、1993 ～ 1998 年、2003 ～ 2010 年

分析发现，太阳活动调制东亚梅雨雨带呈现出三个特点。

第一，太阳活动高值年雨带显著偏北。图 5.21 实际上给出了 1958 ～ 2012 年逐年太阳黑子数、东亚梅雨雨带纬度及其在各自太阳活动高（低）值年的平均位置。经统计计算，太阳活动高值年东亚梅雨雨带平均纬度：27.4° N，太阳活动低值年东亚梅雨雨带平均纬度：26.2° N，高值年比低值年平均偏北 1.2°，约为 130km。从图 5.21 中可以看到，太阳活动高值年雨带平均纬度有较多的点落在平均值上方，经 t 检验，这种差异通过了 99% 的置信度检验。

第二，太阳活动高值年雨带振荡更剧烈。从图 5.21 似乎可以看出这个特点，太阳活动高值年雨带振荡似乎更剧烈，但需要经过检验。方差可以反映数据的离散程度，于是检验太阳活动高值年和低值年两组雨带位置序列的方差是否存在显著性差异，即可检验太阳活动高（低）值年雨带位置南北振幅的差异显著性。太阳活动高值年 22 个样本的方差 σ^2=2.46，太阳活动低值年 31 个样本的方差 σ^2=0.77，计算 F 统计量，得 F=3.13。给定置信度水平 α=0.01 时，$F_{\alpha/2}$=2.70，所以 $F > F_{\alpha/2}$，说明太阳活动高（低）值年东亚梅雨雨带平均位置的方差存在显著性差异，且置信度水平超过 99%。这说明，在太阳活动高值年雨带位置振荡一般比太阳活动低值年剧烈。

第三，雨带纬度最大值比太阳活动高值年晚 1 年左右。如果将这 5 个太阳周的太阳黑子数和梅雨雨带长周期分量（＞ 8 年分量）逐年值同时绘制在极坐标图上（图 5.22），以各太阳活动周的太阳黑子数极小值年为起始轴（位相角为 0°），令各太阳活动周的太阳黑子数极大值年的位相角为 180°。这样，一个完整的太阳活动周，其曲线围绕原点一周，5 个太阳活动周则有 5 圈。可以发现，每个太阳活动周太阳黑子数与雨带位置都有相似的变化趋势，在每个太阳活动周的起点（太阳黑子数谷值年），雨带位置也与太阳黑子数相似，数值较小，而在 180° 附近（太阳黑子数峰值年），数值较大。不过，仔细观察可以发现，雨带纬度长周期分量最大值更多地出现在 210°附近，即比太阳黑子数峰值年晚 1 年左右。

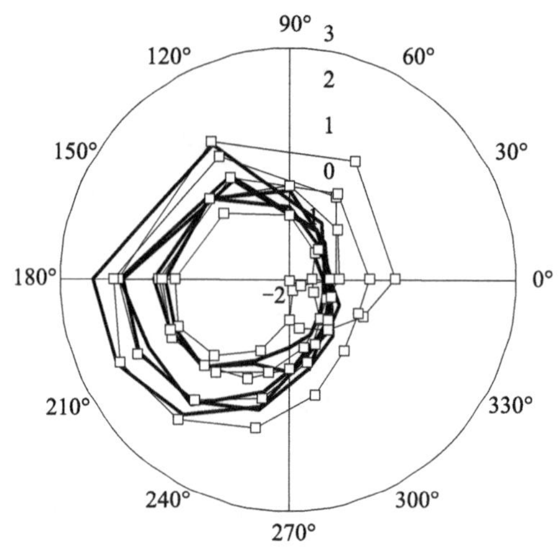

图 5.22 标准化的太阳黑子数年值和梅雨雨带平均纬度位置长周期分量（＞8 年分量）极坐标图

资料来源：Zhao 等（2017）

因此，以上统计检验验证说明，在太阳活动高值年和低值年，东亚梅雨雨带平均位置有显著性差异，高值年比低值年平均偏北 1.2°；太阳活动高值年和低值年雨带位置的南北振幅也有显著不同，高值年振荡比低值年明显偏大；雨带低频分量对太阳活动周的响应可以延时 1 年左右。

以上我们利用任意时期的降水量最大值出现的平均纬度定义了雨带位置，并应用该一维信号检测到了夏半年降水与太阳活动相关最显著时段，验证了太阳活动强弱与梅雨期的关系，主要结论总结如下。

1）气候平均意义的东亚梅雨期（5 月 22 日至 7 月 13 日，即从夏季风开始影响中国大陆最南端到江淮梅雨结束）——东亚夏季风的典型时期，恰好是夏季降水雨带位置与太阳活动关系最显著的时期（相关系数为 0.47，8 年以上低频分量相关系数为 0.87，置信度都大于 99.9%），这说明该相关系数最大期具有明确的物理意义，强烈地暗示着东亚夏季风系统在该时期参与了太阳信号的传导或修改过程。

同时，东亚梅雨期横跨整个 6 月，因此这一结果也进一步验证了 5.2.2 节的结论，证明 6 月确实可能是太阳信号开始明显影响季风区降水的关键时期。

2）太阳活动调制东亚梅雨雨带年代际变化时具有三个特点：在太阳活动高值年，东亚梅雨雨带平均位置比太阳活动低值年平均偏北 1.2 个纬度，振荡幅度比太阳活动低值年剧烈，且雨带纬度最大值出现时间比太阳活动峰值年晚 1 年左右。

5.3　地球运动因子对中国冬季气候的影响

本节主要利用日长和极移两个基本特征量来表征地球运动因子。日长是地球自转速度快慢的表征指标，自转速度加快时日长变短，反之日长变长。极移是指地球自转轴相对于固体地球的位置不断变化。地球运动因子的变化是固体地球与地球上各圈层相互作用的结果，在不考虑地球和大气以外因素驱动的前提下，大气、海洋、陆地上的河流等的运动都会影响到极移（Eubanks，1993；Lambert et al.，2006；Ponte et al.，1998；Chen and Wilson，2000；Zhong et al.，2003；Chen et al.，2013）和日长（Starr，1948；Munk and Miller，1950；Oort，1989；Rosen，1993）的变化；反过来，极移活动和日长变化又会对大气、海洋产生反作用，引起大气环流和天气、气候的改变，从而保持地球和大气总的角动量守恒（Lambeck，1980；Wahr and Oort，1984）。大气和地球的角动量交换主要通过山脉力矩和摩擦力矩的作用完成（Ponte and Rosen，1999；de Viron et al.，2001；Hide and Dickey，1991；Rosen，1993；Oort and Bowman，1974，Madden and Speth，1995；Weickmann et al.，1997）。山脉力矩和摩擦力矩是大气向角动量变化的主要外部因子之一，是研究地球和大气相互作用的关键变量。

地球自转变化存在短至几小时、长至百年乃至千年的多时间尺度的周期和准周期性变化。地球自转速度的变化，就是观测到的日长变化。地球自转长期减慢的平均效果是每经过一个世纪日长平均增加（1.7±0.05）ms（马利华等，2004）。日长年际变化幅度可达 0.5ms，与日长季节性变化的幅度相当（周永宏等，2000）。若以 $\Delta\omega/\omega$（ω 为地球自转角速度）来表示地球自转角速度的相对变化，从 1820 年以来的观测记录可以知道地球自转速度相对变化值的量级在 10^{-10} ～ 10^{-8}（彭公炳和陆巍，1983）。古生物学的研究证据表明，15 亿年前，地球自转速度是现在的 2 ～ 2.5 倍。Hunt（1979）通过大气环流模式的敏感性试验表明，快速旋转的地球上的经向风有 13 个波，目前大气只有 6 个波。大气环流模式的模拟研究还表明，较快的地球自转速度将引起大气环流的改变，在中低纬度形成大量下沉气流，从而减少全球 20% 的云量，导致 2° C 增温（Jenkins，1996）。

极移包括两个主要周期：14 个月周期和 12 个月周期。14 个月周期是钱德勒于 1900 年发现的，称为钱德勒周期，这是地球转动时球体产生弹性形变的结果。

12 个月周期是由大气环流的季节变化引起的。这两个主要周期的叠加构成了极移振幅的 6 ～ 7 年周期。此外，还存在周期为 1 个月、0.5 个月和 1 天左右的各种短周期极移。地极的位置用平面直角坐标系中的两个坐标分量表示，该坐标系取在地球北极，坐标系的 X 轴为本初子午线，Y 轴为西经 90°子午线。极移使地面上各点的纬度、经度和方位角都发生变化。

本节所用的气象数据来自 NCEP/NCAR（National Centers for Environmental Prediction/National Center for Atmospheric Research）第一套再分析资料，时间分辨率为 1 天，空间分辨率为 192 × 94 高斯格点，时间跨度为 1948 ～ 2011 年。研究所用的日长和极移振幅数据来自 IERS。基于 NCAR/NCEP 的再分析气象数据和日长数据，利用相关分析方法，重点研究日长和极移与中国冬季平均气温、纬向风速和平均位势高度的关系。

5.3.1 日长与中国冬季气候的关系

如果不考虑外因对地球自转速度变化的影响，地球和大气系统可以近似地视为一个封闭系统，固体地球自转角速度的微小变化，可以通过角动量传递，引起大气角速度的显著变化（彭公炳和陆巍，1983），进而引起气压和风速的变化，甚至是气候变化。

国外对日长与气候的相关研究不多，Hunt（1979）提出过去较快的地球自转速度对古气候有影响。Jochmann 和 Greiner-Mai（1996）研究了地球自转与气候变化周期之间的关联性，提出地球自转与气候变化有关系。

国内对日长与气候的关系研究则相对多一些，彭公炳和陆巍（1981）从角动量守恒的原理出发，导出了地球自转角速度变化与大气角速度变化的定量关系式，从理论上指出了地球自转速度变化对大气环流是有显著影响的。彭公炳和陆巍（1983）通过统计发现，地球自转速度变化与西太平洋副高的南北移动具有很好的相关关系，地球自转速度减慢时期西太平洋副高位置偏南，地球自转速度加快时期，西太平洋副高位置偏北。任振球和张素琴（1985）研究发现，厄尔尼诺事件的发生与地球自转速度的变化有密切关系，地球自转速度减慢有可能是形成厄尔尼诺的原因。钱维宏（1988）的研究表明，地球自转速度的长期变化与南方涛动指数呈反相关关系，此后他进一步从理论上说明了地球自转速度变化对副高脊线南北进退的作用。郑大伟等（1988）研究了地球自转年际变化、厄尔尼诺事件和大气角动量之间的关系。苗峻峰和王贵生（1994）的研究表明，地球自转的短期变化与赤道东太平洋海温逐月距平变化呈反相关关系。黄玫等（1999）的研究发现，地球自转速度的变化会显著影响大气压力场。地球自转加快时，北半球高压加强，低压减弱。当地球自转减慢时，北半球高压减弱，低压加强。韩延本等（2001）研究了地球自转速度变化与厄尔尼诺事件的关系，认为地球自转速度的年际变化对大气角动量的年际变化及厄尔尼诺事件的孕育有较快的响应。

冬季气候的大气环流表征因子主要有气温、纬向风速和位势高度，简单起见，选择1月平均气温、平均纬向风速和平均位势高度作为冬季大气环流的代表，探讨它们与日长的关系。大气低、中、高层分别用 1000hPa、500hPa、100hPa 等压面高度来代表。图 5.23 展示了日长与中国区域 1 月大气低、中、高层平均气温的相关系数。从图中可以看到，日长与冬季中国区域大气低、中、高层气温的相关格局各不相同。与低层大气平均气温的相关在大部分区域没有达到显著性水平。与中层大气平均气温的相关呈带状分布，主要格局是江淮流域以南呈负相关、华北呈正相关、东北北部呈负相关。显著负相关区域主要位于中国东部的热带和亚热带区域，显著正相关区域位于内蒙古。日长与高层大气平均气温的相关在中国区域以正相关为主，显著正相关区域位于京津冀和内蒙古部分区域。

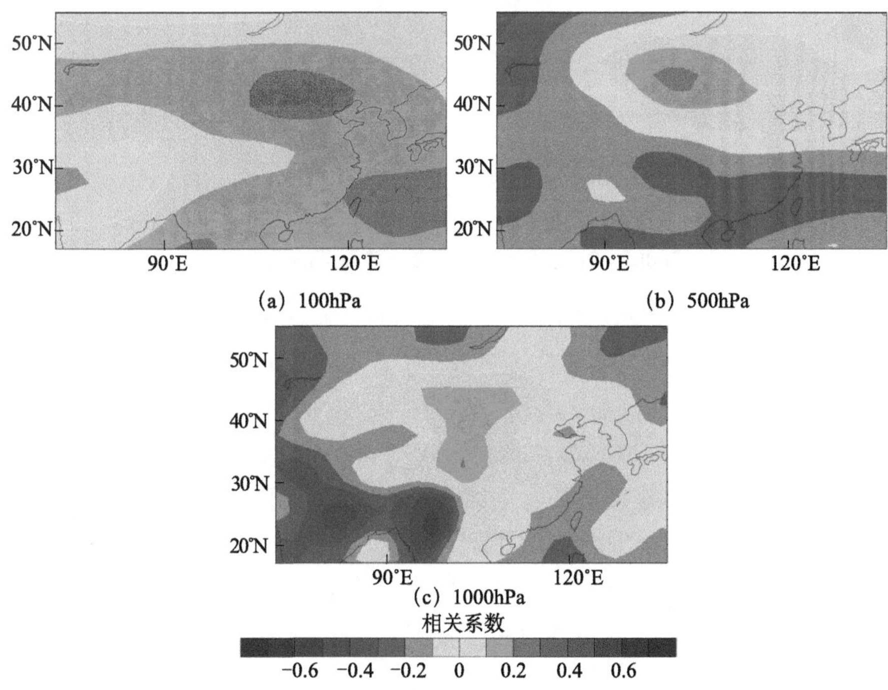

图 5.23　1948 ～ 2011 年日长与中国区域 100hPa、500hPa 和 1000hPa 等压面上 1 月平均气温的相关系数

图 5.24 显示了日长与中国区域 1 月大气低、中、高层平均位势高度的相关系数。从图中可以看到，日长与中国区域 1 月大气低、中、高层平均位势高度的

相关关系格局基本一致，除了与低层大气平均位势高度的相关在某些区域为不显著的正相关以外，与各层大气平均位势高度都为负相关。

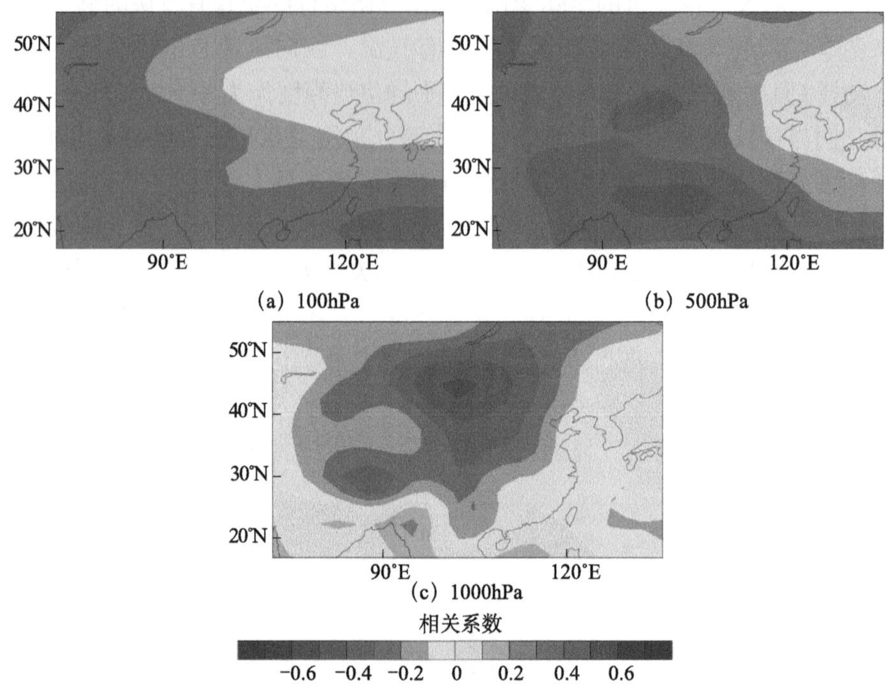

图 5.24 1948～2011 年日长与中国区域 100hPa、500hPa、1000hPa 等压面上 1 月平均位势高度的相关系数

图 5.25 显示了日长与中国区域 1 月大气低、中、高层平均纬向风速的相关系数。从图中可以看到，地球自转与低层大气平均纬向风速的相关性较强，随着高度的增加，相关性减弱。与低层大气平均纬向风速的高正相关区域位于新疆和内蒙古的大部分区域，最高相关系数达到 0.6 以上。这表明，当日长增加（即地球自转减慢）时该区域的冬季纬向风速增加，而当日长减少（即地球自转加快）时该区域的冬季纬向风速减小。

总体来看，日长与冬季中国区域平均纬向风速、平均气温和平均位势高度都具有相关性，但显著相关区域的分布具有较大差异。

5.3.2 极移与中国冬季气候的关系

国外有关极移对气候变化影响方面的研究不多，在极移对气候变化的影响方面，国内只有彭公炳等做过系统研究。彭公炳（1973）提出了极移对气候变化影

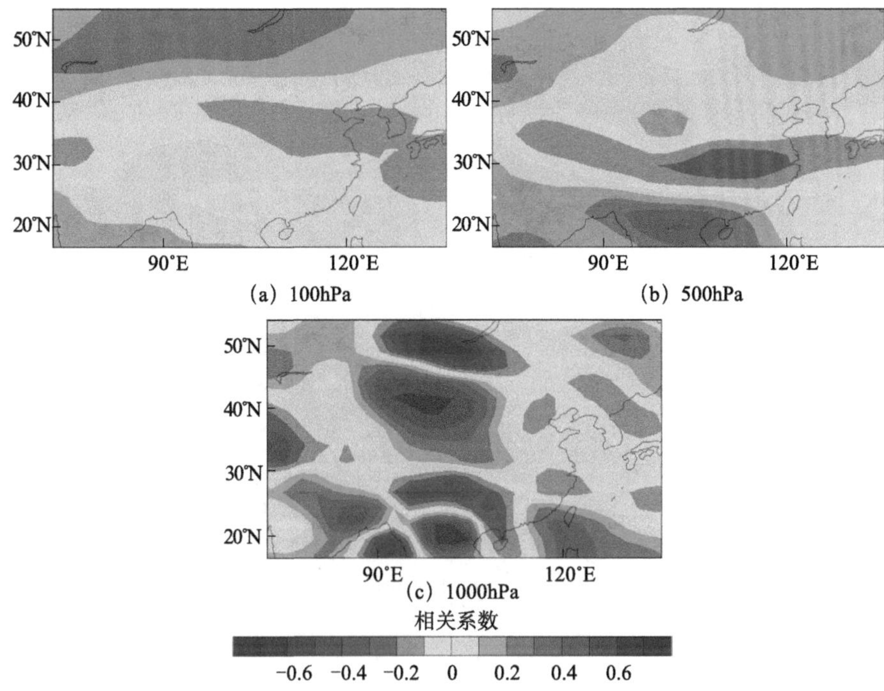

图 5.25　1948～2011 年日长与中国区域 100hPa、500hPa 和 1000hPa 等压面上 1 月平均纬向风速的相关系数

响的一些统计分析事实，彭公炳等（1980）推导了包含地球转动瞬时极坐标以及地理经纬度的极移变形力位势和该力在东西、南北、垂直三个方向上分量的表达式，讨论了极移变形力位势和该力三个分量的时空变化规律及其量级估计，揭示了北半球若干大气环流指标与极移之间的规律性联系。彭公炳和陆巍（1981）进一步揭示了极移影响大气压的事实，并讨论了这种影响的可能物理机制，对极移影响气候变化的机制做了进一步的总结和分析。

图 5.26 显示了极移振幅与中国区域 1 月大气低、中、高层平均气温的相关系数。大气低、中、高层平均气温分别用 1000hPa、500hPa 和 100hPa 的平均气温来代表。从图中可以看到，极移振幅与冬季中国区域大气低、中、高层平均气温的相关以正相关为主。各层的高相关区主要位于 30°N 附近。1000hPa 有 3 个高正相关区，分别位于青藏高原、青藏高原东侧和江淮流域，相关系数达到 0.6 以上。500hPa 有一个高相关中心，位于青藏高原的三江源地区。1000hPa 也有一个高相关中心，位于江淮流域。正相关意味着当极移振幅增加时，区域平均气温上升。反之，当极移振幅减小时，区域平均气温降低。

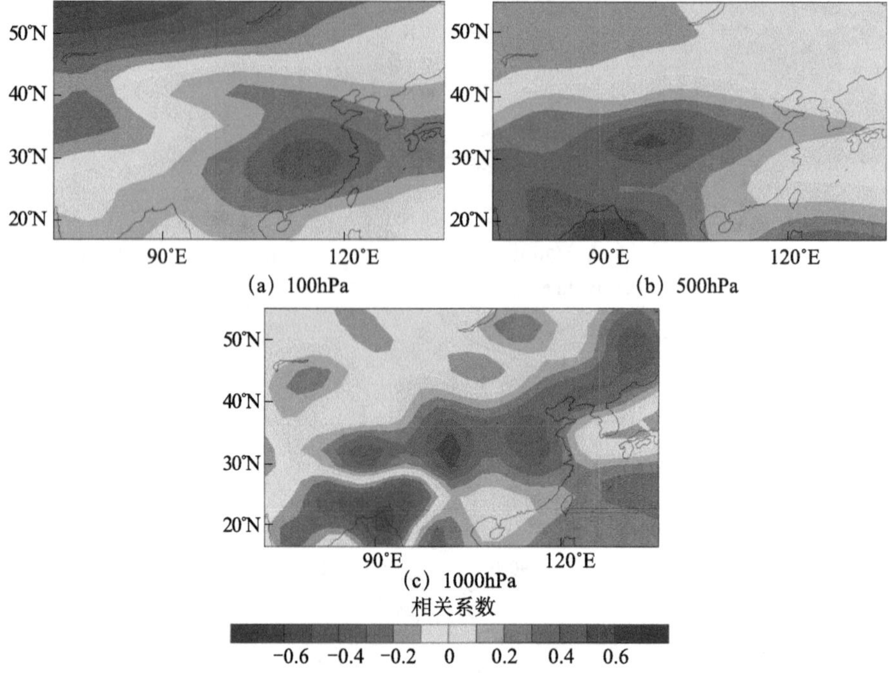

图 5.26 1948～2011 年极移振幅与中国区域 100hPa、500hPa、1000hPa 等压面上 1 月平均气温的相关系数

图 5.27 显示了极移振幅与中国区域 1 月大气低、中、高层平均位势高度的相关系数。从图中可以看到，极移振幅与 100hPa 平均位势高度的相关更显著。与 100hPa 平均位势高度的相关具有明显的纬度特征，南方呈正相关，北方呈负相关；与 500hPa 平均位势高度的相关以正相关为主；与 1000hPa 平均位势高度的相关除在新疆为正相关外，在中国区域的其他地区都为负相关。

图 5.28 显示了极移振幅与中国区域 1 月大气低、中、高层平均纬向风速的相关系数。极移振幅与大气高、中、低层平均纬向风速的相关以带状分布为主。与大气中、低层平均位势高度的相关格局基本一致，即在 30°N 以南为正相关，30°N ～ 40°N 为负相关，40°N 以北为正相关。高层大气则以 30°N 为界，以北为正相关，以南为负相关。即在极移振幅增加时，中国区域大气中、低层平均纬向风速在长江黄河流域减小，此外的北方和南方增加。对流层高层平均纬向风速在 30°N 以北为增加，以南为减小。

总体来看，与日长因子相比，极移振幅与中国区域冬季平均气温、平均位势高度和平均纬向风速的相关更显著。

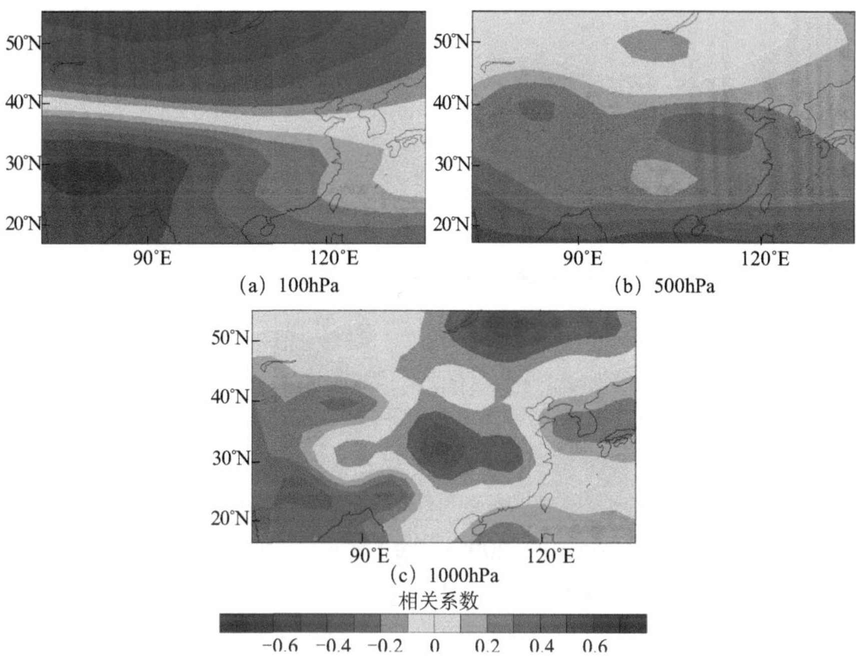

图 5.27　1948～2011 年极移振幅与中国区域 100hPa、500hPa、1000hPa 等压面上 1 月平均位势高度的相关系数

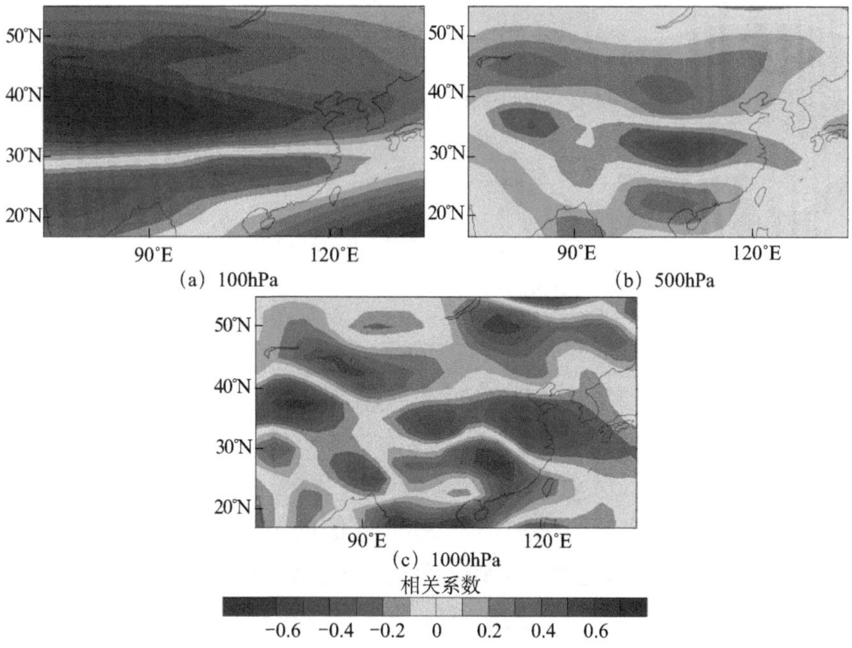

图 5.28　1948～2011 年极移振幅与中国区域 100hPa、500hPa、1000hPa 等压面上 1 月平均纬向风速的相关系数

5.4 地球运动因子与中国夏季气候的关系

中国东部地区夏季气候主要受东亚夏季风控制，东亚夏季风是北半球重要的天气现象，其年际变化深刻影响着中国、韩国和日本等国家的天气气候。大量观测事实和再分析资料结果显示，东亚季风系统的变异与海－陆－气耦合系统变异及其相互作用密切相关（Webster and Yang，1992；Webster，2006；Huang et al.，2007）。除了海陆热力差异的变化对东亚夏季风有重要影响外，青藏高原本身的热力变化和阻挡作用对东亚季风系统的变化也有着重要影响（Wu and Zhang，1998；Ding and Johnny，2005；Park et al.，2012）。尽管对东亚季风系统的时空变异和变化的原因研究取得了很大进展，但关于东亚季风系统的时空变异过程及其机理仍有很多重要问题有待解释。由于地球－大气－海洋是一个相互耦合、相互作用的整体，地球本身的运动必然导致地球和大气－海洋之间的角动量交换，从而影响大气环流特征和东亚夏季风的年际变化。然而长期以来，地球本身的运动因子对东亚夏季风变化的影响研究较少。下面利用 NCEP/ NCAR 再分析资料、极移资料和日长资料，通过趋势分析、滞后相关分析等方法，试图通过研究地球运动因子与东亚夏季风的关系来探索地球运动因子对中国夏季气候的影响。

5.4.1 极移与东亚夏季风的关系

1. 东亚夏季风强度指数计算方法

以下东亚夏季风强度指数（summer monsoon index，SMI）采用郭其蕴（1983）定义的东亚夏季风强度指数计算得到。即取 10°N ～ 50°N 范围内每 10° 纬圈上 110°E 减 160°E 之间的气压差值小于或等于 −5hPa 的所有数值的和代表夏季风的强度。首先计算出 1948 ～ 2011 年逐年 1 ～ 12 月各纬度的海陆气压差，然后计算各年等于或小于 −5hPa 数值的和。为了简便，把各年的值与 1948 ～ 2011 年平均求比值，得到东亚夏季风强度指数。东亚夏季风强度指数越大，说明该年夏季风越强；反之，东亚夏季风强度指数越小，说明该年夏季风越弱。

2. 大气角动量守恒及山脉力矩、摩擦力矩的计算方法

大气角动量（M_{atm}）包含两个部分，一部分与固体地球自转有关，称为 Ω 角动量（M_{Ω}）；另一部分和大气相对于地球的纬向运动有关，称为相对角动量（M_r）（Oort，1989）。

$$M_{\text{atm}} = M_{\Omega} + M_r = (\Omega R\cos\varphi + u)R\cos\varphi \tag{5.3}$$

式中，R 为地球平均半径；φ 为纬度；u 为纬向风速。

将大气角动量按时间微分可得到：

$$\frac{\mathrm{d}M_{\text{atm}}}{\mathrm{d}t} = -\frac{1}{\rho}\frac{\partial p}{\partial\lambda} + r\cos\varphi F_{\lambda} \tag{5.4}$$

式中，p 为气压；r 为到地心的距离；λ 为经度；F_{λ} 为摩擦力；ρ 为大气密度。

式（5.4）在 p 坐标中可写为

$$\frac{\mathrm{d}M_{\text{atm}}}{\mathrm{d}t} = -\frac{\partial h}{\partial\lambda} + a\cos\varphi F_{\lambda} \tag{5.5}$$

由式（5. 5）可得，大气角动量收支公式可简化为（de Viron et al.，2001）

$$\frac{\mathrm{d}M_{\text{atm}}}{\mathrm{d}t} = T_{\mathrm{m}} + T_{\mathrm{f}} \tag{5.6}$$

式中，T_{m} 为山脉力矩；T_{f} 为摩擦力矩。重力波力矩贡献很小，几乎可以忽略不计（de Viron et al.，1999），因此没有出现在式（5.6）中。

由式（5.3）～式（5.6）可知，地球自转速度的变化通过作用于固体地球表面的摩擦力矩和山脉力矩引起大气和固体地球之间角动量的交换。例如，在西风带中地球通过摩擦作用给大气一个自东向西的转动力矩，因此西风带中大气将损耗西风角动量而地球将获得西风角动量。摩擦力矩和山脉力矩作为深入分析地球自转和大气之间的相互作用以及动量传输过程的关键参数，对于探讨地球自转速度变化对气候变化的驱动机制具有重要作用。

全球积分形式的山脉力矩可用以下公式计算（Weickmann and Sardeshmukh，1994；Huang et al.，1999）：

$$T_{\mathrm{m}} = -R^2\int_0^{2\pi}\int_{-\frac{\pi}{2}}^{\frac{\pi}{2}} P_{\text{sfc}}\frac{\partial h}{\partial\lambda}\cos\varphi\,\mathrm{d}\varphi\,\mathrm{d}\lambda \tag{5.7}$$

式中，R 为地球半径；P_{sfc} 为地表面气压；h 为地形高度；λ 为经度；φ 为纬度。

全球积分形式的摩擦力矩可用以下公式计算（Weickmann and Sardeshmukh，1994；Huang et al.，1999）：

$$T_{\mathrm{f}} = R^3 \int_0^{2\pi} \int_{-\frac{\pi}{2}}^{\frac{\pi}{2}} \tau \cos^2 \varphi \mathrm{d}\varphi \mathrm{d}\lambda \tag{5.8}$$

式中，R 为地球半径；τ 为地表应力；λ 为经度；φ 为纬度。

3. 趋势分析方法

通过线性拟合方法（$y=ax+b$）分析各个力矩的变化趋势，即

$$a = \frac{n\sum_{i=1}^{n} x_i y_i - \sum_{i=1}^{n} x_i \sum_{i=1}^{n} y_i}{n\sum_{i=1}^{n} x_i^2 - \left(\sum_{i=1}^{n} x_i\right)^2} \tag{5.9}$$

式中，n 代表年数，等于 64；x_i 代表年份（1，2，3，…，64）；y_i 为第 i 年的力矩大小。当 a 大于 0 时，表示力矩呈上升趋势，当 a 小于 0 时，表示力矩呈下降趋势。

4. 东亚夏季风变化与贝加尔湖南部地表气压

根据郭其蕴（1983）的定义，计算 1948 ～ 2011 年东亚夏季风强度指数。1948 ～ 2011 年，东亚夏季风强度呈显著减弱趋势，并表现出年际波动趋势。20 世纪 60 年代以前，夏季风持续偏强；60 年代后开始出现减弱的转折信号，之后一直到 70 年代末保持减弱的趋势，其间有两次明显的减弱跳动。一次出现在 60 年代初，一次出现在 70 年代初到中期。80 年代以来，东亚夏季风变化相对平稳，2008 年出现变强的信号。东亚夏季风强度指数不仅捕捉了东亚夏季风强度的年代际变化趋势，同时体现了年际之间的波动，和前人用不同方法定义的东亚夏季风强度指数在重合时间段的变化基本一致（Wang，2001；Jiang and Wang，2005）。

东亚夏季风的形成和变化机制主要来源于海陆热力差异。在北半球夏季，由于太阳辐射的季节变化和海陆的热容量差异，大陆的加热要快于周围的海洋，大陆为热源而海洋为冷源，从而产生海洋到大陆之间大范围温度和气压梯度。因此，可以用海陆之间气压梯度的大小来定义东亚夏季风的强弱。为了从空间上分析海陆气压的变化，对 1948 ～ 2011 年，全球 1 月和 7 月地表气压做了趋势分析（图 5.29）。与 1 月相比，在欧亚大陆、青藏高原北部，地表气压呈升高趋势，特别在贝加尔湖南部区域，是全球 1948 ～ 2011 年地表气压升高最为明显的区域。与欧亚大陆上地表气压相比，太平洋 7 月地表气压大部分呈下降趋势，但较陆地上的气压变化不显著。谭桂容等（2008）的研究也表明，

贝加尔湖南部（35°N ～ 55°N，90°E ～ 105°E）区域的大陆高压 20 世纪 70 年代末期以来异常增高，尤其是在 7 月和 8 月。

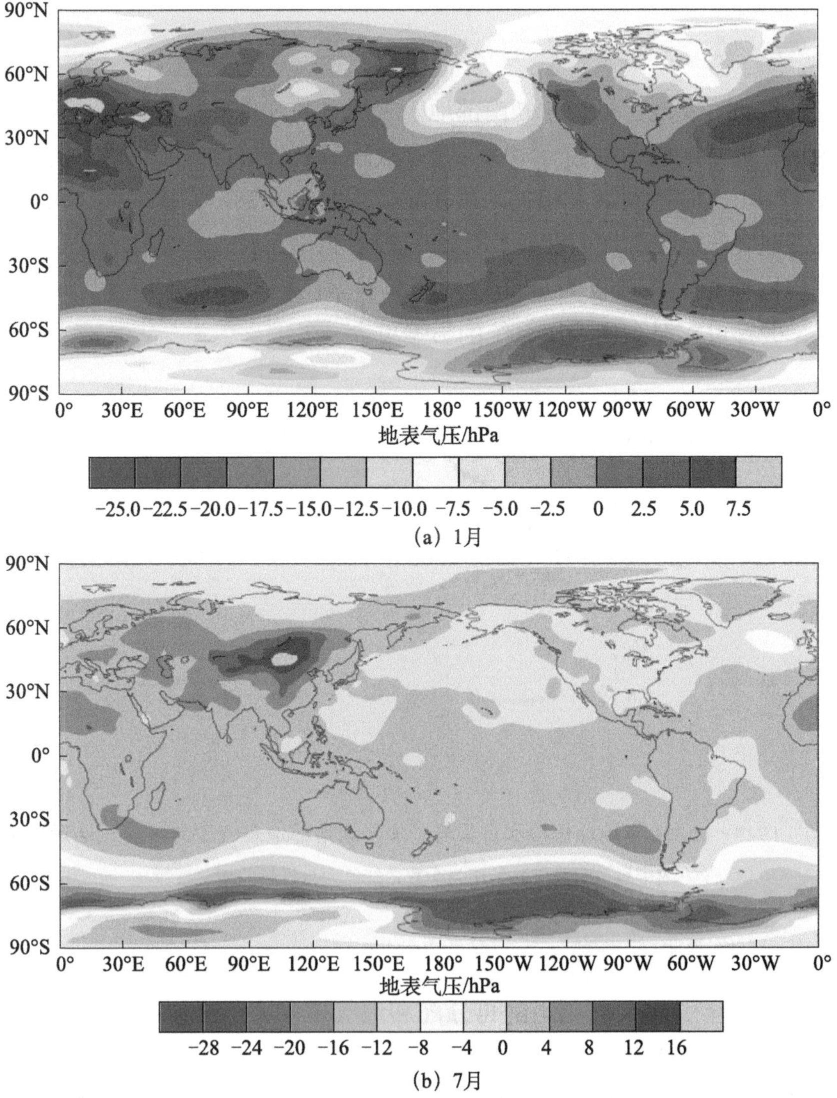

图 5.29　1948 ～ 2011 年全球 1 月、7 月地表气压的变化趋势

Ding 和 Johnny（2005）研究表明，东亚夏季风与贝加尔湖气旋的发展、快速加速的低层西风和明显增强的对流活动有关。1948 ～ 2011 年，贝加尔湖南部气压的明显增高趋势，将改变海陆之间的热力差异，从而影响东亚夏季风强度的变化。通过时间序列相关计算可以发现，贝加尔湖南部地表气压的年际变化和东亚夏季风强度指数之间存在很好的负相关关系。以上分析表明，贝加尔湖南部地表气压的异常升高可能是 20 世纪 60 ～ 80 年代东亚夏季风强度减弱的重要表征信号。

5. 贝加尔湖南部地表气压与极移的关系

进一步研究发现，贝加尔湖南部地表气压升高和地球极移有密切关系。如图 5.30 所示，极移振幅和贝加尔湖南部地表气压具有较好的正相关性，并在极移超前地表气压 1 年时达到最大相关（最大相关系数为 0.787）。这表明，极移对青藏高原北部地表气压变化起着驱动作用。与极移相比，日长的变化和贝加尔湖南部地表气压同期相关系数仅为 −0.032，基本不存在相关。综上所述，与日长的变化相比，极移可能对东亚季风系统的影响更大。

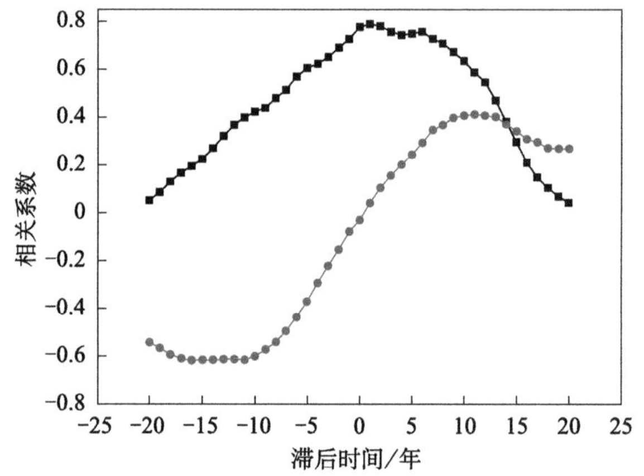

图 5.30　1948 ～ 2011 年地球极移和日长与贝加尔湖南部地表气压的超前 - 滞后相关系数

图中黑色为与极移的相关系数，红色为与日长的相关系数

6. 可能的影响途径分析

极移必然会引起大气质量的再分配和地气之间大气角动量交换和力矩的变化。从 1948 ～ 2011 年全球山脉力矩［图 5.31（a）］和摩擦力矩［图 5.31（b）］的变化趋势可以看出：1948 ～ 2011 年，山脉力矩变化最为显著的地区集中在欧亚大陆中南部，以青藏高原区域变化最为剧烈［图 5.31（a）］。在喜马拉雅山脉西南部，山脉力矩呈明显的降低趋势，每年减少 4×10^{15}kg · m^2/s^2 以上；而在喜马拉雅山脉东部和北部局部，山脉力矩呈增加趋势，部分地区每年增加的幅度大于 6×10^{15}kg · m^2/s^2。此外，在安第斯山脉中部局部、东非高原局部山脉力矩也呈一定的上升趋势，但较喜马拉雅山脉附近变化趋势较小。全球其他地区变化趋势

不明显。与山脉力矩相比，摩擦力矩的变化趋势较小（小近一个数量级），但变化的空间范围较大［图 5.33（b）］。1948 ～ 2011 年，全球摩擦力矩的变化主要集中在 30° N ～ 50° S。其中，在非洲大陆中部出现较明显的增加趋势，最高值达到 6×10^{14}kg · m^2/s^2。此外，在欧亚大陆南部、南美洲南部和东部局部也呈增长趋势。

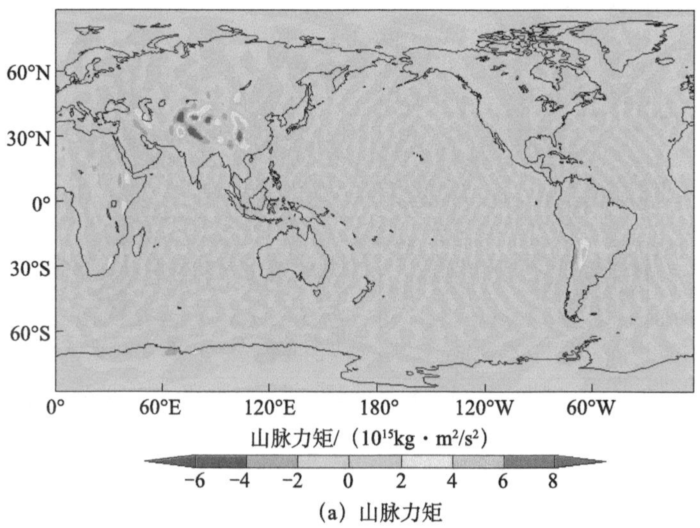

（a）山脉力矩

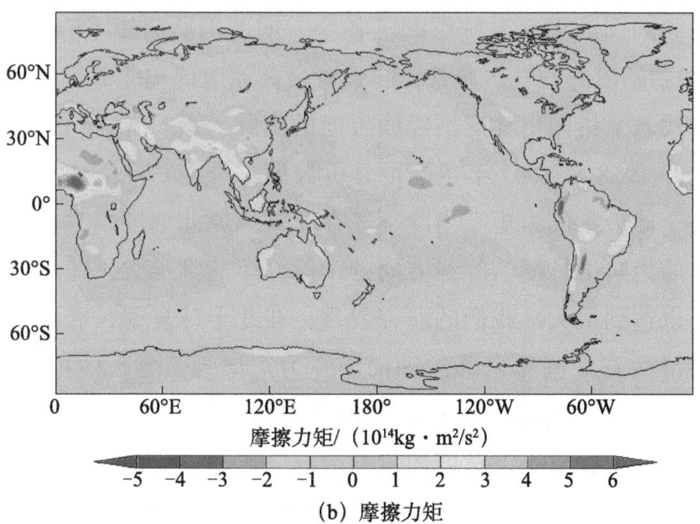

（b）摩擦力矩

图 5.31　1948 ～ 2011 年全球山脉力矩和摩擦力矩平均变化趋势分布

图 5.32 为 1948 ～ 2011 年全球山脉力矩与摩擦力矩之和平均变化趋势分布。山脉力矩与摩擦力矩之和大致代表大气角动量随时间的变化。可以发现，大气角动量变化最为剧烈的区域主要集中在以喜马拉雅山为中心的青藏高原区域（变化趋势大于 $\pm 4 \times 10^{15} kg \cdot m^2/s^2$）。以上研究表明，青藏高原区域的山脉力矩在区域角动量变化中具有重要作用。

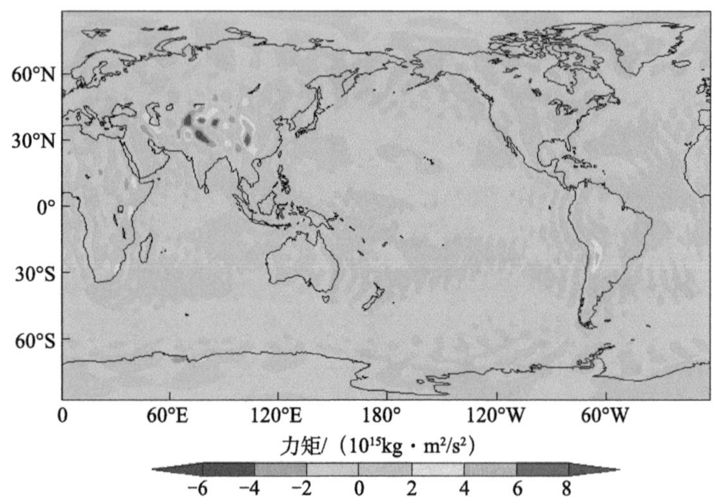

图 5.32　1948 ～ 2011 年全球山脉力矩与摩擦力矩之和平均变化趋势分布

青藏高原周围的天气系统影响了各个方向的山脉力矩（Egger and Hoinka，2008）。贝加尔湖南部的气压异常，导致青藏高原南部和北部气压差的异常，而这一气压差代表了指向格林尼治经线方向的山脉力矩。Egger 和 Hoinka（2008）基于欧洲中心 1958 ～ 2001 年冬季再分析数据，研究发现格林尼治经线方向的山脉力矩是全球最大的力矩。当冷空气在青藏高原北部堆积时，反映青藏高原南北气压差的指向格林尼治经线方向的山脉力矩达到最大，随后指向地轴的轴向山脉力矩也达到最大。我们的研究发现，在北半球夏季，青藏高原北部气压升高同样会导致青藏高原东部的轴向山脉力矩增强（图 5.33），最大相关系数达到 0.69，证明极移的确会引起大气角动量的变化。在年际变化时间尺度上，这一效应主要发生在夏季，对贝加尔湖南部气压和冬亚夏季风强度变化产生重要影响。与极移相比，青藏高原东部山脉力矩的变化和日长基本不存在同期相关性。

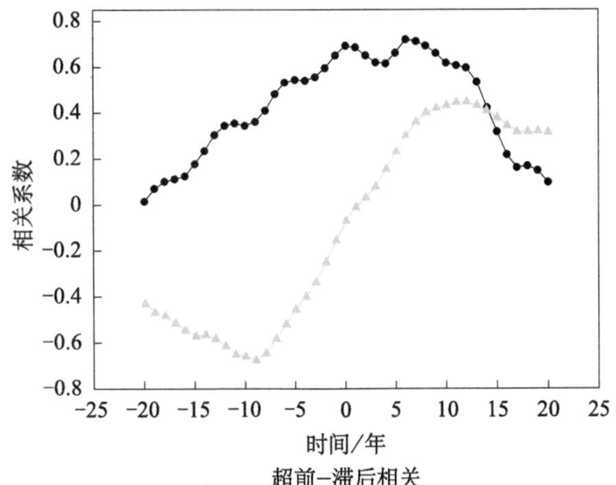

图 5.33　1948 ～ 2011 年极移振幅与青藏高原东部地表气压的超前 – 滞后相关系数

图中黑色为与极移的相关系数，绿色为与日长的相关系数

综上所述，青藏高原是极移和大气之间交换角动量的重要方式。1948 ～ 2011 年，东亚夏季风发生了显著变化，贝加尔湖南部地表气压的异常升高是 20 世纪 60 ～ 80 年代东亚夏季风强度减弱的重要原因。极移可能是通过青藏高原区域山脉力矩的作用引起大气和地球的质量再分配进而引起贝加尔湖南部地表气压的异常升高。与极移相比，日长变化的影响并不显著。

5.4.2　日长与中国夏季气候的关系

我们选择 7 月平均大气低、中、高层气温、纬向风速和位势高度作为夏季大气环流的代表特征，探讨日长与夏季环流的相关关系，其中大气低、中、高层分别用 1000hPa、500hPa 和 100hPa 等压面高度来代表。图 5.34 展示了日长与中国区域 7 月平均大气低、中、高层气温的相关系数。从图中可以看到，夏季气温与日长的相关系数在大气各层都不同。1000hPa 高度上，夏季气温与日长在中国区域的相关以负相关为主，云南和青藏高原的南部区域为正相关。在 500hPa 高度上，负相关区域仍然大于正相关区域，东南沿海和华南地区为正相关，其余地区为负相关。在 100hPa 高度上均为正相关，与低层的相关相反。

图 5.35 展示了日长与中国区域 7 月平均大气低、中、高层位势高度的相关系数。从图中可以看到，日长与低层位势高度的相关在中国大部分区域为正相关，而在 500hPa 高度上，日长与位势高度的相关系数都为负。在 1000hPa 高度上，日长与位势高度在 30° N 以北为负相关，以南为正相关。

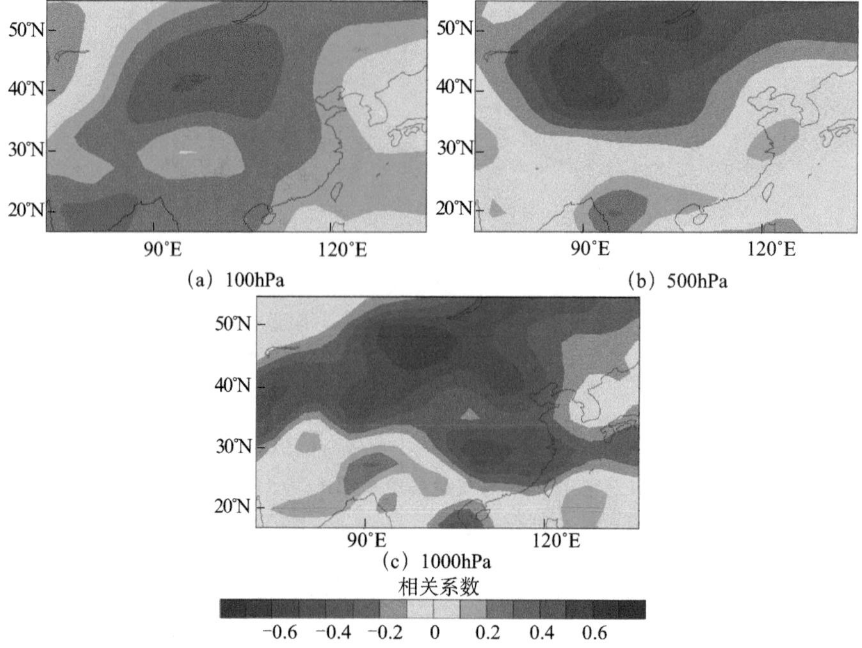

图 5.34　1948～2011 年日长与中国区域 100hPa、500hPa、1000hPa 等压面上 7 月平均气温的相关系数

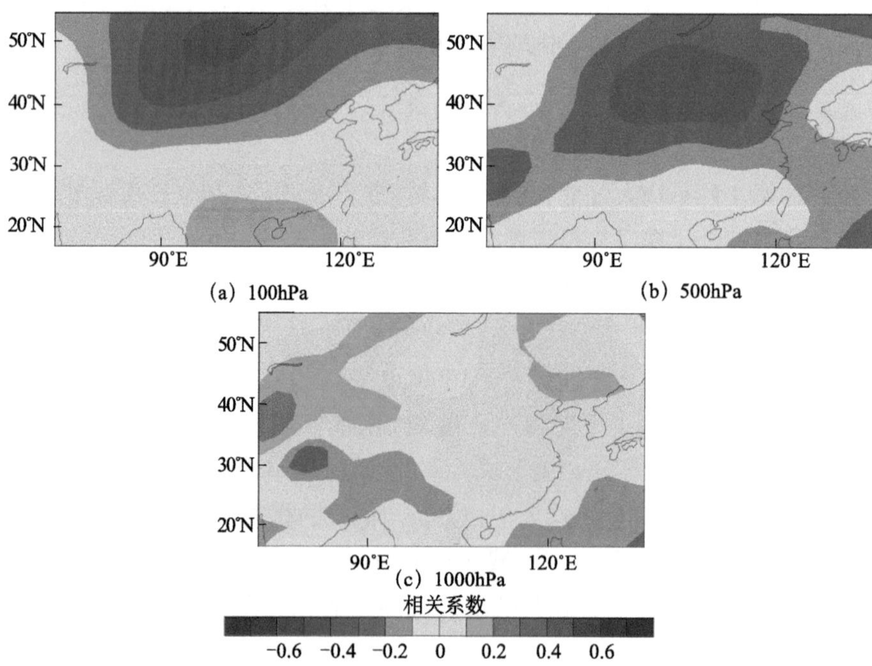

图 5.35　1948～2011 年日长与中国区域 100hPa、500hPa、1000hPa 等压面上 7 月平均位势高度的相关系数

图 5.36 展示了日长与中国区域 7 月平均大气低、中、高层纬向风速的相关系数。从图中可以看到，日长与 1000hPa 纬向风速的相关有两个负值中心，一个位于我国西南地区的云南、贵州、四川等地，另一个位于京津冀区域。正相关区主要位于我国新疆和内蒙古。对比日长与 1 月平均的大气低层纬向风速的相关系数图（图 5.25）可以看到，日长对低层大气纬向风速的影响在不同季节是一致的。即当日长增加（即地球自转减慢）时，新疆和内蒙古的纬向风速不分冬夏都会增加；当日长减小（即地球自转加快）时，该区域的纬向风速不分冬夏都会减小。日长与夏季 500hPa 和 1000hPa 纬向风速的相关系数以正为主，说明在日长增加时，中国区域夏季中高层大气纬向风速将增加。

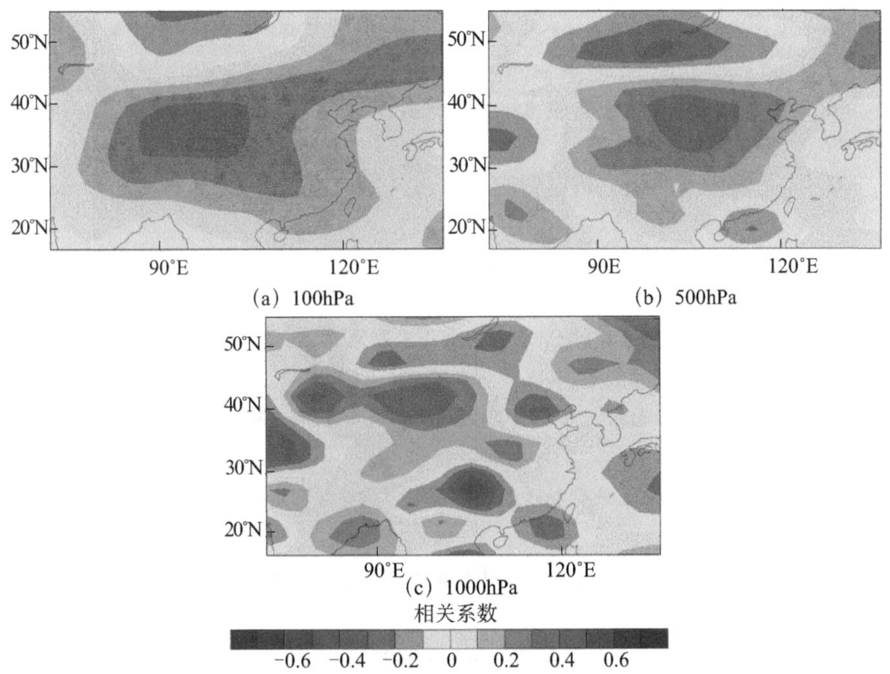

图 5.36　1948 ～ 2011 年日长与中国区域 7 月平均 100hPa、500hPa、1000hPa 等压面上纬向风速的相关系数

综上所述，日长与中国区域 7 月平均气温、位势高度和纬向风速的相关在大气各个高度层不一致，不同层次的相关系数甚至是相反的。总的来说，日长与大气的关系遵守角动量守恒原理，即固体地球角动量的变化会引起大气角动量变化，反过来大气角动量的变化也会影响地球运动。由于固体地球运动的复杂性以及地面上各圈层之间相互作用的复杂性，日长和极移与大气运动之间关系的影响机理还没有得到完全解释。地球物理学界通常认为在季节和年际尺度上，大气运动激发了日长与极移的变化，但是否存在固体地球对大气的反馈作用是今后需要进一步研究的问题。

参考文献

布和朝鲁，纪立人 . 1999. 东亚冬季风活动异常与热带太平洋海温异常 . 科学通报，44（3）：252-259.

陈菊英 . 1980. 江南地区旱涝与日月关系的分析及预报 . 气象，11：7-9.

陈菊英 . 1986. 我国东部夏季主要多雨带位置与日、月视运动的相关分析 . 天文气象学术讨论会文集，121-129.

陈菊英 . 1999. ENSO 和长江大水对天文因子的响应研究 . 地球物理学报，S1：30-40.

陈泰然 . 1988. 东亚梅雨锋面之综观气候特征研究 . 大气科学，16（4）：435-446.

陈文 . 2002. El Niño 和 La Niña 事件对东亚冬、夏季风循环的影响 . 大气科学，26（5）：595-610.

陈文，魏科 . 2009. 大气准定常行星波异常传播及其在平流层影响东亚冬季气候中的作用 . 地球科学进展，24（3）：272-285.

陈文，魏科，王林，等 . 2013. 东亚冬季风气候变异和机理以及平流层过程的影响 . 大气科学，37（2）：425-438.

段长春，孙绩华 . 2006. 太阳活动异常与降水和地面气温的关系 . 气象科技，34（4）：381-386.

房巧敏，龚道溢，毛睿 . 2007. 中国近 46 年来冬半年日降水变化特征分析 . 地理科学，27（5）：711-717.

傅晓卫，许有丰 . 1994. 地形和热源对冬季定常行星波形成的影响 . 大气科学，18（1）：72-80.

高辉 . 2007. 东亚冬季风指数及其对东亚大气环流异常的表征 . 气象学报，65（2）：272-279.

郭其蕴 . 1983. 东亚夏季风强度指数及其变化的分析 . 地理学报，3：207-217.

韩延本，赵娟，李志安 . 2001. 地球自转速率的年际变化与 El Niño 事件 . 科学通报，46（22）：1858-1861.

何溪澄，丁一汇，何金海，等 . 2006. 中国南方地区冬季风降水异常的分析 . 气象学报，64（5）：594-604.

黄玫，彭公炳，沙万英 . 1999. 地球自转速率变化影响大气环流的事实及机制探讨 . 地理研究，3：254-259.

黄荣辉，魏科，陈际龙，等 . 2007. 东亚 2005 年和 2006 年冬季风异常及其与准定常行星波活动的关系 . 大气科学，31（6）：1033-1048.

康丽华，陈文，魏科 . 2006. 我国冬季气温年代际变化及其与大气环流异常变化的关系．气候与环境研究，11（3）：330-339.

况雪源，黄梅丽，林振敏，等．2008. 广西前汛期降水年代际变化与南半球印度洋海温的关系．热带气象学报，24（3）：279-284.

李崇银．1988. 亚洲季风气候若干问题研究近况．热带气象，3:203-215.

李崇银，杨辉，顾薇．2008. 中国南方雨雪冰冻异常天气原因的分析．气候与环境研究，13（2）：113-122.

刘式适，刘式达，傅遵涛，等．1999. 地球自转与气候动力学——振荡理论．地球物理学报，42：590-598.

刘毅，刘传熙，陆春晖．2009. 平流层爆发性增温中平流层环流及化学成分变化过程研究．地球科学进展，24（3）：297-307.

陆春晖．2011. 平流层环流的变化特征及其对ENSO海温异常和太阳周期活动的响应．北京：中国科学院研究生院．

陆春晖，丁一汇．2013. 平流层与对流层相互作用的研究进展．气象科技进展，3（2）：6-21.

马利华，韩延本，尹志强．2004. 地球自转速率变化及其与地球物理现象关系研究的进展．地球物理学进展，19（4）：968-974.

苗峻峰，王贵生．1994. 地球自转速率变异与长期天气变化研究进展．气象，20（9）：3-8.

潘静，李崇银，顾薇．2010. 太阳活动对中国东部夏季降水异常的可能影响．气象科学，30（5）：574-581.

彭公炳．1973. 地极移动对气候变化的影响及其在气候预测中的应用．气象科技资料，3：54-58.

彭公炳，陆巍．1981. 大气环流演变与地球转动不均匀性．中国科学，9：1126-1136.

彭公炳，陆巍．1983. 气候的第四类自然因子．北京：科学出版社．

彭公炳，陆巍，殷延珍．1980. 地极移动与气候的几个问题．大气科学，4：369-378.

钱维宏．1988. 长期天气变化与地球自转速度的若干关系．地理学报，55（1）：60-66.

钱维宏．1991. 地球自转速度变化对副高脊线南北进退的作用．气象学报，49（2）：239-243.

任振球．1990. 全球变化——地球四大圈异常变化及其天文成因．北京：科学出版社．

任振球，张素琴．1985. 地球自转与厄尔尼诺现象．科学通报，30（6）：444-447.

宋国玄，郑大伟，罗时芳．1989. 地球自转与ENSO事件的动力学分析．天文学报，30：310-314.

谭桂容，孙照渤，林朝晖，等．2008. 贝加尔湖南侧大陆高压与东亚夏季风和中国夏季气候的关系．气候与环境研究，13（6）：791-799.

田荣湘，张炎．2007. 太阳黑子、QBO对杭州地区梅雨的影响．浙江大学学报（理学版），1：115-120.

涂长望 . 1936. 东亚活动中心与我国水旱灾的关系 . 气象学报，12（11）：600-619.

王绍武 . 1962. 大气活动中心的多年变化 . 气象学报，S1：304-318.

王遵娅，丁一汇 . 2006. 近 53 年中国寒潮的变化特征及其可能原因 . 大气科学，30（6）：1068-1076.

魏凤英 . 2006. 长江中下游夏季降水异常变化与若干强迫因子的关系 . 大气科学，2：202-211.

徐群，金龙 . 1986. 太阳活动与北半球副热带高压强度的耦合振荡 . 大气科学，2：170，204-211.

徐群，王冰梅 . 1993. 太阳辐射变化对我国中东部和西非夏季风雨量的影响 . 应用气象学报，1：38-44.

徐群，杨秋明 . 1994. 北半球副热带高压强度对太阳活动的响应 . 气象科学，3：225-232.

徐群，杨义文，杨秋明 . 2001. 近 116 年长江中下游的梅雨（一）// 刘志澄 . 暴雨 · 灾害（五）. 北京：气象出版社：44-53.

杨桂英，章淹 . 1994. 冬季东亚大槽异常与 El Niño 的关系 . 应用气象学报，5（1）：114-118.

杨鉴初 . 1962. 近年来国外关于太阳活动对大气环流和天气影响的研究 . 气象学报，2：177-194.

赵亮，王劲松 . 2009. 106 年来太阳黑子数与全球夏季风降水的统计关系 . 第五届副热带气象学术业务研讨会论文摘要汇编，25-30.

赵平，周秀骥，刘舸 . 2011. 夏季亚洲 - 太平洋热力差异年代 - 百年尺度变化与太阳活动 . 科学通报，56（25）：2068-2074.

郑彬，梁建茵，林爱兰，等 . 2006. 华南前汛期的锋面降水和夏季风降水 I. 划分日期的确定 . 大气科学，6：1207-1216.

郑大伟，罗时芳，宋国玄 . 1988. 地球自转年际变化、El Niño 事件和大气角动量 . 中国科学（B 辑化学 生物学 农学 医学 地学），（3）：332-337.

周群，陈文 . 2012. 太阳活动 11 年周期对 ENSO 事件海温异常演变和东亚降水的影响 . 大气科学，36（4）：851-862.

周永宏，郑大伟，虞南华，等 . 2000. 地球自转运动与大气、海洋活动 . 科学通报，45（24）：2588-2597.

朱炳海 . 1962. 中国气候 . 北京：科学出版社 .

竺可桢 . 1926. 我国历史上气候的脉动 . 科学汇刊，3：1-12.

Andrews D G，Holton J R，Leovy C B. 1987. Middle Atmosphere Dynamics. Salt Lake City：Academic Press.

Baldwin M P，Dunkerton T J. 1999. Propagation of the arctic oscillation from the stratosphere to the troposphere. Journal of Geophysical Research，104（D24）：30937-30946.

Baldwin M P，Dunkerton T J. 2005. The solar cycle and stratosphere-troposphere dynamical coupling. Journal of Atmospheric and Solar-Terrestrial Physics，67（1-2）：71-82.

Baldwin M P，Thompson D W J，Shuckburgh E F，et al. 2003. Weather from the stratosphere?. Science，301（5631）：317-319.

Barriopedro D，García-Herrera R，Huth R. 2008. Solar modulation of Northern Hemisphere winter blocking. Journal of Geophysical Research，113（D14）：D14118.

Brönnimann S，Ewen T，Griesser T，et al. 2006. Multidecadal signal of solar variability in the upper troposphere during the 20th century. Space Science Reviews，125（1-4）：305-317.

Calvo N，Marsh D R. 2011. The combined effects of ENSO and the 11-year solar cycle on the Northern Hemisphere polar stratosphere. Journal of Geophysical Research，116（D23）：D23112.

Celaya M A，Whr J M，Bryan F. 1999. Climate-driven polar motion. Journal of Geophysical Research，104（B6）：12813-12829.

Chandra S，McPeters R D. 1994. The solar cycle variation of ozone in the stratosphere inferred from Nimbus 7 and NOAA 11 satellites. Journal of Geophysical Research，99（D10）：20665-20671.

Chang C P，Zhang Y，Li T. 2000. Interannual and interdecadal variations of the East Asian summer monsoon and tropical Pacific SSTs. Part Ⅱ：Meridional structure of the monsoon. Journal of Climate，13：4326-4340.

Chen G T J. 2004. Research on the phenomena of Meiyu during the past quarter century：an overview// Chang C P. East Asian Monsoon. Singapore：World Scientific：564.

Chen J L，Wilson C R. 2000. Hydrologic and oceanic excitations to polar motion and length-of-day variation.Geophysical Journal International，141：149-156.

Chen J L，Wilson C R，Ries J C，et al. 2013. Rapid ice melting drives Earths pole to the east. Geophysical Research Letters，42：2625-2630.

Chen L X，Dong M，Shao Y N. 1992. The characteristics of interannual variations on the East Asian Monsoon. Journal of the Meteorological Society of Japan，70（1B）：397-421.

Chen W. 2002. Impacts of El Niño and La Niña on the cycle of the East Asian winter and summer monsoon. Chinese Journal of Atmospheric Sciences，26（5）：595-610.

Chen W，Zhou Q. 2012. Modulation of the Arctic Oscillation and the East Asian winter climate relationships by the 11-year solar cycle. Advances in Atmospheric Sciences，29（2）：217-226.

Chou C，Tu J Y，Yu J Y. 2003. Interannual variability of the western north pacific summer monsoon：differences between ENSO and Non-ENSO Years. Journal of Climate，16：2275-2287.

Crooks S A，Gray L J. 2005. Characterization of the 11-year solar signal using a multiple regression analysis of the ERA-40 dataset. Journal of Climate，18（7）：996-1015.

Currie R G. 1995. Luni-solar and solar cycle signals in Chinese dryness/wetness indices. International Journal of Climatology, 15: 497-515.

Davi N K, Jacoby G C, Curtis A E, et al. 2006. Extension of drought records for Central Asia using tree rings: West-Central Mongolia. Journal of Climate, 19 (1): 288-299.

de Viron O, Bizouard C, Salstein D, et al. 1999. Atmospheric torque on the Earth and comparison with atmospheric angular momentum variations. Journal of Geophysical Research, 104 (B3): 4861-4875.

de Viron O, Ponte R M, Dehant V. 2001. Indirect effect of the atmosphere through the oceans on the Earth nutation using the torque approach. Journal of Geophysical Research, 106 (B5): 8841- 8851.

Dima M, Lohmann G, Dima I. 2005. Solar-induced and internal climate variability and decadal time scales. International Journal of Climatology, 25: 713-733.

Ding Y H. 1992. Summer monsoon rainfalls in China. Journal of the Meteorological Society of Japan, 70: 373-396.

Ding Y H, Johnny C L. 2005. The East Asian summer monsoon: an overview. Meteorology and Atmospheric Physics, 89: 117-142.

Ding Y H, Wang Z Y, Sun Y. 2008. Inter-decadal variation of the summer precipitation in East China and its association with decreasing Asian summer monsoon. Part I: Observed evidences. International Journal of Climatology, 28: 1139-1161.

Egger J, Hoinka K P. 2008. Mountain torques and synoptic systems in the Mediterranean. Quarterly Journal of the Royal Meteorological Society, 134 (634): 1067-1081.

Eubanks T M. 1993. Variation in the orientation of the Earth//Smith D E, Turcotle D L. Contribution of Space Geodesy to Geodynamics: Earth Dynamics, AGU Geodynamics Series, 24: 1-54.

Frame T H A, Gray L J. 2010. The 11-yr solar cycle in ERA-40 data: an update to 2008. Journal of Climate, 23 (8): 2213-2222.

Gerber E P, Baldwin M P, Akiyoshi H, et al. 2010. Stratosphere-troposphere coupling and annular mode variability in chemistry-climate models. Journal of Geophysical Research, 115 (D3): 1-15.

Gimeno L, de la Torre L, Nieto R, et al. 2003. Changes in the relationship NAO-Northern Hemisphere temperature due to solar activity. Earth and Planetary Science Letters, 206 (1-2): 15-20.

Gleisner H, Thejll P. 2003. Patterns of tropospheric response to solar variability. Geophysical Research Letters, 30 (13): 44.

Gong D Y, Wang S W, Zhu J H. 2001. East Asian winter monsoon and arctic oscillation. Geophysical Research Letters, 28 (10): 2073-2076.

Goswami B N. 2004. Interdecadal change in potential predictability of the Indian summer monsoon. Geophysical Research Letters，31：L16208.

Goswam B N. 2005. The Asian monsoon：Interdecadal variability// Chang C P，Wang B，Lau N C G. The Global Monsoon System：Research and Forecast. Berlin，Heidelberg：Springer.

Goswami B N，Wu G X，Yasunari T. 2006. The annual cycle，intraseasonal oscillations，and roadb lock to seasonal predictability of the Asian summer monsoon. Journal of Climate，19：5078-5099.

Gray L J，Beer J，Geller M，et al. 2010. Solar influences on climate. Reviews of Geophysics，48（4）：RG4001.

Grinsted A，Moore J C，Jevrejeva S. 2004. Application of the cross wavelet transform and wavelet coherence to geophysical time series.Nonlinear Processes in Geophysics，11：561-566.

Gu D，Philander S G H. 1997. Interdecadal climate fluctuations thatt depend on exchanges between the tropics and extratropics. Science，275：805-807.

Haigh J D. 1996. The impact of solar variability on climate. Science，272（5264）：981-984.

Haigh J D. 1999. A GCM study of climate change in response to the 11-year solar cycle. Quarterly Journal of the Royal Meteorological Society，125（555）：871-892.

Haigh J D. 2003. The effects of solar variability on the Earth's climate. Philosophical Transactions of the Royal Society of London. Series A：Mathematical，Physical and Engineering Sciences，361（1802）：95-111.

Haigh J D，Blackburn M. 2006. Solar influences on dynamical coupling between the stratosphere and troposphere. Space Science Reviews，125（1-4）：331-344.

Haigh J D，Blackburn M，Day R. 2005. The response of tropospheric circulation to perturbations in lower-stratospheric temperature. Journal of Climate，18（17）：3672-3685.

Hide R，Dickey J O. 1991. Earth's variable rotation. Science，253：629-637.

Huang H-P，Sardeshmukh P D，Weickmann K M. 1999. The balance of global angular momentum in a long-term atmospheric data set. Journal of Geophysical Research：Atmospheres，104（D2）：2031-2040.

Huang R H，Chen J L，Huang G. 2007. Characteristics and variations of the East Asian monsoon system and its impacts on climate disasters in China. Advances in Atmospheric Sciences，24：993-1023.

Huang R H，Gu L，Zhou L T，et al. 2006. Impact of the thermal state of the tropical western Pacific on onset date and process of the South China Sea summer monsoon. Advances in Atmospheric Sciences，23：909-924.

Huang R H，Huang G，Wei Z G. 2004. Climate variations of the summer monsoon over China// Chang C P. East Asian Monsoon. Singapore：World Scientific Publishing Co. Pte. Ltd.：213-270.

Hunt B. G. 1979. The effects of past variations of the Earth's rotation rate on climate. Nature，281：188-191.

Huth R，Bochníček J，Hejda P. 2007. The 11-year solar cycle affects the intensity and annularity of the Arctic Oscillation. Journal of Atmospheric and Solar-Terrestrial Physics，69（9）：1095-1109.

Jenkins G S. 1996. A sensitivity study of changes in Earth's rotation rate with an atmospheric general circulation model. Global and Planetary Change，11：141-154.

Jiang D B，Wang H J. 2005. Natural interdecadal weakening of East Asian summer monsoon in the late 20th century. Chinese Science Bulletin，50（17）：1923-1929.

Jochmann H，Greiner-Mai H. 1996. Climate variations and the earth's rotation. Journal of Geodynamics，21（2）：170-176.

Kerr R A. 2005. Changes in the sun may sway the tropical monsoon. Science，308（5723）：787.

Kistler R，Kalnay E，Collins W，et al. 2001. The NCEP-NCAR 50-year reanalysis：monthly means CD-ROM and documentation. Bulletin of the American Meteorological Society，82：247-268.

Kodera K，Kuroda Y. 2000. Tropospheric and stratospheric aspects of the Arctic Oscillation. Geophysical Research Letters，27（20）：3349-3352.

Kodera K. 2002. Solar cycle modulation of the North Atlantic Oscillation：implication in the spatial structure of the NAO. Geophysical Research Letters，29（8）：59-1-59-4.

Kodera K. 2004. Solar influence on the Indian Ocean monsoon through dynamical processes. Geophysical Research Letters，31：L24209.

Kodera K，Kuroda Y. 2002. Dynamical response to the solar cycle. Journal of Geophysical Research，107（D24）：5-1-5-12.

Kodera K，Kuroda Y. 2005. A possible mechanism of solar modulation of the spatial structure of the North Atlantic Oscillation. Journal of Geophysical Research，110（D2）：D02111.

Kryjov V N，Park C K. 2007. Solar modulation of the El-Niño/Southern Oscillation impact on the Northern Hemisphere annular mode. Geophysical Research Letters，34（10）：10701.

Kurihara K. 1989. A climatological study on the relationship between the Japanese summer weather and the subtropical high in the western northern Pacific. The Geophysical Magazine，43：45-104.

Lambeck K. 1980. The Earth's Variable Rotation：Geophysical Causes and Consequences. New York：Cambridge University Press.

Lambert S B，Bizouard C，Dehant V. 2006. Rapid variations in polar motion during the 2005-2006 winter season. Geophysical Research Letters，33：L13303.

Lau K M，Yang S. 1997. Climatology and interannual variability of the southeast Asian summer monsoon. Advances in Atmospheric Sciences，14（2）：141-162.

Li X D，Zhu Y F，Qian W H. 2002. Spatiotemporal variations of summer rainfall over eastern China during 1880-1999. Advances in Atmospheric Sciences，19（6）：1055-1068.

Liu J，Wang B，Ding Q H，et al. 2009. Centennial variations of the global monsoon precipitation in the last millennium：results from ECHO-G model. Journal of Climate，22（9）：2356-2371.

Lockwood M，Harrison R G，Woollings T，et al. 2010. Are cold winters in Europe associated with low solar activity?. Environmental Research Letters，5（2）：024001.

Lu R Y. 2001. Interannual variability of the summer time North Pacific subtropical high and its relation to atmospheric convection over the warm pool. Journal of the Meteorological Society of Japan，79（3）：771-783.

Luterbacher J，Rickli R，Xoplaki E，et al. 2001. The late Maunder minimum（1675-1715）—a key period for studying decadal scale climatic change in Europe. Climatic Change，49（4）：441-462.

Madden R A，Speth P. 1995. Estimates of atmospheric angular momentum，friction，and mountain torques during 1987-1988. Journal of the Atmospheric Sciences，52（21）：3681-3694.

Mann M E，Zhang Z H，Rutherford S，et al. 2009. Global signatures and dynamical origins of the little ice age and medieval climate anomaly. Science，326（5957）：1256-1260.

Martin-Puertas C, Matthes K, Brauer A, et al. 2012. Regional atmospheric circulation shifts induced by a grand solar minimum. Nature Geoscience，5：397-401.

Meehl G A，Arblaster J M. 2009. A lagged warm event-like response to peaks in solar forcing in the Pacific region. Journal of Climate，22（13）：3647-3660.

Miyazaki C，Yasunari T. 2008. Dominant interannual and decadal variability of winter surface air temperature over Asia and the surrounding oceans. Journal of Climate，21（6）：1371-1386.

Munk W H，Miller R L. 1950. Variation in the Earth's angular velocity resulting from fluctuations in atmospheric and oceanic circulation. Tellus，2（2）：93-101.

Ninomiya K，Murakami T. 1987. The early summer rainy season（Baiu）over Japan//Chang C P，Krishnamurti T N. Monsoon Meteorology. Oxford：Oxford University Press：93-121.

Nitta T. 1987. Convective activities in the tropical western Pacific and their impact on the Northern Hemisphere summer circulation. Journal of the Meteorological Society of Japan，65：373-390.

Ogi M，Yamazaki K，Tachibana Y. 2003. Solar cycle modulation of the seasonal linkage of the North Atlantic Oscillation（NAO）. Geophysical Research Letters，30（22）：2170.

Oort A H，Bowman H D. 1974. A study of the mountain torque and its interannual variations in the Northern Hemisphere. Journal of the Atmospheric Sciences，31（8）：1974-1982.

Oort A H. 1989. Angular momentum cycle in the atmosphere-ocean-solid earth system. Bulletin of The American Meteorological Society，70（10）：1231-1242.

Park H S，Chiang J C H，Bordoni S. 2012. The mechanical impact of the Tibetan Plateau on the seasonal evolution of the South Asian Monsoon. Journal of Climate，25：2394-2407.

Perry C A. 1994. Solar-irradiance variations and regional precipitation fluctuations in the western USA. International Journal of Climatology，14（9）：969-984.

Ponte R M，Rosen R D. 1999. Torques responsible for evolution of atmospheric angular momentum during the 1982–83 El Niño. Journal of the Atmospheric Sciences，56（19）：3457-3462.

Ponte R M，Stammer D，Marshall J. 1998. Oceanic signals in observed motions of the Earth's pole of rotation. Nature，391：476-479.

Qian W H，Lee D K. 2000. Seasonal march of Asian summer monsoon. International Journal of Climatology，20：1371-1386.

Rind D. 2002. The Sun's role in climate variations. Science，296（5568）：673-677.

Rosen R D. 1993. The axial momentum balance of Earth and its fluid envelope. Surveys in Geophysics，14（1）：1-29.

Ruzmaikin A，Feynman J. 2002. Solar influence on a major mode of atmospheric variability. Journal of Geophysical Research，107（D14）：7-1-7-11.

Scaife A A，Ineson S，Knight J R，et al. 2013. A mechanism for lagged North Atlantic climate response to solar variability. Geophysical Research Letters，40（2）：434-439.

Shindell D T，Schmidt G A，Mann M E，et al. 2001. Solar forcing of regional climate change during the Maunder minimum. Science，294（5549）：2149-2152.

Shindell D，Rind D，Balachandran N，et al. 1999. Solar cycle variability，ozone，and climate. Science，284（5412）：305-308.

Starr V P. 1948. On the production of kinetic energy in the atmosphere. Journal of the Atmospheric Sciences，5（5）：193-196.

Sud Y C, Walker G K, Mehta V M, et al. 2002. Relative importance of the annual cycles of sea surface temperature and solar irradiance for tropical circulation and precipitation: a climate model simulation Study. Earth Interactions，（6）：Paper 6-002.

Tao S Y，Chen L X. 1987. A review of recent research on the East Asian summer monsoon in China // Chang C P，Krishnamurti T N. Monsoon Meteorology. London：Oxford University Press：60-92.

Torrence C，Compo G P. 1998. A practical guide to wavelet analysis. Bulletin of the American Meteorological Society，79（1）：61-78.

van Loon H，Meehl G A. 2012. The Indian summer monsoon during peaks in the 11 year sunspot cycle.Geophysical Research Letters，39：L13701.

Verschuren D，Damsté J S S，Moernaut J，et al. 2009. Half-precessional dynamics of monsoon rainfall near the East African Equator. Nature，462（7273）：637-641.

Verschuren D，Laird K R，Cumming B F. 2000. Rainfall and drought in equatorial east Africa during the past 1,100 years. Nature，403（6768）：410-414.

Wahr J M，Oort A H. 1984. Friction-and mountain-torque estimates from global atmospheric data. Journal of the Atmospheric Sciences，41：190-204.

Wang B，Lin H. 2002. Rainy season of the Asian-Pacific summer monsoon. Journal of Climate，15：386-396.

Wang B，Wu Z W，Chang C P，et al. 2010. Another look at interannual-to-interdecadal variations of the East Asian winter monsoon：the northern and southern temperature modes. Journal of Climate，23（6）：1495-1512.

Wang H J. 2001. The weakening of the Asian monsoon circulation after the end of 1970's. Advances in Atmospheric Sciences，18（3）：376-386.

Wang H J. 2002. The instability of the East Asian summer monsoon-ENSO relations. Advances in Atmospheric Sciences，19（1）：1-11.

Wang J，Zhao L. 2012. Statistical tests for a correlation between decadal variation in June precipitation in China and sunspot number. Journal of Geophysical Research，117（D23）：D23117.

Wang S W，Zhao Z C，Chen Z H. 1981. Reconstruction of the summer rainfall regime for the last 500 years in China. Geophysical Journal，5（2）：117-122.

Wang Y J，Cheng H，Edwards R L，et al. 2005. The Holocene Asian monsoon：links to solar changes and North Atlantic climate. Science，308：854-857.

Webster P J. 2006. The coupled monsoon system//Asian Monsoon. Berlin：Springer Praxis Books：3-66.

Webster P J，Yang S. 1992. Monsoon and Enso：selectively interactive systems. Quarterly Journal of the Royal Meteorological Society，118：877-926.

Weickmann K M，Sardeshmukh P D. 1994. The atmospheric angular momentum cycle associated with a Madden-Julian oscillation. Journal of the Atmospheric Sciences，51（21）：

3194-3208.

Weickmann K M，Kiladis G N，Sardeshmukh P D. 1997. The dynamics of intraseasonal atmospheric angular momentum oscillations. Journal of the Atmospheric Sciences，54：1445-1461.

Weng H Y. 2012. Impacts of multi-scale solar activity on climate. Part I：atmospheric circulation patterns and climate extremes. Advances in Atmospheric Sciences，29（4）：867-886.

Woollings T，Lockwood M，Masato G，et al. 2010. Enhanced signature of solar variability in Eurasian winter climate. Geophysical Research Letters，37（20）：114-122.

Wu G，Zhang Y. 1998. Tibetan Plateau forcing and the timing of the monsoon onset over South Asia and the South China. Monthly Weather Review，126：913-927.

Xu Q，Yang Q M. 1993. Response of the intensity of subtropical high in the Northern Hemisphere to solar activity. Advances in Atmospheric Sciences，（3）：325-334.

Zhang R H，Sumi A，Kimoto M. 1996. Impact of El Niño on the East Asian monsoon：a diagnostic study of the 86/87 and 91/92 events. Journal of the Meteorological Society of Japan，74：49-62.

Zhang Y，Sperber K R，Boyle J S. 1997. Climatology and interannual variation of the East Asian winter monsoon：results from the 1979-95 NCEP/NCAR reanalysis. Monthly Weather Review，125：2605-2619.

Zhao L，Wang J，Zhao H. 2012. Solar cycle signature in decadal variability of monsoon precipitation in China. Journal of the Meteorological Society of Japan，90（1）：1-9.

Zhao L，Wang J. 2014. Robust response of the East Asian monsoon rainband to solar variability. Journal of Climate，27：3043-3051.

Zhao L, Wang J S, Liu H W, et al. 2017. Amplification of solar signal in summer monsoon rainband in China by a synergistic action of different dynamical responses. Journal of Meteorological Research，31（1）：61-72.

Zhong M，Naito I，Kitoh A. 2003. Atmospheric，hydrological，and ocean current contributions to Earth's annual wobble and length-of-day signals based on output from a climate model. Journal of Geophysical Research，108（B1）：2057.

Zhou Q，Chen W，Zhou W. 2013. Solar cycle modulation of the ENSO impact on the winter climate of East Asia. Journal of Geophysical Research，118（11）：5111-5119.

第 6 章

太阳活动和地球运动因子对气候变化影响的评估及预测

6.1 太阳活动对过去气候影响的评估

全球气候变暖是当前国内外研究的热点问题，也是最有争议的问题。气候变化受到多种因素的影响，除人类活动和气候系统内部变率以外，太阳活动、火山活动及地球运动等自然强迫也是影响气候变化的重要因素（Tett et al.，1999）。太阳是距离地球最近的恒星，向地球提供光和热，是地球气候系统最基本的能量来源。古气候学证据表明，太阳黑子的斯波勒极小期（Sporer minimum，1450 ~ 1550 年）和蒙德极小期（Maunder minimum，1645 ~ 1715 年）造成了这两个时期全球的“小冰期”事件（Eddy，1976）。在更早以前，全新世北大西洋冷事件与太阳活动处于低谷时期的时间具有很好的一致性（Bond et al.，2001），而北半球中纬度地区太阳辐射在距今 6000 年左右变率最大，该特征与青藏高原东部地区全新世季风气候转型相匹配（Yu et al.，2011）。近百年气候研究表明，1850 ~ 1980 年全球平均海温异常与太阳活动的强度（11 年滑动平均的黑子数）呈显著正相关，且太阳活动的强度变化超前于海温变化（Reid，1991）。对 1959 ~ 2004 年全球平均气温进行去趋势处理后，也可以发现其年际变化与太阳周期呈正相关（相关系数为 0.48），其相关显著性超过了 98% 的置信度（Tung and Camp，2008）。Friis-Christensen 和 Lassen（1991）揭示了太阳活动周的长短与气候年代际变化有着密切的关联。他们发现，自 19 世纪末起，随着太阳黑子周期的变短，北半球地表温度逐渐升高；20 世纪 40 年代后太阳黑子周期停止变短并逐渐变长，地表温度也达到峰值并开始逐渐回落；20 世纪 60 年代后太阳黑子周期再次变短，地表温度又再次上升，两者具有很强的相关性（相关系数达 0.95）。还有一些学者研究了太阳活动对中国区域气候的影响。例如，张先恭和徐瑞珍（1977）指出，太阳活动减弱则我国受旱地区增加，并导致低温气候；

Soon 等（2011）用多种实测和再分析资料证实，1880 ～ 2002 年我国陆地表面气温变化与太阳辐射变化存在紧密联系；基于对近百年来中国夏季降水与太阳活动关系的严格检验，Zhao 等（2012）指出太阳黑子周期位相在一定程度上决定了东亚夏季风爆发期季风区雨带纬度位置年代际变化。尽管太阳活动对气候的影响有很多统计上的证据，但其定量的影响如何？至今还存在争议。这主要归结为两个原因：一是气候系统模式中是否正确引入了太阳活动的信号；二是气候系统模式中是否建立了完整的太阳活动影响气候的机制。

首先是太阳活动信号的确准性。根据 IPCC 第五次评估报告（IPCC，2013）气候系统模式模拟结果，TSI 变化导致的 1750 ～ 2011 年辐射强迫值为 0.05W/m^2，存在 ±0.05W/m^2 的变化范围。气候系统模式对 TSI 取不同的变化序列是造成模拟结果存在不确定性的一个重要原因。事实上，对 TSI 的监测及重建也存在不确定性。现阶段，对 TSI 的监测主要有两种方式，一是地面观测，二是卫星观测。卫星能消除大气对太阳光的吸收影响，因此卫星观测相比地面观测更加准确。TSI 的卫星观测始于 1978 年发射的 NIMBUS-7 卫星，其配备的 HF 空腔辐射计测得 TSI 为 1372 ～ 1375W/m^2（Hoyt et al.，1992）。随后，各国相继发射多颗卫星对 TSI 进行连续监测。其中，美国国家航空航天局于 2003 年发射的 SORCE 卫星上装载的总辐照度监测仪（TIM），被认为是目前最精确的 TSI 探测仪器。根据 TIM 的监测结果，在 2008 年太阳活动极小期，TSI 的最精确值应为（1360.8±0.5）W/m^2（Frohlich，2012），这明显低于目前气候系统模式普遍采用的经典值（1365.4±1.3）W/m^2。虽然与自 1978 年以来的卫星观测值相比，TIM 给出的 TSI 较低，然而这并不意味着太阳活动真的减弱，而是因为散射光导致了上一代太阳辐射计观测值偏高，TIM 的特殊设计限制了漫射光进入仪器空腔，因此 TSI 观测值偏低（Kopp and Lean，2011）。在气候系统模式中，TSI 是地球能量平衡计算的基准。如果考虑 TSI 观测的不准确性［从（1365.4±1.3）W/m^2 减少至（1360.8±0.5）W/m^2］，模式中原有的全球辐射平衡将遭到破坏，进而导致模式模拟气候态的变化。对此，我们利用大气环流模式 IAP AGCM4.0（张贺等，2009），通过在模式中改变太阳常数，考察如果用现有的观测值（1361W/m^2）替代模式中的默认取值（1367W/m^2），究竟对模拟结果有怎样的影响？模式的响应是否显著？并进一步讨论如果模式的响应是显著的，那么具体的影响过程如何？

其次是太阳活动影响气候的机制问题。根据近年来的研究进展，太阳活动影响气候系统的机制主要可以分为三类（周立旻等，2007）。第一类是 TSI 通过辐射过程影响气候（TSI 机制）；第二类是太阳紫外辐射通过影响平流层与对流层间的动力学过程影响气候（紫外线机制）；第三类是太阳通过调制高能粒子影响特定区域的云微观物理过程影响气候（能量粒子机制）。目前，多数气候系统模式仅反映了 TSI 机制，紫外线机制和能量粒子机制尚未充分实现，这一问题还需今后做更为深入的研究。

6.1.1 不同总太阳辐射对气候的影响

采用不同太阳常数值来驱动大气环流模式，研究不同 TSI 对气候的影响。采用的是中国科学院大气物理研究所近年发展的第四代大气环流模式 IAP AGCM4.0。IAP AGCM4.0 的物理过程基本采用美国国家大气研究中心大气环流模式 CAM3.1 的物理过程参数化包，其中陆面模块采用 CLM3，积云对流参数化方案除了 CAM3.1 中的 Zhang-McFarlane 方案外，还增添了修改的 Zhang-McFarlane 方案和 Emanuel 方案两个可选方案。在动力框架方面，IAP AGCM4.0 沿用了前几代大气环流模式的一些方法和技术（如标准层结扣除、IAP 变换、总有效能量守恒差分格式等），引入了一些新的特色（如时间分解算法、高纬灵活性跳点、可允许替代等），更新了水汽平流过程的算法，增加了对云水和云冰平流过程的计算（Zhang et al.，2013）。IAP AGCM4.0 的水平分辨率为 $1.4^{\circ}\times1.4^{\circ}$（经圈上 128 个格点，纬圈上 256 个格点），垂直方向采用 σ 坐标共 26 层，模式顶高度约为 2.2hPa。对 IAP AGCM4.0 进行了 17 年的气候态积分，结果表明该模式对全球基本气候态有较好的模拟能力，其中对海平面气压场、纬向风场及温度场的模拟，IAP AGCM4.0 明显优于 CAM3.1（Zhang et al.，2013）。另外，利用观测资料对 IAP AGCM4.0 模拟的 20 世纪气候进行的检验，结果表明其对全球和东亚气候有较强的模拟能力，能较好地再现地表气温的长期变化（张贺等，2011），同时对北半球冬季（12 月至次年 2 月）气候也具有较好的模拟能力（Dong et al.，2012）。

我们设计了两组试验来研究太阳活动变化对冬季（12 月至次年 2 月）辐射强迫及气候模拟的可能影响。两组试验的地球轨道参数均设为 1950 年时的值，下边界采用 HadISST 逐月海温及海冰分布，外强迫包括温室气体、气溶胶、臭氧、太阳常数等。两组试验使用的太阳常数和温室气体浓度等参数见表 6.1：S1367 为参照试验，太阳常数取 $1367W/m^2$；S1361 为敏感性试验，太阳常数取 $1361W/m^2$。两组试验积分步长均为 10min，共积分 31 年（1978 ～ 2008 年），这里重点分析后 30 年（1979 ～ 2008 年）的结果。通过比较两组试验结果的差异，探讨太阳常数变化对模式模拟结果的影响。下面给出的结果均为 S1361 试验与 S1367 试验冬季要素 30 年平均的差值场，其中冬季为前年 12 月和当年 1 月与 2 月的平均。

表 6.1　模拟试验使用的太阳常数及温室气体浓度

试验名称	太阳常数	CO_2	N_2O	CH_4
S1367	1367W/m^2	355ppm	270ppb	760ppb
S1361	1361W/m^2	355ppm	270ppb	760ppb

注：ppm=10^{-6}，ppb=10^{-9}

全球或区域平均地表温度是描述气候系统状态的最常用变量之一。太阳常数减小后，由于云对地气系统加热或冷却作用的变化，将直接导致地表及大气热状况的调整。图 6.1 为 S1361 试验与 S1367 试验模拟的地表温度的差值分布。两组试验均使用 HadISST 逐月海温及海冰强迫，因此不存在海温差异，这里仅就陆地上的情况进行分析。整体而言，太阳常数从 1367W/m^2 减小至 1361W/m^2 后，全球范围内地表温度变化平均降低了约 0.05℃。分区域来看，地表温度在不同区域有增有减，欧亚大陆地表温度几乎均降低，以西西伯利亚至东欧一带降温尤为显著，最大降温幅度达到 2℃以上。同样地，北美南部、南美南部、非洲东部与南部以及澳大利亚西部的地表温度也都出现了一定程度的下降。另外，当太阳常数减小后，北美北部、南美北部、非洲西部以及澳大利亚东部的地表温度有所升高，其中澳大利亚东部升温较为显著，平均升温幅度约 0.5℃。对照大气顶和地面的辐射模拟可以看到，欧亚大陆北部地表温度降低与大气顶及地表净辐射强迫减少一致，而澳大利亚东部地表温度升高也与大气顶及地表净辐射强迫增加一致。

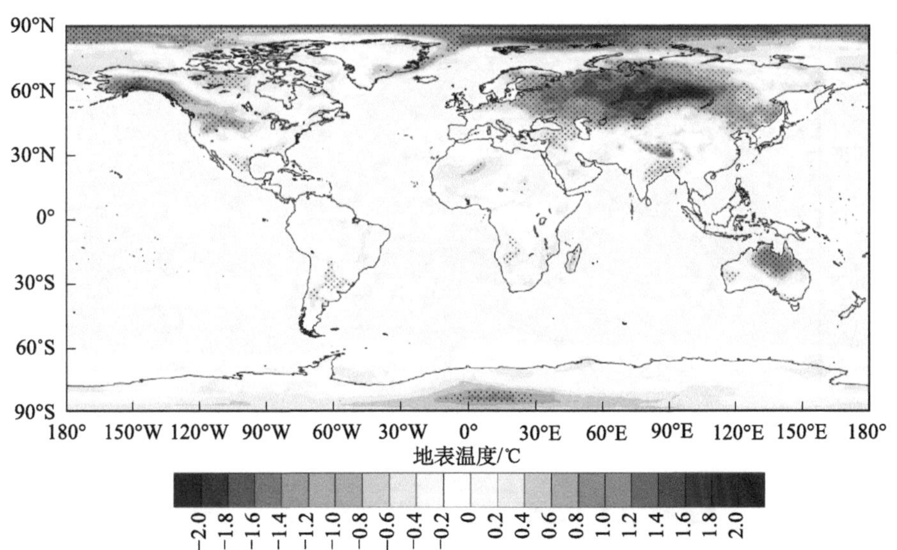

图 6.1　S1361 试验与 S1367 试验模拟的冬季地表温度的差值分布

图中打点区为显著性通过 95% 的置信度检验

地表温度变化后，会引起地表感热通量与地表潜热发生相应变化。从 S1367 试验的模拟结果可知，冬季（12 月至次年 2 月）北半球高纬陆地表面感热通量虽然量值不大，但符号为负，表明地表为冷源，从大气获得能量；其他陆地表面感热通量多为正值，表明地面向大气输送热量，其中以澳大利亚的感热通量最大。从图 6.1 中可以看到，当太阳常数减小后，对应于地表温度的显著升高，澳大利亚东部地表感热通量显著增加，相应的地表潜热通量明显减少。在欧亚大陆北部，一方面冬季地表为冷源，地表温度降低后，地－气温差负值增强；另一方面近地面风速减弱（这可能与北极涛动减弱有关），增加了传热阻力。后者在较大程度上抵消了前者，减缓了参照试验（即 S1367 试验）中地表感热通量负值的增加，使得地表感热通量差异（S1361–S1367）在欧亚大陆北部呈现正值。相应地，地表潜热通量差异（S1361–S1367）则呈现负值。

降水变化涉及全球水循环过程，由于直接影响降水的因子通常是一些大尺度环流系统（如季风），研究降水变化对于揭示太阳影响气候的物理机制是有利的。虽然 S1361 试验模拟的冬季（12 月至次年 2 月）全球平均降水总体较 S1367 试验仅存在 0.003mm/d 的微弱减少趋势，但从图 6.2 中不难看到，两组试验模拟的降水差异分布有着显著的空间不均匀性。在洋面上，太阳常数减小后，低纬地区的变幅相对高纬地区更大。不同于其他洋面降水出现减少或者变化不明显的特征，北印度洋与赤道中西太平洋地区降水呈显著增多趋势。与海洋相比，陆地上降水的局

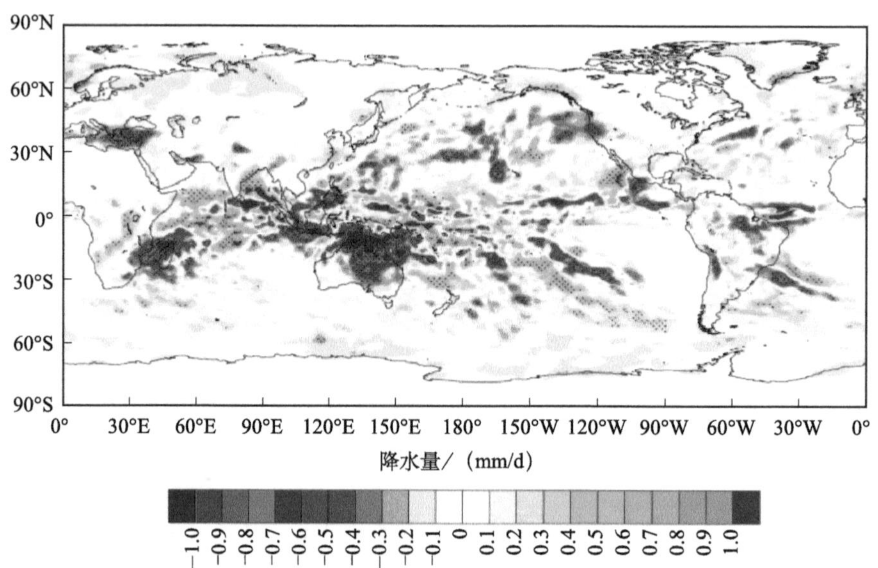

图 6.2 S1361 试验与 S1367 试验模拟的冬季降水的差值分布

图中打点区为显著性通过 95% 的置信度检验

地变幅弱不少，除了南非、蒙古国、加拿大等地区降水略有增加以外，许多地区（如欧亚大陆北部、西亚、澳大利亚、南美北部等）降水均有所减少，其中以澳大利亚降水减少较为显著，平均减少约 0.6mm/d。

大量研究结果表明，降水的多少在相当程度上与大气环流形势及其配置有关。鉴于澳大利亚降水变化显著，我们以亚澳季风区为例展开进一步分析。就大的空间尺度而言，当亚洲地区盛行夏季风时，澳大利亚北部盛行冬季风；亚洲地区盛行冬季风时，澳大利亚北部盛行夏季风。从 S1367 试验的模拟结果可知，南半球夏季（12 月至次年 2 月），印度尼西亚和澳大利亚北部低层流场盛行西风气流，东亚冬季风从南海和西太平洋地区携带大量水汽越赤道后转向，在澳大利亚与印度尼西亚之间汇合成水汽辐合带，直接导致澳大利亚北部夏季风降水。如图 6.3（b）所示，太阳常数减小后，澳大利亚水汽源明显减少，与上述分析得到的地表潜热通量减少、海－陆水分循环减弱结果相对应。另外，太阳常数减小后，印度尼西亚大陆地表温度降低，使得海陆热力对比减弱，印度尼西亚－澳大利亚北部地区海域出现东风气流异常，意味着澳大利亚北部夏季风的减弱［图 6.3（a）］。随着太阳辐射的减弱，澳大利亚西部地表温度急剧降低，造成海陆热力对比减弱，从陆地吹向西侧洋面的偏东风减弱。加之南印度洋上空的马斯克林高压减弱，脊前东南气流减弱，澳大利亚西侧出现西北气流异常，最终导致在澳大利亚西北部形成一个反气旋性环流偏差，低层对流上升运动减弱。在低层水汽源减少与低层异常反气旋性环流的共同作用下，澳大利亚降水呈较显著的减少趋势。

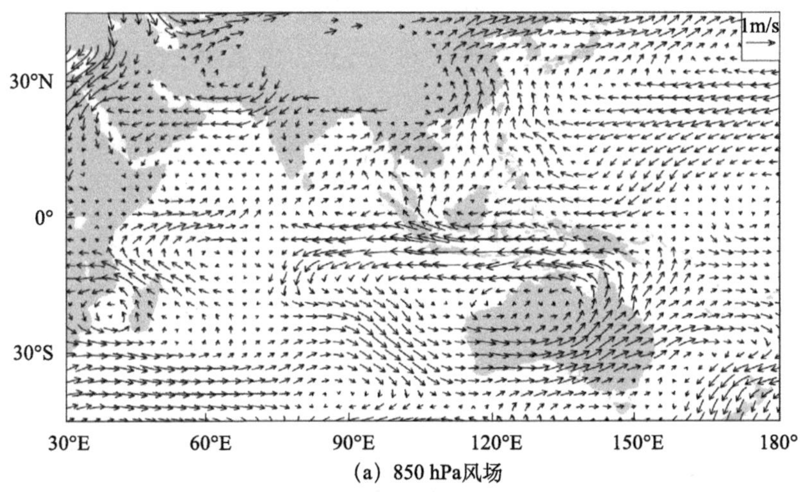

(a) 850 hPa风场

图 6.3　S1361 试验与 S1367 试验模拟的冬季亚澳季风区 850hPa 风场和 850 hPa 水汽场的差值分布

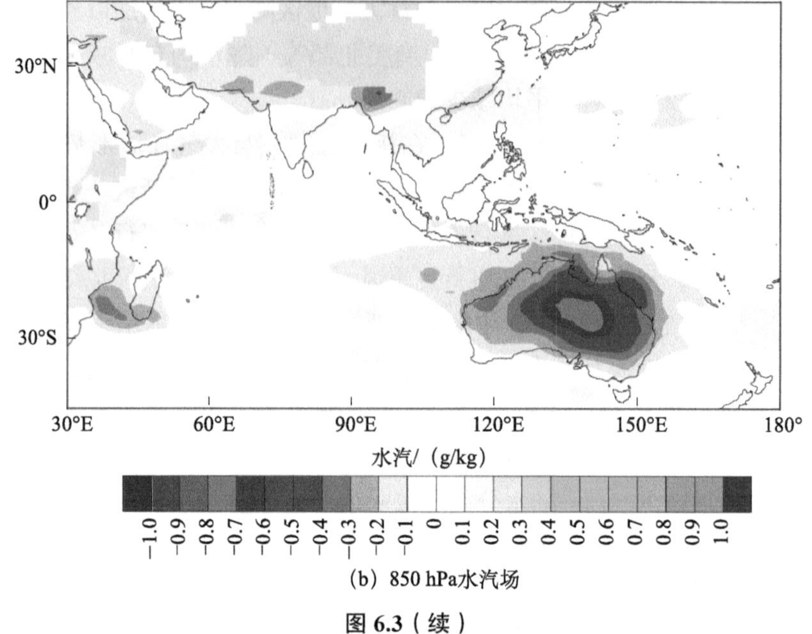

（b）850 hPa水汽场

图 6.3（续）

综上所述，当太阳常数从 1367W/m^2 减小至 1361W/m^2 后，全球温度会降低，降水变化不大。但全球不同地区的响应存在很大差异性，在某些地区有显著的响应，部分地区甚至是符号完全相反的响应。地表温度在全球范围内平均降低约 0.05℃，主要表现在北美南部、南美南部、非洲东部与南部、澳大利亚西部以及欧亚大陆，其中欧亚大陆降温较为显著，最大降温幅度可达 2℃以上。但在北美北部、南美北部、非洲西部以及澳大利亚东部，地表温度反而有所升高，以澳大利亚东部升温较为显著，平均升温幅度约 0.5℃。降水在全球范围内平均减少仅 0.003mm/d，但陆地上的澳大利亚减少较为显著，平均减少约 0.6mm/d。另外，澳大利亚北部夏季风减弱，澳大利亚西北部低层流场形成一个反气旋性环流偏差，导致对流上升运动减弱，这可能是澳大利亚降水出现减少的一个原因。

6.1.2 总太阳辐射变化对气候的影响

为进一步研究 TSI 变化对气候的影响，利用 Zhao 和 Han（2012）重建的 1874 ～ 2009 年 TSI 逐月数据驱动大气环流模式 IAP AGCM4.0，设计一组 30 年（1979 ～ 2008 年）的大气模式对比计划（Atmospheric Model Inter-comparison Project，AMIP）积分模拟试验（SCON 试验），并与参照试验（S1367 试验，对太阳常数固定取值为 1367W/m^2）结果进行比较，以考察太阳活动对 1979 ～ 2008

年气候变化的综合影响。

从模拟试验结果看，数值模式能反映出 1979 ～ 2008 年的全球增暖趋势，观测的地表温度上升趋势为 0.29℃ /10a，S1367 试验模拟的地表温度上升趋势为 0.23℃ /10a，SCON 试验模拟的趋势较弱，仅 0.17℃ /10a。从地表温度年际变化看，SCON 试验的模拟结果好于 S1367 试验，其与观测值的相关系数达到 0.86，略高于 S1367 试验（0.82）；去除线性趋势后，SCON 试验的模拟结果与观测值的相关系数为 0.73，明显高于 S1367 试验（0.52），且显著性通过了 5% 的置信度检验（图 6.4）。

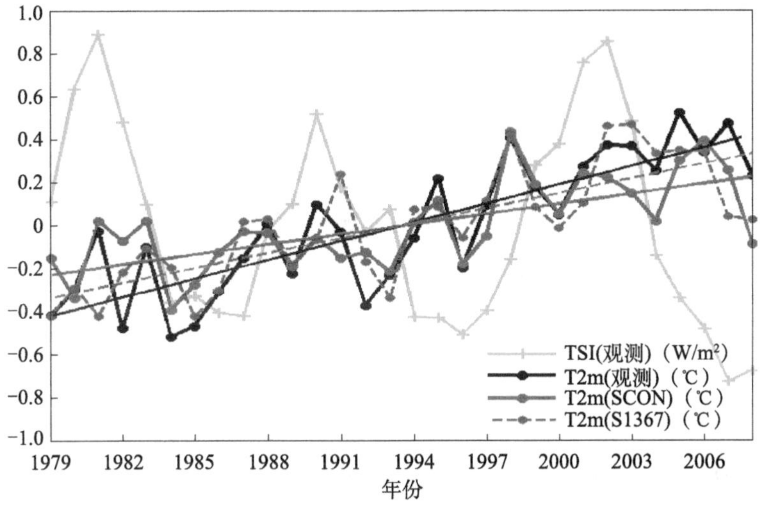

图 6.4　模拟与观测的全球陆地平均地表温度距平的年际变化及 TSI 的变化

T2m（观测）为 CRU TS3.22 资料给出的地表气温；T2m（SCON）和 T2m（S1367）分别为 SCON 试验与 S1367 试验的地表气温模拟结果；TSI（观测）为基于 Zhao 和 Han（2012）得到的 TSI 逐年变化情况

为考察数值模拟反映出的 TSI 变化对气候的影响，图 6.5 给出了 SCON 试验和 S1367 试验纬向平均地表温度距平、SCON 试验与 S1367 试验差值以及观测（CRU TS3.22）纬向平均地表温度距平的演变情况。从图 6.5 中可以看到，北半球地表温度存在年代际的变化差异，1979 ～ 1988 年主要为冷距平，1998 ～ 2008 年转为暖距平。模式模拟出了该年代际差异，只是模拟的气温升高范围偏小。值得注意的是，SCON 试验的模拟效果好于 S1367 试验，模拟出了 2005 年、2007 年北半球中高纬度最暖、次暖距平中心。这表明，加入 TSI 的变化后，大气环流数值模式能更好地模拟出地表温度的变化。也就是说，TSI 的变化对气候年代变化的影响是值得重视的。

在以上大气环流数值模式模拟试验的基础上，利用中国科学院大气物理研究所大气科学和地球流体力学数值模拟国家重点实验室（LASG）发展的全球耦合气候系统模式 FGOALS-g2 进一步研究 TSI 变化对近百年气候的影响。设计的数值模拟研究试验分为两组，一组是参照试验 Pi-control，其中 TSI 采用 1854 ～ 1873 年的 TSI 平均值作为太阳常数；另一组是太阳辐射强迫试验 Nat-historica，其中 TSI 采用 CAM5 重建得到的逐年变化的 TSI（Wang et al.，2005）。图6.6给出了两组试验得到的全球平均地表温度的演变情况。图中蓝色虚线为自然

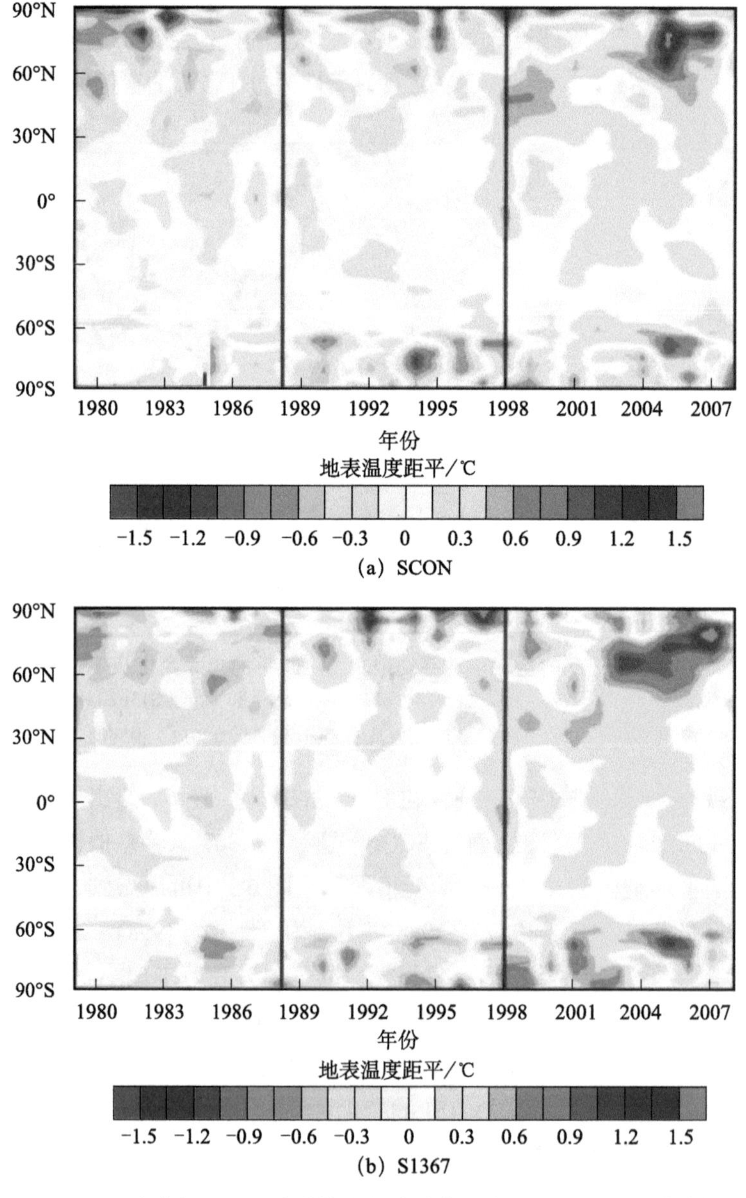

图 6.5 SCON 试验和 S1367 试验纬向平均地表温度距平、SCON 试验与 S1367 试验差值以及观测（CRU TS3.22）纬向平均地表温度距平的逐年演变

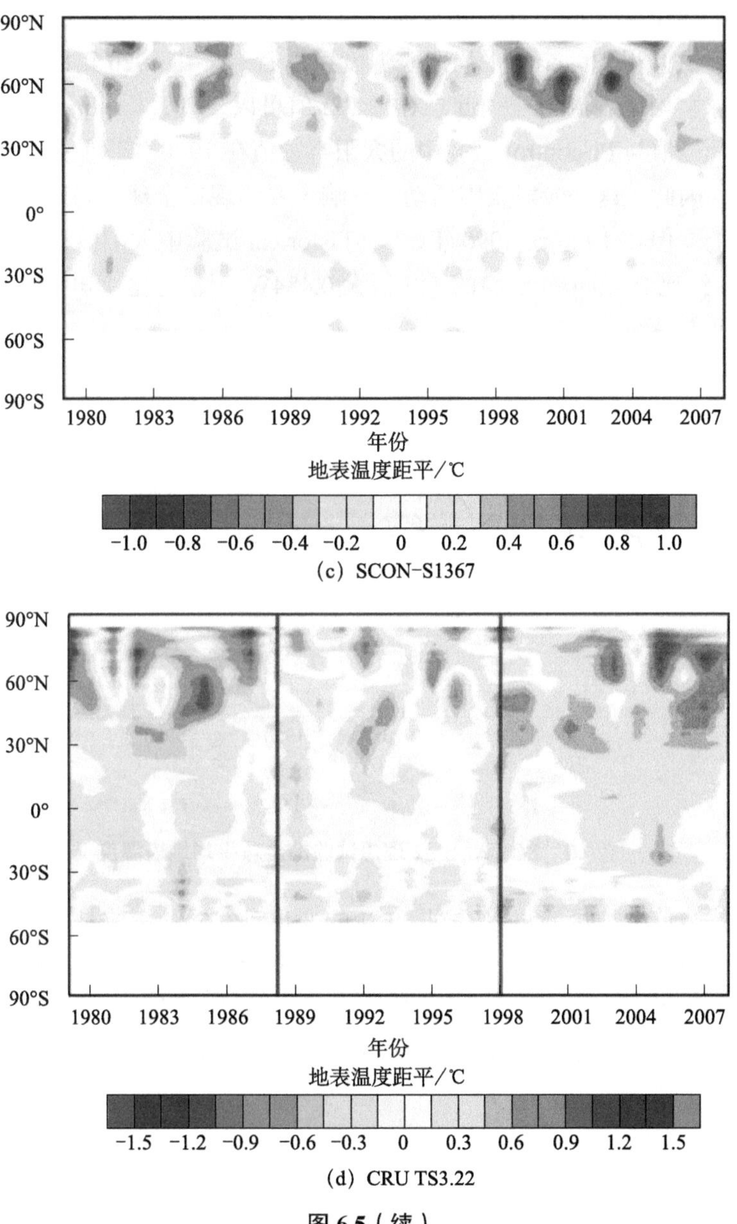

(c) SCON-S1367

(d) CRU TS3.22

图 6.5（续）

强迫试验（Nat-historical）中的总太阳辐射（TSI-Nat），黑色虚线为工业革命前参照试验（Pi-control）中的总太阳辐射（TSI-Pi），固定为常数；黑色实线是来自工业革命前参照试验的全球年平均地表温度（T_s-Pi），蓝色实线是来自自然强迫试验的全球年平均地表温度（T_s-Nat），除自然因子外，其他强迫因子固定为工业革命前（1850 年）的条件，并与耦合模式比较计划第五阶段（CMIP5）一致。从图中两组试验得到的全球平均地表温度可以看到，在 1920 年以前，两组试验模拟的全球平均地表温度较接近，对照 TSI 值可以发现，Nat-historical 试验中太阳活动的平均值与 Pi-control 试验中的太阳常数值在 1920 年以前是相当的，几乎没有差别。因此，这一阶段太阳活动的影响主要体现在全球平均地表温度年际变率的差别上。但在 1920 ～ 1990 年，Nat-historical 试验中太阳活动显著加强，其 TSI 平均值约比 Pi-control 试验的 TSI 值大 0.484W/m^2，对比可知其引起的全球平均地表温度上升约 0.081K。

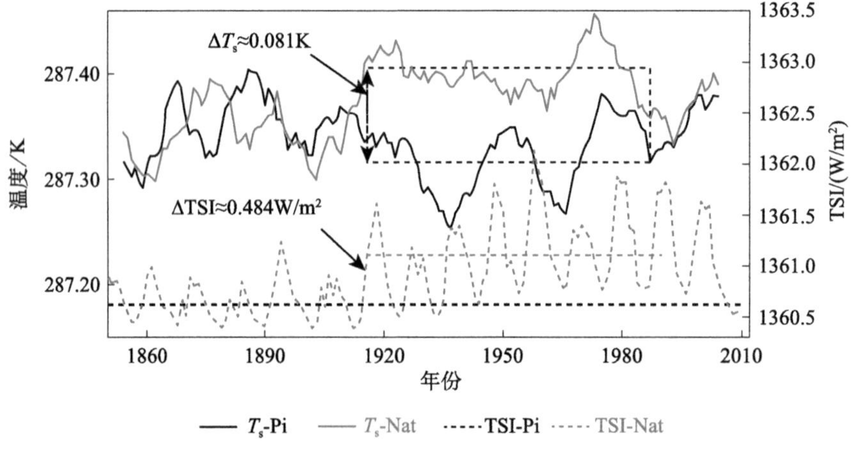

图 6.6　FGOALS-g2 理想试验的全球平均地表温度

从上述数值模拟试验可以看到，TSI 的变化对气候的影响是值得注意的，但目前的大气数值模式或者海气耦合模式中，太阳活动变化对全球平均地表温度的影响很小。如果太阳活动的变化能够对气候变化有更显著的影响，那么这种显著影响只能是通过其他途径或机制来实现的，而这些途径或机制尚未在目前的数值模拟中得到表达。

6.2　地球运动因子对过去气候事件的可能影响

为了揭示地球运动因子对过去气候事件的可能影响，可以考察极移轨迹变化和全球特大洪水、全球洪水发生次数突变点和峰值、全球径流大范围超标年等极端水文事件发生时间之间的匹配性，结果如图 6.7 所示。

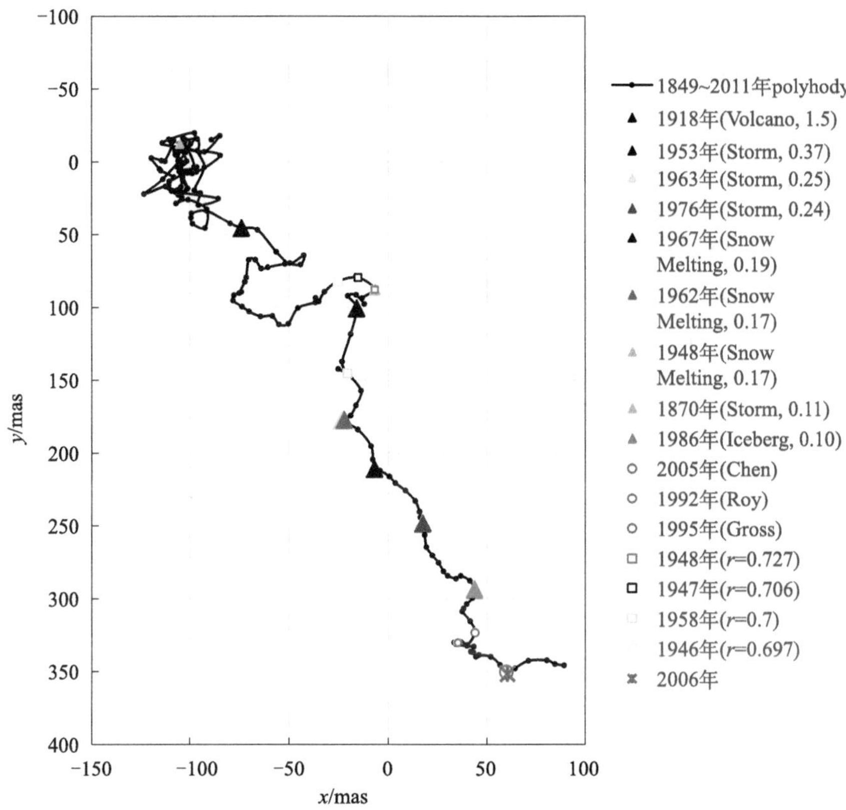

图 6.7　极移轨迹变化漂移方向突变和极端水文事件匹配图

图中黑线为 1849 ～ 2011 年极移 EOP 08 C01 时间序列进行 7 年滑动平均得到的长期极移运动趋势，黑点为逐年年份

从图 6.7 中可以看到，在 1923 年、1940 年、1948 年、1995 年、2006 年附近极移存在较大的拐点。2006 年的拐点和 Chen 等（2013）等的研究结果，即长期极移在 2005 ～ 2006 年因两极冰盖和山地冰川融化而导致的 21 世纪以来极移漂移方向的大转折发生时间基本一致。1995 年左右的转折则与 Roy 和 Peltier（2011）发现的 1992 年的拐点相接近，与 Gross 和 Poutanen（2009）发现的 1995 年的拐点一致。全球大范围径流超标年的计算方法如下：整理 1931 ～ 1984 年共 54 年有代表性的 41 条全球主要河流的年均径流资料，以每条河流的 54 年平均值为标准，计算每条河流在每个年份的超标情况，统计 41 条全球主要河流的超标情况后，再计算 41 条全球主要河流 1931 ～ 1984 年的整体年径流超标率。再根据年径流超标率，选取超标率为 70% 左右及其以上的年份为大范围径流超标年，包括 1946 年、1947 年、1948 年、1958 年。9 场特大洪水发生的年份来自美

国地质调查局（United States Geological Survey，USGS）提供的第四纪以来洪峰流量超过 $10^5m^3/s$ 的 27 场特大洪水（O'Connor and Costa，2004），由于极移数据时间跨度的原因，选取 1846 ～ 2004 年发生的 9 场特大洪水。按洪峰流量大小排分别为 1918 年、1953 年、1963 年、1976 年、1967 年、1962 年、1948 年、1870 年和 1986 年。其中，1918 年的洪水是由冰下火山喷出引起的，1953 年、1963 年、1976 年、1870 年的洪水是由暴雨导致的，1967 年、1962 年、1948 年和 1986 年的洪水是由冰塞和融雪、冰坝破坏引起的。另外，全球 1965 ～ 2013 年灾害数据库提供的数据显示，全球洪水灾害次数在 20 世纪 90 年代发生突变，呈更显著的上升趋势，通过 Mann-Kendall 检测灾害次数，突变点出现在 1989 年左右，即 1989 年是全球洪水灾害次数开始突变的时刻，到 2006 年达到峰值。

从全球大范围径流超标年和长期极移轨迹的匹配看，大范围径流超标年（1948 年、1947 年、1958 年、1946 年）发生在极移漂移方向突变年份及其之前，因此当全球发生大范围的河流径流超标事件时，很可能会激发极移方向的突变。初步分析可以看到，平均极移漂移方向的转折点与大部分全球特大洪水（1918 年、1953 年、1963 年、1976 年、1967 年、1962 年、1948 年、1870 年、1986 年等特大洪水年）、全球洪水发生次数的突变点及峰值（2006 年）有良好的对应关系。

综上所述，极移漂移方向突变和全球大范围的极端水文事件，与达到一定量级的极端水文事件之间可能存在良好的对应关系。

6.3 太阳活动对未来气候的可能影响

虽然人们普遍认为，太阳辐射强迫的变化对工业革命以来的现代气候变化没有显著影响（IPCC，AR5，2014），但太阳活动对气候变化的重要性仍然是一个不容忽视的关键问题。要探索太阳活动对未来气候的影响，首先需要知道未来太阳活动的变化特征和趋势。在此基础上，我们可以尝试用气候系统模式来模拟其对未来气候的可能影响。

未来太阳活动如何变化，仍然是天文学研究探索的问题，目前并没有确定性的结论。但我们可以建立以下几种太阳变化的情景：①根据 CMIP6 推荐的未来参照情景和极端情景 TSI 预测序列（Mamajek et al.，2015），将其作为参照情景和极端情景的 TSI 序列；②以第 23 太阳周（1996 ～ 2008 年）TSI 重复序列为未来几个太阳周 TSI 序列，将此作为历史情景；③以利用支持向量机和 BP 神经网络方法预测的未来两个太阳周（2008 ～ 2030 年）的太阳黑子数及其回归的 TSI（丁煌等，2016）作为 BP 情景下的 TSI 序列。这四组情景下，历史情景中未来 TSI 平均值最大，为 1366W/m^2 左右，其次是 BP 情景（但只到 2030 年）；极端情景中未来 TSI 平均值较低，并呈显著减少趋势，到 2060 年之后减小到 1365W/m^2 左右；参照情景中 TSI 值为 1365. 3W/m^2 左右（图 6.8）。

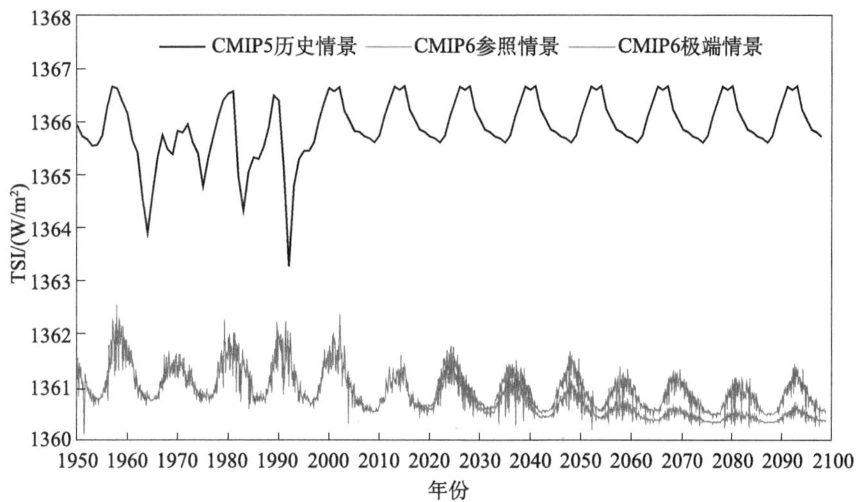

图 6.8　不同情景下 TSI 的变化

CMIP6 和 CMIP5 推荐的 TSI 平均值相差 4.5W/m^2

采用 RCP2.6 的温室气体排放情景，利用中国科学院大气物理研究所 LASG 实验室全球海气耦合气候系统模式 FGOALS-g2 开展数值模拟研究，对未来太阳活动对全球气候的影响进行探索。其中，参照情景和极端情景试验模拟时间为 2006 ～ 2070 年，历史情景（未来重复第 23 太阳周 TSI）模拟时间为 2006 ～ 2050 年，BP 情景模拟时间为 2008 ～ 2030 年。

参照情景和极端情景的模拟试验结果显示，在未来不同 TSI 情景下，全球平均温度都呈先增加后降低的趋势［图 6.9（a）］，且极端情景下这种变化更剧烈。其中，参照情景下，全球平均温度在 2050 年达到峰值，比 2006 年的温度高 0.7℃左右，之后下降；极端情景下，全球平均温度在 2040 年达到峰值，也比 2006 年的温度高 0.7℃左右，之后下降。对比 IPCC AR5 中关于在 RCP2.6 情景下未来全球平均温度的变化［图 6.9（b）］，即不考虑太阳活动的变化，则温度上升在 2055 年左右达到峰值，与我们的试验较为接近。但有所不同的是，IPCC AR5 中 2050 年之后温度保持平稳，并没有明显下降，这是与我们的试验结果存在的显著差异。这可能表明，参照情景和极端情景的模拟试验中2050年之后的温度下降很可能是受太阳活动减弱的影响。从定量分析看，在2020～2055年，温室气体可能使全球平均温度升高约0.5℃［图6.9（b）］。在考虑到太阳辐射强迫变化影响的情景下，温度下降约0.425℃。因此，在这一时期TSI下降趋势对全球平均温度的贡献约−0.075℃。在2055～2070年，在RCP2.6情景下全球平均温度将趋于平稳，TSI减弱对全球平均温度的贡献约−0.35℃。图6.10给出了历史情景

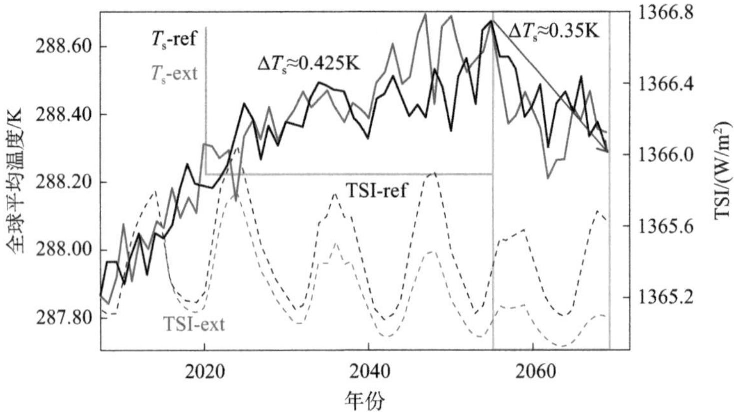

（a）CMIP6推荐的未来太阳活动情景下，参照情景和极端情景两组不同太阳辐射强迫下未来全球平均温度的演变

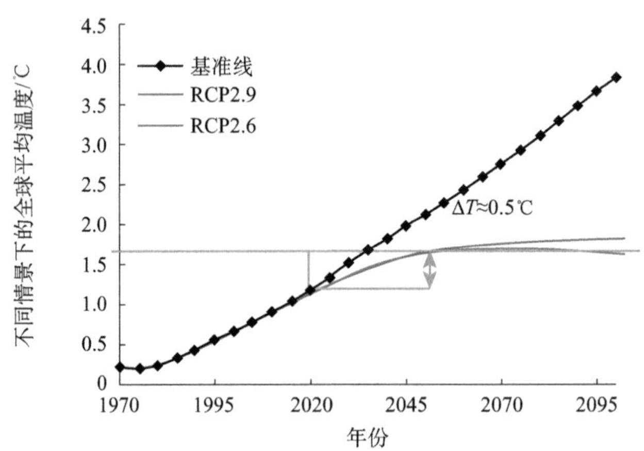

（b）ICPP AR5对未来不同温室气体排放情境下温度变化的预测

图6.9 不同太阳辐射强迫下全球平均温度变化及未来不同温室气体排放情景下全球升温趋势

（a）中实线为全球平均温度，其中红色实线为极端情景下的温度（T_s-ext），黑色实线为参照情景下的温度（T_s-ref）；虚线为TSI，其中红色虚线为极端情景（TSI-ext），黑色虚线为参照情景（TSI-ref）；（b）中紫色实线为RCP2.9，蓝色实线为RCP2. 6，黑色菱形线为基准线

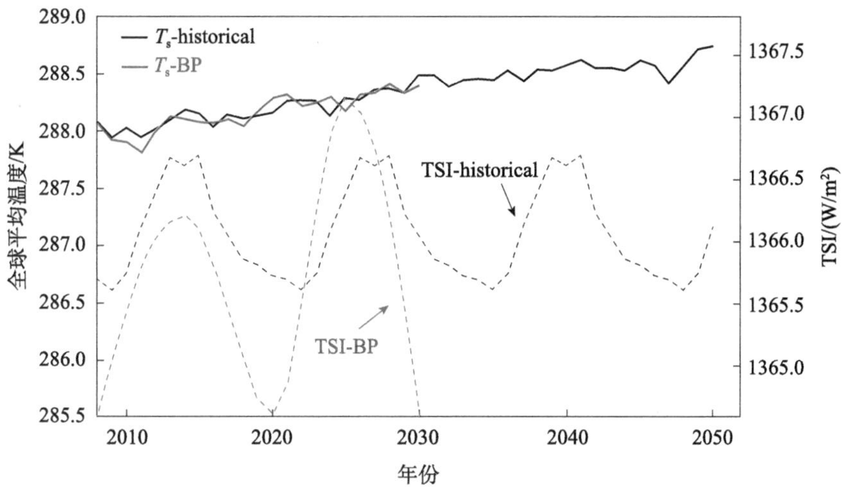

图 6.10　历史情景和 BP 情景的太阳辐射强迫下未来全球平均温度的演变

实线为全球平均温度，其中红色实线为基于 BP 神经网络预测的太阳辐射强迫下的温度（T_s-BP），黑色实线为重复第 23 太阳周太阳辐射强迫下的温度（T_s-historical）；虚线为 TSI，其中红色虚线为采用 BP 神经网络预测的 TSI（TSI-BP），黑色虚线为重复第 23 太阳周的 TSI（TSI-historical）

和 BP 情景两组试验的结果。从图中可以看到，在两种模拟中全球平均温度在未来 2050 年以前均保持上升趋势，历史情景中 2050 年以后全球平均温度仍然保持近似线性上升趋势。

综上所述，数值模式模拟研究表明，在 RCP2.6 情景下，2055 年以前全球平均温度为一致上升，太阳活动下降趋势对全球平均温度的减弱作用微弱，约 −0.075℃。在 2055 年以后，太阳活动的显著减弱将可能引起全球平均温度的明显下降，降温的贡献约 −0.35℃。

ENSO 是影响全球气候异常的极端事件。在全球气候变化的背景下，ENSO 的演变规律如何？是人们最为关心的问题之一。太阳活动的变化可能是中部型 El Niño 事件的触发机制之一，因此分析未来太阳活动变化对 ENSO 事件的影响十分有意义。

图 6.11 给出了太阳活动参照情景和极端情景的太阳辐射强迫下未来 Niño3.4 指数的演变曲线。从图中可以看到，在第 28 太阳周开始之前（2055 年之前），暖事件呈增多趋势；在第 28 太阳周（2055 年）开始后，冷事件偏多。其中在 2060 年之后，存在两次极端冷事件，可能出现在 21 世纪 60 年代。

如果按照 Niño3.4 ＞ 0.5℃与 Niño3.4 ＜ −0.5℃为标准统计各时间段东部型冷、暖事件出现的频次，可以发现：在参照情景下，2016 ～ 2030 年可能出现 La Niña（EP）冷事件 1 年次；2030 ～ 2055 年可能出现 El Niño（EP）暖事件 6 年

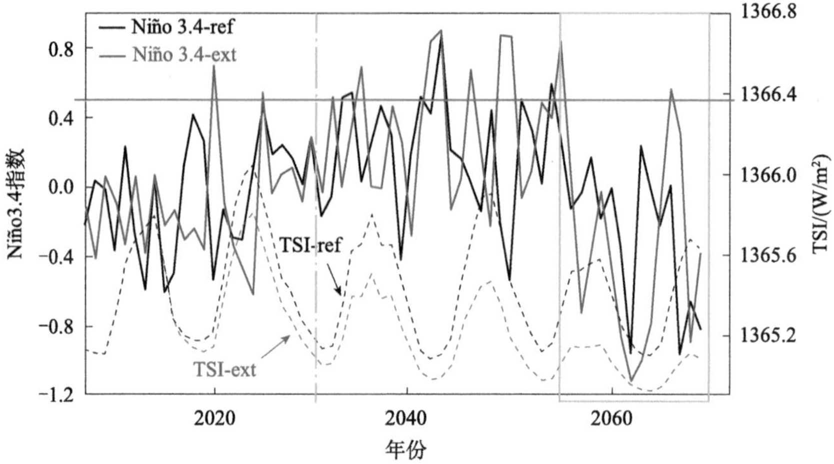

图 6.11 CMIP6 推荐的太阳活动参照情景和极端情景的太阳辐射强迫下未来 Niño3.4 指数的演变

红色实线为极端情景下的 Niño3.4（Niño3.4-ext），黑色实线为参照情景下的 Niño3.4（Niño3.4-ref）；红色虚线为极端情景下的 TSI（TSI-ext），黑色虚线为参照情景下的 TSI（TSI-ref）

次和 La Niña（EP）冷事件 1 年次；2055 ～ 2070 年可能出现 La Niña（EP）冷事件 4 年次。在极端情景下，2016 ～ 2030 年可能出现 El Niño（EP）暖事件 2 年次和 La Niña（EP）冷事件 1 年次；2030 ～ 2055 年可能出现 El Niño（EP）暖事件 9 年次；2055 ～ 2070 年可能出现 La Niña（EP）冷事件 5 年次。因此，未来东部型 ENSO 事件总体呈增加趋势，在 2030 ～ 2055 年，由于全球平均温度增加，ENSO 事件频次增加并以暖事件为主，在 2055 ～ 2070 年全球平均温度降低期间，则以冷事件为主。在 TSI 变化的极端情景下这种特征更为明显。

类似地，图 6.12 给出了太阳活动参照情景和极端情景太阳辐射强迫下未来 El Niño Modoki 指数（EMI）的演变曲线。从图中可以看到，EMI 呈先增加后减小、再增加并在 21 世纪后期急剧减小的趋势。在 2010 年和 2050 年左右为 EMI 高值时期，容易出现中太平洋型（CP 型）暖事件；而在 2020 年左右和 2055 年以后（第 28 太阳周）为 EMI 低值时期，容易出现 CP 型冷事件。在 2060 年之后，可能存在两次 CP 型极端暖事件。同样地，按照 EMI ＞ 0.7℃与 EMI ＜ −0.7℃为标准统计各时间段中部型冷、暖事件出现的频次，可以看到：在参照情景下，2016 ～ 2030 年可能出现 CP 型暖事件 4 年次和 CP 型冷事件 2 年次；2030 ～ 2055 年可能出现 CP 型暖事件 8 年次和 CP 型冷事件 2 年次；2055 ～ 2070 年可能出现 CP 型冷事件 8 年次。在极端情景下，2016 ～ 2030 年可能出现 CP 型冷事件 4 年次；2030 ～ 2055 年可能出现 CP 型暖事件 9 年次；2055 ～ 2070 年可能出现 CP 型暖事件 1 年次和 CP 型冷事件 10 年次。总的来看，未来 CP 型事件也呈增加趋势，在太阳活动变化较大的极端情景下，CP 型事件出现频次倾向于增多，这也说明太阳辐射强迫的变化对 CP 型事件的发生有影响，CP 型事件出现频次对太阳活动的强弱是敏感的。对比以上对 EP 型冷、暖事件的统计结果可以看到，相对于 EP 型事件，太阳活动变化对 CP 型事件影响更大。这也从一个侧面说明，太阳活动变化是一种触发 CP 型事件的可能机制。

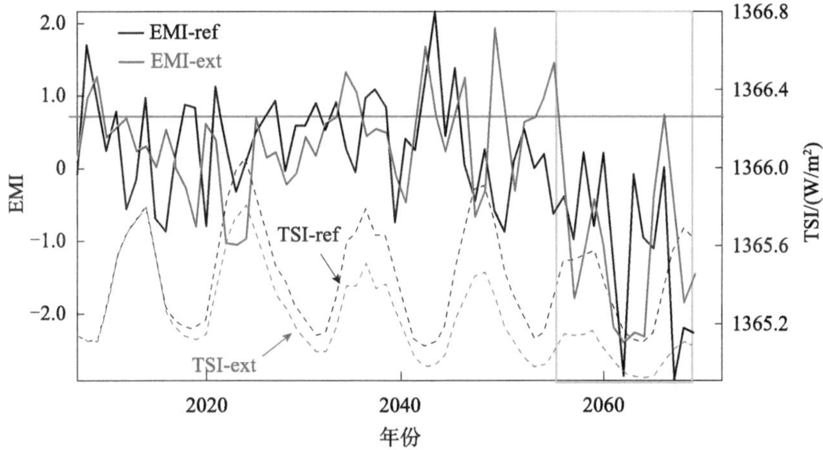

图 6.12　CMIP6 推荐的参照情景和极端情景的太阳辐射强迫下未来 EMI 的演变

红色实线为极端情景下的 EMI（EMI-ext），黑色实线为参照情景下的 EMI（EMI-ref）；
红色虚线为极端情景下的 TSI（TSI-ext），黑色虚线为参照情景下的 TSI（TSI-ref）

太阳活动的变化对东亚夏季风的北边界有重要影响，下面分析讨论未来太阳活动对东亚夏季风活动的可能影响。图 6.13 给出了历史情景、参照情景和极端情景 3 种太阳辐射强迫下未来东亚夏季风强度指数和东亚夏季风北边界指数的演变。从图中可以看到，在历史情景和参照情景下，东亚夏季风强度总体变化不大。但对比历史情景（对应 TSI 相对较大）和极端情景（TSI 显著逐渐减小）可以发现，在未来中期（2050 年前后），东亚夏季风强度指数增大而北边界指数减小，即东亚夏季风增强但北边界偏南。也就是说，未来如果 TSI 持续减弱，东亚夏季风强度呈增强趋势，但其北边界却会趋向于偏南。这与第 5 章中基于过去 100 年的资料分析结论是一致的。

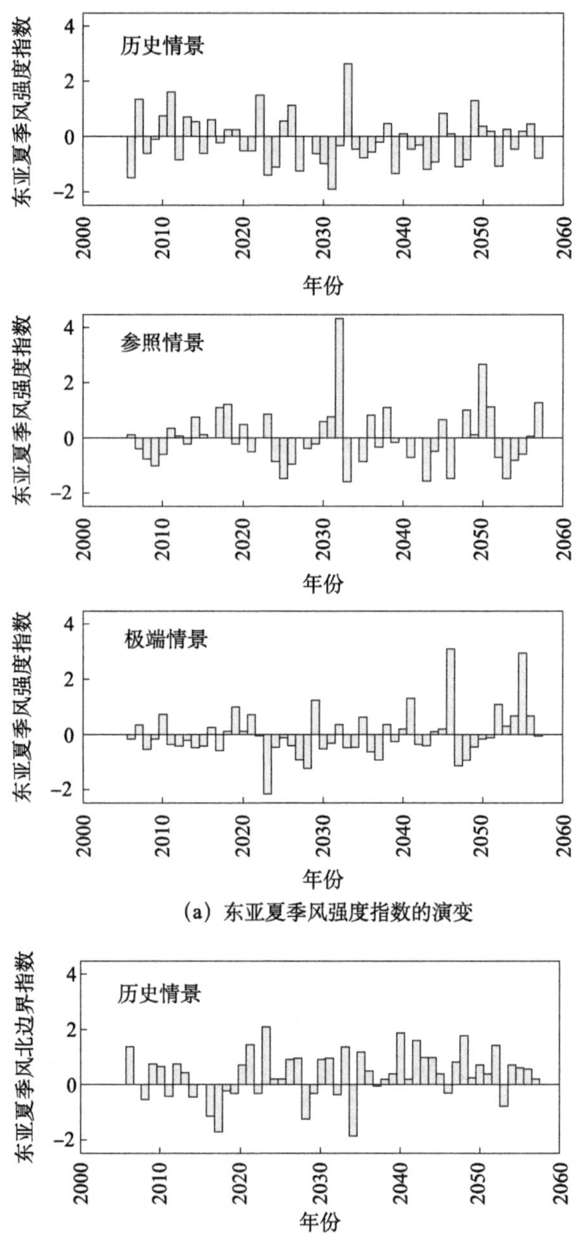

图 6.13　历史情景、参照情景和极端情景 3 种太阳辐射强迫下未来东亚夏季风强度指数和东亚夏季风北边界指数的演变

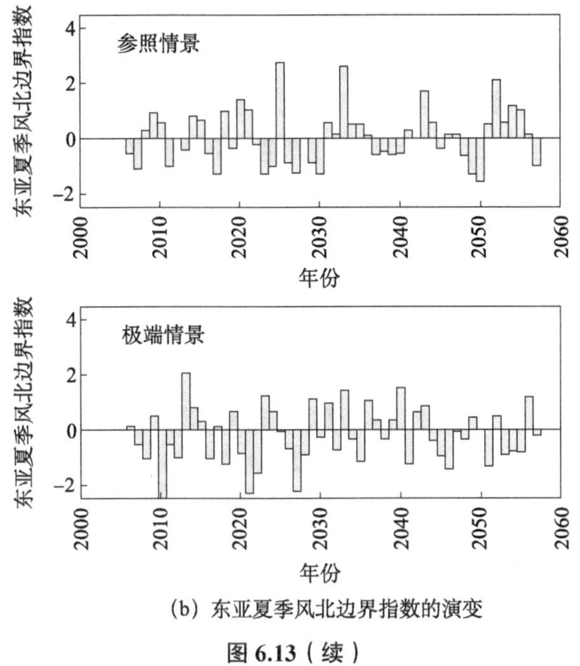

(b) 东亚夏季风北边界指数的演变

图 6.13（续）

6.4　地球运动对未来气候影响趋势

6.4.1　地球自转的未来变化趋势预测

地球自转的变化具有多时间尺度的特点。在地质时间尺度上，地球的自转是在逐渐减慢的。但在近 100 年其自转速度趋于加速。未来 100 年地球自转速度变化如何？尚未有明确的预测方法。本节采用人工神经网络（artificial neural network，ANN）的方法，结合目前已有的日长观测数据，对年平均的日长变化序列进行预测分析。分析所用原始数据来自 IERS，为 1948 ～ 2013 年逐年日长年平均值。

人工神经网络是模拟大脑神经元，对信息进行高度复杂的、非线性的和并行的计算方法。其本质是通过网络的变换和动力学行为得到一种并行分布式的信息处理功能，并在不同程度和层次上模仿人脑神经系统的信息处理功能。具有复杂性和渐变性的特点，通过反馈进行内部多节点关系调整，最终使数据处理达到理想的效果。人工神经网络方法的预测步骤如下。

1）构架动态神经网络：利用非线性自回归模型构架动态神经网络，并对其进行训练。预测函数为 $y(t)=f(y(t-1),\cdots,y(t-d))$，要预测的数值取决于此时刻之前的 d 个数值，在本预测中，取 $d=3$。隐含层神经元数量为 10，输出层神经元数量为 1，回归延迟为 3，搭建人工神经网络，如图 6.14 所示。

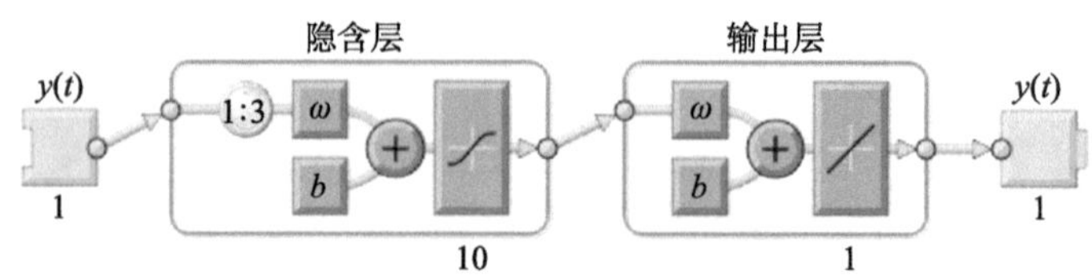

图 6.14　人工神经网络搭建过程示意图

图中 ω 表示权重，b 表示偏差值

2）训练过程和误差分析：在对神经网络训练的过程中，如图 6.15 所示，模型随机选取 70% 的数据作为训练数据（图 6.15 中蓝色点），15% 的数据为验证数据（图 6.15 中绿色点），15% 的数据作为测试数据（图 6.15 中红色点）。+ 表示模型输出的结果。利用训练数据，对建立的人工神经网络进行训练，利用验证数据，对训练过程进行控制，当验证数据部分模型输出值和真实值之间误差最小时，停止对人工神经网络的训练，得到用于预测的理想模型。然后根据测试数据判断模型的优劣。如图 6.15 所示，测试误差基本都在 ±0.5 之内，效果较好。

对在模型训练过程中的每次训练结果进行误差分析，随着训练次数的增加，神经网络模型输出误差不断减少，训练数据部分误差会随着训练次数不断减少，直至神经网络完全适用。考虑到整体的适用性，选取验证数据来控制训练进程。当迭代到第 12 次时，验证数据部分误差达到最小值，因此在此时停止训练，取得理想预测模型。为了避免得到模型的自相关性，可以通过滞后超前相关分析，如果仅仅在 lag0 处，具有最大的相关性且超过显著性检验，说明训练的模型达到基本要求，不存在自相关。进一步地，对模型结果和真实值的误差分布进行分析。理想效果是接近 0 误差的数值越多越好，偏离 0 误差较大的值越少越好。由此得到误差分布基本都在 0 误差附近的模型。

对训练模型进行验证。图 6.16 为神经网络模型输出值、线性拟合和真实值。从图中可以看到，训练数据部分、验证数据部分、测试数据部分、总体所有数据部分，两者的相关系数分别为 0.99、0.93、0.98、0.98。总体来看，神经网络模型结果和真实值之间具有很好的相关性，训练的神经网络模型达到了使用要求。

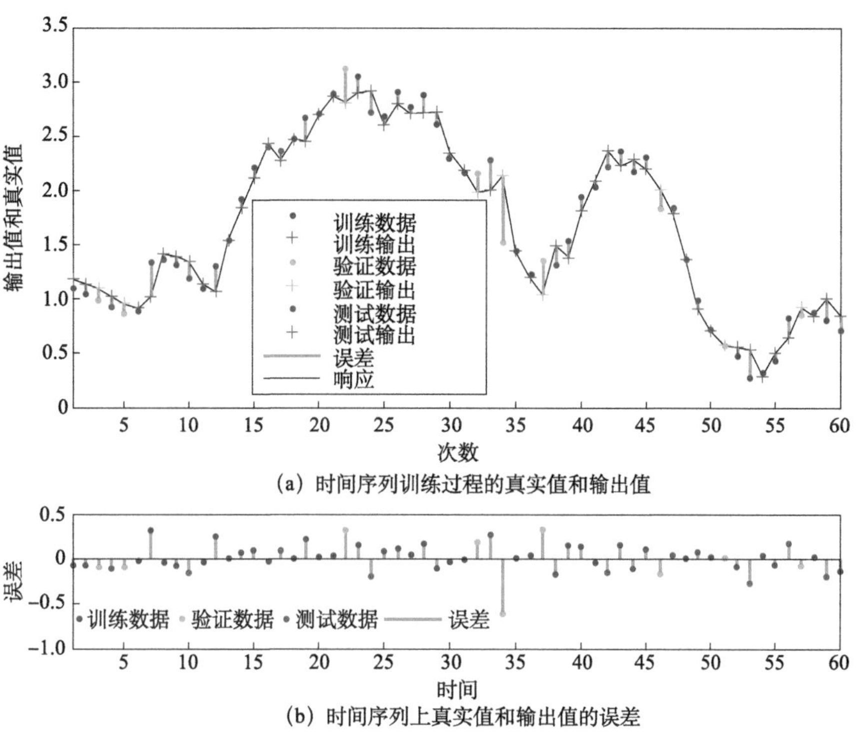

(a) 时间序列训练过程的真实值和输出值

(b) 时间序列上真实值和输出值的误差

图 6.15　神经网络模型训练结果

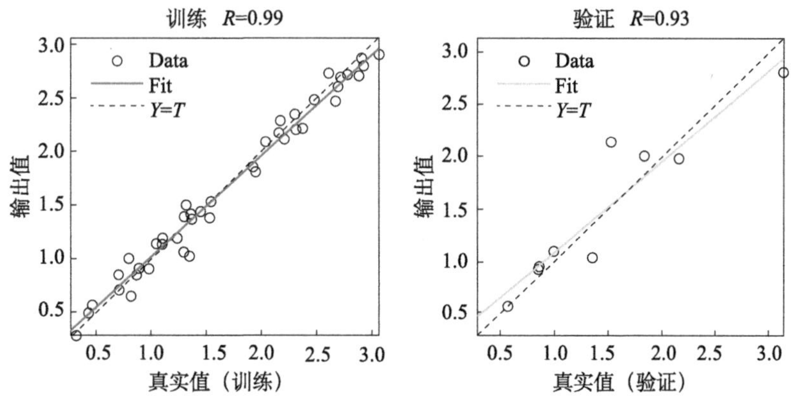

图 6.16　神经网络模型结果、线性拟合和真实值

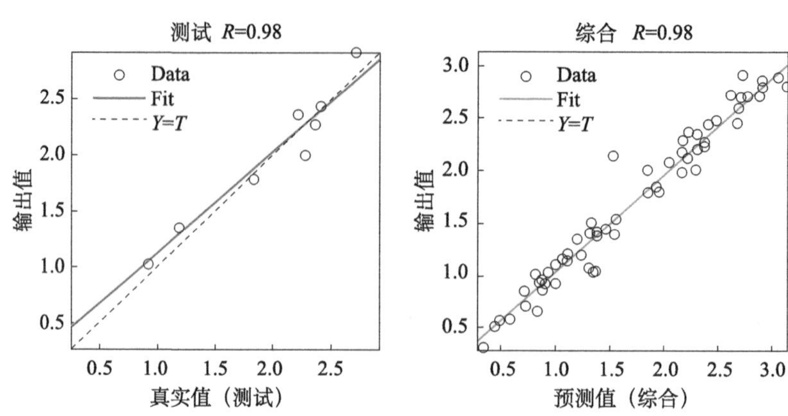

图 6.16 （续）

图中圆圈为结果，实践为结果的线性拟合，虚线为真实值

利用得到的神经网络模型进行日长预测，结果如图 6.17 所示。图中展示了对 2010 ～ 2020 年的预测结果，其中前半部分黑色曲线为计算的真实值，红色曲线为模型在训练过程中对这段时间的输出结果，绿色曲线为模型预测结果，蓝色曲线为在预测时段内 5 年的真实值。模型预测结果和真实值符合较好，可信度较高。从预测结果看，在 2015 年以后，年日长有所降低，即地球自转加速的趋势在未来可能会有所减弱。

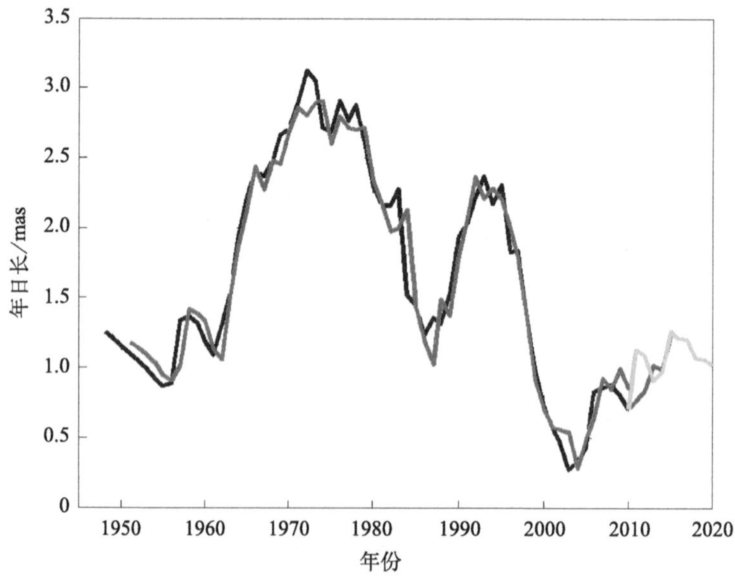

图 6.17　利用训练过的神经网络模型进行日长年平均预测

6.4.2　地球自转运动因子对未来气温变化的可能贡献

根据 6.4.1 节提供的 2011 ～ 2020 年日长年平均预测值，对日长（地球自转速度）变化对北半球气温增暖的贡献做了定量模拟。图 6.18 为 1948 ～ 2010 年日长和北半球气温的距平时间序列。从图中可以看到，日长和北半球气温均存在明显的长时间变化趋势，值得注意的是二者之间存在显著的负相关关系，相关系数为 −0.57，显著性通过了 99% 的置信度检验。

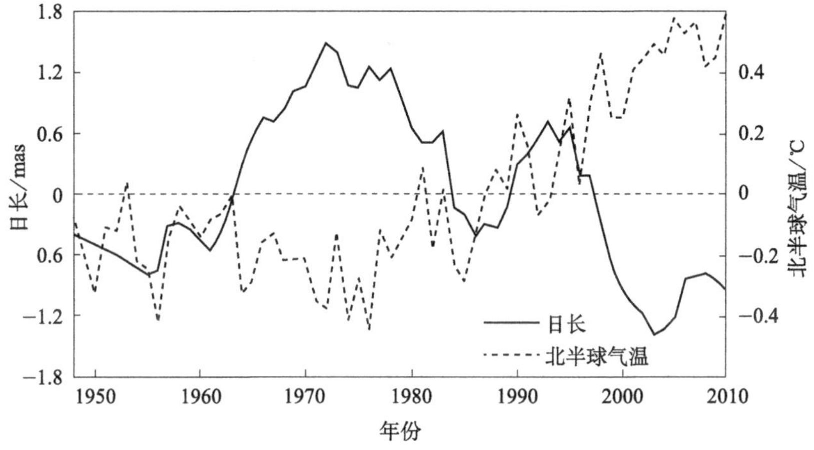

图 6.18　1948 ～ 2010 年日长和北半球气温的距平时间序列

为了考察年代际以上尺度日长和北半球气温之间的相关性，通过 15 年滑动线性趋势计算，得到日长和北半球气温的线性趋势的变化曲线，如图 6.19（a）所示。从图中可以看到，日长和北半球气温的长时间线性趋势存在反相的变化特征，两者 15 年滑动线性趋势序列的相关系数高达 −0.8。这表明，当日长趋于减小，即地球自转加速时，北半球气温趋于增暖。图 6.19（b）给出了北半球逐年平均气温和对应日长年平均值的散点图。从图中可以看到，两者之间有很高的相关性，相关系数为 −0.81。

根据日长和北半球气温线性趋势变化的关系，可得到日长和北半球气温线性趋势变化的一元回归关系式：

$$T_{tr}=-0.133\times \mathrm{lod}_{tr}+0.011 \quad (6.1)$$

式中，T_{tr} 为温度变率；lod_{tr} 为日长变率。

利用式（6.1），尝试预测日长对未来北半球气温线性趋势的影响。图 6.20（a）给出了1948～2020年日长的距平时间序列，图6.20（b）为根据式（6.1）计算得到的北半球气温变化的历史拟合曲线。其中，2010 年以后是预测结果曲线。

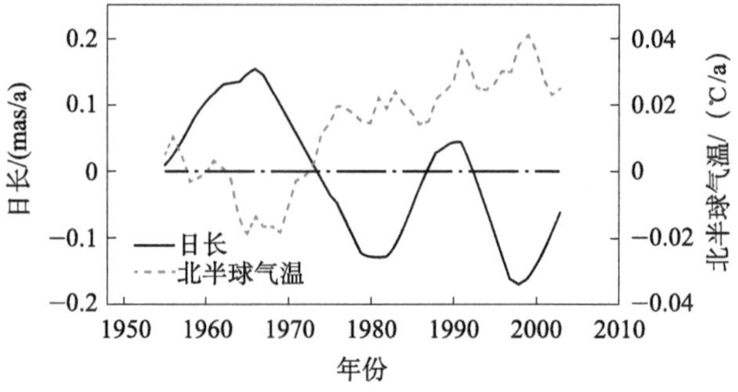

(a) 日长和北半球气温年平均值15年滑动的时间序列

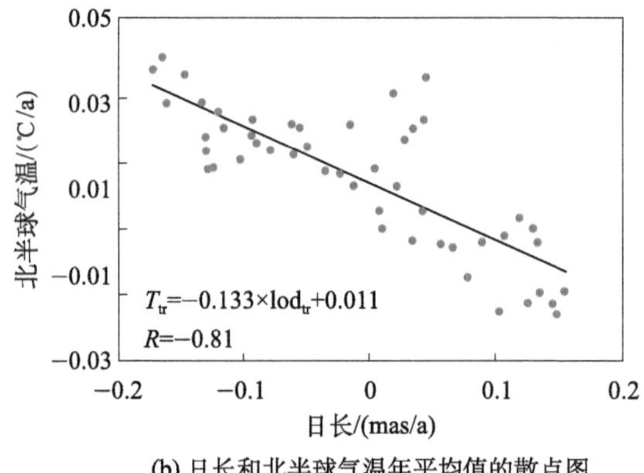

(b) 日长和北半球气温年平均值的散点图

图 6.19　日长和北半球气温年平均值的时间演变和散点图

从不同时期的观测资料演变不难看出，日长与北半球气温存在明显的反向变化特征。1948 ～ 1971 年和 1986 ～ 1992 年为地球自转减速和北半球气温偏冷阶段，1972 ～ 1985 年和 1993 ～ 2003 年为地球自转加速和北半球气温增暖阶段，从 2003 年开始，地球自转呈减速趋势而北半球气温为偏冷阶段。需要指出的是，上述分析已经剔除了这一时期的长期线性趋势，因此偏冷和偏暖是一个相对的概念，并不指绝对的气温冷暖高低。为了与实际观测资料进行对比，表 6.2 给出了上述不同时间段观测和拟合的北半球气温变化值。从表中可以看到，用式（6.1）对气温变化的拟合能够抓住北半球气温变化的主要特征。气温变化受到其他很多因子的影响，而这里我们只关注日长变化对气温变化的贡献，因此气温的拟合曲线与观测曲线存在差异是合理的，式（6.1）的拟合算法较合理。进一步地，将式（6.1）应用于未来北半球气温的变化计算，日长对北半球气温的影响将使 2003 ～ 2020 年北半球气温的增暖趋势变缓，在这一时期日长的变化对北半球气温增暖的贡献约 -0.16℃（表 6.2）。

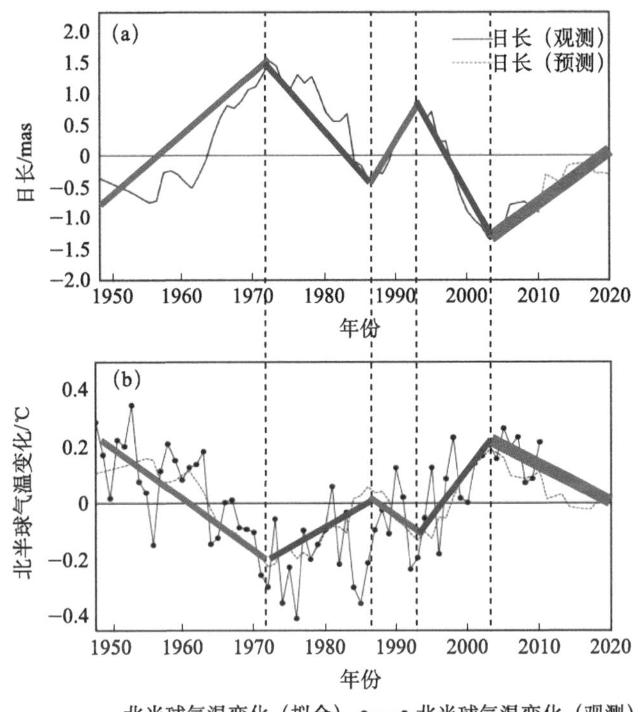

图 6.20　1948 ～ 2020 年日长距平和北半球气温距平的变化

（a）1948 ～ 2020 年日长的距平时间序列；（b）1948 ～ 2020 年北半球气温距平的变化
红色和蓝色粗实线为阶段线性趋势

表 6.2　不同时间段（日长增加和减小时期）的日长、北半球气温和日长拟合气温的变化值

项目	1948 ～ 1971 年	1972 ～ 1985 年	1986 ～ 1992 年	1993 ～ 2002 年	2003 ～ 2020 年
ΔLOD	+2.25	−1.85	+1.10	−2.00	+1.25
Δ*T* 观测	−0.40	+0.20	−0.10	+0.30	—
Δ*T* 拟合	−0.29	+0.26	−0.14	+0.28	−0.16

注：LOD 为日长，*T* 为北半球气温

6.4.3　极移及其对 El Niño 的未来变化趋势预测

极移是地球瞬时自转轴相对于地球本体的运动导致极点在地球表面上的位置发生缓慢变化的现象，是一个重要的地球定向参数（earth orientation parameters，EOP）。同时，极移变化可能对地球大气运动和气候有重要的影响。

自从 1888 年德国的屈斯特纳（Kustner）从纬度变化的观测中发现极移以来，人们对极移的变化不断进行探索研究。美国天文学家钱德勒曾指出极移的两个主要周期：近 14 个月的周期（钱德勒摆动，Chandler wobble）和周年周期。之后，人们采用傅里叶分析、谱估计和小波等方法，研究了极移中的各种周期变化过程。在极移预报方面也有不少的研究工作，主要预报方法有最小二乘外推法、最小二乘谐波与自回归法、人工神经网络、小波和模糊推理系统等，但主要做极移时间尺度的预报。下面基于地球极移振幅和位相数据，利用 EMD 和 LS-SVM 方法，尝试从另一个角度讨论极移的长期变化特征及其未来预测，为进一步认识极移变化特征和开展极移与气候变化关系的研究提供一些信息。

为了找出最可靠的方法来预测未来极移的变化和趋势，我们采用 AR 模型、LS-SVM、EMD+LS-SVM（EMD 和 LS-SVM 耦合模型），分别对极移振幅和位相进行预测技巧研究。以极移振幅和位相 1900 ～ 2001 年的训练数据进行模型训练，建立模型后用 2002 ～ 2013 年共 12 年的数据进行检验。

具体步骤如下：①用 AR 模型直接对极移振幅和位相的训练数据进行回归，建立自回归方程；②在 LS-SVM 和 EMD+LS-SVM 使用训练数据前，为加快模型的识别精度与收敛速度，对资料进行归一化处理，并采用交叉验证确定参数正则化参数和核函数，确定嵌入维 m=10，延迟时间为 1，d 设为 10（d 为所选输入变量的推数）。其后，LS-SVM 直接对 1900 ～ 1998 年的数据进行训练建模；而 EMD 和 LS-SVM 耦合模型是在 EMD 分解的基础上对各分量使用 LS-SVM 进行训练建模；③基于 2002 ～ 2013 年极移振幅和位相数据，对 3 种方法进行验证。为验证方法的有效性与可行性，采用了平均绝对相对误差（mean absolute relative error，MARE）和平均绝对误差（mean absolute error，MAE）为模型预测精度的评价标准。

图 6.21 给出了 3 种预测模型验证效果与实际观测的对比。从图中可以看到，EMD+LS-SVM 基本能够反映极移振幅观测的变化特征，在数值上也与观测值较接近［图 6.21（a）］。同时，EMD+LS-SVM 在位相模拟预测上基本与观测完全吻合［图 6.21（b）］。对于极移振幅预测和位相预测，EMD+LS-SVM 预测效果都优于单独的 LS-SVM 及 AR 模型。表 6.3 是 3 种预测模型的误差统计。从表中可以看到，EMD+LS-SVM 的预测效果较优、预测精度较高。因此，可以将该模型应用于实际预测。

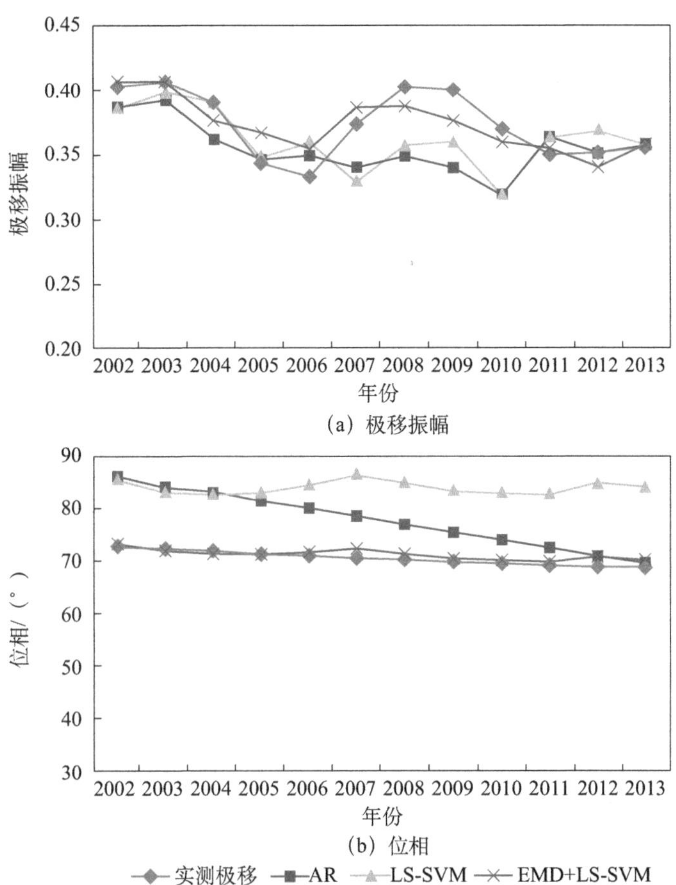

（a）极移振幅

（b）位相

图 6.21　3 种预测模型验证效果与实际观测的对比

在上述模型选取的基础上，通过对极移振幅和相位进行 EMD 分解获得 IMF 各分量及趋势项，分别对各分量建立 LS-SVM，采用交叉验证法选择模型参数，根据获得的模型参数对各 IMF 分量进行训练，并开展 2014 ～ 2025 年各特征量的预测，最后根据各 IMF 分量及趋势项进行重构，最终得到极移振幅和位相的预测

表 6.3　3 种预测模型误差统计

模型	极移振幅误差		位相误差	
	MAE	MARE/%	MAE	MARE/%
AR	0. 0540	6. 67	8. 3400	8. 78
LS-SVM	0. 0407	4. 89	6. 3199	6. 30
EMD+LS-SVM	0. 0016	0. 24	0. 3272	4. 60

结果。图 6.22 是根据上述方法得到的 2014 ～ 2025 年极移振幅和位相预测曲线。从图 6.22（a）中可以看到，极移振幅进一步加大，同时伴随着地极向 68° W 方向的长期漂移［图 6.22（b）］。

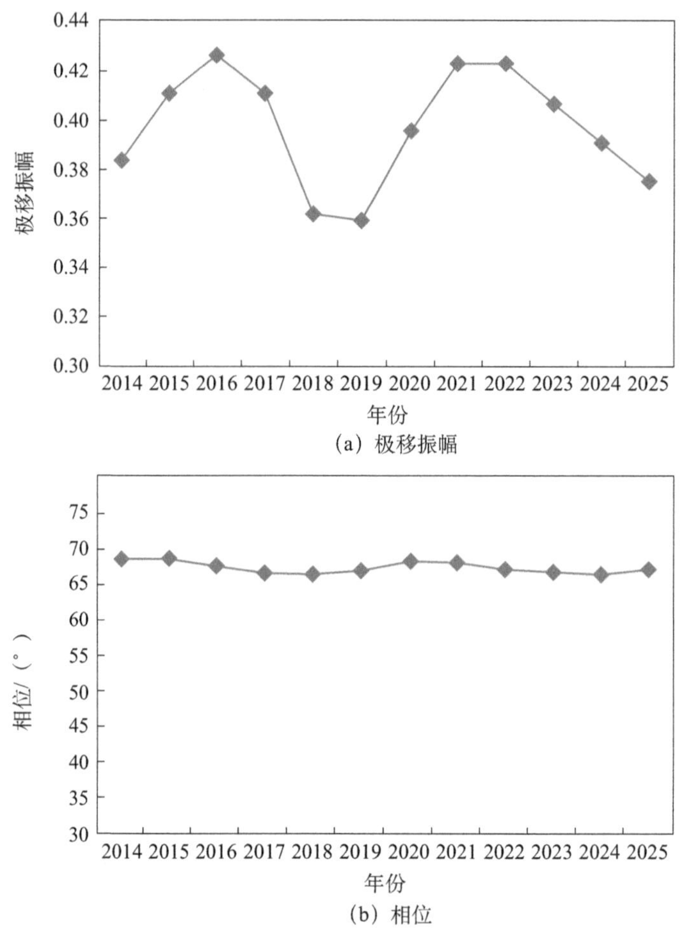

（a）极移振幅

（b）相位

图 6.22　2014 ～ 2025 年极移振幅和位相的预测曲线

极移振幅对赤道太平洋海温在不同时间尺度上的影响，可以从两者周期关系上反映出来。极移振幅变化在 1950 ～ 2013 年主要以增长趋势和 6.4 年的周期为主，年际变化尺度与赤道太平洋海温类似。通过统计回归，结合基于 EMD+LS-SVM 的预测结果，可以考察极移对未来赤道太平洋海温异常的影响。

图 6.23 为极移对赤道太平洋海温异常的预测曲线。从图中可以看到，2015 ～ 2016 年和 2023 ～ 2024 年分别有两次赤道东太平洋的异常暖事件，其中 2015 ～ 2016 年的异常暖事件最强，与过去资料记载的强度相比，有可能是 1950

年以来最强的一次 ENSO 暖事件。

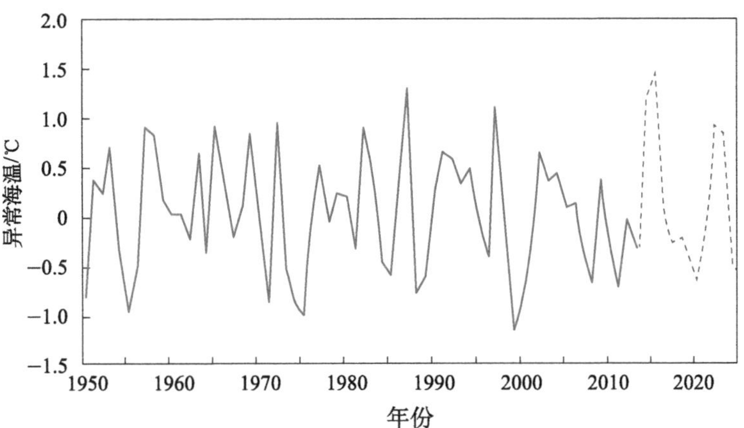

图 6.23　极移对未来赤道太平洋海温异常的预测曲线

参考文献

丁煌，廖云琛，肖子牛 . 2016. 对未来两个太阳周太阳活动参数的统计预测 . 气象科技进展，4：24-29.

顾震年 . 1999. 日长的十年尺度波动分析和核幔电磁耦合 . 云南天文台台刊，(3)：33-39.

郭金运，韩延本 . 2008. 由 SLR 观测的日长和极移季节性和年际变化（1993 ～ 2006 年）. 科学通报，53 (21)：2562-2568.

廖德春，郑大伟 . 1996. 地球自转研究新进展 . 地球科学进展 . 11 (6)：543-549.

刘苏峡，王盛 . 王月玲，等 . 2014. 地极移动与河川径流的关系研究 . 气象科技进展，(3)：6-12.

彭公炳，陆巍，殷延珍 . 1980. 地极移动与气候的几个问题 . 大气科学，4 (4)：369-378.

王亚非，魏东，李琰 . 2011. 1998 年 5 ～ 6 月区域大气角动量收支与东亚天气尺度系统变化 . 高原气象，30 (5)：1189-1194.

尹赞勋，骆金锭 . 1976. 从天文观测和生物节律论证古生物钟的可靠性 . 地质科学，(1)：1-22，103-104.

张贺，林朝晖，曾庆存 . 2009. IAP AGCM-4 动力框架的积分方案及模式检验 . 大气科学，33：1267-1285.

张贺，林朝晖，曾庆存 . 2011. 大气环流模式中动力框架与物理过程的相互响应 . 气候与环境研究，16：15-30.

张先恭，徐瑞珍 . 1977. 我国大范围旱涝与太阳活动关系的初步分析及未来旱涝趋势 // 中央气候研究所 . 气候变迁和超长期预报文集 . 北京：科学出版社：92-99.

赵丰 . 1996. 见微知著——话地球自转 . 自然杂志，2：63-72.

周立旻，Tinsley B A，郑祥民，等 . 2007. 太阳活动驱动气候变化空间天气机制研究进展 . 地球科学进展，22（11）：1099-1108.

朱琳，黄玫，巩贺，等 . 2014. 全球山脉力矩时空变化及其与地球自转的关系 . 气象科技进展，（3）：32-35.

Bond G，Kromer B，Beer J，et al. 2001. Persistent solar influence on north Atlantic climate during the Holocene. Science，294：2130-2136.

Chen J L，Wilson C R，Ries J C，et al. 2013. Rapid ice melting drives Earth's pole to the east. Geophysical Research Letters，40（11）：2625-2630.

de Viron O，Bizouard C，Salstein D，et al. 1999. Atmospheric torque on the earth and comparison with atmospheric angular momentum variations. Journal of Geophysical Research，104（B3）：4861-4875.

Dong X，Xue F，Zhang H，et al. 2012. Evaluation of surface air temperature change over the globe and China during the twentieth century in IAP AGCM4.0. Atmospheric and Oceanic Science Letters，5：435-438.

Driscoll S. 2010. The Earth's Atmospheric Angular Momentum Budget and its Representation in Reanalysis Observation Datasets and Climate Models. Redding：University of Reading.

Eddy J A. 1976. The Maunder Minimum . Science，192：1189-1202.

Friis-Christensen E，Lassen K. 1991. Length of the solar cycle：an indicator of solar activity closely associated with climate. Science，254：698-700.

Frohlich C. 2012. Total solar irradiance observations. Surveys in Geophysics，33：453-473.

Gross R S，Poutanen M. 2009. Geodetic observations of glacial isostatic adjustment. Eos Trans. AGU，90（41）：365.

Hoyt D V，Kyle H L，Hickey J R，et al. 1992. The Nimbus 7 solar total irradiance：a new algorithm for its derivation. Journal of Geophysical Research，97：51-63.

Huang H P，Sardeshmukh P D，Weickmann K M. 1999. The balance of global angular momentum in a long-term atmospheric data set. Journal of Geophysical Research：Atmospheres，104（D2）：2031-2040.

IPCC. 2013. Climate change 2013：The physical science basis// Stocker T F，Qin D，Plattner G K，et al. Contribution of Working Group I to the Fifth Assessment Report of the Intergovernmental Panel on Climate Change. Cambridge：Cambridge University Press：1535.

IPCC. 2014. Climate Change 2014：Mitigation of Climate Change// Edenhofer O，Pichs-Madruga R，Sokona Y，et al. Contribution of Working Group III to the Fifth Assessment Report of the Intergovernmental Panel on Climate Change. Cambridge：Cambridge University Press.

Kopp G，Lean J L. 2011. A new，lower value of total solar irradiance：evidence and climate significance. Geophysical Research Letters，38：541-551.

Lott F，Robertson A W，Ghil M. 2001. Mountain torques and atmospheric oscillations. Geophysical Research Letters，28（7）：1207-1210.

Madden R，Speth P. 1995. Estimates of atmospheric angular momentum，friction，and mountain torques during 1987-1988. Journal of the Atmospheric Sciences，52（21）：3681-3694.

Mamajek E E，Torres G，Prsa A，et al. 2015. IAU 2015 Resolution B2 on Recommended Zero Points for the Absolute and Apparent Bolometric Magnitude Scales. The XXIXth International Astronomical Union General Assembly.

Moritz H，Mueller I I. 1987. Earth Rotation：Theory and Observation. New York：Ungar Publishing Company.

Oort A H. 1989. Angular momentum cycle in the atmosphere-ocean-solid earth system. Bulletin American Meteorological Society，70：1231-1242.

Oort A H，Bowman H D. 1974. A study of the mountain torque and its interannual variations in the northern hemisphere. Journal of the Atmospheric Sciences，31：1974-1982.

O' Connor J E，Costa J E. 2004. The world's largest floods，past and present. U. S. Geological Survey Circular，1254：13.

Reid G C. 1991. Solar total irradiance variations and the global sea surface temperature record. Journal of Geophysical Research，96：2835-2844.

Roy K，Peltier W R. 2011. GRACE era secular trends in Earth rotation parameters：a global scale impact of the global warming process?. Geophysical Research Letters，38：L10306.

Soon W，Dutta K，Legates D R，et al. 2011. Variation in surface air temperature of China during the 20th century. Journal of Atmospheric and Solar-Terrestrial Physics，73：2331-2344.

Starr V P. 1948. An essay on the general circulation of the earth5 atmosphere. Journal of Meteorology，5：39-43.

Swinbank B R. 1985. The global atmospheric angular momentum balance inferred from analyses made during the fgge. Quarterly Journal of the Royal Meteorological Society，111（470）：977-992.

Tett S F B，Stott P A，Allen M A，et al. 1999. Causes of twentieth century temperature change near the Earth's surface. Nature，399：569-572.

Tung K K，Camp C D. 2008. Solar cycle warming at the Earth's surface in NCEP and ERA-40 data：a linear discriminant analysis. Journal of Geophysical Research，113：D05114.

Wahr J M，Oort A H. 1984. Friction- and mountain-torque estimates from global atmospheric data.Journal of the Atmospheric Sciences，41：190-204.

Wang Y M，Lean J L，Sheeley N R. 2005. Modeling the sun's magnetic field and irradiance since 1713. The Astrophysical Journal，625：522-538.

Weickmann K M，Sardeshmukh P D. 1994. The atmospheric angular momentum cycle associated with a Madden-Julian oscillation. Journal of the Atmospheric Sciences，51（21）：3194-3208.

Weickmann K M. 2003. Mountains，the global frictional torque，and the circulation over the Pacific-North American region. Monthly Weather Review，131：2608-2622.

Weickmann K，Berry E. 2007. A synoptic-dynamic model of subseasonal atmospheric variability. Monthly Weather Review，135（2）：449-474.

White R M. 1949. The role of mountains in the angular-momentum balance of the atmosphere. Journal of Meteorology，6：353-355.

Yu X，Zhou W，Liu Z，et al. 2011. Different patterns of changes in the Asian summer and winter monsoons on the eastern Tibetan Plateau during the Holocene. The Holocene，21：1031-1036.

Zhang H，Zhang M，Zeng Q. 2013. Sensitivity of simulated climate to two atmospheric models：interpretation of differences between dry models and moist models. Monthly Weather Review，141：1558-1576.

Zhao J，Han Y B. 2012. Sun's total irradiance reconstruction based on multiple solar indices. Science China Physics，Mechanics and Astronomy，55（1）：179-186.

Zhao L，Wang J S，Zhao H J. 2012. Solar cycle signature in decadal variability of monsoon precipitation in China. Journal of the Meteorological Society of Japan，90（1）：1-9.

Zheng D，Ding X，Zhou Y，et al. 2003. Earth rotation and ENSO events：combined excitation of interannual LOD variations by multiscale atmospheric oscillations. Global and Planetary Change，36（1-2）：89-97.